AF368444

TEMPS, TRAVAIL ET DOMINATION SOCIALE

Une réinterprétation de la théorie critique de Marx

Moishe Postone
de l'université de Chicago

Temps, travail
et domination sociale

Une réinterprétation de la théorie critique de Marx

Traduit de l'anglais
par Olivier Galtier et Luc Mercier

MILLE ET UNE NUITS

Titre original : *Time, Labor, and Social Domination.*
A Reinterpretation of Marx's Critical Theory.
Cambridge University Press, 1993 ; seconde édition revue, 2003
(ISBN : 9780521565400).

ISBN: 978-2-7555-0102-5

À mes parents, Abraham et Evelyn Postone.

Sommaire

Deuxième partie
Vers une reconstruction de la critique marxienne :
la marchandise

Troisième partie
Vers une reconstruction de la critique marxienne : le capital

Note liminaire des traducteurs

Les mots en italique et suivis d'un astérisque sont en français dans le texte anglais. Sauf indication contraire, toutes les citations de Marx sont tirées des Éditions Sociales, y compris celles du *Capital*. Il est à noter que la réédition de cette traduction aux PUF a une pagination identique à celle des Éditions Sociales.

Par les autres ouvrages cités et traduits en français, la référence bibliographique complète est donnée à la première occurrence dans chaque chapitre.

Une critique du marxisme traditionnel

CHAPITRE I

Repenser la critique marxienne du capitalisme

Introduction

Je me livrerai dans ce livre à une réinterprétation fondamentale de la théorie critique que Marx a développée dans ses œuvres de maturité, afin de reconceptualiser adéquatement l'essence de la société capitaliste. L'analyse faite par Marx des rapports sociaux et des formes de domination qui caractérisent la société capitaliste peut être réinterprétée avec beaucoup de profit lorsqu'on repense les catégories centrales de la critique marxienne de l'économie politique[1]. À cette fin, je développerai les concepts qui remplissent deux critères : 1/ saisir le caractère essentiel et le développement historique de la société moderne ; 2/ dépasser les dichotomies théoriques habituelles entre structure et action, signification et vie matérielle. Sur cette base, il me faudra reformuler la relation de la théorie de Marx aux théories politiques et sociales actuelles de sorte que cette reformulation soit pertinente pour le présent et qu'elle propose une critique radicale des théories marxistes traditionnelles et de ce que l'on a appelé le « socialisme réellement existant ». J'espère ainsi jeter les bases d'une analyse de la formation sociale capitaliste qui soit différente, d'une plus grande portée critique et adéquate à la fin du XXe siècle.

---

1. Patrick Murray et Derek Sayer ont récemment proposé des interprétations de la théorie de Marx qui, à bien des égards, se rapprochent de celle que je présente ici. Voir Patrick Murray, *Marx's Theory of Scientific Knowledge*, 1988 ; Derek Sayer, *Marx's Method*, 1979, et *The Violence of Abstraction*, 1987.

Je développerai cette compréhension du capitalisme en séparant au niveau conceptuel, sur la base de l'analyse élaborée par Marx, le noyau même du capitalisme des formes qu'il a revêtues au XIXe siècle. Toutefois, procéder ainsi met en question de nombreux présupposés du marxisme traditionnel. Par exemple, je n'analyse pas le capitalisme d'abord en termes de propriété privée des moyens de production ou en termes de marché. Comme cela apparaîtra clairement, je le pense bien plutôt en termes de forme historiquement spécifique d'interdépendance sociale au caractère impersonnel et, selon toute apparence, objectif. Cette forme d'interdépendance est le produit de formes historiquement uniques de rapports sociaux qui, quoique constitués par des formes déterminées de pratique sociale, deviennent quasi indépendants des hommes engagés dans ces pratiques. De là découle une nouvelle forme de domination sociale, toujours plus abstraite, qui soumet les hommes à des contraintes et à des impératifs structurels impersonnels qui ne peuvent pas être adéquatement saisis en termes de domination concrète (c'est-à-dire de domination exercée par des groupes ou des individus), et qui engendre une dynamique historique continue. Tout en reconceptualisant les rapports sociaux et les formes de domination propres au capitalisme, je tenterai de fonder une théorie de la pratique qui permette d'analyser les traits systémiques de la société moderne : son caractère historiquement dynamique, son procès de rationalisation, sa forme de « croissance » économique et son mode de production déterminé.

Une telle réinterprétation aborde la théorie du capitalisme élaborée par Marx moins comme une théorie des formes d'exploitation et de domination *dans* la société moderne que comme une théorie sociale critique de l'essence même de la modernité. La modernité n'est pas un stade d'évolution vers lequel tendraient toutes les sociétés, mais une forme spécifique de vie sociale qui trouve son origine en Europe occidentale et qui s'est développée en un système-monde complexe[1]. Bien que la modernité ait revêtu des

---

1. Shmuel Noah Eisenstadt développe lui aussi une conception non évolutionniste de la modernité. Son intérêt porte principalement sur les différences entre les divers types de sociétés modernes, alors que le mien porte sur la modernité elle-même, sur la modernité en tant que forme de vie sociale. Voir Shmuel Noah Eisenstadt, « The Structuring of Social Protest in Modern Societies : The Limits and Direction of Convergence » *in Yearbook of the World Society Foundation*, vol. 2, 1992.

formes différentes dans les différents pays et les différentes régions du monde, mon dessein n'est pas d'examiner ces différences, mais d'explorer au plan théorique l'essence de la modernité *en soi*. Dans le cadre d'une approche non évolutionniste, une telle étude doit expliquer les traits caractéristiques de la modernité en les mettant en relation avec des formes sociales historiquement spécifiques. Selon moi, l'analyse que Marx fait des formes sociales dont il pense qu'elles structurent le capitalisme – marchandise et capital – fournit un excellent point de départ pour fonder *socialement* les traits systémiques de la modernité et pour montrer que la société moderne peut être fondamentalement transformée. En outre, cette approche est en mesure de donner une explication systématique à ces traits de la société moderne qui, dans les théories du progrès linéaire ou du développement historique évolutionniste, paraissent anormaux : la reproduction de la pauvreté au sein même de l'abondance, et le degré auquel certains aspects essentiels de la vie moderne ont été façonnés par les impératifs de forces impersonnelles abstraites, puis soumis à ceux-ci, alors même que la possibilité d'un contrôle collectif de l'environnement social a considérablement augmenté.

Ma lecture de la théorie critique de Marx insiste sur sa conception de la centralité du travail dans la vie sociale, conception en général considérée comme étant au cœur de sa théorie. Cependant, je pense aussi que la signification de la catégorie de travail dans ses écrits de maturité est différente de ce qu'elle est traditionnellement supposée être – il s'agit d'une catégorie historiquement spécifique, et non pas transhistorique. Dans la critique du Marx de la maturité, l'idée que le travail constitue la société et qu'il est la source de toute richesse ne se réfère pas à la société en général, mais à la seule société capitaliste (ou moderne). De plus, et c'est crucial, l'analyse de Marx ne se réfère pas au travail au sens général, transhistorique, du terme – activité sociale qui est orientée en vue d'une fin, qui médiatise l'échange entre les hommes et la nature et qui crée des produits spécifiques pour satisfaire des besoins humains déterminés –, mais au rôle particulier que le travail ne joue que sous le *capitalisme*. Comme je le montrerai, la spécificité historique de ce travail est intrinsèquement liée à la forme d'interdépendance sociale propre au capitalisme. Le travail constitue une forme quasi objective, historiquement spécifique, de médiation sociale qui, dans l'analyse de Marx, sert de fondement social aux traits essentiels de la modernité.

Ce réexamen de la signification du concept de travail chez Marx sert de fondement à ma réinterprétation. Il place les considérations sur la temporalité et la critique de la production au cœur de l'analyse de Marx et jette les bases d'une analyse du capitalisme moderne en tant que société directionnellement dynamique et structurée par une forme historiquement unique de médiation sociale qui, quoique socialement constituée, revêt un caractère quasi objectif, impersonnel et abstrait. Cette forme de médiation est structurée par une forme historiquement déterminée de pratique sociale (le travail sous le capitalisme) et structure en retour les activités, les visions du monde et les inclinations des hommes. Cette approche redéfinit la question du rapport entre la culture et la vie matérielle en celle du rapport entre une forme historiquement spécifique de médiation sociale et les formes d'« objectivité » et de « subjectivité » sociales. En tant que théorie de la médiation sociale, elle vise à dépasser la dichotomie théorique classique du sujet et de l'objet, tout en expliquant historiquement cette dichotomie.

De façon générale, je pense que la théorie de Marx devrait être comprise non comme une théorie applicable universellement, mais comme une théorie critique spécifique à la société capitaliste. Cette théorie analyse la spécificité historique du capitalisme et la possibilité de son dépassement à l'aide de catégories qui saisissent ses formes spécifiques de travail, de richesse et de temps[1]. De surcroît, selon cette approche, la théorie de Marx est autoréflexive et, partant, est elle-même historiquement spécifique : l'analyse marxienne du rapport entre la théorie et la société est telle qu'elle peut, de façon épistémologiquement cohérente, se localiser elle-même historiquement à l'aide des mêmes catégories qui lui servent à analyser son contexte social.

---

1. Anthony Giddens attire l'attention sur l'idée de spécificité de la société capitaliste, idée qui transparaît dans la façon dont Marx considère les sociétés non capitalistes dans les *Grundrisse*. Voir Anthony Giddens, *A Contemporary Critique of Historical Materialism*, 1981, pp. 76-89. Je me propose de fonder cette idée dans l'analyse catégorielle de Marx – donc dans sa conception de la spécificité du travail sous le capitalisme – afin de réinterpréter sa compréhension du capitalisme et de repenser la nature même de sa théorie critique.

Cette approche de la théorie critique du Marx de la maturité a d'importantes implications que je tenterai de déployer au fil de ces pages. Je commencerai par distinguer entre deux modes d'analyse critique radicalement différents : une critique du capitalisme *faite du point de vue du travail* et une critique *du* travail sous le capitalisme. Le premier mode d'analyse, qui se fonde sur une compréhension transhistorique du travail, présuppose une tension structurelle entre les aspects de la vie sociale propres au capitalisme (par exemple, le marché et la propriété privée) et la sphère sociale constituée par le travail. Le travail forme la base de cette critique du capitalisme, le *point de vue* à partir duquel la critique est entreprise. D'après le second mode d'analyse, le travail sous le capitalisme est historiquement spécifique et constitue les structures essentielles de cette société. Ainsi le travail est-il l'*objet* de la critique de la société capitaliste. Du point de vue du second mode d'analyse, il est évident que les diverses interprétations de Marx ont en commun plusieurs présupposés du premier mode d'analyse – et c'est pourquoi je qualifie toutes ces interprétations de « traditionnelles ». J'interrogerai leurs présupposés à partir de mon interprétation de la théorie de Marx comme critique *du* travail sous le capitalisme afin de mettre en lumière les limites de l'analyse traditionnelle – et je le ferai de manière à suggérer une autre théorie critique, plus adéquate, de la société capitaliste.

Interpréter l'analyse de Marx en tant que critique historiquement spécifique du travail sous le capitalisme renvoie à une compréhension du capitalisme radicalement différente de celle des interprétations marxistes traditionnelles. Une telle interprétation suggère par exemple que les rapports sociaux et les formes de domination qui caractérisent le capitalisme dans l'analyse de Marx, restent insuffisamment compris aussi longtemps qu'ils le sont en termes de rapports de classes enracinés dans des rapports de propriété et médiatisés par le marché. En fait, l'analyse marxienne de la marchandise et du capital – c'est-à-dire les formes quasi objectives de médiation sociale constituées par le travail sous le capitalisme – devrait être comprise comme une analyse des rapports sociaux fondamentaux de cette société. Ces formes sociales abstraites et impersonnelles ne *voilent* pas seulement ce que l'on considère traditionnellement comme les rapports sociaux « réels » du capitalisme, c'est-à-dire les rapports de classes ; elles *sont* les rapports réels du capitalisme qui structurent sa trajectoire dynamique et sa forme de production.

Loin de considérer le travail comme le principe de constitution sociale et la source de richesse dans *toutes* les sociétés, la théorie de Marx montre que ce qui caractérise le capitalisme, et lui seulement, c'est que ses rapports sociaux de base sont constitués par le travail et sont donc en définitive d'un type fondamentalement différent de ceux qui caractérisent les sociétés non capitalistes. Quoique la critique marxienne du capitalisme contienne bien une critique de l'exploitation, de l'inégalité sociale et de la domination de classe, elle va au-delà : elle cherche à mettre en lumière la fabrique même des rapports sociaux dans la société moderne et la forme abstraite de domination sociale qui leur sont intrinsèques, et elle cherche à le faire à l'aide d'une théorie qui fonde la constitution de ces rapports sociaux et de cette domination sociale dans des formes structurées, dans des formes déterminées de pratique.

Cette réinterprétation de la théorie du Marx de la maturité ne fait plus de la propriété et du marché le centre de la critique marxienne. À la différence des approches marxistes traditionnelles, elle fournit la base d'une critique de la nature de la production, du travail et de la « croissance » dans la société capitaliste en affirmant que tout cela est socialement, et non pas techniquement, constitué. Ayant ainsi déplacé l'accent de la critique du capitalisme vers la sphère du travail, l'interprétation ici présentée renvoie à une critique du procès de production industriel – donc à une reconceptualisation des déterminations fondamentales du socialisme et à une réévaluation du rôle social et politique traditionnellement dévolu au prolétariat dans le possible dépassement historique du capitalisme.

Cette réinterprétation, étant donné qu'elle implique une critique du capitalisme qui ne soit pas prisonnière des conditions du capitalisme libéral du XIXe siècle et qu'elle entraîne une critique de la production industrielle en tant que capitaliste, constitue la base d'une théorie critique apte à mettre en lumière l'essence et la dynamique du capitalisme contemporain. Cette théorie critique pourrait également servir de point de départ à une analyse du « socialisme réellement existant » comme forme alternative (et ayant échoué) d'accumulation du capital, plutôt que comme forme de société ayant représenté, quoique imparfaitement, la négation historique du capitalisme.

La crise du marxisme traditionnel

Ce réexamen, je l'ai développé sur fond de crise du marxisme traditionnel et d'émergence de ce qui se révèle comme une nouvelle phase dans le développement du capitalisme industriel avancé. Dans ce livre, l'expression « marxisme traditionnel » ne se rapporte pas à quelque tendance historique spécifique au sein du marxisme mais, de façon générale, à toutes les approches théoriques qui analysent le capitalisme du point de vue du travail et définissent cette société d'abord en termes de rapports de classes structurés par la propriété privée des moyens de production et d'économie régulée par le marché. Les rapports de domination y sont compris principalement en termes de domination et d'exploitation de classe. Comme on sait, Marx affirme qu'au cours du développement capitaliste il surgit une tension structurelle (ou contradiction) entre les rapports sociaux capitalistes et les « forces productives ». Cette contradiction est généralement interprétée en termes d'opposition entre, d'un côté, la propriété privée et le marché et, de l'autre, le mode de production industriel, opposition où la propriété privée et le marché sont considérés comme la marque du capitalisme, et la production industrielle comme la base de la société socialiste future. Le socialisme est implicitement compris en termes de propriété collective des moyens de production et de planification économique dans un contexte industrialisé. C'est-à-dire que la négation historique du capitalisme est principalement vue comme une société où sont dépassées la domination et l'exploitation d'une classe par une autre.

Cette première et large définition du marxisme traditionnel est utile dans la mesure où elle délimite un cadre d'interprétation partagé par toute une série de théories qui, par ailleurs, peuvent être fort éloignées les unes des autres. Mon intention dans cet ouvrage est d'analyser de façon critique les présupposés de ce cadre théorique général, et non de retracer l'histoire des différentes orientations théoriques et écoles de pensée existant au sein de la tradition marxiste.

Au cœur de toutes les formes de marxisme traditionnel se trouve une conception transhistorique du travail. La catégorie marxienne de travail y est comprise en termes d'activité sociale orientée en vue d'une fin, qui médiatise les rapports entre les hommes et la nature, en créant des produits destinés à satisfaire des besoins humains déterminés. Ainsi compris, le travail apparaît comme au cœur de toute vie sociale : il constitue le monde social et il est la source de toute richesse sociale. Cette approche attribue *transhistoriquement* au travail social les caractéristiques que Marx analyse comme historiquement. spécifiques au travail sous le capitalisme. Une telle conception transhistorique du travail est liée à une compréhension déterminée des catégories de base de la critique de l'économie politique de Marx et, partant, de son analyse du capitalisme. Pour prendre un exemple, la théorie marxienne de la valeur y est généralement interprétée comme une tentative de montrer que la richesse sociale est toujours et partout créée par le travail humain et que, sous le capitalisme, le travail sous-tend le mode de distribution médiatisé par le marché, « automatique », non conscient[1]. Selon ces interprétations, la théorie marxienne de la survaleur cherche à montrer qu'en dépit des apparences, sous le capitalisme, le surproduit est créé par le seul travail et qu'il est approprié par la classe capitaliste. À l'intérieur de ce cadre général, l'analyse critique du capitalisme proposée par Marx revêt essentiellement l'aspect d'une critique de l'exploitation *faite du point de vue du travail* : elle démystifie le capitalisme, dans un premier temps, en révélant que le travail est la vraie source de la richesse sociale ; dans un second temps, en démontrant que cette société repose sur un système d'exploitation.

La théorie critique de Marx décrit bien sûr le développement historique qui rend possible l'apparition d'une société libre. Selon les interprétations traditionnelles, l'analyse marxienne du cours du développement capitaliste peut se résumer comme suit : la structure du capitalisme de libre marché a engendré la production industrielle, laquelle a augmenté considérablement la quantité de richesse sociale créée. Or cette richesse continue d'être extraite *via* un procès d'exploitation et répartie de façon très inégale. Toutefois,

---

1. Voir Paul Sweezy, *The Theory of Capitalist Development*, 1969, pp. 52-53 ; Maurice Dobb, *Political Economy and Capitalism*, 1940, pp. 70-71 ; Ronald Meek, *Studies in the Labour Theory of Value*, 2ᵉ éd., 1956, p. 155.

il se développe une contradiction croissante entre la production industrielle et les rapports de production existants. Conséquence du processus continu d'accumulation du capital, caractérisé par la concurrence et les crises : le mode de distribution sociale fondé sur le marché et sur la propriété privée se révèle de moins en moins adéquat à la production industrielle développée. En même temps, la dynamique historique du capitalisme ne rend pas seulement anachroniques les anciens rapports sociaux de production, elle donne aussi naissance à la possibilité d'une nouvelle configuration des rapports sociaux. Elle engendre les conditions organisationnelles, sociales et techniques nécessaires à l'abolition de la propriété privée et à la planification centralisée : par exemple, la centralisation et la concentration des moyens de production, la séparation entre la propriété et la direction, la constitution et la concentration d'un prolétariat industriel. Ces développements rendent historiquement possibles l'abolition de l'exploitation et de la domination de classe et l'instauration d'un nouveau mode de distribution, juste et rationnellement régulé. Selon cette interprétation, le noyau de la critique historique de Marx, c'est le mode de *distribution*.

Cette assertion peut sembler paradoxale parce que le marxisme est habituellement considéré comme une théorie de la *production*. Examinons donc brièvement le rôle de la production dans l'interprétation traditionnelle. Si les forces productives (qui, selon Marx, entrent en contradiction avec les rapports de production capitalistes) sont identifiées au mode de production industriel, cela signifie que ce mode de production est implicitement compris comme un procès purement technique, intrinsèquement indépendant du capitalisme. Le capitalisme est vu comme un ensemble de facteurs extrinsèques empiétant sur le procès de production, à savoir la propriété privée et les conditions de la valorisation du capital dans une économie de marché. Corrélativement, la domination sociale est fondamentalement comprise comme une domination de classe qui reste extérieure au procès de production. Cette analyse implique que la production industrielle, une fois constituée historiquement, est indépendante du capitalisme et ne lui est pas intrinsèquement liée. Comprendre la contradiction marxienne entre forces productives et rapports de production comme une tension structurelle entre, d'un côté, la production industrielle et, de l'autre, la propriété privée et le marché, c'est la comprendre comme une contradiction entre mode de production et mode de distribution. D'où il résulte que le passage du capitalisme au socialisme est vu comme une transformation du mode de distribution (la propriété privée, le marché) plutôt que comme une transformation du mode de production. À l'inverse, le développement de la production industrielle à grande échelle est érigé en médiation historique reliant le mode de distribution capitaliste à la possibilité d'une autre organisation sociale de la distribution. Une fois développé, le mode de production industriel fondé sur le travail prolétarien est même considéré comme le dernier mode de production historiquement possible.

Cette interprétation de la trajectoire de développement du capitalisme exprime clairement une attitude positive à l'égard de la production industrielle en tant que mode de production qui engendre les conditions d'abolition du capitalisme et constitue la base du socialisme. Le socialisme est vu comme un nouveau mode d'administration politique et de régulation économique du *même* mode de production industriel que le capitalisme a engendré : il est pensé comme une forme sociale de distribution non seulement plus juste, mais aussi plus *adéquate* à la production industrielle. Cette adéquation est ainsi considérée comme la condition historique centrale d'une société juste. Une telle critique sociale est essentiellement une critique historique du mode de distribution. En tant que *théorie* de la production, le marxisme traditionnel n'implique pas une *critique* de la production. Bien au contraire : c'est le mode de production qui fournit le point de vue de la critique et le critère à l'aide duquel est jugée l'adéquation historique du mode de distribution.

Autre aspect de cette manière de penser le socialisme impliquée par ce type de critique du capitalisme : le socialisme est une société où le travail, qui n'est plus entravé par les rapports capitalistes, structure ouvertement la société et où la richesse qu'il crée est distribuée de façon plus équitable. Dans le cadre traditionnel, la « réalisation » historique du travail – son plein développement historique et son émergence comme base de la société et de la richesse – est la condition fondamentale de l'émancipation sociale.

Cette vision du socialisme comme réalisation historique du travail apparaît clairement aussi dans l'idée selon laquelle, sous le socialisme, le prolétariat – la classe ouvrière intrinsèquement liée à la production industrielle – se réalise en tant que classe universelle. C'est-à-dire que la contradiction structurelle du capitalisme est vue, à un autre niveau, comme une opposition de classes entre les capitalistes qui possèdent et contrôlent la production, et les prolétaires qui, par leur travail, créent la richesse de la société (et des capitalistes) mais qui sont obligés de vendre leur force de travail pour survivre. Cette opposition de classes, parce qu'elle est fondée sur la contradiction structurelle du capitalisme, comporte une dimension historique : alors que la classe capitaliste est la classe dominante de l'ordre existant, la classe ouvrière s'enracine dans la production industrielle et, partant, dans les fondements historiques d'un nouvel ordre, la société socialiste. L'opposition entre les deux classes est vue à la fois comme une opposition entre exploités et exploiteurs, et comme une opposition entre intérêts universalistes et intérêts particularistes. Sous le capitalisme, la richesse sociale générale produite par les travailleurs ne bénéficie pas à tous les membres de la société, les capitalistes se l'approprient à leurs fins particularistes. La critique du capitalisme faite du point de vue du travail est une critique dans laquelle les rapports sociaux dominants (la propriété privée) sont critiqués comme particularistes à partir d'une position universaliste : ce qui est universel et vraiment social est constitué par le travail, mais empêché de se réaliser pleinement du fait des rapports capitalistes particularistes. Comme on le verra, la vision de l'émancipation impliquée par cette compréhension du capitalisme est totalisante.

À l'intérieur de ce cadre de base que j'appelle « marxisme traditionnel », il existe des différences politiques et théoriques d'une extrême importance : par exemple, les théories déterministes face aux tentatives de traiter la subjectivité sociale et la lutte de classes comme éléments intrinsèques de l'histoire du capitalisme ; les communistes de conseil face aux communistes de parti ; les théories « scientifiques » face à celles qui cherchent de diverses manières à synthétiser le marxisme et la psychanalyse ou à développer une théorie critique de la culture ou de la vie quotidienne. Cependant, dans la mesure où toutes ces positions se sont appuyées sur les postulats concernant le travail et les traits essentiels du capitalisme et du socialisme décrits plus haut, elles sont restées prisonnières du cadre marxiste traditionnel. Et si incisives que soient les diverses analyses économiques, culturelles, historiques, politiques et sociales produites par ce cadre, leurs limites sont devenues de plus en plus évidentes au cours du XXe siècle. Par exemple, la théorie a certes été en mesure d'analyser la trajectoire historique qui conduit du capitalisme libéral à un stade caractérisé par le dépassement total ou partiel du marché par l'État interventionniste en tant qu'agent principal de la distribution. Mais, comme la critique traditionnelle place le mode de distribution au cœur de sa réflexion, l'apparition du capitalisme interventionniste d'État a posé de sérieux problèmes à cette approche. Si les catégories de la critique de l'économie politique ne s'appliquent qu'à une économie médiatisée par un marché autorégulateur et par l'appropriation privée du surplus, alors la croissance de l'État interventionniste a rendu ces catégories de moins en moins adaptées à une critique sociale qui se veut parfaitement contemporaine. Elles ne saisissent plus la réalité sociale de façon adéquate. La théorie marxiste traditionnelle se révèle donc de moins en moins apte à fournir une critique historiquement adéquate au capitalisme postlibéral, et il ne lui reste alors que deux options : soit mettre entre parenthèses les transformations qualitatives du capitalisme au XXe siècle et insister sur les aspects de la forme-marché qui continue d'exister – et par là même concéder qu'elle est devenue une critique partielle ; soit limiter la validité des catégories de Marx au capitalisme du XIXe siècle et tenter de développer une critique nouvelle, censée être plus adéquate aux conditions contemporaines. Au cours de ce livre, je discuterai les difficultés théoriques soulevées par de telles tentatives.

Les faiblesses du marxisme traditionnel, lorsqu'il traite de la société postlibérale, sont particulièrement flagrantes dans ses tentatives d'analyser de façon systématique le « socialisme réellement existant ». Toutes les formes de marxisme traditionnel ne considèrent pas positivement les sociétés dites du « socialisme réellement existant » telles que l'URSS, mais ce type d'approche théorique ne permet aucune critique adéquate de cette forme de société. Les catégories de Marx, telles qu'on les interprète traditionnellement, sont peu utiles pour formuler une critique sociale d'une société régulée et dominée par l'État. Ainsi, dès lors que l'on considère l'URSS comme socialiste parce que le marché et la propriété privée y ont été abolis – la non-liberté persistante étant attribuée aux institutions bureaucratiques répressives –, cela donne à penser qu'il n'existe aucun rapport entre la nature de la sphère socio-économique et la nature de la sphère politique. Une telle position montre que les catégories de la critique sociale de Marx (telles que la valeur), lorsqu'elles sont comprises en termes de marché et de propriété privée, ne permettent pas de saisir les fondements de la non-liberté persistante, voire accrue, dans le « socialisme réellement existant » et que, donc, elles ne peuvent fournir la base d'une critique historique de ces sociétés. Quand on adopte cette position, la relation du socialisme à la liberté devient contingente ; en même temps, cela implique qu'une critique historique du capitalisme faite du point de vue du socialisme ne peut plus être considérée comme une critique des fondements de la non-liberté et de l'aliénation, comme une critique qui vise l'émancipation [1]. Ces problèmes fondamentaux révèlent les limites de l'interprétation traditionnelle. Ils montrent qu'une analyse du capitalisme centrée exclusivement sur la propriété privée et le marché ne peut plus servir de base adéquate à une théorie critique émancipatrice.

Plus cette faiblesse est devenue claire, plus le marxisme traditionnel a été mis en cause. En outre, la base théorique de sa critique sociale du capitalisme – l'affirmation que le travail humain est la source sociale de toute richesse – s'est vue critiquée du fait de l'importance croissante de la connaissance scientifique et de la technologie avancée dans le procès de production. Non seulement le marxisme traditionnel échoue à fournir la base d'une analyse historique adéquate du « socialisme réellement existant » (ou de son effondrement), mais encore son analyse critique du capitalisme et ses idéaux émancipateurs s'éloignent de plus en plus des thèmes et des sources de l'insatisfaction sociale actuelle dans les pays industriels avancés. Cela est particulièrement vrai de sa focalisation exclusive et positive sur les classes, de son affirmation du travail prolétarien industriel et des formes spécifiques de production et de « progrès » technologique propres au capitalisme. À une époque de critique grandissante de ce « progrès » et de cette « croissance », de conscience aiguë des problèmes écologiques, de large mécontentement à l'égard des formes de travail existantes, d'intérêt pour la

---

1. On peut faire une remarque comparable à propos du rapport entre le socialisme, lorsqu'il est déterminé en termes de planification économique et de propriété publique des moyens de production, et le dépassement de la domination fondée sur le genre [*gender*].

liberté politique et d'importance de plus en plus grande des identités sociales non fondées sur les classes (identité de genre ou raciale par exemple), le marxisme traditionnel semble toujours plus anachronique. À l'Est comme à l'Ouest, les développements du XXe siècle révèlent son inadéquation historique.

La crise du marxisme traditionnel ne fait toutefois nullement disparaître la nécessité d'une critique sociale qui soit adéquate au capitalisme contemporain[1]. Elle attire bien plutôt l'attention sur la nécessité d'une telle critique. On peut comprendre notre situation historique comme une transformation de la société capitaliste moderne d'aussi grande ampleur – socialement, politiquement, économiquement et culturellement – que la précédente transformation du capitalisme libéral en capitalisme interventionniste d'État. Il semble que nous entrions dans une nouvelle phase historique du capitalisme développé[2]. Les contours de cette nouvelle phase n'apparaissent pas encore nettement, mais les deux dernières décennies témoignent d'un relatif déclin des institutions et des centres de décision qui se trouvaient au cœur du capitalisme interventionniste d'État – une forme caractérisée par la production centralisée, de puissants syndicats ouvriers, l'intervention permanente du gouvernement dans l'économie et un État-providence largement développé. Deux tendances historiques apparemment opposées ont contribué à cet affaiblissement des institutions centrales de la phase interventionniste d'État du capitalisme : d'un côté, une décentralisation partielle de la production et de la politique, et avec elle l'émergence d'une pluralité de groupes sociaux, d'organisations, de mouvements, de partis, de sous-cultures ; de l'autre, un processus de mondialisation et de concentration du capital qui s'effectue à un nouveau niveau très abstrait, très éloigné de l'expérience immédiate, et qui pour l'instant semble échapper au contrôle effectif de l'État.

---

1. Voir Stanley Aronowitz, *The Crisis in Historical Materialism*, 1981.

2. Quelques essais retraçant et théorisant cette nouvelle phase du capitalisme : David Harvey, *The Condition of Postmodernity*, 1989 ; Scott Lash et John Urry, *The End of Organized Capitalism*, 1987 ; Claus Offe, *Disorganized Capitalism*, 1985 ; Michael J. Piore et Charles F. Sabel, *Les Chemins de la prospérité. De la production de masse à la spécialisation souple*, Hachette, 1989 ; Ernest Mandel, *Le Troisième Âge du capitalisme*, La Passion, 1997 ; Joachim Hirsch et Roland Roth, *Das neue Gesicht des Kapitalismus*, 1986.

Ces tendances ne doivent toutefois pas être comprises en termes de processus historique linéaire. Elles incluent des développements qui font ressortir le caractère inadéquat et anachronique de la théorie traditionnelle – par exemple, l'apparition de nouveaux mouvements sociaux (mouvements écologiques, mouvements féministes, mouvements d'émancipation des minorités) et l'insatisfaction croissante à l'égard des (et la polarisation contre les) formes de travail existantes, les institutions et les systèmes de valeur traditionnels. En même temps, depuis le début des années 1970, notre situation historique se caractérise aussi par la réapparition de manifestations « classiques » du capitalisme industriel, telles que les dislocations économiques au niveau mondial et l'intensification de la rivalité intercapitaliste à l'échelle planétaire. Si on les considère ensemble, ces développements impliquent qu'une critique adéquate de la société capitaliste actuelle devrait pouvoir saisir ce qu'il y a en eux de nouveau *et* de continuité dans le capitalisme.

En d'autres termes, cette analyse doit éviter le caractère théorique unilatéral propre à des versions plus orthodoxes[1] du marxisme traditionnel. Ces dernières sont fréquemment aptes à montrer que les crises et la rivalité intercapitaliste sont des caractéristiques permanentes du capitalisme (malgré l'apparition de l'État interventionniste), mais elles n'interrogent pas les changements historiques qualitatifs concernant l'identité et la nature des groupes sociaux porteurs de mécontentement et d'opposition ou concernant le caractère de leurs besoins, de leurs insatisfactions, de leurs aspirations et de leurs formes de conscience. En même temps, une analyse, pour être adéquate, doit aussi éviter la tendance non moins unilatérale qui consiste à aborder ces derniers changements en ignorant la « sphère économique » ou en se bornant à affirmer qu'avec l'apparition de l'État interventionniste les considérations économiques ont perdu de l'importance. Enfin, on ne peut formuler aucune critique adéquate – par la simple addition des analyses qui continuent de se focaliser sur les problèmes économiques et de celles qui traitent des changements sociaux et culturels qualitatifs –

----

1. Autrement dit, revenir au marxisme contemporain du capitalisme libéral du XIXe siècle sous prétexte que le capitalisme est entré dans une phase néo*libérale* constituerait une régression par rapport aux avancées théoriques liées à la phase keynéso-fordiste. (N.d.T.)

aussi longtemps que les postulats théoriques de cette critique restent ceux de la théorie marxiste traditionnelle. Le caractère toujours plus anachronique du marxisme traditionnel et ses grandes faiblesses en tant que théorie critique émancipatrice lui sont intrinsèques et ces faiblesses s'enracinent en dernier ressort dans son incapacité à saisir le capitalisme adéquatement.

Cet échec est devenu patent à la lumière de l'actuelle transformation du capitalisme moderne. De même que la Grande Dépression a révélé les limites de l'« autorégulation » économique par le marché et les faiblesses des conceptions assimilant le capitalisme au capitalisme libéral, de même la période de crise qui clôt l'ère de prospérité et d'expansion économique de l'après-guerre met en lumière les limites de la capacité de l'État interventionniste à réguler l'économie ; cela met en question les conceptions linéaires du développement du capitalisme d'une phase libérale à une autre phase centrée sur l'État. L'expansion de l'État-providence après la Seconde Guerre mondiale a été rendue possible par une amélioration prolongée de la situation économique mondiale, qui s'est révélée depuis lors une phase du développement capitaliste – elle *n*'a *pas* été un effet des sphères politiques ayant réussi, et de façon permanente, à prendre le contrôle de la sphère économique. Pour preuve, le développement du capitalisme durant les deux dernières décennies a inversé les tendances ouvertes à la période précédente, en affaiblissant et en imposant des limites à l'interventionnisme d'État. Cela est apparu clairement dans la crise de l'État-providence à l'Ouest – qui annonce le décès du keynésianisme et réaffirme de manière visible la dynamique contradictoire du capitalisme – et dans la crise et l'effondrement de la plupart des États et des partis communistes à l'Est[1].

Il est à noter que, contrairement à la situation qui a suivi l'effondrement du capitalisme libéral à la fin des années 1920, les crises

---

1. Le rapport historique entre les deux montre implicitement qu'il ne faut pas concevoir le « socialisme réellement existant » et les systèmes d'État-providence à l'Ouest comme des sociétés radicalement différentes, mais comme des variations relativement importantes de la même forme interventionniste d'État du capitalisme mondial au XXe siècle. Loin de démontrer la victoire du capitalisme sur le socialisme, l'effondrement récent du « socialisme réellement existant » peut être vu comme l'effondrement de la forme la plus rigide, la plus vulnérable et la plus oppressive du capitalisme interventionniste d'État.

et les dislocations mondiales associées à la nouvelle transformation n'ont pas ou ont peu stimulé l'analyse critique fondée sur une position conduisant au possible dépassement du capitalisme. Sans doute faut-il voir là l'expression d'une incertitude théorique. La crise du capitalisme interventionniste d'État indique que le capitalisme continue de se développer selon une dynamique quasi autonome. Ce développement exige donc de reconsidérer de manière critique les théories qui ont interprété le remplacement du marché par l'État comme signifiant la fin effective des crises économiques. En même temps, la nature de ce qui sous-tend le capitalisme, du processus dynamique qui incontestablement s'affirme à nouveau, n'est pas claire. Il n'est plus convaincant de proclamer que le « socialisme » représente la réponse aux problèmes du capitalisme quand ce que l'on entend par là n'est que l'introduction de la planification centralisée et de la propriété d'État (ou même publique).

La « crise du marxisme » si souvent invoquée n'exprime donc pas seulement le rejet désabusé du « socialisme réellement existant », la déception à l'égard du prolétariat et l'incertitude quant à tout autre possible agent social d'une transformation sociale radicale. Elle exprime surtout une profonde incertitude sur l'essence même du capitalisme et sur ce que son dépassement pourrait signifier. Tout un éventail de positions théoriques des dernières décennies – le dogmatisme de nombreux groupes de la Nouvelle Gauche à la fin des années 1960 et au début des années 1970, les critiques purement politiques qui sont réapparues par la suite, et de nombreuses positions « postmodernes » contemporaines – peuvent être vues comme autant d'expressions d'une telle incertitude sur l'essence du capitalisme, voire d'un abandon de tout effort pour la saisir. On peut comprendre cette incertitude en partie comme l'expression de l'échec fondamental de l'approche marxiste traditionnelle. Les faiblesses de cette approche n'ont pas été mises en lumière seulement par ses difficultés face au « socialisme réellement existant » et aux besoins et insatisfactions exprimés par les nouveaux mouvements sociaux – plus fondamentalement, il est devenu clair que ce paradigme théorique ne propose pas une conception satisfaisante de l'essence même du capitalisme, une conception qui fonde une analyse adéquate des mutations du capitalisme et en saisisse les structures fondamentales d'une manière qui montre la possibilité de la transformation historique de ces structures. La transformation que suggère le marxisme traditionnel n'est plus une « solution » plausible aux maux de la société moderne.

Si l'on analyse la société moderne comme capitaliste et, partant, comme transformable à un niveau fondamental, alors il convient de repenser le noyau même du capitalisme. Sur cette base, il sera possible de formuler une autre théorie critique de l'essence et de la trajectoire de la société moderne, une théorie critique qui s'efforce de saisir socio-historiquement les fondements de la non-liberté et de l'aliénation dans la société moderne. Cette analyse contribuera également à la théorie de la démocratie politique. L'histoire du marxisme traditionnel n'a que trop clairement montré que la question de la liberté politique doit être au cœur de toute position critique. Toutefois, pour être adéquate, une théorie de la démocratie requiert toujours une analyse historique des conditions sociales de la liberté : il est donc impossible de la formuler à partir d'une position abstraitement normative ou à partir d'une position hypostasiant le royaume de la politique.

Reconstruire une théorie critique de la société moderne

Ma reconceptualisation de la nature de la théorie critique de Marx veut être une réponse à la transformation historique du capitalisme et aux faiblesses du marxisme traditionnel évoquées ci-dessus[1]. Ma lecture des *Grundrisse* de Marx (une première version de sa critique de l'économie politique pleinement élaborée) m'a

---

1. Iring Fetscher critique lui aussi certains principes essentiels des conceptions du socialisme impliqués par de nombreuses critiques traditionnelles du capitalisme. Il appelle à une critique démocratique renouvelée du capitalisme et du « socialisme réellement existant », à une critique qui analyse la croissance aveugle et les techniques de production contemporaines ; qui s'intéresse aux conditions sociales et politiques de la vraie hétérogénéité culturelle et individuelle ; qui, enfin, soit réceptive au thème d'une relation écologiquement harmonieuse entre les hommes et la nature. Voir Iring Fetscher, « The Changing Goals of Socialism in the Twentieth Century » *in Social Research* n° 47 (printemps 1980). Pour une version plus précoce de cette position, voir Fetscher, *Karl Marx und der Marxismus*, 1967.

conduit à réévaluer la théorie critique qu'il développe dans ses écrits de maturité, en particulier dans *Le Capital*. Selon moi, cette théorie est différente du marxisme traditionnel, et plus forte ; elle a également une plus grande pertinence pour le présent. La réinterprétation ici présentée de la conception marxienne des rapports sociaux structurants du capitalisme me semble pouvoir constituer le point de départ d'une théorie critique du capitalisme susceptible de dépasser de nombreux défauts de l'interprétation traditionnelle et d'aborder de façon plus satisfaisante de nombreux problèmes et développements récents.

Cette réinterprétation a été influencée par les approches développées par Georges Lukács (en particulier, dans *Histoire et conscience de classe*) et les membres de l'École de Francfort, tout en en proposant une critique. Ces approches fondées sur une compréhension raffinée de la critique de Marx ont répondu, par une reconceptualisation du capitalisme, à la transformation historique de cette formation sociale, d'une forme libérale, centrée sur le marché, en une autre, organisée, bureaucratique, centrée sur l'État. Dans cette tradition interprétative, la théorie de Marx n'est pas seulement considérée comme une théorie de la production matérielle et de la structure de classe, et encore moins comme une théorie économique. Elle est comprise comme une théorie de la constitution historique de formes déterminées réifiées d'objectivité et de subjectivité sociales ; la critique marxienne de l'économie politique est considérée comme une tentative d'analyser de manière critique les formes culturelles et les structures sociales de la civilisation capitaliste[1]. De plus, la théorie de Marx est pensée comme saisissant le rapport théorie/société de façon autoréflexive parce qu'elle vise à analyser son propre contexte – la société capitaliste –, ce qui fait qu'elle se localise elle-même historiquement et rend compte de la possibilité de son propre point de vue. (Cette tentative de fonder

---

1. Pour des travaux sur cette position, voir Georges Lukács, *Histoire et conscience de classe*, Minuit, 1960 ; Max Horkheimer, « Théorie traditionnelle et théorie critique » dans l'ouvrage homonyme, Gallimard, 1974 ; Herbert Marcuse, « La philosophie et la théorie critique » *in Culture et société*, Minuit, 1970 ; Theodor W.-Adorno, *Dialectique négative*, Payot, 1978 ; Alfred Schmidt, « Zum Erkenntnisbegriff der Kritik der politischen Ökonomie » *in* Walter Euchner et Alfred Schmidt (dir.), *Kritik der politischen Ökonomie heute : 100 Jahre Kapital*, 1968.

socialement la possibilité d'une critique théorique est vue comme un aspect nécessaire de toute tentative de fonder la possibilité d'une action sociale d'opposition et de transformation.)

Si je suis en accord avec le projet général de ces théoriciens de développer une ample et cohérente critique sociale, politique et culturelle adéquate à la société capitaliste contemporaine, au moyen d'une théorie sociale autoréflexive à visée émancipatrice, je pense aussi, comme je le montrerai, que certains de leurs postulats théoriques ont empêché Lukács et les membres de l'École de Francfort, chacun de manière différente, de réaliser pleinement le but qu'ils s'étaient assigné. D'un côté, ils ont reconnu l'inadéquation d'une théorie critique de la modernité qui prétendait définir le capitalisme dans les termes du XIXe siècle, c'est-à-dire en termes de marché et de propriété privée ; de l'autre, ils sont restés attachés à certains présupposés de ce type même de théorie, en particulier, à la conception transhistorique du travail. Leur visée programmatique de développer une conception adéquate du capitalisme du XXe siècle ne pouvait pas être atteinte sur la base d'une telle compréhension du travail. J'entends m'approprier la force critique de cette tradition interprétative en réinterprétant l'analyse marxienne de la nature et de la signification du travail sous le capitalisme.

Selon moi, bien que l'analyse de Marx comporte une critique de l'exploitation et du mode de distribution bourgeois (le marché, la propriété privée), elle n'est pas entreprise du point de vue du travail, mais fondée sur une critique du travail sous le capitalisme. La théorie critique de Marx tente de montrer que, sous le capitalisme, le travail joue un rôle historiquement unique en médiatisant les rapports sociaux, et de mettre en lumière les conséquences de cette forme de médiation. Le fait que Marx place au cœur de sa réflexion le travail sous le capitalisme ne signifie pas que le procès de production matériel soit nécessairement plus important que les autres sphères de la vie sociale. L'analyse marxienne de la spécificité du travail sous le capitalisme montre en réalité que la production n'est pas un processus purement technique ; la production est intimement liée aux rapports sociaux de base de cette société et façonnée par eux. Il est donc impossible de comprendre cette société seulement en termes de marché et de propriété privée. Cette interprétation de la théorie de Marx jette les bases d'une critique de la forme de production et de la forme de richesse (c'est-à-dire la valeur) qui caractérisent le capitalisme et ne met pas seulement en question leur appropriation privée. Elle définit le capitalisme comme une forme de domination abstraite liée à la spécificité du travail dans cette société et localise dans cette forme de domination le fondement social ultime de la « croissance » aveugle et de la fragmentation croissante du travail et même de l'existence individuelle. Elle suggère aussi que la classe ouvrière *fait partie intégrante* du capitalisme au lieu d'en incarner la négation. Comme on le verra, cette approche réinterprète la conception de l'aliénation de Marx par rapport à sa critique du travail sous le capitalisme – et place cette conception réinterprétée de l'aliénation au cœur de sa critique du capitalisme.

De toute évidence, cette critique du capitalisme se distingue complètement du type de critique « productiviste » propre à de nombreuses interprétations marxistes traditionnelles, critique qui affirme le travail prolétarien, la production industrielle et la « croissance » industrielle sans entraves. En effet, selon la relecture ici proposée, la position productiviste ne représente pas une critique fondamentale : non seulement elle échoue à désigner, au-delà du capitalisme, une possible autre société, mais encore elle affirme certains aspects centraux du capitalisme lui-même. À cet égard, la reconstruction de la théorie critique du Marx de la maturité entreprise ici ouvre la voie à une critique du paradigme productiviste dans la tradition marxiste. Nous verrons que ce que la tradition marxiste considère habituellement de façon affirmative est l'objet même de la critique du Marx de la maturité. Je n'entends pas seulement indiquer cette différence pour montrer que la théorie de Marx *n'est pas* productiviste – et par conséquent mettre en question une tradition théorique qui prétend s'appuyer sur les textes de Marx –, mais pour montrer comment la théorie même de Marx fournit une critique vigoureuse du paradigme productiviste, qui ne rejette pas seulement ce paradigme comme faux mais cherche à en rendre compte en termes socio-historiques. Tout cela, Marx le fait en fondant théoriquement la possibilité de sa pensée dans les formes sociales structurantes du capitalisme. Ainsi l'analyse catégorielle[1]

---

1. Afin d'éviter les malentendus que pourrait susciter le terme « catégorique », j'utilise « catégoriel » quand il s'agit de la tentative de Marx de saisir les formes de vie sociale moderne à l'aide des catégories de sa critique de maturité.

que Marx fait du capitalisme fournit-elle les bases d'une critique du paradigme de la production en tant que position exprimant certes un moment de la réalité historique du capitalisme – mais de façon transhistorique et, partant, non critique et affirmative.

Je proposerai une interprétation comparable de la théorie de l'histoire de Marx. L'idée de logique immanente au développement historique que l'on trouve dans ses écrits de maturité n'est pas, elle non plus, transhistorique et affirmative – elle est critique et se rapporte spécifiquement au capitalisme. Marx localise le fondement d'une forme particulière de logique historique dans les formes sociales spécifiques à la société capitaliste. Sa position ne consiste pas à affirmer l'existence d'une logique transhistorique de l'histoire ou à nier toute forme de logique historique, mais à traiter cette logique particulière comme une caractéristique de la société capitaliste pouvant être (et ayant été) rétroprojetée sur toute l'histoire humaine.

En cherchant ainsi à rendre historiquement et socialement plausibles des formes de pensée, la théorie de Marx tente réflexivement de rendre plausibles ses propres catégories. La théorie est donc traitée comme partie intégrante de la réalité sociale dans laquelle elle s'inscrit. L'approche que je propose vise à formuler une critique du paradigme de la production à partir des catégories sociales de la critique marxienne de la production et, du même coup, à relier la critique théorique à une possible critique sociale. Cette approche jette les bases d'une théorie critique de la société moderne, qui n'entraîne ni une affirmation abstraitement universaliste et rationaliste de la modernité ni une critique antirationaliste et antimoderne. Elle vise bien plutôt à dépasser ces deux positions en traitant leur opposition comme historiquement déterminée et enracinée dans l'essence des rapports sociaux capitalistes.

La réinterprétation de la théorie critique de Marx ici présentée repose sur le réexamen des catégories fondamentales de sa critique de l'économie politique – telles que valeur, travail abstrait, marchandise et capital. Selon Marx, ces catégories « expriment [...] des formes d'existence *[Daseinsformen]*, des déterminations existentielles *[Existenzbestimmungen]* [...] de cette société déterminée »[1]. Elles sont pour ainsi dire les catégories d'une ethnographie critique

---

1. Karl Marx, *Grundrisse*, t. I, p. 41.

de la société capitaliste, faite de l'intérieur : des catégories censées exprimer les formes fondamentales d'objectivité et de subjectivité sociales qui structurent les dimensions sociales, économiques, historiques et culturelles de la vie dans cette société et qui sont elles-mêmes constituées par des formes déterminées de pratique sociale.

Très souvent, cependant, les catégories de la critique de Marx ont été prises pour des catégories purement économiques. La « théorie de la valeur-travail » de Marx, par exemple, a été comprise comme une tentative d'expliquer « d'abord, les prix relatifs et le taux de profit à l'équilibre ; puis, la condition de possibilité de la valeur d'échange et du profit ; et enfin, l'allocation rationnelle des biens dans une économie planifiée »[1]. Une approche aussi limitée des catégories, à supposer qu'elle se soucie des dimensions sociales, historiques et épistémologico-culturelles de la théorie critique de Marx, ne les comprend qu'en fonction des passages faisant explicitement référence à ces dimensions et pris hors de leur contexte dans l'analyse catégorielle de Marx. Or la profondeur et la nature systématique de la théorie critique de Marx ne peuvent être saisies que par une analyse de ses catégories comprises en tant que déterminations de l'être social sous le capitalisme. C'est seulement en comprenant les déclarations explicites de Marx par rapport au déploiement de ses catégories que l'on peut adéquatement reconstruire la logique interne de sa critique. C'est donc avec une grande attention que je réexaminerai les déterminations et les implications des catégories de base de la théorie critique de Marx.

En réinterprétant la critique marxienne, je vise à reconstruire sa nature systématique et à retrouver sa logique interne. Je n'examinerai pas la possibilité de tendances divergentes ou contradictoires dans les écrits de maturité de Marx ni ne retracerai le développement de sa pensée. Sur le plan méthodologique, j'entends interpréter les catégories fondamentales de la critique de l'économie politique de Marx de la façon la plus logiquement cohérente et la plus systématiquement pertinente possible afin de développer la théorie du noyau du capitalisme (celle qui définit le capitalisme en tant que tel à travers ses diverses phases) impliquée par ces catégories. Ma critique du marxisme traditionnel fait partie intégrante de

---

1. Jon Elster, *Karl Marx. Une interprétation analytique*, PUF, 1989, p. 180.

cette reconceptualisation de la théorie marxienne à son plus haut degré de cohérence.

Cette approche pourrait aussi servir de point de départ au projet de localiser historiquement l'œuvre même de Marx. Une telle tentative réflexive permettrait en effet d'étudier les possibles tensions internes et les éléments « traditionnels » dans ses écrits en s'appuyant sur la théorie, impliquée par ses catégories fondamentales, de la nature profonde et de la trajectoire du capitalisme. Certaines de ces tensions internes pourraient alors être comprises en termes de tension entre, d'un côté, la logique de l'analyse catégorielle que Marx fait du capitalisme en tant que tout et, de l'autre, sa critique plus immédiate du capitalisme libéral – c'est-à-dire en termes de tension entre deux niveaux différents de localisation historique. Dans cet ouvrage, j'écrirai toutefois comme si l'autocompréhension de Marx[1] était celle impliquée par la logique de sa théorie du noyau de la formation sociale capitaliste. Comme j'espère contribuer ici à la reconstitution d'une théorie sociale critique systématique du capitalisme, la question de savoir si l'autocompréhension réelle de Marx est bien adéquate à cette logique s'avère d'une importance secondaire.

Ce livre est conçu comme le stade initial de ma réinterprétation de la critique marxienne. Il veut d'abord être un travail de clarification théorique fondamentale, et non pas un exposé pleinement élaboré de cette critique, encore moins une théorie développée du capitalisme contemporain. Aussi ne traiterai-je pas directement de la nouvelle phase du capitalisme développé. Je tenterai d'interpréter la conception des rapports structurants fondamentaux de la société moderne, qui est celle de Marx, telle qu'elle est exprimée par ses catégories de marchandise et de capital, de façon à ne limiter ces rapports de base à aucune des grandes phases du capitalisme développé – et peut-être par là même à leur permettre d'éclairer la nature de ce qui fonde la société en tant que tout. Cela fournira la base d'une analyse de la société moderne du XXᵉ siècle en termes d'éloignement croissant du capitalisme d'avec sa forme bourgeoise originelle.

Je commencerai par une esquisse générale de ma réinterprétation fondée sur l'analyse de plusieurs sections des *Grundrisse*. Puis, sur cette base, j'examinerai en détail les postulats du marxisme traditionnel au chapitre II. Afin de clarifier encore mon approche et de

---

1. L'idée que Marx a de son propre travail. (N.d.T.)

montrer ce qu'elle doit à la théorie critique contemporaine, j'étudierai au chapitre III les tentatives faites par les membres de l'École de Francfort – en particulier, Friedrich Pollock et Max Horkheimer – pour développer une théorie sociale critique adéquate aux importants changements survenus dans la société capitaliste du XXe siècle. J'étudierai, par rapport à mes interprétations du marxisme traditionnel et de Marx, les impasses théoriques et les faiblesses auxquelles ont abouti leurs tentatives ; ces impasses et faiblesses signalent les limites d'une théorie qui tente de se mesurer au capitalisme postlibéral tout en conservant certains présupposés fondamentaux du marxisme traditionnel.

Mon analyse de ces limites veut être une réponse aux impasses théoriques de la Théorie critique. On peut bien sûr comprendre le travail de Jürgen Habermas comme une autre réponse ; mais Habermas conserve trop de ce que je considère comme une compréhension transhistorique du travail. Ma critique de ce type de compréhension cherche donc aussi à montrer la possibilité d'une théorie sociale critique réélaborée qui se distingue de celle de Habermas. Une telle théorie devra se passer à la fois des conceptions évolutionnistes de l'histoire et de l'idée selon laquelle la vie sociale des hommes se fonde sur un principe ontologique qui « vient à soi » au cours du développement historique : par exemple, le travail dans le marxisme traditionnel ou l'agir communicationnel dans les travaux récents de Habermas[1].

Dans la deuxième partie du livre, je commencerai ma reconstruction de la critique marxienne, et celle-ci éclairera rétrospectivement le fondement de ma critique du marxisme traditionnel. Dans *Le Capital*, Marx s'efforce d'expliciter la société capitaliste en identifiant ses formes sociales fondamentales puis, sur cette base, en développant soigneusement un ensemble de catégories interdépendantes permettant d'expliquer le mécanisme qui sous-tend le capitalisme. Après avoir posé les catégories dont il pense qu'elles saisissent les structures centrales de la société – telles que marchandise, valeur et travail abstrait –, Marx les déploie de façon systématique pour englober des niveaux toujours plus concrets et plus complexes de la réalité sociale. Je me propose ici de clarifier les catégories fondamentales avec lesquelles Marx commence son analyse, c'est-à-dire

---

1. Voir Jürgen Habermas, *Théorie de l'agir communicationnel*, Fayard, 1987.

le niveau le plus abstrait et le plus fondamental de cette analyse. À mon sens, de nombreux interprètes sont passés trop rapidement au niveau de l'analyse de la réalité sociale concrète immédiate et ont donc sous-estimé certains aspects des catégories structurantes fondamentales elles-mêmes.

Au chapitre IV, j'examinerai la catégorie de travail abstrait et, au chapitre V, celle de temps abstrait. À partir de là, j'examinerai de manière critique au chapitre VI la critique de Marx par Habermas et je reconstruirai aux chapitres VII, VIII et IX les déterminations initiales du concept de capital chez Marx et ses idées de contradiction et de dynamique historique. Dans ces chapitres, je m'efforcerai de clarifier les catégories les plus fondamentales de la théorie de Marx, ce qui permettra de fonder ma critique du marxisme traditionnel et de justifier mon affirmation selon laquelle la logique du déploiement catégoriel dans *Le Capital* converge avec la présentation faite dans les *Grundrisse* de la contradiction du capitalisme et de la nature du socialisme. Tout en jetant les bases de l'étape suivante de ma reconstruction théorique, j'extrapolerai aussi parfois à partir de mon argumentation afin d'en montrer les implications pour une analyse de la société contemporaine. De telles extrapolations sont des déterminations initiales et abstraites de certains aspects du capitalisme moderne fondées sur ma reconstruction du niveau le plus fondamental de la théorie critique de Marx ; il ne s'agit pas d'une tentative d'analyser directement, sans médiation, un niveau plus concret de la réalité sociale à partir des catégories les plus abstraites.

Sur la base de ce que j'aurai développé ici, je poursuivrai ce projet de reconstruction dans un livre ultérieur. Selon moi, le présent ouvrage démontre la plausibilité de ma réinterprétation de la critique marxienne de l'économie politique et de la critique du marxisme traditionnel qui lui est associée. Elle indique la logique de la théorie de Marx et sa possible pertinence pour la reconstruction d'une théorie critique de la société moderne. En même temps, cette approche doit être pleinement développée avant que la question de la validité de ses catégories en tant que catégories d'une théorie critique de la société contemporaine puisse être posée de manière adéquate.

Les *Grundrisse* :
repenser la conception marxienne du capitalisme
et du dépassement de cette formation sociale

Ma réinterprétation de la théorie critique du Marx de la maturité procède d'une lecture des *Grundrisse der Kritik der politischen Ökonomie*, un manuscrit rédigé par Marx en 1857-1858[1]. Les *Grundrisse* constituent un bon point de départ pour la réinterprétation que je me propose : elles sont plus faciles à déchiffrer que *Le Capital* qui est lui sujet à la méprise car structuré, de manière rigoureusement logique, en critique immanente – c'est-à-dire en critique entreprise d'un point de vue immanent à son objet d'étude, et non extérieur à lui. Parce que les *Grundrisse* ne sont pas structurées de façon aussi rigoureuse, l'intention stratégique générale de l'analyse catégorielle y est plus accessible, en particulier dans les sections où Marx présente sa conception de la contradiction principale du capitalisme. Dans ces manuscrits, l'analyse marxienne du noyau de la société capitaliste et de la nature de son dépassement historique a une signification actuelle : elle met en question les interprétations de la théorie de Marx qui placent au premier plan le marché, la domination de classe et l'exploitation[2].

J'essaierai de montrer comment ces sections des *Grundrisse* indiquent que les catégories de la théorie de Marx sont historiquement spécifiques, que la critique marxienne du capitalisme porte autant sur le mode de production que sur le mode de distribution, et que l'on ne peut concevoir l'idée marxienne de contradiction fondamentale du capitalisme comme une simple contradiction entre, d'un côté, le marché et la propriété privée et, de l'autre, la production industrielle. Autrement dit, mon étude de la façon dont Marx traite la contradiction du capitalisme dans les *Grundrisse* fait apparaître

---

1. Certains des arguments présentés dans cette section ont d'abord été développés *in* Moishe Postone, « Necessity, Labor and Time », *Social Research* nº 45 (hiver 1978).

2. La possible signification contemporaine des *Grundrisse* est également reconnue par Herbert Marcuse *in L'Homme unidimensionnel*, Minuit, 1968 ; et, plus récemment, par André Gorz *in Les Chemins du Paradis*, Galilée, 1983. Pour une analyse riche et approfondie des *Grundrisse* et de leur rapport avec *Le Capital*, voir Roman Rosdolsky, *La Genèse du* Capital *chez Karl Marx*, Maspero, 1976 [seulement un volume paru en français, N.d.T.].

la nécessité d'un profond réexamen de la nature de la théorie critique du Marx de la maturité : elle montre en particulier que l'analyse marxienne du travail sous le capitalisme est historiquement spécifique et que la théorie critique du Marx de la maturité est une critique du travail sous le capitalisme, et non pas une critique du capitalisme faite du point de vue du travail. Cela posé, je serai en mesure de dire pourquoi, dans la critique de Marx, les catégories fondamentales de la vie sociale sont les catégories du travail. Cela ne va nullement de soi et ne peut être justifié simplement en montrant l'importance incontestable du travail pour la vie sociale en général[1].

Dans les *Grundrisse*, l'analyse marxienne de la contradiction entre les « rapports de production » et les « forces productives » sous le capitalisme diffère de celle des théories marxistes traditionnelles qui se focalisent sur le mode de distribution et comprennent la contradiction comme une contradiction entre la sphère de la distribution et la sphère de la production. Marx critique explicitement les approches théoriques qui pensent la transformation historique en termes de mode de distribution sans examiner la possibilité de transformer le mode de production. Il prend pour exemple de ce type d'approche l'affirmation de John Stuart Mill selon laquelle « les lois et conditions de la production de la richesse participent du caractère des vérités physiques [...] Il n'en est pas de même de la distribution de la richesse. C'est l'affaire uniquement des institutions humaines »[2]. Pour Marx, une telle séparation ne se justifie pas : « Les "lois et conditions" de la production de la richesse et les lois de la "distribution de la richesse" sont les mêmes lois sous une forme différente, et ces deux séries alternent et se fondent dans le même procès historique ; [elles] ne sont tout bonnement que des moments d'un procès historique »[3].

Toutefois, chez Marx, le concept de mode de distribution ne se rapporte pas seulement à la manière dont les biens et le travail sont socialement distribués (par exemple, au moyen du marché). Il poursuit en décrivant « l'absence de propriété chez le travailleur et

---

1. On pourrait faire une remarque comparable à propos des théories qui placent le langage au cœur de leurs analyses de la vie sociale.

2. John Stuart Mill, *Principles of Political Economy*, 2ᵉ éd., 1849, vol. 1, pp. 239-240 (cité par Marx, *Grundrisse*, t. II, p. 324).

3. *Grundrisse*, t. II, p. 324.

[...] l'appropriation du travail d'autrui par le capital »[1] – c'est-à-dire les rapports de propriété capitalistes – comme « ces modes de distribution [qui] sont les rapports de production eux-mêmes, mais seulement *sub specie distributionis* »[2]. Ces citations montrent que, pour Marx, le concept de mode de distribution englobe les rapports de propriété capitalistes. Elles impliquent également que l'on ne peut comprendre le concept de « rapports de production » uniquement en termes de mode de distribution mais qu'il faut aussi le considérer *sub specie productionis* – autrement dit, elles impliquent que l'on ne doit pas comprendre les rapports de production comme on le fait traditionnellement. Si Marx considère que les rapports de propriété sont des rapports de distribution[3], il s'ensuit que le concept marxien de rapports de production ne peut pas être pleinement saisi en termes de rapports de classes capitalistes enracinés dans la propriété privée des moyens de production et exprimés par la distribution sociale inégale du pouvoir et de la richesse. En fait, ce concept doit aussi être compris par rapport au mode de production sous le capitalisme[4].

En même temps, si le procès de production et les rapports sociaux capitalistes fondamentaux sont liés, alors le mode de production ne peut pas être assimilé aux forces productives qui finissent par entrer en contradiction avec les rapports de production capitalistes. Il faut bien plutôt considérer le mode de production lui-même comme intrinsèquement lié au capitalisme. Autrement dit, ces passages suggèrent que la contradiction marxienne ne doit pas être conçue comme une contradiction entre, d'un côté, la production industrielle et, de l'autre, le marché et la propriété privée capitaliste ; et par conséquent, la compréhension marxienne des forces

---

1. *Ibid.*

2. *Ibid.*

3. Pour simplifier, j'appelle « rapports de distribution » les « rapports de production *sub specie distributionis* ».

4. Comme je le développerai plus loin, la distinction entre les rapports de production proprement dits et les rapports de distribution est importante pour comprendre la relation entre les catégories du livre I du *Capital* (valeur, survaleur, procès de valorisation et d'accumulation) et les catégories du livre III (prix, profit et revenu). Les premières sont censées exprimer les rapports sous-jacents au capitalisme, ses « rapports de production » de base ; les secondes, selon Marx, sont les catégories de la distribution.

productives et des rapports de production doit être repensée fondamentalement. Le concept de dépassement du capitalisme chez Marx n'entraîne apparemment pas une simple transformation du mode de distribution existant, mais aussi celle du mode de production. C'est à ce propos que Marx montre, précisément pour l'approuver, la signification de la pensée de Charles Fourier : « Même si Fourier pense à tort que le travail peut devenir jeu, il a le grand mérite d'avoir énoncé comme objectif ultime, non pas l'abolition du mode de distribution, mais celle du mode de production lui-même et son dépassement en une forme supérieure »[1].

Dire que l'« objectif ultime », c'est l'« abolition » ou le dépassement du mode de production lui-même, c'est dire que le mode de production incorpore les rapports capitalistes. Et en effet la critique que Marx fait de ces rapports montre la possibilité d'une transformation historique de la production :

> « Il n'est pas besoin d'une particulière perspicacité pour comprendre qu'en partant p. ex. du travail libre résultant de l'abolition du servage, ou travail salarié, les machines ne peuvent *apparaître* qu'en opposition au travail vivant, face à lui, comme propriété lui étant étrangère et comme une puissance hostile ; c.-à-d. qu'elles doivent, en tant que capital, lui faire face. Mais il est également facile de comprendre que les machines ne cesseront pas d'être les agents de la production sociale dès l'instant qu'elles deviendront par exemple la propriété des ouvriers associés. Simplement, dans le premier cas, leur distribution, c.-à-d. le fait qu'elles *n'appartiennent pas* à l'ouvrier, est tout autant condition du mode de production fondé sur le travail salarié. Dans le second cas, la distribution modifiée proviendrait d'une base de production nouvelle, *modifiée*, issue seulement du procès historique »[2].

Pour comprendre plus clairement la nature de l'analyse de Marx et saisir ce qu'il entend par une transformation du mode de production, il nous faut étudier sa conception de la « base » de la production (capitaliste). C'est-à-dire que nous devons analyser son concept

---

1. *Grundrisse*, t. II, pp. 199-200 [trad. mod. N.d.T.].
2. *Ibid.*, t. II, p. 324.

de « mode de production fondé sur le travail salarié » et examiner ce que signifie « une base de production nouvelle ».

Le noyau du capitalisme

Notre étude de l'analyse marxienne du capitalisme commence par une section des *Grundrisse* d'une importance cruciale intitulée « Contradiction entre la *base* de la production bourgeoise *(mesure de la valeur)* et son développement proprement dit »[1]. Marx ouvre cette section par ces mots : « L'échange de travail vivant contre du travail objectivé, c'est-à-dire la position du travail social sous la forme de l'opposition entre capital et travail salarié – est le dernier développement du *rapport de valeur* et de la production reposant sur la valeur »[2]. Le titre et la première phrase de cette section des *Grundrisse* indiquent que, pour Marx, la catégorie de valeur exprime les rapports de production capitalistes de base – ces rapports sociaux qui caractérisent spécifiquement le capitalisme en tant que mode de vie sociale – et le fait que, sous le capitalisme, cette production est fondée sur la valeur. En d'autres termes, la valeur, dans l'analyse de Marx, constitue la « base de la production bourgeoise ».

L'une des particularités de la catégorie de valeur, c'est qu'elle est censée exprimer une forme déterminée de rapports sociaux en même temps qu'une forme de richesse. Toute étude de la valeur doit donc mettre en lumière ces deux aspects. Nous avons vu que la valeur, en tant que catégorie de richesse, a généralement été conçue comme une catégorie du marché ; pourtant, lorsque Marx, au cours de son examen du « rapport de valeur » dans les passages cités, se réfère à l'« échange », il le fait par rapport au procès de production capitaliste lui-même. L'échange auquel il se réfère n'est pas celui qui s'effectue au niveau de la circulation, mais au niveau de la production : « l'échange de travail vivant contre du travail objectivé ». Cela signifie que la valeur ne doit pas être comprise simplement comme une catégorie du mode de distribution des marchandises, c'est-à-dire comme une tentative de fournir la base conceptuelle de

---

1. *Ibid.*, t. II, p. 396 (c'est moi qui souligne le mot « base »).
2. *Ibid.*, t. II, p. 192.

l'automatisme du marché autorégulateur ; cela signifie qu'elle doit être comprise comme une catégorie de la production capitaliste même. Il apparaît donc qu'il faille réinterpréter le concept marxien de contradiction entre forces productives et rapports de production comme se rapportant à des moments différenciables du procès de production. « La production reposant sur la valeur » et « le mode de production fondé sur le travail salarié » semblent étroitement liés. Cela requiert une étude plus précise.

Lorsque Marx analyse la production reposant sur la valeur, il la décrit comme un mode de production dont « la condition implicite [...] est *et demeure* : la masse de temps de travail immédiat, le quantum de travail employé comme facteur décisif de la production de la richesse »[1]. Selon Marx, ce qui caractérise la valeur comme forme de richesse, c'est qu'elle est constituée par la dépense de travail humain immédiat dans le procès de production, qu'elle demeure liée à une telle dépense en tant que facteur déterminant dans la production de la richesse, et qu'elle possède une dimension temporelle. La valeur est une forme sociale qui exprime et se fonde sur la dépense de temps de travail immédiat. Cette forme, pour Marx, se trouve au cœur même de la société capitaliste. En tant que catégorie des rapports sociaux capitalistes fondamentaux, la valeur exprime ce qui est et demeure le principe de base de la production capitaliste. En même temps, une tension croissante se fait jour entre ce principe de base du mode de production capitaliste et les résultats de son propre développement historique :

> « Cependant, à mesure que se développe la grande industrie, la création de la richesse réelle dépend moins du temps de travail et du quantum de travail employé que de la puissance des agents mis en mouvement au cours du temps de travail, laquelle à son tour – leur puissance efficace – n'a elle-même aucun rapport avec le temps de travail immédiatement dépensé pour les produire, mais dépend bien plutôt du niveau général de la science et du progrès de la technologie, autrement dit de l'application de cette science à la production. [...] La richesse réelle se manifeste plutôt [...] dans l'extraordinaire disproportion entre le temps de travail utilisé et son produit, tout comme

---

1. *Ibid.* (c'est moi qui souligne).

dans la discordance qualitative entre un travail réduit à une pure abstraction et la force du procès de production qu'il contrôle »[1].

L'opposition entre valeur et « richesse réelle » – c'est-à-dire entre une forme de richesse qui dépend « du temps de travail et du quantum de travail employé » et une forme qui n'en dépend pas – est essentielle à ces passages et pour comprendre la théorie de la valeur de Marx et la conception marxienne de la contradiction fondamentale de la société capitaliste. Elle indique clairement que la valeur ne se rapporte pas à la richesse en général, mais qu'elle est une catégorie historiquement spécifique et transitoire censée saisir le principe de base du capitalisme. De plus, elle n'est pas simplement une catégorie du marché, une catégorie saisissant un mode historiquement particulier de distribution sociale de la richesse. Cette interprétation centrée sur le marché – qui s'apparente à la position de Mill selon laquelle le mode de distribution peut varier dans l'histoire mais pas le mode de production – implique l'existence d'une forme transhistorique de richesse qui est distribuée différemment dans les différentes sociétés. Or, pour Marx, la valeur est une forme historiquement spécifique de richesse sociale et elle est intrinsèquement liée à un mode de production historiquement spécifique. De toute évidence, le fait que la forme de richesse puisse être historiquement spécifique signifie que la richesse sociale n'est pas la même dans toutes les sociétés. L'étude que Marx fait de ces aspects de la valeur suggère, comme on le verra, que la forme du travail et la fabrique même des rapports sociaux sont différentes dans des formations sociales différentes.

Au cours de ce travail, j'interrogerai le caractère historique de la valeur et tenterai de clarifier le rapport que Marx établit entre valeur et temps de travail. Pour anticiper un peu, disons que de nombreuses discussions sur l'analyse marxienne de la spécificité du travail comme source de la valeur ne prennent pas en compte la distinction que Marx établit entre « richesse réelle » (ou « richesse matérielle ») et valeur. Or la « théorie de la valeur-travail » de Marx n'est pas une théorie des propriétés du travail en général, mais une analyse de la spécificité historique de la valeur comme forme de

---

1. *Ibid.*, pp. 192-193.

richesse et du travail qui est censée la constituer. Cela n'a donc rien à voir avec l'objectif de Marx que d'argumenter pour ou contre sa théorie de la valeur comme si elle était une théorie de la richesse-travail, la richesse étant prise ici au sens transhistorique du terme – c'est-à-dire comme si Marx avait écrit une économie politique, et non une *critique* de l'économie politique[1]. Cela ne signifie naturellement pas que l'interprétation de la catégorie de valeur en tant que catégorie historiquement spécifique prouve la justesse de l'analyse marxienne de la société moderne ; toutefois, cela requiert *assurément* que l'analyse de Marx soit considérée dans ses propres termes historiquement déterminés, et non comme si elle était une théorie transhistorique d'économie politique du type de celles que Marx critique sévèrement.

La valeur, dans le cadre de l'analyse de Marx, est une catégorie critique qui révèle la spécificité historique des formes de richesse et de production du capitalisme. Le paragraphe cité plus haut montre que, pour Marx, la forme de production fondée sur la valeur se développe de telle manière qu'elle mène à la possible négation historique de la valeur même. Dans une analyse qui semble tout à fait appropriée aux conditions actuelles, Marx affirme qu'au cours du développement de la production industrielle capitaliste, la valeur devient de moins en moins adéquate comme mesure de la « richesse réelle » produite. Il oppose la valeur, une forme de richesse liée à la dépense de temps de travail humain, à l'immense potentiel de production de richesse contenu dans la science moderne et la technologie. La valeur devient anachronique par rapport au potentiel du système de production qu'elle engendre ; la réalisation de ce potentiel entraînerait l'abolition de la valeur.

Mais cette possibilité historique ne signifie pas simplement que de toujours plus grandes quantités de biens pourraient être produites sur la base du mode de production industriel existant et

---

1. Jon Elster fournit un exemple de cette argumentation. Il s'oppose à la théorie de la valeur et de la survaleur formulée par Marx en niant « que les travailleurs possèdent une mystérieuse faculté de créer *ex nihilo* » ; à la place, il soutient que « l'aptitude de l'homme à exploiter l'environnement rend possible un surplus au-delà de n'importe quel niveau donné de consommation » (*Karl Marx. Une interprétation analytique, op. cit.*, p. 199). En posant le problème de la création de la richesse de façon transhistorique, Elster prend implicitement la valeur pour une catégorie transhistorique et confond ainsi valeur et richesse.

distribuées plus équitablement. La logique de la contradiction croissante entre « richesse réelle » et valeur, qui mène à la possibilité du dépassement de celle-ci par celle-là comme forme déterminante de richesse sociale, contient aussi la possibilité d'un procès de production différent, qui serait fondé sur une structure nouvelle, émancipatrice, du travail social :

> « Ce n'est plus tant le travail qui apparaît comme inclus dans le procès de production, mais l'homme plutôt qui se comporte en surveillant et en régulateur du procès de production lui-même. [...] Il vient se mettre à côté du procès de production au lieu d'être son agent essentiel. Dans cette mutation, ce n'est ni le travail immédiat effectué par l'homme lui-même, ni son temps de travail, mais l'appropriation de sa propre force productive générale, sa compréhension et sa domination de la nature, par son existence en tant que corps social, en un mot, le développement de *l'individu social*, qui apparaît comme le grand pilier fondamental de la production et de la richesse. *Le vol du temps de travail d'autrui, sur quoi repose la richesse actuelle*, apparaît comme une base misérable comparée à celle, nouvellement développée, qui a été créée par la grande industrie elle-même »[1].

La section des *Grundrisse* que nous venons d'examiner fait très clairement comprendre que, pour Marx, le dépassement du capitalisme entraîne l'abolition de la valeur comme forme sociale de richesse, ce qui implique en retour le dépassement du mode de production déterminé qui s'est développé sous le capitalisme. Marx affirme explicitement que l'abolition de la valeur signifie que le temps de travail ne servirait plus de mesure de la richesse et que la production de richesse ne serait plus effectuée principalement par le travail humain immédiat dans le procès de production : « Dès lors que le travail sous sa forme immédiate a cessé d'être la grande source de la richesse, le temps de travail cesse nécessairement d'être sa mesure et, par suite, la valeur d'échange d'être la mesure de la valeur d'usage »[2].

---

1. *Grundrisse*, t. II, p. 193. (C'est moi qui souligne le premier groupe de mots.)
2. *Ibid.*

En d'autres termes, avec sa théorie de la valeur, Marx analyse les rapports sociaux fondamentaux du capitalisme, sa forme de richesse et sa forme matérielle de production, comme étant liés entre eux. Parce que, chez Marx, la production fondée sur la valeur, le mode de production fondé sur le travail salarié et la production industrielle fondée sur le travail prolétarien sont intrinsèquement liés, son idée du caractère de plus en plus anachronique de la valeur est aussi celle du caractère de plus en plus anachronique du procès de production industriel développé sous le capitalisme. Selon Marx, le dépassement du capitalisme entraîne une transformation radicale de la forme matérielle de la production, une transformation radicale de la façon dont les hommes travaillent.

De toute évidence, cette position diffère fondamentalement du marxisme traditionnel. Celui-ci place au cœur de sa critique la transformation du mode de distribution et traite le mode de production industriel comme un développement technique qui devient incompatible avec le capitalisme. Or, manifestement, Marx *ne* considérait *pas* la contradiction du capitalisme comme une contradiction entre la production industrielle et la valeur, c'est-à-dire comme une contradiction entre la production industrielle et les rapports sociaux capitalistes. Il voyait bien plutôt la production industrielle comme façonnée par les rapports sociaux capitalistes : la production industrielle est le « mode de production reposant sur la valeur ». C'est en *ce* sens que, dans ses écrits de maturité, Marx se réfère explicitement au mode de production industriel en tant que « mode de production spécifiquement capitaliste [...] (y compris du point de vue technique) »[1] et, ce faisant, il implique que le mode de production sera transformé avec le dépassement du capitalisme.

Il n'est de toute évidence pas possible de résumer la signification des catégories fondamentales de Marx en quelques phrases. La deuxième partie de ce livre se rapporte au développement de l'analyse marxienne de la valeur et de son rôle dans le façonnement du procès de production. À ce stade, je souhaite simplement noter que la théorie critique de Marx, telle qu'elle s'exprime dans ces passages des *Grundrisse*, n'est pas une forme de déterminisme technologique mais qu'elle traite la technologie et le procès de production comme

---

1. Marx, *Un chapitre inédit du* Capital, UGE-10/18, 1971, p. 199 [trad. mod. N.d.T.]. Voir aussi pp. 217-219.

socialement constitués, au sens où ils sont façonnés par la valeur. Ils ne doivent donc pas être identifiés simplement à l'idée marxienne de « forces productives » qui entrent en contradiction avec les rapports sociaux capitalistes. Néanmoins, ils incorporent bien une contradiction : l'analyse de Marx distingue en effet entre la *réalité* de la forme de production constituée par la valeur et son *potentiel* – un potentiel qui fonde la possibilité d'une nouvelle forme de production.

Des passages cités, il ressort que, lorsque Marx décrit le dépassement de la contradiction du capitalisme dans les *Grundrisse* et affirme qu'« il faut que ce soit la masse ouvrière elle-même qui s'approprie son surtravail »[1], il ne se réfère pas seulement à l'expropriation de la propriété privée et à l'utilisation du surproduit de façon plus rationnelle, plus humaine et plus efficace. L'appropriation dont il parle va beaucoup plus loin, car elle entraîne l'application réflexive des forces productives développées sous le capitalisme au procès de production lui-même. C'est-à-dire que Marx imagine que le potentiel contenu dans la production capitaliste avancée devient le moyen par lequel le procès de production industriel lui-même peut être transformé ; le système de production sociale dans lequel la richesse est créée par l'appropriation de temps de travail immédiat et dans lequel les ouvriers travaillent en tant que rouages d'un appareil productif peut être aboli. Selon Marx, ces deux aspects du mode de production capitaliste industriel sont liés. D'où il résulte que le dépassement du capitalisme, tel qu'il est présenté dans les *Grundrisse*, entraîne implicitement le dépassement des aspects tant formels que matériels du mode de production fondé sur le travail salarié. Il entraîne l'abolition d'un système de distribution fondé sur l'échange de la force de travail en tant que marchandise pour un salaire au moyen duquel on acquiert les moyens de consommation ; il entraîne également l'abolition d'un système de production fondé sur le travail prolétarien, c'est-à-dire sur le travail unilatéral et fragmenté qui caractérise la production industrielle capitaliste. En d'autres termes, le dépassement du capitalisme signifie aussi le dépassement du travail concret effectué par le prolétariat.

Cette interprétation, en fournissant la base d'une critique historique de la forme concrète de la production sous le capitalisme,

---

1. *Grundrisse*, t. II, p. 196.

éclaire d'un jour nouveau la célèbre affirmation de Marx selon laquelle la formation sociale capitaliste marque le terme de la préhistoire de la société humaine[1]. L'idée de dépassement du travail prolétarien suggère que cette « préhistoire » doit se comprendre par rapport aux formations sociales où la production permanente d'un surplus existe et repose en premier lieu sur le travail humain immédiat. Cette caractéristique est partagée par les sociétés où le surplus est créé par l'esclavage, le servage ou le travail salarié. Cependant, pour Marx, seule la société fondée sur le travail salarié se caractérise par une dynamique d'où émerge la possibilité historique que soit dépassée la production d'un surplus fondée sur le travail humain comme élément intrinsèque au procès de production. Une nouvelle société peut être créée, où le « *surtravail de la masse* a cessé d'être la condition du développement de la richesse générale, de même que le *non-travail de quelques-uns* a cessé d'être la condition du développement des pouvoirs universels du cerveau humain »[2].

Pour Marx, la fin de la préhistoire signifie le dépassement de la séparation et de l'opposition travail manuel/travail intellectuel. Toutefois, dans le cadre de sa critique historique, cette opposition ne peut pas être dépassée par la simple unification du travail manuel et du travail intellectuel existants (comme cela a, par exemple, été promulgué en République populaire de Chine dans les années 1960). Son traitement de la production dans les *Grundrisse* implique que non seulement la séparation entre ces deux types de travail, mais encore les caractéristiques déterminantes de chacun d'eux s'enracinent dans la forme existante de production. Cette séparation ne pourra donc être dépassée que par la transformation des modes de travail manuel et de travail intellectuel existants, c'est-à-dire par la constitution historique d'une nouvelle structure et d'une nouvelle organisation sociale du travail. Selon Marx, cette nouvelle structure devient possible lorsque la production d'un surplus n'est plus d'abord fondée sur le travail humain immédiat.

---

1. Marx, *Contribution à la critique de l'économie politique*, p. 3.
2. *Grundrisse*, t. II, p. 193.

Capitalisme, travail et domination

Ainsi, la théorie sociale de Marx – au sens où elle s'oppose à la position marxiste traditionnelle – implique une critique de la forme de production développée sous le capitalisme et la possibilité de sa transformation radicale. De toute évidence, elle n'entraîne pas la glorification productiviste de cette forme de production. Le fait que Marx traite la valeur comme une catégorie historiquement déterminée d'un mode de production spécifique, et non comme une simple catégorie de la distribution, sous-entend, et c'est crucial, que le travail qui constitue la valeur ne doit pas être identifié au travail tel qu'il peut exister transhistoriquement. C'est au contraire une forme historiquement spécifique qui serait abolie, et non pas réalisée, avec le dépassement du capitalisme. La conception que Marx a de la spécificité historique du travail sous le capitalisme exige de réinterpréter fondamentalement sa compréhension des rapports sociaux qui caractérisent cette société. Pour Marx, ces rapports sont constitués par le travail lui-même et revêtent donc un caractère particulier, quasi objectif ; ils ne peuvent pas être pleinement saisis en termes de rapports de classes.

Les différences entre une interprétation « catégorielle » des rapports sociaux capitalistes et celle « centrée sur les classes » de ces mêmes rapports sociaux sont considérables. La première interprétation est une critique du travail sous le capitalisme, la seconde une critique du capitalisme faite du point de vue du travail ; elles entraînent des conceptions très différentes du mode de domination fondamental sous le capitalisme et, partant, de la nature de son dépassement. Les implications de ces différences apparaîtront mieux lorsque nous aurons examiné en détail l'exposé de Marx sur la façon dont le caractère spécifique du travail sous le capitalisme constitue les rapports sociaux de base et dont il fonde tant la spécificité de la valeur comme forme de richesse, que la nature du mode de production industriel. La spécificité du travail constitue également – pour anticiper un peu – la base d'une forme historiquement spécifique, abstraite et impersonnelle, de domination sociale.

Dans l'analyse de Marx, la domination sociale sous le capitalisme ne consiste pas, à son niveau le plus fondamental, en la domination des hommes par d'autres hommes, mais en la domination des hommes par des structures sociales abstraites que les hommes eux-mêmes constituent. Marx a tenté de saisir cette forme de domination structurelle, abstraite – qui englobe et va au-delà de la domination de classe –, à l'aide de ses catégories de marchandise et de capital. Selon Marx, cette domination abstraite détermine non seulement le but de la production sous le capitalisme, mais encore sa forme matérielle. Dans le cadre de l'analyse de Marx, la forme de domination sociale qui caractérise le capitalisme n'est pas fonction, en dernier ressort, de la propriété privée, de l'appropriation par les capitalistes du surproduit et des moyens de production ; elle se fonde bien plutôt sur la forme-valeur de la richesse elle-même, une forme de richesse sociale qui s'oppose au travail vivant (les travailleurs) en tant que puissance structurellement étrangère et dominante[1]. J'essaierai de montrer comment, pour Marx, cette opposition entre la richesse sociale et les hommes se fonde sur le caractère unique du travail sous le capitalisme.

Selon Marx, le processus par lequel le travail sous le capitalisme constitue des structures sociales abstraites dominant les hommes est ce qui détermine un développement historique rapide de la puissance productive et du savoir de l'humanité. Toutefois, ce processus s'accomplit en fragmentant le travail social – c'est-à-dire en provoquant le rétrécissement et la vacuité de chaque individu[2]. Marx affirme que la production fondée sur la valeur crée d'immenses possibilités de richesse, mais seulement en posant « l'intégralité du temps d'un individu comme temps de travail, et donc [...] la dégradation de cet individu en simple travailleur, entièrement subsumé sous le travail »[3]. Sous le capitalisme, la puissance et le savoir de l'humanité sont de plus en plus grands, mais sous une forme aliénée qui opprime les hommes et qui tend à la destruction de la nature[4].

Une marque centrale du capitalisme, c'est donc que les hommes ne contrôlent pas réellement leur propre activité productive ou ce qu'ils produisent, mais qu'ils sont finalement dominés par les résultats de cette activité. Cette forme de domination revêt l'aspect d'une opposition entre les individus et la société qui se constitue en tant

---

1. *Ibid.*, t. II, pp. 323-324.
2. *Le Capital*, livre I, pp. 381, 393, 405-406, 410, 473-474.
3. *Grundrisse*, t. II, p. 196.
4. *Le Capital*, livre I, pp. 296, 566-567.

que structure abstraite. L'analyse que Marx fait de cette forme de domination vise à fonder et à expliquer ce qu'il appelle, dans ses écrits de jeunesse, l'aliénation. Sans entrer dans une analyse exhaustive de la relation des écrits du jeune Marx à sa théorie critique de maturité, je montrerai que, dans sa maturité, il n'a pas abandonné tous les thèmes centraux de ses écrits de jeunesse mais que certains (l'aliénation par exemple) restent au cœur de sa théorie. C'est en effet seulement dans ses écrits de maturité que Marx fonde avec rigueur la position qu'il adopte dans les *Manuscrits de 1844* – à savoir que la propriété privée n'est pas la cause sociale mais la conséquence du travail aliéné et que le dépassement du capitalisme ne doit pas se concevoir seulement en termes d'abolition de la propriété privée mais doit impliquer le dépassement d'un tel travail[1]. Il fonde cette position dans ses écrits de maturité par l'analyse de la spécificité du travail sous le capitalisme. Cependant, cette analyse entraîne aussi une modification de sa conception antérieure de l'aliénation. La théorie de l'aliénation impliquée par la théorie critique du Marx de la maturité ne se réfère pas à la dépossession des travailleurs de ce qui fut antérieurement leur propriété (et qu'ils devraient donc réclamer) ; elle se réfère au contraire à un procès de constitution historique de la puissance sociale et du savoir social qui ne peuvent pas être compris comme la puissance et l'habileté immédiates du prolétariat. Avec sa catégorie de capital, Marx analyse comment cette puissance sociale et ce savoir social se constituent sous une forme objectivée qui devient quasi indépendante des individus qui les constituent et exerce sur eux une domination sociale abstraite.

On ne peut saisir pleinement ce procès de domination structurelle auto-engendrée en termes d'exploitation et de domination de classe, ni le comprendre en termes statiques, non directionnels, « synchrones ». La forme fondamentale de domination sociale caractéristique de la société moderne – que Marx analyse en termes

____

1. Marx, *Écrits de jeunesse*, Quai Voltaire, 1994, p. 342 et suiv. Une étude plus complète de la relation des écrits du jeune Marx à ses écrits de maturité montrerait que de nombreux autres thèmes des premiers (par exemple, les rapports entre les hommes et la nature, les femmes et les hommes, le travail et le jeu) restent implicitement au cœur des seconds, quoique transformés par l'analyse du caractère historiquement spécifique du travail sous le capitalisme.

de valeur et de capital – engendre une dynamique historique qui échappe au contrôle des individus qui la constituent. Une visée essentielle de l'analyse marxienne de la spécificité du travail sous le capitalisme, c'est d'expliquer cette dynamique historique ; la théorie critique du capital faite par Marx n'est pas simplement une théorie de l'exploitation ou du fonctionnement de l'économie (au sens étroit du terme), mais une théorie de la nature de l'histoire de la société moderne. Elle traite cette histoire comme socialement constituée mais, en même temps, comme possédant une logique de développement quasi autonome.

Cette première analyse implique une compréhension du dépassement de l'aliénation très différente de celle du marxisme traditionnel. Elle suggère que Marx considérait le mode de production industriel développé sous le capitalisme et sa dynamique historique intrinsèque comme caractéristiques de la formation sociale capitaliste. La négation historique de cette société entraînerait donc l'abolition tant du système historiquement dynamique de domination abstraite que du mode de production capitaliste industriel. Dans le même esprit, la théorie développée de l'aliénation implique que Marx considérait la négation du noyau structurel du capitalisme comme permettant l'appropriation par les hommes de la puissance et du savoir historiquement constitués sous une forme aliénée. Cette appropriation entraînerait le dépassement de la scission antérieure entre l'individu appauvri et rétréci et le savoir productif général aliéné de la société, par une incorporation du second dans le premier. Cela permettrait au « simple travailleur »[1] de devenir un « individu social »[2] – un individu qui incorpore le savoir et le potentiel humains d'abord développés sous une forme aliénée.

Le concept d'individu social exprime l'idée de Marx selon laquelle le dépassement du capitalisme entraîne le dépassement de l'opposition individu/société. Selon cette analyse, l'individu bourgeois et la société en tant que tout abstrait faisant face aux individus se constituent lorsque le capitalisme dépasse les formes antérieures de vie sociale. Toutefois, pour Marx, le dépassement de cette opposition n'entraîne ni la subsumption de l'individu sous la

---

1. *Grundrisse*, t. II, p. 196.
2. *Ibid.*, p. 194.

société ni leur unité immédiate. La critique marxienne de la relation individu/société sous le capitalisme ne se limite pas, comme on le pense souvent, à une critique de l'individu bourgeois isolé et fragmenté. De même que Marx ne critique pas le capitalisme du point de vue de la production industrielle, de même il n'érige pas la collectivité qui englobe chacun en critère à partir duquel l'individu atomisé peut être critiqué. En plus de relier la constitution historique de l'individu monadique à la sphère de circulation marchande, Marx analyse le méta-appareil dans lequel les individus sont réduits à l'état de simples rouages comme *caractéristique* de la sphère de production déterminée par le capital[1]. Ce type de collectivité ne représente nullement le dépassement du capitalisme. L'opposition entre l'individu atomisé et la collectivité (comme une sorte de « super-sujet ») ne représente donc pas l'opposition entre le mode de vie sociale du capitalisme et celui d'une société postcapitaliste ; elle est en réalité l'opposition des deux déterminations unilatérales de la relation individu/société qui, ensemble, constituent l'une des antinomies de la formation sociale capitaliste.

Selon Marx, l'individu social représente le dépassement de cette opposition. Cette idée ne se réfère pas simplement à un individu travaillant avec d'autres, de façon altruiste ; elle exprime la possibilité pour chacun d'exister comme un être pleinement et richement développé. Une condition nécessaire à la réalisation de cette possibilité, c'est que le travail permette à chacun un plein et positif accomplissement correspondant à la richesse générale, à la diversité, à la puissance et au savoir de la société en tant que tout ; le travail individuel cesserait d'être la base fragmentée de la richesse sociale. Le dépassement de l'aliénation n'entraîne donc pas la réappropriation d'une essence ayant existé antérieurement, mais l'appropriation de ce qui s'est constitué sous une forme aliénée.

À ce stade, mon analyse implique que Marx considère le travail prolétarien comme l'expression matérialisée du travail aliéné. Cette position suggère qu'il est au mieux idéologique de prétendre que l'émancipation du travail est réalisée quand la propriété privée est abolie et que les hommes adoptent une attitude socialement responsable, collective, envers leur travail – si le travail concret de chacun reste le même que sous le capitalisme. L'émancipation du travail

---

1. *Le Capital*, livre I, pp. 401, 473-474, 544.

suppose bien plutôt une nouvelle structure du travail social ; dans le cadre de l'analyse de Marx, le travail n'est constitutif de l'individu social que lorsque le potentiel des forces productives est utilisé de telle manière qu'il révolutionne complètement l'organisation du procès de travail. Les hommes doivent pouvoir se dégager du procès de travail immédiat auquel ils avaient participé auparavant comme de simples éléments et le contrôler d'en haut. Le contrôle du « processus naturel – processus transformé en un processus industriel »[1] – doit être possible non seulement à la société en tant que tout, mais aussi à chacun de ses membres. La condition matérielle nécessaire au développement complet de tous les individus, c'est qu'« a cessé [...] le travail où l'homme fait ce qu'il pourrait laisser faire à sa place par des choses »[2].

L'idée marxienne d'appropriation par « la masse ouvrière elle-même [de] son surtravail »[3] entraîne donc un procès d'auto-abolition en tant que procès d'autotransformation matérielle. Loin d'entraîner la *réalisation* du prolétariat, le dépassement du capitalisme entraîne l'*abolition* matérielle du travail prolétarien. L'émancipation du travail requiert de s'émanciper du travail (aliéné).

Au cours de mes recherches, je montrerai que, pour Marx, le capitalisme est une société où la production sociale n'a d'autre fin que la production, tandis que l'individu travaille pour consommer. Ce que j'ai exposé jusqu'ici implique que Marx envisageait la négation du capitalisme comme une formation sociale où la production sociale a pour but la consommation, tandis que le travail de l'individu se révèle assez satisfaisant pour être poursuivi pour lui-même[4].

---

1. *Grundrisse*, t. II, p. 193.

2. *Ibid.*, t. I, p. 264 [trad. mod. N.d.T.].

3. *Ibid.*, t. II, p. 196.

4. Comme on le verra au chapitre IX, il convient de distinguer entre deux formes de nécessité et de liberté dans l'analyse marxienne du travail social. Le fait que Marx pense que, dans une société future, le travail social sera structuré de manière à être satisfaisant et agréable ne signifie pas qu'il pense que ce travail deviendra un jeu. L'idée que Marx se fait du travail non aliéné, c'est que celui-ci est exempt de rapports de domination sociale directe ou abstraite. Il peut du même coup devenir une activité de réalisation de soi et, partant, se rapprocher du jeu. Toutefois, cette liberté par rapport à la domination ne signifie pas une liberté par rapport à *toutes* les contraintes, puisque toute société humaine requiert le travail sous une forme ou sous une autre pour pouvoir survivre. En même temps, le fait que le travail ne puisse jamais être une sphère de liberté absolue ne signifie pas que le travail non aliéné soit aussi peu libre, de la même manière et au même

La contradiction du capitalisme

Selon Marx, la société socialiste n'est pas le produit d'une évolution historique linéaire. La transformation radicale du procès de production évoqué plus haut *n'*est *pas* une conséquence automatique de l'accroissement rapide de la connaissance scientifique et technique ou de son application. C'est une possibilité qui naît d'une contradiction sociale interne croissante.

Quelle est la nature de cette contradiction ? Il est clair que, pour Marx, c'est au cours du développement capitaliste que surgit la possibilité d'une nouvelle structure émancipatrice du travail social, mais que sa réalisation est impossible sous le capitalisme.

> « Le capital est lui-même la contradiction en procès, en ce qu'il s'efforce de réduire le temps de travail à un minimum, tandis que d'un autre côté il pose le temps de travail comme seule mesure et source de la richesse. C'est pourquoi il diminue le temps de travail sous la forme du travail nécessaire pour l'augmenter sous la forme du travail superflu ; et pose donc dans une mesure croissante le travail superflu comme condition – question de vie ou de mort – pour le travail nécessaire »[1].

---

degré, que le travail contraint par les formes de domination sociale. En d'autres termes, lorsque Marx nie que la liberté absolue existe dans le domaine du travail, il ne revient pas à l'opposition indifférenciée faite par Adam Smith entre, d'un côté, le travail et, de l'autre, la liberté et le bonheur (voir les *Grundrisse*, t. I, p. 101 et suiv.).

Il est bien sûr évident que toute forme de travail fragmenté et unilatéral ne saurait être abolie immédiatement avec le dépassement du capitalisme. De plus, on peut penser que certaines formes de ce travail ne pourront jamais être abolies complètement (quand bien même le temps requis serait réduit de manière draconienne et que de telles tâches seraient accomplies selon le principe de la rotation). Cependant, cherchant à mettre en lumière ce que je considère comme la force principale de l'analyse marxienne du travail sous le capitalisme et l'idée, qui lui est liée, du travail dans une société future, je n'aborderai pas ce type de problèmes dans ce livre. (Pour une brève analyse de ces questions, voir Gorz, *Les Chemins du Paradis*.)

1. *Grundrisse*, t. II, p. 194.

J'étudierai en détail la question du temps de travail « nécessaire » et du temps de travail « surperflu » plus loin. Il suffit ici de noter que pour Marx, bien que le capitalisme tende à développer des forces productives puissantes dont le potentiel rend de plus en plus obsolète une organisation de la production fondée sur la dépense de temps de travail immédiat, il ne permet pas la pleine réalisation de ces forces. La seule forme de richesse que constitue le capital est celle fondée sur la dépense de temps de travail immédiat. D'où il se fait que la valeur, malgré son inadéquation croissante en tant que mesure de la richesse matérielle produite, n'est pas purement et simplement dépassée par une nouvelle forme de richesse. Selon Marx, elle reste au contraire la condition structurelle nécessaire de la société capitaliste (bien que, comme il le dit au livre III du *Capital*, ce ne soit apparemment pas le cas). Ainsi, quoique le capitalisme se caractérise par une dynamique de développement interne, cette dynamique reste prisonnière du capitalisme ; il n'y a pas auto-dépassement. Ce qui devient « superflu » à un niveau reste « nécessaire » à un autre niveau – en d'autres termes, le capitalisme engendre *bien* la possibilité de sa propre négation, mais il *ne* se transforme *pas* automatiquement en quelque chose d'autre. Le fait que la dépense de temps de travail humain immédiat reste centrale et indispensable pour le capitalisme, alors que le développement du capitalisme la rend anachronique, engendre une tension interne. Comme je le montrerai, Marx analyse la nature de la production industrielle et sa trajectoire de développement par rapport à cette tension.

Cette importante dimension de la contradiction fondamentale du capitalisme, telle que Marx la comprend, indique que cette contradiction ne doit pas être directement identifiée aux rapports sociaux concrets d'antagonisme ou de conflit tels que ceux de la lutte de classes. La contradiction fondamentale est inhérente aux éléments structurants mêmes de la société capitaliste ; elle imprime une dynamique contradictoire au tout et engendre la possibilité immanente d'un nouvel ordre social. De plus, les passages cités indiquent qu'il ne faut pas interpréter l'idée que Marx a de la contradiction structurelle entre les forces productives et les rapports de production à la manière traditionnelle, où les « rapports de production » sont compris uniquement en termes de mode de distribution et où les

« forces productives » sont identifiées au mode de production industriel vu comme un procès purement technique. Selon ce type d'interprétation, libérer ces « forces » de leurs « entraves » relationnelles est supposé aboutir à l'accélération de la dynamique de production, qui se fonde sur la même forme concrète de procès de production et de structure du travail. Or les passages des *Grundrisse* analysés plus haut suggèrent que Marx traite le mode de production industriel et la dynamique historique du capitalisme en tant que traits caractéristiques de la société capitaliste, et non pas en tant que développements historiques menant au-delà des rapports capitalistes, quoique entravés par eux. Sa compréhension de la contradiction du capitalisme ne semble pas se rapporter essentiellement à une contradiction entre appropriation privée et production socialisée[1] mais à une contradiction *au sein même* de la sphère de production, par quoi cette sphère inclut le procès de production immédiat *et* la structure des rapports sociaux constitués par le travail sous le capitalisme. Étant donné la structure du travail social, la contradiction marxienne devrait donc être comprise comme une contradiction croissante entre le type de travail social que les hommes accomplissent sous le capitalisme et le type de travail qu'ils accompliraient si la valeur était abolie et si le potentiel productif développé sous le capitalisme était utilisé réflexivement pour libérer les hommes des structures aliénées constituées par leur propre travail.

Au cours de cet ouvrage, je montrerai comment Marx fonde cette contradiction dans la forme sociale structurante fondamentale du capitalisme (c'est-à-dire la marchandise) et j'expliquerai aussi comment, pour Marx, « libérer » les forces productives des « entraves » que constituent les rapports de production requiert l'abolition de la valeur et du caractère spécifique du travail sous le capitalisme. Cela entraînerait la négation de la logique historique intrinsèque et du mode de production industriel qui sont caractéristiques de la formation sociale capitaliste.

---

1. Anthony Giddens pense lui aussi que, pour Marx, la contradiction première du capitalisme est d'ordre structurel et ne se rapporte pas seulement à l'antagonisme social. Toutefois, il localise cette contradiction entre l'appropriation privée et la production socialisée, c'est-à-dire entre les rapports de distribution bourgeois et la production industrielle. Voir Anthony Giddens, *Central Problems in Social Theory*, 1979, pp. 135-141. Ma lecture des *Grundrisse* soutient une interprétation radicalement différente.

Cet exposé préliminaire des concepts marxiens d'aliénation et de contradiction du capitalisme indique que, par son analyse, Marx cherche à saisir le cours du développement capitaliste comme un développement à double face, comme un développement tout à la fois d'enrichissement et d'appauvrissement. Cela implique que ce développement n'est pas compris correctement lorsqu'il l'est de façon unidimensionnelle, soit comme progrès de la connaissance et du bonheur, soit comme « progrès » de la domination et de la destruction. Selon cette analyse, bien que surgisse la *possibilité* historique que le mode de travail social soit enrichissant pour chacun, le travail social est *en réalité* appauvrissant pour l'immense majorité. L'accroissement rapide de la connaissance scientifique et technique sous le capitalisme ne signifie donc pas un progrès linéaire vers l'émancipation. Selon l'analyse marxienne de la marchandise et du capital, une telle connaissance augmentée – elle-même socialement constituée – conduit à la fragmentation et à la vacuité du travail individuel et au contrôle croissant de l'humanité par les résultats de sa propre activité objectivante ; mais, en même temps, elle augmente la possibilité que le travail puisse être individuellement enrichissant et que l'humanité puisse avoir une plus grande maîtrise de son destin. Ce développement à double face s'enracine dans les structures aliénées du capitalisme et peut être dépassé. Il ne faut donc en aucun cas identifier l'analyse dialectique de Marx à la foi positiviste dans le progrès scientifique linéaire et le progrès social, ou encore à la foi dans la corrélation des deux[1].

Ainsi l'analyse de Marx implique-t-elle une conception du dépassement du capitalisme qui n'entraîne ni l'affirmation non critique de la production industrielle en tant que condition du progrès humain, ni le rejet romantique du progrès technologique en soi. En indiquant que le potentiel du système de production développé sous le capitalisme pourrait être utilisé pour transformer ce système lui-même, l'analyse de Marx dépasse l'opposition de ces deux positions et montre que chacune d'elles prend un moment d'un développement historique plus complexe pour le tout. C'est-à-dire que l'approche de Marx saisit l'opposition de la foi dans le progrès

---

1. Aux chapitres IV et V, je m'occuperai plus largement de la façon dont cette position est défendue par Jürgen Habermas *in Connaissance et Intérêt* (Gallimard, 1976) et Albrecht Wellmer *in Critical Theory of Society*, 1974.

linéaire et son rejet romantique comme exprimant une antinomie historique qui, en *chacun* de ses termes, est caractéristique de l'ère capitaliste[1]. De façon plus générale, sa théorie critique ne plaide ni pour conserver ni pour abolir ce qui se constitue historiquement sous le capitalisme. Elle montre que ce qui se constitue sous une forme aliénée, on peut se l'approprier et, du même coup, le transformer radicalement.

Mouvements sociaux, subjectivité et analyse historique

Cette interprétation de l'analyse marxienne du capitalisme et de la nature de sa contradiction fondamentale redéfinit la question du rapport entre classes sociales, mouvements sociaux et possibilité de dépasser le capitalisme. En s'opposant aux analyses dans lesquelles le mode de production industriel est vu comme fondamentalement en tension avec le capitalisme, cette approche rejette l'idée que le prolétariat représente le contre-principe social au capitalisme. Selon Marx, les manifestations de luttes de classes entre les représentants du capital et les travailleurs sur les questions de temps de travail ou le rapport entre salaires et profits, par exemple, sont structurellement intrinsèques au capitalisme et, partant, sont un important élément constitutif de la dynamique de ce système[2]. Néanmoins, son analyse de la valeur implique nécessairement que la base du capital est et demeure le travail prolétarien. Ce dernier n'est donc pas le fondement de la possible négation de la formation sociale capitaliste. La contradiction du capitalisme présentée dans les *Grundrisse* n'est pas une contradiction entre le travail prolétarien et le capitalisme, mais entre le travail prolétarien – c'est-à-dire la structure existante du travail – et la possibilité d'un autre mode de production. Ainsi ma critique du socialisme conçu comme une manière plus efficace, plus humaine et plus juste d'administrer le mode de production industriel né sous le capitalisme, est-elle tout autant une critique du concept de prolétariat en tant que Sujet révolutionnaire, au sens d'un agent social qui à la fois constitue l'histoire et se réalise dans le socialisme.

---

1. *Le Capital*, livre I, pp. 494-495, 723 et suiv.
2. *Ibid.*, pp. 261-262.

Cela implique qu'il n'y a pas de continuité linéaire entre les revendications et les conceptions de la classe ouvrière se constituant et s'affirmant elle-même historiquement, et les besoins, les revendications et les conceptions qui renvoient au-delà du capitalisme. Toutes ces choses – qui peuvent inclure le besoin d'une activité permettant la réalisation de soi par exemple – ne se limiteraient pas à la sphère de la consommation et aux problèmes de justice distributive, mais mettraient en question la nature du travail et la structure des contraintes objectives qui caractérisent le capitalisme. Cela signifie qu'une théorie critique du capitalisme et de son possible dépassement requiert une théorie de la constitution sociale des besoins et des formes de conscience – une théorie capable de poser la question des transformations historiques qualitatives dans la subjectivité et de comprendre les mouvements sociaux en ces termes. Une telle approche jetterait un jour nouveau sur l'idée marxienne d'auto-abolition du prolétariat et serait d'une grande utilité pour analyser les nouveaux mouvements sociaux des deux dernières décennies.

Les catégories de la théorie critique de Marx, lorsqu'on les lit comme des catégories de formes structurées de pratique qui sont des déterminations tant de l'« objectivité » que de la « subjectivité » sociales (et non comme des catégories de la seule « objectivité » sociale, et encore moins comme des catégories économiques), peuvent fournir la base d'une théorie historique de la subjectivité. Selon cette lecture, l'analyse du caractère dynamique du capitalisme est aussi potentiellement une analyse des transformations historiques de la subjectivité. Si, de plus, on peut montrer que les formes sociales structurantes du capitalisme sont contradictoires, alors il devient possible de traiter la conscience critique et oppositionnelle comme socialement constituée.

Cette interprétation de la contradiction marxienne comme à la fois « objective » et « subjective » ne doit pas être comprise comme impliquant qu'une conscience oppositionnelle surgira nécessairement, et encore moins que l'émancipation se réalisera automatiquement. Ce qui m'intéresse ici, ce n'est pas le niveau théorique de *probabilité*, par exemple, la probabilité que cette conscience surgisse ; ce que j'examine, c'est le niveau de *possibilité*, c'est-à-dire la formulation la plus fondamentale d'une approche du problème de la constitution sociale de la subjectivité, y compris la possibilité d'une conscience critique ou oppositionnelle. Le concept de contradiction permet une théorie qui fonde socialement la possibilité d'une telle conscience. Si le capitalisme n'est pas pensé comme un tout unitaire et si ses formes sociales ne sont pas considérées comme « unidimensionnelles », alors il devient possible d'analyser les formes de conscience critiques et oppositionnelles en tant que possibilités socialement constituées.

Cette théorie de la constitution sociale de la subjectivité (y compris de la subjectivité critiquant son propre contexte) s'oppose à l'idée – fonctionnaliste sans le dire – selon laquelle seule la conscience affirmant ou perpétuant l'ordre existant est formée socialement. Elle s'oppose tout autant à l'idée, liée à la précédente mais sans que cela apparaisse, selon laquelle la possibilité d'une conscience critique, oppositionnelle ou révolutionnaire est nécessairement enracinée de manière ontologique ou transcendantale – ou tout au moins enracinée dans des éléments de la société supposés ne pas être capitalistes. L'approche que j'esquisse ici ne nie pas l'existence ou l'importance de tendances non capitalistes, résiduelles, qui peuvent introduire un peu d'hétérogénéité dans l'ordre dominant et promouvoir une distance critique par rapport à lui ; mais elle fournit *assurément* une base à une critique de ces théories qui se focalisent exclusivement sur de telles tendances *parce qu'*elles considèrent le capitalisme comme une totalité unitaire. Alors que ces approches du problème de la résistance ou de l'opposition conçoivent la société capitaliste uniquement comme réifiée et déformante et qu'elles traitent la pensée et les pratiques critiques comme historiquement indéterminées, l'analyse du capitalisme comme société contradictoire vise à montrer que les possibilités de distance critique et d'hétérogénéité sont engendrées socialement depuis l'intérieur du capitalisme même. Elle jette les bases d'une théorie historique de la subjectivité (y compris des formes de subjectivité oppositionnelles) qui, à mon sens, est beaucoup plus puissante que les tentatives théoriques qui présupposent un simple antagonisme entre l'ordre social existant et les formes de subjectivité et de pratique critiques. Cette approche permet d'étudier la relation de ces diverses conceptions et pratiques critiques à leur contexte historique – tant en termes de constitution de chacune de ces conceptions et de ces pratiques qu'en termes de leurs possibles effets historiques – et par là même d'étudier le rôle que cette subjectivité et ces pratiques oppositionnelles peuvent jouer dans la possible négation déterminée du capitalisme. Bref, cette approche permet d'analyser la possibilité que l'ordre existant soit transformable.

Concevoir en ces termes le capitalisme comme contradictoire permet une critique sociale qui est autoréflexivement cohérente et qui se comprend elle-même par rapport à son contexte. Cette approche permet d'analyser la relation intrinsèque, quoique médiatisée, existant entre la théorie critique d'un côté et de l'autre l'émergence d'un besoin de nier le capital et l'apparition de formes de conscience oppositionnelles à un niveau de masse. Cette théorie sociale réflexive de la subjectivité s'oppose nettement aux critiques qui ne fondent pas la possibilité d'une conscience oppositionnelle radicale dans l'ordre existant ou qui ne le font que de façon objectiviste en donnant implicitement une position privilégiée aux penseurs critiques dont la connaissance échappe inexplicablement à la déformation sociale. Ces approches retombent dans les antinomies du matérialisme des Lumières (déjà critiquées par Marx dans ses « Thèses sur Feuerbach »), par quoi une population se divise entre une majorité qui est socialement déterminée et une minorité critique qui, pour une mystérieuse raison, ne l'est pas[1]. Elles représentent implicitement un type de critique sociale épistémologiquement incohérent, un type de critique qui ne peut pas rendre compte de sa propre existence et qui se présente nécessairement sous l'aspect d'une position tragique ou d'une pédagogie avant-gardiste.

Quelques implications pour aujourd'hui

À ce stade, je voudrais indiquer brièvement quelques implications supplémentaires de l'interprétation de la théorie critique de Marx, fondée sur les *Grundrisse*, que j'ai commencé à ébaucher. Se centrer sur la forme historiquement spécifique du travail sous le capitalisme permet de fonder un concept de capital et une compréhension de la dynamique de la formation sociale capitaliste qui ne dépendent pas essentiellement du mode de distribution médiatisé par le

---

1. Marx, « Thèses sur Feuerbach » *in* Karl Marx et Friedrich Engels, *L'Idéologie allemande*, pp. 1-4.

marché – en d'autres termes, cela permet une analyse du capitalisme qui n'est pas liée aux formes qu'il a revêtues au XIXe siècle. Une telle approche fournirait une base permettant d'analyser comme capitalistes la nature et la dynamique de la société moderne dans une période où les institutions étatiques et autres grandes organisations bureaucratiques sont devenues des agents importants, parfois premiers, de la régulation et de la distribution sociales. Elle fournirait aussi une base permettant de comprendre les transformations économiques et sociales globales actuelles comme d'autres transformations du capitalisme.

De surcroît, se centrer sur la critique de la production permet de retrouver l'idée marxienne du socialisme comme forme *post*capitaliste de vie sociale. J'ai dit que, pour Marx, le passage historique du socialisme au capitalisme ne se réduit pas à la question de réunir les conditions d'abolition de la propriété privée des moyens de production et de remplacement du marché par la planification. Ce passage devrait aussi être conçu en termes de possibilité croissante que le rôle historiquement spécifique du travail sous le capitalisme soit dépassé par une autre forme de médiation sociale. Selon Marx, cette possibilité se fonde sur une tension croissante, engendrée par le développement capitaliste, entre valeur et « richesse réelle ». Cette tension conduit à la possible abolition systémique de la valeur et, partant, à la possible abolition de la domination abstraite, de la nécessité abstraite d'une forme particulière de « croissance » et du travail humain immédiat comme élément interne de la production. Selon l'exposé que Marx en donne dans les *Grundrisse*, le fondement matériel d'une société sans classes est une forme de production où le surproduit n'est plus créé d'abord par le travail humain immédiat. D'après cette approche, la question essentielle du socialisme n'est pas de savoir s'il existe encore une classe capitaliste, mais si un prolétariat continue d'exister.

Les théories critiques du capitalisme qui ne s'occupent que du dépassement du mode de distribution bourgeois ne peuvent pas pleinement saisir cette dimension du capitalisme et, pire encore, contribuent à voiler le fait que le dépassement de la société de classes entraîne le dépassement du fondement du mode de production. C'est ainsi qu'une variante du marxisme traditionnel est devenue l'idéologie de légitimation de ces formes sociales – les pays dits du « socialisme réellement existant » – où le mode de distribution bourgeois a été aboli, mais pas le mode de production déterminé par le capital, et où l'abolition du premier a servi idéologiquement à voiler l'existence du second[1].

Il faut donc distinguer l'idée de société postcapitaliste chez Marx des modes d'accumulation du capital dirigés par l'État. L'interprétation esquissée plus haut, en mettant l'accent sur la forme spécifique du travail qui constitue le capital, s'accorde avec une analyse historique de l'apparition des pays dits du « socialisme réellement existant », faite en termes d'interrelation entre le développement du capitalisme industriel dans les centres capitalistes de l'économie mondiale et le rôle croissant de l'État dans les pays de la périphérie. On peut dire que, lors d'une phase donnée du développement capitaliste global, l'État a servi à réaliser la création du capital total à l'échelon national. Dans ce contexte, la suspension de la libre circulation des marchandises, de l'argent et des capitaux ne signifia pas le socialisme. Ce fut au contraire l'un des rares moyens, sinon le

---

1. Je n'analyserai pas dans ce livre ce qu'implique mon réexamen de la conception marxienne des paramètres de base du capitalisme en ce qui concerne les phases et les formes de la société postcapitaliste (par exemple, le « socialisme » et le « communisme »). Il me faut toutefois noter que les termes de la question changent lorsque les formes de domination sociale et d'exploitation centrales au, et caractéristiques du capitalisme ne sont plus localisées dans la propriété privée des moyens de production, mais dans les structures aliénées des rapports sociaux exprimées par les catégories de marchandise et de capital ; il en est de même lorsque le procès d'aliénation est compris comme une forme de constitution socio-historique, et non comme l'aliénation d'une essence humaine prédonnée. Pour une approche différente, voir Stanley Moore, *Marx on the Choice between Socialism and Communism*, 1980. Moore identifie l'exploitation à la propriété privée capitaliste et, sur cette base, affirme la supériorité d'une société connaissant l'échange mais pas la propriété privée des moyens de production (c'est ainsi qu'il définit le « socialisme ») par rapport à une société qui ne connaît ni l'un ni l'autre (le « communisme »). Voir pp. VIII-IX, 34-35, 82. Moore entend s'opposer à la conception selon laquelle le socialisme, ainsi défini, ne serait qu'une forme incomplète de société postcapitaliste, un prélude au « communisme ». En procédant de cette façon, il cherche à détruire la justification idéologique de la répression politique, sociale et culturelle dans les sociétés dites du « socialisme réellement existant » (p. X). En ce sens, il existe un point commun, au niveau de la visée stratégique, entre l'approche de Moore et l'interprétation très différente de Marx présentée ici, selon laquelle il est tout à fait impossible de considérer ces sociétés comme postcapitalistes.

seul, par lequel une « révolution du capital » pouvait aboutir à la périphérie d'un marché mondial où la connexion historique originelle entre la révolution bourgeoise et la consolidation du capital national total n'existait déjà plus. Mais le résultat ne fut pas, et ne pouvait pas être, une société postcapitaliste. La société déterminée par le capital ne se résume pas au marché et à la propriété privée : elle ne peut pas être réduite sociologiquement à la domination de la bourgeoisie.

De toute évidence, considérer les organisations étatiques de la société moderne en termes de développement de la formation sociale capitaliste, plutôt que comme négation du capitalisme, redéfinit aussi la question de la démocratie postcapitaliste. Cette analyse inscrit un mode de contraintes abstraites, historiquement spécifiques au capitalisme, dans les formes sociales de la valeur et du capital. Le fait que les rapports sociaux exprimés par ces catégories ne soient pas pleinement identiques au marché et à la propriété privée implique que ces contraintes puissent continuer d'exister en l'absence des rapports de distribution bourgeois. Dans cette hypothèse, on ne peut pas poser adéquatement la question de la démocratie postcapitaliste uniquement en termes d'opposition entre les conceptions étatistes et non étatistes de la politique. On doit bien plutôt examiner une autre dimension critique : la nature des contraintes imposées aux décisions politiques par la valeur et le capital. C'est-à-dire que l'approche que j'initierai dans ce livre suggère que la démocratie postcapitaliste ne consisterait pas seulement en des formes politiques démocratiques moins la propriété privée des moyens de production. Elle exigerait aussi l'abolition des contraintes sociales abstraites qui s'enracinent dans les formes sociales saisies par les catégories de Marx.

Une telle reconstruction de la théorie de Marx rend celle-ci plus féconde pour analyser de manière critique la société moderne. Cette reconstruction se définit à la fois comme une critique du marxisme traditionnel et comme une tentative de jeter les bases d'une théorie critique capable de répondre aux analyses pessimistes de grands penseurs sociaux tels que Georg Simmel, Émile Durkheim et Max Weber, les uns et les autres ayant identifié et analysé certains éléments des aspects négatifs du développement de la société moderne. (Par exemple, l'analyse de Simmel sur le fossé croissant entre la richesse de la « culture objective » et la relative étroitesse de la « culture subjective », de la culture individuelle ; ou l'enquête de Durkheim sur l'accroissement de l'anomie dû au dépassement de la solidarité mécanique par la solidarité organique[1] ; ou encore l'analyse de Weber sur la rationalisation de toutes les sphères de la vie sociale.) Écrivant pendant la transition d'une forme plus libérale du capitalisme à une forme plus organisée, tous ont affirmé à leur manière qu'une théorie critique du capitalisme – comprise en tant que critique de la propriété privée et du marché – ne pouvait pas saisir adéquatement les traits essentiels de la société moderne ; et tous ont reconnu que les aspects essentiels de la vie sociale dans la société industrielle moderne restent intacts quand seuls sont transformés le mode de distribution et les rapports de classe. Pour ces penseurs, le dépassement du capitalisme par le socialisme, tel que le voit le marxisme traditionnel, entraîne une transformation inessentielle de la société, voire une augmentation de ses aspects négatifs.

La réinterprétation de la théorie critique de Marx que je présente ici vise à relever le défi posé par leurs diverses critiques de la société moderne en développant une théorie plus ample et plus profonde du capitalisme, une théorie qui soit en mesure d'englober ces critiques. Cette approche, loin de considérer les divers processus – tels que l'accroissement du fossé entre la culture « objective » et la culture « subjective » ou la croissante rationalisation instrumentale de la vie moderne – comme des conséquences nécessaires et irréversibles d'un développement inéluctable, permettra de fonder ces

---

1. Pour Durkheim, la fonction de la civilisation est de créer un sentiment de *solidarité* entre les hommes. Durkheim distingue deux formes de solidarité sociale : celle des sociétés « primitives », la solidarité *mécanique*, par quoi les deux consciences de l'homme (individuelle et commune) sont solidaires et rattachent directement l'homme à la société ; et celle des sociétés « industrielles », la solidarité *organique*, par quoi les deux consciences sont liées par la différenciation croissante entre les individus, par la complémentarité des rôles dans la société. Ainsi, dans la société moderne, la division du travail remplace-t-elle la conscience commune. Mais, du fait même du développement de la division sociale du travail, un nouvel élément entre en jeu, l'*anomie*, par quoi la division du travail ne produit plus la solidarité. Pour Durkheim, l'équilibre entre individu et société par solidarité organique se rompt lorsque l'opacité s'interpose entre les deux, c'est-à-dire lorsque le travail devient trop complexe (par la spécialisation) et s'autonomise de l'individu. (N.d.T.).

processus socialement dans des formes historiquement déterminées de pratique sociale et de saisir leur trajectoire de développement comme non linéaire et transformable. Comme je l'ai noté, cette réinterprétation de Marx entraîne aussi une théorie socio-historique de la subjectivité à partir de laquelle pourrait être développée une puissante approche de la problématique wébérienne de la modernité et de la rationalisation. Tout en accordant leur importance aux formes de pensée qui sont cruciales pour le développement du capitalisme et aux processus continus de différenciation et de rationalisation, une telle approche pourrait aborder cette pensée et ces processus eux-mêmes à partir des formes de vie sociale exprimées par les catégories de Marx. Enfin, la théorie marxienne de la constitution des structures sociales et de la dynamique historique de la société moderne par des formes historiquement déterminées de pratique pourra être lue comme une théorie raffinée du type de celle récemment proposée par Pierre Bourdieu – c'est-à-dire comme une théorie de la relation mutuellement constituante qu'entretiennent la structure sociale et les formes quotidiennes de pratique et de pensée[1]. Cette théorie serait en mesure de dépasser l'antinomie actuellement répandue du fonctionnalisme et de l'individualisme méthodologique, aucun des deux n'étant capable de lier intrinsèquement les dimensions objectives et subjectives de la société.

Encore plus important : une théorie du caractère socialement constitué des structures et des processus historiques du capitalisme est aussi une théorie de leur possible dépassement. Si l'on se fonde sur le renversement dialectique esquissé plus haut, ce dépassement peut être conçu comme l'appropriation subjective de la culture objective et sa transformation rendues possibles par le dépassement de la structure de contrainte sociale abstraite qui s'enracine en dernier ressort dans le travail aliéné. La différence entre le capitalisme ainsi défini et sa possible négation historique pourrait donc être conçue à juste titre comme une différence entre un type de société et un autre.

---

1. Pierre Bourdieu, *Esquisse d'une théorie de la pratique*, « Points », Seuil, 2000, pp. 234-255, 282-285.

CHAPITRE II

Présupposés du marxisme traditionnel

Valeur et travail

L'approche que j'ai commencé à ébaucher est un type de théorie critique fondamentalement différent de la critique marxiste traditionnelle. Elle met en question la compréhension traditionnelle de l'essence du capitalisme (et de sa contradiction de base entre « forces productives » et « rapports de production ») aussi bien que la conception traditionnelle du socialisme et du rôle historique de la classe ouvrière. Cette approche ne se borne pas à compléter la conception traditionnelle du capitalisme – c'est-à-dire la critique centrée sur le marché et la propriété privée – par une critique de la production[1]. Elle reconceptualise l'essence même du capitalisme sur la base d'une interprétation de la théorie de Marx comme théorie critique historiquement spécifique de la société capitaliste, de la société moderne – une théorie qui repose sur une critique du travail, de la forme de médiation, et du mode de production dans cette

---

1. Les tensions entre ces deux approches critiques marquent *Le Troisième Âge du capitalisme* d'Ernest Mandel (La Passion, 1997), une étude majeure de la trajectoire historique du capitalisme moderne. Bien que son enquête sur la phase actuelle du capitalisme (la période marquée par la « troisième révolution technologique ») se fonde sur l'analyse de la contradiction du capitalisme dans les *Grundrisse*, Mandel ne tire pas de cette analyse les conséquences qui s'imposent logiquement. Son traitement des diverses époques du développement capitaliste se focalise au contraire sur les problèmes de concurrence et de « développement inégal » de telle sorte qu'il reste lié à la compréhension marxiste traditionnelle du capitalisme et de l'URSS comme socialiste.

société. Cette approche, suggérée par la lecture des *Grundrisse*, entraîne une critique des postulats marxistes traditionnels et rend nécessaire une réinterprétation des catégories centrales de la théorie du Marx de la maturité.

Pour mettre en lumière les diverses dimensions de cette réinterprétation catégorielle, je commencerai par analyser en détail les présupposés de la critique marxiste traditionnelle. (Comme je l'ai déjà dit, ce travail ne constitue pas une étude de la pensée marxiste mais, pour une part, une explication des postulats communs à toutes les formes du marxisme traditionnel, si différentes soient-elles par ailleurs.) Cette enquête montrera clairement que mon approche et celle du marxisme traditionnel sont des formes de critique sociale radicalement différentes : la première est une critique du caractère historiquement spécifique du travail sous le capitalisme en tant qu'il constitue cette société ; la seconde, une critique du capitalisme faite du point de vue du travail. (Au cours de cette étude, je devrai me référer à des catégories marxiennes, telles que la valeur, dont la pleine signification ne sera développée que dans la deuxième partie de ce livre.)

Les rapports sociaux qui caractérisent le capitalisme (que Marx nomme les « rapports de production » capitalistes) sont supposés être saisis par les catégories de base de la critique de l'économie politique faite par le Marx de la maturité. Marx commence sa critique de la société capitaliste, de la société moderne, par la catégorie de marchandise. Dans le cadre de son analyse, cette catégorie se rapporte non seulement à un produit, mais aussi à la forme sociale structurante de la société capitaliste, forme constituée par un type de pratique sociale historiquement déterminé. Marx poursuit en déployant une série de catégories, telles que « argent » et « capital », à l'aide desquelles il explique l'essence et la dynamique de développement du capitalisme. Il analyse la catégorie même de marchandise en termes d'opposition entre ce qu'il appelle « valeur » et « valeur d'usage »[1]. J'examinerai ces catégories en détail plus loin, mais ici il suffit de rappeler que dans les *Grundrisse* Marx traite la valeur comme une catégorie exprimant à la fois la forme déterminée des rapports sociaux et la forme particulière de la richesse qui caractérisent le capitalisme. C'est la détermination initiale et, au niveau

---

1. Marx, *Le Capital*, livre I, p. 39 et suiv.

logique, la détermination la plus abstraite des rapports sociaux capitalistes qu'on puisse trouver dans l'analyse de Marx[1]. La catégorie de valeur chez Marx et, partant, la conception marxienne des rapports de production capitalistes ne peuvent pas être comprises adéquatement en termes de mode de distribution seulement, mais doivent tout autant être saisies en termes de mode de production.

Cela posé, nous pouvons procéder à l'examen des présupposés catégoriels du marxisme traditionnel en nous reportant à quelques interprétations bien connues de la catégorie de valeur chez Marx, de la « loi de la valeur » et du caractère du travail qui constitue la valeur. Dans *The Theory of Capitalist Development*, Paul Sweezy souligne le fait qu'il ne faut pas comprendre la valeur comme une catégorie économique au sens étroit du terme, mais « comme la forme extérieure des rapports sociaux entre les propriétaires de marchandises »[2]. D'après Sweezy, la nature de base de ce rapport social est que « les producteurs individuels, tout en travaillant chacun dans l'isolement, travaillent en réalité pour tous les autres »[3]. En d'autres termes, bien que l'interdépendance sociale existe, elle ne s'exprime pas ouvertement dans l'organisation de la société mais fonctionne indirectement. La valeur est la forme extérieure que revêt cette interdépendance cachée. Elle exprime un mode indirect de distribution sociale du travail et de ses produits. Sweezy interprète donc la catégorie de valeur seulement en termes de marché. En conséquence, il décrit la loi marxienne de la valeur de la façon suivante : « Ce que Marx appelle "loi de la valeur" résume les forces au travail dans une société de production marchande qui régulent : a/ les taux d'échange entre marchandises ; b/ la quantité à produire de chacune de ces marchandises ; c/ l'allocation de force de travail aux diverses branches de la production »[4]. Selon cette interprétation, la loi de la valeur est « essentiellement une théorie de l'équilibre général »[5]. Une de ses premières fonctions « est de montrer que dans une société de production marchande, malgré l'absence d'instances de décision centralisées et coordonnées, il existe un

---

1. *Ibid.*, p. 92, n. 32.
2. Sweezy, *The Theory of Capitalist Development*, 1969, p. 27.
3. *Ibid.*
4. *Ibid.*, pp. 52-53.
5. *Ibid.*, p. 53.

ordre et non le chaos pur et simple »[1]. Pour Sweezy, la loi de la valeur explique donc le mécanisme du marché autorégulateur, ce qui entraîne que la valeur est seulement une catégorie de la distribution, une expression du mode de distribution non conscient, « automatique », médiatisé par le marché, sous le capitalisme. Aussi n'est-il pas surprenant que Sweezy oppose abstraitement la valeur comme principe du capitalisme à la planification comme principe du socialisme[2]. Le mode par lequel la distribution s'effectue est le noyau critique essentiel de cette interprétation.

On ne peut nier que, pour Marx, le dépassement du capitalisme suppose le dépassement d'un mode de distribution « automatique ». Néanmoins, on ne peut comprendre la catégorie de valeur uniquement en termes de mode de distribution : Marx n'analyse pas seulement comment s'effectue la distribution, mais encore ce qui est distribué. Comme on l'a vu, Marx, dans les *Grundrisse*, traite la valeur comme une forme historiquement spécifique de richesse, en l'opposant à la « richesse réelle ». En revanche, quand on considère la valeur fondamentalement comme une catégorie de la distribution médiatisée par le marché, on la traite comme un *mode de distribution de la richesse* historiquement spécifique, mais pas comme une *forme de richesse* elle-même spécifique. Nous verrons que, selon Marx, l'apparition de la valeur en tant que forme de richesse peut être historiquement reliée à l'apparition d'un mode de distribution particulier, mais que la valeur ne reste pas prisonnière de ce mode de distribution. Dès lors qu'elle est complètement établie socialement, elle peut être distribuée de différentes manières. Je montrerai en effet que, contrairement aux hypothèses de Sweezy, Ernest Mandel[3] et autres, il n'existe absolument pas d'opposition logique nécessaire entre valeur et planification. L'existence de la planification ne signifie pas l'absence de la valeur ; celle-ci peut tout autant être distribuée au moyen de la planification.

C'est parce que l'interprétation traditionnelle de la valeur comme catégorie de distribution de la richesse ne voit pas l'opposition faite par Marx entre la valeur et ce qu'il appelle indifféremment

---

1. *Ibid.*

2. *Ibid.*, pp. 53-54.

3. Ernest Mandel, *La Formation de la pensée économique de Karl Marx. De 1843 jusqu'à la rédaction du* Capital, Maspero, 1968, pp. 96-97.

« richesse matérielle » ou « richesse réelle », qu'elle ne peut analyser la spécificité historique de la forme de travail qui constitue la valeur. Si la valeur est une forme historiquement spécifique de richesse, le travail qui la crée doit lui aussi être historiquement déterminé. (Analyser cette spécificité permettrait d'analyser la façon dont la forme-valeur structure tant la sphère de production que la sphère de distribution.) Mais si la valeur était simplement une catégorie de distribution de la richesse, le travail qui crée cette richesse ne serait pas intrinsèquement différent du travail dans les formations non capitalistes. La différence entre ces deux types de travail serait extrinsèque : elle ne porterait que sur la façon dont chacun d'eux est socialement coordonné.

Il n'est donc pas surprenant que les tentatives traditionnelles de spécifier la nature du travail sous le capitalisme le fassent en fonction de cette différence extrinsèque. Par exemple, Vitali Vygodski, qui interprète comme Sweezy la valeur en tant que catégorie de la distribution médiatisée par le marché, décrit la spécificité du travail sous le capitalisme de la manière suivante : « Bien que social comme tout travail, dans les conditions de la propriété privée des moyens de production [...], [le travail] n'a pas un caractère directement social »[1]. Avant d'analyser ce que Vygodski entend par « social », notons que sa définition implique que le travail sous le capitalisme soit intrinsèquement identique au travail dans toutes les sociétés ; il n'en diffère que dans la mesure où son caractère social ne s'exprime pas directement. Ernest Mandel donne une interprétation comparable. Bien qu'il diffère de Vygodski sur la question de la centralité de la propriété privée sous le capitalisme[2], il définit lui aussi la spécificité du travail sous le capitalisme en termes de caractère indirectement social : « Lorsque le travail individuel est reconnu immédiatement comme travail social – et c'est bien une des caractéristiques fondamentales d'une société socialiste ! – faire le détour par le marché pour "redécouvrir" la qualité sociale de ce travail est évidemment absurde »[3]. Selon Mandel, le but de la théorie de la

---

1. Vitali Solomonovich Vygodski, *The Story of a Great Discovery*, 1973, p. 54.
2. Mandel, *La Formation de la pensée économique de Karl Marx*, *op. cit.*, pp. 96-97.
3. *Ibid.*, p. 95.

valeur de Marx est d'exprimer la manière indirecte par laquelle la qualité sociale du travail s'établit sous le capitalisme[1].

De telles interprétations qui définissent le travail sous le capitalisme comme indirectement social sont très communes[2]. Notons toutefois que ce qu'elles présentent comme la « qualité » ou le « caractère » social spécifique du travail sous le capitalisme, c'est en réalité la façon dont il est distribué. Cette définition reste extrinsèque au travail lui-même. La caractérisation que Marx donne du travail sous le capitalisme comme à la fois privé et social peut contribuer à clarifier la distinction entre une détermination intrinsèque et une détermination extrinsèque de la spécificité de ce travail[3].

Ces diverses citations suggèrent que, lorsqu'on interprète la valeur en tant que catégorie du marché, la description du travail sous le capitalisme comme à la fois privé et social signifie que le travail est social parce que les hommes travaillent « en réalité » les uns pour les autres en tant que membres d'un vaste organisme social, mais que, dans une société structurée par le marché et la propriété privée, le travail *apparaît* comme privé parce que les hommes travaillent directement pour eux-mêmes et seulement indirectement pour les autres. Dans la mesure où le travail est médiatisé par les rapports de production capitalistes, son caractère social ne peut pas apparaître en tant que tel. En même temps, dans ce schéma, est « social » simplement ce qui n'est pas « privé », ce qui est supposé appartenir à la collectivité et non pas à l'individu. Le caractère spécifique des rapports sociaux que cela implique n'est pas questionné, pas plus que l'opposition du social et du privé qu'entraîne cette conception générique du « social ».

Ces interprétations font que le dépassement du capitalisme impliquerait le dépassement d'une forme médiatisée de rapports sociaux, par une forme non médiatisée, directe. Le travail pourrait donc réaliser directement son caractère social. Ce type d'analyse critique est une critique du caractère individualisé et indirectement social du travail sous le capitalisme faite du point de vue de son « vrai »

---

1. *Ibid.*

2. Voir, par exemple, Helmut Reichelt, *Zur logischen Struktur des Kapitalbegriffs bei Karl Marx*, 1970, pp. 146-147 ; Anwar Shaikh, « The Poverty of Algebra » *in* Ian Steedman, Paul Sweezy *et alii*, *The Value Controversy*, 1981, p. 271.

3. Marx, *Contribution à la critique de l'économie politique*, p. 13.

caractère, un caractère directement social et totalisant. Plus généralement, c'est une critique des rapports sociaux médiatisés faite du point de vue de rapports sociaux non médiatisés (« directs »).

Mais, contrairement à de telles interprétations, la caractérisation que Marx donne du travail sous le capitalisme en tant qu'à la fois privé et social n'est pas une critique de la dimension privée du travail, faite du point de vue de sa dimension sociale. Elle ne se rapporte pas à la différence entre l'« essence » transhistorique, vraie, du travail et sa forme phénoménale sous le capitalisme, mais, bien plutôt, aux deux moments du travail sous le capitalisme : « Le travail qui se manifeste dans la valeur d'échange est, par hypothèse, le travail de l'individu isolé. C'est en prenant la forme de son contraire immédiat, la forme de la généralité abstraite, qu'il devient travail social »[1]. Cette caractérisation de Marx fait partie de l'analyse de ce qu'il appelle le « double » caractère du travail déterminé par la marchandise ; ce travail est le « travail de l'individu isolé » et « prend la forme de la généralité abstraite ». (Comme on le verra, Marx définit cette dernière forme comme directement ou immédiatement sociale.) Notons que la description donnée par Marx du double caractère du travail sous le capitalisme implique une approche très différente de celle qui repose sur le concept indifférencié du « social » décrit plus haut. Son objectif est de saisir la spécificité d'une forme particulière de vie sociale. Loin de traiter l'opposition du social et du privé comme une opposition entre ce qui est potentiellement non capitaliste et ce qui est spécifique au capitalisme, Marx traite l'opposition elle-même, et chacun de ses deux termes, comme typiquement caractéristiques du travail sous le capitalisme et de la société capitaliste. Autrement dit, l'opposition du travail privé et du travail directement social est celle de deux termes unilatéraux qui se complètent et dépendent l'un de l'autre. Cela suggère que c'est précisément le travail sous le capitalisme qui a une dimension directement sociale et aussi que le « travail directement social » n'existe que dans un cadre social marqué par l'existence du « travail privé ». Contrairement à l'interprétation décrite plus haut, Marx dit explicitement que le caractère immédiatement social du travail sous le capitalisme se trouve au cœur de cette société. Il considère ce caractère directement social du travail

---

1. *Ibid.*

comme essentiel aux processus historiques qui caractérisent le capitalisme, processus par lesquels la richesse et le pouvoir socialement généraux se développent, mais aux dépens des individus :

> « En fait, c'est seulement par le gaspillage le plus énorme du développement d'individus particuliers qu'est assuré et réalisé le développement de l'humanité en général, au cours de l'époque historique qui précède immédiatement la reconstitution consciente de la société humaine. Toutes les économies dont il est question ici prenant leur source dans le caractère social du travail, *c'est en fait justement ce caractère social immédiat du travail qui produit ce gaspillage de la vie et de la santé des ouvriers* »[1].

Nous avons découvert une opposition remarquable. Pour les interprétations de la valeur comme catégorie du marché, le travail est directement social dans toutes les sociétés *sauf* dans le capitalisme, alors que, pour Marx, c'est *seulement* dans le capitalisme que le travail a aussi une dimension directement sociale. Ce qu'accomplit le dépassement du capitalisme, selon l'approche traditionnelle, c'est précisément ce qu'il abolit, selon Marx.

L'objet principal de notre travail consistera à développer cette différence de fond en analysant la conception marxienne de la dimension directement sociale du travail sous le capitalisme. J'anticiperai cette analyse en la résumant ici : chez le Marx de la maturité, le travail sous le capitalisme est directement social parce qu'il agit comme activité socialement médiatisante. Cette qualité sociale, historiquement unique, différencie le travail sous le capitalisme du travail dans les autres sociétés et détermine le caractère des rapports sociaux dans la formation capitaliste. Loin de signifier l'absence de médiation sociale (c'est-à-dire l'existence de rapports sociaux non médiatisés), le caractère directement social du travail constitue une forme déterminée de médiation sociale spécifique au capitalisme.

Comme on l'a noté, la critique marxienne de la société capitaliste ne doit pas se comprendre comme une critique du mode atomisé d'existence sociale individuelle dans cette société, faite du point de

---

1. Marx, *Le Capital*, livre III, p. 99. (C'est moi qui souligne.)

vue de la collectivité dont les individus sont les éléments constituants. Cette critique analyse au contraire le capitalisme en termes d'opposition entre les individus isolés et la collectivité sociale. Elle porte sur *chacun* des deux termes ; elle soutient que ces termes sont structurellement liés entre eux et qu'ils constituent une opposition spécifique au capitalisme. L'analyse critique de cette opposition, Marx l'entreprend du point de vue de la possibilité historique de son dépassement, point de vue représenté par l'idée marxienne d'individu social. De la même façon, nous voyons désormais que la critique marxienne du travail sous le capitalisme n'est pas une critique du caractère privé du travail faite du point de vue du travail directement social ; c'est en réalité une critique du travail privé et du travail directement social en tant que termes complémentaires et unilatéraux d'une opposition essentielle qui caractérise la société capitaliste.

Cette interprétation de Marx suggère qu'il est inapproprié de concevoir les rapports sociaux – c'est-à-dire les formes d'interdépendance sociale – comme étant soit directs, soit indirects. La critique de Marx est une critique de la nature de la médiation sociale sous le capitalisme, et non une critique du fait que les rapports sociaux sont médiatisés. L'interdépendance sociale est toujours médiatisée (une interdépendance non médiatisée est une contradiction dans les termes). Ce qui caractérise une société, c'est le caractère spécifique de cette médiation, c'est le caractère spécifique de ces rapports sociaux. L'analyse de Marx est une critique des rapports sociaux médiatisés par le travail faite du point de vue de la possibilité historiquement émergente d'autres médiations politiques et sociales. À ce titre, elle est une théorie critique des formes de médiation sociale, et non une critique de la médiation faite au nom de l'immédiateté. La construire ainsi évite les pièges de la seconde position : la conception d'une possible société postcapitaliste en termes de dépassement de la médiation en soi conduit à une conception du socialisme qui est fondamentalement apolitique – qu'il soit étatiste ou communautaire utopique[1]. De plus, la critique de Marx vue comme critique d'une forme spécifique de

---

1. Pour une analyse plus complète de ce point, voir Jean Cohen, *Class and Civil Society : The Limits of Marxian Critical Theory*, 1982. Bien que Cohen identifie la conception traditionnelle du dépassement de la médiation à la critique de Marx, sa visée stratégique, lorsqu'elle critique l'idée que cette médiation-ci pourrait être dépassée, se révèle parallèle à la mienne.

médiation et non de la médiation en soi est en accord avec l'intérêt que l'on pourrait porter aux formes possibles de médiation politique et sociale dans une société postcapitaliste ; en effet, en fondant cet intérêt socialement et historiquement, la théorie permet d'évaluer la validité historique et les conséquences sociales de possibles formes postcapitalistes.

Je viens donc d'esquisser une théorie dont l'objet essentiel d'investigation critique est la forme historiquement spécifique du travail, et une autre pour laquelle la forme du travail reste le point de départ non questionné d'un examen critique des formes de distribution. Ces différences sont liées à la divergence entre la vision du socialisme présentée dans les *Grundrisse* – où les formes de richesse et de travail spécifiques au capitalisme se trouveraient abolies avec le dépassement de cette société – et la vision, entraînée par une interprétation de la valeur comme catégorie du marché, selon laquelle les *mêmes* formes de richesse et de travail qui sont distribuées médiatement sous le capitalisme seraient directement coordonnées sous le socialisme. L'ampleur de cette divergence requiert que j'interroge davantage les postulats des théories critiques du mode de distribution. Il me faut pour cela comparer la critique de Marx à celle de l'économie politique classique.

Ricardo et Marx

Dans *Political Economy and Capitalism*, Maurice Dobb donne une définition de la loi de la valeur comparable à celle de Sweezy : « La loi de la valeur est un principe régissant le rapport d'échange entre les marchandises, force de travail comprise. En même temps, elle détermine la répartition du travail entre les diverses industries dans la division sociale générale du travail, et la distribution des produits entre les classes »[1]. Lorsque Dobb interprète la valeur en tant que catégorie du marché, il définit essentiellement le capitalisme comme un système de régulation sociale non conscient. Selon Dobb, la loi de la valeur indique qu'« un système de production marchande et d'échange fonctionne de soi-même sans régulation

---

1. Dobb, *Political Economy and Capitalism*, 1940, pp. 70-71.

collective ou sans le moindre plan »[1]. Il décrit le mécanisme de ce mode de distribution « automatique » en se référant aux théories de l'économie politique classique[2] : la loi de la valeur montre que « cette répartition de la force de travail sociale n'est pas arbitraire, mais [qu'elle] suit une loi des coûts déterminée par la "main invisible" des forces concurrentielles d'Adam Smith »[3]. La formulation de Dobb rend explicite ce qui est implicite dans ces interprétations de la loi marxienne de la valeur : c'est-à-dire que cette loi est fondamentalement identique à la « main invisible » d'Adam Smith. Reste toutefois à savoir si l'on peut assimiler les deux. Et, plus généralement, quelle est la différence entre l'économie politique classique et la critique de l'économie politique de Marx ?

Selon Dobb, les économistes classiques, « en démontrant la loi du *laissez-faire**, ont fourni une critique des ordres sociaux antérieurs, mais pas une critique historique du capitalisme »[4]. Cette dernière tâche est l'apport de Marx[5]. À cet égard, il y a peu d'objections à faire contre l'affirmation de Dobb. Cependant, il est nécessaire de préciser en quoi consistent selon lui la critique sociale en général et la critique du capitalisme en particulier.

Pour Dobb, la force critique de l'économie politique fut de montrer que la régulation de la société par l'État, quoique considérée comme essentielle dans le mercantilisme, n'était pas nécessaire[6]. De plus, l'économie politique, en montrant que les rapports régissant le comportement des valeurs d'échange étaient des rapports entre les hommes en tant que producteurs, s'est d'abord définie comme une théorie de la production[7]. Elle impliquait qu'une classe consommatrice, qui n'entretient aucun rapport actif avec la production des marchandises, ne joue aucun rôle économique positif dans la société[8]. Ainsi les ricardiens, par exemple, purent-ils utiliser la théorie pour attaquer les intérêts des propriétaires terriens car,

---

1. *Ibid.*, p. 37.
2. *Ibid.*, p. 9.
3. *Ibid.*, p. 63.
4. *Ibid.*, p. 55.
5. *Ibid.*
6. *Ibid.*, p. 49.
7. *Ibid.*, pp. 38-39.
8. *Ibid.*, p. 50.

selon eux, les seuls facteurs actifs dans la production étaient le travail et le capital – mais pas la rente foncière[1]. En d'autres termes, l'idée que Dobb se fait de la critique sociale est celle d'une critique des groupes sociaux non productifs faite du point de vue des éléments productifs.

Selon Dobb, la critique historique du capitalisme de Marx implique de reprendre la théorie classique de la valeur et, en l'affinant, de la retourner contre la bourgeoisie. Marx, dit-il, va au-delà des ricardiens en montrant que l'on ne peut expliquer le profit d'après aucune propriété inhérente au capital et que seul le travail est productif[2]. Au cœur de l'argumentation de Marx, il y a le concept de survaleur. Marx part d'une analyse de la structure de classe du capitalisme – où les membres de la classe la plus importante n'ont pas de propriété et sont ainsi contraints de vendre leur force de travail pour survivre – et montre que la valeur de la force de travail en tant que marchandise (la quantité nécessaire à sa reproduction) est moindre que la valeur que produit le travail en action[3]. La différence entre les deux constitue la « sur »-valeur que les capitalistes s'approprient.

En situant la différence entre l'analyse de Marx et l'économie politique classique dans la théorie de la survaleur, Dobb soutient qu'elles partagent des théories de la valeur et de la loi de la valeur fondamentalement semblables. Ainsi affirme-t-il que Marx « a pris la suite » de la théorie de la valeur de l'économie politique classique[4] et qu'il l'a développée en montrant que le profit dépend uniquement du travail[5]. Par conséquent, « la différence essentielle entre Marx et l'économie politique classique réside [...] dans la théorie de la survaleur »[6]. Selon cette interprétation très largement partagée, la théorie de la valeur de Marx est pour l'essentiel une version plus raffinée et plus cohérente de la théorie de la valeur-travail de Ricardo[7]. De ce point de vue, la loi marxienne de la

1. *Ibid.*

2. *Ibid.*, p. 58.

3. *Ibid.*, pp. 58-62.

4. *Ibid.*, p. 67.

5. *Ibid.*, pp. 56, 58.

6. *Ibid.*, p. 75.

7. Voir, par exemple, Mandel, *La Formation de la pensée économique de Karl Marx, op. cit.*, pp. 82-88 ; Paul Walton et Andrew Gamble, *From Alienation to Surplus Value*, 1972, p. 179 ; George Lichteim, *Marxism : A Historical and Critical Study*, 1965, p. 172 et suiv.

valeur a donc la même fonction : expliquer le mécanisme du mode de distribution de l'époque du laissez-faire* en termes de travail. Toutefois, Dobb signale lui-même que, bien que la catégorie de valeur et la loi de la valeur développées par l'économie politique classique fournissent une critique des ordres sociaux antérieurs, elles ne permettent pas une critique historique du capitalisme[1]. La conséquence de cette position, c'est que la critique du capitalisme de Marx n'est pas encore exprimée par les catégories par lesquelles il fait commencer sa critique de l'économie politique – les catégories de marchandise, de travail abstrait et de valeur que Marx développe au niveau logique initial de son analyse[2]. Ce niveau est au contraire implicitement considéré comme un prolégomène à la critique ; il est supposé seulement préparer le fondement de la « vraie critique » qui commence avec l'introduction de la catégorie de survaleur[3].

La question de savoir si les catégories initiales de l'analyse marxienne expriment une critique du capitalisme est liée à celle de savoir si ces catégories fondent théoriquement la dynamique historique caractéristique de cette société[4]. Pour Oskar Lange, par exemple, la « vraie supériorité » de l'économie marxienne réside « sur le terrain de l'explication et de l'anticipation d'un processus d'évolution économique »[5]. Toutefois, comme il part d'une interprétation de la loi de la valeur comparable à celle de Dobb et

1. Dobb, *Political Economy and Capitalism, op. cit.*, p. 55.
2. Cette position est étroitement liée à l'interprétation erronée qui voit dans les premiers chapitres du *Capital* l'analyse d'un stade précapitaliste de « production de marchandises simples ». Nous verrons cela en détail plus loin.
3. Martin Nicolaus propose un exemple plus récent de cette approche. Dans l'introduction à sa traduction des *Grundrisse* [en anglais, N.d.T.], Nicolaus affirme qu'« avec sa conception de la "force de travail", Marx résout la contradiction inhérente à la théorie classique de la valeur. Il préserve ce qu'il y a de cohérent en elle, à savoir la détermination de la valeur par le temps de travail [...]. En dépassant les limites de la vieille théorie, Marx la renverse en son opposé ; il transforme une légitimation de la domination bourgeoise en une théorie [...] qui explique comment la classe capitaliste accroît sa richesse par le travail des ouvriers » (Martin Nicolaus, « Introduction » *in* Karl Marx, *Grundrisse : Foundations of the Critique of Political Economy*, 1973, p. 46).
4. Voir Henryk Grossmann, *Marx, l'économie politique classique et le problème de la dynamique*, Champ Libre, 1975.
5. Oskar Lange, « Marxian Economics and Modern Economic Theory » *in* David Horowitz (dir.), *Marx and Modern Economics*, 1968, p. 76. (Cet article est paru pour la première fois dans *The Review of Economics Studies*, juin 1935.)

Sweezy, Lange affirme que « la signification économique de la théorie de la valeur-travail [...] n'est rien d'autre qu'une théorie statique de l'équilibre économique »[1]. À ce titre, elle n'est réellement applicable qu'à une économie d'échange précapitaliste de petits producteurs indépendants et ne peut expliquer le développement capitaliste[2]. Selon Lange, la base réelle de l'analyse que Marx fait de la dynamique du capitalisme, c'est un « donné institutionnel » : la division de la population en deux classes, dont l'une possède les moyens de production et l'autre sa seule force de travail[3]. Cela explique que le profit capitaliste puisse seulement exister dans une économie non pas statique mais en mouvement[4]. Le progrès technique résulte de la nécessité où se trouvent les capitalistes d'empêcher que les hausses de salaires annulent les profits[5]. En d'autres termes, partant de l'interprétation courante qui fait de la théorie de la valeur de Marx une théorie essentiellement similaire à celle de l'économie politique classique, Lange affirme qu'il existe un fossé entre les « concepts économiques spécifiques » statiques utilisés par Marx et sa « spécification du cadre institutionnel à l'intérieur duquel le processus économique s'effectue dans la société capitaliste »[6]. Seule cette spécification permet d'expliquer la dynamique historique de la formation sociale. Pour Lange, la loi de la valeur est une théorie de l'équilibre ; en tant que telle, elle n'a rien à voir avec la dynamique de développement du capitalisme.

On voit par là que si la théorie marxienne de la valeur est fondamentalement la même que celle de l'économie politique classique, elle ne fournit pas et ne peut pas fournir directement une critique historique du capitalisme ou une explication de son caractère dynamique. (Cela implique que ma réinterprétation montre que les catégories fondamentales de Marx, celles qu'il développe au niveau logique initial de son analyse, sont effectivement critiques du capitalisme et impliquent bien une dynamique historique immanente.)

Selon toutes les interprétations résumées ci-dessus, la théorie de la valeur-travail élaborée par Marx démystifie (ou « défétichise ») le

---

1. *Ibid.*
2. *Ibid.*, pp. 78-79.
3. *Ibid.*, p. 81.
4. *Ibid.*, p. 82.
5. *Ibid.*, p. 84.
6. *Ibid.*, p. 74.

capitalisme en révélant que le travail est la vraie source de la richesse sociale. Cette richesse est distribuée de façon « automatique » par le marché et appropriée par la classe capitaliste de façon voilée. En conséquence, la vraie force de la critique de Marx est de dévoiler, derrière l'apparence de l'échange d'équivalents, l'existence de l'exploitation de classe. Le marché et la propriété privée des moyens de production sont considérés comme les rapports de production capitalistes essentiels, rapports qui sont exprimés par les catégories de valeur et de survaleur. La domination sociale est définie en termes de domination de classe, laquelle, en retour, s'enracine dans « la propriété privée de la terre et du capital »[1]. Dans ce cadre général, les catégories de valeur et de survaleur expriment comment le travail et ses produits sont distribués dans une société de classes fondée sur le marché. Mais elles ne sont pas interprétées en tant que catégories de formes *particulières* de richesse et de travail.

Quelle est la base de cette critique du mode bourgeois de distribution et d'appropriation ? Selon les termes de Dobb, c'est une « théorie de la production »[2]. Comme nous l'avons vu, Dobb la considère comme une théorie qui, parce qu'elle identifie les classes qui contribuent de manière vraiment productive à la société économique, permet de mettre en question le rôle des classes improductives. L'économie politique classique, du moins sous sa forme ricardienne, a montré que la classe des grands propriétaires terriens n'était pas productive. Marx, en développant la théorie de la survaleur, a fait de même avec la bourgeoisie.

Il est à noter – et c'est crucial – que cette position suppose que la nature de la critique du capitalisme proposée par Marx soit fondamentalement identique à celle de la critique bourgeoise des ordres sociaux antérieurs. Dans les deux cas, il s'agit d'une critique des rapports sociaux faite du point de vue du travail. Mais si le travail est le point de vue de la critique, alors il n'est pas et ne peut pas être l'objet de la critique. Ce que Dobb appelle une « théorie de la production » entraîne une critique non de la production, mais du mode de distribution, et cela à partir d'une analyse de la « vraie » source productive de richesse : le travail.

---

1. Dobb, *Political Economy and Capitalism*, p. 78.
2. *Ibid.*, p. 39.

À ce stade, on est fondé à se demander s'il est bien exact que la critique de Marx soit fondamentalement similaire dans sa structure à celle de l'économie politique classique. Comme je l'ai montré, cette idée présuppose que la théorie de la valeur de Marx soit la même que celle de l'économie politique ; que, donc, sa critique ne s'exprime pas encore au niveau logique initial de son analyse. Vue ainsi, la critique de Marx commence plus tard avec l'exposé de sa théorie dans *Le Capital*, à savoir la distinction entre les catégories de travail et de force de travail et, corrélativement, avec l'idée que le travail est la seule source de survaleur. En d'autres termes, le marxisme traditionnel considère que la critique de Marx consiste d'abord à démontrer que l'exploitation est structurellement inhérente au capitalisme. Présupposer que la catégorie de valeur de Marx est fondamentalement la même que celle de Ricardo implique que leur conception du travail qui constitue la valeur soit aussi fondamentalement la même. L'idée que le travail est à la fois la source de toute richesse et le point de vue de la critique sociale est typique de la critique sociale bourgeoise. Elle remonte au moins aux écrits de John Locke et trouve son expression la plus cohérente dans l'économie politique de Ricardo. La lecture traditionnelle de Marx – qui interprète les catégories marxiennes comme des catégories de la distribution (marché et propriété privée) et qui identifie les forces productives sous le capitalisme au procès de production (industriel) – repose finalement sur l'identification du concept ricardien de travail comme source de la valeur au concept de Marx.

Mais cette identification est spécieuse. La différence *essentielle* entre la critique marxienne de l'économie politique et l'économie politique classique réside précisément dans le traitement réservé au travail.

Il est vrai qu'étudiant l'analyse de Ricardo, Marx en fait l'éloge :

> « La base, le point de départ de la physiologie du système bourgeois [...] c'est la détermination de *la valeur par le temps de travail*. C'est de là que part Ricardo, contraignant dès lors la science [...] à vérifier [...] ce qu'il en est en général de cette contradiction entre le mouvement apparent et le mouvement

réel du système. C'est donc cela la grande importance historique de Ricardo pour la science »[1].

Cet hommage, toutefois, ne signifie absolument pas que Marx adopte la théorie de la valeur-travail de Ricardo. Ni qu'il faille réduire ce qui les différencie à leur seule différence de méthode de présentation analytique. Il est vrai que, pour autant que Marx soit concerné, l'exposé de Ricardo passe trop rapidement et trop directement de la détermination de la grandeur de la valeur par le temps de travail à la question de savoir si les autres relations et catégories économiques contredisent ou modifient cette détermination[2]. Marx, quant à lui, procède différemment : à la fin du premier chapitre de *Contribution à la critique de l'économie politique*, il dresse la liste des objections les plus communes à la théorie de la valeur-travail et affirme que ces objections seront levées par ses théories du travail salarié, du capital, de la concurrence et de la rente foncière[3], théories qui seront ensuite déployées catégoriellement dans les trois livres du *Capital*. Pour autant, il serait faux de soutenir, comme le fait Mandel, qu'elles représentent « la contribution principale que Marx a faite au développement de la science économique »[4] – comme si Marx s'était borné à peaufiner la théorie de Ricardo et n'en avait pas fait une critique fondamentale.

La principale différence entre Ricardo et Marx est bien plus essentielle. Marx ne rend pas simplement plus cohérente « la détermination de la valeur par le temps de travail »[5]. Loin d'avoir adopté

---

1. Marx, *Théories sur la plus-value*, t. II, p. 185.
2. *Ibid.*, pp. 183-184.
3. Les objections que Marx énumère sont les suivantes : 1/ Si l'on admet que la mesure intrinsèque de la valeur est le temps de travail, comment expliquer le salaire ? 2/ Comment la production, sur la base de la valeur d'échange déterminée par le seul temps de travail, conduit-elle au résultat que la valeur d'échange du travail est inférieure à la valeur d'échange de son produit ? 3/ Comment le prix de marché en vient-il à différer de la valeur d'échange, alors qu'il se fonde sur elle ? (En d'autres termes, valeurs et prix sont nécessairement non identiques.) 4/ Comment des marchandises qui ne contiennent pas de travail peuvent-elles posséder une valeur d'échange ? (Voir *Contribution à la critique de l'économie politique*, p. 38.) Bien des critiques de la théorie de la valeur de Marx paraissent ignorer le fait qu'il connaît ces problèmes, sans parler de la nature des solutions qu'il propose.
4. Mandel, *La Formation de la pensée économique de Karl Marx*, p. 82.
5. *Contribution à la critique de l'économie politique*, p. 37.

et affiné la théorie de la valeur-travail de Ricardo, Marx reproche à Ricardo d'avoir établi un concept indifférencié de « travail » comme source de la valeur sans avoir examiné davantage la spécificité du travail producteur de marchandises :

> « Ricardo part de la détermination des valeurs relatives (ou valeurs d'échange) des marchandises par "la quantité de travail". [...] Or, la forme – la définition particulière du travail en tant que créant de la valeur d'échange ou se représentant dans des valeurs d'échange –, le *caractère* de ce travail, Ricardo *ne l'analyse pas* »[1].

Ricardo n'a pas reconnu la détermination historique de la forme de travail liée à la forme-marchandise des rapports sociaux, il l'a transhistoricisée : « Au reste, Ricardo considère la forme bourgeoise du travail comme la forme naturelle éternelle du travail social »[2]. Or c'est précisément cette conception transhistorique du travail constituant la valeur, qui interdit une analyse adéquate de la formation sociale capitaliste :

> « La forme-valeur du produit du travail est la forme la plus abstraite, mais aussi la plus générale du mode de production bourgeois, qu'elle caractérise ainsi comme une modalité particulière de production sociale, et détermine, du même coup, historiquement. Si donc on la prend pour la forme naturelle éternelle de la production sociale, on passe aussi nécessairement à côté de ce qu'il y a de spécifique dans la forme-valeur, donc dans la forme-marchandise, et en poursuivant le développement, dans la forme-monnaie, dans la forme-capital, etc. »[3].

Selon Marx, une analyse adéquate du capitalisme n'est possible que si l'on procède à une analyse du caractère historiquement spécifique du travail sous le capitalisme. La détermination initiale et fondamentale de cette spécificité, c'est ce que Marx appelle le « double caractère » du travail déterminé par la marchandise.

---

1. *Théories sur la plus-value*, t. II, p. 183.
2. *Contribution à la critique de l'économie politique*, p. 37.
3. *Le Capital*, livre I, p. 92, n. 32.

« Ce qu'il y a de meilleur dans mon livre, c'est : 1. (et c'est là-dessus que repose *toute* la compréhension des *facts* [faits]) la mise en relief, dès le *premier* chapitre, du *caractère double du travail*, selon qu'il s'exprime en valeur d'usage ou en valeur d'échange ; 2. l'analyse de la *plus-value, indépendamment de ses formes particulières* : profit, intérêt, rente foncière, etc. »[1].

J'examinerai en détail le concept marxien de « double caractère » du travail sous le capitalisme dans la seconde partie de ce livre. À ce stade, limitons-nous à noter que, selon le jugement même de Marx, sa critique du capitalisme ne commence pas avec l'introduction de la catégorie de survaleur, mais dès le premier chapitre du *Capital*, avec l'analyse de la spécificité du travail déterminé par la marchandise. Cela marque la distinction fondamentale entre la critique de Marx et l'économie politique classique, distinction sur laquelle « repose *toute* la compréhension des *facts* ». Selon Marx, Smith et Ricardo analysent la marchandise à l'aide d'un concept indifférencié de « travail »[2], comme « *Arbeit* sans phrase* »[3]. Ne pas voir la spécificité historique du travail, c'est considérer le travail sous le capitalisme de façon transhistorique, de façon finalement acritique, comme « "le" travail »[4], c'est-à-dire comme « l'activité productive de l'homme en général, l'activité qui lui permet de réaliser l'échange de matière avec la nature ; activité dépouillée [...] de toute forme sociale et de tout caractère déterminé »[5]. Or, pour Marx, le travail social en soi – « l'activité productive de l'homme en général » – est un pur fantôme, une abstraction qui, prise en elle-même, n'existe absolument pas[6].

Contrairement à l'interprétation habituelle, Marx ne reprend donc pas la théorie de la valeur-travail de Ricardo, il ne la rend pas plus cohérente et ne l'utilise pas pour prouver que le profit n'est créé que par le travail. Il écrit une *critique* de l'économie politique, une critique immanente de la théorie classique de la valeur-travail

---

1. Marx à Engels, 24 août 1867.
2. Marx, *Un chapitre inédit du* Capital, p. 147.
3. Marx à Engels, 8 janvier 1868.
4. *Le Capital*, livre III, p. 738.
5. *Ibid.*
6. *Ibid.*

elle-même. Marx prend les catégories de l'économie politique classique et met en lumière leur base sociale historiquement spécifique qui n'est jamais questionnée. Il les transforme par là même de catégories transhistoriques de la constitution de la richesse en catégories critiques de la spécificité des formes de richesse et de rapports sociaux sous le capitalisme. Lorsqu'il analyse la valeur en tant que forme déterminée de richesse et découvre la « double » nature du travail qui la constitue, Marx affirme que l'on ne peut pas saisir le travail créateur de valeur adéquatement en tant que travail au sens habituel du terme, c'est-à-dire en tant qu'activité intentionnelle qui change la forme de la matière de façon déterminée[1]. Le travail sous le capitalisme possède une dimension sociale supplémentaire. Pour Marx, le problème est que, bien que le travail déterminé par la marchandise soit socialement et historiquement spécifique, il apparaît sous une forme transhistorique comme activité de médiation entre les hommes et la nature, comme « travail ». L'économie politique classique se fonde donc sur la forme phénoménale transhistorique d'une forme sociale historiquement déterminée.

La différence entre une analyse fondée sur le concept de « travail », comme dans l'économie politique classique, et une analyse fondée sur le concept de double caractère du travail concret et du travail abstrait dans le capitalisme est cruciale : c'est, selon le mot de Marx, « tout le secret de la conception critique »[2]. C'est la différence entre une critique sociale faite du point de vue du « travail », un point de vue qui reste lui-même non questionné, et une autre où *la forme même du travail* est l'objet de la critique. Alors que la première reste prisonnière du capitalisme, la seconde renvoie au-delà de lui.

Si l'économie politique classique fournit la base d'une critique sociale faite du point de vue du « travail », la critique de l'économie politique entraîne une critique de ce point de vue. C'est pourquoi

---

1. « Une chose bien simple a échappé à tous les économistes sans exception : c'est que, si la marchandise a le double caractère de valeur d'usage et de valeur d'échange, il faut bien que le travail représenté dans cette marchandise possède lui aussi ce double caractère, tandis que la simple analyse du travail *sans phrase** telle qu'on la rencontre chez Smith, Ricardo, etc., bute forcément partout sur des problèmes inexplicables. Voilà en fait tout le secret de la conception critique » (Marx à Engels, 8 janvier 1868).

2. *Ibid.*

Marx n'accepte pas la formulation que Ricardo donne du but de l'étude politico-économique, à savoir « déterminer les lois qui gouvernent cette répartition » de la richesse sociale entre les différentes classes de la société[1], car une étude de ce genre tient la forme du travail et de la richesse pour garanties de toute éternité. À l'inverse, dans sa critique, Marx redéfinit complètement l'objet de l'étude. Sa cible, ce sont les formes de richesse, de travail et de production sous le capitalisme, plutôt que la seule forme de distribution.

La redétermination radicale que Marx fait subir à l'objet de la critique implique également une reconceptualisation analytique importante de la structure de l'ordre social capitaliste.

L'économie politique classique a exprimé la différenciation historique croissante entre l'État et la société civile et s'est intéressée à cette dernière sphère. On a dit que l'analyse de Marx était une continuation de cette entreprise et que Marx avait identifié la société civile en tant que sphère sociale régie par les formes structurantes du capitalisme[2]. Toutefois, comme je le montrerai en détail, les différences entre l'approche de Marx et celle de l'économie politique classique suggèrent que Marx tente d'aller au-delà de la conception de la société capitaliste en termes d'opposition entre l'État et la société civile. La critique de l'économie politique de Marx (écrite après l'essor de la production industrielle à grande échelle) dit implicitement que ce qui est au cœur du capitalisme, c'est son caractère directionnellement dynamique, une dimension de la vie sociale moderne que l'on ne peut fonder adéquatement dans aucune de ces deux sphères de la société moderne. Marx s'efforce bien plutôt de saisir cette dynamique en définissant une *autre* dimension sociale du capitalisme. Telle est la signification essentielle de son analyse de la production. Marx interroge bien la sphère de la société civile, mais en termes de rapports de *distribution* bourgeois. Son analyse de la spécificité du travail sous le capitalisme et des rapports de *production* a un autre but théorique ; il s'agit de fonder et d'expliquer la *dynamique historique* de la société capitaliste. D'où il découle que l'analyse marxienne de la sphère de production ne doit être comprise ni en termes de « travail » ni comme

---

1. David Ricardo, *Des principes de l'économie politique et de l'impôt*, GF-Flammarion, 1992, p. 45.

2. Voir, par exemple, Cohen, *Class and Civil Society*.

privilégiant le « moment de la production » par rapport à toutes les autres sphères de la vie sociale. (Marx indique en effet que la production sous le capitalisme n'est pas un procès purement technique régulé par les rapports sociaux, mais un procès qui incorpore ces rapports sociaux ; elle les détermine et est déterminée par eux.) En tant que tentative de mettre en lumière la dimension sociale historiquement dynamique de la société capitaliste, l'analyse marxienne de la production dit implicitement que cette dimension ne peut pas être saisie en termes d'État ou de société civile. Tout au contraire, la dynamique historique du capitalisme développé enchâsse et transforme de façon croissante chacune de ces sphères. Le problème n'est donc pas la part relative de l'« économie » et de l'« État », mais la nature de la médiation sociale sous le capitalisme et le rapport entre cette médiation et la dynamique directionnelle qui caractérise cette société.

« Travail », richesse et constitution sociale

Interpréter la valeur d'abord comme catégorie du mode de distribution médiatisé par le marché – ainsi que le fait le marxisme traditionnel – implique que la catégorie marxienne de valeur et la compréhension marxienne du travail créateur de valeur seraient identiques à celles de l'économie politique classique. Or nous avons vu que Marx différencie son analyse d'avec l'économie politique précisément sur la question du travail constituant la valeur et qu'il reproche à l'économie politique de penser le travail sous le capitalisme en tant que « travail » transhistorique. Cette distinction est essentielle, car elle sous-tend les différences entre deux formes de critique sociale fondamentalement différentes. La signification de ces différences apparaîtra clairement lorsque j'aurai donné davantage de détails sur le rôle que le « travail » joue dans la critique traditionnelle et que j'aurai décrit quelques implications théoriques de ce rôle.

J'ai dit que si le « travail » est le point de vue de la théorie critique, alors le cœur de la critique devient nécessairement le mode de distribution et d'appropriation du travail et de ses produits[1]. D'un côté, la théorie considère les rapports sociaux qui caractérisent le capitalisme comme extrinsèques au travail (les rapports de propriété, par exemple) ; de l'autre, ce qu'elle présente comme la spécificité du travail sous le capitalisme, c'est en réalité la spécificité de son mode de distribution[2]. Or la théorie de Marx implique une

---

1. Dobb en fournit un exemple extrême : « Plus essentiellement même que chez Ricardo, [le] problème [de Marx], ce sont les mouvements des revenus de la classe sociale la plus nombreuse, en tant que clé des "lois de mouvement du capitalisme", et le premier but de son analyse fut de mettre au jour ces lois » (Dobb, *Political Economy and Capitalism*, p. 23). Or, dans l'analyse de Marx, le problème du revenu – la répartition entre les différentes classes sociales de la survaleur créée par une seule de ces classes – est étudié au livre III du *Capital*, c'est-à-dire après la forme-valeur de la production et sa dynamique immanente. L'étude de cette dernière représente le niveau logique auquel les « lois de mouvement » se développent ; l'étude du revenu fait partie d'une tentative de montrer comment les « lois » dominent dans le dos des acteurs sociaux – c'est-à-dire que ceux-ci ignorent la valeur et son fonctionnement.

2. La critique unilatérale du mode de distribution est rarement reconnue comme telle. On le voit, par exemple, dans un article de Rudolf Hilferding (« Zur Problemstellung der theoretischen Ökonomie bei Karl Marx » *in Die Neue Zeit* 23, n° 1 [1904-1905], pp. 101-112) où celui-ci tente de mettre en lumière les différences entre Marx et Ricardo. Au cours de sa réflexion, il critique les socialistes qui s'intéressent principalement au problème de la distribution, comme Ricardo (p. 103). Cependant, malgré les apparences, la critique de Hilferding n'est pas faite du point de vue d'une critique de la production. Il souligne bien le fait que Ricardo, à la différence de Marx, n'étudie pas la forme de la richesse sous le capitalisme (p. 104), qu'il pose les rapports de production comme donnés, naturels et immuables (p. 109) et ne s'intéresse qu'à la distribution (p. 103). Toutefois, ce n'est qu'au premier abord que sa position paraît vraiment identique à celle que je développe ici. Un examen plus attentif révèle que l'interprétation de Hilferding est elle-même fondamentalement une critique du mode de distribution : son étude de la forme de la richesse n'est pas reliée à une étude de la production, qu'il considère uniquement en termes de relations hommes/nature (pp. 104-105) ; bien au contraire, il interprète la forme de la richesse uniquement par rapport à la forme que le produit revêt socialement *après* avoir été produit, en tant qu'élément du marché autorégulateur (p. 105 et suiv.). D'où il résulte que Hilferding ne conçoit pas réellement la valeur en tant que forme sociale de la richesse qui diffère de la richesse matérielle ; il considère bien plutôt la valeur comme une *forme phénoménale* différente de la (même forme de) richesse (p. 104). Dans le même esprit, il interprète la loi de la valeur en termes de mécanisme du marché et comprend les rapports de production uniquement en tant que rapports sociaux médiatisés par le marché, non consciemment régulés, entre les producteurs privés (pp. 105-110). Enfin, Hilferding spécifie et restreint son accusation selon laquelle

conception très différente des rapports sociaux capitalistes fondamentaux. De plus, comme on le verra, ce que Marx analyse comme spécifique au travail sous le capitalisme, c'est ce que le marxisme traditionnel attribue au « travail » au sens transhistorique du terme, au « travail » comme activité qui médiatise les interactions entre les hommes et la nature. Par conséquent, la critique traditionnelle investit le travail en soi d'une immense signification pour la société humaine et pour l'histoire, et cela d'une manière qui, selon l'interprétation ici proposée, est essentiellement métaphysique et masque le rôle social spécifique du travail sous le capitalisme.

D'abord, l'interprétation traditionnelle prend le « travail » pour la source transhistorique de la richesse sociale. Ce présupposé sous-tend des interprétations comme celle de Joan Robinson qui affirme que, selon Marx, la théorie de la valeur-travail se réalisera sous le socialisme[1]. Mais elle est aussi caractéristique de positions comme celle de Dobb qui n'attribue aucune validité transhistorique à la catégorie de valeur mais qui ne l'interprète qu'en termes de marché. Cette dernière position, qui considère la catégorie de valeur comme une forme historiquement déterminée de *distribution* de la richesse, mais non comme une *forme* historiquement spécifique de richesse, est transhistorique d'une autre manière, car elle pose implicitement une corrélation transhistorique entre le travail humain et la richesse sociale ; elle implique que, bien que la « forme-valeur » (dans cette interprétation, la forme de distribution médiatisée par le marché) soit dépassée sous le socialisme, le travail humain immédiat dans le

---

Ricardo ne s'intéresse qu'à la distribution, en disant qu'il se réfère à l'accent mis par Ricardo sur la distribution des produits dans l'ordre existant plutôt que sur la distribution des hommes dans des classes opposées au sein des diverses sphères de production (p. 110). En d'autres termes, la critique de Hilferding à l'égard des socialistes qui insistent sur le problème de la distribution est dirigée contre ceux qui s'intéressent à la distribution des biens dans le cadre du mode de production existant. Il le fait d'un point de vue qui met en cause la structure de la distribution bourgeoise (des hommes en classes opposées), mais pas la structure de la production capitaliste. Il s'en prend à la critique quantitative de la distribution au nom d'une critique qualitative des rapports de distribution et conçoit faussement cette dernière comme une critique des rapports de production.

1. Joan Robinson, *Essai sur l'économie de Marx*, Dunod, 1971, p. 18. Ce type d'incompréhension du caractère historique de la valeur dans l'analyse marxienne rend impossible une compréhension de la signification de cette catégorie dans la critique de l'économie politique.

procès de production reste nécessairement la source de la richesse sociale. Contrairement à l'approche proposée par Marx dans les *Grundrisse*, une analyse de ce genre ne questionne pas historiquement la « nécessaire » connexion entre le travail humain immédiat et la richesse sociale ; elle ne traite pas non plus catégoriellement la question du potentiel créateur de richesse propre à la science et à la technologie. D'où il résulte que la critique marxienne de la production capitaliste lui échappe totalement. Cette position conduit à une immense confusion sur ce qui fait que seul le travail peut être vu comme constituant la valeur et sur la façon dont la science et la technologie devraient être prises en compte par la théorie.

Cette conception considère le « travail » non seulement comme la source transhistorique de la richesse, mais aussi comme ce qui structure principalement la société. La relation entre les deux est évidente dans la réponse de Rudolf Hilferding à la critique de Marx par Eugen von Böhm-Bawerk. Hilferding écrit : « Marx part d'une analyse du travail comme élément constituant la société humaine et [...] déterminant, en dernière analyse, le développement de la société. Ainsi saisit-il par son concept de valeur ce facteur dont la qualité et la quantité [...] régissent causalement la vie sociale »[1].

Le « travail » est ici le fondement ontologique de la société – ce qui constitue, détermine et régit causalement la vie sociale. Si, comme le soutiennent les interprétations traditionnelles, le travail est la seule source de richesse et l'élément constituant essentiel de la vie sociale dans toutes les sociétés, alors la différence entre les diverses sociétés ne peut être fonction que des différentes manières dont cet élément régulateur domine : ou sous une forme voilée et « indirecte », ou (de préférence, aux yeux du marxisme traditionnel) sous une forme ouverte et « directe ». Comme l'écrit Hilferding :

> « L'analyse économique concerne uniquement l'époque du développement social [...] où le produit devient une marchandise, c'est-à-dire l'époque où le travail, et le pouvoir d'en disposer, n'a pas encore été érigé consciemment au rang de

---

1. Rudolf Hilferding, « Böhm-Bawerk's Criticism of Marx » *in* Paul M. Sweezy (dir.), *« Karl Marx and the Close of His System » by Eugen Böhm-Bawerk, and « Böhm-Bawerk's Criticism of Marx » by Rudolf Hilferding*, 1949, p. 133.

principe régulateur du métabolisme social et du gouvernement de la société, mais où ce principe se réalise de façon automatique et inconsciente comme une propriété matérielle des choses »[1].

Ce passage rend explicite une implication centrale des positions qui caractérisent le travail sous le capitalisme d'après son caractère social indirect et considèrent la valeur comme une catégorie de la distribution. Le « travail » est pris pour le principe régulateur transhistorique du « métabolisme social » et de la distribution du pouvoir social. La différence entre le socialisme et le capitalisme consisterait donc essentiellement – en dehors de la question de la propriété privée des moyens de production – en ce que le travail est reconnu comme ce qui constitue et régule la société – et est consciemment traité en tant que tel – ou bien en ce que la régulation sociale a lieu de façon non consciente. Sous le socialisme, donc, le principe ontologique de la société apparaît ouvertement, alors que sous le capitalisme il est caché.

Cette critique faite du point de vue du « travail » n'est pas sans conséquence pour la question du rapport entre forme et contenu. Dire que la catégorie de valeur exprime la façon non consciente, automatique, dont le « travail » domine sous le capitalisme, c'est dire qu'un contenu transhistorique, ontologique, revêt des formes historiques différentes dans des sociétés différentes. Helmut Reichelt fournit un exemple de cette interprétation :

> « Là où le *contenu* de la valeur et de la grandeur de valeur est consciemment élevé en principe de l'économie, la théorie de Marx perd son objet d'étude, lequel ne peut être présenté et saisi en tant qu'objet *historique* que lorsque ce contenu est conçu en tant que contenu d'autres formes et peut donc être décrit séparément de sa forme phénoménale historique »[2].

Comme Hilferding, Reichelt pense que le contenu de la valeur sous le capitalisme serait « consciemment érigé en principe de l'économie » sous le socialisme. La « forme » (la valeur) est entièrement

---

1. *Ibid.*
2. Helmut Reichelt, *Zur logischen Struktur*, p. 145.

séparable du « contenu » (le « travail »). Il s'ensuit que la forme est une détermination non pas du travail, mais de la façon dont il est socialement distribué ; selon cette interprétation, il n'existe aucun rapport intrinsèque entre la forme et le contenu, et il ne peut y en avoir, étant donné le caractère supposé transhistorique de ce dernier.

Cette interprétation du rapport entre forme et contenu est en même temps une interprétation du rapport entre apparence et essence. Dans l'analyse de Marx, la valeur exprime et voile une essence sociale – en d'autres termes, en tant que forme phénoménale, elle est « mystifiante ». Dans le cadre des interprétations fondées sur le concept de « travail », la fonction de la critique est de démystifier (ou de défétichiser) théoriquement, c'est-à-dire de révéler qu'en dépit des apparences le travail est réellement la source transhistorique de la richesse sociale et le principe régulateur de la société. Le socialisme est donc la « démystification » pratique du capitalisme. Comme le remarque Paul Mattick, cette position affirme que « c'est seulement la *mystification* inhérente à l'organisation sociale du travail prise en tant que "loi de la valeur" qui disparaît avec le capitalisme. Les conséquences de cette loi réapparaissent, mais sous une forme désormais *démystifiée* dans le cadre d'une économie consciemment réglée »[1]. En d'autres termes, lorsque le « travail » est pris pour l'essence transhistorique de la vie sociale, la mystification est nécessairement comprise de la façon suivante : la forme historiquement transitoire qui mystifie et qui doit être abolie (la valeur) est indépendante de l'essence transhistorique qu'elle dissimule (le « travail »). La démystification est donc comprise comme un processus au terme duquel l'essence apparaît ouvertement et directement.

Toutefois, comme je m'efforcerai de le montrer, les traits ici décrits d'une critique sociale faite du point de vue du « travail » diffèrent radicalement de ceux de la critique de l'économie politique du Marx de la maturité. Nous verrons que pour Marx le travail est effectivement socialement constituant et déterminant, mais *seulement* sous le capitalisme. Il en est ainsi du fait de son caractère historiquement spécifique, et non pas simplement parce qu'il est une activité qui médiatise les interactions matérielles entre les

---

1. Paul Mattick, *Marx et Keynes*, Gallimard, 1972, p. 45.

hommes et la nature. Ce que les théoriciens comme Hilferding attribuent au « travail » se révèle être dans l'approche de Marx une hypostase transhistorique de la spécificité du travail sous le capitalisme. En effet, dans la mesure où l'analyse marxienne de la spécificité du travail montre que ce qui semble être un fondement transhistorique, ontologique, de la société est en réalité historiquement déterminé, cette analyse entraîne une critique du type d'ontologie sociale qui caractérise le marxisme traditionnel.

L'analyse marxienne de la spécificité du travail sous le capitalisme entraîne aussi une approche du rapport entre forme sociale et contenu sous le capitalisme diamétralement opposée à l'approche liée à une critique faite du point du « travail ». Nous avons vu que l'idée de « travail » suppose une conception de la mystification selon laquelle il n'existe aucun rapport intrinsèque entre le « contenu » social et sa forme mystifiée. Or, dans l'analyse de Marx, les formes de mystification (ce qu'il appelle le « fétiche ») *sont* liées à leur « contenu » – elles sont considérées comme les formes phénoménales *nécessaires* d'une « essence » qu'elles expriment et voilent tout à la fois[1]. Par exemple, selon Marx, les rapports sociaux déterminés par la marchandise s'expriment nécessairement sous une forme fétichisée : les rapports sociaux apparaissent « *pour ce qu'[ils] sont*, c'est-à-dire [...] comme rapports impersonnels [*sachliche*] entre des personnes et rapports sociaux entre des choses impersonnelles »[2]. En d'autres termes, les formes sociales quasi objectives, impersonnelles, exprimées par des catégories telles que marchandise et valeur ne masquent pas simplement les rapports sociaux « réels » du capitalisme (c'est-à-dire les rapports de classes) ; en fait, les structures abstraites exprimées par ces catégories *sont* ces rapports sociaux « réels ».

La relation entre forme et contenu dans la critique de Marx est nécessaire et non pas contingente. La spécificité historique de la forme phénoménale implique la spécificité historique de ce qu'elle exprime, car ce qui est historiquement déterminé ne peut pas être la forme phénoménale nécessaire d'un « contenu » transhistorique. Au cœur de cette approche se trouve l'analyse marxienne de la

---

1. Voir l'analyse que Marx fait de la forme-valeur relative et de la forme-équivalent dans *Le Capital*, livre I, pp. 53-81.

2. *Ibid.*, pp. 83-84.

spécificité du travail sous le capitalisme : le « contenu » (ou l'« essence ») social dans l'analyse de Marx n'est pas le « travail », mais une forme historiquement spécifique de travail.

Marx reproche à l'économie politique son incapacité à poser la question du rapport intrinsèque, nécessaire, entre forme sociale et contenu sous le capitalisme : « Elle n'a jamais posé ne serait-ce que la simple question de savoir pourquoi ce contenu-ci prend cette forme-là, et donc pourquoi le travail se représente dans la valeur et pourquoi la mesure du travail par sa durée se représente dans la grandeur de valeur du produit du travail »[1]. L'analyse que Marx fait de la spécificité du contenu historiquement déterminé du travail sous le capitalisme fournit le point de départ de sa réponse à cette question. Comme nous le verrons, selon Marx, le caractère du travail sous le capitalisme est tel qu'il doit revêtir la forme de la valeur (laquelle, à son tour, revêt encore d'autres formes). Le travail sous le capitalisme revêt nécessairement une forme qui, à la fois, exprime et voile le travail. Or les interprétations fondées sur un concept indifférencié, transhistoricisé, de « travail » supposent un rapport contingent entre ce « contenu » et la forme-valeur ; en conséquence, elles ne sont pas plus capables de s'occuper de la question du rapport entre contenu social et forme, entre travail et valeur, que l'économie politique classique.

La relation nécessaire entre forme sociale et contenu dans la critique de Marx indique qu'il est contraire à son analyse de concevoir le dépassement du capitalisme – sa démystification réelle – sans inclure une transformation de ce « contenu » qui apparaît nécessairement sous une forme mystifiée. Cette relation implique que le dépassement de la valeur et des rapports sociaux abstraits associés à la valeur est inséparable du dépassement du travail créateur de valeur. L'« essence » que saisit l'analyse de Marx n'est pas celle de la société humaine, mais celle du capitalisme ; elle doit être abolie, plutôt que réalisée, par le dépassement de cette société. Mais, comme on l'a vu, hypostasier le travail sous le capitalisme en tant que « travail », c'est considérer le dépassement du capitalisme en termes de libération du « contenu » de la valeur par rapport à sa forme mystifiée, ce qui permettrait du même coup que ce « contenu » soit

---

1. *Ibid.*, p. 92.

« consciemment érigé en principe de l'économie ». C'est simplement l'expression un peu raffinée de l'opposition abstraite entre la planification, comme principe du socialisme, et le marché, comme principe du capitalisme, que j'ai critiquée plus haut. Elle ne pose la question ni de ce qu'il faut planifier ni du degré à partir duquel la planification est vraiment consciente et libre des impératifs de la domination structurelle. La critique unilatérale du mode de distribution et l'ontologie sociale transhistorique du travail sont liées.

En formulant une critique du travail sous le capitalisme fondée sur l'analyse de la spécificité historique du travail, Marx a transformé la nature de la critique sociale fondée sur la théorie de la valeur-travail, d'une critique « positive » en une critique « négative ». La critique du capitalisme qui conserve le point de départ de l'économie politique classique – un concept indifférencié, transhistorique, de « travail » – et qui utilise ce concept pour prouver l'existence structurelle de l'exploitation est, dans sa forme, une critique « positive ». Cette critique des conditions (l'exploitation) et des structures sociales existantes (le marché et la propriété privée) est entreprise sur la base de ce qui existe déjà (le « travail » sous la forme de la production industrielle). Elle prétend révéler qu'en dépit des « apparences » le travail est « réellement » social et non pas privé et que le profit n'est « réellement » fonction que du travail. Cette position est prisonnière d'une compréhension de la mystification sociale selon laquelle il n'existe aucune relation intrinsèque entre ce qui sous-tend réellement le capitalisme (le « travail ») et les formes sociales phénoménales qui le voilent. Une critique positive – critiquer ce qui existe sur la base de ce qui existe – mène finalement à une simple variation de la formation sociale capitaliste existante. Nous verrons en quoi la critique marxienne du travail sous le capitalisme fournit la base d'une critique « négative » – critiquer ce qui existe en s'appuyant sur ce qui pourrait exister – qui renvoie à la possibilité d'une autre formation sociale. En ce sens (et uniquement en ce sens qui exclut tout réductionnisme sociologique), la différence entre les deux formes de critique sociale est celle entre une critique « bourgeoise » de la société et une critique de la société bourgeoise. Pour la critique de la spécificité du travail sous le capitalisme, la critique faite du point de vue du « travail » suppose une conception du socialisme qui implique la réalisation de l'essence de la société capitaliste.

La critique sociale faite du point de vue du travail

Ces deux formes de critique sociale diffèrent également l'une de l'autre dans leurs dimensions normatives et historiques. Comme on l'a vu, l'idée que Marx adopte la théorie classique de la valeur-travail, l'affine et prouve par là même que la survaleur (et, partant, le profit) est uniquement fonction du travail, repose sur un concept historiquement indifférencié de « travail ». Sa critique est prise pour une critique du mode et des rapports de distribution – un mode de distribution non conscient, « anarchique », et l'appropriation non manifeste, privée, du surplus par la classe capitaliste. La domination sociale est essentiellement conçue en termes de domination de classe. Le dépassement de la valeur est ainsi compris en termes d'abolition d'une forme médiatisée, non consciente, de distribution, permettant par là même un mode de vie sociale consciemment et rationnellement régulé. Le dépassement de la survaleur est conçu en termes d'abolition de la propriété privée et, partant, d'abolition de l'expropriation, par une classe non productive, du surplus social général qui est créé par le seul travail : la classe ouvrière productive pourrait alors se réapproprier les résultats de son propre travail collectif[1]. Sous le socialisme, le travail émergerait ouvertement comme principe régulateur de la vie sociale, ce qui fournirait sa base à la réalisation d'une société juste et rationnelle, fondée sur des principes généraux.

Nous avons vu que cette critique est d'un caractère fondamentalement identique à celui de la première critique bourgeoise à l'encontre de l'aristocratie terrienne et des formes de société antérieures. C'est une critique normative des groupes sociaux improductifs formulée du point de vue des groupes « réellement » productifs : pour cette critique, la « production » est le critère de la valeur sociale. De plus, comme elle présuppose que cette société est constituée en tant que tout par le travail, elle identifie le travail (donc la classe ouvrière) aux intérêts généraux de la société et considère les intérêts de la classe capitaliste comme particuliers et opposés à ces intérêts généraux. Il en résulte que l'attaque théorique menée contre un ordre social caractérisé en tant que société de classes, où les groupes improductifs jouent un rôle important ou

---

1. Voir, par exemple, Dobb, *Political Economy and Capitalism*, pp. 76-78.

dominant, prend l'aspect d'une critique du particulier au nom du général[1]. Enfin, comme dans cette conception le travail constitue le rapport entre l'humanité et la nature, il sert de point de vue à partir duquel les rapports sociaux entre les hommes peuvent être jugés : les rapports qui sont en accord avec le travail et reflètent son importance fondamentale sont considérés comme socialement « naturels ». La critique sociale faite du point de vue du « travail » est donc une critique faite d'un point de vue quasi naturel, c'est-à-dire une critique faite du point de vue d'une ontologie sociale. C'est une critique de ce qui est artificiel formulée au nom de la « vraie » nature de la société. Ainsi la catégorie de « travail » dans le marxisme traditionnel fournit-elle un point de vue normatif à une critique sociale faite au nom de la justice, de la raison, de l'universalité et de la nature.

Le point de vue du « travail » implique aussi une critique historique. Cette critique ne condamne pas simplement les rapports existants, elle cherche à montrer qu'ils sont de plus en plus anachroniques et qu'avec le développement du capitalisme la réalisation de la bonne société devient une possibilité réelle. Lorsque le « travail » est le point de vue de la critique, le niveau historique de développement de la production sert à déterminer l'adéquation relative de ces rapports existants (interprétés en termes de mode de distribution) avec ce niveau de développement. La production industrielle n'est pas l'objet de la critique historique, elle est posée comme la dimension sociale « progressive » qui, de plus en plus « entravée » par la propriété privée et le marché, servira de base au socialisme[2]. La contradiction du capitalisme est vue comme une contradiction entre le « travail » et le mode de distribution supposé saisi par les catégories de valeur et de survaleur. Dans ce cadre, le

---

1. Ce point indique la relation interne entre l'économie politique classique et la critique sociale de Saint-Simon. Certains moments de l'une et de l'autre complètent certains aspects de la pensée de Hegel. Alors que l'analyse du capitalisme proposée par le Marx de la maturité entraîne une critique immanente qui renvoie au-delà de la célèbre triade économie politique anglaise-théorie sociale française-philosophie allemande et traite celles-ci comme des formes de pensée qui restent prisonnières de la civilisation capitaliste, la position marxiste traditionnelle que nous étudions ici est à certains égards leur synthèse « critique ».

2. Voir, par exemple, Karl Kautsky, *Karl Marx's ökonomische Lehren*, 1906, pp. 262-263.

cours du développement capitaliste conduit à l'anachronisme croissant du marché et de la propriété privée – ils deviennent de moins en moins adéquats aux conditions de la production industrielle – et engendre la possibilité de leur abolition. Le socialisme signifie donc l'établissement d'un mode de distribution – la planification publique moins la propriété privée – adéquat à la production industrielle.

Quand le socialisme est vu comme une transformation du mode de distribution qui rend celui-ci *adéquat* au mode de production industriel, cette adéquation historique est implicitement considérée comme la condition de la liberté humaine. Ainsi, la liberté est fondée sur le mode de production industriel, une fois celui-ci libéré des entraves de la « valeur » (c'est-à-dire le marché) et de la propriété privée. Selon cette conception, l'émancipation est fondée sur le « travail » – elle se réalise dans une formation sociale où le « travail » a acquis son caractère directement social et où il est ouvertement apparu comme l'élément essentiel de la société. Cette compréhension est bien sûr inséparablement liée à celle de la révolution socialiste en tant que « venue à soi » du prolétariat : sous le socialisme, la classe ouvrière, qui est l'élément productif de la société, se réalise comme classe universelle.

Ainsi la critique normative et historique fondée sur le « travail » est-elle de caractère positif ; son point de vue est la structure déjà existante du travail et la classe qui travaille. L'émancipation se réalise lorsque la structure du travail déjà existante n'est plus entravée par les rapports capitalistes et utilisée pour satisfaire des intérêts particularistes, mais lorsqu'elle est soumise au contrôle conscient dans l'intérêt de tous. D'où il découle que la classe capitaliste doit être abolie sous le socialisme, mais pas la classe ouvrière ; l'appropriation privée du surplus et le mode de distribution fondé sur le marché doivent être niés historiquement, mais non la structure de la production[1].

Toutefois, du point de vue d'une critique du caractère spécifique du travail sous le capitalisme, la critique d'une dimension de la

---

1. Voir Dobb, *Political Economy and Capitalism*, pp. 75-79. Je reviendrai plus loin sur l'idée d'ériger les forces productives en point de vue de la critique, mais pour esquisser une critique négative dont le point de vue n'est pas la production telle qu'elle est mais telle qu'elle pourrait être.

société existante faite du point de vue d'une autre de ses dimensions existantes – c'est-à-dire la critique du mode de distribution faite du point de vue de la production industrielle – comporte de grandes faiblesses et de graves conséquences. Au lieu de renvoyer au-delà de la formation sociale capitaliste, ce type de critique, la critique faite du point de vue du « travail », hypostasie et projette sur toute l'histoire et toutes les sociétés les formes de richesse et de travail historiquement spécifiques au capitalisme. Cette projection empêche de prendre en considération la spécificité d'une société où le travail joue un rôle constituant unique et obscurcit la nature du possible dépassement de cette société. La différence entre les deux modes de critique sociale est celle entre une analyse critique du capitalisme en tant que forme d'exploitation et de domination de classe *dans la société moderne*, et une analyse critique de *la forme même de la société moderne*.

Ces compréhensions différentes du capitalisme impliquent des approches différentes de la dimension normative de la critique. Par exemple, mon affirmation selon laquelle une critique fondée sur le « travail » entraîne une projection transhistorique de ce qui est spécifique au capitalisme signifie, à un autre niveau, repenser historiquement les concepts de raison, d'universalité et de justice qui servent de point de vue normatif à cette critique. Pour la critique positive du capitalisme, ces concepts (qui se sont exprimés historiquement en tant qu'idéaux des révolutions bourgeoises) représentent un moment non capitaliste de la société moderne ; ils n'ont pas été réalisés sous le capitalisme du fait des intérêts particularistes de la classe capitaliste mais sont censés se réaliser sous le socialisme. Le socialisme est supposé entraîner la réalisation sociale des idéaux de la société moderne et, en ce sens, il représente la pleine réalisation de la société moderne même. Dans la seconde partie du livre, je montrerai que les idéaux de raison, d'universalité et de justice, tels qu'ils sont compris à la fois par la critique sociale marxiste traditionnelle et les critiques sociales bourgeoises qui ont précédé, ne représentent pas un moment non capitaliste de la société moderne ; ils doivent au contraire être compris par rapport au type de constitution sociale effectué par le travail sous le capitalisme. En effet, l'opposition même qui caractérise la critique traditionnelle – entre l'universalité abstraite et la particularité concrète – n'est pas une opposition entre des idéaux qui renvoient au-delà du capitalisme, et la réalité de cette société ; bien au contraire, en tant qu'opposition, elle est un trait de cette société et s'enracine dans le mode même de constitution sociale médiatisé par le travail.

Dire que de telles conceptions normatives sont liées à la forme de constitution sociale caractéristique du capitalisme et qu'elles ne renvoient pas au-delà des limites de la formation sociale capitaliste ne signifie pas qu'elles sont des tromperies qui masquent idéologiquement les intérêts de la classe capitaliste, ou que combler le fossé entre de tels idéaux et la réalité de l'existence capitaliste soit sans portée émancipatrice. Mais cela signifie que ce fossé et la forme d'émancipation qui lui est implicitement associée restent inscrits dans le périmètre du capitalisme. Ce qui fait problème, c'est le niveau auquel la critique s'attaque au capitalisme : ou bien le capitalisme est compris comme une forme de société, ou bien il est simplement compris comme une domination de classe – dans le premier cas, les valeurs et conceptions sociales sont traitées d'après une théorie de la constitution sociale, et non d'après une théorie fonctionnaliste (ou idéaliste). L'idée que ces conceptions normatives représentent un moment non capitaliste de la société moderne et l'idée qu'elles sont de simples tromperies partagent une même compréhension du capitalisme en tant que mode d'exploitation et de domination de classe dans la société moderne.

À la différence de la critique traditionnelle, la critique sociale du caractère spécifique du travail sous le capitalisme est une théorie des formes structurantes et structurées déterminées de pratique sociale qui constituent la société moderne même. Cette critique cherche à comprendre la spécificité de la société moderne en fondant à la fois les idéaux et la réalité de cette société dans ces formes sociales et à éviter tant la position non historique selon laquelle les idéaux de la société bourgeoise seront réalisés sous le socialisme, que son opposé antinomique : l'idée selon laquelle les idéaux de la société bourgeoise sont des tromperies. Cette théorie de la constitution sociale est à la base de la critique négative que j'esquisserai. Je tenterai de situer la possibilité de la critique théorique et pratique non dans le fossé entre les idéaux et la réalité du capitalisme moderne, mais dans la nature contradictoire de la forme de médiation sociale qui constitue cette société.

L'aspect normatif de la critique traditionnelle est intrinsèquement lié à sa dimension historique. L'idée que les idéaux de la société moderne représentent un moment non capitaliste de cette société est parallèle à l'idée qu'il existe une contradiction structurelle entre le mode de production industriel fondé sur le prolétariat, en tant que moment non capitaliste de la société moderne, et le marché et la propriété privée. Quand on a cette idée, on adopte le « travail » comme point de vue de la critique et l'on manque d'une conception de la spécificité historique de la richesse et du travail sous le capitalisme. Cette idée implique que la même forme de richesse qui, sous le capitalisme, est expropriée par une classe de propriétaires privés sera appropriée collectivement et régulée consciemment sous le socialisme. De la même façon, cette idée suggère que le mode de production sous le socialisme sera essentiellement le même que sous le capitalisme : le prolétariat et son travail « viendront à soi » sous le socialisme.

L'idée que le mode de production est intrinsèquement indépendant du capitalisme implique une compréhension unidimensionnelle, une compréhension linéaire du progrès technique – le « progrès du travail » – qui, en retour, est fréquemment assimilé au progrès social. Cette compréhension diffère radicalement de la position de Marx selon laquelle le mode de production industriel déterminé par le capital augmente considérablement la force productive de l'humanité mais sous une forme aliénée ; que, donc, cette puissance augmentée domine aussi les travailleurs et détruit la nature[1].

La différence entre les deux formes de critique sociale se traduit clairement aussi dans la manière dont chacune d'elles conçoit la forme fondamentale de domination sociale caractéristique du capitalisme. La critique sociale faite du point de vue du « travail » comprend cette forme de domination essentiellement en termes de domination de classe, de domination enracinée dans la propriété privée des moyens de production, alors que la critique sociale du travail sous le capitalisme caractérise la forme la plus fondamentale de domination dans cette société comme une forme abstraite, impersonnelle et structurelle de domination, sous-jacente à la dynamique historique du capitalisme. Cette dernière approche fonde la

---

1. *Le Capital*, livre I, pp. 566-567.

forme abstraite de domination dans les formes sociales historiquement spécifiques de la valeur et du travail producteur de valeur.

Cette lecture de la théorie critique du capitalisme élaborée par Marx jette les bases d'une puissante critique de la domination abstraite – de la domination des hommes par leur travail – et, corrélativement, d'une théorie de la constitution sociale d'une forme de vie sociale caractérisée par une dynamique directionnelle intrinsèque. Mais, dans les mains du marxisme traditionnel, la critique est aplatie et réduite à une critique du marché et de la propriété privée, qui projette dans le socialisme la forme de travail et le mode de production caractéristiques du capitalisme. Pour la théorie traditionnelle, le développement du « travail » a atteint son point d'aboutissement historique avec la production industrielle ; dès lors que le mode de production industriel sera libéré des entraves du marché et de la propriété privée, le « travail » se réalisera comme principe constitutif quasi naturel de la société.

Comme on l'a vu, le marxisme traditionnel et les critiques bourgeoises antérieures partagent une conception du progrès historique comme, paradoxalement, mouvement vers le « naturellement » humain, vers la possibilité que l'humain ontologique (par exemple, la Raison, le « travail ») vienne à soi et l'emporte sur l'artificiel existant. À cet égard, la critique sociale fondée sur le « travail » prête donc le flanc à la critique que Marx fait de la pensée des Lumières en général et de l'économie politique classique en particulier : « Les économistes ont une singulière manière de procéder. Il n'y a pour eux que deux sortes d'institutions, celles de l'art et celles de la nature. Les institutions de la féodalité sont des institutions artificielles, celles de la bourgeoisie sont des institutions naturelles. [...] Ainsi il y a eu une histoire, mais il n'y en a plus »[1]. Évidemment, ce qui est vu comme une institution naturelle n'est pas identique selon que l'on a affaire aux « économistes » ou à la théorie marxiste traditionnelle. Mais la forme de pensée est la même : l'une comme l'autre naturalisent ce qui est socialement constitué et historiquement spécifique et conçoivent l'histoire comme un mouvement vers la réalisation de ce qu'elles considèrent comme le « naturellement humain ».

---

1. *Ibid.*, p. 93, n. 33. [Citation de *Misère de la philosophie* dans *Le Capital*. N.d.T.]

Comme on l'a vu, les interprétations des rapports déterminants du capitalisme en termes de marché autorégulateur et de propriété privée des moyens de production reposent sur une compréhension de la catégorie marxienne de valeur qui reste prisonnière du cadre de l'économie politique classique. En conséquence, cette forme même de théorie sociale critique – la critique sociale faite du point de vue du « travail » – reste prisonnière de ce cadre. Ainsi, bien qu'elle diffère de l'économie politique par certains aspects (par exemple, elle n'accepte pas le mode de distribution bourgeois comme définitif et le met en question historiquement), elle n'en porte pas moins tout son intérêt critique sur la sphère de distribution. Alors que la forme du travail (donc de la production) est l'objet de la critique de Marx, c'est un « travail » non questionné qui est pour le marxisme traditionnel la source transhistorique de la richesse et la base de la constitution sociale. Il en résulte non pas une *critique de l'économie politique*, mais une *économie politique critique*, c'est-à-dire une critique du seul mode de distribution. C'est une critique qui, par la façon dont elle traite le travail, mérite le nom de « marxisme ricardien »[1]. Le marxisme traditionnel remplace la critique marxienne des modes de production et de distribution par une critique du seul mode de distribution et substitue à sa théorie de l'auto-abolition du prolétariat une théorie de l'autoréalisation du prolétariat. La différence entre les deux formes de critique est profonde : ce qui, dans l'analyse de Marx, est l'objet essentiel de la critique du capitalisme devient le fondement social de la liberté pour le marxisme traditionnel.

Ce « renversement » ne peut être expliqué par la méthode exégétique – par exemple, l'affirmation selon laquelle les écrits de Marx ne seraient pas correctement interprétés dans la tradition marxiste. Ce renversement requiert une explication socio-historique qui devrait se faire à deux niveaux. Premièrement, il faudrait chercher à fonder théoriquement la possibilité de la critique traditionnelle du capitalisme. Par exemple, en suivant la méthode de Marx, on pourrait la fonder dans la manière dont les rapports sociaux capitalistes se manifestent. Je ferai ci-dessous un pas dans cette direction

---

1. Pour une critique exhaustive de ce qu'il appelle le « ricardisme de gauche », voir Hans Georg Backhaus, « Materialen zur Rekonstruktion der Marxschen Werttheorie » *in Gesellschaft : Beiträge zur Marxschen Theorie*, n° 1 (1974), n° 3 (1975) et n° 11 (1978).

en montrant comment, selon Marx, le caractère historiquement spécifique du travail sous le capitalisme est tel qu'il apparaît comme « travail » transhistorique. Un pas supplémentaire (que je ne ferai qu'esquisser dans ce livre) montrerait comment les rapports de distribution peuvent devenir le lieu exclusif d'une critique sociale, et cela en mettant en lumière les implications de la relation entre le livre I et le livre III du *Capital*. L'analyse, faite au livre I, des catégories de valeur et de capital pose le problème des rapports sociaux sous-jacents au capitalisme, le problème de ses rapports de production fondamentaux ; l'analyse, au livre III, des catégories de prix de production et de profit pose le problème des rapports de distribution. Les rapports de production et de distribution sont liés mais ne sont pas identiques. Marx indique que les rapports de distribution sont des catégories de l'expérience quotidienne immédiate, des formes manifestes des rapports de production qui, à la fois, expriment et voilent ces rapports de sorte que les premiers sont pris pour les seconds. Quand on interprète le concept marxien de rapports de production seulement en termes de mode de distribution, comme dans le marxisme traditionnel, on prend les formes manifestes pour le tout. Ce type de non-reconnaissance systématique qui s'enracine dans les formes phénoménales déterminées des rapports sociaux capitalistes est ce que Marx entend par le concept de « fétiche ».

Deuxièmement, après avoir établi la possibilité de cette « économie politique critique » dans les formes phénoménales des rapports sociaux eux-mêmes (au lieu de l'attribuer à une pensée confuse), il deviendrait possible de mettre en lumière les conditions historiques d'apparition d'une telle forme de pensée[1]. Analyser la formulation

---

1. Bien que cette méthode entraîne le recours à l'analyse de Marx pour examiner le marxisme, elle n'a qu'une ressemblance très lointaine avec l'idée de Karl Korsch d'appliquer « la dialectique matérialiste à l'histoire du marxisme » (*Marxisme et Philosophie*, Minuit, 1964, p. 90). Korsch n'utilise pas la dimension épistémologique du *Capital* dans laquelle les formes de pensée sont liées aux formes des rapports sociaux du capitalisme. Il ne s'intéresse pas non plus principalement au problème du caractère substantiel de la critique sociale – la critique de la production et de la distribution, en tant qu'elle s'oppose à la critique de la seule distribution. La méthode de Korsch reste plus extérieure : il cherche à établir une corrélation entre les périodes révolutionnaires et une critique sociale plus globale et plus radicale, et les périodes non révolutionnaires et une critique sociale fragmentée, plus académique et plus passive (*ibid.*, pp. 90-105).

et l'appropriation de la théorie sociale à la fin du XIXe siècle et au début du XXe par les mouvements ouvriers dans leur lutte pour se constituer, atteindre la reconnaissance et effectuer des changements politiques et sociaux constituerait très vraisemblablement un pas important dans cette direction. De toute évidence, la position résumée ci-dessus cherche à affirmer la dignité du travail et à contribuer à la réalisation d'une société où l'importance essentielle du travail serait reconnue en termes matériels et moraux. Elle définit le travail humain immédiat dans le procès de production comme source transhistorique de richesse et, par conséquent, conçoit le dépassement de la valeur non pas en termes de dépassement du travail humain immédiat dans la production, mais en termes d'affirmation sociale non mystifiée du travail humain immédiat. Il en résulte une critique de la distribution inégale de la richesse et du pouvoir et une critique du manque de reconnaissance sociale à l'égard de l'importance singulière du travail humain immédiat comme élément de la production – plutôt qu'une critique de ce travail et une analyse de la possibilité historique de son abolition. Toutefois, cela est compréhensible : dans le processus de formation et de consolidation des classes ouvrières et de leurs organisations, la question de leur auto-abolition et de celle du travail qu'elles accomplissent pouvait difficilement être une question centrale. Fondée sur une affirmation du « travail » en tant que source de richesse sociale, l'idée de l'auto-réalisation du prolétariat était une réponse adéquate à l'urgence du contexte historique, comme l'était la critique, qui lui est liée, du libre marché et de la propriété privée. Cependant, cette idée a été projetée dans le futur en tant que détermination du socialisme ; et elle implique le développement du capital, non son abolition.

Pour Marx, l'abolition du capital est la condition nécessaire de la dignité du travail, car c'est seulement ainsi qu'une autre structure du travail social, un autre rapport entre travail et loisirs, et d'autres formes de travail individuel pourront devenir socialement généraux. La position traditionnelle donne de la dignité au travail fragmenté et aliéné. Il est fort possible qu'une telle dignité, qui se trouve au cœur des mouvements ouvriers classiques, ait été un élément important pour l'estime de soi des travailleurs et qu'elle ait constitué un puissant facteur de démocratisation et d'humanisation des sociétés capitalistes industrialisées. Mais l'ironie de cette position, c'est qu'elle pose implicitement la perpétuation d'un tel travail et de la forme de croissance qui lui est liée comme nécessaires à l'existence humaine. Alors que Marx concevait le dépassement historique du « simple travailleur » comme la condition de réalisation de l'homme[1], la position traditionnelle fait que l'homme se réalise comme « simple travailleur ».

L'interprétation que je présente dans ce livre doit aussi être comprise historiquement. La critique du capitalisme fondée sur une analyse de la spécificité des formes de travail et de richesse dans cette société doit être vue dans le contexte des développements historiques esquissés au chapitre I, qui révèlent les inadéquations des interprétations traditionnelles. Comme je me suis efforcé de le rendre clair, ma critique du marxisme traditionnel n'est pas simplement rétrospective : elle cherche à se valider elle-même en développant une approche qui évite les raccourcis et les pièges du marxisme traditionnel *et* qui fonde l'interprétation traditionnelle des catégories dans sa propre interprétation catégorielle. Elle commence du même coup à fonder socialement sa propre possibilité.

Travail et totalité : Hegel et Marx

Pour clore cet examen succinct des présupposés marxistes traditionnels, il me faut à nouveau anticiper. Tout un vaste débat a eu lieu récemment sur le prolétariat comme sujet de l'histoire et le concept de totalité dans le marxisme – c'est-à-dire sur ce qu'il y a de politiquement problématique à ériger ces concepts en concepts positifs d'une critique sociale[2]. La signification et l'importance de ces deux concepts dans l'analyse de Marx sont intrinsèquement liées à la question de la relation de sa critique de maturité à la philosophie de Hegel. Une discussion approfondie de cette problématique excéderait de beaucoup les limites de ce livre, mais une rapide esquisse de cette relation, repensée à la lumière de l'analyse précédente, se révèle néanmoins nécessaire. Je décrirai brièvement les concepts de sujet et de totalité chez Marx tels qu'ils sont

---

1. *Grundrisse*, t. II, p. 196.

2. Pour une très bonne analyse de cette problématique dans le marxisme occidental, voir Martin Jay, *Marxism and Totality*, 1984.

impliqués par son analyse de la spécificité du travail sous le capitalisme et je confronterai ces concepts à ceux qui sont impliqués par la critique traditionnelle fondée sur le « travail ».

Hegel s'efforce de dépasser la dichotomie théorique classique du sujet et de l'objet par sa théorie selon laquelle toute la réalité est constituée par la pratique, le naturel comme le social, le subjectif comme l'objectif – plus spécifiquement, par la pratique objectivante du *Geist* [Esprit], le Sujet historique mondial. Le *Geist* constitue la réalité objective au moyen d'un processus d'extériorisation ou d'auto-objectivation et, au cours du processus, se constitue lui-même réflexivement. Étant donné que l'objectivité et la subjectivité sont l'une comme l'autre constituées par le *Geist* tel qu'il se déploie dialectiquement, elles sont de même substance, et non pas nécessairement différentes ; elles sont l'une comme l'autre les moments d'un tout général qui est substantiellement homogène – une totalité.

Pour Hegel, le *Geist* est donc à la fois subjectif et objectif – il est le sujet-objet identique, la « substance » qui est en même temps « sujet » : « La *substance* vivante n'est, en outre, l'être qui est *sujet* en vérité, ou, ce qui signifie la même chose, qui est effectif en vérité, que dans la mesure où elle est le mouvement de pose de soi-même par soi-même, ou encore la médiation avec soi-même du devenir autre à soi »[1].

Le processus par lequel ce sujet/substance qui se meut lui-même, le *Geist*, constitue l'objectivité et la subjectivité en se déployant dialectiquement est un processus historique qui se fonde dans les contradictions internes de la totalité. Selon Hegel, ce processus historique d'auto-objectivation est un processus d'auto-aliénation, et il conduit finalement à la réappropriation par le *Geist* de ce qui avait été aliéné au cours de son déploiement. C'est-à-dire que le développement historique a un point d'aboutissement : la réalisation du *Geist* par le *Geist* en tant que sujet totalisant et totalisé.

Dans son brillant essai « La réification et la conscience du prolétariat », Georges Lukács tente de s'approprier la théorie de Hegel de façon « matérialiste » en limitant sa validité à la réalité sociale. Il le fait afin de placer la catégorie de la pratique au centre d'une théorie sociale dialectique. L'appropriation que Lukács fait de

---

1. G. W. F. Hegel, préface à la *Phénoménologie de l'Esprit*, GF-Flammarion, 1996, p. 59. (C'est moi qui souligne le premier mot.)

Hegel est essentielle à sa tentative théorique générale de formuler une critique du capitalisme qui serait adéquate au capitalisme du XXe siècle. Dans ce contexte, Lukács adopte la caractérisation de la société moderne par Max Weber en termes de processus historique de rationalisation et tente de faire entrer cette analyse dans le cadre de l'analyse du capitalisme proposée par Marx. Il le fait en fondant le processus de rationalisation sur l'analyse marxienne de la forme-marchandise comme principe structurant de base de la formation sociale capitaliste. De cette façon, Lukács cherche à montrer que le processus de rationalisation est socialement constitué, qu'il se développe de façon non linéaire et que ce que Max Weber décrit comme la « cage de fer » de la vie moderne n'est pas un événement nécessairement concomitant de toute forme de société « post-traditionnelle » mais est fonction du capitalisme – et, partant, peut être transformé. Lukács réplique ainsi à l'idée de Weber selon laquelle les rapports de propriété ne sont pas le trait structurant de la société moderne le plus fondamental, en incorporant cette idée dans une conception plus large du capitalisme.

Certains aspects de l'argumentation de Lukács sont riches et prometteurs. En caractérisant le capitalisme en termes de rationalisation de toutes les sphères de la vie et en fondant ces processus dans la forme-marchandise des rapports sociaux, il renvoie implicitement à une conception du capitalisme plus profonde et plus large que celle d'un système d'exploitation fondé sur la propriété privée. De plus, à travers son appropriation matérialiste de Hegel, Lukács rend explicite l'idée que les catégories de Marx constituent un puissant effort pour dépasser le dualisme sujet/objet classique. Elles se rapportent à des formes structurées de pratique qui sont à la fois des formes d'objectivité et de subjectivité. Cette approche permet d'analyser la façon dont les structures sociales historiquement spécifiques constituent la pratique et sont constituées par elle. Comme je le montrerai, elle ouvre également la voie à une théorie des formes de pensée et de leur transformation sous le capitalisme, qui évite le réductionnisme matérialiste entraîné par le modèle base/superstructure et l'idéalisme des nombreux modèles culturalistes. Sur cette base, Lukács analyse de manière critique la pensée et les institutions de la société bourgeoise ainsi que le marxisme déterministe de la Deuxième Internationale.

Cependant, malgré tout son éclat, la tentative de Lukács de repenser le capitalisme reste profondément contradictoire. Bien que son approche aille au-delà du marxisme traditionnel, elle demeure prisonnière de certains postulats théoriques de base de ce marxisme. Son appropriation matérialiste de Hegel est telle qu'il analyse la société comme une totalité constituée par le travail, au sens traditionnel du terme. Pour Lukács, cette totalité est voilée par le caractère fragmenté et particulariste des rapports sociaux bourgeois et se réalisera ouvertement sous le socialisme. C'est donc la totalité qui fournit à Lukács le point de vue de son analyse critique du capitalisme. Corrélativement, celui-ci définit le prolétariat en termes hégéliens « matérialisés » comme sujet-objet identique du processus historique, comme sujet historique constituant le monde social et se constituant soi-même à travers son travail. En renversant l'ordre capitaliste, ce sujet historique se réalisera lui-même[1].

Toutefois, l'idée que le prolétariat incarne une possible forme postcapitaliste de vie sociale n'a de sens que si le capitalisme est essentiellement défini en termes de propriété privée des moyens de production et que si le « travail » est considéré comme le point de vue de la critique. En d'autres termes, bien que l'analyse de Lukács implique que le capitalisme ne puisse pas être défini en termes traditionnels si l'on veut que la critique de cette formation sociale soit adéquate en tant que théorie critique de la modernité, le philosophe sape sa perspicacité implicite en continuant de poser la critique précisément en ces termes traditionnels.

Une discussion plus complète de l'approche de Lukács montrerait dans le détail comment la nature de son appropriation matérialiste de Hegel réduit la valeur de sa tentative d'analyser les processus historiques de rationalisation en fonction de la forme-marchandise. Cependant, plutôt que d'entreprendre cette analyse directement, je me bornerai à indiquer une importante différence entre l'approche de Lukács et celle de Marx. On assimile très fréquemment la lecture de Lukács, en particulier son identification du

---

1. Georges Lukács, « La réification et la conscience du prolétariat » *in Histoire et conscience de classe*, Minuit, 1960, pp. 130-155, 171, 183, 191-194, 202-203, 217-218, 243-247. Pour une très bonne analyse de cet essai, voir Andrew Arato et Paul Breines, *The Young Lukács and the Origins of Western Marxism*, 1979, pp. 111-160.

prolétariat au sujet-objet identique, à la position de Marx[1]. Or sa compréhension du sujet-objet identique a aussi peu à voir avec la perspective théorique de Marx, que la théorie de la valeur-travail de Ricardo. La critique de l'économie politique de Marx repose sur un ensemble de présupposés fort différent de ceux qui sous-tendent la lecture de Lukács. Si, dans *Le Capital*, Marx s'efforce bien d'expliquer socio-historiquement ce que Hegel cherche à saisir avec son concept de *Geist*, son approche diffère toutefois radicalement de celle de Lukács, c'est-à-dire d'une approche qui regarde la totalité affirmativement, en tant que point de vue de la critique, et qui identifie le sujet-objet identique de Hegel au prolétariat. Les différences entre la critique historique de Hegel par Marx et l'appropriation matérialiste de Hegel par Lukács sont directement liées aux différences entre les deux formes de critique sociale que nous examinons. Cela a de grandes ramifications en ce qui concerne les concepts de totalité et de prolétariat et, plus généralement, en ce qui concerne la compréhension du caractère de base du capitalisme et de sa négation historique.

La nature de la critique que Marx fait de Hegel dans sa théorie de la maturité est fort différente de celle de ses écrits de jeunesse[2]. Dans sa maturité, Marx ne procède plus de manière feuerbachienne en inversant sujet et objet comme il le fait dans sa *Critique de la philosophie du droit de Hegel* (1843) ; il ne traite pas non plus le travail transhistoriquement comme dans les *Manuscrits de 1844* où

---

1. Voir, par exemple, Paul Piccone, « General Introduction » *in* Andrew Arato et Eike Gebhart (dir.), *The Essential Frankfurt School Reader*, 1978, p. xvii.

2. Comme cela deviendra évident au cours de ce travail, mon interprétation rejette les lectures qui, comme celle d'Althusser, postulent une coupure entre les écrits de jeunesse de Marx considérés comme « philosophiques » et ses écrits de maturité considérés comme « scientifiques ». En même temps, elle rejette la réaction humaniste contre le néo-objectivisme structuraliste, réaction qui ne parvient pas à reconnaître les changements majeurs survenus dans le développement de l'analyse critique de Marx. Dans les écrits de jeunesse, les catégories de Marx sont encore transhistoriques ; bien que ses préoccupations de jeunesse restent centrales dans ses écrits de maturité – l'analyse de l'aliénation par exemple –, elles sont historicisées et par là même transformées. La centralité de la spécificité historique des formes sociales dans les écrits du Marx de la maturité, couplée à sa critique des théories qui transhistoricisent cette spécificité, indique que les catégories des écrits de jeunesse ne peuvent pas être identifiées directement à celles de la critique de l'économie politique, ni utilisées directement pour les mettre en lumière.

il affirme que Hegel métaphysifie le travail en tant que travail du Concept. Dans *Le Capital* (1867), Marx ne se contente pas d'inverser les concepts de Hegel de manière « matérialiste ». Dans son effort pour saisir la nature particulière des rapports sociaux capitalistes, Marx analyse bien plutôt la pertinence sociale pour la société capitaliste de ces mêmes concepts hégéliens idéalistes qu'il avait condamnés auparavant en tant qu'inversions mystifiées. Ainsi, alors que dans *La Sainte Famille* (1845) Marx critique le concept de « substance » et notamment la compréhension que Hegel a de la « substance » en tant que « sujet »[1], il recourt lui-même à la catégorie de « substance » au début du *Capital*. Il se réfère à la valeur comme ayant une « substance », qu'il définit comme travail humain abstrait[2]. Marx ne considère donc plus la « substance » comme une simple hypostase théorique, il la conçoit à présent comme un attribut des rapports sociaux médiatisés par le travail, comme exprimant un type déterminé de réalité sociale. Il interroge la nature de cette réalité sociale dans *Le Capital* en déployant logiquement la forme-marchandise et la forme-argent à partir de ses catégories de valeur d'usage, de valeur et de « substance » de la valeur. Sur cette base, Marx entreprend d'analyser la structure complexe des rapports sociaux exprimés par sa catégorie de capital. Il détermine initialement le capital en termes de valeur : il le décrit en termes catégoriels comme valeur qui s'autovalorise. À ce stade de son exposé, Marx décrit son concept de capital dans des termes qui relient clairement celui-ci au concept hégélien de *Geist* :

> « La valeur passe constamment d'une forme dans l'autre, sans se perdre elle-même dans ce mouvement, et elle se transforme ainsi en un *sujet automate*. [...] Mais en fait la valeur devient ici le *sujet* d'un procès dans lequel, à travers le changement constant des formes-argent et marchandise, elle modifie sa grandeur elle-même [...], se valorise elle-même. Car le mouvement dans lequel elle s'ajoute de la survaleur est son propre mouvement, sa valorisation, donc une autovalorisation. [...] la valeur se présente soudain comme une substance en procès, *une substance qui se met en mouvement par elle-même*, et

---

1. Marx, *La Sainte Famille*, pp. 73-77.
2. Marx, *Le Capital*, livre I, pp. 42-43.

pour laquelle marchandise et monnaie ne sont que de simples formes »[1].

Marx caractérise donc explicitement le capital comme substance qui se meut elle-même et qui est sujet. Ce faisant, Marx suggère qu'un sujet historique au sens hégélien existe bien sous le capitalisme, même s'il n'identifie ce sujet avec aucun groupe social (tel que le prolétariat) ni avec l'humanité tout entière. Marx l'analyse en termes de structure des rapports sociaux constitués par des formes de pratique objectivante et saisis par la catégorie de capital (donc de valeur). Son analyse suggère que les rapports sociaux capitalistes sont d'un type très particulier : ils possèdent les attributs que Hegel donne au *Geist*. C'est donc en ce sens qu'un sujet historique tel que Hegel le conçoit existe sous le capitalisme.

Il devrait être clair qu'à partir des déterminations initiales du concept de capital chez Marx, ce concept ne peut être adéquatement compris en termes matériels, physiques, c'est-à-dire en termes de quantités de bâtiments, de matériaux, de machines et d'argent possédés par les capitalistes ; il se rapporte bien plutôt à une forme de rapports sociaux. Cependant, même compris en termes sociaux, le passage cité plus haut indique que la catégorie marxienne de capital ne peut pas être pleinement appréhendée en termes de propriété privée, d'exploitation et de domination du prolétariat par la bourgeoisie. En suggérant que ce que Hegel cherche à penser à l'aide du concept de *Geist* devrait être compris en termes de rapports sociaux exprimés par la catégorie de capital, Marx implique que les rapports sociaux capitalistes ont un caractère particulier, dialectique et historique qui ne peut pas être adéquatement pensé seulement en termes de classe. Il laisse également entendre que ces rapports constituent la base sociale de la conception même de Hegel. Ces deux moments révèlent un changement dans la nature de la théorie critique de Marx – donc tout aussi bien dans sa critique matérialiste de Hegel –, changement qui a d'importantes implications sur sa façon de traiter le problème épistémologique du rapport sujet/objet, la question du sujet historique et le concept de totalité.

---

1. *Ibid.*, pp. 173-174. (C'est moi qui souligne.)

Le fait que Marx interprète le sujet historique à l'aide de la catégorie de capital indique le passage d'une théorie des rapports sociaux fondamentalement compris en termes de rapports de classes à une théorie des formes de médiation sociale exprimées par des catégories telles que valeur et capital. Cette différence est liée à la différence entre les deux formes de critique sociale que j'ai discutées dans ce chapitre, à savoir la différence entre comprendre le capitalisme, d'un côté, comme système d'exploitation et de domination de classe dans la société moderne et, de l'autre, comme constituant la fabrique même de la société moderne. Pour Marx, le « Sujet » est une détermination conceptuelle de cette fabrique. Comme on l'a vu, la différence entre le concept idéaliste de Sujet chez Hegel et ce que Marx présente comme le « noyau rationnel » de ce concept ne consiste pas en ce que le premier serait abstrait et supra-humain, alors que le second serait concret et humain. En effet, pour Marx, dans la mesure où le concept de Sujet chez Hegel a bien une pertinence socio-historique, ce Sujet *n'*est *pas* un agent social humain concret, collectif ou individuel. Le Sujet historique analysé par Marx consiste bien plutôt en des rapports objectivés : les formes catégorielles subjectives-objectives caractéristiques du capitalisme dont la « substance » est le travail abstrait, c'est-à-dire le caractère spécifique du travail en tant qu'activité socialement médiatisante sous le capitalisme. Le Sujet de Marx, comme celui de Hegel, est donc abstrait et ne peut être identifié à aucun acteur social. De plus, ils se déploient l'un comme l'autre dans le temps indépendamment de la volonté individuelle.

Dans *Le Capital*, Marx tente d'analyser le capitalisme comme une dialectique de développement qui est effectivement indépendante de la volonté individuelle et se présente donc comme une logique. Il étudie le déploiement de cette logique dialectique en tant qu'expression réelle des rapports sociaux aliénés qui sont constitués par la pratique et qui, cependant, existent de façon quasi indépendante. Il ne traite pas cette logique comme une illusion ou comme la conséquence d'une connaissance humaine insuffisante. Ainsi qu'il le souligne, la connaissance seule ne change pas le caractère de ce type de rapports [1]. Je montrerai que, dans le cadre de son analyse, cette logique de développement est finalement fonction des formes

---

1. *Ibid.*, p. 85.

sociales du capitalisme et qu'elle n'est pas caractéristique de l'histoire humaine comme telle[1].

En tant que Sujet, le capital est un « sujet » remarquable. Alors que le Sujet hégélien est transhistorique et intelligent, dans l'analyse de Marx il est historiquement déterminé et aveugle. Le capital, en tant que structure constituée par des formes déterminées de pratique, peut en retour être constitutif des formes de pratique sociale et de subjectivité ; cependant, en tant que Sujet, il n'a pas d'*ego*. Il est autoréflexif et, en tant que forme sociale, il peut induire la conscience de soi mais, à la différence du *Geist* hégélien, n'a pas de conscience de soi. En d'autres termes, dans l'analyse de Marx, subjectivité et sujet socio-historique doivent être distingués.

L'identification du sujet-objet identique à des structures déterminées de rapports sociaux a d'importantes implications pour une théorie de la subjectivité. Elle indique que Marx s'est déplacé du paradigme et de l'épistémologie du sujet-objet vers une théorie sociale de la conscience. C'est-à-dire que dans la mesure où il n'identifie pas simplement le concept de sujet-objet identique (la tentative de Hegel pour dépasser la dichotomie sujet/objet de l'épistémologie classique) à un agent social, Marx change les termes du problème épistémologique. Il déplace le lieu du problème de la connaissance, depuis un sujet individuel (ou supra-individuel) connaissant et ses rapports avec un monde extérieur (ou extériorisé) vers les formes de rapports sociaux considérées comme déterminations de la subjectivité et de l'objectivité sociales. Désormais, le problème de la connaissance est celui de la relation entre des formes de médiation sociale et des formes de pensée. En effet, comme je l'évoquerai plus loin, l'analyse marxienne de la formation sociale capitaliste implique la possibilité d'analyser socio-historiquement la

---

1. De ce point de vue, on peut considérer la position unilatérale de Louis Althusser comme l'exact opposé de la position non moins unilatérale de Lukács. Alors que Lukács identifie de manière subjectiviste le *Geist* de Hegel au prolétariat, Althusser affirme que Marx doit à Hegel l'idée que l'histoire est un processus sans Sujet. En d'autres termes, Althusser hypostasie transhistoriquement, de manière objectiviste, en tant qu'Histoire ce que Marx analyse dans *Le Capital* comme une structure historiquement spécifique – une structure constituée – de rapports sociaux. Ni la position de Lukács ni celle d'Althusser ne sont en mesure de saisir adéquatement la catégorie de capital. Voir Louis Althusser, « Lénine avant Hegel » *in Lénine et la philosophie*, Maspero, 1969.

question épistémologique classique elle-même, fondée qu'elle est sur la notion de sujet autonome en contradiction aiguë avec l'univers objectif[1]. Ce type de critique de la dichotomie sujet-objet classique est caractéristique de l'approche que Marx développe implicitement dans sa théorie critique de maturité. Elle diffère des autres types de critique – par exemple, celles enracinées dans la tradition phénoménologique – qui réfutent le concept classique de sujet désincarné et décontextualisé en affirmant qu'« en réalité » les hommes sont toujours enchâssés dans des contextes déterminés. Plutôt que de simplement rejeter, en tant que résultats d'une pensée erronée, des positions comme celle du dualisme sujet/objet classique (ce qui laisserait sans réponse la source de la position « supérieure » à la position réfutée), l'approche de Marx cherche à les expliquer historiquement en les rendant plausibles par rapport à la nature de leur contexte – c'est-à-dire en les analysant comme formes de pensée reliées à des formes sociales structurantes et structurées qui sont constitutives de la société capitaliste.

La critique de Hegel par Marx est donc tout à fait différente de l'appropriation matérialiste de Hegel faite par Lukács, car elle n'identifie pas un Sujet social, conscient et concret (le prolétariat par exemple), qui se déploie lui-même historiquement et atteint la pleine conscience par un procès d'objectivation autoréflexive. Procéder ainsi ferait implicitement du « travail » la substance constituante d'un sujet empêché de se réaliser par les rapports capitalistes. Comme l'implique mon analyse du « marxisme ricardien », le Sujet historique serait en ce cas une version collective du sujet bourgeois se constituant lui-même et constituant le monde à travers le « travail ». Les concepts de « travail » et de sujet bourgeois (qu'on l'interprète comme individu ou comme classe) sont intrinsèquement

---

1. Le fait que Marx tourne le dos au paradigme sujet-objet est crucial, bien qu'on l'oublie. Par exemple, Habermas justifie son tournant vers une théorie de l'agir communicationnel en expliquant qu'il s'agit d'une tentative de jeter les bases d'une théorie critique dont la visée émancipatrice n'est pas liée aux conséquences subjectivistes et cognitives-instrumentales du paradigme sujet-objet classique qui, selon lui, paralyse le marxisme. (Voir Jürgen Habermas, *Théorie de l'agir communicationnel*, Fayard, 1987, t. I, p. 13). Or, comme je le montrerai, Marx a bien proposé une critique du paradigme sujet-objet – lorsqu'il s'est tourné vers une théorie des formes historiquement spécifiques de médiation sociale qui, selon moi, fournit à une théorie sociale critique un point de départ plus satisfaisant que le tournant de Habermas vers une théorie évolutive transhistorique.

liés : ils expriment une réalité sociale historiquement spécifique sous une forme ontologique.

La critique de Hegel par Marx rompt avec les présupposés de cette position (néanmoins devenue dominante dans la tradition socialiste). Plutôt que de considérer les rapports capitalistes comme extrinsèques au sujet, comme ce qui empêche sa pleine réalisation, Marx analyse ces rapports mêmes comme constituant le sujet. Cette différence fondamentale est liée à celle esquissée plus haut : les structures quasi objectives saisies par les catégories de la critique de l'économie politique de Marx ne *voilent* ni les rapports sociaux « réels » du capitalisme (les rapports de classes), ni le Sujet historique « réel » (le prolétariat). Ces structures *sont* bien plutôt les rapports fondamentaux du capitalisme qui, du fait de leurs propriétés particulières, *constituent* ce que Hegel saisit en tant que Sujet historique. Ce tournant théorique signifie que la théorie de Marx ne postule pas, et n'est pas non plus liée à l'idée d'un méta-Sujet historique (tel que le prolétariat) qui se réalisera dans une société future. En effet, le mouvement qui va d'une théorie du sujet collectif (bourgeois) à une théorie des rapports sociaux aliénés implique une critique de cette idée. C'est l'un des aspects du changement majeur qui s'opère quand on passe, dans une perspective critique, d'une critique sociale faite sur la base du « travail » à une critique sociale de la nature particulière du travail sous le capitalisme, changement par lequel le point de vue de la première position est l'objet de la critique de la seconde.

Ce changement devient encore plus clair lorsqu'on analyse le concept de totalité. Il ne faut pas penser celui-ci de façon indéterminée, comme se rapportant au « tout » en général. Pour Hegel, le *Geist* constitue une totalité générale, substantiellement homogène, qui n'est pas seulement l'Être du commencement du processus historique mais aussi l'Être qui, une fois déployé, se révèle le résultat de son propre développement. Le plein déploiement et la réalisation du *Geist* est le point d'aboutissement de son développement. Nous avons vu que les présupposés traditionnels concernant le travail et les rapports sociaux capitalistes conduisent à l'adoption du concept hégélien de totalité et à sa traduction en termes « matérialistes » de la manière suivante : la totalité sociale est constituée par le « travail », mais elle est voilée, apparemment fragmentée et empêchée de se réaliser par les rapports capitalistes. Elle représente le *point de vue* de la critique du présent capitaliste et se réalisera sous le socialisme.

À l'opposé, la détermination catégorielle que Marx donne du capital en tant que Sujet historique indique que la totalité est devenue l'*objet* de sa critique. Comme on l'examinera plus loin, dans l'analyse de Marx, la totalité sociale est un trait essentiel de la formation sociale capitaliste et une expression de l'aliénation. Pour Marx, la formation sociale capitaliste est unique en ceci qu'elle est constituée par une « substance » sociale qualitativement homogène ; ce qui fait qu'elle existe en tant que totalité sociale. D'autres formations sociales ne sont pas autant totalisées : leurs rapports sociaux fondamentaux ne sont pas qualitativement homogènes. Ils ne peuvent pas être saisis par le concept de « substance », ne peuvent pas être déployés à partir d'un unique principe structurant et n'affichent aucune logique historique nécessaire, immanente.

De toute évidence, l'assertion de Marx selon laquelle c'est le capital, et non le prolétariat ou l'espèce humaine, qui est le Sujet total implique que la négation historique du capitalisme n'entraînera pas la *réalisation* mais l'*abolition* de la totalité. Il s'ensuit que la contradiction amenant le déploiement de la totalité doit, elle aussi, être conçue de façon très différente – selon toute apparence, elle amène la totalité non vers sa pleine réalisation mais vers sa possible abolition historique. C'est-à-dire que la contradiction exprime la finitude temporelle de la totalité en renvoyant au-delà d'elle. (Je discuterai plus loin les différences entre cette compréhension de la contradiction et celle proposée par le marxisme traditionnel.) La conception marxienne de la négation historique du capitalisme en termes d'abolition, et non de réalisation, de la totalité est liée à l'idée que le socialisme représente le commencement, et non la fin, de l'histoire humaine et à l'idée que la négation du capitalisme entraîne le dépassement d'une forme déterminée de médiation sociale, et non pas le dépassement de la médiation sociale en soi. Considérée à un autre niveau, elle indique que la compréhension de l'histoire du Marx de la maturité ne peut pas être saisie adéquatement en tant que conception fondamentalement eschatologique sous une forme séculière.

Enfin, l'idée que le capital est le Sujet historique suggère que le domaine de la politique dans une société postcapitaliste ne doit pas être conçu comme une totalité qui est empêchée d'apparaître pleinement sous le capitalisme. Cette idée implique en effet le contraire – à savoir qu'une forme institutionnellement totalisante de politique est seulement une expression de la coordination politique du capital en tant que totalité (coordination soumise aux contraintes et aux impératifs du capital) et non pas le dépassement du capital. L'abolition de la totalité rendrait donc possible la constitution de formes non totalisantes, radicalement différentes, de coordination et de régulation politiques de la société.

Au premier coup d'œil, la définition du capital comme Sujet historique peut sembler nier les pratiques par lesquelles les hommes font l'histoire. En réalité, elle est en accord avec une analyse qui cherche à expliquer la dynamique directionnelle de la société capitaliste à partir de rapports sociaux aliénés, c'est-à-dire de rapports qui sont constitués par des formes structurées de pratique et qui, cependant, acquièrent une existence quasi indépendante et assujettissent les hommes à des contraintes déterminées, quasi objectives. Cette interprétation comporte également un moment émancipateur auquel n'ont pas accès les interprétations qui, implicitement ou explicitement, identifient le Sujet historique à la classe ouvrière. Les interprétations « matérialistes » de Hegel qui font de la classe ou de l'espèce humaine le Sujet historique semblent rehausser la dignité humaine en soulignant le rôle de la pratique dans la création de l'histoire – mais elles ne sont émancipatrices qu'en apparence, car l'appel à la pleine réalisation du Sujet ne signifie que la pleine réalisation d'une forme sociale aliénée. D'un autre côté, de nombreuses positions actuellement en vogue qui critiquent l'affirmation de la totalité au nom de l'émancipation le font en niant l'existence même de la totalité[1]. Dans la mesure où ces approches traitent la totalité comme un pur artefact proposé par des positions théoriques déterminées et ignorent la réalité des structures sociales aliénées, elles ne peuvent pas saisir les tendances historiques de la société capitaliste, ni formuler une critique adéquate de l'ordre existant. À partir de la perspective qui est la mienne, les positions qui n'affirment l'existence d'une totalité que pour être positives à son égard et celles qui

---

1. Martin Jay propose un utile panorama de ces positions qui, notamment en France, sont devenues de plus en plus à la mode dans les dernières décennies. Voir Jay, *Marxism and Totality*, pp. 510-537.

reconnaissent que la réalisation d'une totalité sociale serait défavorable à l'émancipation et qui, par conséquent, nient son existence même sont antinomiquement liées. Ces deux positions sont unilatérales, car l'une comme l'autre postulent, de façon opposée, une identité transhistorique entre ce qui est et ce qui devrait être.

La critique marxienne de la totalité est une critique historiquement spécifique qui ne confond pas ce qui est et ce qui devrait être. Elle ne pose pas la question de la totalité en termes ontologiques ; c'est-à-dire qu'elle n'affirme pas ontologiquement l'existence transhistorique de la totalité et qu'elle ne nie pas que la totalité existe (ce qui, étant donné l'existence du capital, ne saurait être que mystificateur). Bien au contraire, elle analyse la totalité en termes de formes structurantes de la société capitaliste. Chez Hegel, la totalité se déploie en tant que réalisation du Sujet ; dans le marxisme traditionnel, cela devient la réalisation du prolétariat en tant que Sujet concret. Dans la critique de Marx, la totalité est fondée comme historiquement spécifique et se déploie de telle manière qu'elle renvoie à la possibilité de son abolition. L'explication historique que Marx donne du Sujet en tant que capital, et non en tant que classe, vise à fonder socialement la dialectique de Hegel et, par là même, à en fournir la critique[1].

La structure du déploiement dialectique de l'argumentation de Marx dans *Le Capital* doit être lue comme un métacommentaire de Hegel. Marx n'a pas « appliqué » Hegel à l'économie politique classique, il a contextualisé les concepts de Hegel par rapport aux formes sociales de la société capitaliste. C'est-à-dire que la critique de Hegel par le Marx de la maturité est immanente au déploiement des catégories dans *Le Capital* – lequel, en étant parallèle à la façon dont Hegel déploie ces concepts, révèle implicitement le contexte socio-historique déterminé dont ils sont l'expression. Selon l'analyse de Marx, les concepts hégéliens tels que dialectique, contradiction et sujet-objet identique expriment les aspects fondamentaux de la

---

1. Pour une argumentation comparable, voir Iring Fetscher, « Vier Thesen zur Geschichtsauffassung bei Hegel und Marx » *in* Hans Georg Gadamer (dir.), *Stuttgarter Hegel-Tage 1970*, 1974, pp. 481-488.

réalité capitaliste, mais ils ne les saisissent pas adéquatement[1]. Les catégories de Hegel ne mettent pas en lumière le capital en tant que Sujet d'un mode de production aliéné et n'analysent pas davantage la dynamique historiquement spécifique des formes qui sont mues par leurs contradictions immanentes particulières. Au lieu de cela, Hegel pose le *Geist* en tant que Sujet et la dialectique en tant que loi de mouvement universelle. En d'autres termes, Marx affirme implicitement que Hegel a saisi les formes sociales contradictoires abstraites du capitalisme *mais pas dans leur spécificité historique*. Il les a au contraire hypostasiées et exprimées de façon idéaliste. Toutefois, l'idéalisme de Hegel exprime bien ces formes, même si c'est de façon inadéquate : il les présente au moyen de catégories qui sont l'identité du sujet et de l'objet et qui paraissent avoir leur vie propre. Cette analyse critique est radicalement différente du type de matérialisme qui se borne à renverser ces catégories idéalistes en catégories anthropologiques ; cette dernière approche n'autorise pas une analyse adéquate de ces structures sociales aliénées caractéristiques du capitalisme qui dominent les hommes et sont effectivement indépendantes de leur volonté.

La critique faite par le Marx de la maturité n'entraîne donc plus un renversement anthropologique, « matérialiste », de la dialectique idéaliste de Hegel mais, en un sens, elle en est la « justification » matérialiste. Marx tente implicitement de montrer que le « noyau rationnel » de la dialectique de Hegel, c'est précisément son caractère idéaliste[2] : celui-ci exprime un mode de domination sociale constitué par des structures de rapports sociaux qui, parce qu'elles sont aliénées, acquièrent une existence quasi indépendante *vis-à-vis** des individus et qui, du fait de leur nature duale particulière, sont de caractère dialectique. Pour Marx, le Sujet historique, c'est la structure aliénée de la médiation sociale qui constitue la formation sociale capitaliste.

---

1. Alfred Schmidt et Iring Fetscher font la même remarque. Voir leurs commentaires *in* W. Euchner et A. Schmidt (dir.), *Kritik der politischen Ökonomie heute : 100 Jahre Kapital*, 1968, pp. 26-57. Voir aussi Hiroshi Uchida, *Marx's* Grundrisse *and Hegel's* Logic, 1988.

2. Voir Moishe Postone et Helmut Reinicke, « On Nicolaus », *Telos* n° 22 (hiver 1974-75), p. 139.

Le Capital est donc une critique tout autant de Hegel que de Ricardo – deux penseurs représentant, selon Marx, le développement le plus avancé d'une pensée qui reste à l'intérieur de la formation sociale existante. Marx ne se borne pas à « radicaliser » Ricardo et à « matérialiser » Hegel. Sa critique – partant du « double caractère » historiquement spécifique du travail sous le capitalisme – est essentiellement historique. Il affirme qu'avec leur conception respective du « travail » et du *Geist*, Ricardo et Hegel ont posé comme transhistorique et n'ont donc pas pu saisir pleinement le caractère historiquement spécifique des objets de leurs recherches. Le mode d'exposition de l'analyse faite par le Marx de la maturité n'est donc pas plus une « application » de la dialectique de Hegel à la problématique du capital que son analyse critique de la marchandise n'indique qu'il « a repris » la théorie de la valeur de Ricardo. Son argumentation est bien plutôt un exposé critique immanent qui cherche à fonder et à rendre plausibles les théories de Hegel et de Ricardo par rapport à leur contexte et donc par rapport aux formes sociales particulières de ce contexte.

Paradoxalement, la propre analyse de Marx cherche à aller au-delà des limites de la totalité présente tout en se limitant elle-même historiquement. Comme nous le verrons, sa critique immanente du capitalisme est telle que l'indication de la spécificité historique de l'objet de la pensée implique réflexivement la spécificité historique de cette théorie, c'est-à-dire de la pensée même qui saisit l'objet.

En résumé, on peut considérer ce que j'ai appelé le « marxisme traditionnel » comme une synthèse critique, « matérialiste », de Ricardo et de Hegel. Si la reprise dans la théorie sociale du concept hégélien de totalité et de la dialectique (telle que l'a opérée Lukács par exemple) peut effectivement fournir une critique à la fois d'un aspect de la société capitaliste et des tendances évolutionnistes, fatalistes et déterministes du marxisme de la Deuxième Internationale, elle ne doit toutefois pas être considérée comme l'esquisse d'une critique du capitalisme du point de vue de sa négation historique. L'identification du prolétariat (ou de l'espèce) avec le Sujet historique repose finalement sur le même concept historiquement indifférencié de « travail » que le « marxisme ricardien ». Le « travail » est posé en tant que source transhistorique de la richesse sociale et supposé être, en tant que substance du Sujet, ce qui constitue la société. Les rapports sociaux du capitalisme sont compris comme empêchant le Sujet de se réaliser. Le point de vue de la critique devient la totalité en tant qu'elle est constituée par le « travail », et la dialectique de Marx est transformée de mouvement des formes sociales aliénées de la société capitaliste, mouvement qui se meut lui-même et historiquement spécifique, en l'expression de la pratique par laquelle l'humanité fait l'histoire. Toute théorie qui pose le prolétariat ou l'espèce en tant que Sujet implique que l'activité constituant le Sujet soit à réaliser et non à abolir. D'où il découle que l'activité elle-même ne peut pas être vue comme aliénée. Dans la critique fondée sur le « travail », l'aliénation s'enracine nécessairement hors du travail, dans son contrôle par un Autre concret : la classe capitaliste. Le socialisme signifie donc la réalisation de soi du Sujet et la réappropriation de la même richesse qui a été expropriée de façon privative sous le capitalisme. Il entraîne la venue à soi du « travail ».

Dans le cadre de cette interprétation générale, la critique de Marx consiste essentiellement à « démasquer ». Elle est censée prouver qu'en dépit des apparences le « travail » est la source de la richesse et que le prolétariat représente le Sujet historique, c'est-à-dire l'humanité se constituant elle-même. Cette position est intimement liée à l'idée que le socialisme entraîne la réalisation des idéaux universalistes des révolutions bourgeoises trahis par les intérêts particularistes de la bourgeoisie.

Je tenterai plus loin de montrer que la critique de Marx inclut bien un tel démasquage, mais en tant que moment d'une théorie plus fondamentale de la constitution social-historique des idéaux *et* de la réalité de la société capitaliste. Marx analyse la constitution par le travail des rapports sociaux et d'une dialectique historique, comme caractéristique de la structure profonde du capitalisme – et non pas comme fondement ontologique de la société humaine devant se réaliser pleinement sous le socialisme. Toute critique qui affirme transhistoriquement que seul le travail engendre la richesse et constitue la société, toute critique qui oppose positivement les idéaux de la société bourgeoise à sa réalité et formule une critique du mode de distribution du point de vue du « travail » reste nécessairement prisonnière de la totalité. La contradiction que cette critique pose entre le marché et la propriété privée d'une part, et la production industrielle fondée sur le prolétariat d'autre part, renvoie à l'abolition de la classe bourgeoise – mais ne renvoie pas au-delà de la totalité sociale. Elle renvoie bien plutôt au dépassement historique des rapports de distribution bourgeois antérieurs par une forme qui peut être plus adéquate, au niveau national, à des rapports de production capitalistes développés. C'est-à-dire qu'elle esquisse le dépassement d'une forme antérieure, apparemment plus abstraite, de totalité par une forme apparemment plus concrète. Si, comme moi, on comprend la totalité en tant que capital, alors une telle critique se révèle être une critique renvoyant, à son insu, à la pleine réalisation du capital en tant que totalité quasi concrète, et non à son abolition.

CHAPITRE III

Les limites du marxisme traditionnel et le tournant pessimiste de la Théorie critique

Dans les chapitres précédents, j'ai examiné plusieurs présupposés fondamentaux qui sous-tendent l'interprétation proposée par le marxisme traditionnel de la contradiction de base du capitalisme comme contradiction entre le marché et la propriété privée, d'un côté, et la production industrielle, de l'autre. Les limites et les impasses de cette interprétation sont devenues de plus en plus manifestes au cours du développement historique du capitalisme postlibéral. Dans ce chapitre, j'étudierai ces limites de plus près, tout en analysant de manière critique quelques aspects décisifs de l'une des réponses théoriques les plus riches et les plus fortes apportées à ce développement historique : celle connue sous le nom d'« École de Francfort » ou de « Théorie critique »[1].

Ceux qui ont tracé le cadre général de la Théorie critique – Theodor W.-Adorno, Max Horkheimer, Leo Löwenthal, Herbert Marcuse, Friedrich Pollock et autres théoriciens associés à l'*Institut für Sozialforschung* de Francfort ou à sa revue, la *Zeitschrift für Sozialforschung* – ont cherché à développer une critique sociale fondamentale qui fût en adéquation avec les nouvelles conditions du capitalisme postlibéral. En partie influencés par *Histoire et conscience de classe* de Georges Lukács (bien que sans en adopter

---

1. Certaines des idées présentées dans ce chapitre ont d'abord été développées *in* Barbara Brick et Moishe Postone, « Critical Pessimism and the Limits of Traditional Marxism », *Theory and Society* n° 11 (1982).

l'identification du prolétariat en tant que sujet-objet identique de l'histoire), ils sont partis d'une compréhension raffinée de la théorie de Marx comme analyse critique et autoréflexive de l'interrelation intrinsèque des dimensions sociales, économiques, politiques et culturelles de la vie sous le capitalisme. En affrontant les importantes transformations du capitalisme au XXe siècle et en les conceptualisant, ils ont développé et placé au centre de leur réflexion une critique de la raison instrumentale et de la domination de la nature, une critique de la culture et de l'idéologie, et une critique de la domination politique. Ces efforts ont considérablement élargi et approfondi la portée de la critique sociale et ont mis en question l'adéquation du marxisme traditionnel en tant que critique de la société moderne postlibérale. Cependant, en cherchant à formuler une critique plus adéquate, la Théorie critique a rencontré de sérieux problèmes et dilemmes théoriques. Ceux-ci devinrent manifestes lors d'un tournant théorique pris à la fin des années 1930, au terme duquel le capitalisme postlibéral en vint à être conçu comme une société unidimensionnelle, intégrée, complètement administrée, comme une société qui n'engendre plus de possibilité immanente d'émancipation sociale.

Je mettrai en lumière les problèmes entraînés par ce tournant pessimiste et montrerai qu'ils indiquent que, quoique la Théorie critique ait été fondée sur la conscience des limites de la critique marxiste traditionnelle du capitalisme, elle-même n'a pas su aller au-delà des présupposés les plus fondamentaux de cette critique. L'analyse de ce tournant théorique nous servira donc en même temps à mettre en lumière les limites du marxisme traditionnel et à préciser quelles sont les conditions d'une théorie critique qui soit plus en adéquation avec la société moderne.

Lorsque j'examinerai la conception pessimiste que la Théorie critique a du capitalisme postlibéral, je tenterai d'en clarifier les fondements théoriques à partir de la distinction que j'ai faite plus haut entre une critique sociale ayant pour point de vue le « travail » et une critique de la spécificité historique du travail sous le capitalisme. Cette approche n'envisagera donc pas le pessimisme de la Théorie critique uniquement par rapport à son contexte historique. Ce contexte – la défaite de la révolution à l'Ouest, le développement du stalinisme, la victoire du national-socialisme et, plus tard, le caractère du capitalisme de l'après-guerre – rend certes compréhensible une réaction pessimiste. Mais en même temps la spécificité de l'analyse pessimiste de la Théorie critique ne peut être pleinement comprise en fonction des seuls événements historiques, pas même la Seconde Guerre mondiale et la Shoah. Si ces événements ont bien eu un effet majeur sur la théorie, comprendre cette analyse exige également de comprendre les postulats théoriques fondamentaux à partir desquels ces événements majeurs furent interprétés[1]. Je montrerai en quoi la réponse pessimiste de la Théorie critique à ces événements et soubresauts historiques s'enracine profondément dans de nombreux présupposés traditionnels à propos de la nature et du cours du développement capitaliste. Ceux qui formulèrent la Théorie critique reconnurent très tôt l'importance de la nouvelle forme prise par le capitalisme postlibéral et analysèrent certaines de ses dimensions avec acuité. En même temps, ils interprétèrent ce changement en termes de constitution d'une nouvelle forme de totalité sociale dépourvue de contradiction structurelle interne et, partant, de dynamique historique interne à partir desquelles pourrait émerger la possibilité d'une nouvelle société[2]. En conséquence, le pessimisme auquel je fais allusion n'est pas contingent ; il n'exprime pas simplement un doute sur la probabilité d'un changement politico-social significatif. Il est au contraire un moment à part

---

1. Pour une interprétation qui insiste davantage sur les effets directs des changements historiques dans le développement de la Théorie critique, voir Helmut Dubiel, *Theory and Politics : Studies in the Development of Critical Theory*, 1985. Pour des analyses plus générales de la Théorie critique, voir l'œuvre pionnière de Martin Jay, *L'Imagination dialectique. Histoire de l'École de Francfort (1922-1950)*, Payot, 1977, ainsi que Andrew Arato et Eike Gebhart (dir.), *The Essential Frankfurt School Reader*, 1978 ; Seyla Benhabib, *Critique, Norm, and Utopia : On the Foundations of Critical Social Theory*, 1986 ; David Held, *Introduction to Critical Theory*, 1980 ; Douglas Kellner, *Critical Theory, Marxism and Modernity*, 1989 ; et Rolf Wiggershaus, *L'École de Francfort. Histoire, développement, signification*, PUF, 1993.

2. Lorsque j'insisterai sur le problème de la contradiction, je m'occuperai de la question de la forme et de la dynamique du capitalisme en tant que totalité, plutôt que, plus directement, de la question de la lutte de classes et du prolétariat comme sujet révolutionnaire. Dans l'analyse de Marx, la dialectique historique du capitalisme inclut la lutte de classes mais ne se réduit pas à elle. C'est pourquoi une position affirmant que la totalité sociale ne possède plus de contradiction interne va au-delà de l'affirmation que la classe ouvrière est intégrée.

entière de l'analyse que la Théorie critique propose des profonds changements survenus dans la société capitaliste du XXe siècle. C'est-à-dire qu'il s'agit d'un pessimisme *nécessaire* ; ce pessimisme porte sur la *possibilité* historique immanente que le capitalisme soit dépassé – et pas seulement sur la *probabilité* que cela se produise[1]. Le caractère pessimiste de l'analyse rend problématique la base même de la Théorie critique.

J'examinerai les bases de ce pessimisme nécessaire à partir de plusieurs articles écrits par Friedrich Pollock et Max Horkheimer dans les années 1930-1940 et ayant eu une importance décisive dans le développement de la Théorie critique. J'examinerai notamment le rapport entre l'analyse faite par Pollock de la relation modifiée État/société civile sous le capitalisme postlibéral et les changements dans la compréhension que Horkheimer a de la théorie sociale critique entre 1937 et 1941. En plaçant la question de la contradiction sociale au cœur de l'analyse, je montrerai comment la réflexion menée par Pollock dans les années 1930 a fourni leurs présupposés économico-politiques implicites au tournant pessimiste de la théorie de Horkheimer et aux changements dans sa conception de la critique sociale. De façon plus générale, sur la base d'un examen des investigations de Pollock, j'étudierai la liaison intrinsèque entre la dimension économico-politique de la Théorie critique et ses dimensions sociales, politiques et épistémologiques[2]. Comme on le verra,

----

1. À cet égard, Marcuse représente en partie une exception. Il s'est toujours efforcé de localiser une possibilité immanente d'émancipation même après qu'il eut défini le capitalisme comme une totalité unidimensionnelle. Ainsi cherche-t-il, par exemple dans *Éros et Civilisation* (Minuit, 1968), à localiser cette possibilité en plaçant le lieu de la contradiction dans la structure psychique (voir les chap. IV et VII).

2. Sur la base d'une analyse similaire de l'importance des présupposés économico-politiques de Pollock dans le développement de la théorie critique de Horkheimer, Jeremy Gaines a entrepris une éclairante étude de la relation entre ces présupposés, tels qu'ils sont médiatisés par cette théorie, et les théories esthétiques d'Adorno, Löwenthal et Marcuse. Voir « Critical Aesthetic Theory », Ph.D. dissertation, Université de Warwick, 1985. Sur la relation entre les analyses économico-politiques de Pollock et les autres dimensions de la Théorie critique, voir aussi Andrew Arato, « Introduction », *in* A. Arato et E. Gebhart (dir.), *The Essential Frankfurt School Reader*, p. 3 ; Helmut Dubiel, « Einleitung » *in Friedrich Pollock : Studien des Kapitalismus*, 1975, pp. 7, 17, 18 ; Giacomo Marramao, « Political Economy and Critical Theory », *Telos* n° 24 (été 1975), pp. 74-80 ; Martin Jay, *L'Imagination dialectique*, pp. 179-186.

l'interprétation du capitalisme postlibéral proposée par Pollock mettait en doute l'adéquation du marxisme traditionnel en tant que critique sociale et indiquait ses limites en tant que théorie émancipatrice ; toutefois, l'approche de Pollock n'a pas débouché sur un réexamen suffisamment profond des présupposés de cette théorie et, partant, elle est restée prisonnière de certains de ces présupposés. Je montrerai ensuite que, lorsque Horkheimer a adopté une analyse du capitalisme postlibéral pour l'essentiel semblable à celle de Pollock, la nature de sa Théorie critique s'est transformée de telle manière qu'elle a sapé la possibilité de son autoréflexion épistémologique et qu'elle a débouché sur un pessimisme radical. Dans l'analyse pessimiste de Horkheimer, nous retrouverons les limites, au niveau théorique et historique, des approches fondées sur les présupposés marxistes traditionnels.

Par cette étude des limites de la compréhension marxiste traditionnelle du capitalisme, et du degré auquel la Théorie critique en est restée prisonnière, j'entends mettre en question le pessimisme nécessaire de cette dernière[1]. Mon analyse des impasses théoriques rencontrées par la Théorie critique montre la voie d'une théorie sociale critique reconstituée qui s'approprie les aspects importants des approches de Lukács et de l'École de Francfort dans le cadre d'une forme fondamentalement différente de critique sociale. Elle diffère de la récente tentative de Jürgen Habermas de ressusciter la possibilité d'une théorie critique à visée émancipatrice (elle aussi formulée en opposition avec les impasses théoriques de la Théorie critique) en ce sens qu'elle repose sur une compréhension différente du marxisme traditionnel et des limites de la Théorie critique[2]. En effet, sur la base de cette analyse et des premières étapes de ma reconstruction de la théorie de Marx, je montrerai que Habermas a lui-même adopté plusieurs postulats traditionnels de la Théorie critique et que cela a affaibli sa tentative de reconstruire une théorie critique de la société moderne.

---

1. Ma critique du pessimisme fondamental de la Théorie critique doit se comprendre comme une recherche sur les limites de l'interprétation traditionnelle dans l'analyse du capital, et non comme impliquant qu'une théorie sociale plus adéquate entraînerait nécessairement une évaluation optimiste de la *vraisemblance* qu'une société postcapitaliste se réalise un jour.

2. Jürgen Habermas, *Théorie de l'agir communicationnel*, Fayard, 1987, t. I, pp. 347-402.

Critique et contradiction

Avant d'examiner ce pessimisme fondamental, il me faut brièvement développer le concept de contradiction et sa centralité pour toute critique sociale immanente. Si une théorie qui, comme celle de Marx, est critique de la société et affirme que les hommes sont socialement constitués veut être cohérente, elle ne peut pas partir d'un point de vue qui, implicitement ou explicitement, est situé en dehors de son propre univers social ; elle doit bien plutôt se voir elle-même comme enchâssée dans son contexte. Cette théorie est une critique sociale immanente. Elle ne peut adopter une position normative extérieure à ce qu'elle examine (qui est le contexte même de la critique) – elle doit en effet considérer comme spécieuse l'idée même de point de vue décontextualisé, façon Archimède. Les concepts utilisés par une telle théorie sociale sont donc liés à son contexte. Quand c'est le contexte même qui est l'objet de l'étude, la nature des concepts est intrinsèquement liée à la nature de leur objet. Cela signifie qu'une critique immanente ne porte pas un jugement sur ce qui « est » à partir d'une position conceptuelle extérieure à son objet – par exemple, un « devrait être » transcendant. Elle doit au contraire être en mesure de localiser ce « devrait être » dans son propre contexte, de localiser cette possibilité comme immanente à la société existante. Cette critique doit être immanente aussi au sens où il lui faut être en mesure de se saisir elle-même réflexivement et de fonder la possibilité de sa propre existence dans la nature de son contexte social. C'est-à-dire que, si elle veut être cohérente en elle-même, elle doit pouvoir fonder son propre point de vue dans les catégories sociales à l'aide desquelles elle saisit son objet, plutôt que se borner à poser ou affirmer ce point de vue. En d'autres termes, l'existant doit être saisi selon ses propres termes de manière à englober la possibilité de sa critique : la critique doit pouvoir montrer que la nature de son contexte social est telle que ce contexte engendre la possibilité d'une position critique vis-à-vis de lui. Il s'ensuit donc qu'une critique sociale immanente doit montrer que son objet, le tout social dont elle fait partie, n'est pas un tout unitaire. De plus, pour que cette critique puisse fonder socialement le développement historique et évite d'hypostasier l'histoire en posant un développement transhistorique évolutionniste, elle doit montrer que les structures relationnelles de base[1] sont telles qu'elles engendrent une dynamique directionnelle continue.

L'idée que les structures de la société moderne, les rapports sociaux qui la sous-tendent, sont contradictoires constitue la base théorique de cette critique historique immanente. Elle permet à la critique immanente de mettre en lumière une dynamique historique qui est intrinsèque à la formation sociale, une dynamique dialectique qui renvoie au-delà d'elle-même – à ce « devrait être » réalisable qui est immanent au « est » et qui sert de point de vue à sa critique. Selon cette approche, la contradiction sociale est le présupposé tout à la fois d'une dynamique historique intrinsèque et de l'existence même de la critique sociale. La possibilité de cette dernière est intrinsèquement liée à la possibilité, socialement engendrée, d'autres formes de distance critique et d'opposition – y compris à un niveau de masse. C'est-à-dire que l'idée de contradiction sociale permet aussi une théorie de la constitution historique de formes d'opposition de masse qui renvoient au-delà de l'ordre existant. Ainsi l'idée de contradiction sociale va-t-elle au-delà de son étroite interprétation économique en tant que fondement des crises économiques sous le capitalisme. Comme je l'ai dit, la contradiction sociale ne doit pas être comprise simplement comme l'antagonisme entre la classe laborieuse et la classe expropriatrice ; en réalité, la contradiction sociale se rapporte à la fabrique même de la société, à une « non-identité » auto-engendrante intrinsèque aux structures des rapports sociaux – qui, par conséquent, ne constituent pas un tout unitaire stable.

La théorie sociale critique type fondée sur l'idée qu'une contradiction sociale intrinsèque caractérise son univers social est bien sûr celle de Marx. J'exposerai plus loin comment Marx s'efforce d'analyser la société capitaliste comme intrinsèquement contradictoire et directionnellement dynamique, et comment il enracine les caractéristiques fondamentales de cette formation sociale dans le caractère historiquement spécifique du travail sous le capitalisme. En procédant ainsi, Marx parvient à la fois à fonder la possibilité de sa critique d'une manière épistémologiquement cohérente, autoréflexive, et à rompre avec toute idée de logique de développement inhérente à l'histoire humaine dans son ensemble.

---

1. Les rapports sociaux, N.d.T.

Comme on l'a noté, la critique immanente du capitalisme élaborée par Marx ne consiste pas simplement à opposer la réalité de cette société à ses idéaux. Une telle façon de comprendre la critique immanente affirme que le but premier de la critique consiste à démasquer les idéologies bourgeoises – telles que l'échange égal – et à révéler la réalité sordide qu'elles dissimulent – l'exploitation par exemple. Ce type de conception est manifestement lié à la critique du capitalisme faite du point de vue du « travail » que j'ai évoquée plus haut[1]. La critique fondée sur une analyse de la spécificité du travail sous le capitalisme revêt un caractère différent ; elle ne cherche pas simplement à percer le niveau des apparences de la société bourgeoise afin d'opposer de manière critique cette surface (comme « capitaliste ») à la totalité sociale sous-jacente constituée par le « travail ». Bien plutôt, la critique immanente que Marx déploie dans *Le Capital* analyse cette totalité sous-jacente elle-même – et pas simplement le niveau des apparences – comme caractéristique du capitalisme. La théorie cherche à saisir la surface en même temps que la réalité sous-jacente de manière à renvoyer au possible dépassement historique du tout – ce qui signifie, à un autre niveau, qu'elle s'efforce d'expliquer à la fois la réalité et les idéaux du capitalisme en indiquant le caractère historiquement déterminé des deux. Spécifier historiquement l'objet de la théorie de cette manière implique de spécifier historiquement la théorie elle-même.

La critique sociale immanente comporte également un moment pratique : elle se comprend elle-même comme contribuant à la transformation sociale et politique. La critique immanente rejette autant les positions qui affirment l'ordre existant, ce qui « est », que les critiques utopistes de cet ordre. Parce que le point de vue de la

---

1. L'idée qu'une critique immanente révèle le fossé entre les idéaux et la réalité du capitalisme moderne est présentée par Theodor Adorno *in* « Sur la logique des sciences sociales », *De Vienne à Francfort : la querelle allemande des sciences sociales*, Complexe, 1979. En général, la Théorie critique et ses commentateurs bienveillants insistent avec force sur le caractère immanent de la critique sociale de Marx ; toutefois, pour eux, cette critique immanente juge la réalité du capitalisme sur la base de ses idéaux bourgeois. Voir Steven Seidman, « Introduction » *in* Seidman (dir.), *Jürgen Habermas on Society and Politics*, 1989, pp. 4-5. Cette dernière interprétation révèle combien la Théorie critique demeure prisonnière de certains présupposés de la critique traditionnelle faite du point de vue du « travail ».

critique n'est pas extérieur à son objet mais qu'il est au contraire une possibilité immanente à l'objet, la critique ne revêt un caractère d'exhortation ni au niveau théorique ni au niveau pratique. Les conséquences réelles des actions sociales et politiques sont toujours codéterminées par le contexte dans lequel elles s'inscrivent, quels que soient les justifications et les buts que l'homme donne à ces actions. Dans la mesure où la critique immanente, en analysant son contexte, en révèle les possibilités immanentes, elle contribue à leur réalisation. Révéler le potentiel existant au sein du réel aide l'action à être socialement et consciemment transformatrice.

L'adéquation d'une critique sociale immanente dépend de l'adéquation de ses catégories. Pour que les catégories fondamentales de la critique (la valeur par exemple) soient considérées comme des catégories sociales adéquates à la société capitaliste, il faut qu'elles expriment ce qui fait la spécificité de cette société. De plus, il faut montrer que les catégories, en tant que catégories d'une critique historique, saisissent les fondements de la dynamique (intrinsèque à cette société) qui renvoie à la possibilité de négation historique de cette même société – au « devrait être » qui émerge en tant que possibilité historique immanente à ce qui « est ». Corrélativement, si l'on suppose que la société est contradictoire, il faut que les catégories utilisées pour exprimer les formes fondamentales des rapports sociaux expriment cette contradiction. Comme nous l'avons vu au chapitre précédent, cette contradiction doit être telle qu'elle renvoie au-delà de l'existence de la totalité. C'est seulement si les catégories elles-mêmes expriment cette contradiction que la critique cesse d'être positive, cesse d'être une critique qui critique ce qui existe sur la base de ce qui existe déjà et, partant, d'être une critique qui ne renvoie pas réellement au-delà de la totalité existante. La critique négative, adéquate, est entreprise non pas à partir de ce qui existe mais à partir de ce qui pourrait exister, en tant que potentiel immanent à la société existante. Il faut enfin que les catégories d'une critique sociale immanente à visée émancipatrice saisissent adéquatement les fondements déterminés de la non-liberté sous le capitalisme pour que l'abolition historique de ce qu'elles expriment implique la possibilité de la liberté socio-historique.

Ces conditions d'une critique adéquate ne sont pas remplies par la critique sociale faite du point de vue du « travail ». Les efforts de Pollock et Horkheimer pour analyser le caractère modifié du capitalisme postlibéral révèlent que les catégories de la critique traditionnelle ne sont pas l'expression adéquate du noyau du capitalisme ou des fondements de la non-liberté dans cette société et que la contradiction qu'elles expriment ne renvoie pas au-delà de la totalité présente, vers une société émancipée. Bien qu'ils aient montré que ces catégories étaient inadéquates, Pollock et Horkheimer n'ont pas ensuite mis en question les présupposés traditionnels. Il en résulte qu'ils ne sont pas parvenus à reconstruire une critique sociale plus adéquate. C'est la combinaison de ces deux éléments de leur approche qui a abouti au pessimisme de la Théorie critique.

Friedrich Pollock et le « primat du politique »

Je commencerai l'étude du tournant pessimiste de la Théorie critique par l'examen des présupposés économico-politiques de l'analyse que Friedrich Pollock fait de la transformation du capitalisme qui s'opère avec l'avènement de l'État interventionniste. Pollock a commencé cette analyse au début des années 1930 avec Gerhard Meyer et Kurt Mandelbaum, et l'a poursuivie au cours de la décennie suivante. Confronté à la Grande Dépression et au rôle de plus en plus actif de l'État dans la sphère socio-économique qui en est résulté, ainsi qu'à l'expérience soviétique de la planification, Pollock conclut que la sphère politique a dépassé la sphère économique en tant que lieu de régulation économique et de coordination des problèmes sociaux. Il caractérise ce changement en tant que primat du politique sur l'économique[1]. Cette idée qui est devenue courante depuis lors[2] implique que la critique marxienne de l'économie politique est pertinente pour la période du capitalisme de *laissez-faire**, mais qu'elle se révèle anachronique dans la société repolitisée du capitalisme postlibéral. Cette position peut apparaître comme une conséquence évidente de la transformation du capitalisme au

---

1. Friedrich Pollock, « Is National Socialism a New Order ? », *Studies in Philosophy and Social Science* n° 9 (1941), p. 453.

2. Jürgen Habermas, par exemple, présente une version de cette position dans « La technologie et la science comme "idéologie" » dans le livre homonyme (Gallimard, 1973) et la développe dans *Raison et Légitimité* (Payot, 1978).

XXe siècle. Pourtant, comme je le montrerai, elle est fondée sur une série de postulats contestables qui engendrent de graves problèmes dans l'analyse du capitalisme postlibéral. Ma critique ne met pas en question l'intuition fondamentale de Pollock – selon laquelle le développement de l'État interventionniste a entraîné de profondes conséquences économiques, sociales et politiques –, mais elle révèle assurément les problèmes que pose le cadre théorique de Pollock pour l'analyse de ces changements, c'est-à-dire la compréhension que Pollock a de la sphère économique et de la contradiction de base entre forces productives et rapports de production.

Pollock développe sa conception de l'ordre social issu de la Grande Dépression en deux temps, avec un pessimisme croissant. Son point de départ dans l'analyse des causes de la Grande Dépression et de ses possibles conséquences historiques, c'est l'interprétation traditionnelle des contradictions du capitalisme. Dans deux essais écrits en 1932 et 1933 – « Die gegenwärtige Lage des Kapitalismus und die Aussichten einer planwirtschaftlichen Neuordnung »[1] et « Bemerkungen zur Wirtschaftskrise »[2] –, Pollock définit traditionnellement le cours du développement capitaliste en termes de contradiction croissante entre les forces productives (interprétées comme le mode de production industriel) et l'appropriation privée socialement médiatisée par le marché « autorégulateur »[3]. Cette contradiction croissante sous-tend les crises économiques qui, en réduisant violemment les forces productives (par la sous-utilisation des machines, la destruction des matières premières et le chômage de milliers de travailleurs), sont le moyen par lequel le capitalisme tente de résoudre « automatiquement » la contradiction[4]. En ce sens, la dépression mondiale ne représente rien de nouveau. En même temps, l'intensité de la dépression et la profondeur du fossé entre la richesse sociale produite, qui pourrait potentiellement servir à satisfaire l'ensemble des besoins humains, et l'appauvrissement de larges segments de la population marquent la fin de l'ère du

---

1. Pollock, « Die gegenwärtige Lage des Kapitalismus und die Aussichten einer planwirtschaftlichen Neuordnung », *Zeitschrift für Sozialforschung* n° 1 (1932).

2. Pollock, « Bemerkungen zur Wirtschaftskrise », *Zeitschrift für Sozialforschung* n° 2 (1933).

3. « Die gegenwärtige Lage », p. 21.

4. *Ibid.*, p. 15.

libre marché ou du capitalisme libéral[1]. Elles indiquent que « la forme économique présente est incapable d'utiliser, au profit de tous les membres de la société, les forces qu'elle développe »[2]. Parce que ce développement n'est pas historiquement contingent mais qu'il résulte de la dynamique même du capitalisme libéral, toute tentative de reconstituer une organisation sociale fondée sur les mécanismes de l'économie libérale se révèle historiquement vouée à l'échec : « Tout indique qu'il est inutile de chercher à rétablir les conditions techniques, économiques et socio-psychologiques d'une économie de libre marché »[3].

Pour Pollock, bien que le capitalisme libéral ne puisse pas être reconstitué, il a engendré la possibilité d'un nouvel ordre social qui pourrait résoudre les difficultés de l'ancien : la dialectique des forces productives et des rapports de production qui sous-tend le développement du capitalisme de libre marché a rendu possible l'économie planifiée[4]. Cependant – et c'est le tournant décisif –, cette économie n'est pas nécessairement socialiste. Pollock soutient que *laissez-faire** et capitalisme ne sont pas nécessairement identiques et que la situation économique peut être stabilisée dans le cadre même du capitalisme par l'intervention massive et permanente de l'État dans l'économie[5]. Au lieu d'identifier le socialisme à la planification, Pollock distingue deux grands types de systèmes d'économie planifiée : « une économie capitaliste planifiée sur la base de la propriété privée des moyens de production (dans le cadre d'une société de classes donc) et une économie socialiste planifiée caractérisée par la propriété sociale des moyens de production (dans le cadre d'une société sans classes) »[6].

Pollock rejette toute théorie de l'effondrement automatique du capitalisme et souligne le fait que le socialisme ne succède pas nécessairement au capitalisme. La réalisation historique du socialisme ne dépend pas seulement de facteurs économiques et techniques, mais aussi du pouvoir de résistance de ceux qui supportent

---

1. *Ibid.*, p. 10.
2. « Bemerkungen », p. 337.
3. *Ibid.*, p. 332.
4. « Die gegenwärtige Lage », pp. 19-20.
5. *Ibid.*, p. 16.
6. *Ibid.*, p. 18.

le poids de l'ordre existant. Et pour Pollock une résistance massive du prolétariat est peu probable dans un proche avenir, compte tenu de la diminution du poids de la classe ouvrière dans le processus économique, des changements dans la technologie de l'armement[1] et des nouveaux moyens de domination culturelle et psychologique des masses[2].

Pollock estime que la conséquence la plus vraisemblable de la Grande Dépression ne sera pas le socialisme mais une économie capitaliste planifiée : « Ce qui touche à sa fin, ce n'est pas le capitalisme, mais sa phase libérale »[3]. À cette étape de la pensée de Pollock, la différence entre capitalisme et socialisme à l'ère de la planification se réduit à celle entre propriété privée et propriété sociale des moyens de production. Dans les deux cas, l'économie de libre marché est remplacée par la régulation d'État.

Or même la distinction fondée sur les formes de propriété se révèle problématique. Dans sa description de la réaction du capitalisme à la crise, Pollock se réfère à la réduction brutale des forces productives et à un « desserrement des entraves » – une modification des « rapports de production » – par l'intervention de l'État[4]. D'une part, il affirme qu'il est possible à ces deux phénomènes de se produire sans que la base du système capitaliste – la propriété privée et sa valorisation – soit touchée[5]. D'autre part, il note que l'intervention permanente de l'État entraîne une limitation plus ou moins draconienne du pouvoir qu'ont les propriétaires privés de disposer de leurs capitaux, et associe cela à la tendance (présente dès avant la Première Guerre mondiale) qu'ont la propriété et la direction effective à se séparer[6]. La définition du capitalisme en termes de propriété privée est donc devenue quelque peu ambiguë. Et Pollock se passera effectivement d'elle dans ses essais de 1941 où sa théorie du primat du politique est pleinement développée.

---

1. Avec les progrès accomplis en matière d'armement, le rapport de forces entre l'appareil de répression de la classe dominante (bourgeoise ou bureaucratique) et le prolétariat révolutionnaire est devenu nettement défavorable à ce dernier, dans une bien plus large mesure qu'au XIXe siècle par exemple (N.d.T.).

2. « Bemerkungen », p. 350.

3. *Ibid.*

4. *Ibid.*, p. 338.

5. *Ibid.*, p. 349.

6. *Ibid.*, pp. 345-346.

Dans ces essais – « State Capitalism » et « Is National Socialism a New Order ? »[1] –, Pollock analyse l'ordre social nouvellement apparu en tant que capitalisme d'État. Sa méthode consiste ici à construire des types-idéaux : alors qu'en 1932 il oppose l'économie socialiste planifiée à l'économie capitaliste planifiée, en 1941 il oppose le capitalisme d'État totalitaire au capitalisme d'État démocratique comme les deux principaux types-idéaux du nouvel ordre[2]. (En 1941, Pollock décrit l'URSS comme une société capitaliste d'État[3].) Sous sa forme totalitaire, l'État est entre les mains d'une nouvelle couche dirigeante, un mixte de bureaucrates des affaires, de l'État et du parti[4] ; sous sa forme démocratique, l'État est contrôlé par le peuple. L'analyse idéal-typique de Pollock se concentre sur la forme capitaliste d'État totalitaire. Quand on lui ôte les aspects spécifiques au totalitarisme, cette étude du changement survenu dans la relation État/société civile peut être considérée comme la dimension économico-politique d'une théorie critique générale du capitalisme postlibéral, que Horkheimer, Marcuse et Adorno ont ensuite pleinement développée.

Selon Pollock, la caractéristique centrale du capitalisme d'État est le dépassement de la sphère économique par le politique. L'équilibre entre la production et la distribution a cessé de dépendre du marché pour dépendre de l'État[5]. Bien qu'un marché, un système des prix et des salaires continuent d'exister, ils ne servent plus à réguler le processus économique[6]. De surcroît, même si l'institution légale de la propriété privée est conservée, ses fonctions économiques ont effectivement été abolies puisque que le droit de disposer des capitaux individuels a été transféré, dans une large mesure, du capitaliste individuel à l'État[7]. Le capitaliste s'est mué en simple rentier[8]. L'État définit le plan et impose sa réalisation. Il en résulte que la propriété privée, la loi du marché et autres « lois »

---

1. Pollock, « State Capitalism », *Studies in Philosophy and Social Science* nº 9 (1941) ; « Is National Socialism ».
2. « State Capitalism », p. 200.
3. *Ibid.*, p. 211, n. 1.
4. *Ibid.*, p. 201.
5. *Ibid.*
6. *Ibid.*, pp. 204-205 ; « Is National Socialism », p. 444.
7. « Is National Socialism », p. 442.
8. « State Capitalism », pp. 208-209.

économiques – telles que la péréquation du taux de profit ou sa baisse tendancielle – ne conservent pas leurs fonctions auparavant essentielles [1]. Il n'existe aucune sphère économique se mouvant elle-même, autonome, sous le capitalisme d'État. Les problèmes d'administration ont remplacé ceux du procès d'échange [2].

Selon Pollock, cette transition a de profondes conséquences sociales. Il affirme que, sous le capitalisme libéral, tous les rapports sociaux sont déterminés par le marché ; les hommes et les classes s'opposent les uns aux autres dans la sphère publique en tant qu'agents quasi autonomes. En dépit des insuffisances et des injustices du système, la relation de marché fait que les règles régissant la sphère publique se limitent entre elles. La loi est une rationalité double, s'appliquant aux gouvernants aussi bien qu'aux gouvernés. Ce domaine juridique impersonnel contribue à la séparation des sphères publique et privée et, implicitement, à la formation de l'individu bourgeois. La position sociale est fonction du marché et du revenu. Les salariés sont contraints de travailler par crainte de la faim et aspiration à une vie meilleure [3].

Sous le capitalisme d'État, l'État devient ce qui détermine toutes les sphères de la vie sociale [4] ; la hiérarchie des structures politiques bureaucratiques se trouve au cœur de l'existence sociale. Les relations de marché sont remplacées par celles d'une hiérarchie de gestion où, à la place de la loi, règne une rationalité technique unilatérale. La majorité de la population se transforme effectivement en salariés payés par l'appareil politique ; les hommes n'ont ni droits politiques, ni pouvoir de s'organiser par eux-mêmes, ni droit de grève. La mise au travail s'effectue par la terreur politique, d'un côté, et par la manipulation psychologique, de l'autre. Les individus et les groupes, qui ne sont plus autonomes, sont subordonnés au tout ; parce qu'ils sont productifs, les hommes sont traités comme des moyens et non comme des fins. Mais cela reste voilé, car leur perte d'indépendance est compensée par la transgression (socialement reconnue) de certaines normes sociales antérieures, notamment sexuelles. En brisant le mur séparant la sphère

---

1. *Ibid.*
2. *Ibid.*, p. 217.
3. *Ibid.*, p. 207 ; « Is National Socialism », pp. 443, 447.
4. « State Capitalism », p. 206.

intime d'avec la société et l'État, cette compensation permet une manipulation sociale plus poussée[1].

Pour Pollock, tant le marché que la propriété privée – c'est-à-dire les rapports sociaux capitalistes de base (au sens traditionnel) – sont effectivement abolis sous le capitalisme d'État. Toutefois, les conséquences sociales, politiques et culturelles ne sont pas forcément émancipatrices. Exprimant cette idée à l'aide des catégories marxiennes, Pollock affirme que la production sous le capitalisme d'État n'entraîne plus la production de marchandises, mais qu'elle s'est orientée vers l'usage. En même temps, cette dernière détermination ne garantit pas que la production serve « les besoins d'hommes libres dans une société harmonieuse »[2].

Étant donné l'analyse que Pollock fait du caractère non émancipateur du capitalisme d'État et son affirmation selon laquelle tout retour au capitalisme libéral est impossible, le problème est de savoir si le capitalisme d'État peut être dépassé par le socialisme[3]. Cette possibilité ne peut plus être considérée comme immanente à la société présente – c'est-à-dire comme émergeant du déploiement d'une contradiction interne sous-jacente à une économie se mouvant elle-même – parce que, selon Pollock, l'économie est devenue totalement contrôlable. Il affirme que l'économie planifiée, en tant qu'opposée au capitalisme de libre marché, dispose des moyens de maîtriser les causes économiques des dépressions[4]. Pollock insiste à maintes reprises sur le fait qu'il n'est pas de loi ou de mécanisme économique qui pourrait empêcher le fonctionnement du capitalisme d'État ou lui imposer une limite[5].

Dans cette hypothèse, existe-t-il une possibilité de dépasser le capitalisme d'État ? Dans sa tentative de réponse, Pollock pose les prémisses d'une théorie des crises politiques – des crises dans la légitimation politique. Pour Pollock, le capitalisme d'État apparaît historiquement en tant que solution aux maux économiques dont

---

1. « Is National Socialism », pp. 448-49. Par maints aspects, les brefs commentaires de Pollock sur cette question annoncent ce que Marcuse développera plus tard à l'aide de son concept de désublimation répressive.
2. « Is National Socialism », p. 446.
3. *Ibid.*, pp. 452-455.
4. *Ibid.*, p. 454.
5. « State Capitalism », p. 217.

souffre le capitalisme libéral. D'où il découle que les tâches premières du nouvel ordre social seront de maintenir le plein-emploi et de rendre les forces productives capables de se développer sans entraves, tout en conservant la base de l'ancienne structure sociale[1]. Le remplacement du marché par l'État signifie que le chômage de masse entraînerait immédiatement une crise politique qui mettrait le système en question. Pour se légitimer, le capitalisme d'État requiert le plein-emploi.

La variante totalitaire du capitalisme d'État se trouve confrontée à des problèmes supplémentaires. Cet ordre « où l'appétit de la classe dominante pour le pouvoir empêchent les hommes d'utiliser pleinement les forces productives en vue de leur bien-être et de contrôler l'organisation et les activités de la société »[2] représente la pire forme de société antagoniste. Du fait de l'intensité de cet antagonisme, le capitalisme d'État totalitaire ne peut permettre aucune augmentation appréciable du niveau de vie général, parce qu'une telle augmentation donnerait aux hommes la liberté de réfléchir de manière critique à leur situation, ce qui conduirait à l'apparition d'un esprit révolutionnaire avec ses exigences de liberté et de justice[3].

Le capitalisme d'État totalitaire se voit donc confronté au problème de maintenir le plein-emploi, de promouvoir le progrès technique, mais *sans* permettre une augmentation sensible du niveau de vie moyen. Selon Pollock, seule une économie de guerre permanente peut accomplir toutes ces tâches à la fois. La plus grande menace pour la forme totalitaire, c'est la paix. Dans une économie

---

1. *Ibid.*, p. 203.

2. *Ibid.*, p. 223.

3. *Ibid.*, p. 220. Pollock semble considérer la conscience de masse à une époque de primat du politique uniquement sous l'angle d'une manipulation extérieure et d'une vague notion des possibles effets révolutionnaires d'une augmentation du niveau de vie. Il apparaît que Pollock, lorsqu'il s'occupe de la société déterminée par l'État, ne conçoit pas la conscience sociale comme un aspect immanent de cette forme (alors que ce n'est peut-être pas le cas lorsqu'il examine la société déterminée par le marché). On pourrait dire que Pollock n'a pas développé adéquatement la relation entre la subjectivité sociale et l'objectivité sociale. Il ne spécifie donc que les « conditions matérielles » les plus extérieures qui permettraient une pensée critique, et il échoue à montrer pourquoi cette pensée peut être critique dans une direction particulière.

de paix, le système ne peut pas se maintenir, et ce malgré la manipulation psychologique de masse et la terreur[1]. Il ne peut tolérer un haut niveau de vie ni survivre au chômage de masse. Un haut niveau de vie peut être maintenu par le capitalisme d'État démocratique, mais Pollock décrit cette formation sociale comme instable et transitoire : soit les différences de classe s'imposent, auquel cas le capitalisme d'État démocratique évolue vers la forme totalitaire ; soit le contrôle démocratique de l'État aboutit à l'abolition des derniers restes de la société de classes, ce qui conduit du même coup au socialisme[2]. Cette dernière possibilité semble néanmoins peu probable dans le cadre de l'approche de Pollock – c'est-à-dire sa thèse sur la régulabilité de l'économie et sa conviction qu'une politique de « préparation » à la guerre (qui autorise une économie de guerre sans guerre) est le trait distinctif de l'ère du capitalisme d'État[3]. L'analyse du capitalisme d'État que fait Pollock ne peut pas fonder son espoir de voir le capitalisme d'État démocratique évoluer vers le socialisme. Sa position est fondamentalement pessimiste : le dépassement du nouvel ordre ne peut pas être dérivé du sein même du système, il est au contraire devenu tributaire d'une circonstance « extérieure » peu probable : la paix mondiale.

Postulats et impasses de la thèse de Pollock

Plusieurs aspects de l'analyse de Pollock font problème. Son étude du capitalisme libéral révèle le développement dynamique et le caractère historique de cette formation sociale. Elle montre comment la contradiction immanente entre forces productives et rapports de production engendre la possibilité d'une société économiquement planifiée en tant que négation historique du capitalisme libéral. Sauf que, dans son analyse du capitalisme d'État, Pollock loupe cette dimension historique ; en fait, cette analyse est statique et se borne à décrire des types-idéaux. Dans sa formulation initiale d'une théorie de la crise politique, Pollock a bien sûr cherché à découvrir des facteurs d'instabilité et de conflit, mais ces derniers

---

1. *Ibid.*
2. *Ibid.*, pp. 219, 225.
3. *Ibid.*, p. 220.

ne sont liés à aucune dynamique historique immanente à partir de laquelle les contours et la possibilité d'une autre société pourraient apparaître. Il nous faut donc expliquer pourquoi, selon Pollock, la phase du capitalisme caractérisée par le « primat de l'économique » est contradictoire et dynamique, alors que celle caractérisée par le « primat du politique » ne l'est pas.

Pour résoudre ce problème, il est nécessaire d'examiner la façon dont Pollock comprend l'économie. Lorsqu'il postule le primat du politique sur l'économie, Pollock pense cette dernière en termes de coordination des biens et des ressources quasi automatique, médiatisée par le marché, par quoi les mécanismes de prix orientent la production et la distribution[1]. Sous le capitalisme libéral, les profits et les salaires orientent le flux des capitaux et la répartition de la force de travail au sein du processus économique[2]. Le marché est au cœur de la compréhension que Pollock a de l'économie. Son affirmation que les « lois » économiques perdent leur fonction essentielle quand l'État supplante le marché indique que pour lui ces lois ne s'enracinent que dans le mode de régulation sociale médiatisé par le marché. La centralité du marché dans l'idée que Pollock se fait de l'économie se voit également au niveau catégoriel, dans la façon dont il interprète la marchandise : un bien n'est une marchandise que lorsqu'il a transité par le marché, autrement il est une valeur d'usage. Ce type d'approche suppose naturellement une interprétation de la catégorie marxienne de valeur – censée être la catégorie fondamentale des rapports de production sous le capitalisme – uniquement en termes de marché. Autrement dit, Pollock ne comprend la sphère économique et, implicitement, les catégories marxiennes qu'en termes de mode de distribution.

En conséquence, Pollock interprète la contradiction entre les forces productives et les rapports de production comme une contradiction entre la production industrielle et le mode de distribution bourgeois (marché et propriété privée). Ainsi soutient-il que la concentration et la centralisation croissantes de la production rendent la propriété privée de plus en plus non fonctionnelle et anachronique[3], tandis que les crises périodiques indiquent que le

---

1. *Ibid.*, p. 203.
2. « Is National Socialism », p. 445 et suiv.
3. « Bemerkungen », p. 345 et suiv.

mode de régulation « automatique » n'est pas harmonieux et que les actions anarchiques des lois économiques sont de plus en plus destructrices[1]. Cette contradiction engendre donc une dynamique qui, à la fois, requiert et rend possible le dépassement du mode de distribution bourgeois par une forme caractérisée par la planification et l'absence effective de la propriété privée.

Il résulte de cette interprétation que, lorsque l'État supplante le marché en tant qu'agent de distribution, la sphère économique est fondamentalement maîtrisée. Et donc, selon Pollock, l'économie en tant que science sociale perd l'objet de son étude : « Alors qu'autrefois l'économiste se creusait la cervelle pour résoudre le casse-tête du procès d'échange, il rencontre sous le capitalisme d'État de simples problèmes d'administration »[2]. En d'autres termes, avec la planification d'État, un mode de régulation sociale et de distribution conscient a remplacé le mode économique non conscient. Derrière l'idée de Pollock de primat du politique, il y a une compréhension de l'économique qui présuppose le primat du mode de distribution.

À présent, nous devrions savoir pourquoi, selon cette interprétation, le capitalisme d'État n'a pas de dynamique immanente. Une dynamique immanente implique une logique de développement qui échappe au contrôle conscient et qui se fonde sur une contradiction inhérente au système. Dans l'analyse de Pollock, le marché est la source de toutes les structures sociales non conscientes de nécessité et de régulation ; il en résulte que le marché constitue la base des « lois de mouvement » de la formation sociale capitaliste. De surcroît, Pollock soutient que la planification permet un contrôle conscient total et, partant, qu'elle n'est limitée par aucune loi économique. Il s'ensuit que le dépassement du marché par la planification d'État signifie la fin de toute logique de développement aveugle : désormais, le développement historique est consciemment régulé. En outre, une compréhension de la contradiction entre forces productives et rapports de production en tant que contradiction entre distribution et production – exprimée par l'inadéquation croissante du marché et de la propriété privée par rapport aux conditions de la production industrielle développée – implique

---

1. « Die gegenwärtige Lage », p. 15.
2. « State Capitalism », p. 217.

qu'une organisation sociale fondée sur la planification et l'abolition réelle de la propriété privée *est* adéquate à ces conditions. Pour une théorie qui part de l'interprétation traditionnelle (centrée sur la distribution) des rapports de production, la contradiction sociale intrinsèque entre ces nouveaux « rapports de production » et le mode de production industriel n'existe plus. D'où il résulte que l'idée marxienne de la nature contradictoire du capitalisme est implicitement reléguée à la période du capitalisme libéral. Ainsi l'idée que Pollock a du primat du politique se rapporte-t-elle à une société antagoniste, privée d'une dynamique immanente qui renvoie à la possibilité du socialisme en tant que sa négation ; le pessimisme de la théorie de Pollock s'enracine dans son analyse du capitalisme postlibéral comme société non libre mais non contradictoire.

L'analyse de Pollock révèle les problèmes que pose toute critique sociale affirmant le primat du mode de distribution. D'après l'analyse idéal-typique de Pollock, avec le développement du capitalisme d'État, la valeur est dépassée et la propriété privée effectivement abolie. Cependant, l'abolition de ces rapports sociaux ne fonde pas nécessairement la « bonne société » ; au contraire, elle peut conduire et conduit effectivement à des formes d'oppression et de tyrannie encore plus grandes, qui ne peuvent plus être critiquées à l'aide de la catégorie de valeur. De plus, selon cette interprétation, le dépassement du marché signifie que le système de production marchande est remplacé par un système de production de valeur d'usage. Pourtant, Pollock montre qu'il s'agit là d'une détermination insuffisante de l'émancipation ; le dépassement du marché ne signifie pas nécessairement que les « besoins d'hommes libres dans une société harmonieuse » soient satisfaits. Toutefois, pour être des catégories critiques adéquates du capitalisme, la valeur et la marchandise doivent fonder une dynamique, immanente à cette société, qui renvoie à la possibilité de sa négation historique. Ces catégories doivent permettre de saisir suffisamment le noyau de cette société contradictoire pour que leur abolition implique la base sociale de la liberté. L'analyse de Pollock indique que les catégories marxiennes, lorsqu'elles sont comprises en termes de mode de distribution, ne saisissent pas adéquatement les fondements de la non-liberté sous le capitalisme. Or Pollock ne reconsidère pas la source de ces limitations des catégories, à savoir l'insistance unilatérale sur le mode de distribution ; au lieu de cela, il conserve cette insistance et limite implicitement la validité des catégories de Marx au capitalisme libéral.

L'hypothèse traditionnelle, réaffirmée par Pollock, du primat de la distribution lui crée de sérieuses difficultés théoriques dans son analyse du capitalisme d'État. Comme on l'a vu, le capitalisme – en tant que capitalisme d'État – peut exister selon Pollock en l'absence du marché et de la propriété privée. Or ces derniers sont les deux traits essentiels de la formation sociale capitaliste. En l'absence de ces « rapports de production », qu'est-ce qui fait de la nouvelle phase une phase capitaliste ? Pollock énumère les caractéristiques suivantes : « Le capitalisme d'État est le successeur du capitalisme privé [...] l'État assume les fonctions essentielles du capitaliste privé [...] l'appétit pour le profit continue de jouer un rôle important et [...] ce n'est pas le socialisme »[1]. Au premier coup d'œil, il apparaît que l'explication de la spécification par Pollock de la société de classes postlibérale comme capitaliste réside dans son affirmation que l'appétit pour le profit continue à jouer un rôle important. Bien que, selon lui, cet appétit soit subordonné au plan, « aucun gouvernement capitaliste d'État ne peut ou ne veut se passer de la recherche du profit »[2] : son abolition détruirait « le caractère du système tout entier »[3]. Il semble que le caractère spécifique du « système tout entier » puisse être clarifié en réexaminant la notion de profit.

Pourtant, cette clarification, Pollock ne la propose pas. Au lieu d'entreprendre une analyse du profit qui contribuerait à déterminer le caractère capitaliste de la nouvelle forme sociale, Pollock traite cette catégorie d'une manière indéterminée :

> « Un autre aspect de la nouvelle situation créée par le capitalisme d'État, c'est que la recherche du profit est dépassée par la recherche du pouvoir. De toute évidence, la recherche du profit est une forme spécifique de la recherche du pouvoir [...] La différence, c'est que [...] la recherche du pouvoir est liée

---

1. *Ibid.*, p. 201.
2. *Ibid.*, p. 205.
3. *Ibid.*

par essence à la position de pouvoir du groupe dominant, alors que la recherche du profit n'appartient qu'à l'individu »[1].

En mettant de côté toute interrogation sur les faiblesses d'une position qui déduit implicitement les rapports de pouvoir d'un goût pour le pouvoir, il est clair que cette approche souligne simplement la nature politique du capitalisme d'État sans davantage mettre en lumière sa dimension capitaliste. Le fait que, selon Pollock, la sphère économique ne joue plus un rôle essentiel se reflète dans le contenu superficiel que la notion de profit a chez lui. Les catégories économiques (le profit) sont devenues des sous-rubriques des catégories politiques (le pouvoir).

Ce qui fonde finalement Pollock à définir la société postlibérale comme capitaliste d'État, c'est qu'elle reste antagoniste, c'est-à-dire une société de classes[2]. Le terme « capitalisme » exige toutefois une détermination plus spécifique que celle de l'antagonisme social, car toutes les formes historiques de société développées sont antagonistes au sens où les producteurs immédiats sont expropriés du surplus social et où celui-ci n'est pas utilisé au bénéfice de tous. De plus, le terme de « classe » requiert lui aussi une détermination plus spécifique ; il ne se rapporte pas simplement aux groupes sociaux qui existent dans ce genre de rapports antagonistes. En fait, comme je le montrerai, les concepts marxiens de classe et de lutte de classes n'acquièrent leur pleine signification que comme catégories d'un système intrinsèquement dynamique et contradictoire. En d'autres termes, antagonisme social et contradiction sociale ne sont pas identiques.

Le concept de capitalisme d'État implique nécessairement que ce qui est politiquement régulé, c'est le capitalisme ; il requiert donc un concept de capital. Or on ne trouve rien de tel chez Pollock. Sa visée stratégique, lorsqu'il utilise l'expression « capitalisme d'État », paraît claire : il s'agit de souligner le fait que l'abolition du marché et de la propriété privée ne suffit pas à transformer le capitalisme en socialisme. Cependant, Pollock ne parvient pas à fonder adéquatement sa définition de la société postlibérale antagoniste en tant que capitaliste.

---

1. *Ibid.*, p. 207.
2. *Ibid.*, p. 219.

De plus, la position de Pollock ne peut expliquer la source de l'antagonisme de classe persistant sous le capitalisme postlibéral. Sa compréhension de la sphère économique rend obscures les conditions matérielles qui sous-tendent les différences entre le capitalisme d'État et le socialisme. Dans l'analyse marxiste traditionnelle, le système fondé sur le marché et la propriété privée implique nécessairement un système de classes spécifique ; le dépassement de ces rapports de production est compris comme le présupposé économique d'une société sans classes. Une organisation sociale fondamentalement différente est liée à une organisation économique fondamentalement différente. Alors que Pollock a conservé les postulats qui se rapportent à la structure du capitalisme libéral, la liaison intrinsèque entre l'organisation économique et la structure sociale est rompue dans son analyse des sociétés postlibérales. Bien qu'il définisse le capitalisme d'État comme un système de classes, Pollock considère son organisation économique (au sens le plus large) comme identique à celle du socialisme : planification centralisée et abolition effective de la propriété privée dans le contexte de la production industrielle développée. Mais cela signifie que la différence entre un système de classes et une société sans classes n'est pas liée à des différences fondamentales au niveau de leur organisation économique ; cela signifie que cette différence est simplement fonction du mode et du but de son administration. Ainsi la structure de base de la société est-elle supposée devenue indépendante de sa forme économique. L'approche de Pollock implique qu'il n'existe plus de relation entre la structure sociale et l'organisation économique.

Ce résultat paradoxal est contenu dans le point de départ théorique que se donne Pollock. Quand on comprend les catégories de Marx et le concept de rapports de production en termes de mode de distribution, on ne peut pas ne pas conclure que la dialectique du développement économique est parvenue à son terme lorsque sont dépassés le marché et la propriété privée. Ainsi la nouvelle organisation économique médiatisée par le politique représente-t-elle le point d'aboutissement historique du mode de distribution. Dans ce contexte, le maintien d'une société de classes ne peut donc pas être fondé sur ce mode de distribution – lequel sous-tendrait vraisemblablement tout aussi bien une société sans classes. Ni, d'ailleurs, l'antagonisme de classes être enraciné dans la sphère de production. Comme on l'a vu, dans l'interprétation traditionnelle des catégories de Marx, la transformation des rapports de production entraîne non pas une transformation du mode de production industriel, mais un simple « ajustement » de ce mode de production qui est censé avoir déjà acquis sa forme historiquement définitive. Dans ce cadre, l'existence maintenue de la société de classes n'est donc fondée ni sur la production ni sur la distribution.

En d'autres termes, dans l'analyse de Pollock, l'organisation économique est devenue un invariant historique qui sous-tend les diverses formes politiques possibles, et elle n'est plus liée à la structure sociale. Étant donné l'absence de toute relation entre les structures sociales et l'organisation économique dans son analyse de la société postlibérale, Pollock est contraint d'établir une sphère politique qui non seulement maintient et renforce les différences de classes, mais qui en est aussi la source. Les rapports de classes se réduisent aux rapports de pouvoir, dont la source reste obscure. Toutefois, étant donné son point de départ, Pollock n'a apparemment guère d'autre choix que d'analyser de façon aussi réductrice la repolitisation de la vie sociale dans la société postlibérale.

Enfin, les limites des postulats de Pollock, lorsqu'il s'agit de saisir adéquatement la nouvelle morphologie du capitalisme postlibéral, se révèlent clairement dans la façon dont il traite des rapports de production capitalistes. Le concept même se rapporte à ce qui caractérise le capitalisme comme capitalisme, c'est-à-dire qu'il se rapporte à l'essence de la formation sociale. La logique de l'interprétation de Pollock aurait dû susciter un réexamen fondamental : en effet, si le marché et la propriété privée doivent effectivement être considérés comme les rapports de production capitalistes, alors la forme postlibérale idéal-typique ne peut pas, elle, être considérée comme capitaliste. Par ailleurs, caractériser la nouvelle forme comme capitaliste, malgré l'abolition (supposée) de ses structures relationnelles, requiert implicitement une détermination différente des rapports de production essentiels du capitalisme. En d'autres termes, une telle approche devrait mettre en question l'identification du marché et de la propriété privée aux rapports de production essentiels de la société capitaliste – y compris pour la phase libérale du capitalisme.

Or ce réexamen, Pollock ne le fait pas. Au lieu de cela, il modifie la détermination traditionnelle des rapports de production en limitant sa pertinence à la phase libérale du capitalisme et postule que cette détermination est dépassée par le mode de distribution politique. La conséquence est une nouvelle série de problèmes et de faiblesses théoriques qui indiquent la nécessité d'un réexamen plus fondamental de la théorie traditionnelle. Si, comme le fait Pollock, on affirme que la formation sociale capitaliste présente successivement différentes configurations de « rapports de production », on pose nécessairement un noyau de cette société qui n'est pleinement saisi par aucune de ces configurations. Toutefois, cette séparation entre l'essence de la société et les divers rapports de production déterminés montre que les déterminations de ces derniers n'ont pas été adéquatement pensées. De plus, ce qui, dans l'analyse de Pollock, reste l'essence – l'antagonisme de « classes » – est trop historiquement indéterminé pour pouvoir servir à spécifier la formation sociale capitaliste. Ces faiblesses montrent tant l'inadéquation que les limites du point de départ de Pollock, c'est-à-dire le fait qu'il ne localise les rapports de production que dans la sphère de distribution.

L'analyse faite par Pollock des profondes transformations de la vie sociale et de la structure de domination liées au développement du capitalisme postlibéral contient nombre d'aperçus importants, mais cette analyse doit être établie sur un fondement théorique plus solide. Ce fondement, comme je le montrerai, mettra aussi en question le caractère nécessaire du pessimisme de Pollock.

Il devrait toutefois être clair que je considère comme inadéquate toute critique de Pollock qui part des présupposés du marxisme traditionnel. Ce type de critique pourrait certes réintroduire une dynamique dans l'analyse en montrant que, sous le capitalisme interventionniste d'État, ni la concurrence sur le marché ni la propriété privée n'ont disparu ou perdu leur fonction. (Cela ne s'appliquerait évidemment pas aux variantes dites du « socialisme réellement existant » du capitalisme d'État ; l'une des faiblesses du marxisme traditionnel est de ne pas permettre une critique adéquate de ces sociétés.) À un niveau moins immédiatement empirique, on pourrait en effet se demander s'il est vraiment possible au capitalisme bourgeois d'atteindre un stade où tous les éléments du capitalisme de marché sont dépassés. Cependant, réintroduire une dynamique dans l'analyse du capitalisme interventionniste d'État en s'appuyant sur l'importance maintenue du marché et de la propriété privée ne va pas jusqu'à la racine du pessimisme de Pollock ; cela permet simplement d'éviter les problèmes fondamentaux qui surgissent lorsque ce développement est pensé à travers son point d'aboutissement : l'abolition de ces « rapports de production ». La question à laquelle il faut s'attaquer est donc de savoir si cette abolition est effectivement la condition suffisante du socialisme. Comme j'ai cherché à le montrer, l'approche de Pollock, malgré son côté figé et ses fondements théoriques contestables, indique assurément qu'une interprétation des rapports de production et, partant, de la valeur en termes de sphère de distribution ne saisit pas suffisamment le noyau de la non-liberté sous le capitalisme. Critiquer Pollock du point de vue de cette interprétation constituerait par conséquent un recul par rapport au niveau auquel le problème est posé par ce théoricien[1].

Malgré les difficultés qui lui sont liées, l'approche idéal-typique de Pollock a cette valeur heuristique involontaire qu'elle rend perceptible l'aspect problématique des postulats du marxisme traditionnel. Dans le cadre d'une critique unilatérale du mode de distribution faite du point de vue du « travail », les catégories de Marx ne peuvent pas saisir de manière critique la totalité sociale. Cela ne devient toutefois historiquement évident que lorsque le marché perd son rôle central en tant qu'agent de distribution. L'analyse de Pollock montre que toute tentative fondée sur l'interprétation traditionnelle de caractériser comme capitaliste l'ordre

---

1. Voir par exemple Giacomo Marramao, « Political Economy and Critical Theory ». Je suis en accord avec la thèse générale de Marramao, qui relie le travail de Pollock à celui de Horkheimer, Marcuse et Adorno, et en accord avec sa conclusion générale selon laquelle Pollock se révèle incapable de localiser les « éléments dialectiques » dans la nouvelle phase du capitalisme. Cependant, bien que Marramao présente, en les approuvant, certains aspects de l'analyse de Henrik Grossmann comme une interprétation de Marx très différente de celle qui prédomine dans la tradition marxiste (p. 59 et suiv.), il n'en tire pas toutes les conséquences. En fait, lorsqu'il identifie l'interprétation faite par Pollock du conflit entre forces productives et rapports de production à celle de Marx, il accepte implicitement la position de Pollock (p. 67). Cela ne lui permet pas de soutenir sa critique – selon laquelle Pollock prend pour l'essence ce qui n'est que le niveau illusoire de l'apparence (p. 74) – à partir d'un point de vue qui renverrait au-delà des limites du marxisme traditionnel.

social politiquement régulé reste nécessairement indéterminée. Elle montre aussi que la seule abolition du marché et de la propriété privée et, partant, la « réalisation » de la production industrielle est une condition insuffisante pour l'émancipation sociale. La façon dont Pollock traite le capitalisme postlibéral révèle ainsi sans le vouloir que le marché et la propriété privée ne sont pas les déterminations adéquates des catégories sociales les plus fondamentales du capitalisme et, partant, que les catégories marxistes traditionnelles sont inadéquates en tant que catégories critiques de la totalité sociale capitaliste. L'abolition de ce qu'elles expriment ne constitue pas la condition de la liberté.

L'analyse de Pollock met en évidence les limites mêmes de l'interprétation marxiste traditionnelle et montre aussi que l'idée marxienne de contradiction propre à la formation sociale capitaliste n'est pas identique à celle d'antagonisme social. Alors qu'une forme sociale antagoniste peut être statique, l'idée de contradiction suppose une dynamique interne. En définissant le capitalisme d'État comme une forme antagoniste qui ne possède pas cette dynamique, Pollock attire l'attention sur le fait que la contradiction sociale doit être structurellement localisée de manière à dépasser les considérations de classes et de propriété. Enfin, le refus d'examiner la nouvelle forme dans ses contours les plus abstraits – en disant simplement qu'elle n'est pas encore pleinement socialiste – rend Pollock incapable de découvrir ses modes nouveaux, plus négatifs, de domination politique, sociale et culturelle.

Pollock et les autres membres de l'École de Francfort rompent, il est vrai, avec le marxisme traditionnel sur un point décisif. L'une des vues essentielles de Pollock est qu'un système de planification centralisée en l'absence effective de la propriété privée n'est pas en et pour soi émancipateur, bien que cette forme de distribution soit adéquate à la production industrielle. Cela met implicitement en question l'idée que le « travail » – par exemple, sous la forme du mode de production industriel ou, à un autre niveau, sous la forme de la totalité sociale constituée par le travail – soit la base de la liberté humaine. Cependant, l'analyse de Pollock reste par trop prisonnière de certaines propositions fondamentales du marxisme traditionnel pour en être la critique adéquate. Parce que Pollock adopte l'accent unilatéralement mis sur le mode de distribution, sa rupture avec la théorie traditionnelle n'en dépasse pas réellement les postulats de base en ce qui concerne la nature du travail sous le capitalisme. Au lieu de cela, Pollock conserve le concept de « travail » mais renverse implicitement le jugement qu'il porte sur le rôle du travail. Selon lui, la dialectique historique est parvenue à son terme : le « travail » est venu à soi. La totalité est réalisée, quoique le résultat soit tout sauf émancipateur. Cette analyse suggère que le résultat s'enracine donc nécessairement dans le caractère du « travail ». Alors que le « travail » était regardé comme le lieu de la liberté, il est désormais implicitement perçu comme la source de la non-liberté. Ce renversement s'exprime plus explicitement dans les écrits de Horkheimer, comme je le montrerai. Les positions tant optimistes que pessimistes que j'ai examinées partagent une même compréhension du travail sous le capitalisme en tant que « travail », une compréhension qui retombe en deçà de la critique de Ricardo et de Hegel faite par le Marx de la maturité. Pollock conserve cette conception et continue d'envisager la contradiction du capitalisme comme une contradiction entre production et distribution. Il conclut donc qu'il n'y a pas de contradiction immanente sous le capitalisme d'État. Son analyse aboutit à la conception d'une totalité sociale antagoniste et répressive qui est devenue essentiellement non contradictoire et qui n'a plus de dynamique immanente. C'est une conception qui met en question le rôle émancipateur attribué au « travail » et à la réalisation de la totalité mais qui, finalement, ne va pas au-delà des horizons de la critique marxiste traditionnelle du capitalisme.

Le tournant pessimiste de Max Horkheimer

La transformation qualitative de la société capitaliste – la transformation donc de l'objet de la critique sociale – que suppose l'analyse par Pollock du capitalisme postlibéral en tant que totalité non contradictoire entraîne une transformation de la nature même de la critique. J'étudierai cette transformation et ses aspects problématiques tout en examinant les implications de l'analyse de Pollock pour la conception de la Théorie critique de Max Horkheimer. Cette transformation de la Théorie critique a été décrite en termes de dépassement de la critique de l'économie politique par la critique de la politique, la critique de l'idéologie et la critique de la raison instrumentale[1]. Elle a fréquemment été comprise comme le passage d'une critique de la société moderne focalisée sur une sphère de la vie sociale, à une approche plus large et plus profonde. Mais mon analyse suggère que ce jugement doit être révisé. Nous avons vu que le point de départ de la Théorie critique, telle qu'elle est formulée par Pollock, est une compréhension traditionnelle des catégories marxiennes de base, couplée à la prise de conscience que ces catégories traditionnelles ont été rendues inadéquates par le développement du capitalisme au XXe siècle. Toutefois, comme cette prise de conscience n'a pas conduit à une reconceptualisation fondamentale des catégories de Marx, l'élargissement de la critique sociale du capitalisme effectué par la Théorie critique a entraîné nombre d'importantes difficultés théoriques. Elle a également affaibli sa capacité à saisir certains aspects du capitalisme qui se trouvent être les thèmes centraux de la critique marxienne de l'économie politique.

En d'autres termes, c'est une erreur que de concevoir la différence entre la critique de l'économie politique et la critique de la raison instrumentale (et d'autres critiques) comme ayant simplement trait à l'importance attribuée à l'une ou à l'autre des différentes sphères composant la vie sociale. Le travail est central dans l'analyse marxienne non parce que Marx pose la production matérielle comme l'aspect le plus important de la vie sociale ou comme l'essence de la société humaine, mais parce qu'il considère le caractère particulièrement abstrait et directionnellement dynamique de la société capitaliste comme la signature même de cette société et parce qu'il affirme que ces traits essentiels peuvent être saisis et expliqués à partir de la nature historiquement spécifique du travail dans cette société. Par son analyse de cette nature historiquement spécifique, Marx cherche à mettre en lumière et à fonder socialement une forme abstraite de rapports sociaux et de domination comme la caractéristique du capitalisme. Il le fait de manière à montrer le capitalisme comme une totalité intrinsèquement contradictoire et, ainsi, comme une totalité trouvant sa dynamique en elle-même. À ce titre, une critique des institutions politiques ou de la

---

1. Voir A. Arato, « Introduction » in *The Essential Frankfurt School Reader*, pp. 12, 19.

raison instrumentale ne pourrait être considérée comme dépassant la critique de l'économie politique de Marx (plutôt que comme la prolongeant ou comme la complétant) que si elle était également capable de rendre compte de la dynamique historique de cette formation sociale, en montrant par exemple une contradiction inhérente à la nature de son objet d'étude – ce qui constitue une hypothèse fort peu vraisemblable, selon moi. De plus, le décentrage opéré par la Théorie critique est précisément lié à l'affirmation selon laquelle la totalité sociale postlibérale est privée de toute dynamique historique interne parce qu'elle est devenue non contradictoire. Cette analyse n'a pas seulement abouti à une position fondamentalement pessimiste, elle a aussi ruiné la possibilité que la Théorie critique soit autoréflexive de façon cohérente en tant que critique immanente. De surcroît, avec le temps, elle s'est révélée historiquement contestable.

Je développerai ces affirmations et j'analyserai la transformation de la nature de la critique qui découle d'une analyse du capitalisme d'État en tant que société non contradictoire en me référant à deux essais rédigés par Max Horkheimer en 1937 et 1940. Dans son essai classique « Théorie traditionnelle et théorie critique »[1], Horkheimer fonde encore la théorie critique dans le caractère contradictoire de la société capitaliste. Il part de l'idée que la relation sujet/objet doit être comprise en fonction de la constitution sociale de chacun d'eux :

> « De fait, le savoir disponible est toujours immanent, sous forme d'application, à la praxis sociale, et la donnée perçue est donc, antérieurement même à l'élaboration théorique que l'individu connaissant lui fait subir, déterminée en partie par des représentations et des concepts humains. [...] Aux niveaux les plus élevés de la civilisation technique, la praxis humaine consciente détermine inconsciemment non seulement le côté subjectif de la perception, mais aussi dans une assez grande mesure l'objet lui-même »[2].

---

1. Max Horkheimer, « Théorie traditionnelle et théorie critique » dans l'ouvrage homonyme, Gallimard, 1974, pp. 15-92.
2. *Ibid.*, pp. 30-31.

Cette approche implique que la pensée est historiquement déterminée et exige donc que la théorie traditionnelle et la théorie critique soient l'une comme l'autre fondées socio-historiquement. Selon Horkheimer, la théorie traditionnelle exprime le fait que, bien que, dans une totalité historiquement constituée, sujet et objet soient toujours intrinsèquement interdépendants, cette relation n'est pas manifeste sous le capitalisme. Parce que, dans la société capitaliste, la forme de synthèse sociale est médiatisée et abstraite, ce qui est constitué par l'activité collective des hommes est aliéné et apparaît comme une facticité quasi naturelle[1]. Cette forme phénoménale aliénée trouve une expression théorique, par exemple, dans l'idée cartésienne d'une relation donnée pour immuable entre le sujet, la théorie et l'objet de la connaissance[2]. Ce dualisme hypostasié du penser et de l'être, assure Horkheimer, ne permet pas à la théorie traditionnelle de penser l'unité de la théorie et de la pratique[3]. De plus, la forme de synthèse sociale propre au capitalisme est telle que les différents secteurs de la production n'apparaissent pas comme reliés, comme constituant un tout, mais qu'ils sont fragmentés et se trouvent les uns par rapport aux autres dans une relation indirecte, apparemment contingente. Il en résulte une illusion d'indépendance de chaque sphère de production, semblable à l'illusion de liberté de l'individu en tant que sujet économique de la société bourgeoise[4]. Par conséquent, dans la théorie traditionnelle, les développements scientifiques et théoriques sont compris comme relevant de la pensée ou de disciplines indépendantes, et d'elles seules, et non comme en relation avec les processus sociaux réels[5].

Horkheimer pense que le problème de l'adéquation du penser et de l'être doit être abordé à l'aide d'une théorie de leur constitution par l'activité sociale[6]. Kant a développé ce type d'approche, selon Horkheimer, mais dans une perspective idéaliste : pour Kant, les

---

1. *Ibid.*, pp. 29-30, 34, 39.

2. *Ibid.*, p. 43.

3. *Ibid.*, p. 67. Horkheimer ne se réfère pas à l'unité de la théorie et de la pratique en termes d'activité politique mais, plus fondamentalement, au niveau de la constitution sociale.

4. *Ibid.*, pp. 26-27.

5. *Ibid.*, pp. 23-24.

6. *Ibid.*, p. 32.

phénomènes sensibles ont déjà été constitués par le Sujet transcendantal – c'est-à-dire l'activité de la raison – avant d'être perçus et de faire l'objet d'un jugement conscient[1]. Horkheimer affirme que les concepts développés par Kant ont un double caractère : ils expriment l'unité et la finalité, d'une part, et un résidu d'opacité et d'inconscience, de l'autre. Selon lui, cette dualité exprime la société capitaliste, mais pas de façon consciente. Elle correspond « à la forme contradictoire que prend l'activité humaine dans les temps modernes »[2] : « L'activité collective des hommes dans la société est le mode d'existence spécifique de leur raison [...] En même temps, cependant, l'ensemble de ce processus et de ses résultats leur apparaît comme quelque chose d'étranger, et, avec tout ce qu'il comporte de gaspillage d'énergie et de vie humaines [...], il prend figure de puissance naturelle immuable, de destin transcendant à l'humanité »[3].

Horkheimer fonde cette contradiction dans la contradiction entre les forces productives et les rapports de production. Dans ce cadre théorique, la production humaine collective constitue un tout social potentiellement organisé de façon rationnelle. Cependant, la forme d'interconnexion sociale médiatisée par le marché et la domination de classe fondée sur la propriété privée donnent à ce tout social une forme fragmentée et irrationnelle[4]. Ainsi la société capitaliste se caractérise-t-elle par un développement nécessairement mécanique, aveugle, et par l'utilisation des forces humaines développées pour maîtriser la nature à des fins particulières et contradictoires plutôt que dans l'intérêt général[5]. Selon cette explication de la trajectoire du capitalisme, le système économique fondé sur la forme-marchandise s'est caractérisé à ses débuts par l'idée d'accord entre le bonheur individuel et le bonheur social ; en se déployant et en se consolidant, ce système a favorisé le développement des capacités humaines, l'émancipation de l'individu et une maîtrise croissante de la nature. Toutefois, sa dynamique a fini par engendrer une société qui ne poursuit plus le développement de l'homme mais le réprime

---

1. *Ibid.*, pp. 32-33.
2. *Ibid.*, p. 34.
3. *Ibid.*
4. *Ibid.*, pp. 36-37, 51.
5. *Ibid.*, pp. 46, 65.

de plus en plus et pousse l'humanité vers une nouvelle barbarie[1]. Dans ce cadre, la production est socialement totalisante, mais aliénée, fragmentée et de plus en plus freinée dans son développement par le marché et la propriété privée. Les rapports sociaux capitalistes empêchent la totalité de se réaliser.

Cette contradiction, pense Horkheimer, est la condition qui rend possible la théorie critique. La théorie critique n'accepte pas les aspects fragmentés de la réalité comme autant de donnés nécessaires, elle cherche à saisir la société comme un tout. Cela implique nécessairement une perception de ses contradictions internes, de ce qui fragmente la totalité et empêche sa réalisation en tant que tout rationnel. Saisir le tout de cette manière implique d'avoir intérêt au dépassement de sa forme présente par une condition humaine rationnelle, et pas simplement à la modification de ce tout[2]. La Théorie critique n'accepte donc ni l'ordre social donné ni la critique utopiste de cet ordre[3]. Horkheimer décrit la théorie critique comme une analyse immanente du capitalisme qui, à partir des contradictions internes de cette société, dévoile l'écart croissant entre ce qui est et ce qui pourrait être[4].

Dans l'essai de Horkheimer, la raison, la production sociale, la totalité et l'émancipation humaine sont entrelacées et fournissent le point de vue d'une critique historique. Pour ce théoricien, l'idée d'une organisation sociale rationnelle adaptée à tous ses membres – une communauté d'individus libres – est une possibilité immanente au travail humain[5]. Si, dans le passé, la misère de larges segments de la population productrice était en partie conditionnée par le bas niveau de développement technique – était donc en un sens « rationnelle » –, cela a cessé d'être le cas. Désormais, les conditions sociales négatives, telles que la faim, le chômage, les crises et la militarisation, ne se fondent que sur des « rapports de production qui ne sont plus adaptés au temps présent »[6]. Ces rapports empêchent « l'application des moyens intellectuels et matériels qui permettraient de dominer la nature »[7]. La misère sociale, dont la cause

---

1. *Ibid.*, pp. 45, 63.
2. *Ibid.*, pp. 36, 51.
3. *Ibid.*, p. 49-50.
4. *Ibid.*, pp. 36, 53.
5. *Ibid.*, pp. 46, 50-51.
6. *Ibid.*, p. 46.
7. *Ibid.*

tient à des rapports particularistes, anachroniques, est devenue irrationnelle par rapport au potentiel des forces productives. Étant donné que ce potentiel engendre la possibilité que la régulation sociale et le développement rationnellement planifiés supplantent la forme de régulation aveugle, médiatisée par le marché, propre au capitalisme, cette forme se révèle irrationnelle[1]. Enfin, à un autre niveau, la possibilité historique d'une organisation sociale rationnelle fondée sur le travail montre aussi que la relation dichotomique sujet/objet dans la société présente est irrationnelle : « La coïncidence mystérieuse, incompréhensible dans le chaos du système économique actuel, entre la pensée et le réel, l'entendement et la sensibilité, les besoins de l'homme et leur satisfaction, cette coïncidence qui apparaît, à l'ère de la bourgeoisie, comme purement fortuite, doit être remplacée à l'avenir par le rapport entre des objectifs conformes à la raison et leur réalisation »[2].

La critique dialectique immanente esquissée par Horkheimer est une version épistémologiquement raffinée du marxisme traditionnel. Les forces productives sont identifiées au procès de production social qui est empêché de réaliser son potentiel par le marché et la propriété privée. Selon cette approche, ces rapports fragmentent et voilent la totalité et la synthèse de l'univers social constitué par le travail. Le travail est ici simplement identifié à la maîtrise de la nature. Horkheimer met en question le mode d'organisation et d'effectuation du travail, mais pas sa forme. Ainsi, alors que pour Marx, comme on le verra, la constitution de la structure de la vie sociale sous le capitalisme est fonction du travail médiatisant à la fois les rapports des hommes entre eux et les rapports entre les hommes et la nature, pour Horkheimer, elle est fonction de cette seule dernière médiation : le « travail ». Le point de vue de sa critique de l'ordre existant au nom de la raison et de la justice est fourni par le « travail » ; Horkheimer fonde la possibilité de l'émancipation et de la réalisation de la raison dans le « travail » venant à soi et se manifestant comme ce qui constitue la totalité sociale[3]. D'où il découle que

---

1. *Ibid.*, pp. 38-39, 52-53.

2. *Ibid.*, p. 51.

3. Dans *Crépuscule. Notes en Allemagne (1926-1931)*, Payot, 1994 (pp. 109-110), publié en 1934 sous le pseudonyme de Heinrich Regius, Horkheimer critique la maxime selon laquelle « Qui ne travaille pas, ne mange pas » comme idéologie ascétique au service du *statu quo* capitaliste mais prétend qu'elle *serait* valable pour une société rationnelle future. Sa critique met en question la justification de

l'objet de la critique est la structure des rapports qui empêchent cette manifestation. Une telle position est plus proche du type de synthèse ricardo-hégélienne décrite plus haut que de la critique de Marx.

Cette conception positive du « travail » et de la totalité cède ensuite la place, dans la pensée de Horkheimer, à une évaluation plus négative des effets de la domination de la nature, lorsqu'il en vient à penser que les rapports de production sont devenus adéquats aux forces productives. Cependant, dans tous ses écrits, il comprend le procès de production seulement en termes de rapport entre l'humanité et la nature.

Le tournant pessimiste ultérieur de la pensée de Horkheimer ne doit pas être relié trop directement ni trop exclusivement à l'échec de la révolution prolétarienne et à la défaite des organisations de la classe ouvrière face au fascisme, car Horkheimer a écrit « Théorie traditionnelle et théorie critique » longtemps après la prise de pouvoir par le national-socialisme. À cette époque-là, il continue néanmoins à interpréter la formation sociale comme fondamentalement contradictoire, c'est-à-dire qu'il continue à développer une critique immanente. Bien que son évaluation de la situation politique soit pessimiste, ce pessimisme ne revêt pas encore un caractère nécessaire. Horkheimer affirme que, du fait des échecs, de l'étroitesse idéologique et de la corruption de la classe ouvrière, la théorie critique est momentanément portée par un petit groupe de personnes[1]. En même temps, le fait qu'il continue de fonder la possibilité d'une théorie critique dans les contradictions de l'ordre présent implique que l'intégration ou la défaite de la classe ouvrière ne signifie pas, en et pour soi, que la société cesse d'être contradictoire. Autrement dit, pour lui, l'idée de contradiction se rapporte à un niveau social structurel plus profond que l'antagonisme de classes immédiat. Il affirme ainsi que la théorie critique, comme élément de changement social, existe en tant que partie d'une unité dynamique avec la classe dominée, mais qu'elle n'est pas immédiatement identique à cette classe[2]. Si la Théorie critique ne consistait qu'à

____

l'ordre capitaliste sur la base de cette maxime – mais non l'idée que le travail est le principe constituant fondamental de la vie sociale.

1. Horkheimer, « Théorie traditionnelle et théorie critique », pp. 46-47, 80.
2. *Ibid.*, pp. 47-48.

formuler passivement les conceptions et les sentiments actuels de cette classe, elle ne serait pas structurellement différente de la science spécialisée[1]. La Théorie critique s'occupe du présent à partir du potentiel immanent de celui-ci ; elle ne peut donc pas être fondée sur le seul donné[2]. Le pessimisme de Horkheimer porte alors clairement sur la *probabilité* qu'une transformation socialiste puisse se produire dans un avenir prévisible ; mais la *possibilité* de cette transformation demeure, dans son analyse, immanente au présent capitaliste contradictoire.

Horkheimer affirme clairement que le caractère changé du capitalisme requiert des changements dans les *éléments* de la théorie critique – et il commence à définir les nouvelles possibilités de domination sociale consciente qui sont à la disposition du petit cercle des très puissants par suite de la concentration et de la centralisation de plus en plus forte des capitaux. Il estime que ce changement est lié à une tendance historique de la sphère de la culture à perdre sa position d'autonomie relative et à être enchâssée plus directement dans la domination sociale[3]. Horkheimer pose ici la base d'une critique de la domination politique, de la manipulation idéologique et de l'industrie culturelle. En même temps, il insiste sur le fait que, la structure économique de la société n'ayant pas changé, la *base* de la théorie demeure inchangée[4].

À ce stade, Horkheimer n'affirme pas que la société a changé si fondamentalement que la sphère économique a été remplacée par la sphère politique. Il dit au contraire que la propriété privée et le profit continuent de jouer un rôle décisif et que la vie des hommes est désormais déterminée encore plus immédiatement par la dimension économique de la vie sociale, dont la dynamique déchaînée engendre de nouveaux développements et de nouveaux malheurs à un rythme toujours plus soutenu[5]. Ce changement proposé dans l'objet d'étude de la Théorie critique, c'est-à-dire le fait d'insister davantage sur la domination et la manipulation conscientes, est lié à l'idée que le marché – donc la forme indirecte et voilée de domination qui lui est associée – ne joue plus le même rôle que sous le

---

1. *Ibid.*, p. 47.
2. *Ibid.*, pp. 52-53.
3. *Ibid.*, pp. 73-77.
4. *Ibid.*, pp. 75-76.
5. *Ibid.*, p. 77.

capitalisme libéral. Cependant, ce changement n'est pas encore lié à l'idée que la contradiction immanente entre les forces productives et les rapports de production est dépassée. La critique de Horkheimer reste immanente. Toutefois, après le déclenchement de la Seconde Guerre mondiale, ce caractère change. Ce changement est lié au changement dans l'évaluation théorique qu'exprime l'idée de primat du politique chez Pollock.

Dans son essai « L'État autoritaire » écrit en 1940[1], Horkheimer décrit la nouvelle forme sociale comme un « capitalisme d'État [...], l'État autoritaire de notre temps »[2]. La position ici développée est fondamentalement identique à celle de Pollock, même si Horkheimer caractérise plus explicitement l'URSS comme la forme de capitalisme d'État la plus cohérente et même s'il considère le fascisme comme une forme mixte dans la mesure où la survaleur extraite et répartie sous contrôle étatique continue d'affluer sous la vieille étiquette du profit vers les magnats de l'industrie et les propriétaires fonciers[3]. Toutes les formes de capitalisme d'État sont répressives, exploiteuses et antagonistes[4]. Bien que Horkheimer affirme que le capitalisme d'État n'est pas soumis aux crises économiques parce que le marché a été dépassé, il n'en déclare pas moins que cette forme est finalement transitoire et non pas stable[5].

Lorsqu'il étudie le possible caractère transitoire du capitalisme d'État, Horkheimer exprime une attitude nouvelle, profondément ambiguë, à l'égard du potentiel émancipateur des forces productives. L'essai contient effectivement des passages où l'auteur continue de décrire les forces productives (au sens traditionnel) comme potentiellement émancipatrices ; il écrit que « les entraves au développement des forces productives sont désormais comprises comme une condition de la domination et délibérément mises en place »[6]. La rationalisation et la simplification croissantes de la production, de la distribution et de l'administration ont rendu anachronique et

---

1. Horkheimer, « L'État autoritaire » *in Économies et sociétés*, « Études de Marxologie », S, n° 28-29, 1991, pp. 69-97.
2. *Ibid.*, p.
3. *Ibid.*, pp. 78-79.
4. *Ibid.*, p. 79.
5. *Ibid.*, pp. 69, 87.
6. *Ibid.*, p. 80.

finalement irrationnelle la forme de domination politique existante. Dans la mesure où l'État est devenu potentiellement anachronique, il lui faut devenir plus autoritaire, c'est-à-dire que, pour se maintenir, il dépend nécessairement à un plus haut degré de la force et de la menace permanente de la guerre[1]. Horkheimer prévoit bien un possible effondrement du système, qu'il fonde dans les entraves imposées à la productivité par les bureaucraties. Il affirme que l'utilisation de la production dans l'intérêt de la domination et non en vue de satisfaire les besoins des hommes aboutira à une crise. Toutefois, cette crise ne sera pas une crise économique (comme c'était le cas sous le capitalisme de marché), ce sera une crise politique internationale liée à la menace permanente de la guerre[2].

Horkheimer évoque donc bien les entraves imposées aux forces productives. Cependant, le fossé qu'il décrit entre ce qui est et ce qui pourrait être, s'il n'y avait pas d'entraves, ne met en lumière que la nature antagoniste et répressive du système : ce fossé ne revêt plus la forme d'une contradiction interne. Horkheimer ne considère pas la crise politique internationale qu'il décrit comme un point de départ de la possible négation déterminée du système ; il la présente bien plutôt comme un aboutissement dangereux qui *appelle* cette négation. Horkheimer parle d'effondrement, mais il n'en spécifie pas les conditions. Au lieu de cela, il cherche à mettre en lumière les possibilités démocratiques, émancipatrices, qui ne sont pas réalisées ou qui sont écrasées sous le capitalisme d'État, avec l'espoir que les hommes, placés hors de leur misère et de la menace pesant sur leur existence, s'opposeraient au système.

De plus, l'article tend principalement à affirmer qu'il n'existe effectivement pas de contradiction ni même de disjonction nécessaire entre les forces productives développées (au sens traditionnel) et la domination politique autoritaire. En fait, Horkheimer écrit désormais avec scepticisme que, bien que le développement de la productivité *puisse* avoir augmenté la possibilité de l'émancipation, il *a* assurément conduit à une plus grande répression[3]. Les forces productives, libérées des contraintes du marché et de la propriété privée, ne se sont pas révélées être la source de la liberté et d'un

---

1. *Ibid.*, pp. 88-89.
2. *Ibid.*
3. *Ibid.*, pp. 85, 88, 90.

ordre social rationnel : « Originellement, on pensait que chaque réalisation d'un nouvel élément de planification rendrait superflue une nouvelle part de répression. Au lieu de quoi, le contrôle de la planification a cristallisé une répression de plus en plus forte »[1].

L'adéquation d'un nouveau mode de distribution aux forces productives développées s'est montrée négative dans ses conséquences. Le mot de Horkheimer selon lequel « le capitalisme d'État ressemble parfois à une parodie de société sans classes »[2] implique que le capitalisme d'État répressif et le socialisme émancipateur ont la même base « matérielle », révélant ainsi l'impasse de la théorie marxiste traditionnelle lorsqu'elle rejoint ses limites. Toutefois, confronté à cette impasse, Horkheimer (comme Pollock) ne réexamine pas les déterminations de base de cette théorie. Au lieu de cela, il continue d'assimiler les forces productives au mode de production industriel[3]. Conséquence : il est forcé de réévaluer la production et de repenser la relation entre l'histoire et l'émancipation. Désormais, Horkheimer met radicalement en question tout soulèvement social fondé sur le développement des forces productives : « Les soulèvements bourgeois dépendaient effectivement de la maturité des conditions. Leur succès, depuis la Réforme jusqu'à la révolution légale du fascisme, a été lié aux conquêtes économiques et techniques qui caractérisent le capitalisme »[4].

Horkheimer évalue ici le développement de la production négativement, en tant que base de développement de la domination dans la civilisation capitaliste. Il se tourne à présent vers une théorie pessimiste de l'histoire. Étant donné que les lois du développement historique poussées par la contradiction entre les forces productives et les rapports de production n'ont conduit qu'au capitalisme d'État, une théorie révolutionnaire fondée sur ce développement historique – cette théorie exige de « renforcer les dispositions favorisant la planification, et [d']organiser plus rationnellement la distribution » – ne ferait qu'accélérer le passage à la forme capitaliste d'État[5]. En conséquence, Horkheimer repense le rapport entre

---

1. *Ibid.*, p. 90.
2. *Ibid.*, p. 93.
3. *Ibid.*
4. *Ibid.*, p. 84.
5. *Ibid.*, p. 85.

l'émancipation et l'histoire en attribuant deux moments à la révolution sociale :

> « La révolution entraîne ce qui se produirait même sans intervention spontanée : la socialisation des moyens de production, la direction planifiée de la production, la maîtrise de la nature à un degré inouï. Et elle entraîne ce qui ne se produirait jamais sans une résistance active et une aspiration constamment renouvelée à la liberté : la fin de l'exploitation »[1].

Toutefois, le fait que Horkheimer attribue ces deux moments à la révolution montre qu'il est retombé dans une position caractérisée par une antinomie de la nécessité et de la liberté. Sa conception de l'histoire est devenue totalement déterministe : désormais, il présente l'histoire comme un développement entièrement automatique dans lequel le travail vient à soi – mais non comme la source de l'émancipation. La liberté est fondée de manière purement volontariste, comme un acte de volonté contre l'histoire[2]. À présent, Horkheimer pense – comme les passages cités le montrent clairement – que les conditions de vie matérielles dans lesquelles la liberté pour tous pourrait être pleinement atteinte sont identiques à celles dans lesquelles elle est refusée à tous ; que donc ces conditions n'entretiennent aucune relation essentielle avec la question de la liberté ; et qu'elles surgissent automatiquement. Il n'est pas nécessaire d'être en désaccord avec sa proposition selon laquelle la liberté ne se réalise jamais automatiquement pour contester ces affirmations. Limité par une conception marxiste traditionnelle des bases matérielles du capitalisme et du socialisme, Horkheimer n'interroge pas le présupposé selon lequel un mode de production industriel planifié moins la propriété privée est la condition matérielle suffisante du socialisme. Il ne se demande pas non plus si la production industrielle elle-même ne serait pas mieux définie en termes sociaux, comme façonnée par la forme sociale du capital. Si la production industrielle était définie de cette manière, atteindre une autre forme de production ne serait pas plus automatique qu'atteindre la liberté. N'ayant pas entrepris un tel réexamen,

---

1. *Ibid.*
2. *Ibid.*, pp.

Horkheimer ne considère plus la liberté comme une possibilité historiquement déterminée, mais comme une possibilité historiquement et, par conséquent, socialement indéterminée :

> « La théorie critique [...] confronte l'histoire au possible qui est toujours concrètement visible en son sein. [...] Le développement des méthodes de production a pu effectivement favoriser non seulement les possibilités de l'oppression, mais aussi celles de son élimination. Néanmoins, la conséquence qu'on tire aujourd'hui du matérialisme historique, et qu'on tirait auparavant de Rousseau ou de la Bible, était et reste entièrement d'actualité : c'est "maintenant ou jamais" que l'horreur doit prendre fin »[1].

Cette position souligne le fait qu'un plus grand degré de liberté a toujours été possible, mais que le caractère historiquement indéterminé de la liberté ne permet pas de penser le rapport entre les divers contextes socio-historiques, les différentes conceptions de la liberté et le type (et non le degré) d'émancipation qui peut être atteint dans un contexte donné. Pour reprendre un des exemples de Horkheimer, cette position ne se pose pas la question de savoir si le type de liberté qui aurait pu être obtenu si Thomas Münzer, et non Martin Luther, avait été victorieux, est comparable au type de libération concevable aujourd'hui[2]. Le concept d'histoire chez Horkheimer est devenu indéterminé ; dans les passages cités, on ne sait pas s'il se réfère à l'histoire du capitalisme ou à l'histoire en tant que telle. Ce manque de spécificité est lié au concept historiquement indéterminé de travail en tant que maîtrise de la nature, lequel sous-tend aussi bien l'attitude positive initialement adoptée par Horkheimer à l'égard du développement de la production, que son complément négatif plus tard.

En concevant le capitalisme d'État comme une forme où les contradictions du capitalisme ont été dépassées, Horkheimer en vient à admettre l'inadéquation du marxisme traditionnel en tant que théorie historique de l'émancipation. En même temps, il reste

---

1. *Ibid.*, pp. 83-84. Traduction modifiée. (N.d.T.)
2. *Ibid.*, p. 84.

trop prisonnier des présupposés de ce même marxisme pour entreprendre un réexamen de la critique marxienne du capitalisme, qui permettrait une théorie historiquement plus adéquate. Cette position théorique dichotomique s'exprime par l'opposition antinomique de l'émancipation et de l'histoire, et par l'abandon de sa première épistémologie, qui était dialectiquement autoréflexive. Si l'émancipation n'est plus fondée sur une contradiction historiquement déterminée, alors une théorie critique à visée émancipatrice doit elle aussi sortir de l'histoire.

Nous avons vu que la théorie de la connaissance de Horkheimer avait été fondée sur l'idée que la constitution sociale est fonction du « travail » qui, sous le capitalisme, est fragmenté et empêché de se déployer pleinement par les rapports de production. À présent, Horkheimer considère que les contradictions du capitalisme ne sont rien de plus que le moteur d'un développement répressif, ce qu'il exprime catégoriellement de la façon suivante : « L'automouvement du concept de marchandise conduit au concept de capitalisme d'État comme la certitude sensible conduit chez Hegel au savoir absolu »[1]. Ainsi Horkheimer conclut-il qu'une dialectique hégélienne où les contradictions des catégories renvoient à la réalisation autodéployée du Sujet comme totalité (et non à l'abolition de la totalité) ne peut déboucher que sur l'affirmation de l'ordre existant. Toutefois, il ne formule pas sa position de manière à ce qu'elle renvoie au-delà des limites de cet ordre, par exemple, comme la critique de Ricardo et de Hegel proposée par Marx. Au lieu de cela, Horkheimer renverse sa position initiale : le « travail » et la totalité, d'abord point de vue de la critique, sont désormais les fondements de l'oppression et de la non-liberté.

D'où une série de ruptures. Non seulement Horkheimer localise bien l'émancipation en dehors de l'histoire, mais, pour en sauver la possibilité, il se sent maintenant contraint d'introduire une disjonction entre le concept et l'objet : « L'identité de l'idéal et de la réalité, c'est l'exploitation généralisée. [...] Ce qui fonde la possibilité de la praxis révolutionnaire, ce n'est pas le concept seul, mais bien l'écart qui sépare le concept de la réalité »[2]. Cette évolution est rendue nécessaire par la conjonction entre la passion inchangée de

---

1. *Ibid.*, p. 85.
2. *Ibid.*, pp. 86-87.

Horkheimer pour l'émancipation humaine et son analyse du capitalisme d'État en tant qu'ordre dans lequel la contradiction interne du capitalisme a été dépassée (bien que, comme on l'a vu, cette analyse ne soit pas complètement univoque en 1940). Comme je l'ai esquissé plus haut, une critique sociale immanente présuppose que son objet – l'univers social qui est son contexte – et les catégories qui saisissent cet objet ne soient pas unidimensionnels. Or la croyance selon laquelle la contradiction du capitalisme a été dépassée implique que l'objet social *est devenu* unidimensionnel. Dans ce cadre, le « devrait être » n'est plus un aspect immanent d'un « est » contradictoire ; partant, le résultat d'une analyse qui saisit ce qui est sera nécessairement affirmatif. Maintenant que Horkheimer ne considère plus le tout comme intrinsèquement contradictoire, il pose la différence entre concept et réalité afin de ménager une place à une autre réalité possible. Cette position rejoint à certains égards l'idée d'Adorno de la totalité comme nécessairement positive (et non comme contradictoire et renvoyant au-delà d'elle-même lorsqu'elle se déploie pleinement). Avec ce pas en arrière, Horkheimer affaiblit la cohérence épistémologique de sa propre argumentation.

Ses affirmations sur l'automouvement du concept de marchandise et sur l'identité de l'idéal et de la réalité le montrent clairement : Horkheimer n'adopte pas soudainement une position selon laquelle les concepts sont une chose, et la réalité une autre. Ces affirmations impliquent bien plutôt que les concepts sont effectivement adéquats à leur objet, mais de façon positive et non de façon critique. Étant donné les présupposés de cette position, le concept censé ne plus correspondre pleinement à son objet ne peut pas être considéré comme une détermination exhaustive du concept, si l'on veut que la théorie reste autoréflexive. La position de Horkheimer – selon laquelle la critique doit être fondée en dehors du concept – pose nécessairement l'indéterminité comme base de la critique. Une telle position affirme essentiellement que, comme la totalité ne subsume pas toute la vie, la possibilité de l'émancipation, quoique affaiblie, n'est pas éteinte. Cependant, elle ne peut pas désigner la possibilité d'une négation déterminée de l'ordre social existant ; elle ne peut pas non plus rendre compte d'elle-même en tant que possibilité déterminée et, partant, en tant que théorie critique adéquate à son univers social.

La théorie critique de Horkheimer n'aurait pu conserver son caractère autoréflexif qu'en enchâssant la relation positive qu'elle établit entre le concept et son objet dans un autre ensemble de concepts, plus englobant, qui aurait continué de permettre théoriquement la possibilité immanente de la critique et de la transformation historique. Mais Horkheimer n'a pas procédé à ce réexamen qui, à un autre niveau, aurait entraîné une critique des catégories marxistes traditionnelles sur la base d'un ensemble de catégories plus essentiel, plus « abstrait » et plus complexe. Au lieu de cela, Horkheimer, en posant la non-identité du concept et de la réalité dans le souci de préserver la possibilité de la liberté au sein d'un univers social supposé unidimensionnel, s'est interdit d'expliquer autoréflexivement sa propre critique. La disjonction qu'il pose entre le concept et la réalité rend sa propre position comparable à celle de la théorie traditionnelle qu'il critiquait en 1937 lorsqu'il montrait que cette théorie ne se comprend pas comme faisant partie intégrante de l'univers social dans lequel elle existe mais se donne une spécieuse position indépendante. La compréhension que Horkheimer a de la disjonction entre le concept et la réalité plane mystérieusement au-dessus de son objet. Elle ne peut pas s'expliquer elle-même.

Rétrospectivement, l'impasse épistémologique entraînée par ce tournant pessimiste met en lumière une faiblesse dans la première épistémologie de Horkheimer, qui avait paru cohérente. Dans « Théorie traditionnelle et théorie critique », la possibilité d'une critique sociale embrassant tout et du dépassement de la formation capitaliste se fondait sur le caractère contradictoire de cette société. Cependant, cette contradiction était interprétée comme une contradiction entre le « travail » social et les rapports qui fragmentent sa réalisation totale et empêchent son plein développement. Selon cette interprétation, les catégories de Marx telles que valeur et capital expriment ces rapports sociaux inhibiteurs et sont finalement extrinsèques au concept même du « travail ». Or cela indique qu'à l'intérieur de cette interprétation les catégories de marchandise et de capital ne saisissent pas réellement la totalité sociale tout en exprimant son caractère contradictoire. Elles ne spécifient bien plutôt qu'une dimension de la société capitaliste, les rapports de distribution, qui en vient finalement à s'opposer à son autre dimension, le « travail » social. En d'autres termes, lorsque les catégories de Marx ne sont comprises qu'en termes de marché et de propriété privée, elles sont dès le départ essentiellement unidimensionnelles : elles ne saisissent pas la contradiction, mais seulement l'un de ses termes. Cela implique que, même dans le premier essai de Horkheimer, la critique est extérieure aux catégories, et non pas fondée sur elles. C'est une critique des formes sociales exprimées par les catégories qui reste faite du point de vue du « travail ».

Dans une version raffinée de la critique marxiste traditionnelle – une version qui traite les catégories de Marx en tant que formes déterminées de l'être social et de la conscience sociale –, la compréhension implicite de ces catégories comme unilatérales se reflète dans le terme de « réification » tel que Lukács l'utilise. Bien que cette question sorte du champ de la réflexion que j'ai entreprise ici, il me faut noter que ce terme représente une convergence de l'interprétation marxiste traditionnelle et du concept de rationalisation proposé par Weber – deux courants ayant l'unidimensionnalité en commun. L'héritage ambigu de Weber dans les diverses branches du marxisme occidental, tel qu'il fut reçu après être passé par Lukács, implique l'élargissement « horizontal » des catégories de Marx en vue d'inclure les dimensions de la vie sociale ignorées dans les interprétations plus étroitement orthodoxes et, en même temps, leur aplatissement « vertical ». Dans *Le Capital*, les catégories expriment une totalité sociale contradictoire ; elles sont bidimensionnelles. Mais, dans le marxisme occidental, le concept de réification implique l'unidimensionnalité ; partant, la possible négation déterminée de l'ordre existant ne peut pas se fonder sur les catégories qui sont censées la saisir.

Malgré son caractère apparemment dialectique, la première théorie critique de Horkheimer ne parvient donc pas à se fonder elle-même comme critique, à se fonder dans le concept. Pour cela, il aurait fallu retrouver le caractère contradictoire des catégories de Marx, ce qui aurait exigé de repenser ces catégories de sorte qu'elles incluent la forme historiquement déterminée du travail comme une de leurs dimensions. Cette tentative qui formulerait des catégories de marchandise et de capital plus adéquates diffère radicalement de toute conception qui traite le « travail » transhistoriquement comme un procès social quasi naturel, comme une simple question de domination technique de la nature par l'effort collectif des hommes.

Sans le réexamen que je propose, l'analyse autoréflexive du capitalisme ne peut être critique que si elle se fonde dans la contradiction entre les formes catégorielles et le « travail », et non dans les formes catégorielles mêmes de marchandise et de capital. La première conception constitue une critique positive ; la seconde est la condition catégorielle d'une critique négative.

Le point de départ marxiste traditionnel qui est celui de Horkheimer a donc signifié dès le début que l'adéquation du concept à la réalité était implicitement affirmative – d'une seule dimension de la totalité toutefois. La critique était fondée en dehors des catégories, dans le concept de « travail ». Lorsque le « travail » cessa d'apparaître comme le principe de l'émancipation, étant donné les résultats répressifs de l'abolition du marché et de la propriété privée, la faiblesse antérieure de la théorie apparut clairement comme une impasse.

Cette impasse a toutefois cette vertu qu'elle met en pleine lumière l'inadéquation du point de départ. Dans mon étude de Pollock, j'ai dit que la faiblesse de sa définition de la société postlibérale comme capitalisme d'État révélait que la détermination des rapports de production capitalistes en termes de marché et de propriété privée avait toujours été inadéquate. De la même manière, les faiblesses de la théorie sociale autoréflexive de Horkheimer révèlent l'inadéquation d'une théorie critique fondée sur le concept de « travail ». Les faiblesses de ces deux critiques indiquent que les formes ricardo-hégéliennes du marxisme critiquées au chapitre précédent sont liées conceptuellement. L'identification des rapports de production aux rapports de distribution est fondée sur la théorie ricardienne de la valeur-travail. Or le dépassement des seuls rapports de distribution bourgeois ne signifie pas le dépassement du capital, mais l'émergence d'un mode plus concret de son existence totale médiatisé par d'immenses organisations bureaucratiques et non plus par des formes libérales. De même, une théorie dialectique matérialiste fondée sur le concept de « travail » affirme finalement la totalité déployée. Alors que Marx tente de découvrir les rapports sociaux qui sont médiatisés par le travail sous le capitalisme et qui façonnent en retour la forme concrète du travail, le concept de « travail » qui se trouve au cœur du marxisme ricardo-hégélien implique que l'activité médiatisante est saisie affirmativement, qu'elle est vue comme ce qui s'oppose aux rapports sociaux capitalistes. Il en résulte une critique adéquate du seul capitalisme libéral, et cela seulement du point de vue d'une négation historique qui ne dépasse pas le capital : le capitalisme d'État.

Horkheimer a pris conscience de l'inadéquation de cette théorie sans toutefois en réexaminer les hypothèses de base. Le résultat fut un renversement de sa position marxiste traditionnelle initiale. En 1937, Horkheimer considère encore affirmativement le « travail » comme ce qui, dans sa contradiction avec les rapports sociaux capitalistes, fonde la possibilité de la pensée critique et de l'émancipation ; en 1940, il en vient à concevoir – quoique de façon ambiguë – le développement de la production comme progrès de la domination. Dans *La Dialectique de la Raison* (1944) et dans *Éclipse de la raison* (« Zur Kritik der instrumentellen Vernunft », 1946), le jugement que porte Horkheimer sur la relation entre la production et l'émancipation devient clairement négatif : « Le perfectionnement des moyens techniques de propagation des Lumières s'accompagne [...] d'un processus de déshumanisation »[1]. Il affirme que la nature de la domination sociale a changé et qu'elle est de plus en plus fonction de la raison technocratique ou instrumentale qu'il fonde dans le « travail »[2]. La production est devenue la source de la non-liberté. Sans doute Horkheimer pense-t-il qu'il faut attribuer le déclin contemporain de l'individu et la prédominance de la raison instrumentale non à la technique ou à la production comme telles mais aux formes de rapports sociaux dans lesquelles elles se présentent[3], cependant l'idée qu'il a de telles formes reste vide. Il traite le développement technologique de façon historiquement et socialement indéterminée, en tant que domination de la nature. À la suite de Pollock, Horkheimer considère le capitalisme postlibéral comme une société antagoniste où c'est l'utilité pour la structure du pouvoir, et non pour les besoins de tous, qui est la mesure de l'importance économique[4]. Il traite la forme sociale sous le capitalisme postlibéral de façon réductrice, en termes de rapports de pouvoir et de pratiques politiques particularistes des dirigeants de l'économie[5].

---

1. Horkheimer, *Éclipse de la raison*, Payot, 1974, p. 10.
2. *Ibid.*, p. 30.
3. *Ibid.*, pp. 160-161.
4. *Ibid.*, pp. 162-163.
5. *Ibid.*, p. 164.

Cette conception de la forme sociale ne peut être reliée à la technologie qu'extrinsèquement, que d'après l'usage auquel la technologie est appliquée ; elle ne peut pas être intrinsèquement reliée à la forme de production. Or une explication sociale, en tant qu'opposée à une explication technique, de l'instrumentalisation du monde ne peut être donnée que sur la base de cette liaison intrinsèque. Conséquence : quoique Horkheimer prétende que la domination de la raison instrumentale et la destruction de l'individualité doivent être expliquées en termes sociaux et non pas attribuées à la production comme telle, je dirais qu'il associe bel et bien raison instrumentale et « travail »[1].

Les possibilités d'émancipation dans l'univers postlibéral décrit par Horkheimer se révèlent vraiment minces. Partant d'une idée développée par Marcuse en 1941[2], Horkheimer suggère que ces mêmes processus économiques et culturels qui détruisent l'individualité pourraient peut-être fournir les bases d'une ère nouvelle, moins idéologique et plus humaine. Toutefois, il ajoute rapidement que les signes de cette possibilité sont assurément vraiment faibles[3]. Privée de la possibilité d'une critique historique immanente, la tâche de la philosophie critique se réduit à découvrir les valeurs anti-instrumentalistes sédimentées dans le langage, c'est-à-dire à attirer l'attention sur le fossé entre la réalité et les idéaux de la civilisation, dans l'espoir de susciter une plus grande conscience de soi générale[4]. La théorie critique ne parvient plus à définir les fondements sociaux d'un ordre dans lequel une existence plus humaine serait possible. La tentative d'attribuer une détermination

---

1. *Ibid.*, pp. 30, 58-59, 110-111.

2. Dans « Quelques conséquences sociales de la technologie moderne » (*Tolérance répressive*, éd. Homnisphères, 2008), Marcuse décrit les effets négatifs, déshumanisants, de la technologie moderne. Il affirme que cette technologie est sociale bien plus que technique et continue à en analyser les possibles effets émancipateurs. Toutefois, Marcuse ne détermine pas plus précisément ce présumé caractère social : il ne fonde pas le possible moment émancipateur de la technologie moderne dans une contradiction interne, mais dans les possibles effets positifs de ces développements négatifs mêmes que sont tra standardisation, la déqualification, etc. Qu'une situation d'aliénation totale puisse engendrer son contraire est une idée que Marcuse a approfondie dans *Éros et Civilisation*.

3. Horkheimer, *Éclipse de la raison*, p. 168.

4. *Ibid.*, pp. 183-188, 192-193.

au langage qui, si elle se réalisait, aurait des conséquences émancipatrices[1] reste plutôt faible et ne peut pas dissimuler le fait que la théorie est devenue une pure exhortation.

Toutefois, ce caractère exhortatif n'est pas une conséquence malheureuse mais « nécessaire » de la transformation du capitalisme industriel au XXe siècle – il est fonction des postulats à partir desquels cette transformation a été interprétée. Pollock et Horkheimer furent conscients des conséquences sociales, politiques et culturelles négatives de l'émergence de la nouvelle forme de totalité à caractère bureaucratique et capitaliste d'État. La nouvelle phase de la formation sociale a pour ainsi dire fourni la réfutation pratique du marxisme traditionnel en tant que théorie de l'émancipation. Mais parce que Pollock et Horkheimer ont conservé certains postulats de base de la théorie traditionnelle, ils n'ont pas été en mesure d'incorporer cette « réfutation » dans une critique du capitalisme plus fondamentale et plus adéquate. La position qui en est découlée s'est donc caractérisée par de nombreuses faiblesses théoriques. Par exemple, la critique de la raison développée par Horkheimer et Adorno au milieu des années 1940 a réflexivement placé la Théorie critique face à une impasse. Gerhardt Brandt, entre autres, note que dans *La Dialectique de la Raison* « le caractère réifié de la pensée bourgeoise n'est plus fondé sur la production de marchandises, comme c'était le cas dans la critique matérialiste de l'idéologie, de Marx à Lukács. Elle est désormais fondée sur l'interaction de l'humanité avec la nature, sur son histoire en tant qu'espèce »[2]. Les conséquences de cette position affaiblissent le projet même d'une théorie critique ; elles sapent la possibilité que cette théorie puisse fonder socialement les conditions de sa propre existence et, partant, celles d'une possible transformation historique.

L'analyse ici présentée fournit une interprétation plausible des présupposés sous-jacents à cette impasse. Comme on l'a vu, en

---

1. *Ibid.*, pp. 185-186.

2. Gerhard Brandt, « Max Horkheimer und das Projekt einer materialistischen Gesellschaftstheorie » *in* A. Schmidt et N. Altwicker (dir.), *Max Horkheimer heute : Werke und Wirkung*, 1986, p. 282. Brandt poursuit en disant que les notes rédigées par Horkheimer entre 1950 et 1969 indiquent que ce dernier a ensuite mis l'accent sur le potentiel critique contenu dans le fait de spécifier historiquement les objets de la recherche sociale.

1937, Horkheimer part du postulat que le « travail » constitue transhistoriquement la société et que la marchandise est une catégorie du mode de distribution. Sur cette base, il fonde la différence entre la pensée bourgeoise réifiée et la raison émancipatrice dans l'opposition entre le mode de distribution capitaliste et le « travail ». D'après la thèse de Pollock sur le capitalisme d'État, reprise ensuite par Horkheimer, cette opposition n'existe plus. Le travail est venu à soi – et, malgré cela, l'oppression et la domination de la raison réifiée ont crû fortement. Parce que la source de ce développement, ainsi que je l'ai montré, ne peut plus désormais être localisée que dans le « travail » lui-même, il s'ensuit que, les origines de la raison réifiée étant trouvées dans le « travail », celles-ci doivent être localisées antérieurement à l'expansion et à la prédominance de la forme-marchandise : elles doivent être localisées dans le processus même d'interaction humaine avec la nature. Dépourvue d'une conception de la spécificité du travail sous le capitalisme, la Théorie critique attribue les conséquences du travail sous le capitalisme au travail en soi. La transformation, fréquemment décrite, de la Théorie critique – de l'analyse de l'économie politique en une critique de la raison instrumentale – ne signifie pas que les théoriciens de l'École de Francfort aient simplement abandonné la première au profit de la seconde[1]. En réalité, cette transformation découle de, et se fonde sur une analyse particulière de l'économie politique et, plus précisément, d'une compréhension traditionnelle de la critique marxienne de l'économie politique.

L'analyse que Pollock et Horkheimer font de la totalité sociale comme à la fois non contradictoire – c'est-à-dire unidimensionnelle –, antagoniste et répressive implique que l'histoire s'est arrêtée. J'ai cherché à montrer qu'au lieu de cela une telle analyse indique les limites de toute théorie critique reposant sur le concept de « travail ». On ne peut pas comprendre le pessimisme critique, si vigoureusement exprimé dans *La Dialectique de la Raison* et *Éclipse de la raison*, uniquement d'après le contexte historique. Il faut également y voir l'expression d'une conscience des limites du marxisme traditionnel en l'absence d'une reconstruction fondamentale de la critique dialectique de ce qui, malgré d'importantes évolutions, demeure une totalité sociale dialectique.

---

1. Voir S. Seidman, « Introduction » *in* Seidman (dir.), *Jürgen Habermas on Society and Politics*, p. 5.

Cette idée des limites du marxisme traditionnel est corroborée par l'actuelle transformation historique du capitalisme qui a dramatiquement rendu manifestes les limites de l'État-providence à l'Ouest (et du parti-État totalitaire à l'Est) et qui peut être vue en retour comme une « réfutation pratique » de la thèse du primat du politique. Elle montre rétrospectivement que l'analyse quasi wébérienne de la précédente grande transformation du capitalisme, proposée par la Théorie critique, était trop linéaire et suggère avec force que la totalité est effectivement restée dialectique.

Dans les chapitres suivants, je tenterai de donner une base théorique à l'idée d'une totalité dialectique postlibérale qui fonde ma critique du marxisme traditionnel. Au cours de l'exposé, je distinguerai entre mon effort pour dépasser théoriquement le pessimisme nécessaire de la Théorie critique et l'approche du problème proposée par Habermas. Le tournant théorique analysé dans ce chapitre – le pessimisme de Horkheimer, sa critique de la raison instrumentale et les débuts contenus en elle d'un « tournant linguistique » – a été une dimension importante du contexte théorique dans lequel Jürgen Habermas a mis en question, à partir des années 1960, le rôle constitutif et socialement synthétique attribué au travail. On peut considérer sa visée stratégique comme une tentative de dépasser le pessimisme de la Théorie critique, en interrogeant la centralité du travail – dès lors qu'elle se fut révélée une base inadéquate de la liberté. En d'autres termes, sa visée a consisté à rétablir théoriquement la possibilité de l'émancipation. J'aborderai plus loin certains aspects de la première critique de Marx par Habermas. À ce stade, il me faut noter que Habermas, tout en cherchant à dépasser le pessimisme de la théorie critique, conserve la compréhension traditionnelle du travail partagée par Pollock et Horkheimer et tente donc de limiter la portée de sa signification sociale. Il part de ce concept même de « travail » que Marx avait critiqué chez Ricardo. Toutefois, l'analyse marxienne du double caractère du travail sous le capitalisme peut servir de fondement à une critique du capitalisme avancé qui, selon moi, est plus adéquate que celle qui procède de l'interprétation traditionnelle du travail sous le capitalisme – que ce « travail » soit évalué positivement comme émancipateur ou négativement comme activité instrumentale.

Vers une reconstruction de la critique marxienne : la marchandise

CHAPITRE IV

Travail abstrait

Les conditions d'une réinterprétation catégorielle

Jusqu'ici, j'ai jeté les bases d'une reconstruction de la théorie critique de Marx. Comme nous l'avons vu, les passages des *Grundrisse* présentés au chapitre I proposent une critique du capitalisme dont les postulats sont très différents de ceux de la critique traditionnelle. Ces passages ne sont pas des visions utopistes que Marx aurait exclues ultérieurement de son analyse plus « sobre » dans *Le Capital*, mais la clé qui permet de comprendre cette analyse ; ils fournissent le point de départ d'une réinterprétation des catégories fondamentales de la critique du Marx de la maturité. Et cela en vue de dépasser les limites du paradigme marxiste traditionnel. Mon examen des présupposés de ce paradigme a mis en lumière les conditions nécessaires à une telle réinterprétation.

J'ai examiné plusieurs approches qui, partant d'un concept transhistorique de « travail » comme point de vue de la critique, pensent les rapports sociaux capitalistes seulement en termes de mode de distribution et situent la contradiction fondamentale du système entre le mode de distribution et le mode de production. Au cœur de notre étude se trouve l'idée que la catégorie de valeur chez Marx ne devrait pas être comprise comme exprimant seulement la forme de distribution de la richesse médiatisée par le marché. Une interprétation catégorielle doit donc souligner la distinction que Marx établit entre valeur et richesse matérielle et montrer que, dans son analyse, la valeur n'est pas d'abord une catégorie du marché, et la

« loi de la valeur » pas seulement une loi de l'équilibre économique général. L'idée de Marx selon laquelle, sous le capitalisme, « la masse de temps de travail immédiat, le quantum de travail employé [est le] facteur décisif de la production de la richesse »[1] semble indiquer qu'il faille analyser la catégorie marxienne de valeur comme une forme de richesse dont la spécificité est liée à sa détermination temporelle. Une interprétation adéquate de la valeur doit montrer la signification de la détermination temporelle de la valeur pour la critique de Marx et pour la question de la dynamique historique du capitalisme.

Au problème de la valeur est lié celui du travail. Aussi longtemps que l'on pense que la catégorie de valeur – donc les rapports de production capitalistes – est adéquatement comprise en termes de marché et de propriété privée, la signification du travail semble claire. Ainsi conçus, ces rapports sont censés être les moyens par lesquels le travail et ses produits sont socialement organisés et distribués ; en d'autres termes, ils sont extérieurs au travail lui-même. En conséquence, le travail sous le capitalisme peut être pris pour le travail au sens commun du terme : une activité sociale en vue d'une fin, qui transforme la matière d'une manière déterminée, condition indispensable à la reproduction de la société humaine. Le travail est compris transhistoriquement – ce qui varie historiquement, c'est son mode social de distribution et d'administration. En conséquence, le travail et, partant, le procès de production sont les « forces productives », lesquelles sont enchâssées dans différents types de « rapports de production » supposés extérieurs au travail et à la production.

Une autre approche définirait la valeur comme une forme historiquement spécifique de richesse, une forme de richesse différente de la richesse matérielle. Cela signifie que le travail constituant la valeur ne peut pas être compris en des termes qui qualifient le travail transhistoriquement dans toutes les formations sociales ; il doit bien plutôt être vu comme possédant un caractère socialement déterminé, spécifique à la formation sociale capitaliste. J'analyserai cette qualité spécifique en mettant en lumière la conception marxienne de « double caractère » du travail sous le capitalisme, évoquée plus haut, ce qui me permettra de distinguer ce travail de

---

1. Marx, *Grundrisse*, t. II, p. 192.

la conception traditionnelle du « travail ». Sur cette base, je pourrai déterminer adéquatement la valeur, la déterminer en tant que forme historiquement spécifique de richesse et de rapports sociaux, et montrer que le procès de production inclut aussi bien les « forces productives » que les « rapports de production », et pas exclusivement les forces productives. Je le ferai en montrant que, chez Marx, le mode de production capitaliste n'est pas seulement un procès technique mais qu'il est façonné par des formes objectivées de rapports sociaux (valeur, capital). À partir de là, il apparaîtra clairement que la critique de Marx est une critique du travail sous le capitalisme, et pas simplement une critique de l'exploitation du travail et du mode de distribution sociale, et que la contradiction fondamentale de la totalité capitaliste doit être conçue comme inhérente au royaume de la production lui-même, et non pas simplement comme une contradiction entre les sphères de production et de distribution. Bref, je me propose de redéfinir les catégories de Marx de telle sorte qu'elles saisissent effectivement le noyau de la totalité sociale comme contradictoire – et qu'elles ne se rapportent pas à une seule de ses dimensions, laquelle est alors opposée au « travail » ou bien subsumée sous lui. Parce qu'elle réinterprète la contradiction marxienne de cette manière, une telle approche fondée sur une critique du concept de « travail » évite les impasses de la Théorie critique et montre que le capitalisme postlibéral n'est pas « unidimensionnel ». Ainsi l'adéquation du concept à son objet reste-t-elle critique ; elle n'a pas à être positive. D'où : la critique sociale n'a pas à se fonder sur la disjonction entre le concept et son objet, comme Horkheimer finit par le penser, mais sur le concept lui-même, sur les formes catégorielles. Cela rétablit en retour la cohérence épistémologique, autoréflexive, de la critique.

Comme je l'ai dit, les catégories d'une critique adéquate ne doivent pas saisir seulement la nature contradictoire de la totalité, mais aussi le fondement du type de non-liberté qui la caractérise. L'abolition historique des formes sociales exprimées à l'aide des catégories doit être montrée comme une possibilité déterminée qui recèle la base sociale de la liberté. Pour Marx, la forme de domination sociale propre au capitalisme est liée à la forme du travail social. Dans les *Grundrisse*, il décrit trois formes sociales historiques de base. La première, dans ses nombreuses variations, se fonde sur les

« rapports de dépendance personnelle »[1]. Elle est dépassée historiquement par la « deuxième grande forme » de société : le capitalisme, la formation sociale fondée sur la forme-marchandise[2], qui se caractérise par l'*indépendance personnelle* dans un système de *dépendance objective [sachlicher]*[3]. Ce qui constitue cette dépendance « objective » est social : ce « n'est rien d'autre que l'ensemble des relations sociales qui font face de manière autonome aux individus apparemment indépendants, c'est-à-dire l'ensemble de leurs relations de production réciproques, promus à l'autonomie face à eux-mêmes »[4].

L'une des caractéristiques du capitalisme est que ses rapports sociaux fondamentaux sont sociaux d'une manière particulière. Ils n'existent pas en tant que rapports ouvertement interpersonnels, mais comme un ensemble quasi indépendant de structures qui s'opposent aux individus, une sphère de nécessité « objective » impersonnelle et de « dépendance objective ». En conséquence, la forme de domination sociale propre au capitalisme n'est pas ouvertement sociale et personnelle : « Ces rapports *objectifs* de dépendance [...] apparaissent encore sous un autre aspect [...] : désormais les individus sont dominés par des *abstractions*, alors qu'antérieurement ils dépendaient les uns des autres »[5]. Le capitalisme est un système de domination impersonnelle, abstraite. Par rapport aux formes sociales antérieures, les hommes paraissent indépendants ; en fait, ils sont soumis à un système de domination sociale qui ne paraît pas social mais « objectif ».

La forme de domination spécifique au capitalisme est également définie par Marx comme la domination des hommes par la production : « Les individus sont subsumés sous la production sociale qui existe comme une fatalité en dehors d'eux ; mais la production sociale n'est pas subsumée sous les individus qui en useraient

---

1. *Ibid.*, t. I, p. 93.

2. *Ibid.*

3. *Ibid.* Marx définit la troisième grande forme sociale, le possible dépassement du capitalisme, comme la libre « individualité fondée sur le développement universel des individus et la subordination de leur productivité collective, sociale, en tant que celle-ci est leur pouvoir social » (*ibid.*, p. 94).

4. *Ibid.*, p. 101.

5. *Ibid.*

comme de leur pouvoir commun »[1]. Ce passage est d'une importance capitale. Dire que les individus sont subsumés sous la production, c'est dire qu'ils sont dominés par le travail social. Cela suggère que l'on ne saisit pas pleinement la domination sociale sous le capitalisme quand on parle de domination et de contrôle du plus grand nombre et de son travail par quelques-uns. Sous le capitalisme, le travail social n'est pas seulement l'*objet* de la domination et de l'exploitation, il est le *fondement* essentiel de la domination. La domination « objective », abstraite, impersonnelle, propre au capitalisme est, semble-t-il, intrinsèquement liée à la domination des individus *par* leur travail social.

On ne peut assimiler la domination abstraite, la forme de domination qui caractérise le capitalisme, au fonctionnement du marché. La domination abstraite ne se rapporte pas seulement à la façon, médiatisée par le marché, dont la domination de classe s'exerce sous le capitalisme. L'interprétation centrée sur le marché affirme que le fondement invariant de la domination sociale est la domination de classe et que seule varie la forme sous laquelle elle s'impose (directement ou par le truchement du marché). Cette interprétation est étroitement liée aux positions qui affirment que le « travail » est la source de la richesse et qu'il constitue la société de façon transhistorique, et qui ne critiquent que la façon dont s'effectue la distribution du « travail ».

Selon l'interprétation ici présentée, l'idée de domination abstraite rompt avec ces conceptions. Elle se rapporte à la domination exercée sur les hommes par des structures de rapports sociaux quasi indépendantes, abstraites, médiatisées par le travail déterminé par la marchandise, que Marx saisit à l'aide de ses catégories de valeur et de capital. Dans ses écrits de maturité, ces formes de rapports sociaux représentent la concrétisation socio-historique pleinement élaborée de l'aliénation en tant que domination auto-engendrée. Lorsque j'analyserai la catégorie marxienne de capital, j'essaierai de montrer que ces formes sociales sous-tendent une logique dynamique coercitive de développement historique. On ne peut pas saisir adéquatement ces rapports en termes de marché ; comme ce sont des formes quasi indépendantes qui existent au-dessus des, et en opposition aux individus et aux classes, on ne peut pas non plus les

---

1. *Ibid.*, p. 94.

comprendre pleinement en termes de rapports sociaux non déguisés (par exemple, en termes de rapports de classes). Comme nous le verrons, bien que le capitalisme soit évidemment une société de classes, la domination de classe ne constitue pas pour Marx le fondement ultime de la domination sociale dans cette société ; la domination de classe dépend bien plutôt elle-même d'une forme de domination « abstraite » qui lui est supérieure[1].

Lorsque j'ai examiné la trajectoire de la Théorie critique, j'ai déjà évoqué la question de la domination abstraite. En effet, Pollock, en postulant le primat du politique, a affirmé que le système de domination abstraite saisi par les catégories de Marx avait été dépassé par une forme nouvelle de domination directe. Une telle position signifie que toutes les formes de dépendance objective et que toutes les structures non conscientes de nécessité sociale abstraite analysées par Marx s'enracinent dans le marché. Mettre en question cette position, c'est mettre en question le postulat selon lequel, avec le dépassement du marché par l'État, le contrôle conscient n'a pas simplement remplacé les structures non conscientes dans des sphères particulières, mais a dépassé toutes les structures de contrainte abstraite et, partant, la dialectique historique.

Autrement dit, la compréhension de la domination abstraite est étroitement liée à l'interprétation de la catégorie de valeur. J'essaierai de montrer que la valeur, en tant que forme de richesse, est au cœur des structures de domination abstraite, dont la signification s'étend bien au-delà du marché et de la sphère de la circulation (à

---

1. Dans *Raison et Légitimité* (Payot, 1978), Habermas analyse la domination abstraite, mais non comme une forme de domination (différente de la domination sociale directe) qui entraîne la domination des hommes par des formes sociales quasi indépendantes, abstraites, et au sein de laquelle se structurent les rapports entre les individus et entre les classes. Il l'analyse bien plutôt comme une *forme phénoménale* différente de la domination sociale directe, comme une domination de classe qui est voilée par la forme non politique que constitue l'échange (p. 48 et suiv.). Pour Habermas, c'est l'existence de cette forme de domination qui fournit à Marx la base de sa tentative de saisir, à l'aide d'une analyse économique des lois de mouvement du capital, le développement, porteur de crises, du système social. Avec la repolitisation du système social dans le capitalisme postlibéral, la domination est à nouveau non déguisée et donc la validité de la tentative de Marx se limite implicitement au capitalisme libéral *(ibid.)*. Le concept de domination abstraite de Habermas est par conséquent celui du marxisme traditionnel : la domination de classe médiatisée par le marché autorégulateur.

la sphère de production par exemple). Ce type d'analyse suggère que, lorsque la valeur reste la forme de richesse, la planification elle-même est soumise aux exigences de la domination abstraite. C'est-à-dire que la planification ne suffit pas en et pour soi à dépasser le système de domination abstraite, la forme de nécessité médiatisée, involontaire, non consciente et impersonnelle, propre au capitalisme. On ne peut donc pas opposer abstraitement la planification au marché, comme principe du socialisme opposé au principe du capitalisme.

Tout cela suggère qu'il nous faut reconceptualiser les conditions de la réalisation la plus complète possible de la liberté. Cette réalisation nécessiterait le dépassement des formes de domination personnelles, ouvertement sociales, ainsi que le dépassement des structures de domination abstraite. Analyser les structures de domination abstraite en tant que fondements ultimes de la non-liberté sous le capitalisme et redéterminer les catégories de Marx comme catégories critiques qui saisissent ces structures sont la première étape qui permettrait de rétablir le rapport entre socialisme et liberté, rapport devenu problématique dans le marxisme traditionnel.

Dans cette partie du livre, j'entreprendrai de reconstruire la théorie de Marx au niveau logique initial, au niveau logique le plus abstrait de son exposition critique dans *Le Capital*, c'est-à-dire son analyse de la forme-marchandise. Contrairement aux interprétations traditionnelles étudiées au chapitre II, je tenterai de montrer que les catégories par lesquelles Marx commence son analyse sont effectivement critiques et qu'elles incluent une dynamique historique.

Le caractère historiquement spécifique de la critique de Marx

Marx fait commencer *Le Capital* par une analyse de la marchandise comme bien, valeur d'usage, qui est en même temps valeur[1]. Puis il relie ces deux dimensions de la marchandise au double caractère du travail qu'elle incorpore. En tant que valeur d'usage particulière, la marchandise est le produit d'un travail particulier concret ;

---

1. Marx, *Le Capital*, livre I, pp. 39-44.

en tant que valeur, elle est l'objectivation du travail humain abstrait[1]. Avant de nous lancer dans l'étude de ces catégories – en particulier, celle du double caractère du travail producteur de marchandise que Marx considère comme « le point [autour duquel] tourne la compréhension de l'économie politique »[2] –, il importe d'en souligner la spécificité historique.

L'analyse marxienne de la marchandise ne porte pas sur un produit auquel il arrive d'être échangé, sans tenir compte de la société dans laquelle cela se produit ; elle ne porte pas sur la marchandise coupée de son contexte social ou telle qu'elle peut exister de façon contingente dans nombre de sociétés. Bien au contraire, l'analyse de Marx est celle de la « marchandise [...] lorsqu'elle est devenue *forme générale et élémentaire du produit* »[3] et « *forme élémentaire générale de la richesse* »[4]. Et, selon Marx, la marchandise *n'*est la forme générale du produit *que* sous le capitalisme[5].

L'analyse marxienne de la marchandise est donc celle de la forme générale du produit et de la forme de richesse la plus élémentaire sous le capitalisme[6]. Si, sous le capitalisme, « c'est le fait d'être une marchandise, qui constitue le caractère dominant et décisif [du] produit »[7], cela signifie nécessairement que « l'ouvrier lui-même [apparaît] uniquement comme vendeur de marchandises, donc comme ouvrier salarié libre, et le travail comme travail salarié en général »[8]. En d'autres termes, la marchandise telle que Marx l'analyse dans *Le Capital* suppose le travail salarié et, partant, le capital. Ainsi « la production marchande sous sa forme universalisée et absolue [est-elle] la production capitaliste »[9].

Roman Rosdolsky montre que, dans la critique marxienne de l'économie politique, l'existence du capitalisme est affirmée dès le début du déploiement des catégories ; chaque catégorie présuppose

---

1. *Ibid.*, pp. 42-53.
2. *Ibid.*, p. 47.
3. Marx, *Un chapitre inédit du* Capital, pp. 73-74.
4. *Ibid.*, p. 76.
5. *Ibid.*
6. *Ibid.*, pp. 73-74.
7. Marx, *Le Capital*, livre III, p. 792.
8. *Ibid.*
9. Marx, *Le Capital*, livre II, p. 123.

celles qui la suivent[1]. J'étudierai la signification de ce mode d'exposition plus loin, mais nous pouvons noter dès à présent que, puisque l'analyse de la marchandise de Marx suppose la catégorie de capital, les déterminations de cette dernière catégorie n'appartiennent pas à la marchandise en soi, mais seulement à la marchandise en tant que forme sociale générale, c'est-à-dire telle qu'elle existe sous le capitalisme. Ainsi, par exemple, la simple existence de l'échange ne signifie pas que la marchandise existe en tant que catégorie sociale structurante et que le travail social ait un double caractère. C'est seulement sous le capitalisme que le travail social a un double caractère[2] et que la valeur existe en tant que forme sociale spécifique de l'activité humaine[3].

Le mode d'exposition utilisé dans les premiers chapitres du *Capital* est fréquemment considéré comme historique parce que Marx commence par la catégorie de marchandise et poursuit par l'analyse de l'argent puis du capital. Toutefois, cette progression ne doit pas être interprétée comme l'analyse d'un développement conduisant, selon ses propres histoire et logique interne, de la première apparition des marchandises à un système capitaliste développé. Marx affirme explicitement que ses catégories expriment les formes sociales non telles qu'elles apparaissent historiquement, mais telles qu'elles existent, pleinement développées, sous le capitalisme :

> « Dans la théorie, le concept de valeur précède celui de capital, tout en supposant par ailleurs, pour se développer à l'état pur, un mode de production fondé sur le capital ; or la même chose se passe dans la pratique »[4].

> « Il serait donc [...] erroné de ranger les catégories économiques dans l'ordre où elles ont été historiquement déterminantes. Leur ordre est, au contraire, déterminé par les relations qui existent entre elles dans la société bourgeoise moderne et

---

1. Roman Rosdolsky, *La Genèse du « Capital » chez Karl Marx*, Maspero, 1976, pp. 77-79.
2. *Le Capital*, livre I, p. 84.
3. Marx, *Théories sur la plus-value*, t. I, pp. 32-33.
4. *Grundrisse*, t. I, p. 191.

il est précisément à l'inverse de ce qui [...] [correspond] à leur ordre de succession au cours de l'évolution historique »[1].

Dans la mesure où il se présente un développement historico-logique conduisant au capitalisme – comme dans l'analyse de la forme-valeur au premier chapitre du *Capital*[2] –, cette logique doit être comprise comme *rétrospectivement apparente* et non comme *immanentément nécessaire*. Selon Marx, cette dernière forme de logique historique existe, mais elle est un attribut de la seule formation sociale capitaliste.

Les formes sociales catégoriellement saisies par la critique marxienne de l'économie politique sont donc historiquement *déterminées* et on ne peut les appliquer à d'autres sociétés. Elles sont aussi historiquement *déterminantes*. Au début de son analyse catégorielle, Marx affirme explicitement qu'il faut comprendre celle-ci comme une étude de la spécificité du capitalisme : « La forme-valeur du produit du travail est la forme la plus abstraite, mais aussi la plus générale du mode de production bourgeois, qu'elle caractérise ainsi comme une modalité particulière de production sociale, et détermine, du même coup, historiquement »[3].

En d'autres termes, l'analyse de la marchandise par laquelle Marx fait commencer sa critique est celle d'une forme sociale historiquement spécifique. Il poursuit en traitant la marchandise comme une forme structurée et structurante de pratique, une forme qui est la détermination initiale et la détermination la plus générale des rapports sociaux capitalistes. Dans la mesure où la marchandise, en tant que forme générale et totalisante, est la « forme élémentaire »[4] du capitalisme, l'analyse de la marchandise doit révéler les déterminations essentielles de l'analyse du capitalisme de Marx, notamment les spécificités du travail qui sous-tend la forme-marchandise et qui est déterminé par elle.

---

1. *Ibid.*, p. 42.

2. *Le Capital*, livre I, pp. 53-81. L'asymétrie de la forme-valeur (forme-valeur relative et forme-équivalent), qui est tellement importante dans le développement du fétiche-marchandise chez Marx, présuppose l'argent et indique que l'analyse marxienne de l'échange marchand n'a rien à voir avec le troc direct.

3. *Ibid.*, p. 92, n. 32.

4. *Ibid.*, p. 39.

Spécificité historique : valeur et prix

Comme nous l'avons vu, Marx analyse la marchandise comme une forme sociale généralisée au cœur de la société capitaliste. Par rapport à l'autocompréhension de Marx, il n'est pas légitime d'affirmer que la loi de la valeur et, partant, la généralisation de la forme-marchandise se rapportent à une société précapitaliste. Pourtant, Ronald Meek part de l'idée que la formulation initiale par Marx de la théorie de la valeur nécessite de postuler un modèle de société précapitaliste où, « bien que la production marchande et la libre concurrence règnent plus ou moins en maîtres, les travailleurs possèdent tout le produit de leur travail »[1]. Contrairement à Oskar Lange, dont nous avons résumé la position au chapitre II, Meek ne relègue pas la validité de la loi de la valeur à la société précapitaliste. Il n'affirme pas non plus, comme Rudolf Schlesinger, que ce point de départ est la source d'une erreur fondamentale, en ce sens que Marx développerait des lois valables pour le capitalisme en se fondant sur celles qui s'appliquent à une société plus simple et historiquement plus ancienne[2]. Meek pense bien plutôt que la société précapitaliste que Marx postulerait n'est pas destinée à être une représentation pertinente de la réalité historique sauf au sens le plus large. Ce modèle – que Meek considère comme fondamentalement identique à la société « primitive et rude » d'Adam Smith, peuplée de chasseurs de cerfs et de castors – relève en fait « clairement d'un dispositif analytique tout à fait complexe »[3]. Marx, selon Meek,

---

1. Ronald Meek, *Studies in the Labour Theory of Value*, 2ᵉ éd., 1956, p. 303.

2. Pour cette idée, voir Rudolf Schlesinger, *Marx : His Time and Ours*, 1950, pp. 96-97. George Lichteim formule une idée semblable : « On peut dire qu'en appliquant une théorie de la valeur-travail dérivée de conditions sociales primitives à un modèle économique appartenant à un stade plus élevé, les classiques se rendent coupables de confondre des niveaux d'abstraction différents » (*Marxism*, 2ᵉ éd., 1963, pp. 174-175). Dans cette section, Lichteim ne distingue pas entre « les classiques » et Marx. Son propre exposé rassemble des interprétations différentes, qui s'opposent, de la relation entre les livres I et III du *Capital* sans les synthétiser ou dépasser leurs différences. Dans ce passage, il suggère que la loi de la valeur dans le livre I se fonde sur un modèle précapitaliste bien que, quelques pages plus loin, il suive Maurice Dobb et décrive ce niveau d'analyse comme une « détermination sensible d'une première approximation théorique » (p. 15).

3. Meek, *Studies in the Labour Theory*, p. 303.

lorsqu'il analyse la façon dont le capitalisme affecte une telle société, « croit révéler la véritable essence du mode de production capitaliste »[1]. D'après Meek, Marx part, au livre I du *Capital*, d'un modèle précapitaliste postulé[2], d'un système de « production marchande simple »[3], et, au livre III, il « traite des rapports marchands et de valeur une fois "devenus capitalistes" au plein sens du terme. Ici, son point de départ "historique" est un système capitaliste développé »[4].

Or l'analyse de Marx est bien plus historiquement spécifique que l'interprétation de Meek ne l'admet. C'est le noyau du capitalisme que Marx cherche à saisir à l'aide des catégories de marchandise et de valeur. Dans le cadre de la critique marxienne de l'économie politique, l'idée même d'un stade précapitaliste de la circulation de marchandise simple est fausse ; comme le souligne Hans Georg Backhaus, cette idée n'est pas de Marx mais d'Engels[5]. Marx rejette explicitement et catégoriquement l'idée que la loi de la valeur soit valable pour, ou dérive d'une société précapitaliste de propriétaires de marchandises. Alors que Meek identifie la loi de la valeur utilisée par Adam Smith à celle utilisée par Marx, ce dernier reproche précisément à Smith de reléguer la validité de la loi de la valeur à la société précapitaliste :

> « Sans doute Adam [Smith] détermine-t-il la valeur de la marchandise par le temps de travail qu'elle contient, mais pour reléguer ensuite la réalité de cette détermination de la valeur dans les temps pré-adamites. Autrement dit, ce qui lui semble vrai au point de vue de la simple marchandise, devient pour lui obscur dès que se substituent à elle les formes plus élevées et plus complexes de capital, travail salarié, rente foncière, etc. C'est ce qu'il exprime en disant que la

---

1. *Ibid.*
2. *Ibid.*, p. 305.
3. *Ibid.*, p. xv.
4. *Ibid.*, p. 308.
5. Hans Georg Backhaus, « Materialen zur Rekonstruktion der Marxschen Werttheorie », *Gesellschaft : Beiträge zur Marxschen Theorie* n° 1, 1974, p. 53. [Le lecteur francophone se reportera à l'essai « Dialectique de la forme de la valeur » où Backhaus développe les mêmes idées. Voir « Dialectique de la forme de la valeur », *Critiques de l'économie politique* n° 18, Maspero, oct.-déc. 1974.]

valeur des marchandises était mesurée par le temps de travail qu'elles contiennent au *paradise lost* de la bourgeoisie, où les hommes s'affrontaient non comme capitalistes, salariés, propriétaires fonciers, fermiers, usuriers, etc., mais seulement comme simples producteurs de marchandises et simples échangistes de marchandises »[1].

Mais, pour Marx, une société composée de producteurs de marchandises indépendants n'a jamais existé :

> « La production à ses débuts s'effectue sur la base de communautés primitives, au sein desquelles l'échange privé ne se présente que comme une exception tout à fait superficielle et accessoire. Mais la dissolution historique de ces communautés fait immédiatement apparaître des rapports de domination et de servitude, des rapports de violence, qui sont en contradiction flagrante avec la paisible circulation des marchandises et les rapports qui lui correspondent »[2].

Marx ne part pas d'une construction hypothétique, il ne postule pas une telle société de producteurs indépendants de laquelle la loi de la valeur serait dérivable et ne cherche pas non plus à analyser le capitalisme en étudiant la façon dont celui-ci « affecte » un modèle social où la loi de la valeur est censée opérer sous une forme pure. En réalité, la critique que Marx fait de Robert Torrens et d'Adam Smith indique clairement qu'il considère la loi de la valeur comme valable seulement pour le capitalisme :

> « Torrens [...] revient à A. Smith [...] selon lequel la valeur de la marchandise est certes déterminée par le type de temps qu'elle contient *"in that early period"* [dans cette période primitive] où les hommes ne s'affrontent encore qu'en tant que propriétaires et échangeurs de marchandises, mais ne l'est plus à partir du moment où capital et propriété foncière se sont

---

1. Marx, *Contribution à la critique de l'économie politique*, p. 36.

2. Marx, « Fragment de la version primitive de la "Contribution à la critique de l'économie politique" (1858) » *in Contribution à la critique de l'économie politique*, p. 213.

constitués. Cela signifie [...] que la loi qui est valable pour les marchandises ne l'est plus dès qu'elles sont considérées comme du capital ou comme produits du capital [...]. *D'autre part, le produit ne prend, sous tous ses aspects, la forme de la marchandise [...], ne devient sous tous ses aspects marchandise, qu'avec le développement et sur la base de la production capitaliste.* Donc la loi de la marchandise existerait dans une production qui ne produit pas de marchandises (ou n'en produit que partiellement), mais n'existerait pas sur la base de la production dont le fondement est l'existence du produit comme marchandise » [1].

D'après Marx, la forme-marchandise et donc la loi de la valeur ne se développent pleinement que sous le capitalisme et elles en sont les déterminations essentielles. Quand on les considère comme valables pour d'autres sociétés, « *on se [voit] obligé de reléguer la vérité de la loi d'appropriation de la société bourgeoise dans une époque où cette société n'existait pas encore* » [2].

Pour Marx, la théorie de la valeur saisit la « vérité de la loi d'appropriation » de la formation sociale capitaliste, et d'aucune autre société. Ainsi est-il clair que les catégories initiales du *Capital* sont conçues comme historiquement spécifiques ; elles saisissent les formes sociales qui sous-tendent le capitalisme. Une étude complète de la spécificité historique de ces catégories de base devrait bien sûr examiner pourquoi elles paraissent ne pas être valables pour les « formes plus élevées et plus complexes de capital, travail salarié, rente foncière, etc. » [3]. Je décrirai comment Marx a traité ce problème lorsque j'analyserai le rapport entre son étude de la valeur au livre I du *Capital* et son étude des prix (et donc de ces « formes plus élevées et plus complexes ») au livre III. Bien que ce problème ne puisse pas être analysé à fond dans le présent ouvrage, une première étude des questions posées est ici pleinement justifiée.

---

1. Marx, *Théories sur la plus-value*, t. III, p. 83.

2. Marx, « Fragment de la version primitive » *in Contribution à la critique de l'économie politique*, p. 213.

3. *Contribution à la critique de l'économie politique*, p. 36.

Le débat sur le rapport entre le livre III et le livre I fut lancé par Eugen von Böhm-Bawerk en 1896[1]. Böhm-Bawerk relève que : lorsque Marx analyse le capitalisme en termes de valeur dans le livre I, il affirme que la « composition organique du capital » (le rapport entre le travail vivant, exprimé comme « capital variable », et le travail objectivé, exprimé comme « capital constant ») est égale dans les diverses branches de la production. Or ce n'est pas le cas – comme Marx lui-même le reconnut plus tard. Cela obligea Marx à admettre, dans le livre III, une divergence entre prix et valeur qui, selon Böhm-Bawerk, contredit directement la première théorie de la valeur-travail et révèle son inadéquation. Depuis la critique de Böhm-Bawerk, il y a eu toute une discussion sur le « problème de la transformation » (des valeurs en prix) dans *Le Capital*[2], dont une grande part a souffert, à mon sens, du postulat selon lequel Marx se proposait d'écrire une économie politique critique.

En ce qui concerne l'argumentation de Böhm-Bawerk, deux premières remarques s'imposent. D'une part, contrairement à ce qu'affirme Böhm-Bawerk, Marx n'a pas d'abord achevé le livre I du *Capital* pour s'apercevoir seulement plus tard, en rédigeant le livre III, que les prix divergeaient des valeurs, sapant ainsi son propre point de départ. Marx a écrit les manuscrits pour le livre III en 1863-1867, c'est-à-dire *avant* que le livre I soit publié[3].

D'autre part, comme nous l'avons vu au chapitre II, loin d'être surpris ou embarrassé par la divergence entre prix et valeur, Marx écrit dès 1859 dans sa *Contribution à la critique de l'économie politique* qu'à un stade ultérieur de son analyse il traitera les objections à sa théorie de la valeur-travail qui sont fondées sur la divergence entre le prix des marchandises sur le marché et leur valeur d'échange[4]. En effet, non seulement Marx reconnaît cette divergence, mais encore il insiste sur sa centralité dès que l'on prétend comprendre le capitalisme et ses mystifications. Comme il l'écrit à Engels : « En

---

1. Eugen von Böhm-Bawerk, *Histoire critique des théories de l'intérêt et du capital*, Giard et Brière éd., 1903, t. II, pp. 70-136. L'article est paru à l'origine sous le titre *Zum Abschluss des Marxschen Systems, in* Otto von Boenigk (dir.), *Staatswissenschaftliche Arbeiten*, 1896.

2. Voir le résumé que Sweezy fait de ce débat dans *The Theory of Capitalist Development*, 1969, pp. 109-133.

3. Voir Engels, introduction au livre III du *Capital*, p. 8 ; et aussi p. 803, n. 10.

4. *Contribution à la critique de l'économie politique*, p. 38.

ce qui concerne les modestes objections de Monsieur Dühring quant à la détermination de la valeur, il sera surpris de voir, dans le tome II, combien la détermination de la valeur compte peu "de façon immédiate" dans la société bourgeoise »[1].

La difficulté avec une grande part de la discussion sur le problème de la transformation, c'est qu'on pense généralement que Marx veut rendre opérationnelle la loi de la valeur afin d'expliquer le fonctionnement du marché. Or il est clair que le dessein de Marx était différent[2]. La façon dont il traite le rapport entre valeur et prix n'est pas faite, comme le voudrait Dobb, d'« approximations successives » à la réalité du capitalisme[3] ; elle fait en réalité partie d'une stratégie argumentative complexe qui vise à rendre plausible son analyse de la marchandise et du capital comme constituant le noyau fondamental du capitalisme, tout en rendant compte du fait que la catégorie de valeur ne semble pas empiriquement valable pour le capitalisme (raison pour laquelle Adam Smith en relègue la validité à la société précapitaliste). Dans *Le Capital*, Marx tente de résoudre ce problème en montrant que les phénomènes (tels que prix, profits et rentes) qui contredisent la validité de ce qu'il avait postulé en tant que déterminations essentielles de la formation sociale (valeur et capital) sont en réalité des expressions de ces déterminations – autrement dit, il montre que les premiers expriment et voilent les secondes. En ce sens, Marx présente le rapport entre ce que les catégories de valeur et de prix saisissent, comme un rapport entre une essence et sa forme phénoménale. L'une des particularités du capitalisme, qui rend son analyse si difficile, c'est que cette société a une essence, objectivée en tant que valeur, qui est voilée par sa forme phénoménale :

> « L'économiste vulgaire ne soupçonne même pas que les rapports réels de l'échange quotidien et les grandeurs des valeurs *ne peuvent être immédiatement identiques*. [...] Et alors l'économiste vulgaire croit faire une grande découverte lorsque, se trouvant devant la révélation de la *structure interne des*

---

1. Marx à Engels, 8 janvier 1868.

2. Joseph Schumpeter reconnaît que critiquer Marx en se fondant sur la différence entre prix et valeur, c'est confondre Marx avec Ricardo. Voir *Histoire de l'analyse économique*, Gallimard, 1983.

3. Dobb, *Political Economy and Capitalism*, 1940, p. 69.

choses, il se targue avec insistance que ces choses, telles qu'elles apparaissent, ont un tout autre aspect. En fait, il se targue de son attachement à l'apparence qu'il considère comme la vérité dernière »[1].

Chez Marx, le niveau de réalité sociale exprimé par les prix représente une forme phénoménale de la valeur, une forme qui voile l'essence sous-jacente. La catégorie de valeur n'est ni une première approximation grossière de la réalité capitaliste, ni une catégorie valable pour les sociétés précapitalistes ; elle exprime au contraire la « structure interne des choses » *(inneren Zusammenhang)* propre à la formation sociale capitaliste.

Il faut donc comprendre le mouvement de l'exposé de Marx, du livre I au livre III du *Capital*, non pas comme un mouvement approchant la « réalité » du capitalisme, mais comme un mouvement approchant ses diverses formes phénoménales de surface. Marx n'écrit pas dans sa préface au livre III qu'il va maintenant examiner un système capitaliste pleinement développé ou bien qu'il va maintenant introduire un nouvel ensemble d'approximations afin de saisir plus correctement la réalité capitaliste. Il écrit bien plutôt que « les formes du capital [qu'il va] exposer dans ce livre le rapprochent progressivement de *la forme sous laquelle il se manifeste dans la société, à sa surface*, pourrait-on dire, dans l'action réciproque des divers capitaux, dans la concurrence et dans la conscience ordinaire des agents de la production eux-mêmes »[2]. Alors que l'analyse de la valeur faite par Marx au livre I est l'analyse de l'essence du capitalisme, son analyse des prix au livre III concerne la façon dont cette essence apparaît à la « surface de la société ».

La divergence entre prix et valeur doit donc être comprise comme faisant partie de l'analyse de Marx et non comme une contradiction logique : l'objectif de Marx n'est pas de formuler une théorie des prix, mais de montrer comment la valeur induit un niveau où elle apparaît masquée. Dans le livre III du *Capital*, Marx dérive les catégories empiriques, telles que prix coûtant et profit,

---

1. Marx à Kugelmann, 11 juillet 1868, *Lettres à Kugelmann*, Éditions Sociales, 1971, pp. 102-103 (c'est moi qui souligne le deuxième groupe de mots).
2. *Le Capital*, livre III, p. 45 (c'est moi qui souligne).

des catégories de valeur et de survaleur, et montre comment les premières paraissent contredire les secondes. Ainsi affirme-t-il au livre I que la survaleur est créée par le seul travail, mais montre au livre III comment la spécificité de la valeur en tant que forme de richesse et la spécificité du travail qui la constitue sont voilées. Marx commence par noter que le profit qui s'ajoute à un capital individuel n'est pas identique à la survaleur engendrée par le travail qu'elle exige. Il explique cette divergence en disant que la survaleur est une catégorie du tout social distribuée entre les capitaux individuels selon ce qu'ils représentent du capital social total. Toutefois, cela signifie qu'au niveau de l'expérience immédiate le profit de chaque capital individuel ne dépend effectivement pas seulement du travail (« capital variable ») mais aussi du capital total engagé[1] ; par conséquent, au niveau de l'expérience immédiate, les caractéristiques uniques de la valeur en tant que forme de richesse et de médiation sociale constituées par le seul travail demeurent cachées.

L'argumentation de Marx a de nombreuses dimensions. J'ai déjà mentionné la première, à savoir que les catégories développées au livre I du *Capital* (marchandise, valeur, capital et survaleur) sont les catégories de la structure profonde de la société capitaliste. Sur la base de ces catégories, Marx entreprend d'expliquer la nature de cette société et ses « lois de mouvement », c'est-à-dire le procès de transformation continue, sous le capitalisme, de la production et de tous les aspects de l'existence sociale. Marx dit que ce niveau de la réalité sociale ne peut pas être expliqué à l'aide des catégories économiques « de surface » telles que prix et profit, et déploie ses catégories de la structure profonde du capitalisme de manière à montrer comment les phénomènes qui contredisent ces catégories structurelles sont en fait leurs formes phénoménales. De cette façon, Marx cherche à prouver la justesse de son analyse de la structure profonde et, en même temps, à montrer comment les « lois de mouvement » de la formation sociale sont voilées au niveau de la réalité empirique immédiate.

De plus, on peut comprendre le rapport entre ce qui est saisi au niveau analytique de la valeur et au niveau du prix comme constituant une théorie (jamais complètement achevée par Marx[2]) de la

---

1. *Ibid.*, p. 64 et suiv.

2. C'est Engels qui a préparé les manuscrits qui sont devenus les livres II et III du *Capital*.

constitution mutuelle des structures sociales profondes et de l'activité et de la pensée quotidiennes. Ce processus est médiatisé par les formes phénoménales de ces structures profondes qui constituent le contexte de cette activité et de cette pensée : l'activité et la pensée quotidiennes se fondent sur les formes manifestes des structures profondes et, en retour, reconstituent ces structures profondes. Ce type de théorie tente d'expliquer comment les « lois de mouvement » du capitalisme sont constituées par les hommes et les dominent, même si, paradoxalement, ces hommes ne sont pas conscients de leur existence[1].

En développant cette argumentation, Marx cherche également à montrer que les théories de l'économie politique ne sont pas moins prisonnières du niveau des apparences que la « conscience ordinaire » quotidienne et que les objets d'étude de l'économie politique sont les formes phénoménales mystifiées de la valeur et du capital. Autrement dit, c'est au livre III du *Capital* que Marx complète sa critique de Smith et de Ricardo, sa critique de l'économie politique au sens le plus étroit du terme. Ricardo, par exemple, commence son économie politique ainsi :

> « Le produit de la terre, c'est-à-dire tout ce que l'on retire de sa surface par l'utilisation conjointe du travail, des machines et du capital, est réparti entre trois classes de la communauté : les propriétaires de la terre, les détenteurs du fonds ou capital nécessaire à son exploitation, et les travailleurs qui la cultivent. [...] aux différentes étapes de la société, les parts du produit total de la terre respectivement allouées à chacune des classes

---

1. En ce sens, la théorie de Marx est semblable au type de théorie de la pratique esquissé par Pierre Bourdieu (*Esquisse d'une théorie de la pratique*, « Points », Seuil, 2000), qui traite de « la relation dialectique entre les structures objectives et les structures cognitives et motivatrices qu'elles produisent et qui tendent à les reproduire » (p. 278) et s'efforce de « rendre compte d'une pratique régie objectivement par des règles inconnues des acteurs sans masquer la question des mécanismes qui produisent cette conformité en l'absence de l'intention de conformer » [retraduit de l'éd. américaine, N.d.T.]. La tentative de médiatiser cette relation à l'aide d'une théorie socio-historique de la connaissance et d'une analyse des formes phénoménales des « structures objectives » est en accord avec l'approche de Bourdieu mais ne lui est pas identique.

sous les noms de rente, de profits et de salaires, seront fondamentalement différentes. [...] Déterminer les lois qui gouvernent cette répartition, constitue le principal problème en Économie Politique »[1].

Le point de départ de Ricardo, et l'insistance unilatérale de ce point de départ sur la distribution et son identification implicite de la richesse à la valeur, présuppose la transhistoricité de la richesse et du travail. Au livre III du *Capital*, Marx explique ce présupposé en montrant comment, sous le capitalisme, les formes structurantes socialement et historiquement spécifiques des rapports sociaux apparaissent à la surface sous une forme naturalisée et transhistorique. Ainsi, comme on l'a noté, Marx affirme que le rôle social historiquement unique du travail sous le capitalisme est caché par le fait que le profit gagné par chaque capital individuel ne dépend pas seulement du travail, mais aussi du capital total engagé (les divers « facteurs de production », en d'autres termes). Le fait que cette valeur soit créée uniquement par le travail est ensuite, selon Marx, voilé par la forme-salaire : les salaires semblent être la compensation pour la valeur du travail et non pour la valeur de la force de travail. En retour, ce phénomène rend opaque la catégorie de survaleur en tant que différence entre la quantité de valeur créée par le travail et la valeur de la force de travail, ce qui fait que le profit paraît finalement ne pas être engendré par le travail. Marx poursuit en montrant comment le capital, sous la forme de l'intérêt, apparaît comme auto-engendrant et indépendant du travail. Enfin, il montre comment la rente, forme de revenu dans laquelle la survaleur est distribuée aux propriétaires terriens, apparaît comme intrinsèquement liée à la terre. En d'autres termes, les catégories empiriques sur lesquelles se fondent les théories de l'économie politique (profit, salaire, intérêt, rente, etc.) sont des formes phénoménales de la valeur et du travail producteur de marchandises, qui occultent la spécificité socio-historique de ce qu'elles représentent. À la fin du livre III, après une analyse longue et complexe qui

---

1. Ricardo, *Des principes de l'économie politique et de l'impôt*, Flammarion, 1992, p. 45.

commence au livre I par l'examen de l'« essence » réifiée du capitalisme et va vers des niveaux d'apparence de plus en plus mystificateurs, Marx résume son analyse en étudiant ce qu'il appelle la « formule trinitaire » :

> « Dans la formule capital-profit ou, mieux, capital-intérêt, terre-rente foncière, travail-salaire, dans cette trinité économique qui veut établir la connexion interne entre les éléments de valeur et de richesse et leurs sources, la mystification du mode capitaliste de production, la réification des rapports sociaux, l'imbrication immédiate des rapports de production matériels avec leur détermination historico-sociale se trouvent accomplies »[1].

La critique de Marx s'achève avec la dérivation du point de départ de Ricardo. En accord avec son approche immanente, la technique de Marx, lorsqu'il critique des théories comme celle de Ricardo, ne revêt plus la forme d'une réfutation ; Marx englobe au contraire ces théories dans la sienne, en les rendant plausibles à l'aide de ses propres catégories analytiques. En d'autres termes, il fonde les postulats de Smith et Ricardo concernant le travail, la société et la nature dans ses propres catégories, de façon à mettre en lumière la nature transhistorique de ces postulats. Puis il montre que les arguments plus spécifiques de ces théories reposent sur des « données » qui sont les manifestations trompeuses d'une structure plus profonde, historiquement spécifique. En allant de l'« essence » à la « surface » du capitalisme, Marx s'efforce de montrer comment sa propre analyse catégorielle peut rendre compte à la fois du problème et de la formulation que Ricardo en donne, révélant du même coup l'inadéquation de cette dernière en tant que tentative de saisir l'essence de la totalité sociale. En définissant comme formes phénoménales ce qui sert de base à la théorie de Ricardo, Marx tente de fournir la critique adéquate de l'économie politique de Ricardo.

Selon Marx, la tendance des économistes politiques tels que Smith et Torrens à transposer la validité de la loi de la valeur aux sociétés précapitalistes ne découle donc pas seulement d'une pensée erronée. Cette tendance se fonde bien plutôt sur une particularité

---

1. *Le Capital*, livre III, p. 750.

de la formation sociale capitaliste : son essence paraît *ne pas* être valable pour les « formes supérieures que sont le capital, le travail salarié, la rente foncière, etc. ». L'incapacité à percer théoriquement le niveau de l'apparence et à déterminer son rapport avec l'essence sociale historiquement spécifique de la formation sociale capitaliste renvoie, d'un côté, à une application transhistorique de la valeur à d'autres sociétés et, de l'autre, à une analyse du capitalisme faite seulement en fonction de son « apparence illusoire ».

Conséquence du tournant de Marx vers une approche réflexive et historiquement spécifique : la critique des théories qui posent transhistoriquement ce qui est historiquement déterminé se retrouve au centre de son analyse. Ayant déclaré avoir découvert le noyau historiquement spécifique du système capitaliste, Marx doit expliquer pourquoi cette détermination historique ne va pas de soi. Comme nous le verrons, au cœur de cette dimension épistémologique de sa critique, se trouve l'argument selon lequel les structures sociales spécifiques au capitalisme apparaissent sous une forme « fétichisée » – c'est-à-dire qu'elles paraissent être « objectives » et transhistoriques. Dans la mesure où Marx montre que les structures historiquement spécifiques qu'il analyse se présentent sous des formes manifestes transhistoriques et que ces formes manifestes sont l'objet de diverses théories – notamment celles de Hegel et Ricardo –, il est à même de rendre compte de, et de critiquer ces théories en termes socio-historiques, en tant que formes de pensée qui expriment les formes sociales déterminées dans leur contexte (le capitalisme) mais qui ne les saisissent pas pleinement. Le caractère historiquement spécifique de la critique sociale immanente de Marx suggère que ce qui est « faux », c'est une forme de pensée momentanément valable qui, par défaut d'autoréflexion, ne parvient pas à percevoir son propre fondement historiquement spécifique et qui, par conséquent, se considère comme « vraie », c'est-à-dire comme transhistoriquement valable.

Le déploiement de l'argumentation de Marx dans les trois livres du *Capital* doit être compris, à un niveau logique, comme présentant ce qu'il décrit comme la seule méthode pleinement adéquate d'une théorie matérialiste critique : « Il est en effet plus facile de trouver par l'analyse le noyau terrestre des conceptions religieuses les plus nébuleuses, qu'à l'inverse de développer à partir de chaque condition réelle d'existence ses formes célestifiées. C'est cette dernière méthode qui est l'unique méthode matérialiste, et donc scientifique »[1]. Un aspect important du mode d'exposition de Marx, c'est qu'il développe à partir de la valeur et du capital – c'est-à-dire à partir des catégories de « chaque condition réelle d'existence » – les formes phénoménales de surface (prix coûtant, profit, salaire, intérêt, rente, etc.) qui sont « célestifiées » par les économistes politiques et les acteurs sociaux. Il tente par là même de rendre plausibles les catégories structurelles profondes tout en expliquant les formes de surface.

En faisant logiquement dériver les phénomènes mêmes qui semblent contredire les catégories à l'aide desquelles il analyse l'essence du capitalisme, en faisant donc dériver ces phénomènes du déploiement de ces mêmes catégories et en montrant que les autres théories (et la conscience de la plupart des acteurs sociaux directement impliqués) sont prisonnières des formes phénoménales mystifiées de cette essence, Marx fournit une remarquable démonstration de la rigueur et de la force de son analyse critique.

Spécificité historique et critique immanente

C'est donc la spécificité historique des catégories qui se trouve au cœur de la théorie du Marx de la maturité et qui marque une distinction très importante entre celle-ci et les écrits de jeunesse[2]. Ce changement de détermination historique a des implications d'une grande portée pour la nature de la théorie critique de Marx

---

1. *Le Capital*, livre I, p. 418, n. 89.

2. Je n'étudierai pas exhaustivement dans ce livre les différences entre les écrits du jeune Marx et ses écrits de maturité. Cependant, mon analyse de sa critique de l'économie politique de maturité suggère que les thèmes et concepts explicites des écrits du jeune Marx (la critique de l'aliénation, la possibilité de formes d'activité humaine qui ne seraient pas définies étroitement en termes de travail, de jeu ou de loisir ainsi que le thème des rapports hommes/femmes) restent au cœur de ses écrits de maturité, fût-ce implicitement. Néanmoins, comme nous le verrons avec le concept d'aliénation, certains de ces concepts ne furent pleinement élaborés – et ne furent modifiés – que lorsque Marx eut clairement développé une critique sociale historiquement spécifique fondée sur une analyse de la spécificité du travail sous le capitalisme.

– des implications qui tiennent au point de départ de sa critique de maturité. Dans l'introduction à sa traduction des *Grundrisse*, Martin Nicolaus attire l'attention sur ce changement en disant que l'introduction de Marx à ces manuscrits s'est révélée un faux départ car les catégories utilisées ne sont que la traduction directe des catégories hégéliennes en termes matérialistes. Par exemple, là où Hegel commence sa *Logique* par l'*Être* indéterminé, pur, qui fait naître immédiatement son opposé, le *Néant*, Marx commence son introduction par la *production matérielle* (en général) qui fait naître son opposé, la *consommation*. Dans l'introduction, Marx indique qu'il est mécontent de ce point de départ et, une fois le manuscrit terminé, il rédige une nouvelle introduction, dans une section intitulée « Valeur » (qu'il a placée à la fin). Il le fait avec un point de départ différent, qu'il conserve dans *Contribution à la critique de l'économie politique* et *Le Capital* : la marchandise[1]. C'est donc tout en rédigeant les *Grundrisse* que Marx découvre l'élément avec lequel il structure ensuite son mode d'exposition, le point de départ à partir duquel il déploie les catégories de la formation capitaliste dans *Le Capital*. D'un point de départ transhistorique, Marx passe à un autre, historiquement déterminé. Dans son analyse, la catégorie de « marchandise » ne se rapporte pas seulement à un objet, mais à une forme « objective », historiquement spécifique, de rapports sociaux – une forme structurante et structurée de pratique sociale, qui constitue une forme radicalement nouvelle d'interdépendance sociale. Cette forme se caractérise par une dualité historiquement spécifique qui est censée se trouver au cœur du système social : valeur d'usage et valeur, travail concret et travail abstrait. Partant de la catégorie de marchandise en tant que forme double, unité non identique, Marx cherche à déployer tout à la fois la structure dominante de la société capitaliste en tant que totalité, la logique interne de son développement historique et les éléments de l'expérience sociale immédiate qui voilent la structure sous-jacente à cette société. C'est-à-dire que, dans le cadre de la critique de l'économie politique de Marx, la marchandise est la catégorie essentielle du capital, celle qui est en son cœur ; il la déploie pour mettre en lumière la nature du capital et sa dynamique interne.

---

1. Martin Nicolaus, « Introduction » *in Grundrisse* [version anglaise], pp. 35-37.

Par ce tournant vers la spécificité historique, Marx historicise ses premières conceptions transhistoriques touchant la contradiction sociale et l'existence d'une logique historique interne. Il les traite désormais comme spécifiques au capitalisme et les enracine dans la dualité « instable » des moments matériels et sociaux avec lesquels il caractérise les formes sociales capitalistes de base que sont la marchandise et le capital. Dans mon analyse du *Capital*, je montrerai comment, pour Marx, cette dualité s'extériorise et engendre une dialectique historique particulière. Désormais, en décrivant son objet d'étude en termes de contradiction historiquement spécifique et en fondant la dialectique dans le double caractère des formes sociales particulières qui sous-tendent le capitalisme (travail, marchandise, procès de production, etc.), Marx rejette implicitement l'idée d'une logique immanente à l'histoire humaine et toute forme de dialectique transhistorique, qu'elle englobe la nature ou qu'elle se limite à l'histoire. Dans les écrits du Marx de la maturité, la dialectique historique ne résulte pas de l'interaction entre sujet, travail et nature, elle ne résulte pas du fonctionnement réflexif des objectivations matérielles du « travail » du sujet sur le sujet lui-même. Elle s'enracine bien plutôt dans la nature contradictoire des formes sociales capitalistes.

Une dialectique transhistorique doit être fondée ontologiquement, soit dans l'Être en tant que tel (Engels), soit dans l'Être social (Lukács). Mais, à la lumière de l'analyse historiquement spécifique de Marx, l'idée que la réalité ou les rapports sociaux, toujours et partout, soient essentiellement contradictoires et dialectiques se révèle une idée qu'on ne peut pas expliquer ou fonder ; elle ne peut qu'être affirmée métaphysiquement[1]. En d'autres termes, Marx, en analysant la dialectique historique par rapport aux particularités des structures sociales capitalistes, la retire du royaume de la philosophie de l'histoire et l'inscrit dans le cadre d'une théorie sociale historiquement spécifique.

Le passage d'un point de départ transhistorique à un autre, historiquement spécifique, signifie que non seulement les catégories mais aussi la forme même de la théorie sont historiquement spécifiques.

---

1. Voir Moishe Postone et Helmut Reinicke, « On Nicolaus », *Telos* n° 22 (hiver 1974-75), pp. 135-136.

Étant donné le postulat de Marx selon lequel la pensée est socialement enchâssée, le tournant qu'il opère vers une analyse de la spécificité historique des catégories de la société capitaliste – son contexte social à lui, Marx – entraîne qu'il se tourne vers l'idée de la spécificité historique de sa propre théorie. La relativisation historique de l'objet d'étude est également réflexive pour la théorie même.

Cela rend nécessaire un nouveau type, autoréflexif, de critique sociale. Son point de vue ne peut pas être trouvé de façon transhistorique ou transcendantale. Dans ce cadre conceptuel, aucune théorie – y compris celle de Marx – n'a de validité transhistorique, de validité absolue. L'impossibilité d'un point de vue théorique privilégié ou extérieur ne doit pas non plus être enfreinte implicitement par la forme même de la théorie. C'est pourquoi Marx se sent désormais contraint de construire son exposé critique de la société capitaliste de manière rigoureusement immanente, en analysant cette société dans ses propres termes, telle qu'elle est. Le point de vue de la critique est immanent à son objet social ; il se fonde sur le caractère contradictoire de la société capitaliste, caractère qui montre la possibilité de sa négation historique.

Il faut donc comprendre le mode d'argumentation de Marx dans *Le Capital* comme un effort en vue de développer une forme d'analyse critique qui soit en accord avec la spécificité historique aussi bien de son objet d'étude – c'est-à-dire son propre contexte – que, réflexivement, de ses concepts. Comme nous le verrons, Marx s'efforce de reconstruire la totalité sociale de la civilisation capitaliste en commençant par un principe structurant simple – la marchandise – et en déployant dialectiquement à partir de lui les catégories d'argent et de capital. Ce mode d'exposition même, considéré d'après la nouvelle autocompréhension de Marx, exprime les particularités des formes sociales étudiées. Par exemple, cette méthode même exprime qu'une particularité du capitalisme est d'exister en tant que totalité homogène qui peut être déployée à partir d'un principe structurant simple ; le caractère dialectique de l'exposé est censé exprimer ce fait que les formes sociales sont constituées de telle sorte qu'elles fondent une dialectique. En d'autres termes, *Le Capital* tente de construire une argumentation qui n'ait pas une forme logique indépendante de l'objet qu'elle étudie, lorsque cet objet est le contexte même de l'argumentation. Marx décrit ce mode d'exposition de la façon suivante :

> « Certes, le mode d'exposition doit se distinguer formellement du mode d'investigation. À l'investigation de faire sienne la matière dans le détail, d'en analyser les diverses formes de développement et de découvrir leur lien intime. C'est seulement lorsque cette tâche est accomplie que le mouvement réel peut être exposé en conséquence. Si l'on y réussit et que la vie de la matière traitée se réfléchit alors idéellement, il peut sembler que l'on ait affaire à une construction *a priori* »[1].

Ce qui paraît être une « construction *a priori* » est en fait un mode d'argumentation qui veut être adéquat à sa propre spécificité historique. La nature de l'argumentation marxienne n'est donc pas censée être celle d'une déduction logique : elle ne commence pas avec les premiers principes intangibles à partir desquels on dérive tout le reste, car la forme même d'une telle procédure implique un point de vue transhistorique. Bien au contraire, l'argumentation de Marx a une forme réflexive, une forme très particulière : le point de départ, la marchandise – qui est posée en tant que noyau fondamental structurant de la société – est rendu valable rétrospectivement par la façon dont se déploie l'argumentation, par sa capacité à expliquer les tendances selon lesquelles le capitalisme se développe et à rendre compte des phénomènes qui contredisent en apparence la validité des catégories initiales. C'est-à-dire que la catégorie de marchandise présuppose celle de capital et qu'elle est validée par la force et la rigueur de l'analyse du capitalisme à laquelle elle sert de point de départ. Marx décrit brièvement cette manière de procéder comme suit :

> « Même si, dans mon livre, il n'y avait pas le moindre chapitre sur la "valeur", l'analyse des rapports réels, que je donne, contiendrait la preuve et la démonstration du rapport de valeur réel. [Le] bavardage sur la nécessité de démontrer la notion de valeur ne repose que sur une ignorance totale, non seulement de la question débattue, mais aussi de la méthode scientifique.

---

1. Marx, « Postface à la seconde édition », *Le Capital*, livre I, p. 17.

[...] Le rôle de la science c'est précisément d'expliquer *comment* agit cette loi de la valeur. Si l'on voulait donc commencer par "expliquer" tous les phénomènes qui en apparence contredisent la loi, il faudrait pouvoir fournir la science *avant* la science »[1].

À cette lumière, l'argumentation réelle de Marx concernant la valeur ainsi que la nature et l'historicité de la société capitaliste doit être comprise par rapport au déploiement complet des catégories du *Capital*. Il s'ensuit que les arguments explicites dont dérive l'existence de la valeur, dans le premier chapitre de cet ouvrage, ne sont pas voulus – et ne doivent pas être vus – comme une « preuve » du concept de valeur[2]. En fait, *ces arguments sont présentés par Marx comme des formes de pensée caractéristiques de la société dont il est en train d'analyser de façon critique les formes sociales sous-jacentes*. Comme nous le verrons à la section suivante, ces arguments – par exemple, les déterminations initiales du « travail abstrait » – sont transhistoriques ; c'est-à-dire qu'ils sont déjà présentés sous une forme mystifiée. Cette remarque vaut aussi pour la *forme* de ces arguments : cette forme représente un mode de pensée, symbolisé par Descartes, qui procède d'une manière logiquement déductive, décontextualisée, en découvrant une « essence véritable » derrière le monde changeant des apparences[3]. En d'autres termes, je dis que les arguments par lesquels Marx déduit la valeur devraient être lus comme faisant partie d'un métacommentaire

---

1. Marx à Kugelmann, 11 juillet 1868, *Lettres à Kugelmann*, pp. 102-103.

2. Marx « déduit » la valeur, dans le chapitre premier du *Capital*, en disant que les différentes marchandises ont un élément non matériel en commun. Son mode de déduction est décontextualisé et essentialisant : la valeur est déduite en tant qu'expression d'une *substance* commune à toutes les marchandises (« substance » étant pris ici au sens philosophique traditionnel). Voir *Le Capital*, livre I, pp. 40-43.

3. John Patrick Murray a montré la similitude existant entre la structure de l'argumentation marxienne pour dériver la valeur et la dérivation cartésienne, dans la *Seconde Méditation*, de la matière de qualité première, abstraite, en tant que substance qui sous-tend l'apparence changeante d'un morceau de cire. Murray considère lui aussi cette similitude comme l'expression d'un raisonnement implicite de la part de Marx. Voir « Enlightenment Roots of Habermas's Critique of Marx », *The Modern Schoolman* 57, n° 1, novembre 1979, p. 13 et suiv.

continu sur les formes de pensée propres au capitalisme (par exemple, la tradition de la philosophie moderne ou celle de l'économie politique). Ce « commentaire » est immanent au déploiement des catégories dans l'exposé de Marx et relie ainsi implicitement ces formes de pensée aux formes sociales de la société qui est leur contexte. Étant donné que le mode d'exposition se veut immanent à son objet, les catégories sont présentées « selon leurs propres termes » – dans ce cas, comme décontextualisées. L'analyse n'a donc pas un point de vue extérieur à son contexte. La critique n'apparaît pleinement qu'au cours de l'exposé lui-même qui, en déployant les formes sociales structurantes de son objet d'étude, montre l'historicité de cet objet.

L'inconvénient d'un tel mode d'exposition, c'est que l'approche immanente, réflexive, de Marx est aisément sujette à une mauvaise interprétation. Lorsque *Le Capital* est lu comme quoi que ce soit d'autre qu'une critique immanente, cela aboutit à une lecture qui interprète Marx comme affirmant ce qu'il s'efforce de critiquer (par exemple, la fonction historiquement déterminée du travail en tant que socialement constitutive).

Ce mode d'exposition dialectique veut être le mode d'exposition qui correspond à, et exprime parfaitement son objet. En tant que critique immanente, l'analyse marxienne s'affirme comme dialectique parce qu'elle montre que son objet est dialectique. Cette adéquation présumée du concept à son objet inclut à la fois un rejet de la dialectique transhistorique de l'histoire et toute conception de la dialectique en tant que méthode universellement valable, applicable à divers problèmes particuliers. Comme nous l'avons vu, *Le Capital* vise en effet à proposer une critique de ces conceptions propres aux méthodes non réflexives, décontextualisées – qu'elles soient dialectiques (Hegel) ou non (l'économie politique classique).

Le tournant de Marx vers la spécificité historique modifie également la nature de la conscience critique exprimée par la critique dialectique. Le point de départ d'une critique dialectique présuppose son résultat. Comme nous l'avons mentionné, pour Hegel, l'Être du commencement du processus dialectique est l'Absolu qui, une fois déployé, est le résultat de son propre développement. Par conséquent, la conscience critique obtenue lorsque la théorie devient consciente de son propre point de vue est nécessairement le savoir absolu[1]. La marchandise, point de départ de la critique marxienne, présuppose elle aussi le plein déploiement du tout ; cependant, son caractère historiquement déterminé implique la finitude de la totalité qui se déploie. L'indication de l'historicité de l'objet (les formes sociales essentielles du capitalisme) implique l'historicité de la conscience critique qui saisit cet objet ; le dépassement historique du capitalisme entraînerait aussi la négation de sa critique dialectique. Ainsi le tournant vers la spécificité historique des formes sociales structurantes du capitalisme signifie-t-il également la spécificité historique autoréflexive de la théorie critique de Marx – et du même coup libère la critique immanente des derniers vestiges de l'exigence de savoir absolu et permet son autoréflexion critique.

Marx, en spécifiant la nature contradictoire de son propre univers social, parvient à développer une critique cohérente épistémologiquement parlant et à sortir de l'impasse des premières formes de matérialisme évoquée dans la IIIe thèse sur Feuerbach[2] ; une théorie qui critique la société et qui affirme que les hommes et, partant, leurs formes de conscience sont formés socialement doit pouvoir rendre compte de la possibilité même de sa propre existence. La critique marxienne fonde cette possibilité dans le caractère contradictoire de ses catégories censées à la fois exprimer les structures relationnelles essentielles de son univers social et saisir les formes de l'être social et de la conscience. Ainsi la critique est-elle immanente en un autre sens : montrer la nature non unitaire de son propre contexte lui permet de rendre compte d'elle-même en tant que possibilité immanente de ce qu'elle analyse.

L'un des aspects les plus pertinents de la critique de l'économie politique de Marx est la façon dont elle se définit elle-même comme un aspect historiquement déterminé de ce qu'elle étudie et non pas

---

1. Dans *Connaissance et Intérêt* (Gallimard, 1976), Habermas critique l'identification hégélienne de la conscience critique à la connaissance absolue, en tant qu'identification qui sape l'autoréflexion critique. Habermas attribue cette identification au présupposé hégélien de l'identité absolue du sujet et de l'objet, nature comprise. Cependant, il n'examine pas les conséquences négatives pour l'autoréflexion épistémologique de toute dialectique transhistorique, même lorsqu'elle exclut la nature. Voir p. 51 et suiv.

2. Marx, « Thèses sur Feuerbach » *in* Karl Marx et Friedrich Engels, *L'Idéologie allemande*, pp. 1-4.

comme une science positive transhistoriquement valable qui constitue une exception historiquement unique (donc fausse) se situant au-dessus de l'interaction des formes sociales et des formes de conscience qu'elle analyse. Cette critique n'adopte pas un point de vue extérieur à son objet, elle est autoréflexive et épistémologiquement cohérente.

Travail abstrait

Mon affirmation selon laquelle l'analyse que Marx fait du caractère historiquement spécifique du travail sous le capitalisme se trouve au cœur de sa théorie critique, et cette affirmation se trouve elle-même au cœur de l'interprétation ici présentée. J'ai montré que la critique marxienne procède d'une analyse de la marchandise comme forme sociale double et que Marx fonde le dualisme de la forme sociale qui est celle de la société capitaliste dans le double caractère du travail producteur de marchandises. À présent, il nous faut analyser ce double caractère, en particulier la dimension que Marx appelle « travail abstrait ».

La distinction que Marx opère entre le travail utile, concret, qui produit les valeurs d'usage, et le travail humain abstrait, qui constitue la valeur, ne se rapporte pas à deux types de travail différents, mais aux deux aspects du même travail dans la société déterminée par la marchandise : « Il s'ensuit que la marchandise ne contient pas deux types de travail différents ; cependant, le *même* travail est déterminé en tant que différent et opposé à lui-même, selon qu'il est lié à la *valeur d'usage* de la marchandise comme son produit, ou à la *valeur marchande* comme sa simple expression objectivée »[1]. Toutefois, le mode d'exposition immanent de Marx rend difficile à comprendre la signification qu'il attribue explicitement à cette distinction pour sa critique du capitalisme. En outre, les définitions qu'il donne du travail humain abstrait dans le premier chapitre du *Capital* sont pour le moins ambiguës. Elles semblent indiquer qu'il s'agit d'un résidu biologique, c'est-à-dire qu'il doit être interprété comme dépense d'énergie physiologique humaine. Par exemple :

---

1. Marx, *Das Kapital*, livre I (1ʳᵉ éd., 1867) *in* Iring Fetscher (dir.), *Marx-Engels Studienausgabe*, vol. 2, 1966, p. 224.

« Tout travail est pour une part dépense de force de travail humaine au sens physiologique, et c'est en cette qualité de travail humain identique, ou encore de travail abstraitement humain, qu'il constitue la valeur marchande. D'un autre côté, tout travail est dépense de force de travail humaine sous une forme particulière déterminée par une finalité, et c'est en cette qualité de travail utile concret qu'il produit des valeurs d'usage »[1].

« Si l'on fait abstraction du caractère déterminé de l'activité productive et donc du caractère utile du travail, il reste que celui-ci est une dépense de force de travail humaine. La confection et le tissage bien qu'étant des activités productives qualitativement distinctes, sont l'une et l'autre une dépense productive de matière cérébrale, de muscles, de nerf, de mains, etc., et sont donc, en ce sens, l'une et l'autre du travail humain. Ce ne sont que deux formes distinctes de dépense de la force de travail humaine »[2].

En même temps, Marx affirme clairement que nous avons affaire à une catégorie *sociale*. Il se réfère au travail humain abstrait qui constitue la dimension de valeur des marchandises comme à leur « *substance sociale*, qui leur est commune [à toutes] »[3]. Par conséquent, bien que les marchandises en tant que valeurs d'usage soient matérielles, en tant que valeurs elles sont des objets purement sociaux :

« À l'opposé complet de l'épaisse objectivité sensible des denrées matérielles, il n'entre pas le moindre atome de matière naturelle dans leur objectivité de valeur. [...] Mais si l'on se souvient que les marchandises n'ont d'objectivité de valeur que dans la mesure où elles sont les expressions d'une même unité sociale, le travail humain, et que leur objectivité de valeur est donc purement sociale, il va dès lors également de soi que

---

1. *Le Capital*, livre I, p. 53.
2. *Ibid.*, p. 50.
3. *Ibid.*, p. 43 (c'est moi qui souligne).

celle-ci ne peut apparaître que dans le rapport social de marchandise à marchandise »[1].

De plus, Marx souligne explicitement le fait que cette catégorie sociale doit se comprendre comme historiquement déterminée, ainsi que l'indique le passage suivant, déjà cité : « La forme-valeur du produit du travail est la forme la plus abstraite, mais aussi la plus générale du mode de production bourgeois, qu'elle caractérise ainsi comme une modalité particulière de production sociale, et détermine, du même coup, historiquement »[2].

Mais si la catégorie de travail humain abstrait est une détermination sociale, elle ne peut pas être une catégorie physiologique. En outre, comme mon interprétation des *Grundrisse* au chapitre I l'indique et comme la citation ci-dessus le confirme, comprendre la valeur en tant que forme historiquement spécifique de richesse sociale constitue le cœur même de l'analyse de Marx. Dans cette hypothèse, la « substance sociale » du travail humain abstrait ne peut pas être un résidu naturel, transhistorique, commun au travail humain dans toutes les sociétés. Ainsi qu'Isaak Roubine l'écrit :

« De deux choses l'une : ou bien le travail abstrait est une dépense d'énergie humaine sous une forme physiologique, et alors la valeur a aussi un caractère réifié. Ou bien la valeur est un phénomène social, et le travail abstrait doit alors lui aussi être compris comme un phénomène social, lié à une forme sociale de production déterminée. Il est impossible de concilier une interprétation physiologique du concept de travail abstrait avec le caractère historique de la valeur que ce même travail crée »[3].

Il s'agit donc d'aller au-delà de la définition physiologique du travail humain abstrait donnée par Marx et d'en analyser la signification socio-historique. De plus, une analyse adéquate ne doit pas seulement montrer *que* ce travail humain abstrait a un caractère

---

1. *Ibid.*, p. 54.
2. *Ibid.*, p. 92, n. 32.
3. Isaak I. Roubine, *Essais sur la théorie de la valeur de Marx*, Maspero, 1978, p. 185.

social ; elle doit aussi examiner les rapports sociaux historiquement spécifiques qui sous-tendent la valeur afin d'expliquer *pourquoi* ces rapports apparaissent comme transhistoriques, naturels et donc historiquement vides et, par conséquent, pourquoi ils sont présentés par Marx comme physiologiques. En d'autres termes, ce type d'approche étudierait la catégorie de travail humain abstrait comme la détermination initiale et première qui sous-tend le « fétiche-marchandise » dans l'analyse de Marx – le fait que les rapports sociaux, sous le capitalisme, revêtent la forme de rapports entre des objets et apparaissent donc comme transhistoriques. Cette analyse montrerait que, pour Marx, même les catégories de l'« essence » de la formation sociale capitaliste telles que « valeur » et « travail humain abstrait » sont réifiées – et pas seulement leurs formes phénoménales catégorielles telles que valeur d'échange et, à un niveau plus manifeste, prix et profit. Ce point est tout à fait crucial, car il serait ainsi établi que les catégories de l'analyse marxienne des formes essentielles sous-jacentes aux diverses formes phénoménales catégorielles sont voulues non pas comme des catégories ontologiques, transhistoriquement valables, mais comme des catégories censées saisir des formes sociales elles-mêmes historiquement spécifiques. Cependant, du fait de leur caractère particulier, ces formes sociales paraissent ontologiques. La tâche qui s'impose à nous consiste donc à découvrir une forme historiquement spécifique de réalité sociale « derrière » le travail humain abstrait en tant que catégorie de l'essence. Il nous faudra ensuite expliquer pourquoi cette réalité spécifique revêt cette forme particulière qui paraît ontologiquement fondée et, par conséquent, historiquement non spécifique.

Lucio Colletti, dans son essai « Bernstein et le marxisme de la Deuxième Internationale »[1], montre lui aussi la centralité de la catégorie de travail abstrait pour comprendre la critique de Marx. Colletti déclare que les conditions actuelles révèlent les inadéquations de l'interprétation de la théorie de la valeur-travail développée à l'origine par les théoriciens marxistes de la Deuxième Internationale. Pour Colletti, cette interprétation reste dominante ; elle réduit la théorie de la valeur de Marx à celle de Ricardo et conduit à une

---

1. Lucio Colletti, « Bernstein et le marxisme de la Deuxième Internationale » *in De Rousseau à Lénine*, Gordon & Breach, 1974, pp. 101-174.

compréhension étroite de la sphère économique[1]. Comme Roubine, Colletti affirme que l'on comprend rarement que la théorie de la valeur de Marx est identique à sa théorie du fétiche. Ce qu'il faut expliquer, c'est pourquoi le produit du travail prend la forme de la marchandise et, par conséquent, pourquoi le travail humain se présente comme valeur de choses[2]. Le concept de travail abstrait se trouve au cœur de cette explication mais, selon Colletti, la plupart des marxistes – y compris Karl Kautsky, Rosa Luxemburg, Rudolf Hilferding et Paul Sweezy – n'ont jamais réellement expliqué cette catégorie. Ils considèrent implicitement le travail abstrait comme une généralisation mentale de divers types de travail concret plutôt que comme l'expression de quelque chose de réel[3]. Toutefois, s'il en était ainsi, la valeur serait elle aussi une construction purement mentale, et Böhm-Bawerk aurait eu raison de prétendre que la valeur, c'est la valeur d'usage en général et non, comme Marx le pensait, une catégorie qualitativement distincte[4].

Pour montrer que le travail abstrait exprime quelque chose de réel, Colletti étudie la source et la signification de l'abstraction du travail. Ce faisant, il insiste sur le procès d'échange : il affirme que, pour échanger leurs produits, les hommes doivent les rendre égaux, ce qui, en retour, entraîne une abstraction des différences physico-naturelles entre les divers produits et, partant, une abstraction des différences entre les divers travaux. Ce procès qui constitue le travail abstrait est celui de l'aliénation : ce travail devient une force en soi, une force séparée des individus. Pour Colletti, la valeur n'est pas seulement indépendante des hommes, elle les domine[5].

L'argumentation de Colletti est à certains égards parallèle à celle développée dans ce livre. Comme Georges Lukács, Isaak Roubine, Bertell Ollman et Derek Sayer, Colletti considère la valeur et le travail abstrait comme des catégories historiquement spécifiques et

---

1. *Ibid.*, p. 137.

2. *Ibid.*

3. *Ibid.*, pp. 138-140. Ainsi Sweezy définit-il cette catégorie de la manière suivante : « Bref, comme l'usage de Marx lui-même l'atteste clairement, le travail abstrait est équivalent au "travail en général" : il est ce qui est commun à toute activité humaine productive » (*The Theory of Capitalist Development*, p. 30).

4. Colletti, « Bernstein et le marxisme de la Deuxième Internationale », pp. 142-143.

5. *Ibid.*, pp. 142-149.

l'analyse de Marx comme celle des formes de rapports sociaux et de domination propres au capitalisme. Néanmoins, il ne fonde pas réellement sa description du travail aliéné et ne va pas au bout des conséquences de sa propre interprétation. Colletti ne part pas d'une étude du travail abstrait pour aller vers une critique plus radicale de l'interprétation marxiste traditionnelle et développer ainsi une critique de la forme de production et de la centralité du travail sous le capitalisme. Cela aurait exigé de repenser la conception marxiste traditionnelle du travail et de voir que l'analyse marxienne du travail sous le capitalisme est celle d'une forme de médiation sociale historiquement spécifique. Ce n'est qu'en développant une critique centrée sur le rôle historiquement unique du travail sous le capitalisme que Colletti – et autres théoriciens ayant affirmé la spécificité historique de la valeur et du travail abstrait – aurait pu effectuer une rupture théorique radicale avec le marxisme traditionnel. Or Colletti reste dans les limites d'une critique sociale faite du point de vue du « travail » : la fonction de la critique sociale est, dit-il, de « défétichiser » le monde des marchandises et par là même d'aider le travail salarié à reconnaître que l'essence de la valeur et du capital est une objectivation de lui-même[1]. Il faut préciser que, quoique Colletti commence cette section de son essai en critiquant la conception du travail abstrait qui est celle de Sweezy, il la conclut en citant positivement l'opposition historiquement abstraite et absolue que Sweezy fait entre la valeur comme principe du capitalisme et la planification comme principe du socialisme[2]. C'est-à-dire que le réexamen du travail abstrait effectué par Colletti ne modifie pas significativement les conclusions auxquelles il parvient : le problème du travail abstrait se réduit effectivement à un détail d'interprétation. Malgré son affirmation selon laquelle la plupart des interprétations marxistes de la théorie de la valeur-travail ont été ricardiennes et son insistance sur la centralité du travail abstrait en tant que travail aliéné dans l'analyse de Marx, Colletti finit par reproduire, de façon plus raffinée, la position qu'il critique. Sa critique reste une critique du mode de distribution.

Le problème théorique auquel nous sommes confrontés est donc de réexaminer la catégorie de travail abstrait afin de jeter les bases

---

1. *Ibid.*, pp. 151-153.
2. *Ibid.*, p. 155.

d'une critique du mode de production – une critique, autrement dit, qui *diffère* fondamentalement du marxisme de la Deuxième Internationale, que celui-ci analyse le travail de façon transhistorique ou de façon historiquement spécifique.

Travail abstrait et médiation sociale

C'est en abordant les catégories marxiennes, intrinsèquement liées entre elles, de marchandise, de valeur et de travail abstrait comme catégories d'une forme déterminée d'interdépendance sociale que l'on commence à les comprendre. (Étant donné qu'il ne commence pas par les questions habituelles – par exemple, se demander si l'échange sur le marché est régulé par des quantités relatives de travail objectivé, par des considérations d'utilité ou d'autres facteurs –, ce type d'approche évite de traiter les catégories de Marx trop étroitement en tant que catégories socio-économiques qui présupposent ce que Marx tente au contraire d'expliquer[1]). Une société où la marchandise est la forme générale du produit, et où donc la valeur est la forme générale de la richesse, se caractérise par une forme d'interdépendance sociale unique : les hommes ne consomment pas ce qu'ils produisent mais produisent et échangent des marchandises en vue d'acquérir d'autres marchandises :

---

1. Au niveau logique, la théorie de Marx peut être vue comme une analyse des fondements structurels d'une société caractérisée par l'échangeabilité universelle des produits – c'est-à-dire une société où tous les biens et toutes les relations des hommes aux biens sont « séculiers » dans le sens où, contrairement à ce qui se passe dans de nombreuses sociétés « traditionnelles », tous les biens sont considérés comme des « objets » et où les hommes ont théoriquement la possibilité de choisir entre tous les biens. Cette théorie diffère radicalement des théories de l'échange sur le marché – qu'il s'agisse des théories de la valeur-travail ou des théories utilitaristes de l'équivalence – qui présupposent comme condition fondamentale ce que l'analyse marxienne de la marchandise tente précisément d'expliquer. De plus, comme nous le verrons, cette analyse permet de mettre en lumière la nature du capital – c'est-à-dire qu'elle tente d'expliquer la dynamique historique de la société capitaliste. Comme je le montrerai, pour Marx, cette dynamique s'enracine dans la dialectique du travail concret et du travail abstrait, et elle ne peut pas être saisie par les théories exclusivement centrées sur l'échange sur le marché.

« Pour devenir marchandise, il ne faut pas que le produit soit produit comme moyen de subsistance immédiat pour le producteur lui-même. Si nous avions poussé notre recherche plus loin, en nous demandant dans quelles conditions la totalité des produits, ou simplement le plus grand nombre d'entre eux, prennent la forme de marchandise, il se serait avéré que cela n'arrive que sur la base d'un mode de production tout à fait spécifique, le mode de production capitaliste »[1].

Nous avons affaire là à un nouveau type d'interdépendance qui est apparu historiquement de façon lente, spontanée et contingente. Mais une fois que la société fondée sur cette nouvelle forme d'interdépendance se fut pleinement déployée (ce qui s'est produit quand la force de travail est devenue marchandise[2]), elle a acquis un caractère nécessaire et systématique ; elle a progressivement sapé, incorporé et dépassé les autres formes sociales, tout en se mondialisant. Mon but est d'analyser la nature de cette interdépendance et le principe qui la constitue. En étudiant cette forme particulière d'interdépendance et le rôle spécifique joué par le travail dans sa constitution, je mettrai en lumière les déterminations les plus abstraites de la société capitaliste chez Marx. Ayant établi les déterminations marxiennes initiales des formes de richesse, de travail et de rapports sociaux qui caractérisent le capitalisme, je pourrai alors clarifier le concept marxien de domination sociale abstraite en analysant comment ces formes s'opposent aux individus de manière quasi objective et comment elles engendrent un mode de production particulier et une dynamique historique interne[3].

Dans la société déterminée par la marchandise, les objectivations du travail sont le moyen par lequel on acquiert les biens produits par d'autres ; on travaille pour acquérir d'autres produits. C'est

---

1. *Le Capital*, livre I, p. 190.

2. *Ibid.*, p. 191.

3. Diane Elson pense elle aussi que l'objet de la théorie marxienne de la valeur est le travail et que, par sa catégorie de travail abstrait, Marx cherche à analyser les fondements d'une société où le procès de production se soumet les hommes, bien plutôt que l'inverse. Toutefois, à partir de cette approche, Elson ne met pas en question la compréhension traditionnelle des rapports fondamentaux du capitalisme. Voir « The Value Theory of Labour » *in* Elson (dir.), *Value : The Representation of Labour in Capitalism*, 1979, pp. 115-180.

donc à quelqu'un d'autre que le producteur que sert le produit (en tant que bien, en tant que valeur d'usage) – au producteur, il sert de moyen pour acquérir les produits du travail des autres producteurs. C'est en ce sens qu'un produit est une marchandise : il est à la fois valeur d'usage pour l'autre et moyen d'échange pour le producteur. Cela signifie que le travail a une double fonction : d'un côté, c'est un type de travail spécifique qui produit des biens particuliers pour d'autres ; mais, d'un autre côté, le travail, indépendamment de son contenu spécifique, sert au producteur de moyen pour acquérir les produits des autres. En d'autres termes, le travail devient un moyen particulier pour acquérir des biens dans une société déterminée par la marchandise ; la spécificité du travail est *abstraite* des produits qu'on acquiert par le travail. Il n'existe aucun lien intrinsèque entre la spécificité du travail dépensé et la spécificité du produit acquis au moyen de ce travail.

Les choses se passent tout à fait différemment dans les formations sociales où ne prédominent pas la production et l'échange marchands, où la distribution sociale du travail et de ses produits s'effectue par le biais d'un large éventail de coutumes, de liens traditionnels, de rapports de pouvoir non déguisés ou, comme on pourrait l'imaginer, de décisions conscientes[1]. Dans les sociétés non capitalistes, le travail est distribué par des rapports sociaux manifestes. Mais, dans une société caractérisée par l'universalité de la

---

1. Karl Polanyi souligne également la nature historiquement unique du capitalisme moderne : dans les autres sociétés, l'économie est enchâssée dans les rapports sociaux, alors que, dans le capitalisme moderne, les rapports sociaux sont enchâssés dans le système économique. Voir *La Grande Transformation*, Gallimard, 1983, p. 88. Mais Polanyi met l'accent presque exclusivement sur le marché et affirme que le capitalisme pleinement développé se définit par le fait qu'il est fondé sur une fiction : le travail humain, la terre et l'argent sont considérés comme s'ils étaient des marchandises, ce qu'ils ne sont pas (p. 107). Cet auteur suggère par là même que l'existence des produits du travail en tant que marchandises est en quelque sorte socialement « naturelle ». Cette compréhension très commune diffère de celle de Marx, pour qui rien n'est « par nature » une marchandise et pour qui la catégorie de marchandise se rapporte à une forme historiquement spécifique de rapports sociaux et non pas à des choses, des hommes, de la terre ou de l'argent. En effet, cette forme de rapports sociaux se rapporte en tout premier lieu à une forme historiquement déterminée de travail social. L'approche de Polanyi, avec son ontologie sociale implicite et l'accent mis exclusivement sur le marché, détourne l'attention de l'examen de la forme « objective » des rapports sociaux et de la dynamique historique interne propres au capitalisme.

forme-marchandise, un individu n'acquiert pas les biens produits par d'autres par le médium de rapports sociaux non déguisés. C'est le travail lui-même – soit directement, soit en tant qu'il est exprimé dans ses produits – qui remplace ces rapports en servant de moyen « objectif » par lequel on acquiert les produits des autres. *C'est le travail lui-même qui constitue une médiation sociale, et non des rapports sociaux non déguisés.* C'est-à-dire qu'une nouvelle forme d'interdépendance vient à naître : personne ne consomme ce qu'il produit, mais le travail ou le produit du travail de chacun fonctionne comme moyen nécessaire pour obtenir les produits des autres. En devenant ce moyen, le travail et ses produits acquièrent la fonction qui était celle des rapports sociaux manifestes. Par conséquent, au lieu d'être médiatisé par des rapports sociaux non déguisés ou « reconnaissables », le travail déterminé par la marchandise est médiatisé par un ensemble de structures qu'il constitue lui-même, comme nous le verrons. Sous le capitalisme, le travail et ses produits se médiatisent eux-mêmes ; ils sont socialement auto-médiatisants. Cette forme de médiation sociale est unique : dans le cadre de l'approche de Marx, elle différencie suffisamment le capitalisme de toutes les autres formes de vie sociale existantes pour que, par rapport au capitalisme, on puisse considérer ces dernières comme ayant des traits communs – pour qu'on puisse les voir comme « non capitalistes », bien que par ailleurs elles diffèrent les unes des autres.

En produisant des valeurs d'usage, le travail sous le capitalisme peut être considéré comme une activité intentionnelle qui transforme la matière d'une manière déterminée – ce que Marx appelle le « travail concret ». La *fonction* du travail en tant qu'activité socialement médiatisante est ce qu'il appelle le « travail abstrait ». Divers types d'activités que nous considérerions comme travail existent dans toutes les sociétés (même si ce n'est pas sous la forme « sécularisée » générale que suppose la catégorie de travail concret), mais le travail abstrait est spécifique au capitalisme et nécessite donc une étude plus précise. Tout d'abord, il devrait être clair que la catégorie de travail abstrait ne se rapporte ni à un type de travail particulier, ni au travail concret en général ; du travail, elle exprime, à côté de sa fonction sociale « normale » en tant qu'activité productive sous le capitalisme, une fonction sociale unique, particulière.

Le travail a bien sûr un caractère social dans toutes les formations sociales, mais, comme nous l'avons vu au chapitre II, ce caractère social ne peut être saisi adéquatement qu'en termes de travail « immédiat » ou « médiat ». Dans les sociétés non capitalistes, les activités de travail sont sociales en raison de la matrice de rapports sociaux non déguisés dans laquelle elles s'inscrivent. Cette matrice est le principe constituant de ces sociétés ; les divers travaux acquièrent leur caractère social à travers ces rapports sociaux[1]. Du point de vue de la société capitaliste, on peut décrire les rapports dans les sociétés précapitalistes comme personnels, ouvertement sociaux et qualitativement particuliers (différenciés selon le groupe social, le rang social, etc.). Les activités de travail sont donc déterminées en tant qu'ouvertement sociales et qualitativement particulières ; les divers travaux reçoivent leur signification des rapports sociaux qui sont leur contexte.

Sous le capitalisme, c'est le travail même qui constitue une médiation sociale en lieu et place de cette matrice de rapports. Cela signifie qu'il *n'*est *pas* donné un caractère social au travail par des rapports sociaux non déguisés ; bien au contraire, étant donné que le travail se médiatise lui-même, il constitue une structure qui remplace les systèmes de rapports sociaux non déguisés et qui, en même temps, se donne à elle-même un caractère social. Ce moment réflexif détermine aussi bien la spécificité du caractère social automédiatisé du travail que les rapports sociaux structurés par cette médiation sociale. Comme je le montrerai, ce moment autofondateur du travail sous le capitalisme confère un caractère « objectif » au travail, à ses produits et aux rapports sociaux qu'il constitue. Sous le capitalisme, le caractère des rapports sociaux et le caractère social du travail sont déterminés par une fonction sociale du travail qui remplace celle des rapports sociaux non déguisés. En d'autres termes, sous le capitalisme, le travail fonde son propre caractère social en raison de sa fonction historiquement spécifique en tant qu'activité socialement médiatisante. En ce sens, *sous le capitalisme, le travail devient son propre fondement social.*

Le travail, en constituant une médiation sociale autofondatrice, constitue un type de tout social déterminé : une totalité. La catégorie de totalité et la forme d'universalité qui lui est associée peuvent

---

1. *Le Capital*, livre I, pp. 88-90.

être expliquées en examinant le type de généralité liée à la forme-marchandise. Chaque producteur produit des marchandises qui sont des valeurs d'usage particulières et qui, en même temps, fonctionnent comme des médiations sociales. La fonction d'une marchandise comme médiation sociale est indépendante de sa forme matérielle particulière et il en va de même pour toutes les marchandises. En ce sens, une paire de chaussures est identique à un sac de pommes de terre. Ainsi chaque marchandise est-elle à la fois particulière en tant que valeur d'usage et générale en tant que médiation sociale. Dans ce dernier cas, la marchandise est une valeur. Comme le travail et ses produits ne sont pas médiatisés et que leur nature et leur signification sociales ne leur sont pas données par des rapports sociaux directs, ils acquièrent deux dimensions : ils sont qualitativement particuliers, mais possèdent aussi une dimension générale sous-jacente. Cette dualité correspond aux circonstances qui font que le travail (ou son produit) est acheté pour sa spécificité qualitative mais vendu en tant que moyen général. Par conséquent, le travail producteur de marchandises est à la fois particulier – en tant que travail concret, activité déterminée qui crée des valeurs d'usage spécifiques – et socialement général – en tant que travail abstrait, moyen d'acquérir les produits des autres.

Cette détermination initiale du double caractère du travail sous le capitalisme ne doit pas être comprise hors de son contexte, elle ne doit pas être comprise comme signifiant seulement que les diverses formes de travail concret sont des formes de travail en général. Cette affirmation est inutile pour l'analyse dans la mesure où on peut la faire à propos des activités de travail dans toutes les sociétés, même celles où la production marchande ne revêt qu'une importance marginale. Après tout, toutes les formes de travail ont en commun qu'elles sont du travail. Toutefois, cette interprétation indéterminée ne contribue pas et ne peut pas contribuer à une compréhension du capitalisme, précisément parce que, pour Marx, le travail abstrait et la valeur sont spécifiques à cette formation sociale. Ce qui, sous le capitalisme, rend le travail général, ce n'est pas simplement le truisme selon lequel il est le dénominateur commun à tous les types de travaux spécifiques ; en réalité, *c'est sa fonction sociale qui le rend général*. En tant qu'activité socialement médiatisante, le travail est abstrait de la spécificité de son produit, donc de la spécificité de sa propre forme concrète. Chez Marx, la catégorie de travail abstrait exprime ce processus d'abstraction social réel ; elle ne se fonde pas seulement sur un processus d'abstraction conceptuel. C'est en tant que pratique qui constitue une médiation sociale que le travail est du travail en général. De plus, nous avons affaire à une société où la forme-marchandise est généralisée et, partant, socialement déterminante ; le travail de *tous* les producteurs sert de moyen par lequel les produits des autres peuvent être obtenus. Le « travail en général » sert donc, d'une manière socialement générale, d'activité médiatisante. Mais le travail, en tant que travail abstrait, n'est pas seulement socialement général en ce sens qu'il constitue une médiation entre tous les producteurs ; la médiation a elle aussi un *caractère* socialement général.

Ce qui précède requiert davantage d'explication. Pris ensemble, le travail de tous les producteurs de marchandises est une collection de divers travaux concrets ; chacun est l'élément particulier d'un tout. De la même façon, les produits des producteurs apparaissent comme une « gigantesque collection de marchandises »[1] sous la forme de valeurs d'usage. En même temps, tous leurs travaux constituent des médiations sociales ; mais comme chaque travail individuel fonctionne de la *même* manière socialement médiatisante que tous les autres, leurs travaux abstraits pris ensemble *ne* constituent *pas* une gigantesque collection de divers travaux abstraits, mais une médiation sociale *générale* – en d'autres termes, du travail abstrait socialement total. Ainsi leurs produits constituent-ils une *médiation socialement totale* : la *valeur*. La médiation est générale non seulement parce qu'elle relie tous les producteurs, mais aussi parce que son caractère est général : abstrait de toute spécificité matérielle ainsi que de toute particularité ouvertement sociale. La médiation a donc la même qualité générale au niveau de l'individu et au niveau de la société en tant que tout. Considéré sous l'angle de la société prise comme un tout, le travail concret de l'individu est particulier et *fait partie* d'un *tout* qualitativement hétérogène ; mais en tant que travail abstrait, il est un *moment* individualisé d'une médiation sociale générale, qualitativement homogène,

---

1. *Ibid.*, p. 39.

constituant *une totalité sociale*[1]. C'est cette dualité du concret et de l'abstrait qui caractérise la formation sociale capitaliste.

Ayant établi la distinction entre travail concret et travail abstrait, je puis à présent modifier ce que je disais du travail en général et noter que la constitution de la dualité du concret et de l'abstrait par la forme-marchandise des rapports sociaux entraîne la constitution de deux types différents de généralité. J'ai esquissé la nature de la dimension générale-abstraite qui s'enracine dans la fonction du travail en tant qu'activité socialement médiatisante : toutes les formes de travail et de produits du travail sont rendues équivalentes. En même temps, cette fonction sociale du travail établit une autre forme de caractéristique commune entre les divers types de travail et de produits du travail : elle entraîne leur classification *de facto* en tant que travail et en tant que produits du travail. Étant donné que tout type de travail particulier fonctionne comme travail abstrait et que tout produit du travail sert de marchandise, les activités et les produits qui, dans d'autres sociétés, ne peuvent pas être classés comme similaires, le *sont* sous le capitalisme, en tant que variétés de travail (concret) ou en tant que valeurs d'usage particulières. En d'autres termes, la généralité abstraite historiquement constituée par le travail abstrait établit aussi le « travail concret » et la « valeur d'usage » en tant que catégories générales ; mais cette généralité est celle d'un tout hétérogène, fait d'éléments particuliers, et non celle d'une totalité homogène. Cette distinction entre deux formes de généralité, la totalité et le tout, ne doit pas être oubliée lorsqu'on examine la dialectique des formes historiquement constituées de généralité et de particularité dans la société capitaliste.

La société n'est pas une simple collection d'individus, elle est faite de rapports sociaux. Au cœur de l'analyse de Marx se trouve

---

1. Il est à noter que cette interprétation – contrairement à celle de Sartre par exemple – ne présuppose pas ontologiquement les concepts de « moment » et de « totalité » ; elle n'affirme pas qu'en général le tout devrait être saisi comme présent dans ses parties. Voir Jean-Paul Sartre, *Critique de la raison dialectique*, Gallimard, 1985, pp. 161-163. Cependant, à la différence d'Althusser, cette interprétation ne rejette pas ontologiquement ces concepts. Voir Louis Althusser, *Pour Marx*, Maspero, 1969. Elle traite au contraire la relation entre moment et totalité comme historiquement constituée, comme étant fonction des propriétés particulières des formes sociales que Marx analyse à l'aide de ses catégories de valeur, travail abstrait, marchandise et capital.

l'idée que les rapports sociaux capitalistes sont radicalement différents des rapports sociaux non déguisés – tels que les rapports de
parenté ou de domination directe ou personnelle – propres aux
sociétés non capitalistes. Ces derniers types de rapports ne sont
pas seulement sociaux de façon manifeste, ils sont qualitativement
particuliers ; ce n'est pas un type homogène, abstrait, simple, de
rapport qui sous-tend les divers aspects de la société.

Selon Marx, les choses se présentent différemment avec le capitalisme. Les rapports sociaux directs et non déguisés continuent bien
d'exister, mais la société capitaliste est en dernier ressort structurée
par un nouveau niveau d'interrelation sociale sous-jacente, que l'on
ne peut pas saisir adéquatement en termes de rapports ouvertement
sociaux entre les hommes ou entre les groupes – y compris les
classes[1]. La théorie de Marx comporte bien sûr une analyse de l'exploitation et de la domination de classe, mais elle va au-delà de
l'étude de la distribution inégale de la richesse et du pouvoir au sein
du capitalisme, pour saisir la nature même de la fabrique sociale
du capitalisme, de sa forme de richesse particulière et de sa forme
intrinsèque de domination.

Pour Marx, ce qui rend la fabrique de cette structure sociale
sous-jacente si particulière, c'est qu'elle est créée par le travail, par
la spécificité historique du travail sous le capitalisme. Par conséquent, les rapports sociaux spécifiques au, et caractéristiques du
capitalisme n'existent que dans le médium travail. Étant donné que
le travail est une activité qui s'objective elle-même dans ses produits,
la fonction du travail déterminé par la marchandise en tant qu'activité socialement médiatisante est inséparablement liée à l'acte d'objectivation : le travail producteur de marchandises, en s'objectivant
lui-même en tant que travail concret dans les valeurs d'usage particulières, s'objective aussi en tant que travail abstrait dans les rapports sociaux.

Selon Marx, l'un des traits de la société capitaliste (ou moderne)
est donc que, ses rapports sociaux essentiels étant constitués par le

---

1. Si l'analyse de classe reste fondamentale pour le projet critique de Marx,
l'analyse de la valeur, de la survaleur et du capital en tant que formes sociales ne
peut pas être pleinement saisie en termes de catégories « classistes ». Une analyse
marxiste qui en reste à des considérations de classe entraîne une grave réduction
sociologique de la critique de Marx.

travail, ceux-ci n'existent que sous une forme objectivée. Ils ont un caractère formel et objectif particulier, ils ne sont pas ouvertement sociaux et se caractérisent par la dualité antinomique totalisante du concret et de l'abstrait, du particulier et de l'homogénement général. Les rapports sociaux constitués par le travail déterminé par la marchandise ne relient pas les individus les uns aux autres de façon ouvertement sociale ; bien au contraire, le travail constitue une sphère de rapports sociaux objectivés, qui a un caractère objectif et apparemment non social et qui, comme nous le verrons, est séparée de, et opposée à l'agrégat social des individus et leurs rapports immédiats[1]. Étant donné que la sphère sociale qui caractérise la formation capitaliste est objectivée, on ne peut la saisir adéquatement en termes de rapports sociaux concrets.

Aux deux formes de travail objectivées dans la marchandise correspondent deux formes de richesse sociale : la valeur et la richesse matérielle. La richesse matérielle dépend des biens produits, de leur quantité et de leur qualité. En tant que forme de richesse, elle exprime l'objectivation des divers types de travail, le rapport actif de l'humanité à la nature. Cependant, prise en elle-même, elle ne constitue pas les rapports entre les hommes ni ne détermine sa propre distribution. L'existence de la richesse matérielle en tant que forme dominante de richesse sociale suppose l'existence de formes non déguisées pour les rapports sociaux qui la médiatisent.

La valeur est, elle, l'objectivation du travail abstrait. Dans l'analyse de Marx, elle est une forme de richesse autodistributrice : la distribution des marchandises s'effectue par ce qui leur semble inhérent – la valeur. La valeur est donc une catégorie de médiation : elle est tout à la fois une forme de richesse historiquement déterminée, autodistributrice, et une forme de rapports sociaux objectivée, automédiatrice. Comme nous le verrons, sa mesure est très différente de celle de la richesse matérielle. De plus, comme on l'a noté, la valeur est une catégorie de la totalité sociale : la valeur d'une marchandise est un moment individualisé de la médiation sociale générale objectivée. Parce qu'elle existe sous une forme objectivée, cette médiation sociale a un caractère objectif, elle n'est pas ouvertement sociale, elle est abstraite de toute particularité et indépendante de tous les rapports directement personnels. Un lien social résulte

---

1. *Grundrisse*, t. I, pp. 92-100.

de la fonction du travail comme médiation sociale, et cette médiation, du fait de ses qualités, ne dépend pas d'interactions sociales immédiates mais peut fonctionner à distance dans l'espace et dans le temps. En tant que forme objectivée du travail abstrait, la valeur est une catégorie essentielle des rapports de production capitalistes.

Ainsi la marchandise, que Marx analyse en tant que valeur d'usage et en tant que valeur, est-elle l'objectivation matérielle du double caractère du travail sous le capitalisme – comme travail concret et comme activité socialement médiatisante. Elle est le principe structurant fondamental du capitalisme, la forme objectivée à la fois des rapports hommes/nature et des rapports des hommes entre eux. La marchandise est un produit en même temps qu'une médiation sociale. Ce n'est pas une valeur d'usage qui *a* de la valeur mais, en tant qu'objectivation matérialisée du travail concret et du travail abstrait, c'est une valeur d'usage qui *est* une valeur et qui donc a une valeur d'échange. Cette simultanéité des dimensions substantielle et abstraite dans la forme du travail et de ses produits constitue la base des diverses oppositions antinomiques du capitalisme et fonde, ainsi que je le montrerai, sa nature dialectique et finalement contradictoire. Par son double caractère, en tant que concrète et abstraite, qualitativement particulière et qualitativement homogène-générale, la marchandise est l'expression la plus élémentaire du caractère fondamental du capitalisme. En tant qu'objet, la marchandise *a* une forme matérielle ; en tant que médiation sociale, elle *est* une forme sociale.

Après avoir considéré les toutes premières déterminations des catégories critiques de Marx, il est à noter que son analyse, au livre I du *Capital*, de la marchandise, de la valeur, du capital et de la survaleur ne distingue pas nettement les niveaux « micro » et « macro » d'analyse, mais examine des formes structurées de pratique au niveau de la société en tant que tout. Ce niveau d'analyse sociale qui porte sur les formes fondamentales de la médiation sociale propre au capitalisme permet aussi une théorie socio-historique des formes de subjectivité. Cette théorie n'est pas fonctionnaliste et ne tente pas de fonder la pensée seulement par rapport à la position sociale et aux intérêts sociaux. Elle analyse bien plutôt la pensée ou, plus largement, la subjectivité en fonction des formes historiquement spécifiques de médiation sociale, c'est-à-dire en fonction

des formes, structurées de façon déterminée, de pratique quotidienne qui constituent le monde social[1]. Dans ce cadre, même une
forme de pensée telle que la philosophie, qui semble très éloignée
de la vie sociale immédiate, peut être analysée comme socialement
et culturellement constituée, au sens où ce mode de pensée lui-
même peut être compris par rapport à des formes sociales historiquement déterminées.

Comme je l'ai suggéré, on peut lire le déploiement des catégories
dans la critique de Marx comme un métacommentaire immanent
sur la constitution sociale de la pensée philosophique en général et
de celle de Hegel en particulier. Pour Hegel, l'Absolu, la totalité
des catégories subjectives-objectives, se fonde lui-même. En tant
que « substance » qui se meut elle-même et qui est « Sujet », il est
tout à la fois la vraie *causa sui* et le point d'aboutissement de son
propre développement. Dans *Le Capital*, Marx présente les formes
qui sous-tendent la société déterminée par la marchandise comme

---

1. Dans ce livre, je décrirai quelques aspects de la dimension subjective de la
théorie marxienne de la constitution de la société moderne par des formes structurées déterminées de pratique sociale, mais je ne poserai pas la question du rôle
possible du langage dans la constitution sociale de la subjectivité – que ce soit,
par exemple, sous la forme de l'hypothèse de la relativité linguistique (« hypothèse
Sapir-Whorf ») ou sous la forme de la théorie du discours. Pour des tentatives de
relier les formes de pensée culturellement spécifiques aux formes linguistiques,
voir Edward Sapir, *Le Langage. Introduction à l'étude de la parole*, Payot & Rivages,
2001, et Benjamin L. Whorf, *Language, Thought and Reality*, 1956. L'idée que le
langage ne véhicule pas simplement des idées préexistantes mais qu'il codétermine
la subjectivité ne peut être articulée aux analyses socio-historiques que sur la base
de théories du langage et de la société qui permettent la médiation de la société
par le langage dans la façon dont ces théories conçoivent leur objet. Mon but ici
est d'abord d'expliciter une approche socio-théorique centrée sur la forme de
médiation sociale plutôt que sur les groupes sociaux, les intérêts matériels, etc.
Une telle approche permettrait d'examiner la relation société/culture dans le
monde moderne de manière à aller au-delà de l'opposition classique du matérialisme et de l'idéalisme – opposition reprise tant par les théories économistes ou
sociologiques de la société que par les théories idéalistes du discours et du langage.
La théorie sociale qui en résulterait serait plus intrinsèquement en mesure de traiter les problèmes soulevés par les théories linguistiques que ne le sont des
approches plus conventionnellement « matérialistes ». Elle exigerait aussi implicitement des théories de la relation langage/subjectivité qu'elles reconnaissent, et
soient intrinsèquement en mesure de traiter, les problèmes que sont la spécificité
historique et les immenses transformations sociales actuelles.

ce qui constitue le contexte social d'idées telles que la différence entre essence et apparence, le concept philosophique de substance, la dichotomie sujet/objet, la notion de la totalité et, au niveau logique de la catégorie de « capital », la dialectique en déploiement du sujet-objet identique[1]. Son analyse du double caractère du travail sous le capitalisme, en tant qu'activité productive et en tant que médiation sociale, lui permet de concevoir ce travail en tant que « *causa sui* » historiquement spécifique, en tant que « *causa sui* » non métaphysique. Parce que ce travail se médiatise lui-même, il se fonde lui-même (socialement) et possède les attributs de la « substance » au sens philosophique du terme. Nous avons vu que Marx se réfère explicitement à la catégorie de travail humain abstrait lorsqu'il utilise le terme philosophique de « substance » et que ce terme exprime la constitution d'une totalité sociale par le travail. La forme sociale est une totalité non parce qu'elle est une collection de diverses particularités, mais parce qu'elle est constituée par une

---

1. Alfred Sohn-Rethel, entre autres, relie l'apparition de la philosophie en Grèce au développement du système monétaire et à l'extension de la forme-marchandise aux VIᵉ et Vᵉ siècles avant J.-C. Voir Alfred Sohn-Rethel, *Geistige und körperliche Arbeit*, 1972 ; George Thompson, *Les Premiers Philosophes*, Éditions Sociales, 1973 ; R. W. Müller, *Geld und Geist*, 1977. (Une version revue et corrigée du livre de Sohn-Rethel est parue en anglais sous le titre *Intellectual and Manual Labour : A Critique of Epistemology*, 1978.) Cependant, Sohn-Rethel ne distingue pas entre une situation telle que celle de l'Attique au Vᵉ siècle où la production de marchandises est étendue mais ne représente nullement la forme dominante de la production, et le capitalisme où la forme-marchandise est totalisante. Sohn-Rethel ne peut donc pas fonder socialement ce qui distingue, comme l'a noté Lukács, la philosophie grecque du rationalisme moderne. Selon Lukács, la première « a certes connu les phénomènes de la réification, mais ne les a pas encore vécus comme formes universelles de l'ensemble de l'être ; [...] elle avait un pied dans cette société-ci et l'autre dans une société à structure "naturelle" ». Le rationalisme moderne se caractérise par le fait « qu'il revendique – et sa revendication va croissant au cours de l'évolution – d'avoir découvert le *principe* de la liaison entre tous les phénomènes qui font face à la vie de l'homme dans la nature et la société » (*Histoire et conscience de classe*, pp. 142 et 145). Cependant, Lukács lui-même, du fait de ses postulats relatifs au « travail » et, partant, de son affirmation de la totalité, n'a pas une pensée suffisamment historique à l'égard de l'époque capitaliste : il se révèle incapable d'analyser l'idée hégélienne de déploiement dialectique du *Weltgeist* comme expression de l'époque capitaliste ; et il l'interprète au contraire comme la version idéaliste d'une forme de pensée qui *transcende* le capitalisme.

« substance » homogène et générale qui est à elle-même son propre fondement. Puisque la totalité est autofondatrice, automédiatrice et objectivée, elle existe de façon quasi indépendante. Comme je le montrerai, au niveau logique de l'analyse de la catégorie de capital, cette totalité devient concrète et se meut par elle-même. Le capitalisme, tel que Marx l'analyse, est une forme de société avec des attributs métaphysiques : ceux du Sujet absolu.

Cela ne signifie nullement que Marx traite les catégories sociales de manière philosophique ; bien plutôt, il traite les catégories philosophiques par rapport aux attributs particuliers des formes sociales qu'il analyse. D'après lui, les attributs des catégories sociales s'expriment sous une forme hypostasiée en tant que catégories philosophiques. Son analyse du double caractère du travail sous le capitalisme, par exemple, traite implicitement l'autofondation comme l'attribut d'une forme sociale historiquement spécifique, et non comme l'attribut d'un Absolu. Cela suggère une interprétation historique de la tradition de la pensée philosophique, de la pensée qui se donne comme point de départ des principes autofondés. Les catégories de Marx, tout comme celles de Hegel, saisissent la constitution du sujet et de l'objet par rapport au déploiement d'un sujet-objet identique. Mais chez Marx, ce déploiement est déterminé par rapport aux formes catégorielles des rapports sociaux sous le capitalisme, lesquelles s'enracinent dans la dualité du travail déterminé par la marchandise. Selon Marx, ce que Hegel a cherché à saisir par son concept de totalité n'est pas absolu et éternel, mais historiquement déterminé. Une *causa sui* existe effectivement, mais elle est sociale ; et elle n'est pas le vrai point d'aboutissement de son propre développement. C'est-à-dire qu'il n'existe pas de point d'aboutissement : le dépassement du capitalisme entraînera l'abolition – et non l'accomplissement – de la « substance », l'abolition du rôle du travail dans la constitution d'une médiation sociale et, partant, l'abolition de la totalité.

Résumons. Dans les écrits du Marx de la maturité, l'idée que le travail est au cœur de la vie sociale ne se rapporte pas seulement au fait que la production matérielle est toujours une condition de la vie sociale. Cela ne signifie pas non plus que la production est la sphère déterminante, historiquement spécifique, de la civilisation capitaliste – si l'on entend par production seulement la production de biens. De façon générale, la sphère de production sous le capitalisme ne doit pas être comprise uniquement en termes d'interactions matérielles entre les hommes et la nature. Bien qu'il soit manifestement vrai que l'interaction « métabolique » avec la nature effectuée par le travail est une condition d'existence dans toute société, ce qui détermine une société c'est également le caractère de ses rapports sociaux. Selon Marx, le capitalisme se caractérise par le fait que ses rapports sociaux sont constitués par le travail. Sous le capitalisme, le travail s'objective lui-même non seulement dans des produits matériels – ce qui est le cas dans toutes les sociétés –, mais encore dans des rapports sociaux objectivés. Du fait de ce double caractère, il constitue en tant que totalité une sphère sociale quasi naturelle, une sphère objective, que l'on ne peut réduire à la somme des rapports sociaux directs et qui, comme nous le verrons, s'oppose aux agrégats d'individus et de groupes, comme un Autre abstrait. En d'autres termes, le double caractère du travail déterminé par la marchandise est tel que, sous le capitalisme, la sphère du travail médiatise des rapports qui, dans d'autres formations sociales, existent en tant que sphère d'interaction sociale non déguisée. Le travail constitue par là même une sphère sociale quasi objective. Son double caractère signifie que le travail sous le capitalisme a un caractère socialement synthétique que le travail dans d'autres sociétés ne possède pas[1]. Si le travail en tant que tel *ne* constitue *pas* la société en soi, le travail sous le capitalisme constitue *bien* cette société.

---

1. Comme je le montrerai plus loin, l'analyse du double caractère du travail producteur de marchandises indique que les *deux* positions dans le débat lancé par *Connaissance et Intérêt* de Habermas – c'est-à-dire : le travail est-il une catégorie sociale suffisamment synthétique pour satisfaire tout ce que Marx attend d'elle, ou bien faut-il ajouter conceptuellement, à la sphère du travail, une sphère de l'interaction ? – s'occupent du travail en tant que « travail », d'une manière trans-historique indifférenciée, plutôt que de la structure synthétique spécifique et historiquement unique du travail sous le capitalisme, telle qu'elle est analysée dans la critique de l'économie politique.

Travail abstrait et aliénation

Nous avons vu que, pour Marx, la qualité générale et objective des rapports sociaux capitalistes fondamentaux est telle qu'ils constituent une totalité et que cette qualité peut être déployée à partir d'une forme structurante simple : la marchandise. Cette argumentation est une dimension importante de la présentation de Marx dans *Le Capital*, puisqu'elle tente de reconstruire théoriquement les traits essentiels du capitalisme à partir de cette forme fondamentale. Partant de la catégorie de marchandise et de la détermination initiale du travail en tant que médiation sociale, Marx développe d'autres déterminations de la totalité capitaliste en déployant les catégories d'argent et de capital. Au cours de ce processus, il montre que les rapports sociaux médiatisés par le travail, les rapports sociaux propres au capitalisme, ne constituent pas simplement une matrice sociale au sein de laquelle les individus sont placés et liés les uns aux autres ; en fait, la médiation, analysée au départ comme un moyen (d'acquérir les produits des autres), acquiert une vie propre, une vie indépendante des individus qu'elle médiatise. Elle se développe en une sorte de système objectif au-dessus et contre les individus et détermine toujours davantage les buts et les moyens de l'activité humaine[1].

Il est à noter que l'analyse de Marx ne présuppose pas ontologiquement l'existence de ce « système » social d'une façon conceptuellement réifiée. Comme je l'ai montré, cette analyse fonde bien plutôt le caractère systémique des structures essentielles de la vie moderne dans des formes déterminées de pratique sociale. Les rapports sociaux qui définissent le capitalisme sont de caractère « objectif » et constituent un « système » parce qu'ils sont constitués par le travail en tant qu'activité socialement médiatisante et historiquement spécifique, c'est-à-dire une forme de pratique abstraite, homogène et objectivante. En retour, l'activité sociale est

---

1. Dans ce livre, je ne poserai pas le problème de la relation entre la constitution de la société capitaliste en tant que totalité sociale ayant une dynamique historique interne et la différenciation croissante des différentes sphères de la vie sociale propre à cette société. Pour une approche de ce problème, voir Georges Lukács, « Le changement de fonction du matérialisme historique » *in Histoire et conscience de classe*, pp. 263 et suiv.

conditionnée par les formes phénoménales de ces structures fonda-mentales, par la façon dont ces rapports sociaux sont manifestes et façonnent l'expérience immédiate. En d'autres termes, la théorie critique de Marx entraîne une analyse complexe de la constitution réciproque du système et de l'action sous le capitalisme, une analyse qui ne pose pas l'existence transhistorique de cette opposition même – système/action – mais qui la fonde, ainsi que chacun de ses termes, dans les formes déterminées de la vie sociale moderne.

Le système constitué par le travail abstrait incarne une forme nouvelle de domination sociale. Il exerce une forme de contrainte sociale dont le caractère impersonnel, abstrait et objectif est histori-quement nouveau. La détermination initiale de cette contrainte sociale abstraite, c'est que les individus sont forcés de produire et d'échanger des marchandises pour survivre. Cette contrainte ne dépend pas d'une domination sociale directe, comme c'est le cas, par exemple, avec le travail de l'esclave ou du serf ; elle dépend au contraire de structures sociales « abstraites » et « objectives » et constitue une forme de *domination impersonnelle, abstraite.* Cette forme de domination ne se fonde finalement sur personne, ni homme, ni classe, ni institution ; son fondement ultime, ce sont les formes sociales structurantes de la société capitaliste qui se sont généralisées et qui sont constituées par des formes déterminées de pratique sociale[1]. La société, en tant qu'Autre universel, abstrait, quasi indépendant, qui fait face aux individus et exerce sur eux une contrainte impersonnelle, est constituée par le double caractère du travail sous le capitalisme, en tant que structure aliénée. La catégo-rie de valeur, comme catégorie de base des rapports de production capitalistes, est également la détermination initiale des structures sociales aliénées. Rapports sociaux capitalistes et structures aliénées sont identiques[2].

---

1. La forme de domination qu'impliquent les formes sociales marchandise et capital dans la théorie de Marx diffère de la forme de pouvoir impersonnelle, interne et envahissante que Michel Foucault considère comme caractéristique des sociétés occidentales modernes. Voir *Surveiller et Punir. La naissance de la prison*, Gallimard, 1975.

2. Dans son étude raffinée et exhaustive du concept d'aliénation comme prin-cipe structurant central de la critique de Marx, Bertell Ollman interprète lui aussi la catégorie de valeur comme une catégorie qui saisit les rapports sociaux capita-listes en tant que rapports d'aliénation. Voir *Alienation*, 2e éd., 1976, pp. 157, 176.

Comme on sait, Marx soutient dans ses écrits de jeunesse que le travail s'objectivant lui-même dans ses produits n'est pas nécessairement aliénant et reproche à Hegel de ne pas avoir distingué entre aliénation et objectivation[1]. Toutefois, la façon dont on pense le rapport entre aliénation et objectivation dépend de la façon dont on comprend le travail. Si l'on part d'un concept transhistorique de « travail », la différence entre aliénation et objectivation se fonde nécessairement sur des facteurs *extérieurs* à l'activité objectivante – par exemple, sur les rapports de propriété, c'est-à-dire sur le fait que les producteurs immédiats disposent de leur propre travail et de ses produits ou sur le fait que la classe capitaliste se les approprie. Ce concept de travail aliéné ne saisit pas adéquatement le type de nécessité abstraite socialement constituée que j'ai commencé à analyser. Dans les écrits du Marx de la maturité, l'aliénation s'enracine au contraire dans le double caractère du travail déterminé par la marchandise et, en tant que telle, elle est *inhérente* à la nature même de ce travail. Sa fonction comme activité socialement médiatisante s'extériorise en tant que sphère sociale abstraite, indépendante, qui exerce une forme de contrainte impersonnelle sur les hommes qui la constituent. Le travail sous le capitalisme engendre une structure sociale qui domine le travail lui-même. Cette forme de domination réflexive auto-engendrée, c'est l'aliénation.

Cette analyse de l'aliénation implique de comprendre autrement la différence entre objectivation et aliénation. Dans les écrits du Marx de la maturité, cette différence n'est pas fonction de ce qui arrive au travail concret et à ses produits ; Marx montre bien plutôt que *l'objectivation est effectivement l'aliénation – puisque ce que le travail objective, ce sont les rapports sociaux.* Toutefois, cette identité est historiquement déterminée : elle est fonction de la spécificité du travail sous le capitalisme. Il existe donc une possibilité de la dépasser.

Il apparaît ainsi clairement une nouvelle fois que, dans sa critique de maturité, Marx parvient à saisir le « noyau rationnel » de la position de Hegel – dans ce cas, le fait que l'objectivation *soit* l'aliénation – en analysant la spécificité du travail sous le capitalisme. J'ai noté précédemment qu'une « transformation matérialiste » de la pensée de Hegel à partir d'un concept historiquement indifférencié

---

1. Marx, *Écrits de jeunesse*, Quai Voltaire, 1994, pp. 424-427, 434 et suiv.

de « travail » ne pouvait appréhender socialement la conception hégélienne du Sujet historique qu'en termes de groupe social, mais pas en termes de structure suprahumaine de rapports sociaux. Nous voyons à présent qu'elle échoue aussi à saisir le rapport interne (bien que historiquement déterminé) entre aliénation et objectivation. Dans les deux cas, l'analyse marxienne du double caractère du travail sous le capitalisme permet de s'approprier et d'appliquer plus adéquatement la pensée de Hegel à la société[1].

Le travail aliéné constitue donc une structure sociale de domination abstraite, mais un tel travail ne doit pas être nécessairement ramené au travail dur et pénible, à l'oppression ou à l'exploitation. Le travail du serf, dont une part « appartient » au seigneur féodal, n'est pas, en et pour soi, aliéné : la domination et l'exploitation de ce travail ne sont pas inhérentes au travail lui-même. C'est précisément pourquoi, dans ce contexte, l'expropriation *était et devait être* fondée sur la contrainte directe. Le travail non aliéné dans les sociétés où un surplus existe et est exproprié par les classes non laborieuses est nécessairement lié à une domination sociale directe. Par contraste, l'exploitation et la domination sont des moments qui font partie intégrante du travail déterminé par la marchandise[2]. Même le travail d'un producteur de marchandises indépendant est

---

1. L'étude du travail aliéné dans les *Manuscrits de 1844* montre que Marx n'a pas encore complètement développé la base de sa propre analyse. D'un côté, il affirme explicitement que le travail aliéné est au cœur du capitalisme et qu'il n'est pas fondé sur la propriété privée, et qu'à l'inverse c'est la propriété privée qui est le produit du travail aliéné (*Écrits de jeunesse*, p. 342 et suiv.). D'un autre côté, Marx n'a pas encore clairement formulé une conception de la spécificité du travail sous le capitalisme et ne peut donc pas réellement fonder ce raisonnement : son raisonnement touchant l'aliénation ne sera pleinement développé que plus tard, sur la base de la conception du double caractère du travail sous le capitalisme. Cette conception, en retour, modifie le concept marxien d'aliénation lui-même.

2. Giddens relève que, dans les sociétés précapitalistes « divisées en classes », les classes dominées n'ont pas besoin de la classe dominante pour continuer le procès de production, alors que, sous le capitalisme, le travailleur a besoin d'un employeur pour gagner sa vie. Voir *A Contemporary Critique of Historical Materialism*, 1981, p. 130. Cette remarque décrit une dimension extrêmement importante de la spécificité de la domination du travail sous le capitalisme. Mon objectif dans ce livre est toutefois de délimiter une autre dimension de cette spécificité, celle de la domination du travail *par* le travail. Quand on se focalise uniquement sur la propriété des moyens de production, cette forme risque d'être négligée.

aliéné (quoique à un autre degré que celui d'un ouvrier de l'industrie) parce que la contrainte sociale s'effectue abstraitement, en tant que résultat des rapports sociaux objectivés par le travail quand celui-ci fonctionne comme une activité socialement médiatisante. La domination abstraite et l'exploitation du travail caractéristiques du capitalisme se fondent finalement non pas sur l'appropriation du surplus par les classes non laborieuses, mais sur la forme que le travail revêt sous le capitalisme.

La structure de domination abstraite constituée par le travail agissant en tant qu'activité socialement médiatisante n'apparaît pas comme socialement créée ; elle apparaît bien plutôt sous une forme naturalisée. Sa spécificité socio-historique est voilée par plusieurs facteurs. La forme de nécessité sociale exercée – dont je n'ai discuté que la première détermination – existe en l'absence de toute domination sociale personnelle, de toute domination directe. Parce que la contrainte qui s'exerce est impersonnelle et « objective », elle n'apparaît pas comme sociale mais comme « naturelle » et conditionne les conceptions sociales de la réalité naturelle. Cette structure est telle que ce sont nos propres besoins, plutôt que la menace de la force ou d'autres sanctions sociales, qui apparaissent comme la source d'une telle nécessité.

Cette naturalisation de la domination abstraite est renforcée par la superposition de deux types de nécessité très différents qui sont liés au travail social. Sous une certaine forme, le travail est une condition nécessaire – *une nécessité sociale « naturelle »* ou transhistorique – de l'existence sociale des hommes. Cette nécessité voile la spécificité du travail producteur de marchandises : le fait que, bien que l'on ne consomme pas ce que l'on produit, le travail soit néanmoins le moyen social nécessaire pour obtenir les produits que l'on consomme. Cette dernière nécessité est une *nécessité sociale historiquement déterminée.* (Comme il apparaîtra clairement, la distinction entre ces deux types de nécessité est importante pour comprendre la conception que Marx a de la liberté dans une société postcapitaliste.) Parce que le rôle spécifique de médiation sociale joué par le travail producteur de marchandises est voilé et que ce travail apparaît comme travail en soi, ces deux types de nécessité sont réunis sous la forme d'une nécessité apparemment valable transhistoriquement : pour survivre, il faut travailler. Une forme de nécessité sociale spécifique au capitalisme apparaît donc comme l'« ordre naturel des choses ». Cette nécessité apparemment transhistorique – le fait que le travail soit le moyen nécessaire à la consommation des individus ou à celle de leur famille – sert de base à une idéologie de légitimation du capitalisme en tant que tout, à travers ses différentes phases. En tant qu'affirmation de la structure la plus essentielle du capitalisme, cette idéologie de légitimation est plus fondamentale que celles qui sont plus étroitement liées aux diverses phases du capitalisme – par exemple, les idéologies liées à l'échange d'équivalents médiatisé par le marché.

L'analyse que Marx fait de la spécificité du travail sous le capitalisme a d'autres implications pour sa conception de l'aliénation. La signification de l'aliénation varie considérablement selon qu'on la considère dans le contexte d'une théorie fondée sur le concept de « travail » ou dans celui d'une analyse de la dualité du travail sous le capitalisme. Dans le premier cas, l'aliénation est un concept d'anthropologie philosophique ; elle se rapporte à l'extériorisation d'une essence humaine préexistante. Sur un autre plan, elle se rapporte à une situation où les capitalistes ont le pouvoir de disposer du travail des ouvriers et de leurs produits. Dans le cadre de cette critique, l'aliénation est un processus purement et simplement négatif – bien qu'elle soit fondée sur des circonstances pouvant être dépassées.

Dans l'interprétation ici présentée, l'aliénation est le procès d'objectivation du travail abstrait. Elle n'entraîne pas l'extériorisation d'une essence humaine préexistante, mais la réalisation de la puissance humaine sous une forme aliénée. En d'autres termes, l'aliénation se rapporte à un procès de constitution historique de la puissance humaine qui s'effectue par le travail s'objectivant lui-même en tant qu'activité socialement médiatisante. À travers ce procès apparaît une sphère sociale objective, abstraite, qui acquiert une vie propre et qui existe en tant que structure de domination abstraite au-dessus et contre les individus. Marx, en expliquant et en fondant les aspects essentiels de la société capitaliste en fonction de ce procès, évalue les résultats de cette société comme doubles, et non comme purement et simplement négatifs. Ainsi, dans *Le Capital*, par exemple, il analyse la constitution par le travail aliéné d'une forme sociale universelle qui est à la fois une structure où les capacités humaines se créent historiquement *et* une structure de domination abstraite. Cette forme aliénée provoque une accumulation rapide de la richesse sociale et de la puissance productive de l'humanité et entraîne aussi la fragmentation croissante du travail, la soumission absolue au temps et la destruction de la nature. Les structures de domination abstraite constituées par des formes déterminées de pratique sociale engendrent un processus social qui échappe au contrôle humain ; mais elles engendrent également, dans l'analyse de Marx, la possibilité historique que les hommes contrôlent ce qu'ils ont constitué socialement sous une forme aliénée.

Cette dualité du procès d'aliénation en tant que procès de constitution sociale se lit aussi dans la façon dont Marx traite l'universalité et l'égalité. On dit en général que sa critique de la société capitaliste oppose les valeurs formulées dans les révolutions bourgeoises des XVIIe et XVIIIe siècles à la réalité particulariste et inégalitaire qui se trouve à la base de la société capitaliste, ou bien qu'il critique les formes universalistes de la société bourgeoise en tant que masques des intérêts particularistes de la bourgeoisie[1]. Mais la théorie de Marx n'oppose pas simplement – et positivement – l'universel au particulier, ni ne congédie l'universel comme un simple masque ; bien au contraire, en tant que théorie de la constitution sociale, la théorie de Marx examine critiquement et fonde socialement la nature de l'universalité et de l'égalité modernes. Selon l'analyse de Marx, l'universel n'est pas une idée transcendante, l'universel se constitue historiquement avec le développement et la consolidation de la forme des rapports sociaux déterminée par la marchandise. Or ce qui apparaît historiquement, ce n'est pas l'universel en soi mais une forme universelle spécifique, qui est liée aux formes sociales dont elle fait partie. Ainsi, dans *Le Capital*, Marx décrit par exemple la diffusion et la généralisation des rapports capitalistes comme un processus qui, simultanément, gomme les spécificités concrètes propres aux divers travaux et les réduit à leur dénominateur commun qu'est le travail humain abstrait[2]. Pour Marx, ce

---

1. Voir, par exemple, Jean Cohen, *Class and Civil Society : The Limits of Marxian Critical Theory*, 1982, pp. 145-146.
2. *Le Capital*, livre I, pp. 76-77.

processus universalisant constitue la condition socio-historique d'apparition d'une conception répandue de l'égalité humaine sur laquelle se fondent en retour les théories modernes de l'économie politique[1]. En d'autres termes, l'idée moderne d'égalité s'enracine dans une forme sociale d'égalité qui naît historiquement en même temps que le développement de la forme-marchandise – c'est-à-dire en même temps que le procès d'aliénation.

Cette forme d'égalité historiquement constituée a un double caractère. D'un côté, elle est universelle : elle établit une norme commune entre les hommes. Mais, d'un autre côté, elle le fait sous une forme abstraite de la spécificité qualitative des individus particuliers ou des groupes particuliers. Une opposition de l'universel et du particulier se fait jour, qui se fonde sur un processus historique d'aliénation. L'universalité et l'égalité ainsi constituées ont des conséquences sociales et politiques positives ; toutefois, parce qu'elles entraînent une négation de la spécificité, elles ont aussi des résultats négatifs. Les exemples des conséquences ambiguës de cette opposition ne manquent pas. Ainsi peut-on lire, sur un certain plan, l'histoire des juifs d'Europe après la Révolution française comme celle d'un groupe pris entre une forme abstraite d'universalisme qui permet l'émancipation des hommes seulement en tant qu'individus quasi abstraits, et son antithèse anti-universaliste, concrète, par laquelle les hommes et les groupes sont identifiés de façon particulariste et jugés – par exemple, de manière hiérarchique, exclusionniste ou manichéenne.

Cette opposition entre l'universalité abstraite des Lumières et la spécificité particulariste ne doit pas être comprise de façon décontextualisée ; il s'agit d'une opposition historiquement constituée, enracinée dans les formes sociales déterminées du capitalisme. Regarder l'universalité abstraite, dans son opposition à la spécificité concrète, comme un idéal qui ne peut se réaliser que dans une société postcapitaliste, c'est demeurer prisonnier d'une opposition spécifique à cette société capitaliste.

La forme de domination liée à cette forme abstraite de l'universel n'est pas simplement un rapport de classes dissimulé sous une façade universaliste. La domination que Marx analyse est bien plutôt celle d'une forme d'universalisme historiquement constituée,

____

1. *Ibid.*, pp. 68-69.

spécifique, qu'il saisit à l'aide des catégories de valeur et de capital. Le cadre social qu'il analyse ainsi se caractérise également par l'opposition historiquement constituée de la sphère sociale abstraite et des individus. Dans la société déterminée par la marchandise, l'individu moderne est historiquement constitué – c'est un être délié des rapports personnels de domination, d'obligation et de dépendance, un être qui n'est plus ouvertement enchâssé dans une position sociale fixée de façon quasi naturelle et qui est ainsi, en un sens, autodéterminant. Mais cet individu « libre » est confronté à un univers social de contraintes objectives abstraites qui fonctionnent comme des lois. Selon les termes de Marx, à partir d'un contexte précapitaliste marqué par des rapports de dépendance personnelle, émerge un nouveau contexte caractérisé par la liberté individuelle dans un cadre social de « dépendance objective »[1]. Pour Marx, l'opposition moderne entre l'individu autodéterminant, libre, et une sphère extérieure de nécessité objective est une opposition « réelle », qui s'est historiquement constituée avec l'apparition et la généralisation des rapports sociaux déterminés par la marchandise, et qui est liée à l'opposition plus générale constituée entre un monde de sujets et un monde d'objets. Mais cette opposition n'est pas seulement une opposition entre l'individu et son contexte social aliéné : on peut aussi la voir comme une opposition traversant les individus eux-mêmes ou, mieux, comme une opposition entre les différentes déterminations des individus dans la société moderne. Ces individus ne sont pas seulement des « sujets » autodéterminants, agissant selon leur volonté ; ils sont soumis à un système de contraintes objectives qui opèrent indépendamment de leur volonté : en ce sens, ils sont eux aussi des « objets ». Tout comme la marchandise, l'individu constitué dans la société capitaliste possède un double caractère[2].

La critique marxienne ne se limite donc pas à « exposer » que les valeurs et les institutions de la société civile moderne sont une

---

1. *Grundrisse*, t. I, p. 93.

2. Le cadre marxien suppose donc une approche du problème du caractère sujet-objet de l'individu dans la société moderne, qui est différente de celle développée par Michel Foucault dans son analyse exhaustive de l'« Homme » moderne en tant que doublet empirico-transcendantal. Voir *Les Mots et les choses. Une archéologie des sciences humaines*, Gallimard, 1966.

façade qui masque les rapports de classes, elle les fonde par rapport aux formes sociales saisies à l'aide des catégories. La critique n'appelle ni à la réalisation ni à l'abolition des idéaux de la société bourgeoise[1] ; et elle ne tend ni à l'accomplissement de l'universalité homogène-abstraite de la société existante, ni à l'abolition de l'universalité. Au lieu de cela, elle explique comme socialement fondée l'opposition de l'universalisme abstrait et de la spécificité particulariste, elle explique cette opposition en fonction de formes déterminées de rapports sociaux – et, comme nous le verrons, leur développement même montre la possibilité d'une autre forme d'universalisme, d'un universalisme qui ne se fonde pas sur l'abstraction de toute spécificité concrète. Avec le dépassement du capitalisme, l'unité de la société déjà constituée sous une forme aliénée pourrait s'effectuer différemment, par d'autres formes de pratique politique, sans avoir besoin de nier la spécificité qualitative.

(À la lumière de cette approche, il serait possible d'interpréter certaines tendances au sein des récents mouvements sociaux – en particulier, parmi les femmes et diverses minorités – comme autant de tentatives d'échapper à l'antinomie, liée à la forme sociale de la marchandise, d'un universalisme homogène-abstrait et d'une forme de particularisme qui exclut l'universalité. Bien sûr, une analyse adéquate de ces mouvements devrait être historique : elle devrait les relier aux développements des formes sociales qui les soustendent de manière à expliquer l'émergence historique de ces tentatives de surmonter l'antinomie qui caractérise le capitalisme.)

Il existe un parallèle conceptuel entre la critique implicite que Marx fait de l'universalité abstraite historiquement constituée et son analyse de la production industrielle en tant qu'intrinsèquement capitaliste. Comme je l'ai noté en examinant les *Grundrisse*, pour Marx, le dépassement du capitalisme n'entraînera ni un nouveau mode de distribution fondé sur le même mode de production industriel, ni l'abolition du potentiel productif développé au cours des siècles passés. En fait, sous le socialisme, la forme et le but de la production seront différents. Dans son analyse tant de l'universalité que du procès de production, la critique marxienne évite donc d'hypostasier la forme existante et de la poser comme condition *sine qua non* d'une future société libre, tout en évitant aussi l'idée que

---

1. *Grundrisse*, t. I, pp. 188-189.

ce qui a été constitué sous le capitalisme sera complètement aboli sous le socialisme. En d'autres termes, la nature duelle du procès d'aliénation signifie que son dépassement entraîne l'appropriation par les hommes – et non la simple abolition – de ce qui a été socialement constitué sous une forme aliénée. À cet égard, la critique marxienne diffère aussi bien des critiques rationalistes abstraites que des critiques romantiques du capitalisme.

Dans les écrits du Marx de la maturité, le procès d'aliénation s'intègre donc dans un procès par lequel des formes structurées de pratique constituent historiquement les formes sociales de base, les formes de pensée et les valeurs culturelles de la société capitaliste. Bien sûr, il ne faut pas comprendre l'idée selon laquelle les valeurs sont historiquement constituées, comme un argument pour dire que, parce qu'elles ne sont pas éternelles, elles sont une feinte ou purement conventionnelles et sans validité. Une théorie autoréflexive portant sur la façon dont les formes de vie sociale se constituent doit aller au-delà de cette opposition des approches absolutiste abstraite et absolutiste concrète, l'une comme l'autre supposant que les hommes peuvent agir et penser indépendamment de leurs univers sociaux.

Selon la théorie de la société capitaliste proposée par Marx, le fait que les rapports sociaux constitués sous une forme aliénée par le travail sapent et transforment les formes sociales antérieures indique que ces formes antérieures ont elles aussi été constituées. Encore faut-il distinguer entre les types de constitution sociale concernés. Les hommes, sous le capitalisme, constituent leurs rapports sociaux et leur histoire au moyen du travail. Bien qu'ils soient aussi contrôlés par ce qu'ils ont constitué, ils « font » ces rapports et cette histoire en un sens différent et plus appuyé que les hommes ne « font » les sociétés précapitalistes (que Marx définit comme nées spontanément, comme quasi naturelles [*naturwüchsig*]). Si l'on devait relier la théorie critique de Marx à l'idée de Vico selon laquelle les hommes peuvent connaître l'histoire qu'ils ont faite mieux que la nature qu'ils n'ont pas faite[1], il faudrait établir ce lien de manière à distinguer entre « faire » la société capitaliste et « faire » les sociétés précapitalistes. Le mode de constitution sociale aliéné, médiatisé par le travail, n'affaiblit pas seulement les formes

---

1. Voir par exemple Martin Jay, *Marxism and Totality*, 1984, pp. 32-37.

sociales traditionnelles, mais il le fait en introduisant un nouveau type de contexte social caractérisé par une forme de distance entre les individus et la société, qui permet – et peut-être induit – la réflexion sociale sur, et l'analyse de, la société en tant que tout [1]. De plus, étant donné la logique dynamique intrinsèque du capitalisme, cette réflexion ne reste pas nécessairement rétrospective, dès lors que la forme-capital est pleinement développée. En remplaçant les formes sociales « quasi naturelles » traditionnelles par une structure dynamique, une structure aliénée, de rapports « faits », le capitalisme rend objectivement et subjectivement possible d'établir une forme encore plus nouvelle de rapports « faits », une forme de rapports qui ne soit plus constituée « automatiquement » par le travail.

Travail abstrait et fétiche

Maintenant, je puis me tourner vers la question de savoir pourquoi Marx, dans son analyse immanente, présente le travail abstrait en tant que travail physiologique. Nous avons vu que le travail, dans sa fonction historiquement déterminée d'activité socialement médiatisante, est la « substance de la valeur », l'essence déterminante de la formation sociale. Parler de l'essence d'une formation sociale ne va nullement de soi. La catégorie d'essence présuppose la catégorie de forme phénoménale. Parler d'une essence là où il n'existe aucune différence entre ce qui est et la manière dont cela apparaît est dépourvu de sens. Ce qui caractérise une essence, c'est qu'elle n'apparaît pas et ne peut pas apparaître directement, mais qu'elle doit s'exprimer sous une forme phénoménale distincte. Cela implique un rapport *nécessaire* entre l'essence et l'apparence ; l'essence doit être d'une qualité telle qu'elle apparaît nécessairement sous la forme manifeste qu'elle revêt. L'analyse marxienne du rapport entre valeur et prix, par exemple, est une analyse de la façon

---

1. En ce sens, on peut dire que l'apparition et la diffusion de la forme-marchandise est liée à la transformation et au dépassement partiel de ce que Bourdieu appelle le « champ de la doxa » qu'il définit comme « une correspondance quasi parfaite entre les principes d'organisation d'ordre objectif et ceux d'ordre subjectif (comme dans les sociétés anciennes) [par quoi] le monde naturel et social apparaît comme une évidence » (*Esquisse d'une théorie de la pratique*, [retraduit de l'édition américaine, N.d.T.]).

dont la valeur est exprimée et voilée par le prix. Ce qui m'intéresse ici, c'est le niveau logique premier : celui du travail et de la valeur.

Nous avons vu que, sous le capitalisme, c'est le travail qui constitue les rapports sociaux. Or le travail est une activité sociale objectivante qui médiatise les rapports entre les hommes et la nature. C'est donc nécessairement en tant qu'activité objectivante que, sous le capitalisme, le travail exerce sa fonction d'activité socialement médiatisante. Et par conséquent le rôle social spécifique du travail sous le capitalisme s'exprime *nécessairement* sous des formes phénoménales qui sont les objectivations du travail en tant qu'activité productive. Cependant, la dimension sociale historiquement spécifique du travail est à la fois exprimée et voilée par la dimension « matérielle » apparemment transhistorique du travail. Ces formes manifestes sont nécessairement des formes phénoménales de la fonction unique du travail sous le capitalisme. Dans d'autres sociétés, les activités de travail sont enchâssées dans une matrice sociale non déguisée et ne sont donc ni des « essences » ni des « formes phénoménales ». C'est le rôle unique joué par le travail sous le capitalisme qui constitue le travail à la fois comme essence et comme forme phénoménale. En d'autres termes, parce que les rapports sociaux caractérisant le capitalisme sont médiatisés par le travail, cette formation sociale a pour particularité que le travail ait une essence. Ou encore : du fait que les rapports sociaux caractérisant le capitalisme sont médiatisés par le travail, cette formation sociale a pour particularité d'avoir une essence.

Une « essence » est une détermination ontologique, mais l'essence que nous examinons ici est historique : c'est une fonction sociale historiquement spécifique du travail. Pourtant, cette spécificité historique n'est pas manifeste. Nous avons vu que les rapports sociaux médiatisés par le travail sont autofondateurs, qu'ils ont une essence et n'apparaissent absolument pas comme sociaux mais comme objectifs et transhistoriques. En d'autres termes, ils paraissent ontologiques. L'analyse immanente de Marx *n'est pas* une critique faite du point de vue d'une ontologie sociale ; elle propose au contraire une critique de ce type de position en indiquant que ce qui paraît ontologique est en réalité historiquement spécifique au capitalisme.

J'ai déjà critiqué dans ce livre les positions qui interprètent la spécificité du travail sous le capitalisme comme étant son caractère indirect et qui formulent une critique sociale du point de vue du « travail ». Il est clair à présent que ces positions prennent l'apparence ontologique des formes sociales de base du capitalisme pour argent comptant, car le travail n'est une essence sociale que sous le capitalisme. On ne peut dépasser historiquement cet ordre social sans en abolir l'essence elle-même, c'est-à-dire la fonction et la forme historiquement spécifiques du travail. Une société non capitaliste n'est pas constituée par le seul travail.

Les positions qui ne comprennent pas la fonction particulière du travail sous le capitalisme attribuent au travail comme tel un caractère socialement synthétique : elles le traitent comme l'essence transhistorique de la vie sociale. Mais pourquoi le travail en tant que « travail » constitue les rapports sociaux, elles ne peuvent l'expliquer. Elles ne peuvent pas davantage expliquer le rapport, que nous venons d'étudier, entre essence et apparence. Comme nous l'avons vu, ces interprétations postulent une séparation entre des formes phénoménales qui sont historiquement variables (la valeur en tant que catégorie du marché) et une essence historiquement invariable (le « travail »). D'après ces positions, toutes les sociétés étant constituées par le « travail », une société non capitaliste serait constituée directement et ouvertement de la même façon. Au chapitre II, j'ai affirmé que les rapports sociaux ne peuvent *jamais* être directs, non médiatisés. Je puis ajouter à présent que les rapports sociaux constitués par le travail ne sont jamais ouvertement sociaux, mais qu'ils existent nécessairement sous une forme objectivée. En hypostasiant l'essence du capitalisme en tant qu'essence de la société humaine, les positions traditionnelles ne peuvent pas expliquer la relation intrinsèque de l'essence à ses formes phénoménales et ne peuvent donc pas voir que le capitalisme se caractérise par le fait qu'il a une essence.

L'interprétation erronée que nous venons de décrire est certes compréhensible puisqu'elle est une possibilité immanente à la forme que nous étudions. Nous venons de voir que la valeur est une objectivation non pas du travail en soi mais d'une fonction historiquement spécifique du travail. Le travail ne joue pas ce rôle dans les autres sociétés, ou seulement de façon marginale. Il s'ensuit que la fonction du travail dans la constitution de la médiation sociale n'est pas un attribut propre au travail lui-même ; elle ne s'enracine dans aucune caractéristique du travail humain comme tel. Le problème, c'est que, lorsque l'analyse part d'une étude des marchandises afin de découvrir ce qui constitue la valeur, elle peut tomber sur le travail – mais pas sur sa fonction médiatisante. Cette fonction spécifique n'apparaît pas – et ne peut pas apparaître – comme un attribut du travail. On ne peut pas non plus la découvrir en étudiant le travail en tant qu'activité productive, parce que ce que nous appelons « travail » est une activité productive dans toutes les formations sociales. La fonction sociale unique du travail sous le capitalisme ne peut pas apparaître directement comme un attribut du travail car le travail, en et pour soi, n'est pas une activité socialement médiatisante ; seul un rapport social non déguisé peut apparaître comme tel. La fonction historiquement spécifique du travail ne peut apparaître qu'objectivée, qu'en tant que valeur sous ses différentes formes (marchandise, argent, capital[1]). Par conséquent, il est impossible de découvrir une forme manifeste du travail en tant qu'activité socialement médiatisante en regardant *derrière* la forme – la valeur – sous laquelle il s'objective *nécessairement*, une forme qui elle-même ne peut apparaître que matérialisée comme marchandise, argent, etc. Bien sûr, le travail apparaît – mais sa forme phénoménale n'est pas celle d'une médiation sociale, mais simplement celle du « travail ».

On ne peut pas découvrir cette fonction du travail qui est de constituer la médiation des rapports sociaux en étudiant le travail lui-même ; il faut en étudier les objectivations. C'est pourquoi Marx ne commence pas sa présentation par le travail, mais par la marchandise, l'objectivation la plus fondamentale des rapports sociaux capitalistes[2]. Toutefois, même dans l'étude de la marchandise en tant que médiation sociale, les apparences sont trompeuses. Comme nous l'avons vu, une marchandise est un bien et une médiation sociale objectivée. En tant que valeur d'usage (ou bien), la marchandise est particulière, objectivation d'un travail concret particulier ; en tant que valeur, la marchandise est générale, objectivation du

---

1. Selon l'analyse marxienne du prix et du profit, le niveau de valeur des apparences objectivées est lui-même recouvert par un niveau plus superficiel d'apparences.

2. Marx, « Notes marginales sur le "Traité d'économie politique" d'Adolphe Wagner » *in Le Capital*, livre II, pp. 471-473.

travail abstrait. Toutefois, les marchandises *ne* peuvent *pas* satisfaire simultanément aux deux déterminations : elles ne peuvent pas fonctionner à la fois comme biens particuliers et comme médiation générale.

Cela signifie que le caractère général de chaque marchandise en tant que médiation sociale a une forme d'expression qui est séparée du caractère particulier de chaque marchandise. C'est le point de départ de l'analyse que Marx fait de la forme-valeur, analyse qui le conduit à celle de l'argent [1]. L'existence de chaque marchandise en tant que médiation générale revêt une forme matérialisée indépendante en tant qu'équivalent entre les marchandises. La dimension de valeur de toutes les marchandises s'extériorise sous la forme d'une marchandise – l'argent – qui agit en tant qu'équivalent universel entre toutes les autres marchandises : il apparaît comme la médiation universelle. Ainsi, la dualité de la marchandise comme valeur d'usage et comme valeur s'extériorise et apparaît sous la forme de la marchandise d'une part, et de l'argent d'autre part. Mais il découle de cette extériorisation que la marchandise n'apparaît pas elle-même comme une médiation sociale. Elle apparaît bien plutôt comme un objet purement « chosiste », un bien, qui est socialement médiatisé par l'argent. De même, l'argent n'apparaît pas comme une extériorisation matérialisée de la dimension générale, abstraite, de la marchandise (et du travail) – c'est-à-dire comme l'expression d'une forme déterminée de médiation sociale – mais comme une médiation universelle en et pour soi, une médiation qui est extérieure aux rapports sociaux. Le caractère médiatisé-par-l'objet des rapports sociaux sous le capitalisme est donc exprimé et voilé par sa forme manifeste qu'est la médiation extériorisée (l'argent) entre les objets ; on peut donc prendre l'existence de cette médiation pour le résultat d'une convention [2].

L'apparence de la marchandise comme simple bien ou produit conditionne en retour les conceptions de la valeur et du travail créateur de valeur. C'est-à-dire que la marchandise semble ne pas *être* une valeur, une médiation sociale, mais une valeur d'usage *ayant* une valeur d'échange. Il n'apparaît plus que la valeur soit une forme particulière de richesse, une médiation sociale objectivée qui

---

1. *Le Capital*, livre I, pp. 52-81.
2. *Ibid.*, pp. 107-164.

s'est matérialisée dans la marchandise. De même que la marchandise apparaît comme un bien qui est médiatisé par l'argent, de même la valeur apparaît comme la richesse (transhistorique) qui, sous le capitalisme, est distribuée par le marché. Cela déplace la problématique de la nature de la médiation sociale sous le capitalisme à celle des déterminations des proportions de l'échange. C'est ainsi qu'on en arrive à se demander si les proportions de l'échange sont finalement déterminées par des facteurs extérieurs aux marchandises ou bien si elles sont intrinsèquement déterminées, par exemple, par la quantité relative de travail contenue dans leur production. Mais, dans tous les cas, la spécificité de la forme sociale – le fait que la valeur soit une médiation sociale objectivée – aura été gommée.

Si l'on prend la valeur pour la richesse médiatisée par le marché et si l'on pense que cette richesse est constituée par le travail, alors le travail constituant la valeur semble être simplement un travail créateur de richesse dans un contexte où ses produits sont échangés. En d'autres termes, si l'on ne saisit pas – du fait de leurs formes manifestes – les formes sociales de base du capitalisme, ce n'est pas de la marchandise en tant que médiation sociale mais en tant que produit qu'il s'agit – même quand on perçoit la valeur comme propriété de la marchandise. En conséquence, la valeur semble créée par le travail en tant qu'activité productive – le travail en tant qu'il produit les biens et la richesse matérielle – et non par le travail en tant qu'activité socialement médiatisante. Comme c'est, semble-t-il, indépendamment de sa spécificité concrète que le travail crée la valeur, celui-ci paraît ne le faire qu'en raison de sa capacité en tant qu'activité productive en général. La valeur semble donc constituée par la dépense de travail en soi. Dans la mesure où l'on considère la valeur comme historiquement spécifique, c'est en tant que forme de distribution de ce qui est constitué par la dépense de « travail ».

La fonction sociale particulière du travail qui rend sa dépense indéterminée constitutive de la valeur ne peut donc pas être découverte directement. Comme je l'ai dit, cette fonction ne peut pas être mise au jour quand on la cherche derrière la forme sous laquelle elle est nécessairement objectivée ; ce que l'on découvre, bien au contraire, c'est que la valeur apparaît comme constituée par la simple dépense de travail, indépendamment de la fonction du travail qui rend celui-ci constitutif de la valeur. La différence entre richesse matérielle et valeur, qui s'enracine dans la différence entre le travail médiatisé par les rapports sociaux dans les sociétés non capitalistes et le travail médiatisé par le travail sous le capitalisme, devient indistincte. En d'autres termes, lorsque la marchandise apparaît comme un bien avec une valeur d'échange et que, donc, la valeur apparaît comme une richesse médiatisée par le marché, le travail créateur de valeur n'apparaît pas comme une activité socialement médiatisante, mais comme un travail créateur de richesse en général. Le travail semble donc créer la valeur simplement du fait de sa dépense. Ainsi le travail abstrait apparaît-il dans l'analyse immanente de Marx comme ce qui « sous-tend » toutes les formes de travail humain dans toutes les sociétés : la dépense de muscle, de nerf, etc.

J'ai montré comment l'« essence » sociale du capitalisme est un élément historiquement spécifique du travail en tant que médiation des rapports sociaux. Toutefois, dans le mode d'exposition de Marx – qui est déjà immanent aux formes catégorielles et qui part de la marchandise pour étudier la source de sa valeur –, la catégorie de travail abstrait apparaît comme une expression du travail en soi, du travail concret en général. Dans l'analyse immanente, l'« essence » historiquement spécifique du capitalisme apparaît comme une essence ontologique, physiologique, une forme commune à toutes les sociétés : le « travail ». Ainsi la catégorie de travail abstrait présentée par Marx est-elle une détermination initiale de ce qu'il explique à l'aide de son concept de fétiche : parce que les rapports qui sous-tendent le capitalisme sont médiatisés par le travail, et par conséquent objectivés, ils n'apparaissent pas comme historiquement spécifiques et sociaux, mais comme des formes fondées ontologiquement et valables transhistoriquement. Le fait que le caractère de médiation qui est celui du travail sous le capitalisme revête l'apparence du travail physiologique est le noyau fondamental du fétiche du capitalisme.

L'apparence fétichisée du rôle médiatisant du travail en tant que travail en général, prise pour argent comptant, est le point de départ des diverses critiques sociales faites du point de vue du « travail », que j'ai nommées « marxisme traditionnel ». La possibilité que l'objet de la critique de Marx se transforme en ce que le marxisme traditionnel appelle positivement son « paradigme de la production » trouve son origine dans le fait que, pour Marx, le noyau du capitalisme revêt une forme phénoménale nécessaire qui peut être hypostasiée comme essence de la vie sociale. De cette façon, la théorie de Marx renvoie à une critique du paradigme de la production, à une critique qui est en mesure de saisir le « noyau rationnel » historique de ce paradigme dans les formes sociales spécifiques au capitalisme.

Cette analyse de la catégorie de travail humain abstrait est une construction spécifique à la nature immanente de la critique de Marx. La définition physiologique marxienne de cette catégorie fait partie d'une analyse du capitalisme *dans ses propres termes*, c'est-à-dire d'une analyse telle que les formes se présentent elles-mêmes. La critique n'adopte pas un point de vue extérieur à son objet, elle repose bien au contraire sur le déploiement complet des catégories et de leurs contradictions. Selon l'autocompréhension de la critique marxienne, les catégories qui saisissent les formes des rapports sociaux sont des catégories à la fois de l'objectivité et de la subjectivité sociales et sont elles-mêmes des expressions de cette réalité sociale. Elles ne sont pas descriptives, c'est-à-dire extérieures à leur objet, elles n'entretiennent donc pas un rapport contingent avec lui. C'est précisément à cause de ce caractère immanent que la critique marxienne peut être si aisément mal comprise et que les citations et concepts arrachés à leur contexte peuvent être si facilement utilisés pour construire une science « positive »[1]. L'interprétation traditionnelle de Marx et une compréhension fétichisée du capitalisme sont parallèles et liées entre elles.

Dans la critique « matérialiste » de Marx, la *Materie* [matière] est donc sociale : la matière, ce sont les formes des rapports sociaux.

---

1. Cornelius Castoriadis, par exemple, oublie la nature immanente de la critique de Marx lorsqu'il affirme qu'elle est métaphysique et implique une ontologification du travail. Voir « Valeur, égalité, justice, politique : de Marx à Aristote et d'Aristote à nous » *in Les Carrefours du labyrinthe*, « Points », Seuil, 1998, pp. 325-413. Castoriadis lit implicitement la critique négative de Marx comme une science positive et il la critique donc sur cette base ; il n'examine pas la relation entre l'analyse catégorielle de Marx et le concept de fétiche-marchandise, et prête à Marx un incroyable degré d'incohérence. Il sous-entend que, dans un seul et même chapitre du *Capital* (celui de l'analyse du fétiche), Marx soutient la position non historique, quasi naturelle, même qu'il critique.

Médiatisée par le travail, la dimension sociale propre au capitalisme *ne* peut apparaître *que* sous une forme objectivée. L'analyse de Marx, en découvrant le contenu socio-historique des formes réifiées, se révèle une critique de tous les matérialismes qui hypostasient les formes sous lesquelles le travail et ses objets apparaissent. Cette analyse fournit une critique tant de l'idéalisme que du matérialisme en fondant chacun d'eux dans des rapports sociaux aliénés et réifiés, historiquement spécifiques.

Rapports sociaux, travail et nature

Les formes des rapports sociaux qui caractérisent le capitalisme ne sont pas manifestement sociales et n'apparaissent donc pas du tout comme sociales mais comme « naturelles », ce qui entraîne une conception très spécifique de la nature. Les formes phénoménales des rapports sociaux capitalistes ne conditionnent pas seulement les compréhensions du monde social, mais aussi, comme le suggère l'approche ici présentée, celles du monde naturel. Afin d'élargir l'étude amorcée ci-dessus de la théorie socio-historique marxienne de la subjectivité et de donner une première approche du problème du rapport des conceptions de la nature à leurs contextes sociaux – ce que je ne peux qu'esquisser ici –, je vais maintenant étudier davantage le caractère quasi objectif des rapports capitalistes, en posant brièvement la question de la signification accordée au travail et à ses objets.

Pour des raisons heuristiques, je partirai de la comparaison extrêmement simplifiée entre les rapports sociaux traditionnels et les rapports sociaux capitalistes par laquelle j'ai commencé. Comme on l'a noté, dans les sociétés traditionnelles, les activités de travail et leurs produits sont médiatisés par, et enchâssés dans des rapports sociaux non déguisés, alors que, sous le capitalisme, le travail et ses produits se médiatisent eux-mêmes. Dans une société où le travail et ses produits sont enchâssés dans une matrice de rapports sociaux, ils sont informés par ces rapports, c'est-à-dire que leur caractère social leur est donné par ces rapports – toutefois, le caractère social donné aux divers travaux semble leur être inhérent. Dans ce contexte, l'activité productive n'existe pas en tant que pur moyen, et les outils et produits n'apparaissent pas comme de simples objets. Informés par les rapports sociaux, ils sont au contraire imprégnés de significations et de contenus – qu'ils soient ouvertement sociaux ou quasi sacrés – qui semblent leur être inhérents[1].

Tout cela entraîne une étonnante inversion. Une activité, un outil ou un objet qui est *déterminé* non consciemment par les rapports sociaux paraît, à cause du caractère symbolique qui en résulte, posséder un caractère socialement *déterminant*. Dans un cadre social vraiment traditionnel, l'objet ou l'activité semble incorporer et déterminer la position sociale et l'assignation sexuelle des rôles[2]. Dans les sociétés traditionnelles, les activités de travail n'apparaissent pas seulement comme travail ; chaque forme de travail est imprégnée de social et apparaît comme une détermination particulière de l'existence sociale. Ces formes de travail sont différentes du travail sous le capitalisme : on ne peut pas les comprendre adéquatement aussi longtemps qu'on les comprend comme activité instrumentale. De plus, il ne faut pas confondre le caractère social de ce travail avec ce que j'ai décrit comme la spécificité sociale du travail sous le capitalisme. Dans les sociétés non capitalistes, le travail ne constitue pas la société, car il ne possède pas le caractère synthétique particulier qui caractérise le travail déterminé par la marchandise. Quoique social, il ne constitue pas les rapports sociaux, il est constitué par eux. Bien sûr, dans les sociétés traditionnelles, le caractère social du travail est vu comme « naturel ». Mais cette conception du naturel – et aussi bien de la nature – est très différente de celle existant dans une société où règne la forme-marchandise. La nature, dans une société traditionnelle, est dotée d'un caractère aussi « essentiellement » diversifié, personnalisé et non rationnel que les rapports sociaux caractérisant ladite société[3].

---

1. Voir l'excellente étude de György Márkus sur la relation entre les normes explicites, directes, les structures sociales et les objets et outils dans les sociétés précapitalistes : « Die Welt menschlicher Objekte : Zum Problem der Konstitution im Marxismus » *in* Axel Honneth et Urs Jaeggi (dir.), *Arbeit, Handlung, Normativität*, 1980, notamment pp. 24-38.

2. Márkus, par exemple, mentionne certaines sociétés où les objets appartenant à un groupe ne sont même pas touchés par les membres d'autres groupes : ainsi les armes des hommes ne sont-elles pas touchées par les femmes et les enfants (*ibid.*, p. 31).

3. Lukács a suggéré une telle approche des conceptions de la nature. Voir « La réification et la conscience du prolétariat » *in Histoire et conscience de classe*, pp. 162-163.

Comme nous l'avons vu, le travail sous le capitalisme n'est pas médiatisé par les rapports sociaux, il constitue lui-même une médiation sociale. *Si, dans les sociétés traditionnelles, ce sont les rapports sociaux qui donnent au travail sa signification et sa portée, sous le capitalisme, c'est le travail qui se donne à lui-même et donne aux rapports sociaux un caractère « objectif ».* Ce caractère objectif est historiquement constitué lorsque le travail – auquel, dans d'autres sociétés, diverses significations spécifiques sont données par des rapports sociaux non déguisés – se médiatise lui-même et, du même coup, nie ces significations. En ce sens, on peut voir l'objectivité comme la « signification » non ouvertement sociale qui surgit historiquement lorsque l'activité sociale objectivante se détermine elle-même socialement de manière réflexive. Dans le cadre d'une telle approche, les rapports sociaux des sociétés traditionnelles déterminent les travaux, les outils et les objets qui, en retour, paraissent posséder un caractère socialement déterminant. Sous le capitalisme, le travail et ses produits créent une sphère de rapports sociaux objectifs : ils sont réellement socialement déterminants mais ne paraissent pas l'être. Ils apparaissent au contraire comme purement « matériels ».

Cette dernière inversion mérite une étude plus précise. J'ai montré que le rôle médiatisant spécifique au travail sous le capitalisme apparaît nécessairement sous une forme objectivée, et non pas directement comme un attribut du travail. Au lieu de cela, parce que le travail sous le capitalisme se donne à lui-même son caractère social, il apparaît simplement comme travail en général, comme travail dépouillé de l'aura de signification sociale donnée aux divers travaux dans les sociétés plus traditionnelles. Paradoxalement, c'est précisément parce que la dimension sociale du travail sous le capitalisme se constitue de manière réflexive et qu'elle n'est pas un attribut donné par des rapports sociaux non déguisés, que ce travail n'apparaît pas comme l'activité médiatisante qu'il est réellement dans cette formation sociale. Il n'apparaît au contraire que comme l'une de ses dimensions, comme travail concret, comme une activité technique qui peut être effectuée et organisée socialement sous une forme instrumentale.

Ce procès d'« objectivation » du travail sous le capitalisme est également un procès de « sécularisation » paradoxale de la marchandise en tant qu'objet social. Bien que la marchandise en tant qu'objet n'acquière pas son caractère social en tant que résultat des rapports sociaux mais qu'elle soit au contraire intrinsèquement un objet social (au sens où elle constitue une médiation sociale matérialisée), elle apparaît comme une simple chose. Comme nous l'avons dit, bien que la marchandise soit simultanément valeur d'usage et valeur, cette dernière dimension sociale s'extériorise sous la forme d'un équivalent universel : l'argent. Conséquence de ce « dédoublement » de la marchandise en marchandise et en argent : l'argent apparaît comme l'objectivation de la dimension abstraite, tandis que la marchandise apparaît comme une simple chose. En d'autres termes, le fait que la marchandise constitue elle-même une médiation sociale matérialisée implique l'absence de rapports sociaux non déguisés qui imprègnent les objets d'une signification « supra-chosiste » (sociale ou sacrée). En tant que médiation, la marchandise est elle-même une chose « supra-chosiste ». L'extériorisation de sa dimension de médiation aboutit donc à l'apparence de la marchandise comme objet *purement* matériel[1].

Cette « sécularisation » du travail et de ses produits est un moment du processus historique de dissolution et de transformation des liens sociaux traditionnels par une médiation sociale ayant un double caractère : concret-matériel et abstrait-social. La précipitation, au sens chimique du terme, de la dimension concrète s'accompagne simultanément de la construction de la dimension abstraite. Comme nous l'avons vu, c'est donc seulement en apparence qu'avec le dépassement des déterminations et limites liées aux rapports

---

1. À ce niveau abstrait de l'analyse, je ne poserai pas le problème de la signification donnée aux valeurs d'usage dans le capitalisme, sauf pour dire que toute étude de ce problème devrait rendre compte des rapports extrêmement différents entre les objets (et le travail) et les rapports sociaux dans les sociétés capitalistes et dans les sociétés non capitalistes. Dans le capitalisme, la signification des objets n'est pas vue comme leur étant un attribut aussi intrinsèque, aussi « essentiel », que dans les sociétés traditionnelles ; les objets sont bien plutôt des choses « chosales » qui *ont* une signification – ils sont comme des signes, au sens où il n'existe pas nécessairement un rapport entre signifiant et signifié. On pourrait relier les différences entre les attributs « intrinsèques » et « contingents », « suprachosistes », des objets, ainsi que le développement historique de l'importance sociale des jugements de goût, au développement de la marchandise en tant que forme totalisante de la société capitaliste. Mais ce thème ne peut pas être traité dans cet ouvrage.

sociaux et formes de domination non déguisés, les hommes disposent aujourd'hui librement de leur travail. Parce que le travail sous le capitalisme n'est pas réellement libre de la détermination sociale non consciente mais qu'il est lui-même devenu le médium de cette détermination, les hommes sont confrontés à une contrainte nouvelle, une contrainte fondée précisément sur ce qui a dépassé les liens coercitifs propres aux formes sociales traditionnelles : les rapports sociaux abstraits, aliénés, médiatisés par le travail. Ces rapports constituent un cadre coercitif apparemment non social, « objectif », à l'intérieur duquel les individus autodéterminants poursuivent leurs intérêts – par quoi les « individus » et les « intérêts » paraissent ontologiquement donnés plutôt que socialement constitués. C'est-à-dire qu'un nouveau contexte social se constitue qui ne paraît ni social ni contextuel. *Bref, la forme de contextualisation sociale caractéristique du capitalisme est une forme d'apparente décontextualisation.*

(Dans une société émancipée, le dépassement de la contrainte sociale non consciente entraînerait la « libération » du travail sécularisé de son rôle de médiation sociale. Les hommes disposeraient du travail et de ses produits librement tant par rapport aux limites sociales traditionnelles que par rapport aux contraintes sociales objectives aliénées. D'un autre côté, le travail, quoique séculier, retrouverait une signification – non pas en conséquence de la tradition non consciente, mais du fait de son importance sociale reconnue ainsi que de la satisfaction réelle et du sens qu'il procurerait aux individus.)

Selon l'analyse du capitalisme proposée par Marx, le double caractère du travail déterminé par la marchandise constitue un univers social caractérisé par des dimensions concrètes et abstraites. La première de ces dimensions apparaît comme la surface diversifiée de l'expérience sensible immédiate, et la seconde semble générale, homogène et abstraite de toute particularité – mais l'une comme l'autre sont revêtues d'un caractère objectif par la qualité automédiatisante du travail sous le capitalisme. La dimension concrète est constituée comme objective, au sens où elle est « objectale », « matérielle » ou « chosiste ». La dimension abstraite a elle aussi une qualité objective, au sens où elle est une sphère générale qualitativement homogène de nécessité abstraite qui fonctionne à la façon d'une loi, indépendante de la volonté. La structure des rapports sociaux capitalistes revêt la forme d'une opposition quasi objective entre une nature « chosiste » et des lois naturelles « objectives », universelles, abstraites, opposition d'où le social et l'historique ont disparu. Le rapport de ces deux modes d'objectivité peut dès lors être interprété comme celui de l'essence et de l'apparence ou comme celui d'une opposition (telle qu'elle s'est exprimée historiquement, par exemple, entre les modes de pensée romantique et rationnel-positif[1]).

Il existe de nombreuses similitudes entre les caractéristiques de ces formes sociales, ici analysées, et les caractéristiques de la nature telle que les sciences de la nature du XVIIe siècle la conçoivent. Ces similitudes suggèrent que, lorsque la marchandise en tant que forme structurée de pratique sociale se répand, elle conditionne la façon dont on conçoit le monde tant naturel que social.

Le monde des marchandises est un monde où les objets et les activités ont perdu toute dimension sacrée. C'est un monde séculier d'objets « chosistes » liés entre eux par l'abstraction chatoyante de l'argent et tournoyant autour d'elle. C'est, pour utiliser l'expression de Weber, un monde désenchanté. On peut raisonnablement émettre l'hypothèse que les pratiques qui constituent et sont constituées par ce monde social engendrent également une conception de la nature comme inanimée, sécularisée et « chosiste », caractéristiques nouvelles qui, en outre, peuvent être reliées au caractère particulier de la marchandise en tant qu'objet concret et médiation abstraite. Avoir affaire quotidiennement aux marchandises établit une caractéristique commune entre les produits en tant que « choses » et implique aussi un acte d'abstraction permanent. Non

---

1. Voir Moishe Postone, « Antisémitisme et national-socialisme » (in *Face à la mondialisation, Marx est-il devenu muet ?*, Éditions de L'Aube, 2003) où j'analyse l'antisémitisme moderne à partir de cette opposition quasi naturelle dans la société capitaliste entre une sphère « naturelle », concrète, de la vie sociale et une autre, universelle, abstraite. Cette opposition des dimensions abstraite et concrète fait que le capitalisme est perçu et compris d'après sa seule dimension abstraite – sa dimension concrète étant vue comme non capitaliste. L'antisémitisme moderne peut être interprété comme une forme fétichisée, unilatérale, d'anticapitalisme qui saisit le capitalisme uniquement d'après sa dimension abstraite et qui identifie biologiquement cette dimension aux juifs, et la dimension concrète du capitalisme aux « Aryens ».

seulement chaque marchandise a ses qualités concrètes propres, mesurées en quantités matérielles concrètes, mais encore toutes les marchandises ont en commun la valeur, une qualité abstraite non manifeste avec (comme nous le verrons) une grandeur temporellement déterminée. La grandeur de leur valeur dépend d'une mesure abstraite et non pas d'une quantité matérielle concrète. En tant que forme sociale, la marchandise est complètement indépendante de son contenu matériel. En d'autres termes, cette forme n'est pas la forme d'objets qualitativement spécifiques, elle est abstraite et peut être saisie mathématiquement. Elle possède des caractéristiques « formelles ». Les marchandises sont des objets sensibles, particuliers (et l'acheteur les évalue ainsi), en même temps que des valeurs, des moments d'une substance abstraitement homogène, qui est mathématiquement divisible et mesurable (par exemple, en termes de temps et d'argent).

De la même façon, dans les sciences de la nature modernes classiques, il y a derrière le monde concret des diverses apparences qualitatives un monde consistant en une substance commune en mouvement, laquelle possède des qualités « formelles » et peut être saisie mathématiquement. Les deux niveaux sont « sécularisés ». Celui de l'essence qui sous-tend la réalité est un domaine « objectif » au sens où il est indépendant de la subjectivité et opère selon des lois que l'on peut saisir par la raison. De même que la valeur de la marchandise est abstraite des qualités qui sont celles de la marchandise en tant que valeur d'usage, de même la vraie nature, selon Descartes par exemple, consiste en ses « qualités premières », matière en mouvement, que l'on ne peut saisir qu'en les abstrayant du niveau phénoménal de la particularité qualitative (« qualités secondes »). Ce niveau phénoménal dépend des organes des sens : les « yeux de celui qui voit ». Objectivité et subjectivité, esprit et matière, forme et contenu sont constitués comme substantiellement différents et opposés. Leur possible correspondance devient un problème – désormais, ils doivent être médiatisés[1].

---

1. Rappelons à cet égard que la forme de « dérivation » initiale de la valeur dans son opposition à la valeur d'usage chez Marx est étroitement parallèle à la dérivation des qualités premières par opposition aux qualités secondes chez Descartes.

On pourrait décrire et analyser les points de similitude entre la marchandise en tant que forme de rapports sociaux et les conceptions européennes modernes de la nature (tel que son mode de fonctionnement pareil à une loi, impersonnel). Sur cette base, on pourrait émettre l'hypothèse que non seulement les paradigmes de la physique classique mais encore l'apparition d'une forme et d'un concept spécifiques de Raison aux XVIIe et XVIIIe siècles sont liés aux structures aliénées de la forme-marchandise. On pourrait même tenter de relier les changements survenus dans les formes de la pensée au XIXe siècle au caractère dynamique de la forme-capital pleinement développée. Je ne me propose toutefois pas de poursuivre cette recherche maintenant. Ce bref aperçu vise simplement à indiquer que les conceptions de la nature et les paradigmes des sciences de la nature peuvent être fondés socio-historiquement. Bien que, tout en étudiant le temps abstrait, je continuerai à examiner certaines implications épistémologiques des catégories, je ne peux pas étudier plus complètement dans ce livre la relation des conceptions de la nature à leur contexte social. Cependant, de toute évidence, ce que j'esquisse ici a fort peu à voir avec ces tentatives d'étudier les influences sociales sur la science, où le social est compris dans un sens immédiat : intérêts de groupes ou de classes, « priorités », etc. Bien que ces considérations soient très importantes quand on examine l'application de la science, elles ne peuvent pas rendre compte des conceptions de la nature ou des paradigmes scientifiques eux-mêmes.

La théorie socio-historique non fonctionnaliste de la connaissance contenue dans la critique marxienne affirme que la façon dont les hommes perçoivent et conçoivent le monde sous le capitalisme est façonnée par les formes de leurs rapports sociaux compris en tant que formes structurées de pratique sociale quotidienne. Elle a peu à voir avec la théorie de la connaissance dite « du reflet ». L'insistance sur la *forme* des rapports sociaux en tant que catégorie épistémologique distingue également l'approche ici suggérée, des tentatives d'explication matérialiste des sciences de la nature comme celles de Franz Borkenau et de Henryk Grossmann. Pour Borkenau, l'apparition de la science moderne, de la « pensée mécaniste-mathématique », est étroitement liée à l'apparition de la manufacture – destruction du système artisanal et concentration du travail sous un seul et même toit[1]. Borkenau ne cherche pas à expliquer en termes d'utilité la relation qu'il postule entre les sciences de la nature et la manufacture ; il note bien plutôt que la science a joué un rôle négligeable dans le procès de production à l'ère de la manufacture, c'est-à-dire jusqu'à l'apparition de la production industrielle à grande échelle. La relation entre science et production qu'il postule est indirecte : il explique que le procès de travail développé dans la manufacture au début du XVIIᵉ siècle a servi de modèle de réalité aux philosophes de la nature. Ce procès de travail s'est caractérisé par une extrême division de détail du travail dans des activités relativement non spécialisées, ce qui a engendré un substrat de travail homogène en général. Cela a permis en retour le développement d'une conception du travail social et, partant, la comparaison quantitative des unités de temps de travail. Pour Borkenau, la pensée mécaniste est née de l'expérience d'une organisation mécaniste de la production.

Sans même mettre en question l'idée de dériver directement la catégorie de travail abstrait de l'organisation du travail concret, la thèse de Borkenau n'explique absolument pas pourquoi les hommes auraient été contraints de concevoir le monde en des termes similaires à l'organisation de la production dans la manufacture. Lorsqu'il décrit les conflits sociaux du XVIIᵉ siècle, Borkenau signale certes que la nouvelle vision du monde fut l'apanage des groupes liés au nouvel ordre social, économique et politique naissant et luttant pour l'imposer. Toutefois, la *fonction* idéologique explique difficilement le *fondement* de cette forme de pensée. Un examen de la structure du travail concret, accompagné d'un examen du conflit social, ne suffit pas à fonder une épistémologie socio-historique.

Henryk Grossmann critique l'interprétation de Borkenau, mais ses critiques en restent au niveau empirique[2]. Grossmann affirme que l'organisation de la production que Borkenau attribue à l'ère de la manufacture n'a en réalité émergé qu'avec la production industrielle ; de façon générale, la manufacture n'a pas entraîné l'effondrement de l'ancien mode de travail et son homogénéisation

---

1. Pour le résumé suivant, voir Franz Borkenau, « Zur Soziologie des mechanistischen Weltbildes », *Zeitschrift für Sozialforschung* n° 1, 1932, pp. 311-335.

2. Voir Henryk Grossmann, « Die gesellschaftlichen Grundlagen der mechanistischen Philosophie und die Manufaktur », *Zeitschrift für Sozialforschung* n° 4, 1935, pp. 165-229.

mais a rassemblé les artisans spécialisés sans grandement modifier leur façon de travailler. De plus, il précise qu'il ne faut pas chercher l'apparition de la pensée mécaniste au XVIIᵉ siècle, mais plus tôt, avec Léonard de Vinci. Grossmann propose donc une autre explication des origines de cette pensée : elle a surgi de l'activité pratique des artisans qualifiés qui inventent et produisent de nouveaux appareils mécaniques.

Ce que l'hypothèse de Grossmann partage avec celle de Borkenau, c'est de dériver une forme de pensée directement d'une idée du travail en tant qu'activité productive. Mais comme le montre Alfred Sohn-Rethel dans *Geistige und körperliche Arbeit*, l'approche de Grossmann est inadéquate parce que, dans son essai, les appareils supposés engendrer la pensée mécaniste sont déjà compris et expliqués d'après la logique de cette pensée[1]. Selon Sohn-Rethel, les origines des formes de pensée particulières sont à chercher à un niveau plus profond. Comme l'interprétation proposée dans ce livre, l'approche de Sohn-Rethel consiste à analyser les structures qui sous-tendent la pensée – par exemple, celles que Kant établit de façon anhistorique en tant que catégories *a priori*, transcendantales – en fonction de leur constitution par les formes de synthèse sociale. Toutefois, la compréhension que Sohn-Rethel a de la constitution sociale diffère de la nôtre : il n'analyse pas la spécificité du travail sous le capitalisme comme socialement constituée, il établit au contraire deux formes de synthèse sociale : une synthèse au moyen de l'échange, une autre au moyen du travail. Il explique que le type d'abstraction et la forme de synthèse sociale entraînés par la forme-valeur n'est pas une abstraction-travail mais une abstraction-échange[2]. Selon Sohn-Rethel, il existe une abstraction-travail sous le capitalisme, mais elle survient dans le procès de production et non dans le procès d'échange[3]. Cependant, il ne relie pas le concept d'abstraction-travail à la création des structures sociales aliénées. Au lieu de cela, il évalue positivement, comme non capitaliste, le mode de synthèse sociale supposé effectué par le travail dans la

---

1. Sohn-Rethel, *Geistige und körperliche Arbeit*, p. 85, n. 20.
2. *Ibid.*, pp. 77-78.
3. *Ibid.*

production industrielle et il l'oppose au mode de socialisation effectué par l'échange, qu'il évalue négativement[1]. Pour lui, seul ce dernier mode de synthèse sociale constitue l'essence du capitalisme. Cette version d'une interprétation traditionnelle de la contradiction du capitalisme conduit Sohn-Rethel à prétendre qu'une société est potentiellement sans classes lorsqu'elle acquiert la forme de sa synthèse directement *via* le procès de production et non *via* l'appropriation médiatisée par l'échange[2]. Il affaiblit ainsi sa tentative élaborée d'une lecture épistémologique des catégories de Marx.

Dans le cadre du présent ouvrage, la synthèse qu'opère la socialisation n'est jamais fonction du « travail » mais de la forme des rapports sociaux dans lesquels s'inscrit la production. Le travail ne joue ce rôle que sous le capitalisme, en raison de la qualité historiquement spécifique que nous avons découverte en examinant la forme-marchandise. Toutefois, Sohn-Rethel interprète la forme-marchandise comme extérieure au travail déterminé par la marchandise et attribue donc à la production comme telle un rôle dans la socialisation qu'elle n'a pas. Cela l'empêche de saisir adéquatement le caractère de ces structures sociales aliénées créées par la socialisation médiatisée par le travail et la spécificité du procès de production sous le capitalisme.

Au chapitre V, j'examinerai la contrainte sociale exercée par le temps abstrait comme une autre détermination de base des structures sociales aliénées saisies par la catégorie de capital. Or ce sont précisément ces structures que Sohn-Rethel évalue positivement comme non capitalistes : « La nécessité fonctionnelle d'une organisation unitaire du temps qui caractérise le procès de travail continu moderne contient les éléments d'une nouvelle synthèse de socialisation »[3]. Ce jugement est en accord avec une approche qui comprend l'abstraction comme un phénomène du marché complètement extérieur au travail sous le capitalisme et qui, partant, considère implicitement le travail sous le capitalisme comme « travail ». La forme de synthèse sociale aliénée qui se réalise effectivement à travers le travail sous le capitalisme est du même coup jugée positivement comme une forme de socialisation non capitaliste, effectuée par le travail en soi.

---

1. *Ibid.*, pp. 123, 186.
2. *Ibid.*, p. 123.
3. *Ibid.*, p. 186.

Cette position interdit également à Sohn-Rethel de s'occuper des formes de pensée des XIXe et XXe siècles dans lesquelles la forme de production déterminée par le capital a elle-même une forme fétichisée. L'accent qu'il met sur l'échange (cet accent exclut toute analyse des implications de la forme-marchandise sur le travail) limite son épistémologie sociale à un examen des formes de pensée mécaniste abstraite, de pensée statique. Cela contribue à exclure de nombreuses formes de pensée modernes du champ de son épistémologie sociale critique. Le fait qu'il échoue à examiner le rôle médiatisant du travail sous le capitalisme indique que la compréhension qu'il a de la forme de la synthèse diffère de la compréhension de la forme des rapports sociaux que je développerai. Bien qu'à maints égards mon interprétation soit parallèle à la tentative de Sohn-Rethel de relier l'apparition historique de la pensée abstraite, de la philosophie et des sciences de la nature aux formes sociales abstraites, elle se fonde sur une compréhension différente du caractère et de la constitution de ces formes.

Néanmoins, une théorie des formes sociales est d'une importance centrale pour une théorie critique. À mon sens, une théorie fondée sur l'analyse de la forme-marchandise des rapports sociaux rend compte, à un haut degré d'abstraction logique, des conditions qui font que la pensée scientifique passe, avec l'émergence de la civilisation capitaliste, d'un intérêt pour la qualité (valeur d'usage) et les questions concernant le « quoi » et le « pourquoi » concrets, à un intérêt pour la quantité (valeur) et les questions concernant le « comment », davantage instrumental.

Travail et raison instrumentale

J'ai déclaré que les formes des rapports sociaux capitalistes ont une signification « culturelle » : elles conditionnent les compréhensions tant du monde social que de la nature. L'une des caractéristiques essentielles des sciences de la nature modernes est leur caractère instrumental – leur intérêt pour les questions portant sur le fonctionnement de la nature à l'exclusion de celles portant sur la signification, leur neutralité axiologique [« *value-free* » *character*] par rapport aux buts substantiels. Bien que, dans ce livre, je ne poursuivrai pas directement l'étude du fondement social des sciences de la nature, cette question peut être indirectement mise en lumière en examinant le problème de savoir si le travail doit être considéré comme une activité instrumentale et en étudiant la relation entre une telle activité et la forme de constitution sociale qui caractérise le capitalisme.

Dans *Éclipse de la raison*, Max Horkheimer relie le travail à la raison instrumentale, qu'il définit comme cette forme réduite de raison qui s'est imposée avec l'industrialisation. La raison instrumentale, selon lui, s'intéresse seulement aux moyens corrects ou les plus efficaces pour atteindre une fin donnée. Elle est reliée au concept wébérien de rationalité formelle, par opposition à celui de rationalité substantielle. Les buts eux-mêmes ne sont pas considérés comme vérifiables à l'aide de la raison[1]. L'idée que la raison ne vaut pleinement que par rapport aux instruments ou que la raison n'est elle-même qu'un instrument est étroitement liée à la déification positiviste des sciences de la nature comme seul modèle de la connaissance[2]. Cette idée aboutit à un relativisme complet par rapport aux buts substantiels et aux systèmes moraux, politiques et économiques[3]. Horkheimer relie cette instrumentalisation de la raison au développement de méthodes de production de plus en plus complexes :

> « La transformation complète du monde en un monde de moyens plutôt qu'en un monde de fins est elle-même la conséquence du développement historique des méthodes de production. Au fur et à mesure que la production matérielle et l'organisation sociale deviennent de plus en plus compliquées et de plus en plus réifiées, reconnaître les moyens en tant que moyens présente des difficultés croissantes, puisqu'ils revêtent l'apparence d'entités autonomes »[4].

Horkheimer déclare que ce processus d'instrumentalisation progressive n'est pas fonction de la production en soi mais de son

---

1. Horkheimer, *Éclipse de la raison*, Payot, 1974, p. 13 et suiv.
2. *Ibid.*, pp. 67 et suiv., 113.
3. *Ibid.*, p. 40.
4. *Ibid.*, pp. 110-111. Traduction modifiée. (N.d.T.)

contexte social[1]. Cependant, comme je l'ai dit, Horkheimer, malgré certaines hésitations, identifie le travail en et pour soi à la raison instrumentale. Alors que je partage l'idée qu'il existe une connexion entre l'activité instrumentale et la raison instrumentale, je suis en désaccord avec cette identification de l'activité instrumentale au travail en tant que tel. L'explication que Horkheimer donne du caractère de plus en plus instrumental du monde en termes de complexité croissante de la production est loin d'être convaincante. Le travail a toujours été un moyen technique pragmatique pour atteindre des fins particulières, quelle que soit la signification qu'on lui donne par ailleurs, mais cela explique difficilement le caractère de plus en plus instrumental du monde – la domination croissante de moyens axiologiquement neutres par rapport aux valeurs et aux buts substantiels, la transformation du monde en un monde de moyens. C'est seulement au premier abord que le travail apparaît comme l'exemple par excellence de l'activité instrumentale. György Márkus et Cornelius Castoriadis ont montré l'un et l'autre de façon convaincante que le travail social n'est jamais simplement une activité instrumentale[2]. En fonction de l'argumentation que j'ai développée ici, cette proposition peut être modifiée : le travail social en tant que tel *n'*est *pas* une activité instrumentale ; mais le travail sous le capitalisme *est*, lui, une activité instrumentale.

La transformation du monde en un monde de moyens et non plus de fins, processus qui s'étend même aux hommes[3], est reliée au caractère spécifique que revêt le travail-marchandise : le travail comme moyen. Bien que le travail social soit toujours un moyen en vue d'une fin, cela seul ne suffit pas à le rendre instrumental. Comme on l'a noté, dans les sociétés précapitalistes, le travail reçoit sa signification de rapports sociaux non déguisés et il est façonné par la tradition. Parce que le travail producteur de marchandises n'est pas médiatisé par des rapports de ce type, il est d'une certaine façon privé de sens, il est « sécularisé ». Ce développement est une condition nécessaire de l'instrumentalisation progressive du monde, mais il n'est pas une condition suffisante du caractère instrumental

---

1. *Ibid.*, pp. 161-163.

2. Cornelius Castoriadis, *Les Carrefours du labyrinthe* ; György Márkus, « Die Welt menschlicher Objekte », p. 24 et suiv.

3. Horkheimer, *Éclipse de la raison*, p. 159.

du travail : le fait que le travail existe comme pur moyen. Ce caractère dépend du type de moyen qu'est le travail sous le capitalisme.

Comme nous l'avons vu, le travail déterminé par la marchandise est, en tant que travail concret, le moyen de produire un produit particulier ; en outre et plus essentiellement, en tant que travail abstrait, il est automédiatisant – il est le *moyen social* d'acquérir les produits des autres. Pour les producteurs, le travail est donc abstrait de son produit concret : le travail transforme les produits en un pur moyen, en un instrument pour acquérir des produits qui sont sans relation intrinsèque avec le caractère substantiel de l'activité productive au moyen de laquelle ils sont acquis[1].

Le but de la production sous le capitalisme, ce ne sont ni les biens matériels produits ni les effets réflexifs de l'activité de travail sur le producteur, mais la valeur ou, plus précisément, la survaleur. Or la valeur est un but purement quantitatif : il n'y a aucune différence qualitative entre la valeur du blé et celle des armes. La valeur est purement quantitative parce qu'en tant que forme de richesse, elle est un moyen objectivé : elle est l'objectivation du travail abstrait – du travail en tant que moyen objectif d'acquérir des biens qu'il ne produit pas. Ainsi la production en vue de la (sur)valeur est-elle une production où le but lui-même est un moyen[2]. La production sous le capitalisme est donc nécessairement orientée quantitativement, orientée vers des quantités toujours plus grandes de survaleur. C'est la base de l'analyse que Marx fait de la production sous le capitalisme en tant que production pour la production[3]. Dans ce cadre, l'instrumentalisation du monde est fonction de la

---

1. Comme l'ont noté, entre autres, André Gorz et Daniel Bell, cette analyse du travail abstrait fournit une détermination abstraite et logique initiale au développement, au XXe siècle, des conceptions de soi des travailleurs comme travailleurs-consommateurs plutôt que comme travailleurs-producteurs. Voir André Gorz, *Critique de la raison économique*, Galilée, 1988 ; Daniel Bell, *Les Contradictions culturelles du capitalisme*, PUF, 1979.

2. On pourrait étudier l'apparition du formalisme social et politique aussi bien que théorique, en fonction de ce procès de séparation de la forme et du contenu par lequel la forme domine le contenu. À un autre niveau, Giddens pense que c'est parce que le procès de marchandisation détruit les valeurs et modes de vie traditionnels et entraîne cette séparation de la forme et du contenu, qu'il induit un sentiment partout répandu d'absence de sens. Voir *A Contemporary Critique of Historical Materialism*, pp. 152-153.

3. *Le Capital*, livre I, pp. 666-667 ; *Un chapitre inédit du* Capital, pp. 221-223.

détermination de la production et des rapports sociaux par cette forme de médiation sociale historiquement spécifique – elle n'est pas fonction de la complexité croissante de la production matérielle en tant que telle. La production pour la production, cela signifie que la production n'est plus un moyen en vue d'une fin substantielle, mais un moyen en vue d'une fin qui est elle-même un moyen, un moment dans une chaîne d'expansion sans fin. *La production sous le capitalisme devient le moyen d'un moyen.*

L'apparition d'un but de la production sociale qui est en réalité un moyen sous-tend la domination croissante des moyens sur les fins qu'a notée Horkheimer. Cette apparition ne s'enracine pas dans le caractère du travail concret en tant que moyen matériel déterminé en vue de créer un produit spécifique, mais dans la nature du travail sous le capitalisme en tant que moyen social qui est quasi objectif et supplante les rapports ouvertement sociaux. Toutefois, Horkheimer attribue au travail en général une conséquence du caractère spécifique du travail sous le capitalisme.

Bien que le processus d'instrumentalisation soit logiquement impliqué par le double caractère du travail sous le capitalisme, il est grandement intensifié par la transformation des hommes en moyens. Comme je le montrerai, le premier stade de cette transformation est la marchandisation du travail lui-même en tant que force de travail (ce que Marx appelle la « subsomption formelle du travail sous le capital »), ce qui ne transforme pas nécessairement la forme matérielle de la production. Le second stade est atteint lorsque le procès de production de la survaleur façonne le procès de travail à son image (la « subsomption réelle du travail sous le capital »[1]). Avec la subsomption réelle, le but de la production capitaliste – qui est en fait un moyen – façonne les moyens matériels de sa réalisation. La relation entre la forme matérielle de la production et son but (la valeur) n'est plus contingente. Le travail abstrait commence bien plutôt à quantifier et à modeler le travail concret à son image ; la domination abstraite de la valeur commence à se matérialiser dans le procès de travail même. Pour Marx, l'une des marques de la subsomption réelle, c'est qu'en dépit des apparences les matières premières réelles du procès de production, ce ne sont pas les matières physiques qui sont transformées en produits matériels,

---

1. *Un chapitre inédit du* Capital, p. 217 et suiv.

mais les *travailleurs*, dont le temps de travail objectivé constitue l'élément moteur de la totalité[1]. Avec la subsomption réelle, cette détermination du procès de valorisation se matérialise : l'homme est très littéralement devenu un moyen.

Sous le capitalisme, le but de la production exerce une forme de nécessité sur les producteurs. Les buts du travail – qu'ils soient définis en termes de produits ou de conséquences du travail sur les producteurs – ne sont ni donnés par la tradition sociale ni décidés consciemment. *Bien au contraire, le but échappe au contrôle humain* : les hommes ne peuvent pas se donner pour but la valeur (ou la survaleur), car ce but s'impose à eux comme une nécessité extérieure. Ils décident seulement quels sont les produits les plus à même de maximiser la (sur)valeur ; le choix des produits matériels en tant que buts ne s'effectue ni d'après leurs qualités substantielles ni d'après les besoins à satisfaire. Pourtant, la « bataille des dieux », pour reprendre l'expression de Weber, qui règne effectivement sur les buts substantiels *revêt l'apparence* d'un pur relativisme – le relativisme qui empêche de juger sur une base substantielle les mérites d'un but de production par rapport à un autre découle du fait que, dans la société déterminée par le capital, *tous* les produits incorporent le même but de production sous-jacent : la valeur. Or ce but réel n'est pas lui-même substantiel ; d'où l'apparence d'un pur relativisme. Sous le capitalisme, le but de la production est un donné absolu qui, paradoxalement, est seulement un moyen – mais un moyen qui n'a d'autre fin que lui-même.

En tant que dualité du travail concret et de l'interaction médiatisée par le travail, le travail sous le capitalisme a un caractère socialement constituant. Cela nous conduit à la conclusion suivante, paradoxale seulement en apparence : c'est du fait même de son caractère socialement médiatisant que le travail sous le capitalisme est une activité instrumentale. C'est parce que la qualité médiatisante du travail sous le capitalisme ne peut pas apparaître directement que l'instrumentalité apparaît comme un attribut objectif du travail en tant que tel.

Le caractère instrumental du travail en tant qu'il est automédiatisant, en tant qu'il se médiatise lui-même, c'est en même temps le caractère instrumental des rapports sociaux médiatisés par le travail.

---

1. *Le Capital*, livre I, pp. 213-214, 220, 347, 474-475.

Le travail sous le capitalisme constitue la médiation sociale qui caractérise cette société ; en tant que médiation, il est une activité « pratique ». Nous nous trouvons face à un nouveau paradoxe : le travail sous le capitalisme constitue une activité instrumentale du fait même de son caractère « pratique », historiquement déterminé. Inversement, la sphère « pratique », celle de l'interaction sociale, s'amalgame à celle du travail et revêt un caractère instrumental. Sous le capitalisme, le caractère instrumental du travail et des rapports sociaux s'enracine donc dans le rôle social spécifique du travail dans cette formation sociale. L'instrumentalité s'enracine dans la forme (médiatisée par le travail) de constitution sociale sous le capitalisme.

Cette analyse n'implique toutefois pas le pessimisme nécessaire de la Théorie critique étudié au chapitre III. Étant donné que ce caractère instrumental est fonction du double caractère du travail sous le capitalisme – et non du travail en soi –, on peut l'analyser comme l'attribut d'une forme intrinsèquement contradictoire. Rien n'oblige à comprendre le caractère instrumental croissant du monde comme un processus sans fin, linéaire, lié au développement de la production. Cette forme sociale peut être vue comme une forme qui ne se donne pas seulement un caractère instrumental mais qui, à partir de la même dualité, engendre aussi la possibilité de sa critique radicale et les conditions de possibilité de sa propre abolition. En d'autres termes, le concept de double caractère du travail fournit un point de départ au réexamen de la signification de la contradiction fondamentale du capitalisme.

Totalité abstraite et totalité substantielle

J'ai analysé la valeur en tant que catégorie exprimant l'autodomination du travail, c'est-à-dire la domination des producteurs par la dimension médiatisante historiquement spécifique de leur propre travail. Sauf dans la brève étude de la subsomption du travail sous le capital à la section précédente, mon analyse a traité jusqu'ici la totalité sociale aliénée constituée par le travail sous le capitalisme comme formelle et non comme réelle – comme le lien social extériorisé entre les individus qui résulte de la détermination simultanée du travail en tant qu'activité productive et en tant qu'activité socialement médiatisante. Si la recherche devait s'arrêter ici, on pourrait penser que ce que j'ai analysé comme le lien social aliéné sous le capitalisme ne diffère pas fondamentalement – étant donné son caractère formel – du marché. L'analyse de l'aliénation présentée jusqu'ici, on pourrait se l'approprier et la repenser à l'aide d'une théorie qui se centrerait sur l'argent en tant que médium de l'échange plutôt que sur le travail en tant qu'activité médiatisante.

Toutefois, en poursuivant cette recherche et en examinant la catégorie marxienne de survaleur et, partant, celle de capital, nous verrons que pour Marx le lien social aliéné sous le capitalisme ne reste pas formel et statique, mais qu'il a un caractère directionnellement dynamique. Dans l'analyse marxienne, le fait que le capitalisme se caractérise par une dynamique historique immanente s'explique par la forme de domination inhérente à la forme-valeur de la richesse et de la médiation sociale. Comme on l'a noté, une caractéristique essentielle de cette dynamique est un procès toujours accéléré de production pour la production. Ce qui caractérise le capitalisme, c'est, à un niveau systémique profond, que la production n'a pas pour but la consommation. En réalité, il est mû par un système de contraintes abstraites constituées par le double caractère du travail sous le capitalisme, qui pose la production comme son propre but. En d'autres termes, la « culture » qui médiatise la production sous le capitalisme est radicalement différente de celle des autres sociétés dans la mesure où elle est elle-même constituée par le travail[1]. Ce

---

1. En ce sens, la critique selon laquelle Marx néglige d'inclure dans sa théorie une analyse de la spécificité historique et culturelle des valeurs d'usage sous le capitalisme – ou, plus généralement, une analyse de la culture dans la production médiatisante – se focalise sur un niveau logique de vie sociale sous le capitalisme différent de celui que Marx tente de mettre en lumière dans sa critique de maturité. De plus, une telle critique néglige le fait que Marx considère que le trait essentiel et la force motrice de la formation sociale capitaliste, c'est une forme historiquement unique de médiation sociale ayant pour conséquence la production pour la production et non pas la production pour la consommation. Cette analyse, comme nous le verrons, questionne bien la catégorie de valeur d'usage, quoiqu'elle ne l'identifie pas à la seule consommation. Toutefois, elle affirme aussi que les théories selon lesquelles la production est poussée par la consommation ne rendent pas compte du dynamisme nécessaire de la production capitaliste. (L'interprétation que je propose dans ce livre met en cause les tendances récentes de la théorie sociale à identifier la consommation comme le lieu de la culture et de la subjectivité – ce qui implique que la production ne doive être considérée que comme tech-

qui distingue la théorie critique fondée sur le concept de travail en tant qu'activité socialement médiatisante des approches qui se focalisent sur le marché et sur l'argent, c'est son analyse du capital – sa capacité à saisir la dynamique directionnelle et la trajectoire de production de la société moderne.

Lorsque j'étudierai la catégorie marxienne de capital, il apparaîtra clairement que la totalité sociale acquiert son caractère dynamique par l'incorporation d'une dimension sociale, substantielle, du travail. Jusqu'ici, j'ai examiné une dimension sociale, abstraite, spécifique, du travail sous le capitalisme en tant qu'activité socialement médiatisante. Cette dimension ne doit pas être confondue avec le caractère social du travail en tant qu'activité productive. Celle-ci, pour Marx, inclut l'organisation sociale du procès de production, l'habileté moyenne des travailleurs, le niveau de développement et l'application de la science, entre autres facteurs[1]. Jusqu'à présent, cette dimension – le caractère social du travail concret en tant qu'activité productive – est restée en dehors de mes considérations ; j'ai traité la fonction du travail en tant qu'activité socialement médiatisante indépendamment du travail concret spécifique accompli. Or ces deux dimensions sociales du travail sous le capitalisme n'existent pas seulement l'une à côté de l'autre. Pour analyser la façon dont elles se déterminent l'une l'autre, j'étudierai d'abord la dimension quantitative et temporelle de la valeur ; cela me permettra de montrer – en mettant en lumière la dialectique du travail et du temps – qu'avec la forme-capital la dimension sociale du travail concret est incorporée dans la dimension sociale aliénée constituée par le travail abstrait. La totalité que je n'ai traitée pour l'instant que comme abstraite acquiert un caractère substantiel en raison de son appropriation du caractère social de l'activité productive. Je

---

nique et « objective » ; plus fondamentalement, elle met en cause toute idée de la « culture » comme catégorie universelle transhistorique, constituée partout et toujours de la même manière.) De telles critiques montrent toutefois que d'autres considérations sur la valeur d'usage – d'après la consommation par exemple – sont importantes quand on étudie la société capitaliste d'un point de vue plus concret. Il est néanmoins essentiel de distinguer entre les niveaux d'analyse et d'élaborer leurs médiations. Pour les critiques évoquées ci-dessus, voir Marshall Sahlins, *Au cœur des sociétés. Raison utilitaire et raison culturelle*, Gallimard, 1980, pp. 172-173, 188 et suiv. ; William Leiss, *The Limits to Satisfaction*, 1976, pp. XVI-XX.

1. *Le Capital*, livre I, p. 45.

ferai cette analyse dans la troisième partie de ce livre pour, sur cette base, expliquer la catégorie de capital chez Marx. Au cours de cette étude, je montrerai que la totalité sociale exprimée par la catégorie de capital possède elle aussi un « double caractère » – abstrait et substantiel – enraciné dans les deux dimensions de la forme-marchandise. La différence qu'introduit la catégorie de capital, c'est qu'avec elle les *deux* dimensions du travail sont aliénées et, ensemble, s'opposent aux individus comme une force coercitive. Cette dualité explique pourquoi la totalité n'est pas statique mais possède un caractère intrinsèquement contradictoire qui fonde une dynamique historiquement directionnelle, immanente.

Cette analyse des formes sociales aliénées comme à la fois formelles et substantielles, et cependant contradictoires, diffère radicalement des approches qui, comme celle de Sohn-Rethel, cherchent à localiser la contradiction du capitalisme entre sa dimension formelle abstraite et une dimension substantielle – le procès de production industriel fondé sur le prolétariat – et supposent que cette dernière dimension n'est pas déterminée par le capital. En même temps, mon approche implique que toute conception radicalement pessimiste de la totalité en tant que structure « unidimensionnelle » de domination (sans contradiction interne) n'est pas pleinement adéquate à l'analyse de Marx. Enracinée dans le double caractère du travail déterminé par la marchandise, la totalité sociale aliénée n'est pas, comme le pense Adorno par exemple, l'identité qui incorpore en elle-même le socialement non-identique et fait ainsi du tout une unité non contradictoire qui conduit à l'universalisation de la domination[1]. Montrer que la totalité est intrinsèquement contradictoire, c'est montrer qu'elle demeure une identité essentiellement contradictoire de l'identité et de la non-identité et qu'elle n'est pas devenue une identité unitaire qui a totalement assimilé le non-identique.

----

1. Theodor W.-Adorno, *Dialectique négative*, Payot, 1978.

CHAPITRE V

Temps abstrait

La grandeur de la valeur

Dans mon examen de l'analyse marxienne des formes sociales structurantes du capitalisme, je me suis surtout intéressé jusqu'ici à la catégorie de travail abstrait et à certaines implications fondamentales de l'idée selon laquelle les rapports sociaux propres au capitalisme sont constitués par le travail. Ce qui, selon Marx, caractérise aussi ces formes sociales, c'est leur dimension temporelle et le fait qu'elles soient quantifiables. Marx introduit ces aspects de la forme-marchandise très tôt dans son analyse, au moment où il examine la grandeur de la valeur[1]. En étudiant la façon dont Marx examine ce problème, je montrerai l'importance centrale qu'il revêt dans l'analyse marxienne de la nature de la société capitaliste. Sur cette base, j'examinerai plus en détail les différences entre valeur et richesse matérielle ainsi que la question du capitalisme et de la temporalité – ce qui constituera le travail préparatoire à mon analyse, dans la troisième partie de ce livre, de la conception marxienne de la trajectoire de développement capitaliste. À cette occasion, je développperai de nouveaux aspects de la théorie socio-historique de la connaissance et de la subjectivité esquissée plus haut. Cela constituera une étape permettant l'examen critique de la critique de Marx par Jürgen Habermas, qui conclura ma discussion de la trajectoire de la Théorie critique en tant que tentative de formuler une critique

---

1. Marx, *Le Capital*, livre I, p. 43 et suiv.

sociale adéquate au XXe siècle. Cela fait, je serai en mesure de procéder à la reconstruction de la catégorie de capital chez Marx.

Le problème de la grandeur de la valeur semble au premier abord beaucoup plus simple et beaucoup plus direct que celui des catégories de valeur et de travail humain abstrait. Franz Petry, Isaak Roubine et Paul Sweezy, par exemple, le traitent en tant que « théorie quantitative de la valeur » par opposition à la « théorie qualitative de la valeur »[1]. Ils opèrent cette distinction pour souligner le fait que la théorie marxienne de la valeur n'est pas seulement une théorie économique au sens étroit du terme, mais aussi une tentative de mettre en lumière la structure même des rapports sociaux sous le capitalisme. Toutefois, malgré les considérations critiques que contiennent leurs différentes analyses de ces rapports sociaux, ces théoriciens ne vont pas assez loin. Ils entreprennent une analyse qualitative du contenu social de la valeur, mais traitent la grandeur de la valeur uniquement en termes quantitatifs. Or si l'on analyse la valeur en tant que forme sociale historiquement spécifique, cela modifie la façon dont on examine la grandeur de la valeur[2]. Marx n'écrit pas seulement – comme on se plaît à le citer – que l'économie politique ne s'est « jamais posé [...] la simple question de savoir pourquoi [...] le travail se représente dans la valeur », il se demande aussi pourquoi « la mesure du travail par sa durée se représente dans la grandeur de valeur du produit du travail »[3]. La seconde

---

1. Franz Petry, *Der soziale Gehalt der Marxschen Werttheorie*, 1916, pp. 3-5, 16 ; Isaak I. Roubine, *Essais sur la théorie de la valeur de Marx*, Maspero, 1978, pp. 107, 168-169 ; Paul Sweezy, *The Theory of Capitalist Development*, 1969, p. 25.

2. En général, les positions qui insistent sur une analyse qualitative de la catégorie de valeur ont pour point de départ le reproche que Marx fait à l'économie politique classique d'avoir négligé cette analyse : « L'une des carences fondamentales de l'économie politique classique est qu'elle n'ait jamais réussi à découvrir par l'analyse de la marchandise et plus précisément de la valeur marchande la forme de la valeur qui en fait la valeur d'échange. Et c'est chez ses meilleurs représentants, A. Smith et Ricardo, qu'elle traite la forme-valeur comme quelque chose de tout à fait indifférent ou d'extérieur à la nature de la marchandise elle-même. La raison n'en est pas seulement que l'analyse de la grandeur de valeur absorbe entièrement son attention » (*Le Capital*, livre I, p. 92, n. 32). Mais cela ne signifie pas que l'analyse de la grandeur de la valeur proposée par l'économie politique puisse être conservée en lui ajoutant simplement une analyse qualitative de la forme-valeur.

3. *Le Capital*, livre I, p. 92.

question indique qu'il ne suffit pas d'entreprendre une étude qualitative de la seule forme-valeur, et du même coup exclure le problème de la grandeur de la valeur, car lui aussi implique une analyse sociale qualitative.

Ces interprétations de Marx ne traitent certes pas le problème de la grandeur de la valeur dans un sens quantitatif étroit – c'est-à-dire seulement en termes de valeurs d'échange relatives – ainsi que le fait l'économie politique. Cependant, elles ne traitent la grandeur de la valeur que comme la quantification de la dimension qualitative de la valeur, et non comme une autre détermination qualitative de la formation sociale. Sweezy, par exemple, écrit que « derrière la simple détermination des proportions d'échange [...], le problème quantitatif de la valeur [...] n'est ni plus ni moins que l'étude des lois gouvernant la répartition de la force de travail entre les différentes branches de production dans une société de production marchande »[1]. Si, à ses yeux, la tâche de la théorie qualitative de la valeur est d'analyser ces lois d'après la nature des rapports sociaux et des formes de conscience, alors la tâche de la théorie quantitative de la valeur consiste à examiner leur nature en termes purement quantitatifs[2]. De même, Roubine écrit :

> « L'erreur fondamentale de la plupart des critiques de Marx réside en ceci : 1/ ils sont totalement incapables de comprendre l'aspect qualitatif, sociologique, de la théorie de la valeur de Marx ; et 2/ ils limitent l'étude de l'aspect quantitatif à l'examen des proportions d'échange [...] ils négligent les interrelations quantitatives entre les quantités de travail social qui se répartissent entre les différentes branches de la production et les différentes entreprises, interrelations qui sont le fondement même de la détermination quantitative de la valeur »[3].

Petry, quant à lui, pense le « problème quantitatif de la valeur » en termes de répartition de la valeur totale, produite par le prolétariat, entre les diverses classes sociales sous forme de revenu[4].

---

1. Sweezy, *The Theory of Capitalist Development*, pp. 33-34.

2. *Ibid.*, p. 41.

3. Roubine, *Essais sur la théorie de la valeur de Marx*, p. 112.

4. Petry, *Der soziale Gehalt*, pp. 29, 50. Lorsque, toutefois, Marx s'occupe de la répartition de la valeur totale entre les différentes classes sous la forme du revenu, c'est au niveau logique du prix et du profit, non au niveau de la valeur.

Ces interprétations du problème quantitatif de la valeur ne portent que sur la régulation non consciente de la distribution sociale des marchandises et du travail (ou du revenu). Ces approches qui interprètent les catégories de valeur et de grandeur de la valeur uniquement d'après l'absence de régulation sociale consciente de la distribution sous le capitalisme ne conçoivent implicitement la négation historique du capitalisme qu'en termes de planification publique moins la propriété privée. Elles ne fournissent pas une base adéquate à une critique catégorielle de la forme de production déterminée par le capital. Or l'analyse marxienne de la grandeur de la valeur fait précisément partie de cette critique : elle entraîne une détermination qualitative du rapport entre le travail, le temps et la nécessité sociale dans la formation sociale capitaliste. L'étude de la dimension temporelle des catégories marxiennes me permettra de démontrer ce que je me bornai à affirmer précédemment, à savoir que la loi de la valeur, loin d'être une théorie des mécanismes de l'équilibre par le truchement du marché, entraîne à la fois une dynamique historique et une forme particulière de production matérielle.

Pour Marx, la mesure de la valeur est très différente de la mesure de la richesse matérielle. Cette dernière forme de richesse produite par les divers types de travail concret effectué sur les matières premières peut se mesurer d'après les objectivations de ces travaux, c'est-à-dire d'après les quantités et la qualité des biens particuliers produits. Ce mode de mesure est fonction de la spécificité qualitative du bien, de l'activité qui le produit, des besoins qu'il satisfait et de la coutume – en d'autres termes, le mode de mesure de la richesse matérielle est particulier, et non pas général. Pour être la forme dominante de richesse, la richesse matérielle doit donc être médiatisée par de multiples types de rapports sociaux. La richesse matérielle ne se médiatise pas elle-même socialement ; là où elle est la forme sociale dominante de richesse, elle est « évaluée » et distribuée par des rapports sociaux non déguisés : liens sociaux traditionnels, rapports de pouvoir, décisions conscientes, prises en considération des besoins, etc. La prédominance de la richesse matérielle en tant que forme sociale de la richesse est liée à un mode de médiation ouvertement social.

Comme nous l'avons vu, la valeur est une forme particulière de richesse en ce sens qu'elle n'est pas médiatisée par des rapports sociaux non déguisés, mais qu'elle *est elle-même médiation* : elle est la dimension automédiatisante des marchandises. Cela s'exprime dans sa mesure, qui n'est pas directement fonction de la masse de biens produits. Une mesure matérielle impliquerait un mode de médiation ouvertement social. Bien que la valeur, tout comme la richesse matérielle, soit une objectivation du travail, c'est une objectivation du travail abstrait. En tant qu'il constitue une médiation sociale « objective », générale, le travail abstrait ne s'exprime pas d'après les objectivations des travaux concrets particuliers et ne se mesure pas d'après leur quantité. Son objectivation, c'est la valeur – une forme séparable de celle du travail concret objectivé, c'est-à-dire des produits particuliers. De la même façon, la grandeur de la valeur, la mesure quantitative de l'objectivation du travail abstrait, diffère des quantités physiques des diverses marchandises produites et échangées (50 mètres de tissu, 450 tonnes d'acier, 900 barils de pétrole, etc.). Cependant, cette mesure peut se traduire en de telles quantités physiques. La commensurabilité quantitative et qualitative des marchandises qui en résulte est une expression de la médiation sociale objective : elle constitue cette médiation et elle est constituée par elle. La valeur se mesure donc non pas d'après les objectivations particulières des divers travaux, mais d'après ce qu'elles ont en commun, indépendamment de leur spécificité : la dépense de travail. Dans l'analyse de Marx, la mesure de la dépense de travail humain qui n'est pas fonction de la quantité et de la nature de ses produits, c'est le temps : « Comment alors mesurer la grandeur de sa valeur ? Par le quantum de "substance constitutive de valeur" qu'elle contient, par le quantum de travail. La quantité de travail elle-même se mesure à sa durée dans le temps, et le temps de travail possède à son tour son étalon, en l'espèce de certaines fractions du temps : l'heure, la journée, etc. »[1].

Ainsi, lorsque le travail lui-même agit comme le moyen quasi objectif général pour médiatiser les produits, une mesure quasi objective, générale, de la richesse se constitue : une mesure indépendante de la particularité des produits et, partant, des liens et des contextes sociaux non déguisés. Selon Marx, cette mesure, c'est la dépense socialement nécessaire de temps de travail humain. Ce

---

1. *Le Capital*, livre I, p. 43.

temps, comme nous le verrons, est une forme de temps « abstraite », déterminée. Étant donné le caractère médiatisant qui est attaché au travail sous le capitalisme, sa mesure revêt également un caractère socialement médiatisant. La forme de richesse (la valeur) *et* sa mesure (le temps abstrait) sont constituées par le travail sous le capitalisme en tant que médiations sociales « objectives ».

La catégorie de travail humain abstrait se réfère à un procès social qui entraîne une abstraction des spécificités des divers travaux concrets en jeu et une réduction à leur dénominateur commun en tant que travail humain[1]. De la même façon, la catégorie de grandeur de la valeur se réfère à une abstraction des quantités physiques des produits échangés et à une réduction à un dénominateur commun non manifeste : le temps de travail nécessaire à leur production. Au chapitre IV, j'ai évoqué plusieurs implications socio-épistémologiques de l'analyse marxienne de la forme-marchandise comprise comme analyse de formes structurées de pratique quotidienne qui impliquent un processus d'abstraction continu de la spécificité concrète des objets, des activités et des hommes, et leur réduction à un dénominateur commun « essentiel », général. J'ai montré que l'émergence de l'opposition moderne entre l'universalisme abstrait et le particularisme concret pouvait être comprise à l'aide de cette analyse. Ce procès d'abstraction social auquel se réfère la forme-marchandise entraîne également un procès de quantification déterminé. Je m'occuperai de cette dimension de la forme-marchandise des rapports sociaux lorsque j'examinerai le temps lui-même en tant que mesure.

Il importe ici de noter que l'idée de Marx, au chapitre premier du *Capital*, selon laquelle la dépense de temps de travail socialement nécessaire est la mesure de la valeur ne constitue pas sa pleine démonstration de cette position. Comme je l'ai montré au chapitre IV, le raisonnement de Marx dans *Le Capital* est immanent à son mode d'exposition, au déploiement complet des catégories, par quoi ce qui se déploie est destiné à justifier rétrospectivement ce qui l'a précédé et à partir de quoi il s'est développé logiquement. Nous verrons que, lorsque Marx analyse, sur la base de ses déterminations initiales de la valeur et de sa mesure, le procès de production sous le capitalisme et sa trajectoire de développement, il

---

1. *Ibid.*, pp. 76-77.

cherche à prouver rétrospectivement l'idée que la grandeur de la valeur est déterminée par le temps de travail socialement nécessaire. Son argumentation cherche par là même à justifier la détermination temporelle de la grandeur de la valeur en tant que détermination catégorielle et de la production et de la dynamique du tout, et non pas simplement – comme il peut paraître au premier abord – en tant que détermination de la régulation de l'échange.

Temps abstrait et nécessité sociale

Parce que, chez Marx, le travail humain abstrait constitue une médiation sociale générale, le temps de travail qui sert de mesure de la valeur n'est pas individuel et contingent, mais *social* et *nécessaire* :

> « La force de travail globale de la société, qui s'expose dans les valeurs du monde des marchandises, est prise ici pour une seule et même force de travail humaine. [...] Chacune de ces forces de travail individuelles est une force de travail identique aux autres, dans la mesure où elle a le caractère d'une force de travail sociale moyenne [...] et ne requiert donc dans la production d'une marchandise que le temps de travail nécessaire en moyenne, ou temps de travail socialement nécessaire »[1].

Marx définit le temps de travail socialement nécessaire comme suit : « Le temps de travail socialement nécessaire est le temps de travail qu'il faut pour faire apparaître une valeur d'usage quelconque dans les conditions de production normales d'une société donnée et avec le degré social moyen d'habileté et d'intensité du travail »[2]. La valeur d'une marchandise simple dépend non pas du temps de travail dépensé dans chaque objet individuel, mais de la quantité de temps de travail socialement nécessaire à sa production : « C'est donc seulement la quantité de travail socialement nécessaire ou le temps de travail socialement nécessaire à la fabrication d'une valeur d'usage qui détermine la grandeur de sa valeur »[3].

---

1. *Ibid.*, p. 44.
2. *Ibid.*
3. *Ibid.*

La détermination de la grandeur de valeur d'une marchandise en fonction du temps de travail socialement nécessaire (ou moyen) indique que le point de référence est la société en tant que tout. Je n'aborderai pas ici la question de savoir comment cette moyenne se constitue – c'est-à-dire le fait qu'elle est la conséquence d'un « processus social qui se déroule dans le dos des producteurs, si bien que ceux-ci s'imaginent qu'[elle a été donnée] par la tradition »[1] –, sauf pour noter que ce « processus social » implique une médiation socialement générale de l'action individuelle. Il entraîne la constitution par l'action individuelle d'une norme générale externe qui agit réflexivement sur chaque individu.

Le type de nécessité exprimé par l'expression « temps de travail socialement nécessaire » est fonction de cette médiation générale, réflexive. Ce n'est qu'au premier abord qu'elle semble une simple assertion descriptive de la quantité moyenne de temps requis pour produire une marchandise particulière. Un examen plus précis révèle que cette catégorie est une autre détermination de la forme de domination sociale constituée par le travail déterminé par la marchandise – ce que j'ai appelé la nécessité sociale « historiquement déterminée », au-dessus et contre la nécessité sociale « naturelle », transhistorique.

Le temps dépensé pour produire une marchandise particulière est médiatisé de façon socialement générale et transformé en une moyenne qui détermine la grandeur de valeur du produit. La catégorie de temps de travail socialement nécessaire exprime donc une norme temporelle générale résultant de l'action des producteurs et à laquelle ceux-ci doivent se conformer. On n'est pas seulement obligé de produire et d'échanger des marchandises pour survivre, il faut encore – si l'on veut obtenir la « valeur totale » de son temps de travail – que ce temps soit égal à la norme temporelle exprimée par le temps de travail socialement nécessaire. En tant que catégorie de la totalité, le temps de travail socialement nécessaire exprime une nécessité sociale quasi objective qui fait face aux producteurs. C'est la dimension temporelle de la domination abstraite qui caractérise les structures des rapports sociaux aliénés sous le capitalisme. La totalité sociale constituée par le travail en tant que médiation

____

1. *Ibid.*, p. 51.

générale objective a un caractère temporel par lequel *le temps devient nécessité.*

J'ai noté précédemment que le degré d'abstraction logique des catégories de Marx dans le livre I du *Capital* est extrêmement élevé ; il se rapporte à l'« essence » du capitalisme en tant que tout. L'une des visées stratégiques de l'analyse catégorielle proposée par Marx dans ce livre, c'est de fonder historiquement – et cela par rapport aux formes des rapports sociaux capitalistes – l'opposition moderne entre l'individu autodéterminant, libre, et la société en tant que sphère extérieure de nécessité objective. Cette opposition est intrinsèque à la forme-valeur de la richesse et des rapports sociaux. Bien que la valeur soit constituée par la production de marchandises particulières, la grandeur de valeur d'une marchandise particulière est fonction, réflexivement, d'une norme sociale générale constituée. En d'autres termes, la valeur d'une marchandise est le moment individualisé d'une médiation sociale générale ; sa grandeur dépend non pas du temps de travail effectivement requis pour produire telle ou telle marchandise particulière, mais de la médiation sociale générale exprimée par la catégorie temps de travail socialement nécessaire. À la différence de la mesure de la richesse matérielle qui dépend de la quantité et de la qualité de biens particuliers, la mesure de la valeur exprime donc un *rapport* déterminé – à savoir un rapport entre le particulier et le général-abstrait, qui revêt la forme d'un rapport entre moment et totalité. Chacun des termes de ce rapport est constitué par le travail en tant qu'activité productive et en tant qu'activité socialement médiatisante. Ce double caractère du travail sous-tend la mesure temporelle abstraite, quasi objective, de la richesse sociale sous le capitalisme ; et il engendre également une opposition entre l'ensemble des produits ou des travaux particuliers et une dimension générale-abstraite qui constitue ces travaux particuliers et qui est constituée par eux.

À un autre niveau, la marchandise en tant que forme sociale dominante implique nécessairement une tension et une opposition entre l'individu et la société, qui révèlent la tendance de la société à subsumer l'individu. Lorsque le travail médiatise et constitue les rapports sociaux, il devient l'élément central d'une totalité qui domine les individus – lesquels sont néanmoins libres de rapports de domination personnelle : « En fait, le travail, qui est ainsi mesuré par le temps, n'apparaît pas comme le travail d'individus différents, mais les différents individus qui travaillent apparaissent bien plutôt comme de simples organes du travail »[1].

La société capitaliste se constitue sous la forme d'une totalité qui ne s'oppose pas seulement aux individus, mais qui tend aussi à les subsumer : ils deviennent de « simples organes » du tout. Dans l'analyse marxienne de la forme-marchandise, cette détermination initiale de la subsomption des individus par la totalité préfigure l'analyse critique ultérieure du procès de production sous le capitalisme en tant que matérialisation concrète de cette subsomption. Loin de critiquer l'atomisation de l'existence individuelle sous le capitalisme en se fondant sur la totalité (ainsi que l'impliquent les interprétations traditionnelles), Marx analyse la soumission des individus aux structures objectives abstraites comme un trait de la forme sociale saisie par la catégorie de capital. Il considère cette subsomption comme le complément antinomique de l'atomisation individuelle et pense que ces deux moments, ainsi que leur opposition, sont caractéristiques de la formation capitaliste. Cette analyse révèle la nature dangereusement unilatérale de toute conception du socialisme qui, assimilant le capitalisme au mode de distribution bourgeois, pose la société socialiste en tant que totalité ouvertement constituée par le travail, auquel les individus sont subsumés.

Cette étude de la détermination temporelle de la valeur est une simple entrée en matière ; je la développerai lorsque j'examinerai la catégorie marxienne de capital. Toutefois, je puis à présent examiner plus adéquatement la signification de la différence entre valeur et richesse matérielle dans l'analyse de Marx. Ensuite, je reviendrai étudier le capitalisme et la temporalité en analysant le type de temps exprimé par la catégorie de temps de travail socialement nécessaire et les implications les plus générales que cette catégorie a pour une théorie de la constitution sociale.

---

1. Marx, *Contribution à la critique de l'économie politique*, p. 10.

Valeur et richesse matérielle

Lorsque j'ai distingué la valeur de la richesse matérielle, j'ai analysé la première comme une forme de richesse qui est aussi un rapport social objectivé – ce qui signifie qu'elle se médiatise elle-même socialement. À l'opposé, l'existence de la richesse matérielle en tant que forme de richesse dominante suppose l'existence de rapports sociaux non déguisés qui la médiatisent. Comme nous l'avons vu, ces deux formes de richesse sociale ont des mesures différentes : la grandeur de la valeur est fonction de la dépense de temps de travail abstrait, alors que la richesse matérielle se mesure d'après la quantité et la qualité des produits créés. Cette différence a des conséquences essentielles sur la relation entre la valeur et la productivité du travail et finalement sur la nature de la contradiction fondamentale du capitalisme.

Comme on l'a noté, la grandeur de valeur d'une marchandise individuelle dépend du temps de travail socialement nécessaire requis pour sa production. Une augmentation de la productivité moyenne augmente le nombre moyen de marchandises produites par unité de temps. Elle diminue du même coup la masse de temps de travail socialement nécessaire requis pour la production d'une marchandise simple et, partant, la valeur de chaque marchandise. En général, « la grandeur de la valeur d'une marchandise varie donc de façon directement proportionnelle à la quantité et de façon inversement proportionnelle à la force productive du travail qui se réalise en elle »[1].

Une augmentation de la productivité conduit à une baisse de la valeur de chaque marchandise produite parce qu'il y faut moins de temps de travail socialement nécessaire. Cela indique que la valeur totale produite en une période de temps donnée (une heure par exemple) reste constante. Le rapport inversement proportionnel entre la productivité moyenne et la grandeur de valeur d'une marchandise simple dépend du fait que la grandeur de valeur totale produite est seulement fonction de la masse de temps de travail humain abstrait dépensée. Des changements dans la productivité moyenne ne modifient pas la valeur totale créée dans un même laps de temps. Ainsi, lorsque la productivité moyenne double, deux fois

---

1. *Le Capital*, livre I, p. 46.

plus de marchandises sont produites en une période de temps donnée, chacune d'elles ayant la moitié de sa valeur précédente parce que la valeur totale reste la même dans cette période de temps. La seule détermination de la valeur totale, c'est la masse de temps de travail abstrait dépensée, mesurée en unités temporelles constantes. La valeur totale est donc indépendante des changements opérés dans la productivité : « C'est pourquoi dans les mêmes laps de temps, le même travail donne toujours la même grandeur de valeur, quelles que soient les variations de la force productive. Mais dans le même laps de temps, il fournit des quanta différents de valeurs d'usage, plus quand la force productive s'élève, moins quand elle baisse »[1].

Nous verrons que la question de la relation productivité/temps abstrait est plus compliquée que ce que montre cette détermination initiale. Cependant, il apparaît déjà clairement que la catégorie marxienne de valeur ne renvoie pas simplement à la richesse matérielle qui, sous le capitalisme, est médiatisée par le marché. Quantitativement et qualitativement, valeur et richesse matérielle sont deux formes de richesse très différentes, deux formes de richesse que l'on peut même opposer : « Une plus grande quantité de valeur d'usage représente en soi une plus grande richesse matérielle : deux habits en représentent plus qu'un seul. Avec deux habits, on peut habiller deux personnes, contre une seule avec un seul habit, etc. Pourtant on peut avoir une baisse de la grandeur de valeur de la richesse matérielle, alors même que la masse de celle-ci augmente »[2].

Cette analyse de la catégorie de valeur montre que, sous le capitalisme, la forme dominante de la richesse sociale est non matérielle, bien qu'elle doive s'exprimer dans la marchandise qui en est le « support »[3] matérialisé. La valeur dépend directement non pas de la dimension de valeur d'usage – de la masse matérielle ou de la qualité des biens –, mais de la dépense de temps de travail. Marx montre ainsi que la phrase par laquelle débute *Le Capital* – « La richesse des sociétés dans lesquelles règne le mode de production capitaliste apparaît comme une "gigantesque collection de marchandises" »[4] – n'est valable qu'en apparence. Sous le capitalisme, c'est

---

1. *Ibid.*, p. 52.
2. *Ibid.*
3. *Ibid.*, p. 39.
4. *Ibid.*, p. 39.

la mesure temporelle abstraite, et non la quantité matérielle concrète, qui est la mesure de la richesse sociale. Cette différence est la première détermination de la possibilité, sous le capitalisme, que la pauvreté (en termes de valeur) puisse exister au sein même de l'abondance (en termes de richesse matérielle) non seulement pour les pauvres, mais aussi pour la société en tant que tout. Sous le capitalisme, la richesse matérielle n'est finalement qu'une richesse apparente.

La différence entre richesse matérielle et valeur se trouve au cœur même de la critique marxienne du capitalisme. Selon Marx, elle s'enracine dans le double caractère du travail dans cette formation sociale[1]. La richesse matérielle est créée par le travail concret, mais le travail n'est pas la seule source de la richesse matérielle[2] ; cette forme de richesse résulte bien plutôt de la transformation de la matière par les hommes à l'aide des forces naturelles[3]. La richesse matérielle découle donc des interactions entre les hommes et la nature, telles qu'elles sont médiatisées par le travail utile[4]. Comme nous l'avons vu, sa mesure est fonction de la quantité et de la qualité de ce qui est objectivé par le travail concret, et non de la dépense temporelle de travail humain immédiat. En conséquence, la création de richesse matérielle n'est pas nécessairement liée à cette dépense de temps de travail. Une augmentation de la productivité aboutit à une augmentation de la richesse matérielle, que la quantité de temps de travail dépensée augmente ou non.

Il est à noter que la dimension concrète (ou utile) du travail a un caractère social différent de celui de la dimension historiquement spécifique du travail sous le capitalisme en tant qu'activité socialement médiatisante, c'est-à-dire le travail abstrait. Marx analyse la productivité, la « capacité du travail à produire de la richesse » [*Produktivkraft der Arbeit*], comme la productivité du travail concret, utile[5]. Elle est déterminée par l'organisation sociale de la production, le degré de développement et d'application de la

---

1. *Ibid.*, p. 52.

2. *Ibid.*, pp. 49, 51-52.

3. *Ibid.*

4. Marx, « Critique du programme de Gotha » *in* Karl Marx et Friedrich Engels, *Critique des programmes de Gotha et d'Erfurt*, p. 22 et suiv.

5. *Le Capital*, livre I, p. 52.

science et l'habileté des ouvriers, entre autres facteurs [1]. Autrement dit, la dimension concrète du travail, telle que Marx la conçoit, a un caractère social qui est informé par, et qui englobe, certains aspects de l'organisation sociale et de la connaissance sociale – ce que j'ai appelé le « caractère social du travail en tant qu'activité productive » – et elle ne se limite pas à la dépense de travail immédiat. Dans l'analyse de Marx, la productivité est l'expression de ce caractère social, des capacités productives acquises par l'humanité. Elle est fonction de la dimension concrète du travail, et non du travail en tant qu'il constitue une médiation sociale historiquement spécifique.

Les déterminations de la valeur (la forme dominante de richesse sous le capitalisme) sont très différentes de celles de la richesse matérielle. La valeur est particulière en ceci que, quoique forme de richesse, elle n'exprime pas directement les rapports des hommes à la nature, mais les rapports des hommes entre eux tels qu'ils sont médiatisés par le travail. Pour Marx, la nature n'entre donc nullement de façon directe dans la constitution de la valeur [2]. En tant que médiation sociale, la valeur est constituée par le seul travail (abstrait) : elle est une objectivation de la dimension sociale historiquement spécifique du travail sous le capitalisme en tant qu'activité socialement médiatisante, en tant que « substance » de rapports aliénés. Sa grandeur n'est donc pas une expression directe de la quantité de produits créée ou de la puissance des forces naturelles mise au service des hommes ; elle est bien plutôt fonction du seul temps de travail abstrait. En d'autres termes, quoiqu'une augmentation de la productivité ait bien pour conséquence une augmentation de la richesse matérielle, cela ne se traduit pas par davantage de valeur par unité de temps. En tant que forme de richesse qui est aussi une forme de rapports sociaux, la valeur n'exprime pas directement les capacités productives acquises par l'humanité. (Plus loin, lorsque j'étudierai la catégorie de capital chez Marx, j'analyserai comment ces capacités productives qui sont des déterminations du travail dans sa dimension de valeur d'usage deviennent des attributs du capital.) Si la valeur est constituée par le seul travail et si l'unique

---

1. *Ibid.*, pp. 44-45.
2. *Ibid.*, pp. 53-54.

mesure de la valeur est le temps de travail immédiat, alors *la production de valeur, contrairement à la production de richesse matérielle, est nécessairement liée à la dépense de travail humain immédiat.*

Comme nous le verrons, cette distinction entre valeur et richesse matérielle est essentielle à l'analyse marxienne du capitalisme. Mais avant d'aller plus loin, je voudrais noter que Marx dit également qu'au niveau de l'expérience immédiate cette distinction n'a rien d'évident. Nous avons vu que l'un des objectifs de Marx dans le manuscrit publié de façon posthume et édité en tant que livre III du *Capital* est de montrer, sur la base même de sa théorie de la valeur, que cette théorie ne semble pas valide – en particulier, que tout, sauf le travail, paraît constituer la valeur. L'une des visées de l'étude de la rente foncière au livre III, par exemple, est de montrer comment la nature semble être un facteur dans la création de valeur ; et comment, du coup, la distinction entre la spécificité du travail sous le capitalisme et le travail en général s'obscurcit, tout comme s'obsurcit la distinction entre valeur et richesse matérielle[1].

(Un exposé complet de l'analyse marxienne de la nature et du développement du caractère contradictoire du capitalisme devrait donc mettre en évidence la façon dont une distinction catégorielle – comme celle entre valeur et richesse matérielle – est bien socialement agissante, quoique les acteurs n'en soient pas conscients. Il faudrait montrer comment les hommes, agissant sur la base des formes phénoménales qui masquent les structures essentielles sous-jacentes au capitalisme, reconstituent ces mêmes structures. Cet exposé devrait aussi montrer comment ces structures, étant médiatisées par leurs formes phénoménales, ne constituent pas seulement des pratiques socialement constituantes, mais qu'elles le font de telle manière qu'elles communiquent une dynamique déterminée et des contraintes particulières à la société en tant que tout. Cependant, comme je ne cherche qu'à clarifier la nature de la critique du capitalisme de Marx en fonction de ses catégories fondamentales, je ne traiterai pas pleinement ces questions dans ce livre.)

Les différences entre valeur et richesse matérielle, en tant qu'expressions des deux dimensions du travail, renvoient au problème du rapport entre valeur et technologie et à la question de la contradiction fondamentale du capitalisme. La façon dont Marx aborde

---

1. Marx, *Le Capital*, livre III, pp. 565-796.

la question des machines doit être vue dans le contexte de son analyse de la valeur en tant que forme de richesse historiquement spécifique, différente de la richesse matérielle. D'après Marx, bien que les machines augmentent la richesse matérielle, elles ne créent pas de valeur nouvelle. En fait, elles ne transmettent que la masse de valeur (temps de travail immédiat) qui est entrée dans leur production ou diminuent indirectement la valeur de la force de travail (en diminuant la valeur des moyens de consommation des travailleurs) et augmentent du même coup la masse de valeur que les capitalistes peuvent s'approprier en tant que surplus[1]. Le fait que les machines ne créent pas de valeur nouvelle n'est ni un paradoxe ni l'indication d'une insistance réductrice de la part de Marx à poser la primauté du travail humain immédiat comme constituant social essentiel de la richesse, quelles que soient par ailleurs les avancées technologiques réelles. Ce fait repose bien plutôt sur la différence entre richesse matérielle et valeur – différence qui constitue la base de ce que Marx analyse comme une contradiction croissante entre les deux dimensions sociales exprimées par la forme-marchandise. Comme on l'a vu, le potentiel productif des machines joue au contraire un rôle important dans la compréhension que Marx a de cette contradiction.

Au chapitre Ier, j'ai étudié plusieurs passages des *Grundrisse* qui indiquent que, pour Marx, la contradiction fondamentale du capitalisme ne se situe pas entre la production industrielle et les rapports de distribution bourgeois, mais au sein même de la sphère de production. Sur cette base, j'ai dit que son analyse était une critique du travail et de la production sous le capitalisme, et non pas une critique faite du point de vue du « travail ». La distinction que Marx opère au début du *Capital* entre valeur et richesse matérielle est tout à fait en accord avec cette interprétation et la renforce. La contradiction fondamentale présentée dans les *Grundrisse* peut en effet être déduite tout autant de la distinction de Marx entre ces deux formes de richesse, que de la relation complexe qu'elle entraîne entre valeur, productivité et richesse matérielle.

D'un côté, comme nous l'expliquerons en détail, l'analyse de Marx établit que le système de production fondé sur la valeur engendre des niveaux de productivité toujours plus élevés basés sur

---

1. Marx, *Grundrisse*, t. II, p. 190.

les changements dans l'organisation du travail, les développements technologiques et l'application croissante de la science à la production. Avec la production technologique avancée, la richesse matérielle dépend d'un haut niveau de productivité qui dépend lui-même du potentiel de richesse toujours plus élevé contenu dans la science et la technologie. Ici, la dépense de travail humain immédiat a perdu tout lien rationnel avec la production de cette richesse. Cependant, d'un autre côté, selon Marx, la masse plus grande de richesse matérielle produite ne signifie pas en et pour soi qu'une plus grande quantité de la forme déterminante de richesse sociale sous le capitalisme – c'est-à-dire la valeur – ait été créée. La différence entre les deux est essentielle au raisonnement marxien concernant la contradiction fondamentale du capitalisme. Comme on l'a noté, une augmentation de la productivité ne produit pas de plus grandes masses de valeur par unité de temps. Et par conséquent tous les moyens d'augmenter la productivité, tels que l'application de la science et de la technologie, *n'*augmentent *pas* la masse de valeur produite par unité de temps, alors qu'ils *augmentent* grandement la masse de richesse matérielle produite[1]. Pour Marx, ce qui sous-tend la contradiction centrale du capitalisme, c'est que la valeur reste la forme déterminante de la richesse et des rapports sociaux, quelles que soient les avancées dans la productivité ; toutefois, la valeur devient aussi de plus en plus anachronique par rapport au potentiel de production de richesse matérielle des forces productives qu'elle engendre.

Le rôle que le travail humain immédiat joue dans le procès de production est un moment central de cette contradiction. D'un côté, en provoquant une immense augmentation de la productivité, les formes sociales que sont la valeur et le capital rendent possible une nouvelle formation sociale où le travail humain immédiat ne serait plus la source sociale première de la richesse. De l'autre, ces formes sociales sont telles que le travail humain immédiat reste nécessaire au mode de production et qu'il devient de plus en plus fragmenté et atomisé. (J'étudierai dans la troisième partie de ce livre les fondements structurels de cette nécessité persistante et ses implications pour une analyse de la forme matérielle du procès de production.) Selon cette interprétation, Marx n'établit pas une

---

1. Pour des raisons de simplicité et de clarté, je n'aborde pas ici les problèmes de la survaleur ni de l'intensification du travail.

connexion nécessaire entre travail humain immédiat et richesse sociale – et ce, quel que soit le niveau technologique atteint. Sa critique immanente montre bien plutôt que c'est le capitalisme lui-même qui établit ce lien.

Ainsi, la contradiction du capitalisme esquissée par Marx dans les *Grundrisse* peut être comprise comme une contradiction de plus en plus grande entre la valeur et la richesse matérielle – mais cette contradiction n'apparaît pas en tant que telle, étant donné que la différence entre ces deux formes de richesse est brouillée à la « surface » de la société, au niveau de l'expérience immédiate. On ne peut saisir l'analyse marxienne de cette contradiction – cela devrait être clair à présent – que si l'on comprend la valeur comme une forme de richesse historiquement spécifique, une forme de richesse mesurée par la dépense de temps de travail humain. La distinction qu'opère Marx entre valeur et richesse matérielle corrobore mon affirmation selon laquelle sa catégorie de valeur n'est pas censée montrer que la richesse sociale dépendrait toujours et partout du travail humain immédiat ; ni que, sous le capitalisme, cette « vérité » transhistorique serait voilée par diverses formes de mystification ; ni que, sous le socialisme, cette « vérité » de l'existence humaine apparaîtra ouvertement. Marx cherche *bien* à montrer que, sous la surface des apparences, la forme sociale dominante de la richesse est effectivement constituée par le seul travail (abstrait) – mais c'est cette forme « essentielle » même, et non simplement les formes de surface qui la voilent, qui est l'objet de la critique. En attirant l'attention sur la distinction entre valeur et richesse matérielle, je commence à faire comprendre que la fonction critique de la « théorie de la valeur-travail » de Marx n'est pas simplement de « prouver » que le surplus social sous le capitalisme est créé par l'exploitation de la classe ouvrière. Cette théorie fournit bien plutôt une critique historique du rôle socialement synthétique joué par le travail sous le capitalisme, et ce pour montrer la possibilité de son abolition.

Il devrait être clair désormais que le débat sur le degré de pertinence des catégories de Marx pour l'analyse des développements actuels a été grandement limité par l'incapacité à distinguer entre valeur et richesse matérielle. Cela est particulièrement vrai de la question de la relation entre technologie et valeur. Parce qu'elle assimile fréquemment la valeur à la richesse sociale en général, la critique dominante (dans ses diverses variantes) tend à dire que le travail est toujours la seule source sociale de richesse, subsumant ainsi la richesse matérielle sous la valeur, ou bien que la valeur n'est pas fonction du seul travail mais qu'elle peut être directement créée par l'application de la science et de la connaissance technologique, subsumant ainsi la valeur sous la richesse matérielle. Paul Walton et Andrew Gamble, par exemple, défendent l'approche de Marx en soulignant le fait que le travail est seul capable de créer de la valeur. Toutefois, au lieu de prendre en compte la particularité de cette forme de richesse, ils font comme si le travail, de par ses qualités particulières, était transhistoriquement la seule source de richesse sociale[1]. Pourquoi les machines ne produisent pas de valeur – comprise comme richesse au sens transhistorique du terme –, ils ne peuvent l'expliquer de façon convaincante.

À l'inverse, Joan Robinson, en tentant de rendre compte des capacités évidentes de la science et de la technologie à créer de la richesse aujourd'hui, reproche à Marx d'affirmer que seul le travail humain produit la survaleur[2]. Toutefois, Robinson interprète elle aussi les catégories marxiennes de valeur et de capital par rapport à la richesse en général, et non en tant que formes spécifiques de richesse et de rapports sociaux. D'où il résulte qu'elle ne distingue pas entre ce qui produit la richesse matérielle et ce qui produit la valeur. Au lieu de quoi, elle réifie le capital en tant que richesse en soi : « Il est plus convaincant de dire que le capital et l'application de la science à l'industrie sont immensément productifs et que l'institution de la propriété privée, en se développant sous forme de monopole, est nocive précisément parce qu'elle nous empêche d'avoir assez de capital et du type qui est nécessaire »[3]. En assimilant valeur et capital à la richesse matérielle, Robinson identifie de façon traditionnelle les rapports sociaux capitalistes à la propriété privée.

Les interprétations qui font de la catégorie marxienne de valeur une catégorie de richesse transhistoriquement valable ou qui, à l'inverse, interprètent sa nature anachronique croissante comme le

---

1. Paul Walton et Andrew Gamble, *From Alienation to Surplus Value*, 1972, pp. 203-204.

2. Joan Robinson, *Essai sur l'économie de Marx*, Dunod, 1971, p. 14.

3. *Ibid.*, p. 15. Traduction modifiée (N.d.T.)

signe de l'inadéquation théorique de cette catégorie confondent valeur et richesse matérielle. Ces approches vident la catégorie de valeur de sa spécificité historique et ne peuvent pas comprendre la conception marxienne du caractère contradictoire des formes sociales de base qui sous-tendent le capitalisme. Elles conçoivent le mode de production comme un procès essentiellement technique sur lequel empiètent les forces sociales et les institutions ; et elles conçoivent le développement historique de la production plus comme un développement technologique linéaire qui peut être limité par des facteurs sociaux externes tels que la propriété privée, que comme un processus socio-technique dont le développement est contradictoire. Bref, ces interprétations comprennent fondamentalement de travers la nature de la critique de Marx.

L'analyse que Marx fait des différences entre valeur et richesse matérielle est essentielle à sa conception du caractère contradictoire de la société capitaliste. Il dit que la valeur n'est pas vraiment adéquate au potentiel producteur de richesse de la science et de la technologie et que, pourtant, elle reste la détermination fondamentale de la richesse et des rapports sociaux. Cette contradiction s'enracine finalement dans la dualité du travail sous le capitalisme. Elle structure une tension interne croissante qui engendre toute une série de développements historiques et de phénomènes sociaux dans la société capitaliste. Dans la troisième partie de ce livre, j'aborderai les thèmes de la dynamique interne du capitalisme et de la configuration concrète du procès de production capitaliste, par rapport à cette tension interne. Je pense que le mode de production capitaliste doit être compris non pas en termes de « forces productives » techniques séparées des « rapports de production » sociaux, mais en termes de contradiction entre valeur et richesse matérielle, c'est-à-dire comme l'expression matérialisée des deux dimensions du travail sous le capitalisme et, partant, des forces productives et des rapports de production[1]. (Je montrerai également que cette

1. Dans sa tentative de repenser les récents changements intervenus dans la société capitaliste, Claus Offe traite les deux dimensions du travail comme deux types de travail différents, qu'il distingue sur la base du critère suivant : les produits ont-ils, ou non, été créés en vue du marché ? (Voir Claus Offe, « Tauschverhältnis und politische Steuerung : Zur Aktualität des Legitimationsproblems » *in Strukturprobleme des kapitalistischen Staates*, 1972, pp. 29-31.) Il définit le travail abstrait comme « productif », c'est-à-dire comme travail producteur de survaleur, et le travail concret comme travail « improductif ». Offe affirme que la

contradiction fournit un point de départ pour analyser, à un très haut degré d'abstraction, le problème de la transformation historique des besoins et de la conscience, tels qu'ils s'expriment par exemple dans les différents mouvements sociaux.)

Je me propose d'interpréter la dynamique du capitalisme en termes de dialectique du travail et du temps, dialectique qui s'enracine dans la dualité des formes sociales structurantes de cette société. Mais pour cela, il nous faut au préalable étudier la forme abstraite du temps qui est liée au temps de travail socialement nécessaire et les implications socio-épistémologiques de l'examen de la dimension temporelle des catégories de Marx.

---

croissance de l'État et du secteur des services dans le capitalisme avancé entraîne un accroissement du « travail concret » qui ne produit pas de marchandises et n'est pas une marchandise. Il en résulte un dualisme d'éléments capitalistes et non capitalistes (p. 32). Selon Offe, bien que ces formes de « travail concret » puissent être utiles à la création de valeur, elles ne sont pas liées à la forme-marchandise et conduisent ainsi à une érosion de la légitimation sociale fondée sur l'échange d'équivalents.

L'approche d'Offe diffère de celle de Marx par de nombreux et importants aspects. Les catégories marxiennes de travail abstrait et travail concret ne se rapportent pas à deux types de travail différents ; de plus, les catégories de travail productif et de force de travail en tant que marchandise ne sont pas identiques. Alors que la dialectique marxienne des deux dimensions du travail sous le capitalisme montre la possibilité historique d'une société fondée sur des formes de travail très différentes, ce que Offe appelle « travail non capitaliste » ne constitue pas cette forme qualitativement différente. Il semble que la visée d'Offe soit de rendre compte de la large insatisfaction à l'égard des formes de travail existantes, en affirmant qu'une plus grande identification au contenu du travail et une plus grande importance de ce contenu caractérisent le secteur des services (p. 47). Bien que cela puisse être vrai de certaines parties très spécifiques de ce secteur, cette thèse est contestable en tant qu'explication générale, quand on sait que les plus fortes croissances dans le secteur des services concernent, semble-t-il, les activités de nettoyage et l'entretien des immeubles, la cuisine et le travail domestique (voir Harry Braverman, *Travail et capitalisme monopoliste*, Maspero, 1976, p. 302). L'idée principale d'Offe est que la détermination essentielle du capitalisme et le fondement de sa légitimation sociale sont le marché, lequel se révèle de plus en plus miné par la croissance de l'État et du secteur des services. Son postulat de base est que l'on comprend la critique marxienne du capitalisme adéquatement lorsqu'on la comprend comme une critique de sa forme de légitimation et que l'on identifie la base de cette légitimation avec le marché.

Temps abstrait

Dans mon étude de la grandeur de la valeur, j'ai analysé les aspects « sociaux » ainsi que les aspects « nécessaires » du temps de travail socialement nécessaire. Mais de quel type de temps s'agit-il exactement ? Comme on sait, les conceptions du temps varient culturellement et historiquement – la distinction la plus courante est celle entre les conceptions cycliques et les conceptions linéaires du temps. Ainsi G. J. Whitrow montre-t-il qu'en Europe le temps compris comme une sorte de progression linéaire et mesuré par l'horloge et le calendrier a remplacé les conceptions cycliques du temps il y a seulement quelques siècles[1]. Pour ma part, j'examinerai diverses formes de temps (et diverses conceptions du temps) et je les distinguerai d'une autre manière – c'est-à-dire en montrant que le temps est soit une variable dépendante, soit une variable indépendante – afin d'étudier la relation qu'entretient la catégorie de temps de travail socialement nécessaire avec la nature du temps dans la société capitaliste moderne et avec le caractère historiquement dynamique de cette société.

J'appelerai « concrets » les divers types de temps qui sont fonction des événements : ils se rapportent aux, et sont compris à travers les cycles naturels et les périodicités de la vie humaine ainsi qu'à travers des tâches ou des processus particuliers – par exemple, le temps qu'il faut pour cuire du riz ou dire un *paternoster*[2]. Avant l'apparition et le développement de la société capitaliste moderne en Europe occidentale, les conceptions dominantes du temps ont consisté en diverses formes de temps concret : le temps n'était pas une catégorie autonome, indépendante des événements, on pouvait donc le définir qualitativement, comme bon ou mauvais, sacré ou laïc[3]. La catégorie de « temps concret » est une catégorie plus

---

1. G. J. Whitrow, *The Nature of Time*, 1975, p. 11.

2. E. P. Thompson, « Temps, travail et capitalisme industriel », *Libre* n° 5, 1979, p. 6 [Une nouvelle traduction de cet essai a été publiée par les éditions La Fabrique en 2004 sous le titre *Temps, discipline de travail et capitalisme industriel*]. L'article de Thompson, riche en matériaux ethnographiques et historiques, est une excellente analyse des changements, survenus avec le développement du capitalisme industriel, dans l'appréhension du temps, la mesure du temps et le rapport entre travail et temps.

3. Aaron J. Gourevitch, « Qu'est-ce que le temps ? » *in Les Catégories de la culture médiévale*, Gallimard, 1983, pp. 151-152.

large que celle de « temps cyclique » car il existe des conceptions linéaires du temps qui sont essentiellement concrètes, telles que la conception juive de l'histoire, définie par l'Exode, l'Exil et la venue du Messie, ou la conception chrétienne, définie par la Chute, la Crucifixion et la Parousie. Le temps concret se caractérise moins par sa direction que par le fait qu'il est une variable dépendante. Dans les conceptions juive et chrétienne de l'histoire, par exemple, les événements n'apparaissent pas dans le temps mais structurent et déterminent le temps.

Les modes de comptage du temps liés au temps concret ne dépendent pas d'une succession continue d'unités temporelles constantes, mais se fondent soit sur les événements – par exemple, les événements naturels répétitifs tels que les jours, cycles lunaires ou saisons –, soit sur des unités temporelles qui varient. Ce dernier mode de comptage du temps (qui s'est probablement développé d'abord dans l'Égypte ancienne, s'est étendu rapidement à travers le monde antique, l'Extrême-Orient, le monde islamique, et a dominé l'Europe jusqu'au XIVe siècle) utilise des unités de longueur variable pour diviser le jour et la nuit en un certain nombre de segments[1]. C'est-à-dire que les périodes de jour et de nuit sont divisées l'une comme l'autre en douze « heures » qui varient dans leur durée selon les saisons[2]. Il n'y a guère qu'aux équinoxes qu'une « heure » du jour est égale à une « heure » de la nuit. Ces unités de temps variables sont fréquemment dites heures « variables » ou « temporelles »[3]. Cette forme de comptage du temps semble liée aux modes de vie sociale étroitement dominés par les rythmes de vie « naturels », agraires, et par le travail fondé sur les cycles des saisons et

---

1. Whitrow, *The Nature of Time*, p. 23 ; Gustav Bilfinger, *Die mittelalterlichen Horen und die modernen Stunden*, 1892, p. 1.

2. Les Babyloniens et les Chinois disposaient, semble-t-il, d'un système de subdivision du temps en unités temporelles constantes. Voir Joseph Needham, Wang Ling et Derek de Solla Price, *Heavenly Clockwork : The Great Astronomical Clocks of Medieval China*, 2e éd., 1986, p. 199 et suiv. ; Gustav Bilfinger, *Die babylonische Doppelstunde : Eine chronologische Untersuchung*, 1888, pp. 5, 27-30. Néanmoins, comme je l'expliquerai brièvement plus loin, ces unités temporelles constantes ne peuvent pas être assimilées aux heures constantes modernes et elles n'impliquent pas une conception du temps comme variable indépendante.

3. Whitrow, *The Nature of Time*, p. 23 ; Bilfinger, *Die mittelalterlichen Horen*, p. 1.

du jour et de la nuit. Il existe un rapport entre la mesure du temps et le type de temps concerné. Le fait que l'unité de temps ne soit pas constante, mais qu'elle varie, indique que cette forme de temps est une variable dépendante, qu'elle est fonction des événements ou des actions.

À l'opposé, le « temps abstrait » – par quoi je désigne le temps « vide », homogène, continu, uniforme – est indépendant des événements. La conception du temps abstrait, qui devint progressivement dominante en Europe occidentale entre les XIVe et XVIIe siècles, s'exprime très clairement dans la formulation que donne Newton du « temps absolu, vrai et mathématique qui s'écoule de façon égale, sans aucun rapport avec quoi que ce soit d'extérieur à lui »[1]. Le temps abstrait est une variable indépendante ; il constitue un cadre indépendant au sein duquel le mouvement, les événements ou l'action surviennent. Ce temps est divisible en unités non qualitatives, constantes, égales.

Selon Joseph Needham, la conception du temps comme variable indépendante des phénomènes ne s'est développée que dans l'Europe occidentale moderne[2]. Cette conception qui est liée à l'idée du mouvement comme déplacement fonctionnellement dépendant du temps n'existe pas dans la Grèce antique, le monde islamique, l'Europe médiévale, en Inde ou en Chine (quoique les unités de temps constantes existent dans ce dernier pays). La division du temps en segments interchangeables et mesurables est étrangère au monde de l'Antiquité et du bas Moyen Âge[3]. Le temps abstrait est donc historiquement unique – mais dans quelles conditions apparaît-il ?

Les origines du temps abstrait doivent être cherchées dans la préhistoire du capitalisme, à la fin du Moyen Âge. On peut les

---

1. Isaac Newton, *Principia*, cité *in* L. R. Heath, *The Concept of Time*, 1936, p. 88. Newton ne distingue évidemment pas entre temps absolu et temps relatif. Il se réfère au temps relatif comme à « quelque sensible et extérieure mesure [...] de la durée au moyen du mouvement [...] qui est communément utilisée à la place du vrai temps, mesure telle que l'heure, un jour, un mois, une année » (*ibid.*). Toutefois, le fait qu'il ne distingue pas entre ces unités implique qu'il considère le temps relatif comme un mode d'approximation par les sens du temps absolu, et non comme une autre forme de temps.

2. Joseph Needham, *Science in Traditional China*, 1981, p. 108.

3. Aaron J. Gourevitch, « Qu'est-ce que le temps ? », p. 152.

relier à une forme de pratique sociale structurée, déterminée, qui a entraîné une transformation de la signification sociale du temps dans certaines sphères de la société européenne du XIVe siècle et qui, à la fin du XVIIe siècle, allait devenir socialement hégémonique. Plus spécifiquement, les origines du temps abstrait doivent être vues comme la constitution de la réalité sociale de ce temps dans le cadre de la généralisation des rapports sociaux déterminés par la marchandise.

Comme nous l'avons vu, dans l'Europe médiévale jusqu'au XIVe siècle, de même que dans l'Antiquité, on ne pensait pas le temps comme continu. L'année se divisait qualitativement selon les saisons et le zodiaque – ce qui fait que chaque période de temps était considérée comme exerçant son influence particulière[1] – et le jour se divisait selon les heures variables de l'Antiquité, qui avaient servi de base aux *horae canonicae*, les heures canoniques de l'Église[2]. Dans la mesure où un temps fut respecté dans l'Europe médiévale, ce fut celui de l'Église[3]. Au cours du XIVe siècle, ce mode de comptage du temps s'est transformé spectaculairement : d'après Gustav Bilfinger, les heures modernes, ou constantes, commencèrent à apparaître dans la littérature européenne pendant la première moitié de ce siècle et, au début du XVe siècle, elles avaient remplacé les heures variables de l'Antiquité classique et les heures canoniques[4]. Cette transition historique d'un mode de comptage du temps, fondé sur des heures variables, à un autre, fondé sur des heures constantes, marque implicitement l'apparition du temps abstrait, du temps en tant que variable indépendante.

La transition dans le comptage du temps vers un système d'heures invariables, interchangeables et mesurables est étroitement

---

1. Whitrow, *The Nature of Time*, p. 19.

2. David S. Landes, *L'Heure qu'il est. Les horloges, la mesure du temps et la formation du monde moderne*, Gallimard, 1987, p. 517, n. 18 ; Bilfinger, *Die mittelalterlichen Horen*, pp. 10-13. Selon Bilfinger, l'origine des heures canoniques est à chercher dans la division romaine de la journée en quatre veilles, qui étaient basées sur les heures « temporelles » et auxquelles deux points temporels supplémentaires furent ajoutés au début du Moyen Âge.

3. Landes, *L'Heure qu'il est*, p. 118 ; Jacques Le Goff, « Au Moyen Âge : temps de l'Église et temps du marchand » *in Pour un autre Moyen Âge*, Gallimard, 1994, pp. 49, 50, 58.

4. Bilfinger, *Die mittelalterlichen Horen*, p. 157.

liée au développement de l'horloge mécanique en Europe occidentale à la fin du XIIIe siècle ou au début du XIVe siècle[1]. L'horloge, selon les mots de Lewis Mumford, « a dissocié le temps des événements humains »[2]. Néanmoins, on ne peut pas expliquer l'apparition du temps abstrait seulement par un développement technique tel que l'invention de l'horloge mécanique. C'est bien plutôt l'apparition même de l'horloge mécanique qui doit être comprise par rapport à un processus socio-historique qu'elle renforce puissamment en retour.

Les exemples historiques ne manquent pas, qui montrent que le développement d'un mode de comptage du temps fondé sur des unités de temps invariables et interchangeables doit être compris socialement et non pas à partir des seuls effets de la technologie. Jusqu'au développement de l'horloge mécanique (et son perfectionnement au XVIIe siècle avec l'invention de l'horloge à pendule par Christiaan Huygens), la forme la plus perfectionnée de garde-temps connue est la clepsydre ou horloge hydraulique. Divers types d'horloges hydrauliques furent utilisés dans les sociétés hellénistique et romaine, puis se répandirent tant en Europe qu'en Asie[3]. Ce qui importe pour notre propos, c'est le fait que, quoique les horloges hydrauliques eussent fonctionné sur la base d'un processus à peu près uniforme – l'écoulement de l'eau –, elles furent utilisées pour indiquer des heures variables[4]. En général, on parvint à ce résultat en construisant les parties de l'horloge qui indiquent le temps de telle sorte que, malgré un écoulement continu, l'indicateur varie avec les saisons. Plus rarement, on inventa un mécanisme compliqué conçu pour faire varier l'écoulement même de l'eau selon les saisons. Sur cette base, on construisit des horloges hydrauliques complexes qui marquaient les heures (variables) avec des cloches sonnantes. (Il semble qu'en 807 le calife Haroun al-Rachid ait

---

1. Landes, *L'Heure qu'il est*, pp. 31-32, 118 ; Bilfinger, *Die mittelalterlichen Horen*, p. 157 ; Le Goff, « Le temps du travail dans la "crise" du XIVe siècle » *in Pour un autre Moyen Âge*, p. 67.

2. Lewis Mumford, *Technique et Civilisation* [cité par Landes, *L'Heure qu'il est*, p. 49. N.d.T.].

3. Landes, *L'Heure qu'il est*, p. 35.

4. Bilfinger, *Die mittelalterlichen Horen*, p. 146 ; Landes, *L'Heure qu'il est*, pp. 31-35.

envoyé une horloge de ce type à Charlemagne en guise de présent[1].)
Dans un cas comme dans l'autre, il aurait été techniquement plus
simple que les horloges hydrauliques indiquassent des heures uni-
formes constantes. Le fait qu'elles aient indiqué des heures variables
n'est donc pas lié à des contraintes techniques. Bien au contraire,
les fondements semblent avoir été socioculturels : les heures
variables sont apparemment chargées de sens, alors que les heures
égales ne le sont pas.

L'exemple de la Chine montre clairement que le problème de
l'apparition du temps abstrait et de l'horloge mécanique est un problème socioculturel, et pas une simple question tenant à une capacité technique ou à l'existence d'unités de temps constantes. À bien
des égards, avant le XIVe siècle, le niveau de développement technologique en Chine était plus élevé que celui de l'Europe médiévale.
Ainsi certaines inventions chinoises telles que le papier et la poudre
à canon furent-elles reprises par l'Occident, avec d'importantes
conséquences[2]. Les Chinois développèrent l'horloge mécanique (ou
d'autres types de garde-temps) mais pas pour indiquer des heures
égales et les utiliser en vue d'organiser la vie sociale. Cela paraît
particulièrement incompréhensible puisque le vieux système
d'heures variables utilisé en Chine à partir de 1270 avant J.-C. envi-
ron fut abandonné au profit d'un système d'heures constantes : le
système de comptage du temps utilisé en Chine au deuxième siècle
avant J.-C. était le système babylonien de la division du jour
complet en douze « heures doubles », constantes, égales[3]. De plus,
les Chinois développèrent la capacité technique de mesurer ces
heures constantes. Entre 1088 et 1094, Su Song, diplomate et admi-
nistrateur, coordonna et planifia pour l'empereur la construction
d'une gigantesque « tour-horloge » astronomique et hydraulique[4].
Cette « horloge » fut peut-être le mécanisme d'horlogerie le plus

---

1. Bilfinger, *Die mittelalterlichen Horen*, pp. 146, 158-159 ; Landes, *L'Heure qu'il est*, p. 34, ill. 5.

2. Needham, *Science in Traditional China*, p. 122.

3. Needham *et alii*, *Heavenly Clockwork*, pp. 199-203 ; Bilfinger, *Die babylo-nische Doppelstunde*, pp. 45-52. (C'est Rick Biernacki qui a attiré mon attention sur la question des heures constantes utilisées en Chine.)

4. Landes, *L'Heure qu'il est*, pp. 51-53 ; Needham *et alii*, *Heavenly Clockwork*, pp. 1-59.

perfectionné qui ait été créé en Chine entre le IIe et le XVe siècle[1]. Si ce mécanisme était d'abord destiné à mettre en évidence et à étudier les mouvements des corps célestes, il donnait également les heures constantes et les « quartiers » ($k'o$)[2]. Mais ni ce dispositif ni le fait qu'il ait indiqué des heures égales ne semblent avoir eu beaucoup d'impact social. Aucun dispositif de ce type – pas même des versions plus petites et modifiées – ne sera produit à grande échelle et utilisé pour régir la vie quotidienne. On ne peut donc rendre compte du fait que l'horloge mécanique n'ait pas été inventée en Chine ni par manque de perfectionnement technologique ni par ignorance des heures constantes. Encore plus significatif, les « heures doubles » constantes étaient, semble-t-il, privées de signification en termes d'organisation de la vie sociale.

Selon David Landes, il existait en Chine peu de nécessité sociale que le temps fût exprimé en unités constantes telles que les heures ou les minutes. La vie dans les campagnes et les villes se réglait sur le cycle diurne des événements naturels et des travaux – l'idée de productivité, au sens de rendement par unité de temps, était inconnue[3]. De plus, du fait que la mesure du temps dans les villes était réglée d'en haut, elle semble l'avoir été en fonction des cinq « veilles », qui étaient des périodes de temps variables[4].

Si tel était le cas, quelle pouvait donc bien être la signification des « heures doubles » constantes utilisées en Chine ? Quoiqu'une étude exhaustive de ce problème sorte des limites de cet ouvrage, il est révélateur que ces unités de temps n'aient pas été numérotées par séries, mais qu'elles aient porté des noms[5]. Cela ne signifie pas qu'on ne disposait pas d'une manière claire d'annoncer chaque heure (à l'aide d'un tambour ou d'un gong par exemple) mais suggère que ces unités de temps, quoique égales, n'étaient pas abstraites – c'est-à-dire mesurables et interchangeables. Cette impression est corroborée par le fait que les douze « heures doubles » étaient, reliées par une correspondance terme à terme à la succession

---

1. Needham *et alii*, *Heavenly Clockwork*, pp. 60-169.

2. Landes, *L'Heure qu'il est*, pp. 53, 63-65.

3. *Ibid.*, p. 60.

4. *Ibid.*, pp. 60-61, p. 510 n. 27 ; Needham *et alii*, *Heavenly Clockwork*, pp. 199, 203-205.

5. Landes, *L'Heure qu'il est*, pp. 61-62.

astronomique des signes du zodiaque, lesquels ne sont certainement pas des unités interchangeables[1]. Il existait un parallèle conscient entre la course quotidienne et annuelle du soleil, les « mois » et les « jours » portant les mêmes noms[2]. Ce système de signes désignait aussi un système cosmique symétrique, harmonieux.

Il semble toutefois que ce « système cosmique » n'ait pas servi à organiser ce que nous regardons comme le domaine « pratique » de la vie quotidienne. Nous avons déjà vu que les tours chinoises à roue hydraulique ne se voulaient pas d'abord des horloges mais des appareils astronomiques. On contrôlait donc, comme le note Landes, leur exactitude « non pas en comparant l'heure avec les cieux, mais une copie des cieux avec les cieux »[3]. La séparation apparente entre cet aspect du système cosmique inscrit dans les mécanismes d'horlogerie chinois et le domaine « pratique » est également suggérée par le fait que, bien que les Chinois mesurassent l'année solaire, ils utilisaient un calendrier lunaire pour coordonner la vie sociale[4]. Ils n'utilisaient pas non plus les douze « maisons » de leur zodiaque « babylonien » pour localiser la position des corps célestes mais un « zodiaque lunaire » divisé en vingt-huit parts[5]. Finalement, comme nous l'avons déjà noté, les « heures doubles » constantes utilisées en Chine ne servaient apparemment pas à organiser la vie sociale quotidienne ; le fait que le dispositif technique de Su Song n'ait suscité aucun changement à cet égard suggère donc que les unités de temps « babyloniennes » constantes utilisées en Chine n'étaient pas des unités de temps du même type que celles associées à l'horloge mécanique. Elles n'étaient pas réellement des unités de temps abstrait, de temps ayant pour fonction d'être une variable indépendante des phénomènes ; elles sont au contraire mieux comprises quand elles le sont comme unités de temps concret « céleste ».

L'origine du temps abstrait paraît donc être reliée à l'organisation du temps social. Le temps abstrait ne peut, semble-t-il, pas plus être compris uniquement en termes d'unités de temps invariables

---

1. Needham *et alii*, *Heavenly Clockwork*, p. 200.
2. Bilfinger, *Die babylonische Doppelstunde*, pp. 38-43.
3. Landes, *L'Heure qu'il est*, p. 65.
4. Bilfinger, *Die babylonische Doppelstunde*, pp. 33, 38.
5. *Ibid.*, p. 46.

que ses origines ne peuvent être attribuées aux dispositifs techniques. De même que les tours chinoises à roue hydraulique ne provoquèrent aucun changement dans l'organisation temporelle de la société, de même l'introduction des horloges mécaniques en Chine à la fin du XVIe siècle par le missionnaire jésuite Matteo Ricci n'eut aucun effet sur ce plan. Un grand nombre d'horloges européennes furent importées en Chine pour les membres de la cour impériale et autres hauts dignitaires, et des copies de moins bonne qualité furent même fabriquées sur place. Mais elles furent, semble-t-il, considérées et utilisées essentiellement comme des jouets ; elles n'acquirent aucune signification sociale pratique[1]. En Chine, la vie et le travail ne furent pas organisés à partir d'unités de temps constantes ni ne le deviendront du fait de l'introduction de l'horloge mécanique[2]. L'horloge mécanique n'engendre donc pas nécessairement, en et pour soi, le temps abstrait.

Cette conclusion est encore renforcée par l'exemple du Japon. Les anciennes heures variables y furent conservées, y compris après l'adoption de l'horloge mécanique au XVIe siècle. Les Japonais modifièrent même l'horloge mécanique en construisant des chiffres mobiles sur les cadrans de leurs garde-temps qui furent adaptés pour indiquer les heures variables traditionnelles[3]. Lorsque, dans le dernier tiers du XIXe siècle, le Japon adopta les heures constantes, ce ne fut pas une conséquence de l'introduction de l'horloge mécanique mais comme élément du programme d'ajustement économique, social et scientifique au monde capitaliste, qui marqua l'ère Meiji[4].

Un dernier exemple pris en Europe devrait suffire à démontrer que l'apparition historique des heures constantes de temps abstrait doit être comprise d'après leur signification sociale. Les *Libros del Saber de Astronomia* rédigés pour le roi Alphonse X de Castille en 1276 décrivent une roue en forme de tambour, divisée en compartiments et partiellement remplie de mercure, qui est entraînée par un poids : le mercure, en coulant d'un compartiment à l'autre tandis

---

1. Landes, *L'Heure qu'il est*, pp. 71-87 ; Carlo M. Cipolla, *Clocks and Culture, 1300-1700*, 1967, p. 89.

2. Landes, *L'Heure qu'il est*, p. 79.

3. *Ibid.*, pp. 120-125.

4. *Ibid.*, p. 523, n. 15 ; Wilhelm Brandes, *Alte japanische Uhren*, 1984, pp. 4-5.

que la roue tourne, agit par inertie et ralentit la vitesse de rotation[1]. Bien que le mécanisme fût tel que l'horloge eût pu indiquer des heures invariables, le cadran était construit pour indiquer des heures variables[2]. Et bien que les cloches reliées à l'horloge eussent pu, du fait de la nature de leur mécanisme, sonner des heures régulières, l'auteur du livre n'a pas vu ces heures comme des unités de temps porteuses de sens[3].

Le double problème des origines du temps compris comme variable indépendante et du développement de l'horloge mécanique doit donc être compris d'après les circonstances dans lesquelles les heures invariables constantes deviennent des formes faisant sens pour l'organisation de la société.

Dans l'Europe médiévale, deux lieux sociaux marqués par la vie collective se sont caractérisés par un très vif intérêt pour le temps et sa mesure : les monastères et les centres urbains. Dans les ordres monastiques occidentaux, les services de prières étaient ordonnés temporellement et liés aux heures variables par la règle bénédictine du VIe siècle[4]. Aux XIe, XIIe et XIIIe siècles, cet ordonnancement de la journée monastique fut établi plus solidement et le respect de la discipline du temps renforcé. Cela est particulièrement vrai de l'ordre cistercien, fondé au début du XIIe siècle, qui lança des projets agricoles, manufacturiers et miniers à une échelle relativement grande et insista sur la discipline temporelle dans l'organisation du travail comme dans celle de la prière, du repas et du sommeil[5]. Pour les moines, les périodes de temps étaient marquées par les cloches que l'on faisait sonner à la main. Il semble y avoir eu une relation entre cette insistance croissante sur le temps et une demande croissante d'horloges hydrauliques, et leur amélioration aux XIIe et XIIIe siècles. Les horloges hydrauliques furent probablement nécessaires pour établir plus précisément le moment de sonner les heures (variables). En complément, des formes grossières de « minuteurs » équipés de cloches et qui peuvent avoir été conduits

---

1. Landes, *L'Heure qu'il est*, pp. 36-39.
2. Bilfinger, *Die mittelalterlichen Horen*, p. 159.
3. *Ibid.*, p. 160.
4. Landes, *L'Heure qu'il est*, pp. 100-101.
5. *Ibid.*, pp. 101-102, 109-112.

mécaniquement étaient utilisées pour réveiller les moines qui sonnaient les cloches pendant le service de nuit[1].

Cependant, malgré l'insistance dans les monastères sur la discipline temporelle et les améliorations apportées aux mécanismes horlogers qui lui sont liées, le passage d'un système d'heures variables à un système d'heures constantes et le développement de l'horloge mécanique ne trouvent apparemment pas leur origine dans les monastères, mais dans les centres urbains de la fin du Moyen Âge[2]. Pourquoi en est-il ainsi ? C'est au début du XIVe siècle que les communes urbaines d'Europe occidentale qui s'étaient développées et avaient grandement bénéficié de l'expansion économique des siècles précédents commencèrent à utiliser une multitude de cloches à sonnerie pour régler leurs activités. La vie de la cité fut rythmée de plus en plus par les carillons d'un vaste ensemble de cloches qui signalaient l'ouverture et la fermeture des marchés, indiquaient le début et la fin de la journée de travail, convoquaient les assemblées, marquaient le couvre-feu et le moment après lequel on ne pouvait plus servir d'alcool, et avertissaient les hommes des incendies ou du danger, etc.[3]. Tout comme les monastères, les villes développèrent donc la nécessité d'une organisation du temps plus stricte.

Toutefois, le fait qu'un système d'heures *constantes* naisse dans les villes, et non dans les monastères, exprime une différence significative. Selon Bilfinger, cette différence s'enracine dans les intérêts différents des uns et des autres en ce qui concerne le maintien de l'ancien système de comptage du temps. Le problème était celui de la relation entre la domination sociale, et la définition et le contrôle social du temps. Bilfinger pense que l'Église peut avoir été intéressée par la mesure du temps, mais qu'elle ne le fut absolument pas par le changement de l'ancien système d'heures variables (les *horae canonicae*) qui étaient étroitement liées à sa position dominante dans la société[4]. Les villes, quant à elles, n'avaient pas cet intérêt au

---

1. *Ibid.*, pp. 104-105, 108-112.

2. *Ibid.*, pp. 113-120 ; Bilfinger, *Die mittelalterlichen Horen*, pp. 160-165 ; Le Goff, « Le temps du travail dans la "crise" », pp. 68-76.

3. Bilfinger, *Die mittelalterlichen Horen*, pp. 163-165.

4. *Ibid.*, pp. 158-160.

maintien de ce système et purent donc pleinement exploiter l'invention de l'horloge mécanique en introduisant un nouveau système d'heures[1]. D'après Bilfinger, le développement des heures constantes s'enracine dans le passage d'une division du temps liée à l'Église à une division séculière liée à l'épanouissement de la bourgeoisie urbaine[2]. À mon sens, cette argumentation ne spécifie pas suffisamment les choses. Bilfinger se focalise sur les facteurs qui gênent l'adoption par l'Église d'un système d'heures constantes et relève l'absence de tels facteurs dans la bourgeoisie urbaine. Cela implique que le système des heures constantes résulte d'une innovation technique en l'absence de contraintes sociales. Toutefois, comme je l'ai montré, les moyens techniques de mesurer les heures constantes existaient bien avant le XIVe siècle. De plus, la simple absence de raisons de ne pas adopter les heures constantes ne suffit pas à expliquer pourquoi on les adopte.

David Landes a suggéré que le système d'heures constantes trouve son origine dans l'organisation temporelle de la journée « artificielle » des habitants des villes, laquelle diffère de celle de la journée « naturelle » des paysans[3]. Mais les différences entre un environnement urbain et un environnement rural, de même qu'entre le type de travail effectué dans chacun d'eux, ne sont pas une explication suffisante : après tout, de grandes villes ont existé dans de nombreuses régions du monde bien avant qu'apparaisse un système d'heures constantes dans les villes d'Europe occidentale. Landes lui-même note qu'en Chine le rythme de vie et de travail dans les villes et à la campagne était réglé par la même ronde diurne d'événements naturels[4]. De plus, la journée de travail dans les villes européennes médiévales jusqu'au XIVe siècle – qui était rythmée de façon approximative par les *horae canonicae* – était elle aussi définie d'après le temps « naturel » variable, du lever au coucher du soleil[5].

Le passage des unités de temps variables aux unités de temps constantes ne peut donc être adéquatement compris d'après la nature de la vie urbaine *en soi*. Une raison plus spécifique, qui

---

1. *Ibid.*, p. 163.
2. *Ibid.*, p. 158.
3. Landes, *L'Heure qu'il est*, pp. 114-115.
4. *Ibid.*, p. 60.
5. Le Goff, « Le temps du travail dans la "crise" », p. 68.

puisse fonder socialement ce passage, se révèle nécessaire. Le rapport différent au temps impliqué par les deux systèmes n'est pas seulement lié à la question de savoir si la discipline temporelle joue ou non un rôle important dans la structuration de la journée de vie et de travail ; comme nous l'avons vu, une telle discipline caractérise davantage la vie monastique. En fait, la différence entre un système d'heures variables et un système d'heures constantes s'exprime aussi et surtout dans deux types différents de discipline temporelle. Quoique la forme de vie développée dans les monastères médiévaux fût strictement réglée par le temps, cela se faisait d'après une série de points temporels qui indiquaient le moment où les diverses activités devaient être accomplies. Cette forme de discipline temporelle ne nécessite pas, n'implique pas ou ne dépend pas d'unités de temps constantes ; elle est totalement distincte d'une forme de discipline temporelle où les unités de temps servent de *mesure* à l'activité. Comme je le montrerai, le passage à des unités de temps constantes doit être expliqué en fonction d'une nouvelle forme de rapports sociaux, d'une nouvelle forme sociale que l'on ne peut saisir pleinement à l'aide de catégories sociologiques telles que « vie paysanne » et « vie urbaine », et qui est liée au temps abstrait.

Jacques Le Goff, lorsqu'il étudie ce passage – qu'il décrit comme le passage du temps de l'Église au temps des marchands[1] ou le passage du temps médiéval au temps moderne[2] –, insiste sur la prolifération de divers types de cloches dans les villes européennes médiévales, notamment les cloches de travail qui apparaissent et se généralisent rapidement dans les cités drapières du XIVe siècle[3]. En m'appuyant sur l'étude de Le Goff, je montrerai brièvement comment les cloches de travail ont joué un rôle important dans l'apparition d'un système d'unités de temps constantes et, corrélativement, dans l'apparition de l'horloge mécanique. Les cloches de travail furent elles-mêmes une expression de la nouvelle forme sociale qui avait commencé à apparaître, notamment dans l'industrie textile médiévale. Cette industrie ne produisait pas principalement pour le marché local, comme la plupart des « industries »

---

1. Le Goff, « Au Moyen Âge : temps de l'Église et temps du marchand », pp. 49-67.

2. Le Goff, « Le temps du travail dans la "crise" », pp. 67-76.

3. *Ibid.*, pp. 70-71. David Landes insiste lui aussi sur la signification des cloches de travail. Voir *L'Heure qu'il est*, pp. 114-120.

médiévales ; elle fut la première, avec l'industrie métallurgique, à s'engager dans la grande production pour l'exportation[1]. Les artisans de la plupart des autres industries vendaient ce qu'ils produisaient, mais, dans l'industrie textile, il y avait une stricte séparation entre les marchands drapiers, qui distribuaient la laine aux travailleurs, collectaient le drap fini et le vendaient, et les travailleurs, qui étaient pour la plupart de « purs » salariés ne possédant que leur force de travail. En général, le travail se faisait dans de petits ateliers appartenant aux maîtres tisserands, fouleurs, teinturiers et tondeurs qui possédaient ou louaient l'équipement (tel que les métiers à tisser), recevaient des marchands drapiers la matière première et les salaires, et supervisaient les travailleurs loués[2]. En d'autres termes, le principe d'organisation de l'industrie drapière médiévale fut une première forme du rapport capital/travail salarié. C'était une production pour l'échange (c'est-à-dire pour le profit) contrôlée par des entrepreneurs privés, faite à une échelle relativement grande ; elle se fondait sur le travail salarié et, tout à la fois, présupposait et contribua à la monétarisation croissante de certains secteurs de la société médiévale. Ce qui est implicite dans cette forme de production, c'est l'importance de la productivité. Le but des marchands, le profit, dépendait en partie de la différence entre la valeur de l'étoffe produite et les salaires qu'ils payaient ; c'est-à-dire de la productivité du travail qu'ils avaient loué. Ainsi, la productivité – qui, selon Landes, était une catégorie inconnue en Chine (par opposition à l'« affairement »[3]) – se constitua, implicitement du moins, en une importante catégorie sociale dans l'industrie textile de l'Europe occidentale médiévale.

La productivité du travail dépendait évidemment du degré auquel celui-ci pouvait être discipliné et coordonné de façon régulière. Selon Le Goff, l'organisation du travail devint une source croissante de conflits entre ouvriers du textile et employeurs du fait de la crise économique qui affecta fortement l'industrie drapière à la fin du XIIIe siècle[4]. Comme les travailleurs étaient payés à la journée,

---

1. Henri Pirenne, *Belgian Democracy*, 1915, p. 92.
2. *Ibid.*, pp. 92, 96, 97.
3. Landes, *L'Heure qu'il est*, p. 60.
4. Le Goff, « Le temps du travail dans la "crise" », pp. 69-70.

le conflit se focalisa sur la durée et la définition de la journée de travail[1]. Il semble que ce soient les ouvriers eux-mêmes qui, au début du XIVe siècle, aient demandé l'allongement de la journée de travail pour augmenter leurs salaires, qui avaient diminué en valeur réelle du fait de la crise. Mais très rapidement, les marchands s'emparèrent du problème de la durée de la journée de travail et tentèrent de le tourner à leur avantage en la réglant plus étroitement[2]. Selon Le Goff, c'est au cours de cette période que les horloges de travail marquant publiquement le début et la fin de la journée de travail ainsi que les pauses pour les repas se répandirent dans les villes productrices de textile[3]. Une de leurs fonctions premières consista à coordonner le temps de travail d'un grand nombre de travailleurs. Les villes drapières des Flandres de l'époque étaient comme de grandes usines. Le matin, leurs rues se remplissaient de centaines de travailleurs en route vers l'atelier où ils commençaient et finissaient leur travail aux coups de l'horloge de travail municipale[4].

Autre aspect important : les horloges de travail marquaient une période de temps – la journée de travail – qui était auparavant déterminée « naturellement », par le lever et le coucher du soleil. La revendication des travailleurs d'une journée de travail plus longue (c'est-à-dire plus longue que la période de lumière du jour) impliquait déjà une perte du lien au temps « naturel » et l'émergence d'une mesure différente de la durée. Bien sûr, cela ne signifie pas qu'un système d'heures égales, standard, fut immédiatement introduit ; il y eut une période de transition pendant laquelle on ne sait pas clairement si les heures de la journée de travail continuèrent d'être les anciennes heures variables, qui changeaient avec les saisons, ou si elles furent normalisées dès le début selon une durée estivale et une durée hivernale[5]. Néanmoins, on peut dire que le passage à des unités de temps égales fut potentiellement présent dès lors qu'une journée de travail réglée et normalisée qui n'était

---

1. Landes, *L'Heure qu'il est*, pp. 115-116.

2. Le Goff, « Le temps du travail dans la "crise" », pp. 69-70.

3. *Ibid.*

4. Eleanora Carus-Wilson, « The Woolen Industry » *in* M. Postan et E. E. Rich (dir.), *The Cambridge Economic History of Europe*, 1952, vol. 2, p. 386.

5. Sylvia Thrupp, « Medieval Industry 1000-1500 » *in* Carlo M. Cipolla (dir.), *The Fontana Economic History of Europe*, 1972, vol. 1, p. 255.

plus directement liée au cycle diurne se constitua historiquement. La journée de travail en vint à être définie selon une temporalité qui n'était pas une variable dépendante des variations saisonnières dans la durée du jour et de la nuit. Ainsi s'explique que le problème central des luttes ouvrières au XIVe siècle fut la durée de la journée de travail[1]. La durée de la journée de travail n'est pas un problème quand elle est déterminée « naturellement », par le lever et le coucher du soleil ; qu'elle devienne un problème et soit déterminée par l'issue de la lutte et non par la tradition implique une transformation dans le caractère social de la temporalité. La lutte portant sur la durée de la journée de travail n'est pas seulement, comme le relève Anthony Giddens, « l'expression la plus directe de la lutte de classes dans l'économie capitaliste »[2] ; elle exprime et contribue également à la constitution sociale du temps comme mesure abstraite de l'activité.

La temporalité comme mesure de l'activité est différente d'une temporalité mesurée par les événements. Implicitement, il s'agit d'un type de temps uniforme. Comme je l'ai dit, le système des horloges de travail, développé dans le contexte de la grande production en vue de l'échange, se fonde sur le travail salarié. Ce système exprime l'apparition historique d'une relation sociale *de facto* entre le niveau des salaires et le rendement du travail mesuré temporellement – ce qui implique, en retour, l'idée de productivité, l'idée de rendement du travail par unité de temps. En d'autres termes, avec l'émergence des premières formes de rapports sociaux capitalistes dans les communes urbaines drapières d'Europe occidentale, apparaît une forme de temps qui constitue une mesure et éventuellement une norme coercitive de l'activité. Ce temps est divisible en unités constantes ; et dans le cadre social constitué par la forme-marchandise naissante, de telles unités ont elles aussi une signification sociale.

Je suis donc d'avis que l'apparition de cette nouvelle forme de temps est liée au développement de la forme-marchandise des rapports sociaux. Elle ne s'enracine pas seulement dans la sphère de la production marchande, mais aussi dans celle de la circulation des

---

1. Le Goff, « Le temps du travail dans la "crise" », p. 72.
2. Anthony Giddens, *A Contemporary Critique of Historical Materialism*, 1981, p. 120.

marchandises. Avec l'organisation des réseaux commerciaux en Méditerranée et dans les régions dominées par la Ligue hanséatique, l'accent fut mis de plus en plus sur le temps en tant que mesure. Et s'il en fut ainsi, c'est à cause de la question capitale de la durée du travail dans la production et parce que des facteurs tels que la durée d'un voyage commercial ou la fluctuation des prix au cours d'une transaction commerciale furent de plus en plus prises en compte et mesurées [1].

C'est dans ce contexte social que les horloges mécaniques se sont développées en Europe occidentale. L'introduction des cloches sonnantes placées en haut de tours et appartenant aux municipalités (et pas à l'Église) survint peu de temps après que le système des horloges de travail eut été introduit, et ce système se généralisa rapidement dans les régions les plus urbanisées d'Europe pendant le deuxième quart du XIVe siècle [2]. Les horloges mécaniques ont très certainement contribué à la généralisation du système des heures constantes ; à la fin du XIVe siècle, l'heure de soixante minutes était solidement établie, en remplacement du jour en tant qu'unité fondamentale du temps de travail [3]. Toutefois, ce compte-rendu suggère que les origines de ce système temporel et l'apparition d'une conception d'un temps mathématique abstrait ne peuvent pas être attribuées à l'invention et à la généralisation de l'horloge mécanique. Cette invention technique elle-même ainsi que la conception d'un temps abstrait doivent bien plutôt être comprises en termes de constitution « pratique » d'un tel temps, c'est-à-dire par rapport à une nouvelle forme de rapports sociaux qui engendrèrent des unités de temps constantes et, partant, un temps abstrait en tant que socialement « réel » et faisant sens [4]. Comme le remarque A. C. Crombie, « à l'époque où l'horloge mécanique d'Henri de Vick, divisée en vingt-quatre heures égales, fut dressée au Palais-Royal à

----

1. Le Goff, « Au Moyen Âge : temps de l'Église et temps du marchand », p. 57 ; Kazimierz Piesowicz, « Lebensrythmus und Zeitrechnung in der vorindustriellen und in der industriellen Gesellschaft », *Geschichte in Wissenschaft und Unterricht* 31, n° 8, 1980, p. 477.

2. Le Goff, « Le temps du travail dans la "crise" », p. 74.

3. *Ibid.*, pp. 74-75.

4. Landes, par exemple, semble avoir fondé dans l'horloge mécanique elle-même le changement qui affecta les unités de temps. Voir *L'Heure qu'il est*, pp. 118-126.

Paris en 1370, le temps de la vie pratique était en passe de devenir le temps mathématique abstrait composé d'unités (et désormais applicable à grande échelle) qui est celui du monde de la science »[1].

Bien que le temps abstrait soit socialement né à la fin du Moyen Âge, il ne s'est généralisé que beaucoup plus tard. Non seulement la vie rurale a continué d'être régie par le rythme des saisons, mais même dans les villes le temps abstrait n'a directement affecté que la vie des marchands et le nombre relativement restreint des salariés. De plus, le temps abstrait est resté un temps local pendant des siècles ; le fait que de vastes régions partagent le même temps est très récent[2]. Même l'heure zéro, le commencement du jour, a varié énormément après la généralisation de l'horloge mécanique, jusqu'à ce qu'elle soit définitivement établie à minuit, c'est-à-dire en un point de temps « abstrait », un point de temps indépendant des transitions perceptibles du lever et du coucher du soleil. C'est l'établissement de cette heure zéro abstraite qui a achevé la création de ce que Bilfinger appelle le « jour bourgeois »[3].

Le « progrès » que représente le temps abstrait en tant que forme dominante du temps est étroitement lié au « progrès » que représente le capitalisme en tant que forme de vie. À mesure que la forme-marchandise s'est imposée comme la forme structurante de la vie sociale au cours des siècles qui suivirent, le temps abstrait devint de plus en plus courant. C'est seulement au XVIIe siècle que l'invention de Huygens, l'horloge à pendule, a fait de l'horloge mécanique un instrument de mesure fiable et que l'idée d'un temps mathématique abstrait fut explicitement formulée. Néanmoins, les changements survenus au début du XIVe siècle et que j'ai évoqués ont assurément eu d'importantes ramifications. L'égalité et la séparabilité des unités de temps constantes abstraites de la réalité sensible de la lumière, de l'obscurité et des saisons devinrent un trait de la vie urbaine quotidienne (même si cela n'a pas affecté identiquement tous les citadins). Tout comme

---

1. A. C. Crombie, « Quantification in Medieval Physics » *in* Sylvia Thrupp (dir.), *Change in Medieval Society*, 1964, p. 201. E. P. Thompson note lui aussi que la mesure du travail précède l'usage généralisé de l'horloge. Voir « Temps, travail et capitalisme industriel », p. 9.

2. Le Goff, « Le temps du travail dans la "crise" », p. 75.

3. Gustav Bilfinger, *Der bürgerliche Tag*, 1888, pp. 226-231, cité *in* Kazimierz Piesowicz, « Lebensrythmus und Zeitrechnung in der vorindustriellen und in der industriellen Gesellschaft », p. 479.

le devinrent l'égalité et la séparabilité de la valeur qui est abstraite de la réalité sensible des divers produits – égalité et séparabilité qui sont liées à l'égalité et à la séparabilité des unités de temps constantes et qui s'expriment dans la forme-argent. Ces moments dans l'abstraction et la quantification croissantes des objets quotidiens – des divers aspects de la vie quotidienne elle-même – ont probablement joué un rôle important dans le changement de la conscience sociale. Ce changement est à l'œuvre, par exemple, dans la nouvelle signification accordée au temps, dans l'importance accrue de l'arithmétique dans l'Europe du XIVe siècle[1] et dans les débuts de la science moderne qu'est la mécanique, avec le développement de la théorie de l'*impetus* par l'École parisienne[2].

La forme de temps abstraite associée à la nouvelle structure des rapports sociaux exprimait également une nouvelle forme de domination. Le nouveau temps proclamé par les tours-horloges – fréquemment érigées en face des clochers d'églises – était le temps

---

1. Landes fait cette remarque, mais il n'insiste que sur l'égalité du temps, qu'il fonde dans l'horloge mécanique elle-même (voir *L'Heure qu'il est*, pp. 120-126). Il néglige du même coup les autres dimensions de la forme-marchandise naissante. J'ai évoqué diverses autres implications que l'analyse catégorielle de Marx a pour la théorie socio-historique de la connaissance. L'analyse de la relation entre les formes de rapports sociaux et les formes de subjectivité ne se limite pas nécessairement aux formes de pensée ; on peut l'étendre aux autres dimensions de la subjectivité et aux changements historiques dans les modes de subjectivité. Par exemple, les effets des processus d'abstraction et de quantification abstraite en tant que processus quotidiens et les formes de rationalité qui leur sont attachées et deviennent prédominantes avec la domination croissante de la forme-marchandise pourraient eux aussi être étudiés au niveau de la forme d'enseignement et des nouvelles déterminations de l'enfance qui apparaissent au début de la période moderne (voir Philippe Ariès, *L'Enfant et la vie familiale sous l'Ancien Régime*, Seuil, 1973). D'autres dimensions des changements historiques dans la subjectivité pourraient être étudiées à l'aide d'une analyse catégorielle de la civilisation capitaliste qui inclurait les changements psychiques et sociaux survenus pendant la même période, tels que l'abaissement du seuil de la honte décrit par Norbert Elias dans *La Civilisation des mœurs* (Calmann-Lévy, 1973), ou ceux qu'englobe la thèse de Marcuse selon laquelle le principe de performance est la forme historique spécifique du principe de réalité sous le capitalisme (*Éros et Civilisation*, Minuit, 1969). De façon générale, il me semble qu'une théorie des formes sociales serait précieuse à toute personne se proposant d'étudier la constitution social-historique de la subjectivité tant au niveau des structures psychiques et des manières tacites d'être au monde, qu'au niveau des formes de pensée.

2. Le Goff, « Le temps du travail dans la "crise" », p. 76.

associé à un nouvel ordre social dominé par la bourgeoisie, qui ne contrôlait pas seulement les villes politiquement et socialement, mais qui commençait aussi à affaiblir l'hégémonie culturelle de l'Église[1]. Contrairement au temps concret de l'Église (forme de temporalité ouvertement contrôlée par une institution sociale), le temps abstrait, tout comme les autres aspects de la domination dans la société capitaliste, est « objectif ». Il serait toutefois erroné de ne concevoir cette « objectivité » que comme un voile qui masque les intérêts particularistes concrets de la bourgeoisie. De même que les autres formes sociales catégorielles ici questionnées, le temps abstrait est une forme qui est historiquement apparue avec le développement de la domination de la bourgeoisie et qui a servi les intérêts de cette classe ; mais il a également contribué à constituer ces intérêts historiquement (à constituer la catégorie même d'« intérêt ») et il exprime une forme de domination qui renvoie au-delà de la domination de classe. Comme je le montrerai, les formes sociales temporelles ont une vie qui leur est propre et qui sont coercitives pour tous les membres de la société capitaliste – même si c'est d'une manière qui bénéficie matériellement à la classe bourgeoise. Quoique socialement constitué, le temps sous le capitalisme exerce une forme de contrainte abstraite. Comme le note Aaron Gourevitch :

« La ville est devenue maîtresse de son propre temps [...] au sens où ce temps a été arraché au contrôle de l'Église. Mais il est non moins vrai que c'est en ville que l'homme a cessé d'être maître du temps car le temps, libre désormais de s'écouler indépendamment des hommes et des événements, a établi sa tyrannie, à laquelle les hommes doivent se soumettre »[2].

La tyrannie du temps dans la société capitaliste est une dimension centrale de l'analyse catégorielle de Marx. Dans l'examen que j'ai fait jusqu'ici de la catégorie de temps de travail socialement nécessaire, j'ai montré que cette catégorie ne décrit pas simplement le

---

1. *Ibid.*, p. 71 ; Bilfinger, *Die mittelalterlichen Horen*, pp. 142, 160-163 ; Gourevitch, « Qu'est-ce que le temps ? », p. 151.

2. Gourevitch, « Qu'est-ce que le temps ? », p. 153 [trad. mod. N.d.T.]. Voir aussi Guy Debord, *La Société du spectacle* (1967), rééd. Gallimard, 1992.

temps dépensé à produire une marchandise particulière ; c'est bien plutôt une catégorie qui, en raison d'un procès de médiation sociale générale, détermine la quantité de temps que les producteurs *doivent* dépenser pour recevoir la pleine valeur de leur temps de travail. En d'autres termes, en tant que résultat de la médiation sociale générale, la dépense de temps de travail se transforme en une norme temporelle qui n'est pas seulement abstraite de, mais aussi s'oppose à et détermine l'action individuelle. De même que le travail se transforme d'une action individuelle en un principe général aliéné de la totalité, auquel les individus sont soumis, de même la dépense de temps se transforme de conséquence *de* l'activité en mesure normative *pour* l'activité. Bien que, comme nous le verrons, la grandeur du temps de travail socialement nécessaire soit une variable dépendante de la société en tant que tout, c'est une variable indépendante par rapport à l'activité individuelle. Ce processus par lequel une variable dépendante concrète de l'activité humaine devient une variable indépendante abstraite régissant cette activité est réel et non illusoire. Il est inhérent au processus de constitution sociale aliénée effectué par le travail.

J'ai suggéré que cette forme d'aliénation temporelle impliquait une transformation de la nature même du temps. Ce n'est pas seulement le temps de travail socialement nécessaire qui s'est constitué en norme temporelle « objective » exerçant une contrainte externe sur les producteurs, mais le temps lui-même qui s'est constitué en tant qu'absolu et abstrait. La quantité de temps qui détermine la grandeur de valeur d'une marchandise est une variable dépendante. Mais le temps lui-même est devenu indépendant de l'activité – qu'elle soit individuelle, sociale ou naturelle. Il est devenu une variable indépendante, mesurée en unités conventionnelles interchangeables, mesurables, continues, constantes (heures, minutes, secondes), qui sert de mesure absolue du mouvement et du travail en tant que dépense. Désormais, les événements et les activités en général, le travail et la production en particulier, s'inscrivent dans, et sont déterminés par le temps – un temps devenu abstrait, absolu et homogène[1].

----

1. Lukács analyse lui aussi le temps abstrait comme un produit de la société capitaliste. Il considère ce temps comme étant de caractère essentiellement spatial : « Le temps perd ainsi son caractère qualitatif, changeant, fluide : il se fige en un *continuum* exactement délimité, quantitativement mesurable, rempli de "choses"

La domination temporelle constituée par la forme-marchandise et la forme-capital ne se limite pas au procès de production, elle s'étend à tous les domaines de la vie. Giddens écrit ainsi :

« La marchandification du temps [...] fournit la clé des transformations les plus profondes de la vie quotidienne qui sont provoquées par l'apparition du capitalisme. Ces transformations sont liées à la fois : à ce phénomène central que constitue l'organisation des procès de production ; au "lieu de travail" ; et aussi aux textures intimes de la vie sociale telle qu'elle est vécue quotidiennement »[1].

Dans le présent ouvrage, je n'aborderai pas les effets de cette dimension temporelle sur la texture de l'expérience quotidienne[2],

---

quantitativement mesurables [...] : en un espace » (*Histoire et conscience de classe*, p. 117). Le problème avec l'analyse de Lukács, c'est qu'elle oppose la qualité statique du temps abstrait au processus historique comme si ce dernier représentait en et pour soi une réalité sociale non capitaliste. Cependant, comme nous le verrons dans la troisième partie, le capitalisme ne se caractérise pas seulement par le temps abstrait invariable, mais aussi par une dynamique historique qui échappe au contrôle des hommes. On ne peut opposer le processus historique comme tel au capitalisme. La position de Lukács montre combien sa compréhension de la catégorie de capital est inadéquate et liée à l'identification du sujet-objet identique hégélien au prolétariat.

1. Giddens, *A Contemporary Critique*, p. 131.
2. David Gross, qui suit Lukács à certains égards, considère les effets du temps abstrait sur la vie quotidienne en termes de « spatialisation de la pensée et de l'expérience », entendant par là « la tendance à condenser les rapports de temps [...] dans les rapports d'espace » (« Space, Time, and Modern Culture », *Telos* n° 50, hiver 1981-82, p. 59). Gross considère les conséquences sociales de cette « spatialisation » comme extrêmement négatives, comme entraînant la perte de la mémoire historique et la destruction progressive des possibilités de critique sociale dans la société contemporaine (pp. 65-71). La description critique de Gross est éclairante, mais il ne fonde pas la constitution historique de la « spatialisation » dans les formes des rapports sociaux capitalistes. Parce qu'il comprend ces rapports seulement en tant que rapports de classes, Gross tente de fonder la spatialisation dans le développement de l'urbanisation et de la technologie en soi (p. 65) et dans les intérêts des élites dirigeantes (p. 72). En fait, comme j'ai tenté de le montrer, les considérations qui portent sur la seule spatialisation sans se référer aux formes des rapports sociaux ne suffisent pas ; par exemple, elles ne permettent pas de rendre compte adéquatement des origines du temps abstrait. De plus, recourir à des considérations sur les intérêts des couches dominantes ne permet

mais j'étudierai certaines implications socio-épistémologiques de l'analyse de la temporalité que j'ai faite jusqu'ici ; puis, dans la troisième partie, je reviendrai sur la question de la constitution sociale du temps dans la société capitaliste en analysant le dualisme temporel des formes sociales qui sous-tendent le capitalisme et en esquissant sur cette base la conception de l'histoire impliquée par la théorie catégorielle de Marx.

L'opposition temps abstrait/temps concret recouvre en partie, mais n'est pas totalement identique à l'opposition du temps dans la société capitaliste et du temps dans les sociétés précapitalistes. L'apparition du capitalisme entraîne bien sûr le dépassement des formes antérieures de temps concret par le temps abstrait. E. P. Thompson, par exemple, décrit la domination d'une notation du temps « orientée par la tâche » dans les sociétés préindustrielles et son remplacement par la mesure du temps du travail avec le développement du capitalisme industriel[1]. Dans le premier cas, le temps est mesuré par le travail, alors que, dans le second, le temps mesure le travail. J'ai choisi de parler de temps abstrait et de temps concret pour souligner le fait que deux types de temps sont concernés, et pas seulement deux modes de mesure du temps. De plus, comme je le montrerai au chapitre VIII, le temps abstrait n'est pas la seule forme de temps qui soit constituée dans la société capitaliste : une forme particulière de temps concret s'est tout autant constituée. D'une certaine manière, la dialectique du développement capitaliste est une dialectique des deux types de temps constitués dans la société capitaliste et l'on ne peut donc pas comprendre correctement cette dialectique en termes de remplacement de toutes les formes de temps concret par le temps abstrait.

Formes de médiation sociale et formes de conscience

Selon moi, la définition que Marx donne de la grandeur de la valeur implique que le temps comme variable indépendante, le

---

pas d'expliquer la genèse, la nature et l'efficacité sociale de formes qui peuvent très bien constituer et servir ces intérêts.

1. Thompson, « Temps, travail et capitalisme industriel », pp. 6-9.

temps mathématique absolu, homogène, qui a fini par organiser une grande part de notre société, se soit constitué socialement. Cette tentative de relier le temps mathématique abstrait, et tout aussi bien le concept de temps mathématique abstrait, à la forme des rapports sociaux médiatisée par la marchandise est un exemple de la théorie socio-historique de la connaissance et de la subjectivité présentée ici. Cette théorie analyse à la fois l'objectivité et la subjectivité sociales en tant que socialement constituées par des formes de pratique structurées historiquement spécifiques. Elle transforme le problème épistémologique classique du rapport sujet-objet et oblige à repenser et à critiquer les termes mêmes du problème.

L'idée de constitution, par le sujet, de l'objet de la connaissance se trouve au cœur de la « révolution copernicienne » opérée par Kant : le philosophe passe de l'étude de l'objet aux conditions subjectives de la connaissance après avoir mis en lumière les antinomies engendrées par la problématique sujet-objet telle qu'elle est conçue classiquement. Kant pense la constitution en termes de rôle constituant du sujet. En disant que la réalité en soi, le noumène, n'est pas accessible à la connaissance humaine, Kant soutient que notre connaissance des choses dépend des catégories *a priori*, transcendantales, par lesquelles la perception s'organise. C'est-à-dire que, dans la mesure où notre connaissance et notre perception sont organisées par ces catégories subjectives, nous co-constituons les phénomènes que nous percevons. Mais ce procès de constitution n'est pas fonction de l'action et ne se rapporte pas à l'objet ; il est au contraire fonction des structures subjectives de la connaissance. Pour Kant, le temps et l'espace sont ces catégories *a priori*, transcendantales.

Hegel, critiquant Kant, affirme que cette épistémologie aboutit à une impasse : elle fait de la connaissance des facultés de connaître le présupposé de la connaissance[1]. Il tente, à l'aide d'une autre théorie de la constitution, par le sujet, de l'objet de la connaissance, de dépasser la dichotomie sujet-objet en montrant leur liaison interne. J'ai analysé la façon dont Hegel traite la réalité tout entière (nature comprise) comme constituée par la pratique – comme une extériorisation, un produit et une expression du Sujet historique mondial : le *Geist*, dans son déploiement, crée la réalité objective

---

1. Voir Jürgen Habermas, *Connaissance et Intérêt*, Gallimard, 1976, p. 39.

en tant qu'objectivation déterminée de lui-même, objectivation qui, en retour, crée réflexivement des développements déterminés dans la conscience que le *Geist* a de lui-même. En d'autres termes, le *Geist* se constitue lui-même dans le procès de constitution de la réalité objective : il est le sujet-objet identique. Selon Hegel, les catégories adéquates n'expriment pas les formes subjectives de la connaissance finie et les apparences des choses, comme le voudrait Kant ; elles saisissent l'identité du sujet et de l'objet en tant que structures du savoir absolu. L'Absolu est la totalité des catégories subjectives-objectives ; il s'exprime lui-même et s'impose à la conscience individuelle. Le concept de sujet-objet identique se trouve au cœur de la tentative hégélienne de résoudre le problème épistémologique du possible rapport sujet-objet, conscience-réalité, à l'aide d'une théorie de la constitution de l'objectivité et de la subjectivité qui évite l'impasse d'avoir à connaître la faculté de connaître avant de connaître.

Marx cherche lui aussi à établir la liaison interne de l'objectivité et de la subjectivité à l'aide d'une théorie de leur constitution par la pratique. Toutefois, l'univers ainsi constitué est social. À la différence de Hegel, Marx rejette l'idée de savoir absolu et nie que la nature, comme telle, soit constituée. La théorie marxienne de la constitution par la pratique est sociale, mais pas au sens où elle serait une théorie de la constitution d'un monde de l'objectivité sociale par un Sujet historique humain. C'est bien plutôt une théorie de la façon par laquelle les hommes constituent les structures de médiation sociale qui, en retour, constituent les formes de pratique sociale. Ainsi, comme nous l'avons vu, bien que Marx pose certes l'existence, sous le capitalisme, de ce que Hegel identifie comme un Sujet historique – c'est-à-dire un sujet-objet identique –, il l'identifie, lui, comme une forme de rapports sociaux aliénés exprimés par la catégorie de capital, et non pas comme sujet humain, que celui-ci soit individuel ou collectif. Du même coup, il déplace le problème de la connaissance, il le fait passer de la possible corrélation entre la « réalité objective » et la perception et la pensée du sujet individuel ou supra-individuel, à l'examen de la constitution des formes sociales. Son approche analyse l'objectivité et la subjectivité sociales non comme deux sphères ontologiquement différentes devant être liées, mais comme les dimensions (intrinsèquement liées entre elles) des formes de vie sociale qui sont saisies par ses catégories[1]. En transformant la façon dont la constitution et la pratique constituante sont comprises, ce changement de perspective transforme le problème de la connaissance en problème de la théorie sociale.

J'ai montré par exemple que la définition que Marx donne de la grandeur de la valeur implique une théorie socio-historique de l'apparition du temps mathématique absolu en tant que réalité sociale et en tant qu'idée. En d'autres termes, cette approche traite implicitement comme socialement constitué le niveau de la préconnaissance structurée, que Kant interprète comme condition *a priori*, transcendantale de la connaissance[2]. La théorie de la constitution sociale de Marx dépasse ce que Hegel identifie comme le cercle vicieux de l'épistémologie transcendantale de Kant – le fait que l'on doive connaître (les facultés cognitives) comme présupposé de la connaissance – sans toutefois recourir au concept hégélien de savoir absolu. La théorie de Marx analyse implicitement comme sociale la condition de l'autoconnaissance (c'est-à-dire le fait que, pour connaître explicitement, on doive déjà connaître). Elle saisit cette préconnaissance comme une structure préconsciente de la conscience socialement formée et ne la pose jamais comme un *a priori* transcendantal, universel, ni ne la fonde sur un supposé savoir absolu. Cette théorie socio-historique de la connaissance ne se borne pas à étudier les déterminations socio-historiques des conditions subjectives de la perception et de la connaissance. Bien que la théorie de Marx rejette la possibilité du savoir absolu, elle n'implique pas une sorte d'épistémologie kantienne socialement et historiquement relativisée, car elle vise à saisir la constitution des formes d'objectivité sociale et, en même temps, les formes de subjectivité qui leur sont liées.

La critique de Marx n'implique donc pas une théorie de la connaissance au sens propre mais, bien plutôt, une théorie de la constitution de formes sociales historiquement spécifiques qui sont des formes d'objectivité et de subjectivité sociales. Dans le cadre de cette théorie, les catégories par lesquelles le monde est appréhendé

---

1. C'est-à-dire les catégories de marchandise, de capital, de valeur, etc. (N.d.T.)

2. Jacques Le Goff utilise un argument semblable en ce qui concerne la constitution sociale d'un espace à trois dimensions. Voir « Au Moyen Âge : temps de l'Église et temps du marchand », pp. 59-60.

et les normes de l'action peuvent être mises en relation dans la mesure où les unes comme les autres s'enracinent finalement dans la structure des rapports sociaux. Cette interprétation montre que, dans la théorie de Marx, l'épistémologie se radicalise en une épistémologie sociale[1].

Le déploiement des formes sociales saisies à l'aide des catégories dans *Le Capital* constitue la théorie pleinement élaborée de la pratique sociale que Marx n'avait fait que poser dans les « Thèses sur Feuerbach » :

---

1. Cette interprétation des implications épistémologiques de la théorie de Marx diffère de celle de Habermas que je présenterai au chapitre VI. Sur un plan plus général, mon interprétation des catégories de Marx – en tant qu'expressions de la connexion intrinsèque des formes historiques de l'être social et de la conscience – sépare implicitement la validité objective de toute idée d'absolu et la relativise historiquement. Cependant, parce que cette position relativise les dimensions tant objectives que subjectives, elle rejette l'idée d'une opposition entre la relativité historique et la validité objective. Le critère de cette dernière, c'est la validité sociale et non pas absolue. Ainsi Marx peut-il déclarer que « c'est précisément ce genre de formes qui constituent les catégories de l'économie bourgeoise. Ce sont des formes de pensée qui ont une validité sociale, et donc une objectivité, pour les rapports de production de ce mode de production social historiquement déterminé qu'est la production marchande » (*Le Capital*, livre I, p. 87).

Il est impossible ici de traiter à fond la question des normes à l'aide desquelles ce qui existe peut être critiqué, mais il devrait être clair que chez Marx la source et les normes de la critique dépendent elles aussi nécessairement des formes existantes de réalité sociale. On pourrait dire que l'idée de comprendre la relativité historique comme impliquant que « tout se vaut » est elle-même liée au postulat selon lequel la validité objective requiert un fondement absolu. En ce sens, l'opposition de la relativité historique et de la validité objective peut être conçue comme identique à l'opposition du rationalisme abstrait et du scepticisme. Dans les deux cas, le tournant vers la théorie sociale met en lumière la relation intrinsèque des termes de l'opposition, il montre que ceux-ci ne constituent pas toutes les solutions possibles, et transforme les termes du problème. Pour une puissante critique des postulats qui fondent ces oppositions abstraites, différente de celle présentée ici mais cohérente avec elle, voir Ludwig Wittgenstein, *Remarques philosophiques*, Gallimard, 1984.

Pour une théorie sociale, le problème des normes de la critique est naturellement épineux. Cependant, l'approche de Marx offre bien la possibilité d'une auto-réflexion épistémologique cohérente de la part de la théorie, ce qui évite les écueils de ces formes de critique sociale qui prétendent penser la société à l'aide d'un ensemble de normes extérieures à leur univers social – et qui ne peuvent pas s'expliquer elles-mêmes. L'approche de Marx implique en effet que la tentative de fonder la critique dans un monde extra-social, immuable (comme, par exemple,

« Le principal défaut de tout le matérialisme passé [...] est que l'objet, la réalité, le monde sensible n'y sont saisis que sous la forme d'*objet* ou d'*intuition [Anschauung]*, mais non en tant qu'*activité humaine concrète*, en tant que *praxis*, de façon non subjective. »

« La question de savoir si la pensée humaine peut aboutir à une vérité objective n'est pas une question théorique, mais une question *pratique*. »

« La vie sociale est essentiellement *pratique* »[1].

La critique du Marx de la maturité analyse le rapport de l'objectivité et de la subjectivité d'après les structures de médiation sociale, les modes déterminés de pratique sociale constituante et constituée. De toute évidence, la « praxis » à laquelle Marx se réfère n'est pas seulement la pratique révolutionnaire, mais la pratique en tant qu'activité socialement constituante. Le travail constitue les formes de vie sociale saisies par les catégories de la critique marxienne. Toutefois, cette pratique socialement constituante ne peut pas être comprise en termes de travail en soi, c'est-à-dire en termes de travail concret en général. Ce n'est pas le seul travail concret qui crée le monde que Marx analyse, mais la qualité médiatisante du travail qui constitue les rapports sociaux aliénés caractérisés par une antinomie entre une dimension objective, générale, abstraite, et une dimension particulière, concrète, même quand le travail s'objective dans des produits. Cette dualité engendre une sorte de champ unifié de l'être social. Un sujet-objet identique (le capital) existe en tant que sujet historique totalisant et, selon Marx, il peut être déployé à partir d'une seule catégorie parce que, sous le capitalisme, les deux dimensions de la société – les rapports des hommes entre eux et les rapports des hommes à la nature – sont amalgamées car chacune de ces dimensions est médiatisée par le travail. Cet amalgame façonne

___

dans la tradition classique des théories de la loi naturelle), puisse elle-même être analysée en fonction des formes sociales qui se présentent comme non sociales et transhistoriques.

1. Marx, « Thèses sur Feuerbach » *in* Karl Marx et Friedrich Engels, *L'Idéologie allemande*, pp. 1-4.

à la fois la forme de la production et la forme des rapports sociaux sous le capitalisme et les relie intrinsèquement. Le fait que les catégories de la critique marxienne de l'économie politique expriment les deux dimensions de la société sous une seule forme unifiée (quoique intrinsèquement contradictoire) découle de cet amalgame réel.

La théorie de la pratique sociale sous le capitalisme élaborée par le Marx de la maturité est donc une théorie de la constitution par le travail des formes sociales qui médiatisent les rapports des hommes entre eux et avec la nature et qui sont en même temps des formes d'être et de conscience. Elle est autant une théorie de la constitution social-historique des formes structurées, déterminées, de pratique sociale, qu'une théorie de la connaissance, des normes et des nécessités sociales qui façonnent l'action. Bien que les formes sociales que Marx analyse soient constituées par la pratique sociale, ces formes ne peuvent pas être saisies au seul niveau de l'interaction immédiate. La théorie marxienne de la pratique est une théorie de la constitution et de la possible transformation des formes de médiation sociale.

Cette interprétation de la théorie de Marx transforme la question traditionnelle de la relation entre le travail et la pensée en la reformulant en termes de relation entre les formes de rapports sociaux médiatisées par le travail et les formes de pensée, et non entre le travail concret et la pensée. J'ai dit que, de même que la constitution sociale n'est pas fonction du seul travail concret, de même, chez Marx, la constitution de la conscience par la pratique sociale ne doit pas être comprise uniquement en termes d'interactions médiatisées par le travail entre des sujets individuels ou des groupes sociaux et leur environnement naturel. Cela s'applique même aux conceptions de la réalité naturelle : celles-ci ne s'acquièrent pas de façon pragmatique (simplement à partir des luttes avec la nature et des transformations de cette dernière) mais, comme j'ai cherché à le montrer, s'enracinent dans le caractère des formes sociales déterminées qui structurent ces interactions avec la nature. En d'autres termes, le travail en tant qu'activité productive ne confère pas, en et pour soi, le sens ; tout au contraire, comme je l'ai dit, même le travail reçoit sa signification des rapports sociaux dans lesquels il est enchâssé. Quand ces rapports sociaux sont constitués par le travail lui-même, le travail existe sous une forme « séculière » et peut être analysé comme activité instrumentale.

L'idée que le travail est socialement constitutif ne se fonde donc pas sur le fait que Marx réduirait la praxis sociale au travail en tant que production matérielle, par quoi l'interaction de l'humanité avec la nature devient le paradigme de l'interaction[1]. Cela serait sans doute le cas si Marx comprenait la praxis en termes de « travail ». Mais, dans les écrits de maturité, la conception marxienne du travail comme pratique socialement constituante est liée à l'analyse de la médiation par le travail des dimensions de la société qui ne sont pas médiatisées de cette façon dans d'autres sociétés. Pour Marx, cette analyse est la condition *sine qua non* d'une compréhension critique adéquate de la spécificité des formes de rapports sociaux, de production et de conscience dans la formation sociale capitaliste. L'amalgame, mentionné plus haut, des deux dimensions de la vie sociale sous le capitalisme autorise Marx à analyser la constitution sociale en termes de forme de pratique (le travail) et à interroger le rapport intrinsèque de l'objectivité et de la subjectivité sociales comme s'agissant d'un ensemble unique de catégories de pratique structurée. On peut penser que, dans une société où la production et les rapports sociaux ne seraient pas constitués en tant que sphère totalisante d'objectivité sociale par un unique principe structurant, il faudrait modifier l'idée d'une forme unique de pratique constituante et saisir autrement les rapports entre les formes de conscience et les formes d'être social.

Jürgen Habermas et Alfred Schmidt ont eux aussi pensé que l'analyse de Marx impliquait une théorie de la constitution de l'objectivité et de la subjectivité sociales. Bien qu'ils évaluent la théorie marxienne de la constitution pratique très différemment, l'un et l'autre ne considèrent ce processus de constitution qu'en termes de « travail », c'est-à-dire de transformation de la nature physique externe et, réflexivement, des hommes eux-mêmes, en tant que conséquence du travail concret[2].

---

1. Albrecht Wellmer formule cette critique dans son essai « Communication and Emancipation : Reflections on the Linguistic Turn in Critical Theory » *in* John O'Neill (dir.), *On Critical Theory*, 1976, pp. 232-233.

2. Voir Habermas, *Connaissance et Intérêt*, pp. 57-97 ; Alfred Schmidt, *Le Concept de nature chez Marx*, PUF, 1994, pp. 131-171. La position de Schmidt est très voisine de celle de Horkheimer dans « Théorie traditionnelle et théorie critique » (dans l'ouvrage homonyme, Gallimard, 1974). Il souligne le rôle du travail

L'idée traditionnelle, attribuée par erreur à Marx, selon laquelle le travail n'est socialement constituant qu'en raison de sa fonction d'activité productive peut être expliquée par la critique de Marx qui est faite en termes de spécificité des formes sociales sous le capitalisme. Comme nous l'avons vu, bien que le travail déterminé par la marchandise soit marqué par une dimension historiquement spécifique, particulière, il peut apparaître en tant que « travail » tant au théoricien qu'à l'acteur social. Cela est vrai également de la dimension épistémologique du travail en tant que pratique sociale. J'ai affirmé par exemple qu'il fallait distinguer deux moments dans le rapport des hommes à la nature : la transformation de la nature, de la matière et de l'environnement en tant que résultat du travail social, et les conceptions que les hommes ont du caractère de la réalité naturelle. Et j'ai ajouté que la deuxième dimension ne pouvait pas être expliquée comme une conséquence directe de la première, c'est-à-dire comme une conséquence des interactions entre les hommes et la nature médiatisées par le travail, mais qu'elle devait aussi être examinée en fonction de la forme des rapports sociaux dans lesquels ces interactions s'inscrivent. Or, sous le capitalisme, les deux moments des rapports des hommes à la nature sont fonction du travail : la transformation de la nature par le travail social concret peut donc sembler conditionner les idées que les hommes se font de la réalité, comme si la source de la signification était uniquement l'interaction avec la nature telle qu'elle est médiatisée par le travail. D'où il résulte que le concept indifférencié de « travail » peut être pris pour le principe de constitution et que le développement de la connaissance de la réalité naturelle peut sembler directement fonction du degré auquel les hommes dominent la nature. Le fait que cette position, prise par Horkheimer en 1937,

---

concret à la fois dans la constitution de la capacité humaine subjective à connaître et dans celle du monde de l'expérience. Bien sûr, Schmidt cite positivement les affirmations d'Arnold Hauser, Ernst Bloch et Marx selon lesquelles le concept de nature est aussi fonction de la structure de la société (pp. 169-170), mais il n'intègre pas systématiquement cette position dans le corps même de son argumentation. Dans son étude des sciences de la nature, Schmidt se focalise sur l'expérimentation et sur les sciences de la nature appliquées sans prêter attention aux paradigmes de la réalité naturelle. Ceux-ci, comme je l'ai dit, ne peuvent être dérivés du seul travail social concret, ils doivent bien plutôt être expliqués en fonction des formes de rapports sociaux qui servent de contexte à leur apparition.

ait été attribuée à Marx découle pour partie de l'affirmation du « travail » par les partis ouvriers socialistes traditionnels et pour partie du mode d'exposition immanent utilisé par Marx.

Ce que j'ai présenté comme la théorie marxiste traditionnelle de la constitution sociale par le « travail » peut être compris, à un niveau, comme une tentative de résoudre l'opposition de l'objectivité et de la subjectivité. C'est-à-dire que la théorie marxiste traditionnelle reste finalement dans le cadre du problème tel qu'il avait été formulé par la philosophie moderne classique. Cependant, l'approche de Marx, telle que je l'ai présentée ici, n'est pas une tentative de résoudre cette opposition. En fait, Marx transforme les termes du problème en analysant socialement le rapport de l'objectivité et de la subjectivité de manière à fonder les présupposés de la problématique classique elle-même – l'opposition d'une sphère d'objectivité extérieure, pareille à une loi, et du sujet autodéterminant, individuel – dans les formes sociales de la société capitaliste moderne[1].

D'autres différences entre ces deux approches du problème de la constitution sociale s'expriment dans leur compréhension divergente du procès d'aliénation et de son rapport à la subjectivité. On peut voir à l'œuvre la compréhension communément associée à l'idée de constitution sociale par le « travail » dans la réponse de Hilferding à Böhm-Bawerk déjà citée. Hilferding pose le « travail » en principe régulateur de la société humaine, principe qui est voilé sous le capitalisme et qui, sous le socialisme, apparaîtra ouvertement en tant que principe causal de la vie humaine. Étant donné que le « travail » est le substrat de toute société, la forme sous laquelle il apparaît dans le capitalisme est séparable de son contenu, cette forme est séparable du « travail » lui-même.

Cette conception selon laquelle la constitution sociale est accomplie par le « travail » implique l'existence d'un sujet historique concret, et elle est liée à la compréhension de l'aliénation comme

---

1. En ce sens, l'approche de Marx diffère des autres critiques de la dichotomie sujet-objet qui soutiennent que l'idée d'un sujet connaissant décontextualisé et décorporéisé n'a aucun sens et que les hommes sont toujours enchâssés dans un fondement préconscient. En effet, tout en critiquant la dichotomie sujet-objet, l'approche de Marx ne se borne pas à réfuter les positions qui affirment un sujet décontextualisé ; elle cherche à rendre compte de ce type de positions en analysant la décontextualisation apparente comme une caractéristique du contexte déterminé de la société capitaliste.

dépossession de ce qui existe déjà en tant que propriété de ce sujet. C'est-à-dire que l'aliénation est traitée comme un processus entraînant la simple inversion du sujet et de l'objet. C'est aussi le cas en ce qui concerne la perception et la conscience. Hilferding, lorsqu'il décrit la mystification de la forme-marchandise, affirme que « les caractères sociaux des individus apparaissent comme les attributs objectifs *[gegenständliche]* des choses, tout comme les formes subjectives de la perception humaine (temps et espace) apparaissent comme les attributs objectifs *[objektive]* des choses »[1].

L'analogie qu'esquisse Hilferding entre « les caractères sociaux des individus » et les catégories *a priori*, transcendantales de Kant (« les formes subjectives de la perception humaine ») indique que, dans les deux cas, il suppose une structure préexistante, et non socialement constituée, de la subjectivité. La spécificité du capitalisme semble alors résider dans le fait que ce qui a toujours existé comme une propriété de la dimension subjective apparaît comme une propriété de la dimension objective. Ainsi Hilferding comprend-il la théorie marxienne de l'aliénation comme « la permutation du sujet et de l'objet, et vice-versa »[2]. Cette position saisit implicitement le concept marxien de fétiche-marchandise comme se rapportant à une sorte d'illusion par laquelle les attributs des sujets apparaissent comme des attributs de ce qu'ils créent. Cela s'apparente directement à l'idée de Hilferding selon laquelle la forme-marchandise n'est qu'une forme mystifiée du « travail ». Quand on analyse le travail sous le capitalisme en termes transhistoriques, comme « travail », on ne comprend sa spécificité que de façon externe, en fonction du mode de distribution, et l'on n'appréhende l'aliénation que comme une inversion qui mystifie ce qui existe déjà. Dans un tel cadre, le dépassement de l'aliénation est vu comme un processus de démystification et de réappropriation, comme la réapparition de ce qui est socialement ontologique de derrière le voile de sa forme phénoménale mystifiée. En d'autres termes, le dépassement de l'aliénation signifie l'autoréalisation du Sujet historique.

---

1. Hilferding, « Böhm-Bawerk's Criticism of Marx » *in* Paul M. Sweezy (dir.), « *Karl Marx and the Close of His System* » *by Eugen Böhm-Bawerk and* « *Böhm-Bawerk's Criticism of Marx* » *by Rudolf Hilferding*, 1949, p. 195.

2. Lucio Colletti, « Bernstein et le marxisme de la Deuxième Internationale » *in De Rousseau à Lénine*, Gordon & Breach, 1974, p. 139.

Dans l'interprétation que je propose ici, les catégories de la critique de Marx n'expriment pas la « permutation » du subjectif et de l'objectif mais, bien plutôt, la constitution de chacune de ces dimensions. Comme je l'ai dit à propos du temps abstrait, les formes subjectives déterminées, tout comme l'objectivité qu'elles saisissent, sont constituées par des formes aliénées déterminées de rapports sociaux ; elles ne sont pas des formes universelles, préexistantes qui, parce qu'elles sont aliénées, apparaissent comme les attributs objectifs des choses. Cela corrobore mon affirmation selon laquelle Marx, avec son analyse du double caractère du travail sous le capitalisme, développe la théorie de l'aliénation en tant que théorie d'un mode de constitution sociale historiquement spécifique, par lequel des formes sociales déterminées – caractérisées par l'opposition d'une dimension pareille à une loi, objective, universelle abstraite, et d'une dimension particulière, « chosiste » – sont constituées par des formes structurées de pratique et, en retour, façonnent à leur image la pratique et la pensée. Ces formes sociales sont contradictoires. C'est cette qualité qui rend la totalité dynamique et engendre la possibilité de sa critique et de sa transformation.

Fait partie intégrante de cette théorie de la constitution socio-historiquement déterminée de l'objectivité et de la subjectivité sociales par un procès d'aliénation, une analyse critique de la spécificité des diverses dimensions de la vie sociale sous le capitalisme. Cette théorie ne condamne pas simplement la dépossession du Sujet – ou des sujets – de ce qui existait déjà comme sa (leur) propriété. Elle analyse bien plutôt la constitution historique des pouvoirs de l'homme comme s'effectuant sous une forme aliénée. Dans cette optique, dépasser l'aliénation signifie *abolir le Sujet qui se meut et se fonde lui-même* (le capital) et la forme de travail qui constitue et est constituée par les structures de l'aliénation ; cela permettrait à l'humanité de s'approprier ce qui a été créé sous une forme aliénée. Dépasser le Sujet historique permettrait pour la première fois aux hommes de devenir les sujets de leurs propres pratiques sociales.

Chez Marx, le concept de fétiche est relié de manière centrale à sa théorie de l'aliénation en tant que constitution sociale. Ce concept ne se rapporte pas seulement à des illusions socialement constituées, mais rend compte socialement des diverses formes de subjectivité. Il fait partie intégrante de la théorie marxienne de la constitution sociale, qui relie les formes de pensée, visions du monde et croyances aux formes des rapports sociaux, et qui relie la façon dont elles apparaissent à l'expérience immédiate. Dans *Le Capital*, Marx cherche à saisir la constitution des structures sociales profondes, historiquement spécifiques, à l'aide de formes de pratique sociale, lesquelles, en retour, sont guidées par des croyances et des motivations fondées dans les formes phénoménales engendrées par ces structures. Cependant, le tout n'est pas statiquement circulaire et doxique, mais dynamique et contradictoire. Une élaboration adéquate de la théorie marxienne de la constitution des formes de subjectivité et d'objectivité sous le capitalisme analyserait l'interaction de la structure et de la pratique en fonction de la nature de la dynamique contradictoire de la totalité ; sur cette base, il serait alors possible de développer une théorie de la transformation historique de la subjectivité qui mettrait en lumière la constitution sociale et le développement historique des besoins et des perceptions – tant de ceux qui tendent à perpétuer le système que de ceux qui le mettent en question.

Cette théorie de la constitution de la conscience et de l'être social a peu à voir avec les interprétations dans lesquelles le « travail » ou l'économie forment la « base » de la société, et la pensée un élément « superstructurel ». Elle est une théorie sociale non fonctionnaliste de la subjectivité, qui se fonde en dernier ressort sur une analyse des formes de rapports sociaux, et non sur des considérations relatives à la position sociale et à l'intérêt social, position et intérêt de classe compris. Cette analyse fournit le cadre général, historiquement changeant, des formes de conscience à l'intérieur duquel ces considérations peuvent être étudiées. Une telle approche affirme que, si la signification et la structure sociales doivent être reliées, alors les catégories qui les saisissent doivent l'être intrinsèquement – en d'autres termes, elle affirme que la dichotomie théorique généralisée entre les dimensions matérielles et les dimensions culturelles de la société ne peut pas être dépassée de l'extérieur, à partir de concepts qui contiennent déjà en eux-mêmes cette opposition[1]. Une telle

---

1. Cette approche diffère largement de celle exprimée par Max Weber dans sa célèbre métaphore selon laquelle les « idées » créent des « images du monde » qui déterminent, tels des aiguilleurs, les voies sur lesquelles l'action est poussée par la dynamique de l'intérêt (voir *Sociologie des religions*, Gallimard, 1996, p. 332). Cette métaphore ne relie la dimension sociale (ou matérielle) à la dimension culturelle que de façon extérieure et contingente. Dans la mesure où la position qu'elle exprime reconnaît bien un aspect subjectif de la vie matérielle, elle le fait comme de nom-

position distingue la théorie social-historique de la subjectivité présentée ici, de ces tentatives de relier la pensée aux « conditions sociales » qui peuvent expliquer la fonction sociale et les conséquences sociales d'une forme de pensée particulière, mais qui ne peuvent pas fonder socialement la spécificité de cette pensée ni la relier intrinsèquement à son contexte. La théorie de Marx vise à le faire. De façon générale, elle ne traite la signification ni de façon matérialiste réductrice, en tant que reflet épiphénoménal d'une base matérielle physique, ni – évidemment – de façon idéaliste, en tant que sphère autofondée et complètement autonome. Elle cherche bien plutôt à saisir la société à l'aide de catégories qui lui permettent de traiter la structure de la signification comme un moment interne de la structure constituée et constituante des rapports sociaux[1].

---

breuses théories économiques : en identifiant cette dimension aux seules considérations d'intérêt. Par conséquent, ce qu'il conviendrait d'analyser comme une forme socio-historiquement constituée, spécifique, de la subjectivité (l'« intérêt ») est présupposé comme donné, tandis que d'autres formes de la subjectivité sont traitées de façon idéaliste. Cette incapacité à saisir le rapport interne entre les formes de subjectivité et les formes de rapports sociaux est liée à une approche qui ne saisit pas la vie matérielle en termes de formes déterminées par lesquelles la société se médiatise.

1. Dans *Les Formes élémentaires de la vie religieuse* (LGF, 1991), Émile Durkheim propose lui aussi une théorie de la connaissance qui tente de fonder socialement les catégories de la pensée. À partir de l'approche qui est la sienne, Durkheim parvient à montrer la force d'une théorie sociale de la connaissance qui questionne et change les termes des problèmes épistémologiques, tels qu'ils étaient formulés classiquement. Toutefois, indépendamment de ses aspects fonctionnalistes, la théorie de Durkheim s'intéresse plus à l'organisation sociale de la société qu'aux formes de médiation sociale – il manque donc à Durkheim une conception des catégories de la vie sociale telles qu'elles pourraient être à la fois des catégories de la subjectivité et de l'objectivité. L'approche de Durkheim est ambiguë en ce qui concerne le rapport entre le contexte social et la pensée : tout en critiquant les interprétations de la vie sociale faites sur la base des sciences de la nature (ces interprétations négligent le problème de la signification sociale), elle se révèle transhistorique et objectiviste. Quoique Durkheim pense que la science elle-même est enchâssée socialement, il ne traite pas la tendance de la science à concevoir toute la réalité en termes d'objet comme un système de signification déterminé. Il la prend bien plutôt pour une expression du développement évolutionniste de la société.

Il est possible de saisir les interprétations dualistes que Durkheim propose de la société d'après notre approche de Marx. Ses oppositions entre la société et l'individu, l'âme et le corps, le général abstrait et le particulier concret – par quoi seul le premier terme, abstrait, de chaque opposition est compris comme social – peuvent être interprétées comme des hypostases et des projections de la forme-marchandise.

CHAPITRE VI

La critique de Marx par Habermas

Sur la base de ce que j'ai développé jusqu'ici à propos de l'analyse catégorielle que Marx fait du travail dans la société capitaliste, de la différence entre valeur et richesse matérielle, et de la théorie socio-historique de la connaissance et de la subjectivité impliquée par cette analyse, je peux conclure mon étude de la trajectoire de la Théorie critique en examinant quelques aspects de la critique de Marx formulée par Jürgen Habermas. Cette critique fait partie de la tentative de Habermas de reconstruire une théorie sociale critique qui soit adéquate au capitalisme devenu postlibéral, tout en échappant au pessimisme de la Théorie critique analysé au chapitre III[1]. Cependant, comme je l'ai mentionné, cette critique de Marx que Habermas relie étroitement dans ses premiers essais à la distinction qu'il avait commencé à opérer entre travail et interaction[2] est faite à partir de plusieurs postulats de Pollock et Horkheimer. Habermas tente de dépasser les limites de leurs travaux en contestant le rôle constitutif central qu'ils donnent de façon marxiste traditionnelle au « travail » – mais il ne critique pas le concept même de « travail ». Bien que Habermas ait modifié son approche de la théorie sociale après cette première critique de

---

1. Voir Jürgen Habermas, *Connaissance et Intérêt*, Gallimard, 1976, pp. 94-97 ; *Communication and Evolution of Society*, 1979 ; *Théorie de l'agir communicationnel*, Fayard, 1987.

2. Voir Habermas, « Travail et interaction. Remarques sur *La Philosophie de l'esprit* de Hegel à Iéna » et « La technique et la science comme "idéologie" » dans le livre homonyme, Gallimard, 1973.

Marx, la compréhension traditionnelle du travail a continué de nourrir sa réflexion. Cela affaiblit à mon sens sa tentative de formuler une théorie sociale qui soit adéquate à la société moderne. Ce qui suit ne se veut pas une étude exhaustive des développements théoriques de Habermas ; il s'agit plutôt d'une tentative d'élargir ma première discussion des limites de toute critique sociale qui cherche à répondre à la nature changée du capitalisme contemporain tout en restant attachée à la conception traditionnelle du « travail » – même si, comme celle de Habermas, elle parvient à éviter le pessimisme fondamental de la Théorie critique.

La première critique de Marx par Habermas

L'une des principales préoccupations de Habermas dans ses premiers travaux est d'examiner la possibilité de la conscience critique dans le cadre d'une théorie se proposant de critiquer à la fois la nature technocratique du capitalisme postlibéral et la nature bureaucratique et répressive du « socialisme réellement existant ». Dans *Connaissance et Intérêt*, il aborde cette problématique par le biais d'une critique radicale de la connaissance. Selon Habermas, cette critique est nécessaire pour saper l'identification positiviste de la connaissance à la science – elle-même expression de, et facteur contribuant à l'organisation de plus en plus technocratique de la société – et pour montrer à l'inverse que la science ne devrait être comprise que comme l'un des modes de connaissance possibles[1]. Habermas estime que cette critique radicale de la connaissance n'est possible que sous la forme d'une théorie sociale et note que cette idée est déjà implicitement présente dans la théorie sociale de Marx[2]. Néanmoins, selon Habermas, Marx ne fonde pas cette critique adéquatement puisque, chez lui, l'autocompréhension méthodologique obscurcit la différence entre une science empirique rigoureuse et la critique. Pour cette raison, Marx n'a pas pu développer une théorie qui puisse contester la victoire du positivisme[3].

---

1. Habermas, *Connaissance et Intérêt*, pp. 35-37.
2. *Ibid.*, p. 31.
3. *Ibid.*, pp. 56, 95.

Ces idées, Habermas les développe dans le contexte de sa lecture de la critique de Kant par Hegel. Selon Habermas, Hegel, par cette critique, a ouvert la possibilité d'une critique radicale de la connaissance, critique qui se caractérise par l'autoréflexion[1]. Hegel reproche à l'épistémologie de Kant d'être prise dans un cercle vicieux – elle doit connaître la faculté de connaître avant de connaître – et met en lumière plusieurs présupposés non réfléchis, implicites, de cette épistémologie[2]. Ces présupposés consistent en un concept normatif de la science, en un sujet toujours déjà connaissant et en la distinction entre raison théorique et raison pratique. Selon Hegel, l'épistémologie n'est pas – et ne peut pas être – exempte de présupposés, comme le dit Kant, mais se fonde sur une conscience critique qui résulte d'un procès d'autoformation. La critique de la connaissance doit donc devenir consciente de son propre procès d'autoformation et savoir qu'elle est elle-même incorporée dans l'expérience de la réflexion comme un de ses éléments. Ce processus de réflexion se développe sous la forme d'un processus de négation déterminée où raison théorique et raison pratique ne font qu'un : les catégories de compréhension du monde et les normes de comportement sont en relation les unes avec les autres[3]. En soumettant les présupposés de l'épistémologie à l'autocritique, Hegel l'a radicalisée. Toutefois, selon Habermas, il ne va pas assez loin dans cette voie. Au lieu de radicaliser sans ambiguïté la critique de la connaissance, Hegel la nie abstraitement ; sur la base des présupposés de la philosophie de l'identité (du monde et du sujet connaissant) et du concept de savoir absolu qui lui est associé, il tente de dépasser la critique de la connaissance comme telle, et non de la transformer[4].

D'après Habermas, Marx ne partage pas les postulats de base de la philosophie de l'identité, car il affirme l'extériorité de la nature[5]. Marx était donc en position de développer une critique radicale de la connaissance – mais il a échoué. Pour Habermas, cet échec s'enracine dans les fondements philosophiques du matérialisme de

---

1. *Ibid.*, pp. 37, 51.
2. *Ibid.*, p. 39.
3. *Ibid.*, pp. 46-51.
4. *Ibid.*, pp. 41, 52, 55-56.
5. *Ibid.*, pp. 56, 65-66.

Marx, en particulier le rôle accordé au travail[1]. Habermas soutient que, dans la théorie sociale de Marx, le travail est une catégorie épistémologique en même temps qu'une catégorie de l'existence matérielle humaine ; le travail est non seulement un présupposé nécessaire à la reproduction de la vie sociale, mais, dans la mesure où il fait de la nature autour de nous une nature objective pour nous, il crée également « les conditions transcendantales de l'objectivité possible des objets de l'expérience »[2]. Ainsi, tout à la fois, le travail règle-t-il l'échange matériel avec la nature et constitue-t-il un monde : sa fonction est une fonction de synthèse.

Pour Habermas, l'idée marxienne de synthèse par le travail entraîne une transformation matérialiste de la philosophie du moi de Fichte selon laquelle le moi se construit dans l'acte même de la conscience de soi : le moi originaire pose le moi en posant un non-moi en opposition à lui-même[3]. Dans la théorie de Marx, le sujet travaillant fait face à un non-moi (le monde environnant) qui acquiert son identité par le travail. Le sujet acquiert donc sa propre identité en interagissant avec une nature qui est l'objet de son travail et du travail des générations précédentes. En ce sens, l'espèce humaine se pose elle-même en tant que sujet social dans le procès de production[4]. Par sa conception de l'autodéveloppement de l'humanité par le travail, Marx dévalue à la fois l'anthropologie philosophique et la philosophie transcendantale[5].

Habermas pense néanmoins que cette conception matérialiste de la synthèse ne permet pas une critique radicalisée de la connaissance[6]. En effet, si la synthèse s'accomplit au moyen du travail, alors le substrat dans lequel ses résultats se traduisent n'est pas une connexion de symboles mais le système du travail social[7]. Et, selon Habermas, le travail est un agir instrumental. D'où il résulte que le concept de synthèse par le travail social conduit à une théorie instrumentaliste de la connaissance : la condition de possibilité de

---

1. *Ibid.*, p. 75.
2. *Ibid.*, p. 60.
3. *Ibid.*, pp. 70-71.
4. *Ibid.*, pp. 71-72.
5. *Ibid.*, pp. 60-61.
6. *Ibid.*, p. 75.
7. *Ibid.*, p. 63.

l'objectivité de la connaissance fondée sur les sciences de la nature s'enracine dans le travail. Or il se trouve que l'expérience phénoménologique, l'autoréflexion donc, existent dans une autre dimension, celle de l'interaction symbolique[1]. Habermas déclare que Marx inclut bien cette dimension sociale – qui est celle des rapports de production – dans ses « recherches matérielles »[2], mais qu'au niveau catégoriel, dans le cadre de référence philosophique qui est celui de Marx, l'action auto-engendrante de l'espèce humaine se réduit au travail[3]. D'après Habermas, Marx conçoit le processus de réflexion selon le modèle de la production et, partant, réduit ce processus à l'action instrumentale. Il élimine ainsi la réflexion comme force motrice de l'histoire – car, dans cette théorie matérialiste, le sujet, en faisant face au non-moi, ne fait pas seulement face à un produit du moi, mais aussi en partie à la contingence de la nature[4]. En conséquence, l'acte d'appropriation, tel que Marx le conçoit, n'est pas identique à la réintégration réflexive d'une part antérieurement extériorisée du sujet lui-même. Conséquence de l'idée de synthèse par le travail social : la possibilité d'une critique radicale de la connaissance est sapée ; or le statut logique des sciences de la nature ne se distingue pas de cette critique[5].

Habermas soutient que ce type de conception matérialiste de la synthèse conduit à la théorie sociale en tant que connaissance techniquement exploitable et qu'elle sert par conséquent de soutien à l'ingénierie sociale et au contrôle technocratique[6]. Citant un long passage des *Grundrisse*[7] qui traite de l'émancipation de l'humanité par rapport au travail aliéné sur la base de la transformation du procès de travail en un procès scientifique, Habermas affirme que cette position suggère à la fois que l'histoire de l'espèce se construit seulement par la synthèse qui se fait à travers le travail social, et que le développement de la technologie et des sciences de la nature

---

1. *Ibid.*, pp. 67-68, 75.

2. « Recherches matérielles », c'est-à-dire les recherches qui portent sur les aspects les plus concrets du capitalisme, par opposition aux recherches catégorielles. (N.d.T.)

3. *Ibid.*, p. 75.

4. *Ibid.*, p. 77.

5. *Ibid.*

6. *Ibid.*, pp. 79-80.

7. Marx, *Grundrisse*, t. II, pp. 193-194 ; cité partiellement ici au chap. I, « Repenser la critique marxienne du capitalisme », p. 46

se transpose automatiquement dans la conscience de soi du sujet social. Elle réalise la fiction du jeune Marx : l'idée que les sciences de la nature subsument les sciences de l'homme, et réciproquement [1]. En d'autres termes, Habermas pense que la théorie marxienne de la synthèse sociale à travers le travail ne fournit pas une base adéquate pour critiquer un monde caractérisé par la domination technocratique, l'ingénierie sociale et la bureaucratisation – c'est-à-dire que la théorie de Marx est effectivement telle qu'elle peut être utilisée (et qu'elle a été utilisée) à de semblables fins.

Pour Habermas, le moyen de sortir de cette impasse, c'est de reconstruire l'histoire de l'espèce humaine en pensant son auto-constitution dans une double perspective, celle du travail et celle de l'interaction [2]. Le problème avec la tentative marxienne de saisir les deux à l'aide de la dialectique des forces productives et des rapports de production (c'est-à-dire en fonction de la seule sphère du travail), c'est que le cadre institutionnel qui résiste à une nouvelle phase de réflexion n'est pas directement la conséquence d'un procès de travail, mais la conséquence d'un rapport de forces sociales, la conséquence de la domination de classe [3]. D'après Habermas, la théorie marxienne de la synthèse sociale par le travail fait tomber la sphère de l'interaction dans celle du travail, sapant ainsi la possibilité de la conscience critique et donc de l'émancipation. Aussi Habermas propose-t-il une reconstruction historique fondée sur une théorie de deux formes de synthèse sociale : la synthèse par le travail (c'est-à-dire l'agir instrumental), par quoi la réalité est interprétée au niveau technique, et la synthèse par la lutte (en tant que forme institutionnalisée de l'interaction), par quoi la réalité est interprétée au niveau pratique [4]. Selon Habermas, la synthèse par le travail, et seulement lui, mène historiquement à l'organisation de la société en tant qu'automate, alors que la synthèse par l'interaction permet une société émancipée, qu'il décrit sous la forme d'une organisation sociale conduite à partir de décisions prises lors de débats exempts de domination [5]. La sphère de l'interaction rend possible la critique et l'émancipation.

---

1. Habermas, *Connaissance et Intérêt*, p. 83.
2. *Ibid.*, pp. 94, 96.
3. *Ibid.*, pp. 89.
4. *Ibid.*, pp. 89.
5. *Ibid.*

La reconstruction de l'histoire de l'espèce proposée par Habermas doit être regardée comme une tentative d'échapper au pessimisme fondamental de la Théorie critique et de rétablir la possibilité d'une critique émancipatrice de la société actuelle, et cela de deux manières : en critiquant l'idée de synthèse par le travail et en la complétant avec l'idée de synthèse par l'interaction. Cependant, à la lumière de mon analyse, il apparaît que la critique que fait Habermas de la conception marxienne de synthèse par le travail repose sur une compréhension du travail comme travail concret en soi, c'est-à-dire comme « travail ». Une telle critique ne prend pas en compte l'analyse marxienne du double caractère du travail. Étant donné ce présupposé traditionnel, il n'est guère surprenant que les passages que Habermas cite pour présenter la position de Marx soient pris dans les écrits de jeunesse (où Marx utilise un concept transhistorique de « travail ») ou encore dans une section du livre I du *Capital* où Marx décrit les éléments matériels du procès de travail en termes transhistoriques[1]. Or, comme nous le verrons dans la troisième partie, ces derniers passages devraient être lus à la lumière de la stratégie d'exposition de Marx. Marx, à partir de la description transhistorique, indéterminée, du procès de travail que cite Habermas, consacre la majeure partie du livre I à montrer que tous les termes de cette description sont inversés sous le capitalisme. Marx démontre du même coup que la production sous le capitalisme *ne saurait* être comprise en termes transhistoriques, c'est-à-dire en termes d'interaction entre les hommes et la nature, parce que la forme et le but du procès de travail sont façonnés par le travail abstrait, c'est-à-dire par le procès de création de survaleur[2]. Autrement dit, l'analyse marxienne du travail et de la production sous le capitalisme ne peut pas être interprétée adéquatement dès lors qu'elle est comprise dans ces termes transhistoriques mêmes dont Marx montre qu'ils ne valent pas pour la société capitaliste.

J'ai expliqué que Marx présente effectivement dans ses écrits de maturité une théorie de la synthèse sociale par le travail, mais comme base d'une analyse de la *spécificité* des formes sociales de la société capitaliste. Le travail que Marx analyse ne régit pas seulement l'échange matériel avec la nature, comme c'est le cas dans

---

1. *Ibid.*, pp. 57-61.
2. Marx, *Le Capital*, livre I, pp. 199-567.

toutes les formations sociales, il constitue aussi les rapports sociaux qui caractérisent le capitalisme. C'est en raison de son double caractère particulier que le travail sous le capitalisme – *et non* le « travail » – sous-tend une dialectique des forces productives et des rapports de production[1]. Le monde constitué par ce travail n'est pas seulement l'environnement matériel, formé par le travail concret, mais aussi le monde social. D'où il résulte que, pour revenir au modèle fichtéen décrit plus haut, le non-moi posé par le travail abstrait est effectivement un produit du moi : c'est une structure de rapports sociaux aliénés. Contrairement à la distinction qu'opère Habermas entre le niveau catégoriel des écrits de Marx et celui de ses « recherches matérielles », le niveau catégoriel, dans la critique du Marx de la maturité, n'est pas celui du « travail », mais celui de la marchandise, du travail abstrait, de la valeur, etc. – c'est-à-dire les formes des rapports sociaux médiatisées par le travail. En tant que tel, ce premier niveau incorpore bien la dimension d'interaction que Habermas prétend n'être incluse que dans les « recherches matérielles » de Marx.

Comme je l'ai dit, Marx ne réduit pas la pratique sociale au travail et ne pose pas l'activité productive en tant que paradigme de l'interaction. En réalité, il analyse comment ce qui peut être deux dimensions de la vie sociale dans d'autres sociétés est amalgamé sous le capitalisme, dans la mesure où l'une et l'autre dimensions sont médiatisées par le travail. Sur cette base, il spécifie les formes de rapports sociaux et de conscience dans la société capitaliste et analyse la logique interne de développement de cette société. Or Habermas, comme je le montrerai rapidement, part du concept transhistorique de « travail » et oublie la conception marxienne de la spécificité des formes de richesse, de production et de rapports sociaux sous le capitalisme ; il comprend également de façon erronée la théorie socio-historique de la connaissance chez Marx. La question n'est pas simplement de savoir si Habermas est « juste » à

---

1. Dans une longue note de bas de page (*Connaissance et Intérêt*, pp. 86-88, n. 13), Habermas critique Marx parce qu'il s'efforce d'analyser l'« activité productive » et les « rapports de production » comme des aspects différents d'un même processus. Mais Habermas considère ce processus uniquement en termes de « travail », et non en termes de spécificité socialement constitutive du travail sous le capitalisme.

l'égard de Marx ; elle est de savoir si une théorie critique est adéquate à son objet. Si le processus de constitution sociale par le travail caractérise effectivement bien le capitalisme, alors projeter ce mode de constitution transhistoriquement (comme le fait le marxisme traditionnel) ou le remplacer par un schéma, tout aussi transhistorique, de l'existence de deux sphères interdépendantes mais séparées (travail et interaction, agir instrumental et agir communicationnel), c'est obscurcir la spécificité du travail déterminé par la marchandise et, partant, ce qui caractérise le capitalisme. Plus généralement, les implications méthodologiques et épistémologiques de l'analyse catégorielle que Marx fait du capitalisme mettent à mal toute tentative de développer une théorie sociale fondée sur un ensemble de catégories censées être applicables à toute l'histoire de l'espèce humaine.

Commençons par mettre en lumière les différences entre les deux approches en examinant la façon dont Habermas traite la catégorie de valeur. Lorsqu'il étudie les implications des changements technologiques dans l'un de ses premiers essais, Habermas, relayant en partie Joan Robinson, assimile la valeur à la richesse matérielle[1]. Il vaut la peine d'examiner ses arguments plus attentivement, car ils font référence aux sections des *Grundrisse* que j'ai étudiées au chapitre I. Rappelons que, dans les *Grundrisse* (comme dans *Le Capital*), Marx ne s'occupe pas de la valeur comme catégorie de la richesse en général ou en fonction d'un marché autorégulateur quasi automatique, mais comme l'essence d'un mode de production dont « la condition est – *et demeure* – la masse de temps de travail immédiat, le quantum de travail employé comme facteur décisif de la production de la richesse »[2]. Avec le développement du capitalisme industriel et la croissance rapide de la productivité, la richesse matérielle est de plus en plus fonction du niveau général de la science et de son application à la production, et non de la quantité de temps de travail et, partant, de travail humain immédiat employé[3]. Pour Marx, la différence entre richesse matérielle et valeur devient une opposition de plus en plus aiguë, parce que la

---

1. Habermas, « Entre science et philosophie : le marxisme comme critique » *in Théorie et pratique*, t. II, Payot, 1975, pp. 32-43.
2. *Grundrisse*, t. II, p. 192 (c'est moi qui souligne).
3. *Ibid.*

valeur reste la détermination essentielle de la richesse sous le capitalisme, alors même que la richesse matérielle est toujours moins fonction de la dépense de travail humain immédiat. Le travail humain immédiat est donc conservé comme base de la production et se fragmente toujours plus, bien qu'il soit devenu « superflu » par rapport au potentiel des forces productives existantes[1]. L'immense augmentation de la productivité sous le capitalisme n'aboutit donc pas à une réduction correspondante du temps de travail et à une transformation positive de la nature du travail. La contradiction principale du capitalisme, ainsi considérée, est fondée dans le fait que tant la forme des rapports sociaux et de la richesse que la forme concrète du mode de production restent déterminées par la valeur, alors même que ces formes sont anachroniques par rapport au potentiel créateur de richesse matérielle qui est celui du système. En d'autres termes, l'ordre social médiatisé par la forme-marchandise engendre, d'un côté, la possibilité historique de sa propre négation déterminée : une forme différente de médiation sociale, une autre forme de richesse et un nouveau mode de production qui ne serait plus fondé sur le travail humain immédiat fragmenté en tant qu'élément essentiel du procès de production. D'un autre côté, cette possibilité ne se réalise pas automatiquement ; l'ordre social reste fondé sur la valeur.

Or Habermas, dans son essai, interprète ces passages des *Grundrisse* de façon erronée, comme si Marx envisageait « l'évolution scientifique des forces productives techniques comme une source possible de valeur »[2]. Il fonde son argumentation sur la citation de Marx suivante : « Cependant, à mesure que se développe la grande industrie, la création de la richesse réelle dépend moins du temps de travail et du quantum de travail employé comme facteur décisif de la production de la richesse »[3]. Dans ce passage, Marx oppose clairement le potentiel producteur de *richesse réelle* des forces productives développées sous le capitalisme à la forme-*valeur* de la richesse qui continue à dépendre du temps de travail direct. Mais Habermas ne comprend pas ce point puisqu'il affirme que Marx cherche à donner une nouvelle détermination à la *valeur* – une

---

1. *Ibid.*, t. II, pp. 193-194.
2. Habermas, « Entre science et philosophie », p. 36.
3. *Grundrisse*, t. II, p. 192.

valeur qui ne serait plus fondée sur le travail humain immédiat. En conséquence, il dit que Marx a ensuite abandonné cette idée « révisionniste » et qu'elle n'a pas été intégrée à la version définitive de la théorie de la valeur-travail[1]. Pour tenter de « sauver » la théorie de la valeur et de la rendre adéquate aux conditions de la technologie moderne, Habermas suggère que le terme de valeur, lorsqu'il désigne le capital constant (machinerie, etc.), soit remplacé afin de prendre en compte le « progrès des connaissances techniques » qui entre dans sa création[2].

En d'autres termes, Habermas ne saisit pas la distinction que Marx établit entre valeur et richesse matérielle et, partant, entre les dimensions abstraite et concrète du travail producteur de marchandises. Habermas pense que la théorie de la valeur-travail de Marx est la même que celle de l'économie politique classique : une explication de la richesse sociale en général. Habermas soutient donc que la théorie de la valeur-travail ne valait que pour la phase de développement des forces productives techniques, quand la création de richesse réelle dépendait vraiment d'abord du temps de travail et de la quantité de travail employé. Avec l'essor de la technologie hautement développée, la valeur se fonde de plus en plus sur la science et la technologie, et non sur le travail humain immédiat[3]. Habermas, à la différence de ces positions qui font du travail la source transhistorique de la richesse, reconnaît les potentiels créateurs de *richesse* de la science et de la technologie, et leur importance croissante pour la vie sociale actuelle. Toutefois, il pense qu'elles constituent une nouvelle base de la *valeur* et confond par là même ce que Marx avait distingué.

Cet amalgame empêche Habermas de comprendre la conception que Marx a de la contradiction du capitalisme comme contradiction prenant naissance dans la production capitaliste du fait de la disjonction croissante entre valeur et richesse[4]. Comme je le montrerai,

---

1. Habermas, « Entre science et philosophie », p. 36.

2. *Ibid.*, p. 35.

3. *Ibid.*, p. 38.

4. Wolfgang Müller commence par une critique très semblable de l'interprétation que Habermas donne des passages des *Grundrisse* en question et de son interprétation de la catégorie de valeur. Voir « Habermas und die "Anwendbarkeit" der "Arbeitswerttheorie" », *Sozialistische Politik* n° 1 (avril 1969), pp. 39-54. Pourtant, après son exposé sur la différence entre valeur et richesse matérielle et sur l'apparition de leur contradiction, Müller rompt avec la logique de sa propre

la dialectique marxienne de la production est socialement déterminée et contradictoire, elle s'enracine dans le double caractère des formes sociales fondamentales du capitalisme. Or Habermas interprète les passages des *Grundrisse* que je viens de citer comme s'ils exprimaient une transformation évolutionniste du fondement de la valeur[1]. D'après lui, la théorie de la valeur-travail vaut seulement pour un stade donné du développement technique : au-delà, elle perd toute pertinence et devrait être remplacée par une « théorie de la valeur-science et technologie ». L'idée de Habermas selon laquelle la base de la « valeur » se change en technologie implique nécessairement une conception linéaire du cours de la production capitaliste, sans contradictions ni limites internes. Dans la critique de l'économie politique, Marx cherche à fonder et à expliquer le cours dialectique du développement capitaliste en fonction de la nature des formes sociales qui lui sont sous-jacentes, alors que Habermas recourt à une conception fondamentalement évolutionniste, à la notion d'un développement transhistorique, linéaire, de la production (et de l'interaction), qu'il ne fonde pas socialement.

Par cette approche, Habermas présente une tentative de critiquer les importants changements survenus dans le capitalisme moderne. Mais, par rapport à l'analyse de Marx, une théorie fondée sur l'identification de la valeur à la richesse en général (et sur la conception

---

analyse. Il ne réexamine pas la critique marxienne à la lumière de cette contradiction ; bien plutôt, dans son analyse de la RDA, Müller rallie la position marxiste traditionnelle. Il caractérise le capitalisme comme un système où « la *socialisation* du travail [...] reste subsumée sous les formes de l'appropriation *privée* » (p. 50). En d'autres termes, sa critique de Habermas ne le conduit pas à placer le travail au cœur de la critique du capitalisme ; il y place au contraire la propriété privée (et le marché). Or une telle position implique une conception du « travail » par rapport à laquelle toute critique de Habermas – comme de Pollock – s'avère finalement inadéquate en ce qu'elle ignore la spécificité du travail producteur de marchandises. Pour d'autres critiques de la compréhension habermassienne de Marx, voir : Rick Roderick, *Habermas and the Foundations of Critical Theory*, 1986 ; Ron Eyerman et David Shipway, « Habermas on Work and Culture », *Theory and Society* 10, n° 4 (juillet 1981) ; Anthony Giddens, « Labour and Interaction » *in* John B. Thompson et David Held (dir.), *Habermas : Critical Debates*, 1982 ; John Keane, « Habermas on Work and Interaction », *New German Critique* n° 6 (automne 1975) ; et Richard Winfield, « The Dilemmas of Labor », *Telos* n° 24 (été 1975).

1. Habermas, « Entre science et philosophie », pp. 38-39.

évolutionniste, linéaire, du développement qu'elle implique) ne saisit pas adéquatement la spécificité de la production capitaliste contemporaine et le cours de son développement. Le problème général dont il s'agit ici (nous y reviendrons dans les chapitres suivants), c'est la formulation d'une théorie qui puisse rendre justice aux transformations majeures dans la société moderne au XXe siècle et à son identité persistante en tant que capitalisme. Selon moi, ni une « théorie de la richesse-travail » ni une « théorie de la valeur-science et technologie » ne fournissent la base d'une théorie capable d'analyser adéquatement ces deux moments.

La conception évolutionniste du développement qui est celle de Habermas est l'expression d'un renversement fondamental de l'analyse de Marx. Pour Marx, la valeur est une catégorie sociale historiquement spécifique qui exprime les rapports sociaux essentiels du capitalisme, une catégorie grâce à laquelle les formes de production et de subjectivité de cette formation sociale et son développement historique dynamique peuvent être compris. Habermas, quant à lui, comprend la catégorie de valeur comme une catégorie technique, transhistorique, quasi naturelle, de la richesse et soutient que, dans l'analyse de Marx, le taux de survaleur est une « grandeur naturelle préétablie », un « fait naturel »[1] – la base de ce taux exprime simplement le niveau technique atteint par la production. Bien que, dans d'autres ouvrages, Habermas ne traite pas toujours la valeur comme une catégorie transhistorique de richesse, mais parfois comme une catégorie historiquement spécifique du marché[2], il ne la saisit pas comme une forme spécifique de richesse et de rapports sociaux et ne la considère pas en fonction de la spécificité du travail sous le capitalisme. Il la traite bien plutôt soit comme richesse en général, soit comme forme spécifique de distribution de la richesse. Cette position renvoie bien sûr intrinsèquement à une compréhension de la catégorie de travail dans l'analyse de Marx en tant que travail concret en général, en tant qu'activité technique qui médiatise le rapport entre les hommes et la nature. L'interprétation erronée que Habermas donne de l'analyse marxienne de la valeur et du travail déterminé par la marchandise renforce, et est cohérente avec son incapacité à développer une conception de la forme sociale de

---

1. *Ibid.*, pp. 36, 38-40.
2. Voir, par exemple, « La technique et la science », pp. 35-37.

la production et de la technologie et, partant, une critique du procès de production sous le capitalisme. Au lieu de cela, Habermas considère la forme et le développement de la production et de la technologie en termes techniques et évolutionnistes et rejette comme romantiques toute tentative de les spécifier socialement[1].

La façon dont Habermas traite les passages des *Grundrisse* que j'ai étudiés au chapitre I illustre l'identification qu'il fait entre sa propre vision du travail comme activité productive et l'analyse marxienne des rapports sociaux médiatisés par le travail. Comme je l'ai montré, il interprète de façon erronée, en tant que développement évolutionniste, la contradiction que Marx montre entre la production fondée sur la valeur et la forme de production qui pourrait exister si la valeur, elle, n'existait pas. De plus, Habermas interprète ces passages comme s'ils signifiaient que la transformation de la science en machinerie conduit automatiquement à la libération d'un Sujet général conscient de soi[2]. En d'autres termes, il attribue à Marx une conception de l'émancipation en tant que conséquence technique quasi automatique du développement linéaire de la production matérielle. Dans l'un de ses premiers essais, « Travail et Interaction », Habermas mettait déjà en question ce type de vision technocratique de l'émancipation sociale : « La *libération de la faim et de la misère* ne coïncide pas nécessairement avec la *libération de la servitude et de l'humiliation*, car l'évolution du travail et celle de l'interaction ne sont pas automatiquement liées »[3].

---

1. Voir *Connaissance et Intérêt*, p. 95 ; « La technique et la science », pp. 4-19. Dans le deuxième texte, Habermas rejette la position de Marcuse selon laquelle la rationalité de la science et de la technologie incorpore un *a priori* historique et, partant, transitoire. Il affirme à l'inverse qu'elles suivent les lois invariantes de la logique et de l'action contrôlée par le *feedback*. Les arguments avancés par Habermas sont toutefois loin d'être convaincants. Il dit de façon contestable que l'idée avancée par Marcuse d'une autre science et d'une autre technologie est liée à une idée de communication avec une nature ressuscitée. Plus significatif : Habermas suggère que toute critique de la science et de la technologie existantes entraîne nécessairement ce type de conception romantique, ce qui n'est aucunement le cas. L'analyse marxienne des déterminations sociales du procès de production capitaliste et la théorie socio-historique de la connaissance qu'elle implique ne sont certainement pas romantiques. Habermas ignore lui-même simplement le problème des déterminations socioculturelles de la production et des conceptions de la nature.

2. Habermas, *Connaissance et Intérêt*, p. 83.

3. Habermas, « Travail et interaction », p. 211.

Pour Habermas, dépasser les seuls besoins matériels n'est pas une condition suffisante pour se libérer de la domination – le développement de la production, et d'elle seule, ne conduit donc pas automatiquement à l'émancipation, même quand elle est utilisée pour libérer les hommes de la privation matérielle. Comme nous l'avons vu, selon Habermas, le point d'aboutissement logique du développement du travail, c'est bien plutôt la société comme automate, la société technocratiquement administrée. À cause de cette interprétation de la nature et des conséquences de la synthèse sociale par le travail, Habermas considère la distinction faite par Marx dans les *Grundrisse* entre, d'un côté, le contrôle autoconscient de la vie sociale par les producteurs associés et, de l'autre, la régulation automatique du procès de production devenu indépendant des producteurs, comme l'expression d'une autre position de Marx qui n'est pas en accord avec la centralité analytique que Marx donne au travail[1].

Or, contrairement à l'interprétation proposée par Habermas, la distinction entre la régulation autoconsciente et la régulation automatique de la société s'accorde parfaitement tant avec l'analyse que propose Marx de la forme de constitution sociale effectuée par le travail déterminé par la marchandise, qu'avec sa description de la contradiction croissante entre la production qui reste fondée sur la valeur et le potentiel de ses propres résultats. J'ai montré que la critique de Marx est très largement dirigée contre la régulation automatique de la production et de la société. Toutefois, pour Marx, cette régulation ne s'enracine pas dans la production en soi ; elle ne dépend pas du travail en tant que tel. Elle dépend bien plutôt de formes sociales spécifiques : la forme-valeur de la richesse et le travail déterminé par la marchandise. Dans la troisième partie, nous verrons comment Marx analyse également le caractère directionnel du capitalisme et son mode de production en termes de forme de régulation abstraite et automatique – il montre que, dans cette société, le cours du développement de la production n'est pas technique et linéaire mais social et dialectique. Selon Marx, la science et la technologie sont enchâssées dans un mode de production déterminé par la valeur, qu'elles renforcent et contredisent tout

---

1. Habermas, *Connaissance et Intérêt*, p. 83.

à la fois : elles ne se transposent pas automatiquement dans la conscience de soi du sujet social.

Chez Marx, la constitution sociale par le travail n'est donc pas transhistorique, elle est au contraire un mode historiquement spécifique sous-jacent à la régulation automatique de la vie sociale sous le capitalisme. Cette forme de constitution sociale est l'objet et non le point de vue de la critique marxienne. Il s'ensuit que l'émancipation ne requiert pas la *réalisation* mais le *dépassement* des implications de ce mode de constitution sociale. Dépasser la contradiction montrée dans les *Grundrisse* ne signifie pas s'émanciper seulement de la faim et du dur labeur : dépasser les rapports de production capitalistes, tels qu'ils sont exprimés par les catégories de valeur et de capital, signifie aussi dépasser la régulation automatique de la société. Quoique le dépassement de la domination abstraite puisse ne pas être une condition suffisante pour établir le contrôle auto-conscient de la vie sociale, ce dépassement est bien une condition nécessaire à la réalisation d'une telle autodétermination sociale. L'analyse marxienne du procès historiquement spécifique de consti-tution sociale par le travail implique donc une critique de cela même que la théorie de Marx, selon Habermas, affirmerait.

La critique de Marx par Habermas est une critique de la concep-tion marxiste traditionnelle de la constitution sociale par le travail, faite d'un point de vue qui partage certains des présupposés tradi-tionnels[1]. Habermas vise à développer une conception de l'émanci-pation en termes de libération des hommes de la privation matérielle et d'établissement du contrôle autoconscient de la vie sociale et politique par le peuple – et cela en nette opposition à toute conception technocratique. Pourtant, comme Habermas ne parvient pas à distinguer entre une forme sociale historiquement spécifique – le travail déterminé par la marchandise – et le travail au sens transhistorique, en tant qu'activité productive, il se révèle,

---

1. Pour un exemple explicite de ces postulats, voir « La technique et la science » (p. 29) où Habermas décrit le capitalisme comme ayant engendré un mode de production « qui a pu ensuite se détacher du cadre institutionnel du même capitalisme et être rattaché à d'autres mécanismes que celui de la mise en valeur privée du capital ». En d'autres termes, il considère le procès de production sous le capitalisme comme un procès technique et voit les rapports de production comme exogènes au procès de production, c'est-à-dire comme propriété privée.

selon moi, moins apte que Marx à fonder l'« automatisme » de la vie moderne et, partant, les conditions de son possible dépassement.

Le travail sous le capitalisme peut bien être une forme d'agir instrumental, comme le pense Habermas, mais non pas parce qu'il est une activité productive. Il se peut très bien que, dans toutes les sociétés, les divers travaux et leurs outils puissent, quelles que soient leurs autres significations, être aussi considérés comme des moyens techniques en vue d'accomplir des fins données, cela ne constitue toutefois pas la base de la raison instrumentale : il n'existe aucune corrélation nécessaire entre le degré de perfection technique atteint dans les diverses sociétés et l'existence et le pouvoir de ce qu'on appelle la « raison instrumentale ». Le caractère du travail n'est pas donné transhistoriquement, il dépend des rapports sociaux dans lesquels le travail est enchâssé. Nous avons vu que, dans le cadre de l'analyse de Marx, c'est la qualité automédiatisante du travail sous le capitalisme qui confère un caractère instrumental au travail et qui communique une nature objective aux rapports sociaux caractérisant cette société. Cette approche, à la différence de celles de Horkheimer et de Habermas, explique le caractère technique et orienté par les moyens qui est propre à la raison et à l'agir instrumentaux en termes socio-historiques, et non en tant que conséquence du développement de la production compris en termes techniques.

Les déterminations problématiques du technique et du social, dans les premiers travaux de Habermas, sont liées à son traitement transhistorique du travail et mettent en lumière ce qui a toujours été un paradoxe du marxisme traditionnel. D'un côté, Habermas aborde le travail en tant que « travail » et ne comprend pas l'analyse marxienne de la spécificité historique du travail sous le capitalisme. Son approche du travail et de la production l'oblige à traiter comme technique et socialement indéterminé ce qui, pour Marx, est (mais paraît ne pas être) socialement déterminé et déterminant sous le capitalisme. D'un autre côté, Habermas conserve le concept de travail en tant que socialement synthétique (même s'il en limite la portée en lui ajoutant le concept d'interaction). En conséquence, il est conduit à attribuer au travail en soi, à une activité supposée technique, des propriétés que le travail sous le capitalisme possède, selon Marx, du fait de sa fonction sociale historiquement spécifique et qui ne sont pas toujours et partout des propriétés de l'activité de travail. En d'autres termes, Habermas hypostasie de façon transhistorique le caractère aliéné du travail sous le capitalisme comme un attribut du travail en soi. En conséquence, sa compréhension des rapports de production sous le capitalisme se trouve gravement sous-spécifiée, car elle manque précisément ce qui fait leur moment caractéristique essentiel – leur caractère objectif et aliéné – qu'il attribue au « travail » en le voyant comme agir instrumental.

Attribuer l'instrumentalité au travail en et pour soi, c'est naturaliser ce qui est socialement constitué et projeter transhistoriquement ce qui est historiquement déterminé. En langage marxien, c'est succomber à l'apparence du fétiche que d'attribuer une qualité de la dimension de valeur des formes sociales du capitalisme – qualité abstraite – à leur dimension de valeur d'usage, concrète, rendant du même coup opaque leur spécificité socio-historique. Le problème n'est pas seulement de savoir si le travail, toujours et partout, est agir instrumental, mais de savoir si la raison et l'agir instrumentaux doivent être considérées transhistoriquement, sans se soucier de la façon dont ils se constituent, plutôt que comme des expressions d'une forme particulière de vie sociale[1].

À la différence des versions plus orthodoxes du marxisme, l'approche de Habermas et la théorie de Marx ont ceci en commun qu'elles critiquent les conséquences de la synthèse sociale par le travail. Mais, comme la conception marxienne de la synthèse par le travail est historiquement spécifique, elle désigne des conséquences très différentes de celles que Habermas lui attribue ; et permet par exemple une analyse de la croissance de la raison et de l'agir instrumentaux ou de la régulation quasi automatique de la société capitaliste plus satisfaisantes que celles proposées par Habermas dans sa première critique. Elle cherche à mettre en lumière ces développements d'après la spécificité des formes sociales capitalistes, et non

---

1. Le fait que, plus récemment, Habermas se soit référé au travail social comme à une combinaison d'agir communicationnel et d'agir instrumental n'infirme pas cette critique de la nature transhistorique de sa conception de la raison et de l'agir instrumentaux – qu'ils s'enracinent dans le « travail » ou non. Voir Habermas, « A Reply to my Critics » *in* Thompson et Helds (dir.), *Habermas : Critical Debates*, pp. 267-268. Il est de plus nécessaire de distinguer entre une conception de la raison et de l'agir instrumentaux comme formes historiquement spécifiques et comme formes transhistoriques, mais socialement dominantes dans le seul capitalisme moderne.

d'après des catégories socialement indéterminées supposées décrire les interactions des hommes entre eux et avec la nature dans toutes les sociétés et à toutes les époques.

Une approche transhistorique tend aussi à ne pas distinguer entre le travail en tant que socialement constitutif et en tant qu'individuellement autoconstitutif. Ainsi certaines formes orthodoxes du marxisme traditionnel jugent-elles les deux positivement : pour elles, le socialisme est une société où la constitution sociale par le travail fonctionne ouvertement et coïncide avec l'autoconstitution individuelle par le travail. Cependant, le jugement négatif que Habermas porte sur les effets de la constitution sociale par le travail – parce que ce jugement a lui aussi un caractère transhistorique – ne donne implicitement au travail individuel aucune possibilité d'être créatif, d'être positivement autoréflexif. Or, lorsque la synthèse sociale par le travail est conçue comme historiquement spécifique, ces deux moments peuvent être séparés. Nous avons vu que, pour Marx, dépasser le capitalisme entraînerait l'abolition de la valeur et permettrait une transformation radicale du travail social. Cela semble indiquer que le travail individuel pourrait être beaucoup plus positivement autoconstituant dès lors que le travail ne fonctionnerait plus comme activité socialement constituante. De plus, contrairement à la position orthodoxe comme à la position de Habermas, cette interprétation n'évalue ni comme unilatéralement positives ni comme unilatéralement négatives les conséquences du mode de constitution sociale effectué par le travail ; ainsi que je l'ai souligné dans mon analyse de l'aliénation, ces conséquences ont en réalité un double aspect.

Enfin, l'interprétation erronée que Habermas donne de la spécificité historique de la forme-travail dans la critique marxienne de l'économie politique a de profondes implications sur l'examen de la dimension épistémologique de cette théorie. Habermas fait grief à Marx de ne pas suffisamment distinguer entre sciences de la nature et théorie sociale. Il en donne pour preuve l'affirmation de Marx selon laquelle ce dernier a mis au jour les lois économiques de mouvement du capitalisme en tant que loi naturelle opérant indépendamment de la volonté humaine[1]. Or cette affirmation, de la part de Marx, n'indique pas qu'il pense que la société humaine

---

1. Habermas, *Connaissance et Intérêt*, pp. 78-79.

comme telle suive des lois quasi naturelles. Cela reflète bien plutôt son analyse de la formation *capitaliste* comme gouvernée par de telles lois parce que ses rapports sociaux fondamentaux sont aliénés : ils sont objectivés, ils ont une « vie propre » et exercent un type de contrainte quasi naturelle sur les individus. Mais Habermas n'interprète pas la phrase de Marx comme se rapportant à une domination abstraite historiquement spécifique au capitalisme – par exemple, au procès d'accumulation du capital qui révolutionne en permanence tous les aspects de la vie sociale à l'échelle planétaire, procès qui est effectivement indépendant de la volonté individuelle. Pour Habermas, la phrase de Marx exprime la position transhistorique selon laquelle les sciences sociales et les sciences de la nature sont essentiellement identiques.

La position de Marx implique pourtant un rapport entre les sciences de la nature et la société fort différent de celui que Habermas lui attribue. Loin de considérer les sciences de la nature comme l'unique modèle de connaissance (y compris de connaissance de la société), elle implique une théorie historique de toutes les formes de connaissance (y compris les sciences de la nature). L'analyse catégorielle que Marx fait des rapports sociaux capitalistes en tant que médiatisés par le travail n'implique pas que cette société soit comme la nature [1], mais qu'il existe une similarité entre ces formes de rapports sociaux et les formes modernes de pensée – sciences de la nature incluses [2]. La théorie marxienne du fétiche ne se borne pas à démasquer la légitimation du pouvoir dans la société bourgeoise, comme le voudrait Habermas [3] ; elle est bien plutôt une théorie sociale de la subjectivité, qui relie les formes de conscience aux formes manifestes de rapports sociaux dans une société où le travail se médiatise lui-même et par là même constitue tant les rapports des hommes entre eux que les rapports des hommes avec la nature. Si la critique marxienne de l'économie politique ne sépare

---

1. *Ibid.*, p. 79.

2. Pour une indication explicite que Marx interprète bien la pensée des sciences de la nature en termes de formes de rapports sociaux et non pas en termes d'interaction entre le travail social concret et la nature, se reporter au *Capital* (livre I, p. 438, n. 111) où il évoque Descartes qui voit « avec les yeux de la période manufacturière ».

3. Habermas, *Connaissance et Intérêt*, p. 94.

pas nettement le système de signification (une « connexion de symboles ») du système du travail social, cela tient à l'analyse que fait Marx du rôle constitutif historiquement spécifique du travail sous le capitalisme – et non pas à quelque présupposé ontologique concernant le travail. Marx fonde les deux systèmes dans la structure des rapports sociaux médiatisés par le travail.

Jusqu'à présent, Habermas ne dispose apparemment pas d'une théorie sociale de la connaissance comparable. (Comme on l'a vu, il lui manque une conception de la constitution sociale du procès de production.) Même si Habermas affirme dans ses premiers ouvrages que la catégorie de travail ne suffit pas à elle seule à saisir la synthèse sociale, il semble bien accepter l'idée que la connaissance de la nature naît directement de l'interaction, médiatisée par le travail, entre les hommes et la nature. Ainsi traite-t-il implicitement les sciences de la nature comme une forme de connaissance acquise pragmatiquement et, partant, non pas comme formée socioculturellement. J'ai dit que les conceptions de la réalité ne peuvent pas être dérivées du seul travail concret parce que le travail ne communique par lui-même aucune signification, mais qu'au contraire c'est lui qui reçoit sa signification de la structure de son univers social. Étant donné ce que j'ai énoncé jusqu'ici, on peut dire qu'une théorie qui fonde les conceptions de la nature sur le travail concret – telles que celle que Habermas accepte apparemment dans ses premiers essais – constitue elle-même une forme de pensée exprimant une situation sociale dans laquelle le travail fonctionne comme médiation sociale[1].

J'ai écrit que Habermas insiste dans ses premiers essais sur la dimension épistémologique de la théorie sociale critique pour critiquer tant la nature de plus en plus technocratique de la domination dans le monde moderne que les tendances technocratiques au sein

---

1. Le problème fondamental est celui de la constitution sociale des formes de pensée culturellement spécifiques, et non pas simplement de savoir si les conceptions de la nature, par exemple, s'acquièrent pragmatiquement à partir du rapport avec la nature. En ce sens, la critique que je fais à toute approche qui ne rend pas compte de la déterminité socioculturelle des formes de pensée s'appliquerait également au type de position auquel Habermas a, semble-t-il, souscrit plus récemment – c'est-à-dire comprendre le développement des sciences de la nature en termes de discours sur l'interaction pragmatique avec la nature, mais ne pas analyser ces discours comme socioculturellement déterminés.

de la tradition marxiste, et pour fournir à la critique contemporaine un point de vue théorique qui permette d'échapper au pessimisme fondamental de la Théorie critique après 1940. Toutefois, à mon sens, la nature de la critique que Habermas fait de l'idée de synthèse par le travail ne constitue pas une alternative satisfaisante à ce qu'il critique. L'idée d'une épistémologie radicale proposée dans *Connaissance et Intérêt* n'entraîne pas une théorie socio-historique de la connaissance et de la subjectivité, une théorie des formes de conscience déterminées. Aussi la nature de la conscience critique reste-t-elle socialement sous-spécifiée.

En outre, l'interprétation du travail et de l'interaction formulée par Habermas contient une ambiguïté fondamentale. Comme je l'ai montré, Habermas fonde la croissance de la raison et de l'agir instrumentaux non pas socialement, dans une structure de rapports sociaux médiatisés par le travail, mais dans le travail comme tel. Il affirme que l'instrumentalité s'est étendue au-delà de son « propre » domaine (la sphère de production par exemple) et a envahi les autres sphères de la société ; mais cela n'explique pas pourquoi l'extension de l'instrumentalité à la sphère de l'interaction – extension supposée résulter de l'importance et de la complexité croissantes de la production dans le monde moderne – n'est pas inéluctable et irréversible. En d'autres termes, Habermas n'explique pas comment l'autodétermination sociale pourrait réellement survenir dans une situation de développement technologique avancé, alors qu'une des conséquences de ce développement serait probablement la tendance croissante de la société à s'organiser comme un automate. Bref, il existe une ambiguïté dans les premiers travaux de Habermas sur le point de savoir si la raison pratique *est* ou *devrait être* dominante dans la sphère de l'interaction. Si c'est la première hypothèse, on se demande alors comment la raison pratique pourrait avoir succombé face au « progrès du travail ». Mais si l'instrumentalisation du monde est nécessairement liée au développement de la production comme tel, on se demande alors pourquoi l'appel à la raison pratique pourrait se révéler plus qu'une simple exhortation.

La première tentative de Habermas de reconstituer la possibilité d'une théorie sociale critique doit être comprise à la lumière du tournant pessimiste de Horkheimer que nous avons étudié au chapitre III. Dans cette partie du livre, j'ai montré qu'en 1937 Horkheimer considérait toujours la synthèse par le travail comme émancipatrice. La totalité que le travail constitue permet une organisation juste et rationnelle de la vie sociale, mais cette totalité est fragmentée et empêchée de se réaliser par les rapports sociaux (capitalistes). Après avoir adopté la thèse du primat du politique[1], Horkheimer devint profondément sceptique à l'égard du « travail » en tant que source d'émancipation – sans toutefois reconsidérer la compréhension transhistorique qu'il avait de cette catégorie. Habermas a conservé la compréhension traditionnelle du « travail » qui est celle de Horkheimer et a également adopté son jugement négatif ultérieur sur le travail en tant qu'agir instrumental, en tant que source de la domination technocratique. Afin d'éviter le pessimisme fondamental de Horkheimer, la stratégie de Habermas a consisté à limiter théoriquement la portée de la signification du « travail » en lui ajoutant l'idée d'interaction. Lorsqu'il affirme que cette dernière sphère sociale sert de point de vue à la critique, Habermas fonde théoriquement la possibilité de l'émancipation dans une sphère de rapports sociaux située en dehors du travail. Il caractérise cette sphère comme une dimension sociale « qui ne coïncide pas avec les dimensions de l'agir instrumental », comme une sphère au sein de laquelle « se meut l'expérience phénoménologique »[2]. En un sens, Habermas inverse le rapport entre le travail, les rapports sociaux et l'émancipation que Horkheimer avait établis en 1937.

Parce que Habermas interprète la conception marxienne de la synthèse sociale par le travail en termes d'agir instrumental, sa première critique de Marx évoque fortement la polémique de Horkheimer, dans *Éclipse de la raison*, contre les formes (certes adialectiques et acritiques) de scientisme et de foi dans le progrès automatique qu'il estimait dominantes aux États-Unis. Horkheimer reproche au pragmatisme de faire de la physique expérimentale le prototype de toute connaissance scientifique[3], et au positivisme de considérer les sciences de la nature comme le garant automatique du progrès social. Il critique aussi la conception technocratique selon laquelle la critique sociale théorique est superflue puisque le

---

1. Habermas a lui aussi adopté cette thèse et, partant, l'accent unilatéralement mis sur le mode de distribution comme socialement déterminant. Voir « La technique et la science », pp. 35-37.

2. Habermas, *Connaissance et Intérêt*, p. 75.

3. Horkheimer, *Éclipse de la raison*, Payot, 1974, p. 58-59.

développement technologique résoudra automatiquement tous les problèmes humains[1]. Ces attaques sont fondamentalement identiques à la première critique de Marx par Habermas[2]. Bien que cette critique se justifie à l'endroit des variantes orthodoxes du marxisme, on ne peut l'appliquer à Marx que si l'on néglige ou que si l'on interprète de façon réductrice, en tant que catégorie du marché, ce que signifie et ce qu'implique la catégorie de valeur, la catégorie centrale de la critique de l'économie politique. De plus, quoique Habermas attribue à Marx des conceptions des sciences de la nature, de la production et du travail identiques à celles que Horkheimer critique dans le pragmatisme et le positivisme, lui-même adopte ces conceptions dans sa façon de traiter la sphère du travail et il tente alors de limiter le degré de leur validité sociale en établissant une sphère d'interaction qui les contrebalance. Il en résulte une interprétation historiquement indéterminée de la sphère du travail en tant qu'agir instrumental, une théorie sous-spécifiée des formes de rapports sociaux et des formes de conscience, et un retour à une théorie transhistorique du développement socio-historique.

La *Théorie de l'agir communicationnel* et Marx

La *Théorie de l'agir communicationnel* (1981) marque l'apogée de l'effort de Habermas pour fonder une nouvelle théorie critique de la société moderne. Se proposant de transformer les présupposés fondamentaux de la théorie sociale moderne, elle entraîne une reconstruction de l'histoire de l'espèce humaine. Par rapport à ses travaux antérieurs, l'approche critique de Habermas dans cet ouvrage ne se fonde plus aussi fortement sur l'idéal d'autoréflexion critique et ne se centre pas d'abord sur la critique du scientisme ; elle ne met pas autant l'accent sur le travail en tant qu'agir instrumental ; elle comporte une théorie de l'interaction plus solidement

---

1. *Ibid.*, pp. 67, 80 et suiv., 159.

2. Pour une critique similaire, voir Albrecht Wellmer, « The Latent Positivism of Marx's Philosophy of History », *in Critical Theory of Society*, 1971.

établie (en tant que théorie de l'agir et de la raison communicationnels) et combine de façon plus différenciée une analyse historiquement spécifique avec une approche transhistorique[1]. Cependant, les thèmes, les orientations et les buts essentiels de *Théorie de l'agir communicationnel* restent dans la continuité des premiers travaux de Habermas. Comme dans ceux-ci, la lecture de Marx est une composante de son approche, et le caractère traditionnel de cette lecture affaiblit sa théorie d'une manière qui montre combien il importe de repenser fondamentalement la critique marxienne quand on se propose de formuler une théorie critique du monde actuel[2].

J'ai déjà noté que la tentative de Habermas de reconstituer une critique sociale fondamentale à visée émancipatrice doit être vue dans le contexte de la trajectoire de la Théorie critique. Habermas décrit lui-même son projet de reconstituer une théorie sociale adéquate à la société postlibérale contemporaine comme une « seconde tentative pour accueillir Weber dans l'esprit du marxisme occidental »[3]. Il tente d'incorporer l'analyse de la modernité par Max Weber en tant que processus de rationalisation sociale, tout en évitant les limitations théoriques de l'appropriation critique de cette analyse par Lukács et les théoriciens de l'École de Francfort, tels que Horkheimer et Adorno. Habermas dit que l'on ne peut développer une nouvelle approche théorique échappant à ces limitations par une simple modification de l'approche précédente ; cette nouvelle approche requiert bien plutôt une réorientation fondamentale de la théorie sociale. Il tente d'opérer cette réorientation avec sa théorie de l'agir communicationnel ; sur cette base, il cherche à transformer le cadre catégoriel de la théorie sociale en passant d'une théorie reposant sur le paradigme sujet-objet – et, partant, sur un concept de l'agir comme essentiellement rationnel-finalisé – à une théorie reposant sur le paradigme de l'intersubjectivité.

---

1. Pour un examen du développement du projet de Habermas dans les années 1960 et 1970, voir l'excellent compte-rendu de Thomas McCarthy, *The Critical Theory of Jürgen Habermas*, 1978.

2. Une première version de cette analyse de *Théorie de l'agir communicationnel* est parue *in* Moishe Postone, « History and Critical Social Theory », *Contemporary Sociology* 19, n° 2 (mars 1990), pp. 170-176.

3. Habermas, *Théorie de l'agir communicationnel*, t. II, p. 332.

Au début du livre, Habermas déclare que sa visée générale en développant la théorie de l'agir communicationnel est triple[1]. Premièrement, il souhaite rétablir théoriquement la possibilité d'une critique sociale. Pour Habermas, le point de vue de la théorie critique doit être universaliste et fondé sur la raison – ce qui signifie pour lui que la théorie est non relativiste. Cependant, il cherche à fonder la possibilité de ce point de vue socialement, et non pas transcendantalement. À cette fin, Habermas formule une théorie sociale de la rationalité. Il distingue diverses formes de raison en développant un concept de rationalité communicationnelle différent de, et même opposé à la rationalité cognitive-instrumentale. Il enracine les deux formes de raison dans des modes d'activité sociale déterminés et, à partir de là, formule une théorie du développement historique en termes de deux processus de rationalisation qui peuvent être distingués (et non pas en termes de développement de la seule rationalisation subordonnée aux fins). Habermas cherche à fonder la possibilité d'une théorie sociale critique dans le développement de la raison communicationnelle. Ce faisant, il tente en même temps de défendre la raison (communicationnelle) contre les positions postmodernistes et poststructuralistes – qu'il considère comme irrationnalistes – et propose une critique de la domination croissante des formes de rationalité cognitives-instrumentales sous le capitalisme postlibéral.

La deuxième grande visée de Habermas est de saisir la société moderne à l'aide d'une théorie à deux niveaux fondée sur les formes différenciantes de l'agir et de la raison. Cette théorie cherche à intégrer les approches qui conçoivent la société en termes de « monde vécu » – notion issue des traditions phénoménologiques et herméneutiques – aux approches qui conçoivent la société comme « système ». Il déclare que la société moderne doit être comprise d'après les deux dimensions, en tant que modes différenciés d'intégration sociale, et relie chacune de ces dimensions à une forme déterminée de rationalité (« communicationnelle » et « cognitive-instrumentale »). Il essaie de rendre justice tant à la conception qui voit dans les hommes des acteurs sociaux qu'à l'idée selon laquelle la société moderne se caractérise par des formes émergentes d'intégration sociale (par exemple, l'économie capitaliste, l'État moderne) qui

---

1. *Ibid.*, t. I, p. 13.

fonctionnent quasi indépendamment des intentions des acteurs et, fréquemment, de leur conscience et de leur compréhension.

La troisième visée de Habermas est de construire sur cette base une théorie de la société moderne postlibérale qui appréhende positivement le développement historique de la modernité en tant que processus de rationalisation et de différenciation, mais qui conçoive aussi de manière critique les aspects négatifs, « pathologiques », des formes existantes de la société moderne. Il interprète ces « pathologies » en termes de processus sélectif de rationalisation sous le capitalisme, qui mène à la domination et à la pénétration croissantes du monde vécu, structuré de manière communicationnelle, par des systèmes d'action quasi autonomes, formellement organisés.

Ces trois thèmes reliés entre eux qui se rapportent à trois niveaux différents de la spécificité historique dessinent les contours d'une théorie fondée sur le concept d'agir communicationnel. À l'aide de ce concept, Habermas critique à la fois les grandes tendances théoriques des sciences sociales contemporaines et la tradition marxiste occidentale. Il essaie de sauver les visées de cette dernière en interrogeant certains de ses présupposés fondamentaux. Afin de transformer le paradigme fondamental de la théorie sociale et de formuler une théorie critique adéquate du monde contemporain, il commence à nouveaux frais, pour ainsi dire, par s'approprier les grands courants de la philosophie et de la théorie sociale du XXe siècle – théorie des actes langagiers et philosophie analytique, théorie sociale classique, herméneutique, phénoménologie, psychologie du développement, théorie des systèmes. Néanmoins, il le fait avec une compréhension de Marx qui le conduit, au cours de l'appropriation, à adopter des présupposés qui sont finalement en tension avec la poussée critique de sa propre théorie. Cela pose en retour la question de savoir si une théorie critique de la modernité qui est fondée socialement et dépasse les limitations de la première Théorie critique requiert le type d'ontologie sociale et d'approche évolutionniste que propose Habermas.

Pour pouvoir réfléchir à cette question, il me faut rappeler brièvement la stratégie argumentative complexe adoptée par Habermas dans *Théorie de l'agir communicationnel*. Le point de départ conceptuel de sa théorie critique de la modernité est une critique immanente de la théorie wébérienne de la rationalisation et de sa réception par Lukács, Horkheimer et Adorno. Comme le note Habermas, Weber analyse la modernisation en tant que processus de rationalisation sociale qui entraîne l'institutionnalisation de l'activité rationnelle-finalisée en Europe entre les XVIe et XVIIIe siècles[1]. Pour Weber, ce développement présuppose un processus de rationalisation culturelle entraînant la différenciation des sphères de valeur individuelles – différenciation des représentations scientifiques, artistiques, légales et morales – qui se mettent à suivre leur propre logique indépendante et autonome[2]. Résultat paradoxal de ces processus de rationalisation : la vie moderne se transforme de plus en plus en une « cage de fer » caractérisée à la fois par une perte de sens – perte de toute unification théorique et éthique du monde – et par une perte de liberté due à l'institutionnalisation de la rationalité cognitive-instrumentale dans l'économie et dans l'État[3].

Habermas adopte cette analyse wébérienne de la modernité formulée en termes de processus de rationalisation, mais il pense aussi que la « cage de fer » n'est pas un trait nécessaire de toutes les formes de société moderne. Ce que Weber attribue à la rationalisation comme telle doit bien plutôt être compris en termes de modèle sélectif de rationalisation sous le capitalisme, modèle qui conduit à la prédominance de la rationalité subordonnée aux fins[4]. Habermas affirme que la théorie même de Weber permet une telle approche, car elle présuppose implicitement comme point de vue une conception plus complexe de la rationalité, à partir de laquelle elle a critiqué la prédominance croissante de la rationalité orientée vers les fins, même si ce point de vue n'a jamais été explicitement formulé[5].

Habermas explicite ce point de vue demeuré implicite en reconstruisant la théorie de la rationalisation culturelle contenue dans le traitement des grandes religions mondiales proposé par Weber[6]. Habermas le fait en deux phases : il pose un processus historico-universel de rationalisation des visions du monde, puis la

---

1. *Ibid.*, p. 228.
2. *Ibid.*, pp. 180-181, 189.
3. *Ibid.*, pp. 252-253.
4. *Ibid.*, pp. 196-197.
5. *Ibid.*, pp. 231-234.
6. *Ibid.*, pp. 180-181, 208.

transposition historiquement spécifique de la rationalisation culturelle en rationalisation sociale à l'Ouest[1]. Ainsi, Habermas adopte et modifie la théorie wébérienne évolutionniste du développement des visions du monde. D'abord, il distingue entre la *logique interne* universelle de développement historique des structures des visions du monde, et la *dynamique empirique* de leur développement, laquelle dépend de facteurs externes[2]. (Cette distinction est essentielle à la reconceptualisation habermassienne de la théorie sociale critique.) Ensuite, Habermas affirme que l'insistance de Weber, lorsqu'il analyse la modernisation en tant que rationalisation, repose sur une base trop étroite : Weber n'examine pas adéquatement les conséquences de la différenciation des sphères de valeur, chacune d'elles étant caractérisée par une proclamation (vérité, justesse normative, beauté) et une forme de rationalité (cognitive-instrumentale, morale-pratique et esthétique-pratique) à validité universelle unique[3].

Cette appropriation critique de l'approche wébérienne vise une plus large conception de la rationalité enracinée dans la supposée logique interne de rationalisation et de différenciation. Grâce à elle, Habermas peut distinguer entre ce qui se réalise empiriquement dans la société capitaliste et les possibilités contenues dans les structures modernes de la conscience, qui résultent du processus de désenchantement[4]. Habermas parvient ainsi à présenter la victoire de la rationalité cognitive-instrumentale sur les rationalités morale-pratique et esthétique-pratique, comme l'expression du caractère partiel de la rationalisation sous le capitalisme, et non comme l'expression de la rationalisation en soi[5].

Il est à noter que, dans le cadre de la reconstruction de habermassienne, les possibilités résultant du processus de désenchantement sont présentes dès le *début* du capitalisme. Cela implique que le capitalisme constitue une *déformation* de ce qui avait été rendu possible par une logique interne universelle de développement historique. En d'autres termes, le point de vue de la critique est *extérieur*

---

1. *Ibid.*, pp. 187-191.
2. *Ibid.*, pp. 193-211.
3. *Ibid.*
4. *Ibid.*, p. 211.
5. *Ibid.*, p. 234.

au capitalisme, il réside dans ce que Habermas appelait dans ses premiers travaux la « sphère de l'interaction », désormais interprétée comme potentiel social universel. De la même façon, le capitalisme est implicitement compris en termes de seule rationalité cognitive-instrumentale (ce que Habermas considérait dans ses premiers ouvrages comme la sphère du travail) – c'est-à-dire que le capitalisme est compris comme unidimensionnel.

Habermas commence par expliciter les présupposés de sa reconstruction en découvrant deux raisons essentielles à l'échec de Weber à réaliser le potentiel explicatif de sa propre théorie. Selon Habermas, la théorie wébérienne de l'action est trop étroite : Weber la fonde sur un modèle d'action subordonnée aux fins et de rationalité cognitive-instrumentale. Or la compréhension de la rationalisation des visions du monde suggérée par Weber ne pourrait être pleinement développée qu'à partir d'une autre théorie de l'action : celle de l'agir communicationnel. De plus, Habermas affirme qu'une théorie de la société moderne ne peut pas se fonder seulement sur une théorie de l'action. Ce qui caractérise la société moderne, c'est que d'importantes dimensions de la vie sociale (par exemple, l'économie et l'État) sont intégrées de façon quasi objective ; elles ne peuvent pas être saisies par une théorie de l'action mais doivent être comprises à un niveau systémique. D'où il résulte qu'une théorie critique du présent requiert une théorie de l'agir communicationnel ainsi qu'une théorie sociale qui soit en mesure de combiner une approche théorique de l'action avec une approche en termes de théorie des systèmes [1].

Lukács et les membres de l'École de Francfort ont tenté d'incorporer l'analyse wébérienne de la rationalisation dans une théorie de l'intégration systématique. Mais, pour Habermas, leurs tentatives ont échoué. Au cœur de ces tentatives se trouve le concept de réification par lequel Lukács a cherché, sur la base de l'analyse marxienne de la marchandise, à séparer l'analyse wébérienne de la rationalisation sociétale de son cadre « théorie de l'action » pour la relier aux processus anonymes de réalisation du capital [2]. En recourant au concept de réification, Lukács indiquait que la rationalisation économique n'est pas un exemple d'un processus plus général,

---

1. *Ibid.*, pp. 280-281.
2. *Ibid.*, p. 361.

mais que, bien au contraire, la production marchande et l'échange sont sous-jacents au phénomène fondamental de la rationalisation sociétale[1]. Par conséquent, cette rationalisation sociétale devrait être considérée comme un processus linéaire et irréversible.

Habermas ne s'attaque pas directement à l'analyse marxienne que Lukács a fait de la rationalisation, il critique la « solution » hégélienne que Lukács apporte au problème et qui entraîne une déification dogmatique du prolétariat en tant que sujet-objet identique de l'histoire[2]. Horkheimer et Adorno ont également critiqué cette logique hégélienne dans leurs tentatives respectives de développer une théorie critique fondée sur le concept de réification[3]. Toutefois, comme le relève Habermas, leur critique de la raison instrumentale dans les années 1940 pose des problèmes en ce qui concerne les fondements normatifs de la Théorie critique. Horkheimer et Adorno ont affirmé que la rationalisation du monde était devenue totale et ont rejeté l'appel de Lukács à la raison objective ; en conséquence, ils ont cessé de fonder la réification dans une forme historiquement spécifique et transformable (la marchandise) et l'ont enracinée transhistoriquement dans la confrontation des hommes avec la nature en tant que confrontation médiatisée par le travail. Habermas constate que, par ce tournant, la Théorie critique ne pouvait plus articuler les normes de sa critique[4].

Le défaut dont, pense Habermas, souffrent toutes ces tentatives, c'est qu'elles restent prisonnières du paradigme sujet-objet (ce qu'il appelle le « paradigme de la philosophie de la conscience »). Leurs difficultés théoriques révèlent les limites de toute théorie sociale fondée sur ce paradigme et indiquent la nécessité d'une évolution théorique fondamentale vers un paradigme de la communication intersubjective[5].

Par certains aspects, la critique habermassienne du marxisme occidental est parallèle à l'interprétation que je propose. Ce qu'il nomme la « philosophie de la conscience » est lié au concept de « travail » que j'ai analysé ; les deux approches critiquent les théories fondées sur le paradigme sujet-objet et placent l'examen des

---

1. *Ibid.*, p. 365.
2. *Ibid.*, pp. 370-371.
3. *Ibid.*, pp. 373-374.
4. *Ibid.*, pp. 381-387.
5. *Ibid.*, pp. 393-394.

rapports sociaux au centre de l'analyse. Cependant, la critique de Habermas conduit à une analyse de la communication en tant que telle, alors que la mienne conduit à l'analyse de la forme déterminée de médiation sociale qui constitue la société moderne. J'examinerai plusieurs conséquences de cette différence plus loin.

Habermas tente de fonder cette évolution théorique vers un paradigme de l'intersubjectivité en développant les concepts de raison et d'agir communicationnels. Il affirme que la compréhension moderne du monde – qui, contrairement aux formes mythiques de la pensée, est réflexivement consciente d'elle-même et entraîne des mondes objectifs, sociaux et subjectifs différenciés – est socialement fondée mais qu'elle a en même temps une portée universelle[1]. En recourant tacitement à la théorie de l'ontogenèse des structures de la conscience proposée par Jean Piaget, il soutient que la vision du monde actuelle résulte d'un processus historico-universel de rationalisation des visions du monde, lequel s'effectue au moyen de processus historiques d'apprentissage[2]. Ce processus de rationalisation n'entraîne pas seulement la croissance de la rationalité cognitive-instrumentale, il est d'abord associé au développement de la rationalité communicationnelle. Habermas saisit cette dernière en termes de procédures (et non de contenus), comme reliant une compréhension du monde décentrée à la possibilité d'une communication fondée sur l'accord non contraint[3].

En recourant à la théorie des actes langagiers, Habermas affirme donc que l'accès à la compréhension est l'aspect le plus essentiel du langage, bien que toute interaction médiatisée par le langage ne soit pas toujours orientée vers cette fin. De plus, il estime que les actes langagiers peuvent coordonner les interactions *rationnellement* – c'est-à-dire indépendamment de forces extérieures, telles que normes traditionnelles et sanctions – lorsque les prétentions à la validité qu'ils émettent sont critiquables. Enfin, Habermas pense que, lorsque les acteurs parviennent à une compréhension, ils prétendent nécessairement à la validité de leurs actes langagiers[4].

En d'autres termes, Habermas enracine la rationalité communicationnelle dans la nature même de la communication médiatisée par

---

1. *Ibid.*, pp. 64, 80-81, 86-87.
2. *Ibid.*, pp. 82-84.
3. *Ibid.*, pp. 85-90.
4. *Ibid.*, pp. 296-298, 306-317.

le langage et, du même coup, affirme implicitement qu'elle a une signification universelle. Elle représente la forme de raison la plus complexe, qui permettrait une critique de la forme de rationalisation unidimensionnelle que Habermas considère comme spécifique à la société capitaliste. Ce potentiel critique est en effet intégré dans la structure même de l'agir communicationnel ; celui-ci interdit que les problèmes de signification soient séparés des problèmes de validité[1].

Ayant fondé abstraitement la possibilité de la rationalité communicationnelle, Habermas tente de proposer l'explication génétique de son développement en appréhendant le processus historico-universel de rationalisation en termes de rationalisation du monde vécu[2]. Pour pouvoir le faire à l'aide de concepts extérieurs au paradigme sujet-objet, Habermas reprend et modifie la théorie de la communication de George Herbert Mead[3] en l'entrelaçant avec une analyse de la notion, proposée par Émile Durkheim, des racines sacrées de la moralité et avec l'explication, elle aussi proposée par Durkheim, du changement survenu dans la forme d'intégration sociétale – de la solidarité mécanique à la solidarité organique. Habermas propose ainsi une théorie de la logique interne du développement socioculturel comme processus de « mise en langage du sacré »[4]. Il caractérise ce processus comme un processus où le potentiel de rationalité de l'agir communicationnel est libéré ; cet agir dépasse donc l'ancien noyau normatif sacré comme ce qui effectue la reproduction culturelle, l'intégration sociale et la socialisation. Ce processus de dépassement d'un mode fondé sur l'acceptation imposée de façon normative, par un autre mode fondé lui sur l'acceptation obtenue de façon communicationnelle, débouche sur un monde vécu rationalisé – c'est-à-dire sur la rationalisation des visions du monde, la généralisation des normes morales et légales, la croissance de l'individuation et la réflexivité croissante de la reproduction symbolique[5].

En d'autres termes, Habermas pense le développement de la vision du monde à l'époque moderne en termes de processus par

---

1. *Ibid.*, pp. 120-122, 305-314.
2. *Ibid.*, pp. 85, 343-344.
3. *Ibid.*, t. II, pp. 17-21, 71-86.
4. *Ibid.*, pp. 54, 123.
5. *Ibid.*, pp. 54, 87-88, 120-121, 160-161.

lequel la communication médiatisée par le langage « se réalise elle-même » progressivement (comme le *Geist* de Hegel) et vient à soi comme ce qui structure le monde vécu. Cette logique d'évolution sociale est le modèle grâce auquel la réalité du développement moderne peut être évaluée[1]. Le point de départ de la critique habermassienne est universel ; quoique social, il ne se forme pas essentiellement de façon culturelle, sociale ou historique, mais à partir du caractère ontologique de l'agir communicationnel tel qu'il se déploie dans le temps. Dans la théorie de Habermas, le langage occupe donc une place analogue à celle occupée par le « travail » dans les formes affirmatives du marxisme traditionnel.

Selon Habermas, bien que cette approche entraîne un changement de paradigme dans la théorie de l'agir, elle ne saisit qu'une dimension de la société moderne : elle parvient à expliquer la reproduction symbolique du monde vécu, mais pas la reproduction de la société en tant que tout. Comme le note Habermas, les actions ne sont pas coordonnées par les seuls processus à l'aide desquels on atteint la compréhension, mais aussi par des interconnexions fonctionnelles qui ne sont pas voulues et qui ne sont pas souvent perçues[2]. C'est pourquoi il propose une théorie de l'évolution sociale selon laquelle la société se différencie à la fois en tant que système et en tant que monde vécu[3]. Habermas distingue la rationalisation du monde vécu de l'évolution systémique (celle-ci se mesure par la capacité croissante à réguler la société) et affirme que la complexité systémique croissante dépend en dernier ressort de la différenciation structurelle du monde vécu. Il fonde cette dernière sur un développement évolutionniste de la conscience morale, condition nécessaire pour libérer la rationalité potentielle dans l'agir communicationnel[4].

D'après Habermas, ce développement sape à la longue la direction par les normes d'interactions sociales. L'interaction finit donc par être coordonnée de deux manières très différentes : soit par la communication explicite, soit par ce que Talcott Parsons définit comme les médiums dirigeants que sont l'argent et le pouvoir – des

---

1. *Ibid.*, p. 123.
2. *Ibid.*, pp. 125, 165.
3. *Ibid.*, p. 167 et suiv.
4. *Ibid.*, p. 190 et suiv.

médiations sociales quasi objectives qui encodent les attitudes rationnelles-finalisées et séparent les processus d'interéchange d'avec les contextes normatifs du monde vécu. Il en résulte alors un découplage de l'intégration systémique (effectuée par les médiums dirigeants argent et pouvoir) et de l'intégration sociale (effectuée par l'agir communicationnel). Ce découplage du système et du monde vécu entraîne la différenciation de l'État et de l'économie qui caractérise le monde moderne[1].

Après avoir présenté cette double approche, Habermas note qu'en matière de théorie sociale, la plupart des approches sont unilatérales en ce qu'elles tentent de saisir la société moderne à l'aide de concepts qui ne s'appliquent qu'à l'une de ses deux dimensions. Habermas présente implicitement sa propre approche comme la troisième grande tentative, après celles de Marx et de Parsons, de rendre justice aux deux aspects de la vie sociale moderne. Pour Habermas, bien que la théorie de la valeur de Marx ait tenté de mettre en relation la dimension systémique des interdépendances anonymes avec le contexte de monde vécu qui est celui des acteurs, elle a finalement réduit la première au second dans la mesure où elle ne concevait la dimension systémique du capitalisme comme rien de plus que la forme fétichisée des rapports sociaux. Ce qui fait que Marx ne pouvait ni voir les aspects positifs de la différenciation systémique, ni s'occuper adéquatement de la bureaucratisation[2]. C'est pourquoi Habermas se tourne vers Parsons et sa tentative de rassembler les paradigmes de la théorie des systèmes et de la théorie de l'agir. Il s'efforce d'insérer cette tentative dans le cadre d'une approche plus critique qui à la fois implique de repenser la théorie de l'agir et qui, à la différence de l'approche de Parsons, s'attaque aux aspects « pathologiques » de la modernisation capitaliste[3].

À partir de cette double approche, Habermas esquisse une théorie critique du capitalisme postlibéral. Il commence par reformuler le diagnostic que Weber fait de la modernité et sa thèse sur le paradoxe de la rationalisation, en rejetant les positions conservatrices qui attribuent les pathologies de la modernité soit à la sécularisation, soit à la différenciation structurelle de la société[4]. Au lieu

---

1. *Ibid.*, pp. 168-169, 196 et suiv.
2. *Ibid.*, pp. 220-221, 369 et suiv.
3. *Ibid.*, p. 217 et suiv.
4. *Ibid.*, pp. 363-364.

de cela, Habermas distingue deux formes de modernisation : une forme « normale » qu'il caractérise en tant que « médiatisation » du monde vécu par les impératifs du système, par quoi un monde vécu progressivement rationalisé est découplé et rendu dépendant de domaines d'action de plus en plus complexes organisés de manière formelle (tels que l'économie et l'État) ; et une forme « pathologique » qu'il appelle la « colonisation » du monde vécu. Ce qui caractérise cette dernière, c'est que la rationalité cognitive-instrumentale, au moyen de la monétarisation et de la bureaucratisation, gagne par-delà l'économie et l'État les autres sphères et finit par l'emporter sur les rationalités morale-pratique et esthétique-pratique. Cela aboutit à des troubles dans la reproduction symbolique du monde vécu[1]. Habermas reformule la conception wébérienne de la perte de sens et de liberté en une thèse selon laquelle le monde vécu est colonisé par le monde du système. Cette thèse constitue la base de son analyse du capitalisme postlibéral[2].

Habermas affirme que cette réinterprétation de la logique de développement suggérée par Weber justifie de décrire ces phénomènes comme des pathologies. Le concept de rationalité communicationnelle fournit aussi théoriquement un fondement social à la résistance contre la colonisation du monde vécu (cette résistance caractérise de nombreux mouvements sociaux contemporains[3]). Toutefois, déclare Habermas, on doit aussi comprendre la dynamique de développement du monde moderne, c'est-à-dire expliquer pourquoi ces pathologies apparaissent. Pour ce faire, il adopte l'idée marxienne d'un processus d'accumulation qui est une fin en soi, d'un processus d'accumulation qui est découplé des orientations vers les valeurs d'usage[4]. Ayant incorporé la dynamique de l'accumulation du capital dans son modèle des rapports d'interéchange entre le système et le monde vécu, Habermas pose les problèmes du capitalisme avancé que les tentatives marxistes plus orthodoxes éludent : interventionnisme d'État, démocratie de masse, État-providence, conscience fragmentée de la vie quotidienne[5]. Bouclant

---

1. *Ibid.*, p. 333 et suiv.
2. *Ibid.*, p. 350 et suiv.
3. *Ibid.*, p. 366.
4. *Ibid.*, pp. 361-362.
5. *Ibid.*, p. 377 et suiv.

la boucle, pour ainsi dire, il conclut par un programme pour la reconstruction d'une théorie critique de la société, qui reprend quelques-uns des thèmes que l'École de Francfort mit dans son plan de recherches au cours des années 1930.

Malgré l'ampleur et le perfectionnement de l'exposé de Habermas, certains aspects du cadre théorique proposé dans *Théorie de l'agir communicationnel* posent problème. Cette théorie tente d'appréhender une réalité sociale duelle en accolant deux approches essentiellement unilatérales. Si Habermas reproche à Parsons de donner une image acritique des sociétés capitalistes développées[1] et attribue cela à une construction théorique qui brouille la distinction entre système et monde vécu, il ne semble pas s'apercevoir que la tentative même de théoriser l'« économie » et l'« État » en termes de théorie des systèmes (« médiums dirigeants ») limite la portée de sa propre critique sociale. Les catégories « argent » et « pouvoir » ne saisissent pas la structure déterminée de l'économie et de la politique, elles expriment seulement le fait qu'elles existent sous une forme quasi objective et ne sont pas de simples projections du monde vécu. Par exemple, ces catégories ne peuvent pas éclairer la nature de la production ou de la dynamique de développement de la formation sociale capitaliste ; elles ne permettent pas davantage une critique des formes d'administration existantes. D'où il résulte que, bien que Habermas présuppose l'accumulation du capital et le développement de l'État et qu'il critique l'organisation existante de l'économie et de l'administration publique, le cadre de la théorie des systèmes qu'il adopte ne lui permet pas de fonder ces présupposés et positions critiques.

De toute évidence, contrairement à toutes les critiques romantiques du capitalisme, Habermas cherche à montrer que toute société complexe requiert une certaine forme d'« économie » et d'« État ». Mais, en adoptant la notion de médiums dirigeants, il présente les formes existantes de ces sphères de la société moderne comme nécessaires. Sa critique de l'État et de l'économie se cantonne aux situations dans lesquelles les principes d'organisation dépassent leurs limites. Or la notion d'une frontière quasi ontologique entre les aspects de la vie qui peuvent être « médiatisés » sans dommage et ceux qui ne peuvent qu'être « colonisés » se révèle

---

1. *Ibid.*, p. 329.

extrêmement problématique. L'idée que seuls ces domaines d'activité où se réalisent les fonctions économiques et politiques puissent être soumises aux médiums dirigeants [1] – en d'autres termes, que le système colonise avec succès les sphères de la reproduction matérielle, mais non celles de la reproduction symbolique – implique que l'on puisse concevoir la reproduction matérielle comme n'étant pas médiatisée symboliquement. Cette séparation de la vie matérielle et de la signification qui prolonge la distinction quasi ontologique entre travail et interaction opérée par Habermas dans ses premiers ouvrages révèle, semble-t-il, qu'il adhère toujours implicitement au concept de « travail ». Tout comme Horkheimer, il considère apparemment le rapport sujet-objet comme enraciné dans la nature même du « travail » (ou dans la sphère de la reproduction matérielle), comme non médiatisé au plan symbolique. Cela s'oppose nettement à la position que je présente ici et qui enracine l'instrumentalité dans la nature d'une forme spécifique de médiation sociale, et non dans les rapports entre les hommes et la nature.

La décision de Habermas de saisir les processus économiques et politiques modernes en termes de théorie des systèmes complète sa tentative de penser les formes modernes de moralité, de légalité, de culture et de socialisation en termes de monde vécu rationalisé, de monde vécu constitué par l'agir communicationnel. Habermas ne conçoit, semble-t-il, la constitution culturelle et sociale des visions du monde et des formes de vie qu'en termes de formes socioculturelles manifestes (« traditionnelles » et « religieuses »). D'où il découle que la conception habermassienne du monde vécu rationalisé est une approche de la vie moderne extrêmement sous-spécifiée (indépendamment de la question de savoir si le fait de relier logiquement la vision du monde qui est celle des modernes aux propriétés formelles de la communication médiatisée par le langage indique que les choses soient nécessairement structurées ainsi). Selon cette conception, c'est parce que l'interaction sociale sous le capitalisme n'est pas médiatisée par des formes traditionnelles non déguisées, qu'elle doit être médiatisée par la communication linguistique en soi (quoique déformée par le capitalisme). Ce type d'approche, en prenant pour argent comptant la forme abstraite de communication médiatisée par la marchandise, ne permet pas une

---

1. *Ibid.*, p. 350.

théorie des idéologies séculières ou une analyse des grands changements dans la conscience, les normes et les valeurs survenus au sein même de la société moderne dans les siècles passés – et que l'on ne peut appréhender simplement en termes d'opposition entre « traditionnel » et « moderne » ou entre « religieux » et « séculier ». De plus, dans la mesure où Habermas fonde les dimensions de système et de monde vécu de la société moderne dans deux principes ontologiques extrêmement différents, on ne voit guère comment sa théorie réussirait à expliquer les développements historiques (reliés entre eux) qui sont intervenus dans l'économie, la politique, la culture et la science, et dans la structure de la vie quotidienne[1]. En d'autres termes, parce que sa théorie combine deux approches unilatérales, elle a du mal à relier les deux dimensions que ces approches sont supposées appréhender.

Ces problèmes s'enracinent en définitive dans l'appropriation par Habermas d'une approche fondée sur la théorie des systèmes, la distinction quasi ontologique entre système et monde vécu, son insistance à distinguer entre logique de développement et dynamique historique et, corrélativement, sa théorie évolutionniste. Je ne peux pas ici aborder directement ces questions complexes, en particulier, les problèmes impliqués par le fait de penser le développement phylogénétique humain d'une manière analogue au schéma de développement ontogénétique de Piaget. Néanmoins, je voudrais attirer l'attention sur un postulat fondamental sous-jacent à l'approche de Habermas : pour fonder sa critique de la société postlibérale, il distingue entre logique historique et dynamique empirique, et cette distinction implique de postuler que la critique ne peut pas être fondée sur la nature et la dynamique mêmes du capitalisme moderne. Dans son étude de la Théorie critique, Habermas montre les limitations du paradigme sujet-objet sur lequel elle se fondait. Toutefois, il conserve apparemment de cette tradition la thèse que le capitalisme est « unidimensionnel », un tout négatif, unitaire, qui n'engendre pas de manière immanente la possibilité d'une critique sociale. Cela est paradoxal puisque, comme nous l'avons vu, l'une des visées théoriques de Habermas a été d'échapper au pessimisme

---

1. Pour une critique similaire, voir Nancy Fraser, « What's Critical About Critical Theory ? : The Case of Habermas and Gender », *New German Critique* n° 35 (automne-hiver 1985), pp. 97-131.

fondamental de la Théorie critique. Mais il est désormais clair qu'il l'a fait en subsumant le capitalisme sous une conception plus large de la société moderne, et non pas en repensant la critique marxienne du capitalisme comme critique de la modernité. Dans le cadre d'une telle approche, le pessimisme de la Théorie critique doit être dépassé en posant un domaine social (dans ce cas, constitué par l'agir communicationnel) qui existe à côté du capitalisme – mais censé ne pas en faire intrinsèquement partie – et qui fonde la possibilité d'une critique sociale. Selon cette approche, l'agir communicationnel est identique au travail dans le marxisme traditionnel ; en conséquence, la critique n'appréhende le capitalisme que comme pathologique et doit donc se fonder elle-même quasi ontologiquement, en dehors de la spécificité social-historique de cette forme de vie sociale.

Cette compréhension implicite du capitalisme comme unidimensionnel et cette appropriation de la notion de médium dirigeant théorisée par Parsons sont liées l'une et l'autre à la compréhension que Habermas a de Marx. J'ai montré que l'analyse faite par la Théorie critique du capitalisme postlibéral comme société dépourvue de contradiction structurelle interne se fonde sur une conception traditionnelle du travail sous le capitalisme comme « travail ». Je me propose maintenant de montrer que la critique de Marx par Habermas dans *Théorie de l'agir communicationnel* et, partant, son tournant vers la théorie des systèmes – en vue de définir la société moderne comme une société où d'importantes dimensions de la vie sociale sont intégrées de façon quasi objective et se situent par conséquent en dehors des limites de la théorie de l'action – ne repose pas moins sur une lecture traditionnelle de Marx.

Habermas interprète la théorie de Marx à travers le prisme de la thèse de l'unidimensionnalité. Il présente l'analyse marxienne du capital, la dialectique du « travail vivant » (le prolétariat) et du « travail mort » (le capital), comme une dialectique de la rationalisation du monde vécu et de la rationalisation systémique. Selon ce type d'interprétation, la critique du capitalisme chez Marx est une critique de son influence destructrice sur le monde vécu des classes laborieuses. Le socialisme, donc, « vient se situer dans le droit fil d'une rationalisation du monde vécu qui a été *manquée* avec la désagrégation capitaliste des formes de vie traditionnelles »[1].

Notons que l'analyse de Marx ainsi comprise ne saisit pas le capitalisme comme double, comme constituant de nouvelles formes qui renvoient au-delà de lui-même ; bien au contraire, elle ne le conçoit que comme une force négative qui détruit et déforme ce qui avait émergé comme conséquence de la rationalisation du monde vécu. La possibilité du socialisme résulte donc de la révolte du monde vécu contre sa destruction par le système. Cela signifie toutefois que le socialisme ne représente pas une société *au-delà* du capitalisme – une nouvelle forme historique –, mais une version alternative, moins déformée, de la même forme historique.

Bien que, comme nous le verrons, Habermas soit critique à l'égard de ce qu'il considère comme l'analyse spécifique de Marx, sa propre approche adopte le topos général du type de critique sociale qu'il attribue à Marx. Ainsi, lorsqu'il examine l'éthique du protestantisme analysée par Weber, Habermas la décrit comme une expression *partielle* des visions du monde éthiquement rationalisées, comme une adaptation à la forme moderne de rationalité économico-administrative – comme une *régression* donc en deçà du niveau qui avait déjà été atteint dans l'éthique, développée de manière communicationnelle, de la fraternité[2]. En d'autres termes, Habermas traite le capitalisme comme une distorsion particulariste d'un potentiel universaliste présent dès l'origine. Cette conception est bien sûr parallèle à celle impliquée par la conception marxiste traditionnelle du socialisme comme réalisation des idéaux universalistes des révolutions bourgeoises, dont l'accomplissement a été empêché par les intérêts particularistes des capitalistes.

Ce thème traditionnel s'exprime également dans le bref compte-rendu que Habermas fait des « nouveaux mouvement sociaux » des dernières décennies. Il analyse ces mouvements soit comme essentiellement défensifs, comme protégeant le monde vécu contre les empiètements du système, soit comme des mouvements pour les droits civiques qui tentent de généraliser socialement les principes universalistes des révolutions bourgeoises[3], mais non comme des

---

1. Habermas, *Théorie de l'agir communicationnel*, t. I, pp. 351-352.
2. *Ibid.*, pp. 234-240.
3. *Ibid.*, t. II, p. 377 et suiv.

mouvements qui expriment de nouveaux besoins et de nouvelles possibilités – c'est-à-dire en termes d'une possible transformation sociale qui renvoie au-delà du capitalisme grâce au potentiel engendré par la forme de vie capitaliste même.

L'approche de Habermas peut donc être comprise, à un niveau, comme conservant certaines caractéristiques clés du marxisme traditionnel. Mais, en même temps, elle critique comme quasi romantique l'analyse spécifique que Marx fait du capitalisme. L'appropriation par Habermas de l'approche fondée sur la théorie des systèmes de Parsons est liée au fait qu'il juge la théorie de la valeur de Marx inadéquate en tant qu'approche de la société moderne, qu'il la juge incapable de traiter les deux niveaux analytiques de « système » et de « monde vécu ». Habermas affirme que, malgré le caractère apparemment « à deux niveaux » de la théorie marxienne, Marx ne propose pas d'analyse adéquate du niveau systémique du capitalisme dans la mesure où il considère fondamentalement ce niveau comme une illusion, comme la forme spectrale de rapports de classes devenus anonymes et fétichisés[1]. Pour cette raison, Marx serait dans l'impossibilité de reconnaître les aspects positifs du développement des interconnexions systémiques de l'économie capitaliste et de l'État moderne ; au lieu de cela, il envisagerait une société future sous la forme d'une société fondée sur la victoire du travail vivant sur le travail mort, du monde vécu sur le système – une société où l'apparence objective du capital a été dissoute. Mais, affirme Habermas, cette vision ne saisit pas l'entièreté et l'importance du niveau systémique. De plus, elle n'est pas réaliste : Weber avait raison de penser que l'abolition du capitalisme privé ne signifierait pas la destruction du travail industriel moderne[2].

La critique de Habermas présuppose que Marx a analysé le capitalisme d'abord en termes de rapports de classes et qu'en procédant ainsi il a sapé sa tentative de saisir les deux niveaux de la société moderne. En d'autres termes, bien que la critique spécifique de Marx par Habermas diffère de celle de ses premiers ouvrages, son interprétation de l'analyse marxienne du capitalisme comme quasi romantique se fonde sur le postulat que Marx aurait formulé une

---

1. *Ibid.*, pp. 372-374.
2. *Ibid.*, pp. 374-375.

critique du point de vue du « travail ». Cette critique du capitalisme, dans la conception de Habermas, renvoie à un processus de « dédifférenciation » des sphères de vie qui se sont différenciées dans la société moderne, processus qu'il considère comme régressif et non souhaitable. C'est pourquoi Habermas se tourne vers la théorie des systèmes pour penser la dimension quasi objective de la société moderne et qu'il tente d'insérer cette théorie dans une approche critique.

Cependant, comme je l'ai établi, l'analyse que Marx fait du travail sous le capitalisme n'est pas celle que Habermas lui prête. Pour Marx, les formes sociales catégorielles de marchandise et de capital ne *voilent* pas seulement les rapports sociaux réels du capitalisme ; elles *sont* bien plutôt les rapports sociaux fondamentaux du capitalisme, elles sont les formes de médiation constituées par le travail dans cette société. La pleine signification de cette différence n'apparaîtra complètement que dans la troisième partie, lorsque j'analyserai le concept de capital chez Marx. Cependant, comme nous l'avons vu, loin de considérer ce que Habermas appelle la « dimension systémique » comme une illusion, comme une projection du « travail », Marx la traite comme une structure quasi objective constituée par le travail aliéné. La critique marxienne porte sur la forme de cette structure et sur la domination abstraite qu'elle exerce. Le point de vue de sa critique n'est pas extérieur à la structure ; Marx n'appelle pas à son abolition complète et n'accepte pas non plus sa forme présente en demandant simplement qu'elle se limite à sa « propre » sphère. Le point de vue de la critique marxienne est bien plutôt une possibilité immanente engendrée par cette structure même.

Comme nous le verrons, ce point de vue, Marx le fonde sur le double caractère du travail sous le capitalisme. Parce que Habermas pense que la critique de Marx est faite du point de vue du « travail » – c'est-à-dire du point de vue du « monde vécu en train de disparaître » –, il affirme à tort que Marx est dépourvu des critères qui lui permettraient de distinguer entre la destruction des formes de vie traditionnelles et la différenciation structurelle du monde vécu[1]. Or la critique de Marx ne se fonde pas sur ce qui *a été*, mais sur ce qui *pourrait être*. Comme je le montrerai, l'analyse marxienne de la

---

1. *Ibid.*, pp. 375-376.

dimension temporelle des formes sociales du capitalisme fournit la base d'une théorie du façonnement social intrinsèque de la forme matérielle de production, de la forme de croissance et de la forme d'administration sous le capitalisme. Cette approche permet de distinguer entre ces formes telles qu'elles existent sous le capitalisme et le potentiel qu'elles portent en elles pour d'autres formes plus émancipatrices.

La conception que Marx a de l'émancipation et qui résulte de son analyse est aux antipodes mêmes de ce que Habermas lui attribue. Anticipons un peu : loin de concevoir le socialisme comme la victoire du travail vivant sur le travail mort, Marx ne comprend pas seulement le travail mort – la structure constituée par le travail aliéné – comme le lieu de la domination sous le capitalisme, mais aussi comme le lieu de la possible émancipation. Cela n'a de signification que si l'on comprend l'analyse critique du capitalisme de Marx comme renvoyant à la possible *abolition* du travail prolétarien (le « travail vivant »), et non à son *affirmation*. En d'autres termes, contrairement à ce qu'affirme Habermas, Marx est d'accord avec Weber sur le fait que l'abolition du capitalisme *privé* ne suffirait aucunement à détruire le travail industriel moderne. Mais – et la différence est primordiale – l'analyse de Marx n'accepte pas la forme existante de ce travail comme nécessaire.

Dans la troisième partie, je montrerai que l'analyse marxienne autorise une critique radicale du capitalisme, qui n'entraîne ni un projet romantique de « dédifférenciation » ni une acceptation de la « cage de fer du travail industriel moderne » comme forme nécessaire de la production technologique avancée. Tout au contraire, l'analyse de Marx peut fournir une critique de la forme de croissance, de la production technologique avancée et des contraintes systémiques exercées sur les décisions politiques sous le capitalisme – et cette critique le ferait de manière à renvoyer au-delà de ces formes. Elle ne se bornerait pas à évaluer négativement les empiètements du système, elle mettrait à nu et analyserait les formes sociales sous-jacentes à son caractère déterminé et à son expansion « impérialiste ». Du point de vue d'une telle critique, on peut dire que Habermas ne fait aucune distinction entre les formes de production et de croissance qui se sont développées sous le capitalisme, et de possibles autres formes « différenciées ». L'approche habermassienne, avec ses catégories statiques d'« argent » et de « pouvoir », est contrainte d'accepter les formes développées sous le capitalisme comme historiquement définitives, comme conséquences de la « différenciation » en soi[1].

Tout en continuant donc à déployer l'analyse de Marx, je montrerai comment celle-ci permet une compréhension non traditionnelle du capitalisme comme contradictoire plutôt que comme unidimensionnel. Cette analyse évite du même coup d'avoir à fonder la critique du capitalisme et la possibilité de sa transformation en dehors du capitalisme lui-même, par exemple dans une logique évolutionniste, transhistorique, de l'histoire – que cette histoire soit interprétée comme processus d'autoréalisation du « travail » ou d'autoréalisation de la communication médiatisée par le langage.

Le problème ici n'est pas seulement de savoir si Habermas interprète Marx correctement, mais si la théorie marxienne, telle que je la reconstruis, rend possible une approche théorique qui non seulement échappe aux faiblesses du marxisme traditionnel et au pessimisme de la Théorie critique, mais encore évite les aspects

---

1. Dans sa dernière critique, Habermas reproche à Marx de ne s'occuper de l'abstraction réelle du capitalisme qu'en termes de travail et, partant, trop étroitement, au lieu de thématiser la « réification des relations sociales en général qui est induite par le système » (*ibid.*, p. 377), ce qui permettrait une théorie plus générale, en mesure de traiter à la fois la bureaucratisation et l'économie. Il existe toutefois une tension entre la compréhension que Habermas a de la théorie marxienne du travail comme processus d'abstraction réelle propre au capitalisme, d'un côté, et son interprétation de l'analyse marxienne du capitalisme fondamentalement en termes de rapports de classes, de l'autre. De plus, même ici, la critique habermassienne se fonde une fois de plus sur une compréhension du travail sous le capitalisme comme « travail », plutôt que comme forme de médiation sociale. Ainsi considérée, l'abstraction réelle du travail sous le capitalisme peut être comprise comme un mécanisme sous-jacent à la réification des rapports sociaux en général. Enfin, la conception que Habermas a de l'« argent » et du « pouvoir » comme médiums dirigeants signale simplement qu'un processus d'abstraction caractérise la société moderne et qu'une théorie critique contemporaine doit prendre en considération à la fois l'économie et l'État. Toutefois, à la différence de la théorie marxienne du travail en tant que médiation sociale, cette conception ne permet pas de distinguer entre les formes d'abstraction ; elle ne saisit pas davantage le procès de directionalité temporelle caractéristique du capitalisme. Je développerai ces thèmes dans la troisième partie, où nous verrons que la théorie de Marx n'est pas celle du primat de la sphère économique (l'« argent ») sur la sphère politique (le « pouvoir »), mais, en réalité, celle d'un développement historique dialectique qui intègre, façonne et transforme à la fois l'économie, la politique et leurs interrelations.

problématiques de la tentative habermassienne de fonder une théorie critique adéquate de la société contemporaine. Adopter une théorie de la spécificité historique de la forme de médiation qui constitue le capitalisme fournit la base d'une réinterprétation du caractère contradictoire du capitalisme et d'une critique de la forme de production, de l'économie et, de manière générale, de la forme d'interdépendance sous le capitalisme, qu'une approche faite d'après la théorie des systèmes ne peut pas proposer. Cette théorie critique traite l'analyse du capitalisme comme étant celle des structures sous-jacentes à la modernité même et autorise une analyse permettant de retrouver l'idée d'une possible transformation de la production et de l'économie et, de là, l'idée du socialisme comme forme de vie historiquement différente.

La notion de spécificité historique tant de la théorie critique de Marx que des formes de vie sociale qu'elle saisit se rapporte également à l'histoire elle-même, au sens de logique immanente au développement historique. Dans la troisième partie, je définirai la façon dont Marx fonde la dynamique historique du capitalisme dans le double caractère de ses formes sociales de base. Cette explication sociale, historiquement spécifique, de l'existence d'une logique historique rejette toute idée de logique immanente à l'histoire humaine et toute autre rétroprojection sur l'histoire en général des conditions propres à la société capitaliste. Chez Marx, la spécificité historique de la critique de l'économie politique marque une rupture définitive avec sa première compréhension transhistorique du matérialisme historique et, partant, avec les concepts de la philosophie de l'histoire (*Geschichtsphilosophie*). Comble de l'ironie, la tentative de Habermas de reformuler le matérialisme historique en termes de logique évolutionniste de l'histoire, qu'il peut poser mais ne peut pas réellement fonder, reste plus proche de la philosophie de l'histoire de Hegel – le « ballast » même dont Habermas tente de libérer le matérialisme historique – que la théorie du Marx de la maturité[1].

La théorie du développement historique impliquée par l'analyse marxienne des formes sociales du capitalisme évite aussi certains problèmes associés à une théorie évolutionniste, transhistorique, du

---

1. Voir Habermas, « Pour une reconstruction du matérialisme historique » *in Après Marx*, Fayard, 1985 ; *Théorie de l'agir communicationnel*, t. II, p. 421.

développement. L'idée qu'une logique historique immanente caractérise le capitalisme, mais non toute l'histoire humaine, s'oppose à toute conception d'un mode unitaire de développement historique. Toutefois, cette idée n'implique aucune forme abstraite de relativisme. Bien que l'apparition du capitalisme en Europe occidentale ait été un développement contingent, la consolidation de la forme-marchandise est un processus global, un processus médiatisé par un marché mondial qui s'est progressivement intégré au développement capitaliste. Ce processus entraîne la constitution de l'histoire mondiale. Ainsi, selon cette approche, il existe un processus universel ayant une logique de développement immanente qui fournit le point de vue d'une critique générale ; ce processus est historiquement déterminé et non pas transhistorique.

En tant que théorie historiquement spécifique de la médiation sociale, l'approche que j'ai esquissée permet également une théorie des formes déterminées de conscience et de subjectivité. Elle pourrait servir de base plus pertinente à une théorie de l'idéologie et aux efforts entrepris en vue de questionner les développements historiques interconnectés qui se produisent dans les diverses sphères de la vie sociale. Parce que ce type d'approche peut rendre compte de la constitution des valeurs et des visions du monde en termes de formes sociales contradictoires, spécifiques, plutôt qu'en termes de progrès moral et cognitif de l'espèce humaine, elle pourrait également servir de point de départ aux tentatives visant à saisir en termes culturels et idéologiques le double caractère du développement capitaliste. On pourrait par exemple analyser certains développements historiques tels que la généralisation de la chasse aux sorcières et de l'esclavage absolu au début des temps modernes ou l'apparition d'un antisémitisme d'extermination à la fin du XIXᵉ siècle et au début du XXᵉ siècle en fonction du double caractère du développement capitaliste, et non pas en termes d'une prétendue « régression » historique ou culturelle impossible à justifier historiquement[1].

---

1. Ainsi ai-je traité l'antisémitisme moderne comme une forme nouvelle d'antisémitisme et non comme une forme héritée. Voir Moishe Postone, « Antisémitisme et national-socialisme » *in Face à la mondialisation, Marx est-il devenu muet ?*, L'Aube, 2003.

La spécificité historique des catégories de la critique du Marx de la maturité a des implications plus générales en matière d'épistémologie sociale autoréflexive. J'ai dit que, parce que l'interaction entre les hommes et la nature et les rapports sociaux fondamentaux sont médiatisés sous le capitalisme par le travail, il est possible de formuler l'épistémologie de ce mode de vie sociale à partir des catégories du travail social aliéné. Or les formes d'interaction avec la nature et entre les hommes varient considérablement selon les formations sociales. En d'autres termes, les différentes formations sont constituées par des modes de constitution sociale différents. Cela veut dire en retour que les formes de conscience *et* le mode même de leur constitution varie historiquement et socialement. Chaque formation sociale requiert donc sa propre épistémologie. De façon plus générale : même si la théorie sociale part de certains principes généraux et indéterminés (par exemple, le travail social en tant que prérequit de la reproduction sociale), ses catégories doivent être adéquates à la spécificité de son objet. Il n'existe aucune théorie sociale déterminée qui soit valable transhistoriquement.

Cette approche marxienne historiquement déterminée fournit un cadre qui permet aussi d'analyser le caractère sous-spécifié des concepts habermassiens de système et de monde vécu. Comme je l'ai montré, Marx déclare que les rapports sociaux capitalistes sont uniques en ceci qu'ils n'apparaissent aucunement comme sociaux. La structure des rapports constitués par le travail lui-même déterminé par la marchandise sape les anciens systèmes de liens sociaux non déguisés, mais sans les remplacer par un système similaire. Apparaît alors un univers social que Marx décrit comme un système d'indépendance personnelle dans un cadre de dépendance objective. Cette structure quasi objective, abstraite, de nécessité et, à un niveau plus immédiat, la latitude d'interaction plus grande dans la société capitaliste que dans une société traditionnelle sont l'une et l'autre des moments de la forme de médiation propre au capitalisme. En un sens, l'opposition du système et du monde vécu – comme, précédemment, celle du travail et de l'interaction – exprime une hypostase de ces deux moments d'une manière qui dissout les rapports sociaux capitalistes en sphères « matérielle » et « symbolique ». Dans ce cadre, les caractéristiques de la dimension de valeur des rapports sociaux aliénés sont attribuées à la dimension systémique. Cette objectivation conceptuelle laisse une sphère de communication apparemment sans détermination, sphère qui n'est plus considérée comme structurée par une forme de médiation sociale (puisque cette forme n'est pas ouvertement sociale) ; cette sphère est au contraire considérée comme autostructurante et « naturellement sociale ». Dans le cadre d'une telle approche, la sous-spécification du monde vécu et du système exprime donc un point de départ théorique qui a conservé l'idée de « travail ».

La lecture de la théorie de Marx que je présente ici change les termes du problème théorique auquel répond Habermas : elle le fait en reconceptualisant l'idée de constitution par le travail comme étant historiquement déterminée. Cette réinterprétation de l'idée marxienne de contradiction abandonne le concept de « travail » et réexamine la thèse de l'« unidimensionalité » du capitalisme. Interpréter le travail sous le capitalisme en tant que socialement médiatisant permet d'échapper au pessimisme fondamental de la Théorie critique d'une autre manière que Habermas : cela entraîne une théorie de la constitution sociale ainsi que de la spécificité de la production et des formes de subjectivité sous le capitalisme ; et permet aussi de concevoir la conscience critique et oppositionnelle comme une possibilité socialement déterminée, comme une possibilité constituée par les formes sociales dialectiques mêmes. Une telle théorie sociale critique, en se fondant elle-même socio-historiquement de cette manière, se sépare des ultimes vestiges de la philosophie hégélienne de l'histoire. Dans ce type d'approche, la possibilité de l'émancipation ne se fonde ni sur le progrès du « travail » ni sur quelque développement de la communication médiatisée par le langage que ce soit ; elle se fonde bien plutôt sur le caractère contradictoire des formes sociales structurantes du capitalisme dans leur développement historique. Je vais à présent me tourner vers l'étude du concept de capital chez Marx et les déterminations initiales de sa dialectique intrinsèque.

TROISIÈME PARTIE

Vers une reconstruction de la critique marxienne : le capital

CHAPITRE VII

Vers une théorie du capital

À ce stade de l'exposé, il me devient possible de procéder à ma reconstruction de la théorie critique de la société capitaliste élaborée par Marx. Jusqu'ici, j'ai examiné les différences entre une critique marxiste traditionnelle faite du point de vue du « travail » et la critique marxienne du travail sous le capitalisme centrée sur les catégories que Marx développe dans les premiers chapitres du *Capital*, en particulier, sur sa conception du double caractère du travail sous le capitalisme, sa distinction entre valeur et richesse matérielle, et son insistance sur la dimension temporelle de la valeur.

Sur la base de cette analyse de la forme-marchandise, je vais maintenant aborder la catégorie de capital. Pour Marx, le capital est une médiation sociale se mouvant elle-même, une médiation sociale qui rend la société moderne intrinsèquement dynamique et qui façonne le procès de production. Dans *Le Capital*, Marx développe cette catégorie en la déployant dialectiquement à partir de la marchandise, ce qui revient à dire que les déterminations de base du capital sont impliquées par la forme sociale de cette dernière. En indiquant la relation qu'entretiennent la forme-marchandise et la forme-capital, Marx vise à éclairer la nature du capital en même temps qu'à rendre plausible son point de départ – l'analyse du double caractère de la marchandise comme noyau structurel du capitalisme. Ce qui caractérise le capitalisme selon Marx, c'est qu'il possède – du fait de la spécificité des rapports qui le structurent – un noyau contenant ses traits essentiels. À travers sa critique de l'économie politique, Marx tente d'établir l'existence de ce noyau et de démontrer que celui-ci sous-tend la dynamique historique interne du capitalisme. Ce noyau devrait donc être dépassé pour que cette société soit niée historiquement.

Dans cette partie, je présenterai les grandes lignes de l'exposé que Marx fait de la catégorie de capital et de la sphère de production. Étudier cet exposé en détail dépasserait les limites du présent ouvrage ; je me limiterai donc dans les chapitres suivants à préciser quelques aspects essentiels des formes sociales que Marx déploie dans son analyse du capital, en les examinant par rapport à certaines implications de sa théorie critique des catégories initiales. Procéder ainsi montrera en quoi mon analyse de ces catégories oblige à repenser la dialectique marxienne des forces productives et des rapports de production et jette du même coup une lumière nouvelle sur la catégorie complexe de capital chez Marx et sa compréhension du dépassement du capitalisme. (Cette étude abordera plusieurs aspects du capitalisme moderne sans toutefois prétendre aucunement à l'exhaustivité.)

En général, l'interprétation ici proposée de la catégorie marxienne de capital montrera à nouveau que la critique de Marx n'analyse pas la société capitaliste simplement d'après les traits non déguisés du capitalisme libéral, c'est-à-dire d'après les rapports de distribution bourgeois. Bien plutôt, elle saisit comme intrinsèques au capitalisme le procès de production industriel fondé sur le prolétariat et, plus généralement, la subsomption des individus sous de grandes unités sociales et entraîne une critique de la logique historique productiviste du capitalisme. Elle présente par là même implicitement le socialisme comme la négation historique tant des caractéristiques « postlibérales » du capitalisme que des rapports de distribution bourgeois.

Argent

Au livre I du *Capital*, Marx développe une analyse de l'argent puis du capital en s'appuyant sur les déterminations initiales de la marchandise. Il commence par étudier le procès d'échange en disant que la circulation des marchandises diffère, dans sa forme

comme dans son contenu, de l'échange direct des produits. La circulation des marchandises fait sauter les barrières temporelles, géo-
graphiques et individuelles imposées par l'échange direct des
produits. Ainsi se développe tout un cercle de connexions sociales ;
quoique constitué par des agents humains, ce cercle échappe à leur
contrôle[1]. Historiquement parlant, la forme-marchandise que revêt
la médiation sociale d'un côté engendre le producteur privé indépendant, et d'un autre côté constitue le procès social de production
et les rapports entre producteurs sous la forme d'un système aliéné
indépendant des producteurs eux-mêmes, un système de dépendance objective complète[2]. Plus généralement, elle engendre un
monde de sujets et un monde d'objets. Ce développement socioculturel procède du développement de la forme-argent[3].

Marx structure son analyse de l'argent comme un déploiement
dialectique au cours duquel il fait logiquement dériver tant la forme
sociale de l'argent, qui mène à l'analyse du capital, que les formes
phénoménales qui voilent cette forme sociale. Partant de son analyse de la marchandise en tant que dualité de la valeur et de la valeur
d'usage, Marx détermine initialement l'argent comme l'expression
phénoménale de la dimension de valeur de la marchandise[4]. Selon
lui, l'argent ne rend pas les marchandises commensurables dans une
société où la marchandise est la forme universelle du produit ; il est
bien plutôt l'expression, la forme phénoménale nécessaire de leur
commensurabilité, parce que le travail agit comme activité socialement médiatisante. Pourtant, cela ne *paraît* pas être le cas, comme
Marx l'indique ensuite lorsqu'il explique les diverses fonctions de
l'argent (comme mesure des valeurs, moyen de circulation et
argent). Il montre qu'il existe une disjonction quantitative nécessaire entre valeur et prix, et qu'une chose peut avoir un prix sans
avoir une valeur. Aussi la nature de l'argent sous le capitalisme est-
elle voilée – l'argent n'apparaît pas comme l'expression extériorisée

---

1. Marx, *Le Capital*, livre I, pp. 126-129.

2. *Ibid.*, p. 122. Comme je l'ai suggéré, cette opposition, telle qu'elle se développe avec le développement du capitalisme, fournit le point de départ d'une
analyse socio-historique de l'habituelle opposition entre les théories sociales objectivistes et les théories sociales qui se focalisent unilatéralement sur l'activité
humaine.

3. *Ibid.*, p. 101.

4. *Ibid.*, pp. 79-80, 107.

de la forme de médiation sociale qui constitue la société capitaliste (le travail abstrait objectivé en tant que valeur[1]). De plus, parce que la circulation des marchandises s'effectue par l'extériorisation de leur double caractère – sous la forme de l'argent et sous la forme des marchandises –, celles-ci semblent être de purs objets « chosistes », des biens circulant grâce à l'argent, et non des objets auto-médiatisants, des médiations sociales objectivées[2]. De cette manière, la nature particulière de la médiation sociale sous le capitalisme engendre une antinomie – bien caractéristique des visions du monde occidentales modernes – entre une dimension concrète « chosiste », « sécularisée », et une dimension purement abstraite, par laquelle est voilée la nature socialement constituée des deux dimensions, ainsi que leur relation interne.

Pour Marx, la nature de la médiation sociale sous le capitalisme est encore obscurcie par le fait que l'argent s'est historiquement développé de telle sorte que les pièces et le papier-monnaie en sont venus à servir de signes de la valeur. Il n'existe toutefois aucun lien direct entre la valeur de ces signes et la valeur qu'ils signifient. Étant donné que des objets même relativement sans valeur (pièces, papier-monnaie) peuvent servir de moyens de circulation, l'argent n'apparaît pas comme un support de valeur. En conséquence, l'existence même de la valeur en tant que médiation sociale, qu'elle soit localisée dans la marchandise ou dans son expression qu'est l'argent, est voilée par ce rapport de surface contingent entre signifiant et signifié[3]. Ce processus réel d'obscurcissement est renforcé par la fonction de l'argent comme moyen de paiement des marchandises, acquises préalablement par contrats, et comme argent de crédit. Dans ces deux derniers cas, l'argent ne semble plus médiatiser le procès d'échange ; le mouvement des moyens de paiement ne semble au contraire que refléter et valider une connexion sociale qui était déjà présente indépendamment[4]. En d'autres termes, les rapports sociaux capitalistes peuvent paraître n'avoir rien à voir avec la forme-marchandise de la médiation sociale. Ces rapports apparaissent bien plutôt soit comme donnés, soit comme constitués

---

1. *Ibid.*, p. 115-116.
2. *Ibid.*, pp. 129-131.
3. *Ibid.*, pp. 141-144.
4. *Ibid.*, pp. 152-155.

par convention, par des contrats entre des individus se déterminant eux-mêmes.

Dans cette section de son exposé, Marx examine comment la forme-argent à la fois exprime et voile de plus en plus la forme de médiation sociale saisie par la catégorie de marchandise, et il le fait d'une façon qui critique implicitement les autres théories de l'argent et de la société. Dans son analyse de l'argent, Marx déploie aussi un renversement dialectique : l'argent est un moyen social qui devient une fin. Cette étude sert de pont entre son analyse de la marchandise et celle du capital. Nous avons vu que Marx analyse la marchandise comme forme objectivée de médiation sociale : la marchandise, quand elle est généralisée, est une forme par laquelle le produit se médiatise lui-même. Partant de cette détermination, Marx décrit la circulation de la marchandise comme un processus dans lequel la production et la distribution sociales des biens – ce qu'il appelle le procès de « métabolisme social » ou de « transformation de la matière » *(Stoffwechsel)* – sont médiatisées par la « transformation de la forme » *(Formenwechsel)* ou « métamorphose » des marchandises, de valeurs d'usage en valeur et de nouveau en valeurs d'usage[1]. En d'autres termes, en présupposant que la marchandise est la forme générale du produit – qu'elle est donc intrinsèquement valeur en même temps que valeur d'usage –, Marx analyse la vente de la marchandise A pour de l'argent, lui-même utilisé pour acheter la marchandise B, comme un procès de « métamorphose ». À la première étape, la marchandise A se transforme et passe de la forme manifeste de sa valeur d'usage particulière en la forme manifeste, générale, de sa dimension de valeur (argent) ; cette dernière se transforme, à la seconde étape, en une autre forme manifeste particulière, la marchandise B. (L'idée centrale de cette interprétation de l'échange marchand apparaît mieux dans la suite du texte de Marx, lorsqu'il traite le capital en tant que valeur qui s'autodépense et revêt la forme tantôt de marchandises, tantôt d'argent.) Pour Marx, il s'agit d'un procès dans lequel la production et la distribution (la transformation de la matière) s'effectuent de façon historiquement spécifique par la transformation de la forme. Ce procès exprime le double caractère du travail sous le capitalisme, le fait que le rapport des hommes entre eux et avec la nature est

---

1. *Ibid.*, pp. 118-120.

médiatisé par le travail. À un autre niveau, Marx décrit initialement le procès d'échange des marchandises – marchandise *A*-argent-marchandise *B* – comme un procès consistant à vendre pour acheter[1].

Au cours de son étude, Marx note toutefois que la nature de la circulation marchande est telle que la transformation de la forme, initialement déterminée au niveau logique comme moyen social, comme façon de médiatiser la transformation de la matière, devient une fin en soi[2]. Il fonde ce renversement dialectique dans la nécessité sociale d'accumuler de l'argent, laquelle est engendrée par les rapports du procès même de circulation du fait que, lorsque la circulation marchande se généralise, aucun achat ne peut être effectué par une vente simultanée. Il faut au contraire posséder de l'argent pour consommer et régler ses dettes. Bien que, selon la logique qui sous-tend le système, on vende pour acheter, vendre et acheter se séparent, et la dimension de valeur extériorisée de la marchandise – l'argent – devient un but de vente qui se suffit à lui-même[3]. Avec l'extension de la circulation, tout devient convertible en argent[4] et celui-ci devient du même coup un niveleur social radical. Il incorpore une nouvelle forme de puissance sociale, une forme de puissance sociale objectivée, qui est indépendante du statut social traditionnel et peut ainsi devenir la puissance privée de la personne privée[5].

À ce stade de l'exposé, Marx passe à la catégorie de capital. Tandis qu'il étudie la dimension subjective de l'apparition de l'argent en tant que fin – le désir d'amasser et les vertus « protestantes » de l'assiduité au travail, de l'abstinence et de l'ascétisme –, Marx remarque qu'amasser de l'argent n'est pas un mode d'accumulation logiquement adéquat à la valeur, à une forme générale-abstraite qui est indépendante de toute spécificité qualitative. Marx développe

---

1. *Ibid.*, p. 120.

2. *Ibid.*, pp. 147-148.

3. *Ibid.*, pp. 147-148, 154, 160.

4. « La circulation devient la grande cornue sociale dans laquelle tout vient atterrir afin d'en ressortir cristal monétaire. Rien ne résiste à cette alchimie » (*ibid.*, p. 149).

5. *Ibid.*, pp. 149-150. Cette forme de puissance sociale, détermination initiale de la puissance de la classe capitaliste, est l'expression concrète de la forme abstraite de domination sociale dont nous parlons. Elles sont liées mais ne sont pas identiques.

une contradiction logique entre la nature illimitée de l'argent – quand on le considère qualitativement comme représentation universelle de la richesse, directement convertible en n'importe quelle autre marchandise – et la limitation quantitative de toute somme d'argent réelle[1]. De cette manière, Marx prépare le terrain à la catégorie de capital, une forme qui incorpore plus adéquatement tant la pulsion à l'accumulation infinie (implicite dans la forme-valeur) que le renversement dialectique décrit ci-dessus. Avec le capital, la transformation de la forme (-marchandise) devient une fin en soi et, comme nous le verrons, la transformation de la matière devient le moyen de cette fin. La production, en tant que procès social de transformation de la matière, qui médiatise les hommes et la nature, est subsumée sous la forme sociale constituée par la fonction socialement médiatisante du travail sous le capitalisme.

Capital

Marx introduit d'abord le capital – catégorie par laquelle il saisit la société moderne – à l'aide d'une formule générale informée par son analyse de la valeur et de la marchandise. Marx caractérise le circuit des marchandises comme Marchandise-Argent-Marchandise (ou M-A-M), comme une transformation qualitative d'une valeur d'usage en une autre, mais il présente le circuit du capital comme Argent-Marchandise-Argent ou, plus exactement, A-M-A', où la différence entre A et A' n'est nécessairement que quantitative[2]. Notons que, tout comme son analyse de M-A-M, l'analyse que Marx fait de A-M-A, en tant que nécessairement A-M-A', présuppose la marchandise comme forme générale du produit. En d'autres termes, avec la formule A-M-A', Marx ne tente ni de prouver que l'investissement pour le profit existe sous le capitalisme, ni de fonder la genèse historique du capitalisme dans le déploiement logique des catégories. Il présuppose bien plutôt l'existence du capitalisme et de l'investissement pour le profit ; son objectif, c'est d'éclairer de manière critique, à l'aide de ses catégories, la nature et le développement sous-jacents à cette forme de vie sociale.

---

1. *Ibid.*, pp. 149-151.
2. *Ibid.*, pp. 166-170.

La formule A-M-A' ne se rapporte pas à un procès par lequel la *richesse* en général augmente, mais par lequel la *valeur* augmente. Marx nomme la différence quantitative entre A et A' : *survaleur*[1]. Selon Marx, la valeur devient capital du fait d'un procès de valorisation de la valeur par lequel sa grandeur augmente[2]. L'analyse marxienne du capital vise à saisir la société moderne en termes de processus dynamique inhérent à ces rapports sociaux qui sont objectivés dans la forme-valeur de la richesse et, partant, dans la forme-valeur du surplus. Ce qui, dans cette analyse, caractérise la société moderne, c'est que le surplus social existe sous la forme de la survaleur et que cette forme implique une dynamique.

Examinons ces déterminations plus avant. La formule A-M-A' vise à représenter un procès continu : A' n'est pas simplement retiré à la fin du processus en tant qu'argent, il reste partie intégrante du circuit du capital. En d'autres termes, ce circuit est en réalité A-M-A'-M-A''-M... À la différence du mouvement entraîné par la circulation des marchandises et l'écoulement de l'argent, ce circuit implique la croissance continue et la directionalité ; quoique directionnel, ce mouvement est quantitatif et sans fin extérieure à lui-même. Alors qu'on peut dire que la circulation des marchandises a un but final qui se trouve en dehors du procès – à savoir la consommation, la satisfaction des besoins –, selon Marx la force qui pousse le circuit A-M-A', son but déterminant, c'est la valeur elle-même, une forme générale-abstraite de richesse par rapport à laquelle toutes les formes de richesse matérielle sont quantifiées[3]. Ce caractère quantitatif abstrait de la valeur en tant que forme de richesse

---

1. *Ibid.*, p. 170.

2. *Ibid.*, pp. 170-171.

3. *Ibid.* Bien que A-M-A' décrive le mouvement de la totalité sociale, le circuit M-A-M reste primordial pour la majorité des hommes qui, dans la société capitaliste, dépendent de la vente de la force de travail pour acheter des moyens de consommation. Critiquer les ouvriers en disant qu'ils s'« embourgeoisent » quand ils s'intéressent aux « biens matériels », c'est oublier comment le travail salarié est intégré à la société capitaliste et c'est brouiller la distinction entre M-A-M et A-M-A'. C'est le second circuit qui définit la classe bourgeoise.

Par ailleurs, l'un des buts du mode d'exposition de Marx est d'indiquer que ces deux circuits sont systémiquement interconnectés. Dans une société où la marchandise est universelle et où les hommes se reproduisent au moyen du circuit M-A-M, la valeur est la forme de la richesse et du surplus, et le procès de production sera donc nécessairement façonné et mû par le circuit A-M-A'. Une société fondée sur le seul circuit M-A-M ne peut pas exister ; pour Marx, ce type de

est lié au fait qu'elle est également un moyen social, un rapport social objectivé. Avec l'introduction de la catégorie de capital, un autre moment de la détermination de la valeur en tant que moyen est introduit : la valeur, comme forme de richesse abstraite de la spécificité qualitative de tous les produits (donc de leurs usages particuliers) et dont la grandeur est fonction du seul temps abstrait, reçoit son expression logique la plus adéquate quand elle sert de moyen pour plus de valeur, pour l'expansion infinie de la valeur. Avec l'introduction de la catégorie de capital, la valeur se révèle donc être un moyen en vue d'un but qui est lui-même un moyen, et non une fin[1].

Le capital est une catégorie du mouvement, de l'expansion ; c'est une catégorie dynamique, « la valeur en mouvement ». Cette forme sociale est aliénée, quasi indépendante, elle exerce une forme de contrainte abstraite sur les hommes et est en mouvement. Aussi Marx lui donne-t-il l'attribut de l'action. Il détermine initialement le capital en tant que valeur qui s'autovalorise, en tant que substance qui se meut elle-même et qui est sujet[2]. Il décrit cette forme sociale subjective-objective qui se meut elle-même en termes de processus continu et infini d'auto-expansion de la valeur. Ce processus, tel le démiurge de Nietzsche, engendre de grands cycles de production et de consommation, de création et de destruction. Le capital n'a pas de forme définitive, fixée, mais apparaît aux différentes étapes de son développement en spirale sous la forme de l'argent et sous la forme des marchandises[3]. La valeur est donc déployée par Marx comme le noyau d'une forme de médiation sociale qui constitue l'objectivité et la subjectivité sociales, et qui est intrinsèquement dynamique : c'est une forme de médiation sociale qui existe nécessairement sous une forme matérialisée, objectivée, mais

---

société n'est pas le précurseur du capitalisme, c'est une projection d'un moment de la société capitaliste sur le passé. Voir Marx, *Contribution à la critique de l'économie politique*, pp. 35-36.

1. Comme je l'ai dit, le développement et la généralisation de ce que Horkheimer décrit en tant que raison (et action) instrumentale doit être compris socialement (en termes de développement de la forme particulière des moyens sociaux que j'ai commencé à définir) plutôt que techniquement (en termes de « travail » et de production comme tels).

2. *Le Capital*, livre I, pp. 173-175.

3. *Ibid.*

qui n'est pas identique à ses formes matérialisées et qui n'est pas une propriété inhérente à ces formes, qu'il s'agisse de l'argent ou des biens. La façon dont Marx déploie la catégorie de capital éclaire rétrospectivement sa détermination initiale de la valeur comme rapport social objectivé, constitué par le travail, qui est porté par (mais existe « derrière ») les marchandises en tant qu'objets. Cela éclaire l'idée générale de son analyse du double caractère de la marchandise et de l'extériorisation de celle-ci comme argent et comme marchandises.

Le mouvement du capital est sans limite, sans fin[1]. En tant que valeur qui s'autovalorise, le capital apparaît comme un pur procès. Quand on a affaire à la catégorie de capital, on a donc affaire à une catégorie centrale d'une société qui se caractérise par un mouvement directionnel continu, sans fin extérieure déterminée, on s'occupe une société poussée par la production pour la production, par un processus qui existe pour lui-même[2]. *Dans l'analyse de Marx, cette expansion, ce mouvement incessant, est intrinsèquement liée à la dimension temporelle de la valeur.* Comme nous le verrons, le concept marxien de valeur qui s'autovalorise saisit une forme aliénée de rapports sociaux qui possède une dynamique temporelle interne ; cette forme aliénée constitue une logique immanente à l'histoire, elle engendre une structure particulière du travail et transforme en permanence la société tout en reconstituant son caractère capitaliste sous-jacent. Par son étude critique de la production sous le capitalisme, Marx analyse la façon dont les travaux individuels deviennent de plus en plus les composantes cellulaires d'un vaste système complexe et dynamique qui inclut les hommes et les machines et qui est mû par la production pour la production. Bref,

---

1. *Ibid.*, pp. 171-172.

2. *Ibid.*, pp. 666-667. À un niveau très abstrait, ces déterminations initiales du capital fournissent une base socio-historique à la linéarité de la vie dans la société moderne que Max Weber, faisant allusion à l'œuvre de Léon Tolstoï, décrit avec pessimisme : « La vie individuelle du civilisé est plongée dans le "progrès" et dans l'infini et [...], selon son sens immanent, une telle vie ne devrait pas avoir de fin [...] Abraham ou les paysans d'autrefois sont morts "vieux et rassasiés de jours" parce qu'ils étaient installés dans le cycle organique de la vie [...] L'homme civilisé au contraire [...] peut se sentir "las" de la vie et non pas "rassasié" par elle » (« Le métier et la vocation de savant » *in* Weber, *Le Savant et le politique*, UGE-10/18, 1963, pp. 70-71 [Trad. modifiée. N.d.T.]).

chez Marx, la forme-capital des rapports sociaux est aveugle, processuelle et quasi organique [1].

Comment cette forme de rapports sociaux directionnellement dynamique et totalisante se crée-t-elle ? Marx aborde ce problème en cherchant la source de la survaleur, la source de la différence quantitative entre A et A'. Du fait que l'objet de la recherche est une société où A-M-A' représente un processus continu, la source de la survaleur doit être une source continue régulière. Marx s'oppose aux théories qui localisent cette source dans la sphère de la circulation et il affirme, sur la base des déterminations des catégories qu'il a développées jusqu'ici, que l'augmentation continue de la grandeur de la valeur doit prendre sa source dans une marchandise dont la valeur d'usage a la particularité d'être source de valeur. C'est pourquoi il spécifie cette marchandise en tant que *force de travail*, la capacité que le travail a d'être vendu en tant que marchandise [2]. (Rappelons que Marx parle de la source de la valeur, et non de la source de la richesse matérielle.) La formation de la survaleur est intrinsèquement liée à un mode de production fondé sur la force de travail comme marchandise. La condition de ce mode de production est que le travail soit libre en un double sens : les travailleurs doivent être les libres propriétaires de leur capacité de travail et, partant, de leur personne ; mais, en même temps, ils doivent être « libres » de tous les objets dont ils ont besoin pour réaliser leur force de travail [3]. En d'autres termes, la condition de la survaleur, c'est une société où les moyens de consommation sont obtenus par l'échange de marchandises et où les travailleurs – en tant qu'opposés aux artisans et agriculteurs indépendants – ne possèdent aucun moyen de production et sont par conséquent contraints de vendre leur force de travail comme la seule marchandise qu'ils possèdent. Telle est la condition du capitalisme.

---

1. Un examen plus complet de la catégorie de capital que celui que j'ai entrepris explorerait les possibles rapports entre la forme-capital, ainsi déterminée, et le développement en Occident de modes de pensée organiques et biologiques aux XIXe et XXe siècles. Voir Moishe Postone, « Antisémitisme et national-socialisme » *in Marx est-il devenu muet ?*, L'Aube, 2003.

2. *Le Capital*, livre I, pp. 178-187.

3. *Ibid.*, pp. 188-190.

À ce stade de l'exposé, Marx affirme explicitement la spécificité historique des catégories de sa théorie. Pour Marx, bien que la circulation des marchandises et de l'argent précède sans aucun doute le capitalisme, c'est seulement sous le capitalisme que la force de travail devient une marchandise, que le travail prend la forme du travail salarié[1]. C'est bien seulement à ce moment que la forme-marchandise du produit du travail devient universelle[2] et que l'argent devient un équivalent universel réel. Selon Marx, ce développement historique signifie une transformation historique épochale : il « renferme une histoire universelle »[3]. Le capitalisme marque une rupture qualitative avec toutes les autres formes historiques de vie sociale.

Cette section du *Capital* confirme mon idée de départ selon laquelle le déploiement logique des catégories (de la marchandise au capital en passant par l'argent) ne doit pas se comprendre comme une progression historique nécessaire. La marchandise, au début du *Capital*, présuppose le travail salarié. Marx souhaite que son mode d'exposition soit non pas un déploiement historique, mais un déploiement logique qui parte du cœur même du système. Cette idée est encore renforcée par l'affirmation de Marx selon laquelle, bien que le capital des marchands et le capital porteur d'intérêts précèdent historiquement la « forme fondamentale » moderne du capital, ceux-ci dérivent logiquement de cette forme fondamentale sous le capitalisme (et sont donc traités ultérieurement dans l'exposé, au livre III du *Capital*[4]). Je reviendrai plus loin sur ce thème du rapport entre l'histoire et la logique chez Marx.

Cette lecture contredit l'interprétation, critiquée au chapitre IV, selon laquelle l'analyse marxienne de la valeur au livre I du *Capital* postule un modèle de société précapitaliste et que l'analyse du prix et du profit au livre III porte sur la société capitaliste, ce qui implique que la valeur précède historiquement le prix. Or mon interprétation suggère au contraire que, de même que la circulation de la marchandise, l'argent, le capital des marchands et le capital porteur d'intérêts précèdent historiquement la forme moderne du

---

1. *Ibid.*, pp. 190-191.
2. *Ibid.*, p. 191, n. 41.
3. *Ibid.*, p. 191.
4. *Ibid.*, pp. 184-185.

capital, de même *les prix* – même s'il ne s'agit pas des « prix de production » auxquels Marx se réfère dans le livre III – *précèdent la valeur*[1]. La valeur comme catégorie totalisante *ne* se constitue *que* sous le capitalisme.

À cet égard, il est révélateur que ce soit seulement lorsque Marx commence à développer la catégorie de capital qu'il argumente contre les théories qui analysent la valeur d'une marchandise en fonction de ses rapports aux besoins. Il s'oppose aux théories qui confondent la valeur d'usage avec la valeur et n'examinent pas adéquatement la nature de la production[2]. Le fait que ces arguments apparaissent à ce stade de l'exposé de Marx implique que la dérivation déductive de la valeur qu'il entreprend au chapitre d'ouverture du *Capital n'est pas* la base réelle de son argumentation concernant la valeur – que la valeur n'est pas une catégorie subjective, mais une médiation sociale objectivée qui est constituée par le travail et mesurée par la dépense de temps de travail. En fait, la base réelle de cette position est fournie par Marx avec le déploiement de la catégorie de capital et l'analyse de la production. Dans la façon que Marx a de comprendre la valeur, celle-ci, loin d'expliquer l'équilibre du marché sous le capitalisme, voire de fonder un modèle de société précapitaliste, se réalise en tant que catégorie sociale structurante seulement lorsque le capital se constitue en tant que forme totalisante. C'est, comme nous le verrons, une catégorie de l'efficacité, de la rationalisation et de la transformation continue. *La valeur est la catégorie d'une totalité directionnellement dynamique.*

---

1. C'est le cas lorsque Marx, dans le manuscrit publié en tant que livre III du *Capital*, affirme qu'il faut voir les valeurs des marchandises comme précédant, historiquement et théoriquement, les prix de production (p. 179). [Les « prix de production » sont les prix des marchandises échangées en tant que produits de capitaux ; ils sont spécifiques au capitalisme (p. 178).] Cette affirmation est toutefois contredite par la logique de la présentation de Marx ainsi que par d'innombrables affirmations par lesquelles il reproche aux économistes politiques tels que Smith et Torrens de transposer la valeur, catégorie du capitalisme, aux conditions précapitalistes. Je suggère de comprendre le terme « valeurs » dans la précédente affirmation approximativement comme valeurs d'échange ou prix des marchandises dans la société précapitaliste. Selon ma lecture, ces prix précèdent à la fois la valeur, telle que Marx développe cette catégorie dans sa critique de l'économie politique, et les prix de production.

2. *Le Capital*, livre I, pp. 178-180.

Notons enfin qu'à l'intérieur de la structure argumentative de Marx, de même que le concept de capital comme valeur qui s'auto-valorise éclaire rétrospectivement les premières déterminations du double caractère de la marchandise, de même le concept de force de travail comme marchandise éclaire rétrospectivement l'idée que la marchandise comme valeur soit constituée par le travail abstrait – c'est-à-dire par le travail comme activité socialement médiatisante. Cette fonction du travail apparaît très clairement avec la catégorie de force de travail. Néanmoins, il ne faut pas confondre les concepts marxiens de travail abstrait et de travail salarié. En commençant par la catégorie de marchandise comme forme sociale, plutôt que par la catégorie sociologique de travail salarié, Marx tente de saisir la spécificité historique de la richesse sociale et la fabrique des rapports sociaux sous le capitalisme, le caractère dynamique de cette société, ainsi que la structure du travail et de la production, et cela à l'aide de catégories qui saisissent aussi socio-historiquement certaines formes spécifiques de subjectivité. Or la catégorie de travail salarié ne pourrait pas servir de point de départ permettant de déployer ces différentes dimensions du capitalisme.

La critique de la société civile bourgeoise

Lorsque Marx introduit les concepts de survaleur et de force de travail, il commence par décentrer son étude, depuis la sphère de la circulation, qu'il caractérise comme étant à la « surface » de la société, accessible à tous les regards, jusqu'à celle de « l'antre secret de la production »[1]. Avant d'effectuer ce déplacement, il résume la dimension subjective des catégories qu'il a développées dans son exposé jusqu'ici. En d'autres termes, il attire l'attention sur les notions et les valeurs qu'il avait implicitement déployées comme moments immanents des formes sociales catégorielles qui structurent M-A-M, la sphère de la circulation. Ce résumé fournit d'importants aperçus sur la nature de la critique marxienne de la société civile bourgeoise, à laquelle j'ai fait allusion, et sur la signification du fait que Marx se concentre sur la production.

---

1. *Ibid.*, p. 197.

Pour Marx, la sphère de la circulation ou de l'échange des marchandises :

> « [est] un véritable Éden des droits innés de l'homme. Ne règnent ici que la Liberté, l'Égalité, la Propriété et Bentham. Liberté ! Car l'acheteur et le vendeur d'une marchandise, par exemple de la force de travail, ne sont déterminés que par leur libre volonté. Ils passent un contrat entre personnes libres, à parité de droits. [...] Égalité ! Car ils n'ont de relation qu'en tant que possesseurs de marchandises et échangent équivalent contre équivalent. Propriété ! Car chacun ne dispose que de son bien. Bentham ! Car chacun d'eux ne se préoccupe que de lui-même. La seule puissance qui les réunisse et les mette en rapport est celle de [...] leurs intérêts privés. Et c'est justement parce qu'ainsi chacun s'occupe de ses propres affaires, et personne des affaires d'autrui, que tous, sous l'effet d'une harmonie préétablie des choses ou sous les auspices d'une Providence futée à l'extrême, accomplissent seulement l'œuvre [...] de l'intérêt de tous »[1].

De quelle nature est cette critique ? À un certain niveau, elle localise comme socio-historiquement constitués ces modes structurés d'activité sociale et de valeurs qui sont pris pour « extérieurs » et « naturels ». Marx relie clairement les déterminations de la société civile – telles qu'elles s'expriment dans la pensée des Lumières, dans les théories de l'économie politique et de la loi naturelle, et dans l'utilitarisme – à la forme-marchandise des rapports sociaux. Il affirme qu'en Europe occidentale la différenciation de la vie sociale en une sphère politique formelle et une sphère de la société civile (différenciation qui fait que cette dernière fonctionne indépendamment du contrôle politique et se révèle également libre de nombreuses contraintes sociales traditionnelles) est étroitement liée à la généralisation et à l'approfondissement de cette forme de rapports sociaux, tout comme le sont les valeurs modernes de liberté et d'égalité ainsi que l'idée que la société est construite par les activités des individus autonomes agissant selon leurs intérêts propres. En fondant socio-historiquement l'individu moderne – qui

---

1. *Ibid.*, p. 198.

est un point de départ non étudié de la pensée des Lumières –, les valeurs et les modes d'action liés à la société civile, Marx tente de dissiper l'idée qu'ils soient « naturels », qu'ils apparaissent lorsque les hommes, libérés des entraves des superstitions irrationnelles, des coutumes et de l'autorité, peuvent poursuivre leurs intérêts propres rationnellement et en harmonie avec la nature humaine (par quoi ce qui est « rationnel » est évidemment conçu comme indépendant de toute spécificité socio-historique). De plus, Marx fonde socialement l'idée même d'une forme de société « naturelle » : le capitalisme diffère fondamentalement des autres sociétés en ce que ses rapports sociaux déterminants sont opaques, mais « objectivement » constitués et, partant, en ce qu'ils n'apparaissent aucunement comme socialement spécifiques. Cette différence inscrite dans la fabrique même des rapports sociaux est telle que la différence entre les sociétés non capitalistes et les sociétés capitalistes semble être une différence entre des institutions sociales qui sont extérieures à la nature humaine (donc « artificielles ») et celles qui sont socialement « naturelles »[1]. En spécifiant les rapports sociaux déterminants du capitalisme, en montrant qu'ils n'apparaissent aucunement comme sociaux et en indiquant que les individus apparemment décontextualisés, qui agissent en fonction ce qui semble être leur intérêt, sont eux-mêmes socio-historiquement constitués (tout comme l'est la catégorie même d'intérêt), la théorie critique marxienne de la société capitaliste fonde socialement et, du même coup, ruine l'idée moderne du « socialement naturel »[2].

Toutefois, la critique marxienne des modes structurés d'action et des valeurs enracinés dans la sphère de la circulation ne montre pas simplement que tout cela est socialement constitué et historiquement spécifique. Nous avons vu que Marx localise la circulation à la « surface » de la société, contrairement à la sphère de la production qui représenterait un niveau « plus profond » de la réalité

---

1. *Ibid.*, p. 93, n. 33.

2. Cet argument pourrait servir de point de départ à la critique de l'idée de Habermas, développée dans *Théorie de l'agir communicationnel*, selon laquelle le travail de sape mené par le capitalisme à l'encontre des formes sociales traditionnelles rend possible l'apparition historique d'un monde vécu constitué par l'agir communicationnel comme tel, c'est-à-dire constitué par une action sociale dont les caractéristiques ne sont pas socialement déterminées.

sociale – et où les valeurs associées à la sphère de la circulation sont niées. Bien que Marx soit critique à l'égard de toute théorie du capitalisme qui se focalise sur les rapports de distribution à l'exclusion des rapports de production, il n'entend pas seulement montrer que l'on trouve « derrière » la sphère de la circulation, avec son égalité formelle, sa liberté et son manque de force externe, une sphère de la production marquée par la domination directe, l'inégalité et l'exploitation ; sa critique n'écarte pas seulement les institutions, les structures et les valeurs propres à la sphère de la circulation comme de simples masques. Il affirme bien plutôt que la circulation des marchandises n'est qu'un moment d'une totalité plus complexe – et refuse par là même toute tentative de considérer ce moment comme s'il était le tout.

Cependant, en prenant cette sphère pour un moment de la totalité, Marx lui accorde aussi une importance historique et sociale réelle, et pas seulement en tant que base sociale des idéologies de légitimation du capitalisme. Les grandes révolutions bourgeoises en sont un bon exemple, tout comme l'est la question de la nature et du développement de la conscience des travailleurs. Il est par exemple révélateur que, pour Marx, le rapport entre travailleurs et capitalistes existe aussi bien dans la sphère de la circulation que dans la sphère de la production. C'est-à-dire qu'un moment déterminant de la nature et du développement de ce rapport, c'est qu'il soit un rapport d'égalité formelle entre les propriétaires de marchandises dans la sphère de la circulation[1]. Ainsi, lorsque Marx analyse la valeur de la force de travail comme marchandise en termes de valeur des moyens de subsistance des travailleurs, il souligne le fait que la quantité et le niveau des besoins des travailleurs, tout comme la façon dont ils sont satisfaits, ne sont pas figés ; bien au contraire, ils varient historiquement et culturellement, et dépendent des habitudes et des exigences de la classe des travailleurs libres. Comme le dit Marx, « la valeur de la force de travail contient [...] un élément historique et moral »[2]. Je ne développerai pas ici les riches conséquences de ce passage, sinon pour noter qu'un moment constituant de l'élément historique et moral auquel Marx se réfère est que les

---

1. *Le Capital*, livre I, pp. 188-190.
2. *Ibid.*, p. 193.

travailleurs sont eux aussi des propriétaires de marchandise – c'est-à-dire des « sujets ». Cela ne conditionne pas seulement leurs valeurs (leurs idéaux d'intégrité et de justice, par exemple), mais aussi leur capacité à, et leur volonté de s'organiser sur cette base.

On peut dire ainsi que c'est seulement par l'action collective portant sur les conditions de travail, les horaires et les salaires que les travailleurs acquièrent réellement quelque contrôle sur les conditions de vente de leur marchandise. Et, partant, la possession de marchandises ne peut se réaliser pleinement pour les travailleurs que sous une forme collective – malgré l'idée répandue selon laquelle l'action collective des travailleurs et les formes sociales bourgeoises s'opposent ; les travailleurs ne peuvent donc être des « sujets bourgeois » que *collectivement*. En d'autres termes, la nature de la force de travail comme marchandise est telle que l'action collective *ne* s'oppose *pas* à la possession de marchandises mais est nécessaire à sa réalisation. Le processus historique de réalisation de la force de travail comme marchandise entraîne paradoxalement le développement de formes collectives dans le cadre du capitalisme qui *ne* renvoient *pas* au-delà de cette société – elles constituent bien plutôt un moment important dans la transition du capitalisme libéral au capitalisme postlibéral[1].

L'analyse marxienne du rapport entre travailleurs salariés et capitalistes et de la constitution des valeurs et des formes de conscience des travailleurs ne se borne naturellement pas à l'étude de la sphère de la circulation. Bien que les travailleurs salariés soient les possesseurs d'une marchandise, donc des « sujets » dans la sphère de la circulation, pour Marx ils sont aussi, dans la sphère de la production, des « objets », des valeurs d'usage, des éléments du procès de production. C'est cette détermination simultanée par les deux sphères qui définit le travail salarié. Nous avons noté la double détermination implicite que Marx donne de l'individu constitué

---

1. L'analyse de ces formes collectives par rapport à la marchandise est liée à l'interprétation du capital en tant qu'expression adéquate de la catégorie de valeur ; une telle analyse permettrait de repenser les rapports entre le capital et les grandes organisations et institutions sociales bureaucratiques caractéristiques du capitalisme postlibéral. À un autre niveau, le rapport entre l'effectivité de la propriété marchande et la catégorie de sujet bourgeois permettrait également de repenser l'extension de la levée des taxes en Europe occidentale et en Amérique du Nord aux XIXe et XXe siècles.

dans la société capitaliste : comme sujet et comme objet d'un système de contraintes objectives. Que le travailleur soit à la fois sujet (propriétaire de marchandise) et objet (du procès de production capitaliste) représente l'extension concrète, la « matérialisation », de cette double détermination. Tout traitement adéquat de la compréhension que Marx a du développement de la conscience des travailleurs devra partir de ces deux moments, de leurs interactions et de leurs transformations historiques[1]. Je n'entreprendrai pas cette

---

1. De ce point de vue, mon interprétation de Marx est très différente de celle de Georges Lukács. Dans son étude sur la conscience de classe du prolétariat, Lukács part de l'idée que les travailleurs ne deviennent conscients de leur existence dans la société que lorsqu'ils sont préalablement devenus conscients d'eux-mêmes comme marchandises (voir « La réification et la conscience du prolétariat » *in Histoire et conscience de classe*, Minuit, 1960, p. 210 et suiv.). À la différence de Marx qui considère les travailleurs à la fois comme des objets et des sujets lorsqu'il les analyse en tant que marchandises et en tant que propriétaires de marchandise (*Le Capital*, livre I, p. 188), Lukács fonde la possibilité de la conscience de soi et de la subjectivité oppositionnelle ontologiquement – c'est-à-dire en dehors des formes sociales. L'analyse catégorielle de Marx cherche à saisir la spécificité historique et le développement de la conscience des travailleurs par rapport à l'interaction et au développement de plusieurs dimensions sociales du capitalisme. Marx analyse les formes de conscience qui, tout en transformant la société capitaliste, restent dans son cadre, et suggère les déterminations de celles qui renvoient au-delà de cette société. Or Lukács abandonne, en ce qu'elle a d'essentiel, l'analyse catégorielle des formes déterminées de subjectivité lorsqu'il traite de la conscience du prolétariat. À partir de sa notion de « conscience de soi de la marchandise », il tente de déployer une dialectique abstraite du sujet et de l'objet, qui, d'une conscience de soi de leur existence sociale en tant qu'objets, dérive la possibilité de conscience de soi des travailleurs en tant que sujets historiques (voir « La réification et la conscience du prolétariat », p. 210 et suiv.). La différence entre ces deux approches est liée à la distinction, déjà mentionnée, entre l'analyse que Marx fait du concept hégélien de sujet-objet identique en termes de structure des rapports sociaux (le capital) et l'identification que Lukács fait de ce même concept avec le prolétariat. Alors que la théorie de Marx fonde socialement l'opposition sujet-objet, la version raffinée de la critique sociale du point de vue du « travail » qui est celle de Lukács reste inscrite dans la problématique sujet-objet. Lukács considère le capitalisme comme une forme d'« objectivité » sociale qui dissimule en son cœur les rapports humains « réels » et conçoit l'abolition du capitalisme en termes de réalisation du Sujet historique. Il affirme donc qu'en se connaissant eux-mêmes comme marchandises, les travailleurs peuvent reconnaître le « caractère fétiche de toute marchandise », ce par quoi il veut dire qu'ils peuvent reconnaître les « vrais » rapports entre les hommes, rapports enfouis sous la forme-marchandise (*ibid.*, p. 211). Marx affirme lui aussi que le noyau de la formation sociale est

recherche ici ; je veux simplement remarquer à ce stade de l'exposé que, bien que les valeurs que Marx relie à la sphère de la circulation fournissent, quand elles sont faussement totalisées, la base d'une idéologie de légitimation dans la société capitaliste, elles ont aussi d'importantes conséquences historiques pour la nature et la constitution de modes de critique sociale et politique et pour les mouvements sociaux d'opposition. D'après Marx, elles ont bien un aspect émancipateur, même si elles restent dans le cadre de la société capitaliste.

Cette brève étude des aspects de la critique marxienne de la société civile bourgeoise vient renforcer et préciser mon idée de départ selon laquelle l'analyse marxienne des valeurs émancipatrices de la société bourgeoise n'écarte pas ces valeurs ni ne les soutient en tant qu'idéaux qui ne se réalisent pas sous le capitalisme mais se réaliseront sous le socialisme[1]. Aucune de ces interprétations ne fait justice à la théorie de Marx en tant que théorie de la constitution sociale des idéaux culturels et des formes de conscience. Bien que, dans *Le Capital*, Marx montre effectivement comment la sphère de

---

voilé. Mais ce noyau structurant, c'est la marchandise elle-même comme forme de rapports, et non pas un ensemble de rapports existant « derrière » la marchandise.

J'étudierai comment l'analyse de Marx implique aussi que le type de conscience qui renvoie au-delà du capitalisme est lié au caractère d'objet que revêt le travail humain immédiat à l'intérieur du procès de production. Cependant, la nature et les possibles conséquences de cette conscience sont différentes de celles de l'approche de Lukács. Pour Lukács, le prolétariat se réalise en tant que Sujet de l'histoire en reconnaissant et en abolissant sa détermination sociale comme objet du capitalisme ; pour Marx, le prolétariat est un objet et un appendice du capital – un objet qui est et demeure le présupposé nécessaire du capital, même lorsque ce présupposé devient de plus en plus anachronique. La possibilité que Marx cherche, c'est l'auto-abolition du prolétariat ; cette classe n'est pas le Sujet de l'histoire et ne saurait le devenir.

1. L'idée très répandue selon laquelle les idéaux des révolutions bourgeoises expriment une critique épochale, fondamentale, du capitalisme et qu'ils se réaliseront dans la société socialiste peut être en partie critiquée en se référant à l'idée que les travailleurs organisés se constituent en propriétaire collectif de marchandise. Si l'on comprend de façon erronée les actions et organisations prolétariennes, c'est-à-dire si on les comprend comme étant en soi opposées au capitalisme, alors on comprend aussi de façon erronée les activités sociales et les idéaux de ce propriétaire collectif de marchandise comme renvoyant à la négation du capitalisme même, et non simplement comme négation de sa phase de *laissez-faire**.

la circulation dissimule la nature et l'existence de la valeur, l'opposition qu'il établit entre circulation et production, entre surface et structure profonde, n'est pas identique à l'opposition entre « illusion » et « vérité ». Cette dernière opposition est liée au *topos* d'une critique faite du point de vue du « travail », où la sphère de la production représente un moment transhistorique et ontologiquement plus essentiel, un moment qui est déformé sous le capitalisme par la circulation mais qui émergerait ouvertement sous le socialisme. Or, dans l'analyse de Marx, les sphères de la circulation et de la production sont l'une comme l'autre historiquement déterminées et constituées par le travail dans son double caractère. Aucune sphère ne représente le point de vue de la critique sociale : tant la surface que la structure profonde seront abolies avec l'abolition du capitalisme. Leur opposition n'est donc ni une opposition entre l'apparence illusoire et la « vérité » ni, à l'inverse, une opposition entre les idéaux du capitalisme et leur réalisation partielle ou déformée. Il s'agit bien plutôt d'une opposition entre deux sphères différentes, mais liées entre elles, de cette société, qui sont associées à deux types d'idéaux très différents[1].

Comme je l'ai noté en étudiant l'opposition entre l'universalisme abstrait et la spécificité particulariste, pour Marx, dépasser le capitalisme n'entraînera ni la simple abolition de ses valeurs culturelles ni la réalisation de ces valeurs de la société bourgeoise qu'il juge émancipatrices. Son approche montre au contraire que le dépassement du capitalisme doit s'effectuer sur la base de valeurs historiquement constituées qui représentent un au-delà des oppositions antinomiques, intrinsèquement liées entre elles, qui caractérisent le capitalisme – par exemple, l'opposition entre l'égalité abstraite et l'inégalité concrète.

---

1. Le rapport entre ces diverses sphères change historiquement et varie selon les pays capitalistes. Analyser leur rapport fournirait à une approche des variations et transformations des idéaux et des valeurs sous le capitalisme une dimension centrée sur les diverses façons dont les sphères de production et de circulation sont médiatisées – par exemple, par la coordination du marché ou par la direction d'État.

La sphère de production

À ce stade de l'exposé, je peux faire quelques remarques préliminaires sur la façon dont Marx s'occupe de la sphère de production sous le capitalisme. En partant des différences entre une critique faite du point de vue du « travail » et une critique du caractère du travail sous le capitalisme, on peut dire que l'idée que Marx se fait de la production – idée selon laquelle la production constitue une sphère sociale, plus fondamentale, « cachée » derrière la sphère de circulation qui se trouve, elle, à la « surface » – n'est pas celle de la primauté sociale de la production des moyens physiques de la vie. Elle concerne bien plutôt la constitution des rapports sociaux médiatisés par le travail qui caractérisent le capitalisme. Dans le cadre de l'analyse marxienne, le capital – tout comme la marchandise – est une forme de rapports sociaux. Cette catégorie ne se rapporte ni à la richesse ni à la capacité de produire la richesse en général ; comprise comme forme sociale, elle n'est pas non plus réductible aux rapports de classes. J'ai défini initialement la forme-capital des rapports sociaux comme un Autre qui se meut lui-même, abstrait, aliéné, caractérisé par un mouvement directionnel continu et sans finalité extérieure à lui-même. L'analyse marxienne de la sphère de production cherche à fonder cette dynamique en spécifiant la forme-capital et en interrogeant la constitution et le développement de la forme particulière – intrinsèquement contradictoire et dynamique – des rapports sociaux aliénés. Étant donné le double caractère du travail sous le capitalisme, l'investigation de Marx porte nécessairement aussi sur la création du surproduit[1]. Comme nous le verrons, Marx analyse la dynamique du capital comme un procès non linéaire qui est à la fois procès de reproduction et procès de transformation. En se reproduisant, le capital transforme en permanence de nombreux aspects de la vie sociale.

Marx, en localisant ce procès dynamique dans la sphère de production, affirme que celui-ci ne s'enracine ni dans la sphère de la circulation ni dans celle de l'État. Autrement dit, son analyse suggère que la division bipartite classique de la société moderne en

---

1. Notons que, dans l'analyse de Marx, la survaleur n'est pas équivalente au profit, mais qu'elle se rapporte au surplus social total (de valeur) qui est distribué sous la forme du profit, de l'intérêt, de la rente et des salaires.

État et en société civile est incomplète : elle ne saisit pas la nature dynamique de la société moderne. Marx n'identifie pas simplement la « société civile » au « capitalisme » ni ne pose la primauté d'aucune des sphères du schéma bipartite classique. Bien au contraire, il déclare qu'avec le plein développement du capitalisme, les sphères de l'État et de la société civile d'abord constituées comme séparées s'intègrent de plus en plus en une structure dynamique supérieure qu'il tente de saisir par son analyse de la sphère de la production. Selon cette approche, on ne peut comprendre les changements permanents de la société – y compris les rapports changeants entre l'État et la société civile, ainsi que le caractère et le développement des institutions dans chaque sphère (par exemple, l'apparition de vastes bureaucraties hiérarchiques à la fois dans les secteurs « publics » et « privés ») – qu'en fonction de la dynamique intrinsèque du capitalisme, qui s'enracine dans la « troisième » sphère supérieure : la sphère de la production.

À présent, il me faut suivre la catégorie de valeur depuis la sphère de la circulation, franchir le « seuil » de la « demeure cachée de la production », pour ainsi dire, et montrer comment dans l'analyse de Marx la valeur n'est pas seulement un régulateur de la circulation ni une catégorie de la seule exploitation de classe ; mais, comment, en tant que valeur qui s'autovalorise, elle façonne la forme du procès de production et fonde la dynamique intrinsèque du capitalisme. La possible validité et l'utilité analytique de la catégorie de valeur ne se limitent donc pas nécessairement au capitalisme libéral.

Marx examine le procès de production capitaliste sur la base des déterminations qu'il donne à la marchandise. Pour Marx, ce procès de production possède un double caractère : de même que la marchandise est l'unité de la valeur d'usage et de la valeur, de même le procès de production des marchandises est l'unité d'un « procès de travail » (le procès de production de la richesse matérielle) et d'un procès de création de valeur. À partir de là, Marx déploie le procès de production du capital en tant qu'unité d'un procès de travail et d'un « procès de valorisation » (procès de création de la survaleur[1]). Dans les deux cas, la dimension de valeur d'usage est la forme phénoménale matérielle nécessaire que revêt la dimension de valeur ;

---

1. *Le Capital*, livre I, pp. 209, 221.

comme telle, la première voile le caractère social historiquement spécifique de la seconde.

Avant d'examiner la spécificité et le développement du procès de production capitaliste, Marx considère les déterminations les plus abstraites du procès de travail, en dehors de toute forme sociale spécifique[1]. Selon lui, les éléments fondamentaux du procès de travail sont le travail (compris comme travail concret, comme activité en vue d'une fin : la production de valeurs d'usage) et les moyens de production (les objets sur lesquels le travail s'accomplit et les moyens, ou instruments, de ce travail[2]). Dans ses déterminations abstraites et de base, le procès de travail est la condition universelle du métabolisme *(Stoffwechsel)* des hommes avec la nature et, partant, de l'existence humaine[3].

Cette section du *Capital* est fréquemment sortie de son contexte et comprise comme si elle proposait une définition du procès de travail valable transhistoriquement. C'est particulièrement vrai de la célèbre affirmation de Marx selon laquelle « ce qui distingue d'emblée le plus mauvais architecte de la meilleure abeille, c'est qu'il a construit la cellule dans sa tête avant de la construire dans la cire. [...] Non pas qu'il effectue simplement une modification dans la forme de la réalité naturelle : il y réalise en même temps son propre but »[4]. Et l'on oublie souvent aussi que la présentation de Marx entraîne ensuite un renversement : Marx poursuit en montrant que, sous le capitalisme, le procès de travail est structuré de telle sorte que ce sont précisément les aspects supposés être proprement « humains » – par exemple, le but – qui deviennent des attributs du capital.

Rappelons que, dans son analyse de l'argent, Marx étudie la façon dont la transformation de la forme *(Formwechsel)*, déterminée initialement comme moyen d'effectuer la transformation de la matière *(Stoffwechsel)*, devient une fin en soi. Partant de sa détermination initiale, très abstraite, du procès de travail, Marx développe ce renversement des moyens et des fins : il montre comment le procès de transformation de la matière dans la production est façonné par

---

1. *Ibid.*, p. 199.
2. *Ibid.*, pp. 199-200, 203-204, 206-207.
3. *Ibid.*, pp. 206-207.
4. *Ibid.*, p. 200.

l'objectif de transformation de la forme tel qu'il est exprimé par la catégorie de capital. Lorsqu'il examine le procès de production capitaliste, il prête d'abord brièvement attention aux rapports de propriété correspondants – le fait que le capitaliste achète les facteurs nécessaires au procès de travail (moyens de production et travail) et que par conséquent le travailleur travaille sous le contrôle du capitaliste, à qui reviennent son travail et son produit[1]. Toutefois, Marx ne traite pas la production capitaliste seulement en termes de propriété ni ne se focalise immédiatement sur la production et l'appropriation du surplus ; il commence bien plutôt par étudier la spécificité du procès de production capitaliste par rapport à la forme de richesse qu'il produit. En d'autres termes, bien que Marx décrive la production capitaliste comme l'unité d'un procès de travail et d'un procès de création de la survaleur, il tente initialement de la saisir en étudiant ses déterminations de base à un niveau logique premier, en tant qu'unité d'un procès de travail et d'un procès de création de valeur[2]. Il place la forme-valeur de la richesse au cœur de ses réflexions.

D'abord, Marx analyse les implications logiques du procès de production de la valeur. Ensuite, il déploie le procès de production capitaliste en montrant comment, au cours de ce procès, ces implications logiques se matérialisent. Marx commence par relever que les éléments du procès de travail acquièrent une signification différente lorsqu'on les considère en termes de procès de création de valeur : le but du procès de production n'est plus simplement le produit en tant que valeur d'usage ; bien plutôt, les valeurs d'usage ne sont produites que parce que et dans la mesure où elles sont des supports de valeur. Le but de la production n'est pas seulement la valeur d'usage mais la valeur – plus précisément, la survaleur[3]. Or cela modifie la signification du travail dans le procès de production. Lorsqu'il déploie ses premières déterminations catégorielles, Marx dit que la signification transhistorique du travail en tant qu'activité qualitativement spécifique en vue d'une fin, la création de produits spécifiques, est modifiée dans la production capitaliste. Le travail,

---

1. *Ibid.*, pp. 206-208.
2. *Ibid.*, p. 209.
3. *Ibid.*

considéré en termes de procès de création de valeur, n'a de signification que quantitative, comme source de valeur, indépendamment de sa spécificité qualitative[1]. Cela signifie nécessairement en retour que la spécificité qualitative des matériaux et des produits n'ont, eux aussi, aucune signification par rapport à ce procès. Marx affirme en effet qu'en dépit des apparences la fonction réelle des matières premières dans la création de la valeur est seulement d'absorber une quantité définie de travail et que le produit sert seulement à mesurer le travail absorbé. « Un quantum de produit déterminé, tel que l'expérience l'établit, ne fait plus que représenter un quantum de travail déterminé, une masse déterminée de temps de travail coagulé. Il n'est plus que la matérialisation d'une heure, de deux heures, ou d'une journée de travail social »[2]. C'est-à-dire qu'élargissant l'analyse qu'il avait commencé à développer à propos de la circulation des marchandises, Marx affirme que ce qui caractérise la production capitaliste, c'est que la transformation de la matière par le travail n'est qu'un moyen en vue de créer la forme sociale constituée par le travail (la valeur). Dire que le but de la production est la (sur)valeur, c'est dire que ce but c'est la médiation sociale elle-même.

L'analyse marxienne du procès de production vu comme procès de création de valeur fournit une détermination logique initiale à l'indifférence, structurellement implicite dans le capitalisme, à l'égard de la production des produits spécifiques. Plus important pour notre propos, Marx commence à spécifier la sphère de production en montrant comment le procès de création de valeur transforme les éléments du procès de travail à travers lequel il s'exprime. Cela est particulièrement significatif s'agissant du travail même : les déterminations que Marx donne de la valeur et du procès de sa création implique que le travail, qui dans le procès de travail se définit comme activité finalisée régulant et dirigeant l'interaction des hommes avec la nature, est séparé de son but dans le procès de création de valeur. Le but de la dépense de force de travail n'est plus intrinsèquement relié au caractère spécifique de ce travail ; malgré les apparences, ce but est au contraire indépendant du caractère qualitatif du travail dépensé – il est l'objectivation même

---

1. *Ibid.*, pp. 211-212.
2. *Ibid.*, pp. 212-214.

du temps de travail. C'est-à-dire que la dépense de force de travail n'est pas un moyen en vue d'une autre fin, mais que, comme moyen, elle est elle-même devenue une « fin ». Ce but est donné par les structures aliénées constituées par le travail (abstrait) même. En tant que but, il est très singulier : il n'est pas seulement extrinsèque à la spécificité du travail (concret), mais existe indépendamment de la volonté des acteurs sociaux.

Toutefois, le travail n'est pas simplement séparé de son but dans le procès de création de valeur ; il est aussi transformé en objet de production. Pour Marx, le travail humain immédiat dans la production devient le « matériau » réel, quoique voilé, du procès de création de valeur. Pourtant, dans la mesure où ce procès est en même temps un procès de travail, le travail peut continuer d'apparaître comme l'activité finalisée qui transforme la matière afin de satisfaire les besoins humains. Toutefois, sa signification réelle par rapport au procès de création de valeur, c'est son rôle en tant que source de la valeur. Comme nous verrons, avec le développement de la production capitaliste, cette signification s'exprime de plus en plus dans la forme matérielle du procès de travail.

Le travail, de par son double caractère sous le capitalisme, est donc « objectif » en un double sens : son but, parce que constitué par le travail même, devient « objectif », séparé tout autant de la spécificité qualitative des travaux particuliers que de la volonté des acteurs ; corrélativement, dans le procès de production, le travail, parce que séparé de son but, n'est rien d'autre que l'objet de ce procès.

Ayant analysé de cette manière les implications logiques du procès de création de valeur, Marx entreprend de spécifier initialement le procès de valorisation, le procès de création de survaleur. La survaleur se crée lorsque les travailleurs travaillent pendant un temps plus long que celui requis pour créer la valeur de leur force de travail, c'est-à-dire lorsque la valeur de la force de travail est moindre que la valeur que cette force de travail valorise dans le procès de production[1]. En d'autres termes, à ce stade de l'exposé, la différence entre le procès de création de valeur et celui de survaleur n'est que quantitative : « Si nous comparons maintenant le procès de formation de valeur et le procès de valorisation, nous voyons

---

1. *Ibid.*, pp. 217-219.

que le procès de valorisation n'est rien d'autre qu'un procès de formation de valeur prolongé au-delà d'un certain point »[1].

Il est révélateur que Marx analyse le procès de valorisation essentiellement en termes de création de valeur : son étude initiale du procès de production capitaliste s'intéresse autant à la forme de richesse – donc à la forme du surplus – qu'au surplus lui-même. Cela corrobore mon affirmation selon laquelle l'analyse marxienne de la production sous le capitalisme n'est pas fondée sur une théorie de la *richesse*-travail et que sa critique ne devrait pas être comprise comme une critique de la seule exploitation. En d'autres termes, sa recherche de la source du surplus ne porte pas sur la création par le « travail » d'un surplus de richesse matérielle, par quoi Marx critique l'appropriation de ce surplus par la classe capitaliste. Corrélativement, Marx ne considère pas le procès de production sous le capitalisme comme un procès de travail contrôlé extrinsèquement par la classe capitaliste pour son propre profit et qui, sous le socialisme, sera utilisé au profit de tous. De telles interprétations négligent les implications tant de la forme-valeur de la richesse que l'analyse marxienne de la nature duelle du procès de production sous le capitalisme – c'est-à-dire de sa nature intrinsèquement capitaliste (déterminée par le capital). Pour Marx, la production capitaliste ne se caractérise pas seulement par l'exploitation de classe, mais aussi par une dynamique particulière qui a son origine dans l'expansion permanente de la valeur ; elle se caractérise également par les diverses déterminations du procès de valorisation définies plus haut. Comme nous le verrons, ces déterminations se matérialisent dans la forme concrète du procès de travail industriel. Marx fonde ces traits distinctifs de la production capitaliste dans la forme-valeur de la richesse et, partant, dans la forme-valeur du surplus. On ne peut pas saisir adéquatement ces traits quand on les saisit seulement en fonction du fait que les moyens de production et les produits appartiennent aux capitalistes et non pas aux travailleurs. En d'autres termes, la conception que Marx a des rapports sociaux constitués dans la sphère de production ne doit pas être comprise seulement en termes de rapports d'exploitation de classes.

---

1. *Ibid.*, p. 219.

J'ai d'abord examiné la conception marxienne de la constitution par le travail d'une forme « objective » de médiation sociale qui acquiert une existence quasi indépendante. Puis j'ai suivi le déploiement logique de cette médiation à un autre niveau et découvert que la nature de la valeur est telle que le procès de sa création transforme le travail en objet de la production : le travail est confronté à un but extérieur à son propre but. En d'autres termes, ce que je commence à déployer, ce sont les autres déterminations du système de domination sociale que Marx décrit comme la domination des hommes par leur travail. À la différence des interprétations traditionnelles, le travail, tel qu'il est présenté ici, n'est pas seulement l'objet de la domination : il est la source constitutive de la domination sous le capitalisme.

Marx décrit le développement de ce système de domination en étudiant le procès de production capitaliste à partir des déterminations initiales que j'ai examinées jusqu'ici. Il l'analyse en fonction du rapport entre ses deux moments, c'est-à-dire en fonction de son développement comme procès de valorisation et comme procès de travail. En poursuivant l'examen du procès de valorisation, Marx distingue entre le « temps de travail nécessaire » (la quantité de temps pendant laquelle les travailleurs créent la quantité de valeur nécessaire à leur reproduction) et le « temps de surtravail » pendant lequel les travailleurs créent la valeur additionnelle, au-dessus et au-delà de cette quantité nécessaire – autrement dit, la survaleur[1]. Créée par la classe ouvrière et appropriée par la classe capitaliste, la survaleur est la forme que revêt le surproduit sous le capitalisme. Sa qualité essentielle est temporelle : la somme temps de travail « nécessaire » + « surtravail » constitue la journée de travail[2]. Sur cette base, Marx distingue deux formes de survaleur : la « survaleur absolue » et la « survaleur relative ». Pour la « survaleur absolue », la quantité de temps de surtravail, la survaleur donc, augmente avec l'augmentation de la journée de travail ; la « survaleur relative » se rapporte à l'augmentation du temps de surtravail qui s'effectue – une fois que la journée de travail a été limitée – par la réduction du temps de travail nécessaire[3]. Cette réduction s'obtient par l'accroissement de la productivité générale du travail (ou, au moins, du

---

1. *Ibid.*, pp. 242-243.
2. *Ibid.*, p. 256.
3. *Ibid.*, pp. 353-355.

travail dans ces branches de l'industrie qui produisent les moyens de subsistance ou leurs moyens de production), ce qui réduit le temps de travail nécessaire à la reproduction de la force de travail[1]. Avec le développement de la survaleur relative, le mouvement directionnel qui caractérise le capital comme valeur qui s'autovalorise devient donc lié aux changements continus dans la productivité. Émerge alors une dynamique immanente au capitalisme, une expansion infinie fondée sur un rapport déterminé entre la croissance de la productivité et la croissance de la forme-valeur du surplus.

Dans l'analyse de Marx, cette dynamique historique de la société capitaliste entraîne une dynamique des deux dimensions du procès de production – procès de travail et procès de valorisation. Les changements continus dans la production associés à la production de survaleur relative s'accompagnent d'une transformation radicale des conditions techniques et sociales du procès de travail[2] : la production « de la survaleur relative révolutionne de fond en comble les procès techniques de travail et les groupements sociaux »[3]. Ainsi, le procès de travail se transforme dans la mesure même où la base du procès de valorisation passe de la survaleur absolue à la survaleur relative. Marx décrit cette transformation du procès de travail comme le passage d'un stade de « subsomption formelle du travail sous le principe du capital »[4], où « le fait que le travailleur accomplisse [le travail] pour le compte du capitaliste et non pour lui-même ne change naturellement rien à la nature générale du procès de travail »[5], à un stade de « subsomption réelle du travail sous le capital »[6], où une « transformation du mode de production proprement dit [découle de] la subsomption du travail au capital »[7]. À ce dernier stade, les déterminations du procès de valorisation se matérialisent dans le procès de travail : le travail humain immédiat devient matériellement l'objet de la production. En d'autres termes, le travail prolétarien concret acquiert matériellement les attributs

---

1. *Ibid.*
2. *Ibid.*
3. *Ibid.*, p. 571.
4. *Ibid.*
5. *Ibid.*, pp. 207-208.
6. *Ibid.*, p. 571.
7. *Ibid.*, pp. 207-208.

que Marx lui conférait logiquement au début de son analyse du procès de valorisation. En tant que matérialisation adéquate au procès de valorisation, cette forme de production, la production industrielle, est caractérisée par Marx comme le « mode de production spécifiquement capitaliste »[1].

L'analyse marxienne de la « subsomption réelle » du travail sous le capital est une tentative d'analyser le procès de production sous le capitalisme développé comme façonné par les rapports de production capitalistes (c'est-à-dire par la valeur et le capital) ; Marx traite ce procès de production comme intrinsèquement capitaliste. Cela prouve qu'à ses yeux la contradiction fondamentale de la société capitaliste – la contradiction entre ses forces productives et ses rapports de production – consiste non pas en une contradiction entre la production industrielle et le « capitalisme » (c'est-à-dire les rapports de distribution bourgeois), mais en une contradiction au sein même du mode de production capitaliste. Cela sape manifestement la conception traditionnelle du rôle dévolu à la classe ouvrière dans le passage du capitalisme au socialisme.

Ensuite, Marx analyse tant la forme concrète de la production industrielle que la logique dynamique de la société industrielle à partir des formes sociales duelles propres au capitalisme. C'est un signe supplémentaire que les implications des catégories initiales n'apparaissent pleinement qu'au cours de l'analyse de la sphère de production capitaliste. J'ai montré que Marx associe la catégorie de survaleur relative à la subsomption réelle du travail sous le capital et à une dynamique historique continue ; la survaleur relative est la forme de survaleur adéquate au capital, tel que Marx le comprend. C'est seulement lorsqu'il déploie cette catégorie au cours de son exposé que la forme-marchandise de la médiation sociale apparaît comme pleinement développée. Elle devient totalisante, le moment d'un tout social qu'elle constitue ; comme nous le verrons, cette médiation s'affirme désormais comme le moment d'un tout. Avec l'introduction de la catégorie de survaleur relative – plus encore que dans le cas de la force de travail comprise comme marchandise –, les catégories par lesquelles Marx commence son analyse « se réalisent » et éclairent rétrospectivement son point de départ logique.

―――――

1. *Ibid.*, p. 571.

Cela est particulièrement vrai de la dimension temporelle des catégories : c'est seulement à ce stade de l'argumentation de Marx que le déploiement logique des catégories exprime effectivement une dynamique historique de la société capitaliste et, en ce sens, devient « réel » en tant que logique historique. Autrement dit, dans l'analyse de Marx, le développement de la survaleur relative confère au capitalisme une dynamique qui, quoique constituée par la pratique sociale, revêt la forme d'une logique historique. Elle est directionnelle, se déploie de façon régulière, échappe au contrôle des agents qui la constituent et exerce sur eux une forme de contrainte abstraite. Selon Marx, le caractère de cette dynamique peut être expliqué à partir des formes duales de la marchandise et du capital. Cela signifie en retour que, puisque ces formes saisissent cette logique de développement, elles ne sont pleinement valides socialement que dans le capitalisme développé.

Le mode d'exposition de Marx implique ensuite une argumentation complexe sur le rapport entre la logique et l'histoire. *Le Capital* commence comme un déploiement logique dont le point de départ, la marchandise, présuppose la catégorie de capital : Marx éclaire le caractère essentiel du capital en le déployant dialectiquement à partir de la marchandise. Ce caractère essentiel est tel qu'avec l'apparition de la catégorie de survaleur relative, le déploiement logique de la présentation devient lui aussi historique. La présentation de Marx montre que cette fusion du logique et de l'historique – c'est-à-dire l'existence d'une logique dialectique de l'histoire – est spécifique à la société capitaliste développée. Toutefois, nous avons vu également ment que Marx présente le déploiement logique des catégories *avant* l'apparition de la survaleur relative – de la marchandise au capital en passant par l'argent – de manière à ce qu'il puisse aussi être lu comme un déploiement historique. Ce faisant, Marx suggère que la logique historiquement déterminée de l'histoire qui caractérise le capitalisme pourrait être appliquée rétrospectivement à toute l'histoire. Cependant, sa présentation montre que ce qui semble un déploiement historique est en fait une projection rétrospective fondée sur une reconstruction logique du caractère dynamique de la forme sociale du capital, caractère dynamique que le capital n'acquiert que lorsqu'il est pleinement développé.

Le fait que l'on ne puisse pas confondre le logique et l'historique, bien qu'ils fusionnent dès lors que le capitalisme est pleinement développé, apparaît très clairement à la dernière section du livre I du *Capital*. Dans cette section, « La prétendue "accumulation initiale" », Marx brosse à grands traits les développements historiques réels ayant conduit au capitalisme[1]. Bien que ces développements puissent être compris rétrospectivement comme cohérents, ils ne sont nullement présentés à l'aide du type de logique dialectique interne que Marx propose dans les premières sections du livre I, lorsqu'il déploie la catégorie de capital à partir de la forme-marchandise. La présentation de Marx implique donc que ce type de logique dialectique n'exprime pas le cours réel de la préhistoire du capitalisme – que cette logique dialectique n'existe pas avant le développement complet de la forme-capital. Elle suggère toutefois aussi que cette logique existe bien lorsque la forme-capital est pleinement développée, et qu'elle peut être relue comme la préhistoire du capitalisme. Ainsi le mode de présentation de Marx fournit-il implicitement une critique de la philosophie hégélienne de l'histoire, de l'histoire humaine comprise comme déploiement dialectique, par la découverte de son « noyau rationnel » dans une logique historiquement spécifique de l'histoire. Dans le cadre de cette critique, une histoire humaine générale naît bien historiquement (sous une forme aliénée), mais n'a aucune existence transhistorique. Par conséquent, l'histoire humaine en tant que tout ne peut pas être caractérisée de façon unitaire – que ce soit en termes de logique intrinsèque ou de son absence.

---

1. *Ibid.*, pp. 803-868.

CHAPITRE VIII

La dialectique du travail et du temps

Tout en déployant la catégorie de capital, Marx relie la dynamique historique du capitalisme et la forme de production industrielle à la structure de domination abstraite constituée par le travail quand celui-ci est à la fois activité productive et activité socialement médiatisante. Je vais à présent spécifier ce rapport en examinant plus en détail comment, selon Marx, les formes sociales fondamentales du capitalisme façonnent le caractère de cette dynamique historique et de cette forme de production. Toutefois, plutôt que de commencer par étudier directement l'analyse marxienne de la sphère de production, j'analyserai les traits structurels les plus marquants de cette sphère en faisant d'abord un pas en arrière, pour ainsi dire, et en réexaminant les implications des catégories initiales de l'analyse marxienne. Cela mettra en lumière quelques caractéristiques importantes de la forme-capital qui pourraient ne pas apparaître si je décidais de passer tout de suite à la sphère de production. Cela me permettra notamment de penser l'importance décisive de la dimension temporelle de la valeur chez Marx. Cette approche éclairera la spécificité de la dynamique du capital et fournira la base permettant de saisir comment Marx comprend la constitution sociale du procès de production. Après avoir analysé le caractère spécifique de la dynamique du capitalisme à ce niveau fondamental, je poursuivrai au chapitre IX l'étude des aspects centraux de l'analyse marxienne de la sphère de production.

Parce qu'elle commence par examiner les implications des catégories initiales que Marx utilise pour analyser la dynamique du capital et le procès de production, l'interprétation que je propose dans ce chapitre permettra de localiser la contradiction fondamentale du capitalisme – et, partant, la possibilité de la critique sociale et de l'opposition pratique – dans les formes sociales duelles saisies par les catégories marxiennes, et non pas entre ces formes sociales et le « travail ».

Cette approche montrera comment ma réinterprétation des catégories marxiennes de base fonde une reconceptualisation de la nature du capitalisme, en particulier sa dynamique contradictoire, sans privilégier les considérations ayant trait au marché et à la propriété privée des moyens de production. Elle permet d'analyser la relation qu'entretiennent le capital et la production industrielle et d'interroger la possible relation entre, d'une part, le développement du capital et, d'autre part, la nature et le développement des institutions et des organisations bureaucratiques propres à la société capitaliste postlibérale. (Une étude s'appuyant sur cette interprétation fonderait socialement et spécifierait historiquement ces institutions et ces organisations. Ce faisant, elle fournirait la base permettant de distinguer les mécanismes économiques et administratifs qui sont liés à la forme-capital, de ceux qui resteraient nécessaires malgré l'abolition du capital.)

La dynamique immanente

Jusqu'ici, j'ai mis l'accent sur la centralité de la notion de double caractère des formes sociales fondamentales de la société capitaliste, dans la théorie critique de Marx, et j'ai tenté d'expliquer la nature de la dimension de valeur de ces formes (travail abstrait, valeur, temps abstrait) et ce qui les distingue de leur dimension de valeur d'usage (travail concret, richesse matérielle, temps concret). À présent, je peux passer à l'examen de leurs interrelations. La non-identité de ces deux dimensions ne constitue pas simplement une opposition statique ; bien au contraire, sous le capitalisme, les deux moments du travail, en tant qu'activité productive et en tant qu'activité socialement médiatisante, se déterminent l'un l'autre de manière à engendrer une dynamique dialectique immanente. Remarquons que l'étude qui va suivre du rapport dynamique productivité/valeur présuppose le capitalisme pleinement développé ;

ce rapport est le noyau d'un contexte qui ne se réalise pleinement qu'avec l'apparition de la survaleur relative en tant que forme dominante.

Lorsque j'ai étudié la signification de la distinction entre travail concret et travail abstrait à partir de la différence entre richesse matérielle et valeur, j'ai montré que, bien que la productivité augmentée (que Marx considère comme un attribut du travail dans sa dimension de valeur d'usage) augmente effectivement le nombre des produits et, partant, la quantité de richesse matérielle, elle ne modifie pas la grandeur de valeur totale produite par unité de temps. La grandeur de la valeur, complètement indépendante du travail dans sa dimension de valeur d'usage, semble donc dépendre uniquement de la dépense de temps de travail abstrait. Or, derrière cette opposition, se trouve une interaction dynamique entre les deux dimensions du travail déterminé par la marchandise, ce qui devient clair quand on examine l'exemple suivant avec attention :

> « Après l'introduction du métier à tisser à vapeur, en Angleterre, il ne fallait plus peut-être que la moitié du travail qu'il fallait auparavant pour transformer une quantité de fil donnée en tissu. En fait, le tisserand anglais[1] avait toujours besoin du même temps de travail qu'avant pour effectuer cette transformation, mais le produit de son heure de travail individuelle ne représentait plus désormais qu'une demi-heure de travail social et tombait du même coup à la moitié de sa valeur antérieure »[2].

Marx présente cet exemple au premier chapitre du livre I du *Capital* pour illustrer son concept de temps de travail socialement nécessaire comme mesure de la valeur. Cet exemple indique que, lorsque la marchandise est la forme générale du produit, les actions des individus constituent une totalité aliénée qui les contraint et les subsume. Cet exemple opère au niveau de la totalité sociale tout comme le fait, quoique de manière plus générale, l'exposé marxien de la valeur, au livre I.

Il est significatif pour notre propos que cette détermination initiale de la grandeur de la valeur implique également une dynamique.

---

1. Cet artisan continue lui à travailler à la main. (N.d.T.)
2. Marx, *Le Capital*, livre I, p. 44.

Supposons qu'avant l'introduction du métier à tisser à vapeur le tisserand moyen fabriquait 20 aunes de toile en une heure, produisant une valeur de x. Lorsque le métier à tisser à vapeur, qui doublait la productivité, fut introduit, une grande partie du tissage était encore effectué à la main. Aussi la norme de la valeur – le temps de travail socialement nécessaire – continua-t-elle d'être déterminée par le tissage à la main ; la norme resta 20 aunes de toile par heure. Les 40 aunes de toile produites en une heure avec le métier à tisser à vapeur avaient donc une valeur de $2x$. Mais, dès lors que le nouveau mode de tissage se fut généralisé, il engendra une nouvelle norme de temps de travail socialement nécessaire : le temps de travail normatif pour la production de 40 aunes de toile se réduisit à une heure. Comme la grandeur de valeur produite dépend du temps (socialement moyen) dépensé et non de la masse de biens produite, la valeur des 40 aunes de toile produites en une heure avec le métier à tisser à vapeur retombe de $2x$ à x. Les tisserands qui continuèrent à utiliser l'ancienne méthode, désormais anachronique, produisaient toujours 20 aunes de tissu par heure mais ne recevaient que $1/2\ x$ – la valeur d'une demi-heure socialement normative – pour leur heure de travail individuelle.

Bien qu'une augmentation de la productivité aboutisse à davantage de *richesse matérielle*, le nouveau niveau de productivité, une fois généralisé, produit la même quantité de *valeur* par unité de temps qu'avant cette augmentation. Lorsque j'ai examiné les différences entre valeur et richesse matérielle, j'ai noté que, pour Marx, la valeur totale produite en une heure de travail sociale reste constante : « C'est pourquoi dans les mêmes laps de temps, le même travail donne toujours la même grandeur de valeur, quelles que soient les variations de la force productive »[1]. Toutefois, cet exemple indique clairement que quelque chose change bien avec les changements dans la productivité : la productivité augmentée ne produit pas seulement une plus grande quantité de richesse matérielle, elle effectue aussi une réduction du temps de travail socialement nécessaire. Étant donné la mesure temporelle abstraite de la valeur, cette redéfinition du temps de travail socialement nécessaire modifie la grandeur de valeur des marchandises individuelles produites, et non la valeur totale produite par unité de temps. La valeur

---

1. *Ibid.*, p. 52.

totale reste constante et se trouve simplement répartie entre une plus grande quantité de produits quand la productivité augmente. Cela implique toutefois que, dans le contexte d'un système caractérisé par une forme temporelle abstraite de richesse, la réduction du temps de travail socialement nécessaire redéfinisse l'heure de travail social normative. Dans cet exemple, l'heure de travail social est d'abord définie par le tissage à la main en fonction de la production de 20 aunes de toile, puis elle est redéfinie par le tissage à la vapeur en fonction de la production de 40 aunes de toile. Ainsi, bien qu'un changement de la productivité socialement générale ne change pas la masse totale de valeur produite par unité de temps abstrait, il change la détermination de cette unité de temps. Seule compte comme une heure de travail social, l'heure de temps de travail où se rencontre la norme générale du temps de travail socialement nécessaire. En d'autres termes, *l'heure de travail social est constituée par le niveau de productivité*. (Notons que l'on ne peut pas exprimer cette détermination en termes de temps abstrait. Ce qui change, ce n'est pas la *quantité* de temps qui produit la valeur de x, mais la *norme* de ce qui constitue cette quantité de temps.)

Si la productivité – la dimension de valeur d'usage du travail – ne change donc pas la valeur totale produite par unité de temps abstrait, elle détermine bien en revanche l'unité de temps elle-même. Ainsi sommes-nous confrontés au paradoxe suivant : la grandeur de la valeur est seulement fonction de la dépense de travail en tant que mesurée par une variable indépendante (le temps abstrait), bien que l'unité de temps constante soit elle-même une variable dépendante qui est redéfinie par les changements dans la productivité. Le temps abstrait ne se constitue donc pas seulement en tant que forme de temps qualitativement déterminée, mais aussi bien quantitativement : ce qui constitue une heure de travail social est déterminé par le niveau général de productivité, la dimension de valeur d'usage. Cependant, bien que l'heure de travail social soit redéfinie, elle reste constante comme unité de temps abstrait.

J'interrogerai la dimension temporelle de ce paradoxe plus loin, mais il faut noter dès à présent que l'exemple choisi par Marx implique que les deux dimensions de la forme-marchandise agissent l'une sur l'autre. D'un côté, la productivité augmentée redéfinit le temps de travail socialement nécessaire et modifie du même coup les déterminations de l'heure de travail social. C'est-à-dire que la constante temporelle abstraite qui détermine la valeur est elle-même déterminée par la dimension de valeur d'usage qu'est le niveau de productivité. D'un autre côté, bien que l'heure de travail social soit déterminée par la productivité générale du travail concret, la valeur totale produite pendant cette heure reste constante, quel que soit le niveau de productivité. Cela implique que chaque nouveau niveau de productivité, dès lors qu'il est devenu socialement général, ne redétermine pas seulement l'heure de travail social, mais qu'il est en retour redéterminé par cette heure comme « niveau de base » de la productivité. La quantité de valeur produite par unité de temps abstrait grâce au nouveau niveau de productivité est égale à celle produite au niveau général de productivité précédent. En ce sens, le niveau de productivité, la dimension de valeur d'usage, est également déterminé par la dimension de valeur (en tant que nouveau niveau de base).

Ce processus de détermination réciproque des deux dimensions du travail social sous le capitalisme a lieu au niveau de la société en tant que tout. Il est au cœur d'une dialectique dynamique immanente à la totalité sociale constituée par le travail déterminé par la marchandise. La particularité de la dynamique – c'est essentiel – est son *effet « moulin de discipline »*. La productivité augmentée augmente la quantité de valeur produite par unité de temps – jusqu'à ce que cette productivité se généralise ; lorsqu'elle y est parvenue, la grandeur de valeur produite pendant cette période de temps, du fait de sa détermination temporelle générale-abstraite, retombe au niveau précédent. Cela aboutit à une nouvelle détermination de l'heure de travail social et à un nouveau niveau de base de la productivité. Ce qui apparaît, c'est donc une dialectique de transformation/reconstitution : les niveaux socialement généraux de productivité et les déterminations quantitatives du temps de travail socialement nécessaire changent, mais ces changements reconstituent le point de départ, c'est-à-dire l'heure de travail social et le niveau de base de la productivité.

Cet effet « moulin de discipline » implique, même au niveau logique abstrait de la grandeur de la valeur – autrement dit, avant que la catégorie de survaleur et le rapport travail salarié/capital aient été présentés –, une société directionnellement dynamique, telle qu'elle est exprimée par des niveaux de productivité toujours plus élevés. Comme nous l'avons vu, la productivité augmentée aboutit à une augmentation à court terme de la quantité de valeur produite par unité de temps, et cette augmentation induit l'adoption générale des nouvelles méthodes de production[1] ; mais, dès lors que ces méthodes se sont généralisées, la valeur produite par unité de temps revient au niveau précédent. En effet, les producteurs qui n'ont pas encore adopté ces méthodes nouvelles sont désormais *contraints* de le faire. L'introduction de méthodes toujours nouvelles de productivité croissante provoque de nouvelles augmentations de valeur de courte durée. Une conséquence de la mesure de la richesse par le temps de travail, c'est donc qu'alors que la constante temporelle est redéterminée par la productivité augmentée, la mesure par le temps de travail induit en retour une productivité encore plus grande. Il en résulte une dynamique directionnelle où les deux dimensions (le travail concret et le travail abstrait, la productivité et la mesure temporelle abstraite de la richesse) se redéterminent en permanence l'une l'autre. Comme, à ce stade de l'analyse, il n'est pas possible d'expliquer la nécessité pour le capital d'accumuler en permanence, la dynamique décrite ici ne représente pas la logique historique immanente pleinement développée du capitalisme. Toutefois, elle représente bien la spécification initiale de cette logique et dessine la forme que la croissance *doit* prendre dans le contexte des rapports sociaux médiatisés par le travail.

La redétermination réciproque de la productivité augmentée et de l'heure de travail social a le caractère d'une loi, un aspect objectif, qui n'est pas du tout une simple illusion ou une simple mystification. Quoique sociale, elle est indépendante de la volonté humaine. Dans la mesure où l'on peut parler d'une « loi de la valeur » chez

---

1. Comme je l'ai analysé, selon Marx, les hommes vivant sous le capitalisme n'agissent pas directement en prenant en considération la valeur ; leurs actions sont bien plutôt façonnées par des considérations de prix. Une analyse complète de la dynamique structurelle sous-jacente au capitalisme, telle qu'elle est saisie par la critique de l'économie politique, montrerait comment les individus constituent cette dynamique sur la base de ses formes phénoménales. Toutefois, comme mon objectif n'est ici que de mettre en lumière – à un niveau logique très abstrait – la nature de cette dynamique structurelle, je n'aborderai pas ce type de considérations qui ont trait au rapport entre la structure et l'action.

Marx, cette dynamique « moulin de discipline » en constitue la détermination initiale ; comme nous le verrons, elle fait d'un contexte de transformation/reconstitution sociales permanentes la caractéristique de la société capitaliste. La loi de la valeur est donc dynamique, et l'on ne peut pas la comprendre adéquatement en fonction d'une théorie de l'équilibre du marché. Sitôt que l'on examine la dimension temporelle de la valeur – comprise comme une forme de richesse spécifique qui diffère de la richesse matérielle –, il devient évident que la forme-valeur implique cette dynamique dès le début.

Il est à noter que le mode de circulation médiatisé par le marché *n'est pas* un moment essentiel de cette dynamique. Ce qui est essentiel à la dynamique du capitalisme, dès lors qu'il est pleinement constitué, c'est l'effet « moulin de discipline » qui s'enracine dans la seule dimension temporelle de la forme-valeur de la richesse. Si le mode de circulation du marché joue bien un rôle dans cette dynamique, c'est comme moment subordonné d'un développement complexe – par exemple, en tant que mode par lequel le niveau de productivité se généralise[1]. Mais le fait que cette généralisation ramène la quantité de valeur à son niveau initial *ne* dépend *pas* du marché ; ce fait dépend de la nature de la valeur en tant que forme de richesse et est essentiellement indépendant du mode par lequel chaque nouvelle redétermination du cadre temporel abstrait se généralise. Comme nous le verrons, cette configuration est un moment central de la forme de croissance que Marx associe à la catégorie de survaleur. Se focaliser exclusivement sur le mode de circulation, c'est perdre de vue les importantes implications de la forme-marchandise pour la trajectoire de développement capitaliste dans la théorie critique de Marx.

Cette étude des déterminations abstraites de la dynamique du capitalisme suggère que, bien que le mode de circulation par le marché puisse avoir été nécessaire à la genèse historique de la marchandise en tant que forme sociale totalisante, celui-ci ne reste pas forcément essentiel à cette forme. On peut tout aussi bien concevoir qu'un autre mode de coordination et de généralisation – administratif, par exemple – remplisse la même fonction pour cette forme

---

1. À un autre niveau, selon Marx, la concurrence sur le marché sert aussi à généraliser et à égaliser le taux de profit. Voir *Le Capital*, livre III, pp. 176-198.

sociale contradictoire. En d'autres termes, dès lors qu'elle est établie, la loi de la valeur peut aussi être médiatisée politiquement. Cette analyse logique abstraite a pour conséquence que l'abolition du mode de coordination par le marché et le dépassement de la valeur ne sont pas identiques.

Résumons. Nous avons d'abord décrit la catégorie de capital comme une forme sociale dynamique. Puis nous avons commencé à examiner en détail son caractère dynamique et à montrer comment il s'enracine fondamentalement dans l'interaction de la valeur et de la richesse matérielle, du travail abstrait et du travail concret — c'est-à-dire dans l'interaction des deux dimensions de la forme-marchandise. Cette dynamique représente les premières grandes lignes de la logique historique immanente du capitalisme, qui provient du caractère aliéné et de la détermination temporelle des rapports sociaux médiatisés par le travail. Elle préfigure abstraitement un trait central du capital : le fait qu'il lui faut accumuler en permanence pour exister. Devenir est la condition de son existence.

Temps abstrait et temps historique

J'ai commencé par examiner comment l'interaction dialectique entre la dimension de valeur d'usage du travail social et sa dimension de valeur engendre une dynamique historique. L'interaction entre les deux dimensions de la forme-marchandise peut également être analysée en termes temporels, en termes d'opposition entre le temps abstrait et une forme de temps concret spécifique au capitalisme. Afin de mettre en lumière la signification de cette opposition, je montrerai également quelles sont ses implications à un niveau socialement plus concret.

Comme nous l'avons vu, l'interaction des deux dimensions de la forme-marchandise entraîne la redétermination substantielle d'une constante temporelle abstraite. Cette mesure temporelle abstraite de la valeur reste constante, bien qu'elle ait un contenu social changeant mais caché : aucune heure n'est une heure — en d'autres termes, aucune heure de temps de travail n'équivaut à l'heure de travail social qui détermine la masse de valeur totale. La constante temporelle abstraite est donc constante en même temps que non constante. En termes temporels abstraits, l'heure de travail social reste constante en tant que mesure de la valeur totale produite ; en termes concrets, elle change en même temps que la productivité. Cependant, comme la mesure de la valeur reste l'unité temporelle abstraite, sa redétermination concrète ne s'exprime pas dans cette unité en tant que telle. La productivité augmentée s'exprime certes dans la baisse proportionnelle de la valeur de chaque marchandise particulière produite – mais pas dans la valeur totale produite par heure. Néanmoins, le niveau historique de productivité se rapporte bien à la valeur totale produite, ne serait-ce qu'indirectement : il détermine le temps de travail socialement nécessaire requis pour produire une marchandise ; en retour, cette norme temporelle détermine ce qui constitue une heure de travail social. Il est clair à présent qu'avec la productivité augmentée l'unité de temps devient « plus dense » en termes de production de biens. Cependant, cette « densité » n'est pas manifeste dans la sphère de la temporalité abstraite, la sphère de la valeur : l'unité temporelle abstraite – l'heure – et la valeur totale produite restent constantes.

Que le cadre de temps abstrait demeure constant, en dépit du fait qu'il soit redéterminé dans sa substance, c'est un paradoxe que nous avons déjà relevé. Ce paradoxe ne peut pas être résolu dans le cadre du temps newtonien abstrait. Il suppose bien plutôt un autre type de temps comme cadre de référence supérieur. Le processus par lequel l'heure constante devient « plus dense » – c'est-à-dire le changement substantiel effectué par la dimension de valeur d'usage – reste non manifeste par rapport au cadre temporel abstrait de la valeur. Toutefois, il peut s'exprimer dans d'autres termes temporels : il peut s'exprimer par rapport à une forme de temporalité concrète.

Pour définir la nature de cet autre type de temps, il me faut revenir sur l'interaction des dimensions de valeur d'usage et de valeur du travail sous le capitalisme. En un sens, les changements qui affectent la productivité déplacent la détermination du temps de travail socialement déterminé sur un axe de temps abstrait : le temps de travail socialement nécessaire diminue avec l'augmentation de la productivité. Mais, bien que par là même l'heure de travail social soit redéterminée, elle ne se déplace pas sur cet axe – parce qu'elle est l'axe coordonné lui-même, le cadre par rapport auquel le changement se mesure. L'heure est une unité constante de temps abstrait, elle reste fixée en termes temporels abstraits. Chaque nouveau niveau de productivité est donc redéterminé « en arrière » comme niveau de base produisant le même taux de valeur. Un nouveau niveau de productivité a pourtant effectivement été atteint, même s'il est redéterminé comme niveau de base. Et alors que ce développement substantiel ne peut pas changer l'unité temporelle abstraite dans le cadre du temps abstrait lui-même, il change bien la « position » de cette unité. L'axe temporel abstrait tout entier (ou cadre de référence) se déplace avec chaque augmentation socialement générale de la productivité ; l'heure de travail social aussi bien que le niveau de base de la productivité se déplacent « en avant du temps ».

Ce mouvement issu de la redétermination substantielle du temps abstrait ne peut pas s'exprimer en termes temporels abstraits ; pour s'exprimer, il requiert un autre cadre de référence. Ce cadre peut être conçu comme un mode de temps concret. Précédemment, j'ai défini le temps concret comme tout type de temps qui est une variable dépendante – un temps qui est fonction des événements et des actions. Nous avons vu que l'interaction des deux dimensions du travail déterminé par la marchandise est telle que les augmentations socialement générales de productivité déplacent l'unité temporelle abstraite « en avant du temps ». Pour Marx, la productivité est fondée sur le caractère social de la dimension de valeur d'usage du travail[1]. Par conséquent, ce mouvement du temps dépend de la dimension de valeur d'usage du travail en tant qu'elle interagit avec le cadre de la valeur, et peut être compris comme un type de temps concret. Lorsque nous avons étudié l'interaction du travail concret et du travail abstrait, qui se trouve au cœur de l'analyse marxienne du capital, nous avons découvert que *l'un des traits du capitalisme est un mode de temps (concret) qui exprime le mouvement du temps (abstrait)*.

La dialectique des deux dimensions du travail sous le capitalisme peut donc aussi se comprendre au niveau temporel, comme une dialectique de deux formes de temps. Comme nous l'avons vu, la dialectique du travail concret et du travail abstrait aboutit à une dynamique interne caractérisée par une configuration en « moulin

---

1. *Le Capital*, livre I, pp. 52-53.

de discipline ». Étant donné que chaque nouveau niveau de productivité est redéterminé comme nouveau niveau de base, cette dynamique tend à devenir continue et est marquée par des niveaux de productivité toujours croissants. Au niveau temporel, cette dynamique interne du capital, avec sa configuration en « moulin de discipline », entraîne un mouvement directionnel continu du temps, un « flux d'histoire ». En d'autres termes, le mode de temps concret que nous examinons peut être considéré comme le *temps historique*, tel que la société capitaliste le constitue.

Le temps historique auquel je me réfère diffère clairement du temps abstrait, bien que tous les deux se constituent socialement avec le développement de la marchandise comme forme totalisante. J'ai dit que le temps abstrait, défini en tant que cadre indépendant abstrait à l'intérieur duquel les événements et les activités ont lieu, naissait de la transformation des résultats de l'activité individuelle par une médiation sociale totale, en une norme temporelle abstraite de cette activité. Bien que la mesure de la valeur soit le temps, la médiation totalisante exprimée par le « temps de travail socialement nécessaire » n'est pas un mouvement *du temps*, mais une métamorphose du temps substantiel en un temps abstrait *dans l'espace*, pour ainsi dire – métamorphose qui va du temps particulier au temps général, et retour[1]. Cette médiation dans l'espace constitue un cadre temporel homogène, abstrait, qui ne change pas et qui sert de mesure du mouvement. L'activité individuelle s'inscrit donc dans le temps abstrait et se mesure par rapport à lui, mais ne peut pas changer ce temps. Bien que les changements dans la productivité déplacent historiquement l'unité de temps abstrait, ce mouvement historique ne se reflète pas dans le temps abstrait. Le temps abstrait n'exprime pas le mouvement du temps, mais constitue un cadre apparemment absolu pour le mouvement ; son « flux » constant, égal, est réellement statique. En conséquence, la quantité de valeur produite par unité de temps, qui dépend de ce temps, demeure constante, quels que soient les changements qui surviennent dans la productivité. Le cadre tout entier se reconstitue, mais n'exprime pas lui-même cette reconstitution : le mouvement du cadre ne se reflète pas directement en termes de valeur.

---

1. Voir Lukács, « La réification et la conscience du prolétariat », *Histoire et conscience de classe*, pp. 117-118.

Selon cette interprétation, le temps historique n'est pas un *continuum* abstrait à l'intérieur duquel les événements prennent place et dont le flux est apparemment indépendant de l'activité humaine ; il est bien plutôt le mouvement *du temps*, en tant qu'opposé au mouvement *dans le temps*. La dynamique de la totalité sociale exprimée par le temps historique est un processus constitué et constituant de développement social et de transformation, qui est directionnel et dont le flux, enraciné en dernier ressort dans la dualité des rapports sociaux médiatisés par le travail, est fonction de la pratique sociale.

Ce procès historique revêt de nombreux aspects. Je n'examinerai ici que quelques déterminations fondamentales de ce procès, mais toutes impliquent les aspects les plus concrets de la dynamique que Marx analyse et en fournissent la base. En premier lieu, comme il a été noté, la dynamique de la totalité entraîne le développement continu de la productivité, développement qui, selon Marx, distingue le capitalisme des autres sociétés [1]. Elle implique des changements continus dans la nature du travail, la production, la technologie, ainsi que l'accumulation des formes de connaissance qui lui sont liées. Plus généralement, le mouvement historique de la totalité sociale entraîne des transformations massives et continues dans le mode d'existence sociale de la majorité des hommes – les contextes sociaux du travail et de l'existence, la structure et la répartition des classes, la nature de l'État et de la politique, la forme de la famille, la nature de l'apprentissage et de l'éducation, les modes de transport et de communication, etc. [2]. De plus, le processus dialectique qui se trouve au cœur de la dynamique immanente du capitalisme entraîne la constitution, la généralisation et la transformation continue des formes historiquement déterminées de subjectivité, d'interaction et de valeurs sociales. (Cela découle de ce que Marx pense ses catégories comme des déterminations des formes d'existence sociale, comme des déterminations qui saisissent à la fois l'objectivité et la subjectivité sociales dans leur interrelation.) Nous pouvons donc considérer le temps historique sous le capitalisme comme une forme de temps concret qui est socialement constitué et qui exprime une transformation qualitative continue du travail et de la production, de l'existence sociale en général, et des

---

1. *Le Capital*, livre I, pp. 410-414.
2. *Ibid.*, pp. 333-338, 443-470, 502-567.

formes de conscience, des valeurs et des besoins. Contrairement au « flux » de temps abstrait, ce mouvement du temps n'est pas égal mais change et peut même s'accélérer[1].

L'une des caractéristiques du capitalisme est donc la constitution sociale de deux formes de temps – le temps abstrait et le temps historique – qui sont intrinsèquement liées entre elles. La société fondée sur la valeur, sur le temps abstrait, se caractérise, lorsqu'elle est pleinement développée, par une dynamique historique continue (et, corrélativement, par la généralisation de la conscience historique). En d'autres termes, l'analyse marxienne éclaire et fonde socialement le caractère historiquement dynamique de la société capitaliste selon une dialectique des deux dimensions de la forme-marchandise, qui peut être comprise comme une dialectique du temps abstrait et du temps historique. Marx analyse cette société en termes de formes sociales déterminées qui constituent un processus historique de transformation sociale permanente. D'après lui, les formes sociales de base du capitalisme sont telles que, dans cette formation sociale, les hommes font leur propre histoire – au sens d'un processus directionnel, continu, de transformation sociale. Cependant, du fait du caractère aliéné de ces formes, l'histoire que les hommes font échappe à leur contrôle.

Le temps historique n'est donc pas simplement le flux du temps à l'intérieur duquel les événements s'inscrivent, il se constitue en tant que forme de temps concret. Il n'est pas exprimé par la forme de temps déterminée par la valeur comme constante abstraite, comme temps « mathématique ». Nous avons vu que l'heure de travail social se déplace à l'intérieur d'une dimension de temps historique qui est concrète et ne s'écoule pas de façon égale, mais que l'unité temporelle abstraite ne manifeste pas ses redéterminations historiques – elle conserve sa forme constante en tant que *temps présent*. Par conséquent, le flux historique existe derrière le cadre de temps abstrait mais n'y apparaît pas. Le « contenu » historique de l'unité temporelle abstraite reste aussi caché que le « contenu » social de la marchandise.

---

1. Par conséquent, le développement de la forme-capital pourrait servir de point de départ à une étude socio-historique des diverses conceptions du temps en Occident depuis le XVIIe siècle.

Cependant, tout comme ce « contenu » social, la dimension historique de l'unité temporelle abstraite ne représente pas un moment non capitaliste ; elle ne constitue pas en et pour soi le point de vue d'une critique qui renvoie au-delà de cette société. À l'opposé de la position de Lukács – qui assimile le capitalisme aux rapports bourgeois statiques et fait de la totalité dynamique, de la dialectique historique, le point de vue de la critique du capitalisme[1] –, la position ici développée montre que l'existence même d'un flux historique « automatique », continu, est intrinsèquement liée à la domination sociale qu'exerce le temps abstrait. Les *deux* formes de temps expriment des rapports aliénés. J'ai dit que la structure des rapports sociaux caractéristiques du capitalisme revêtait la forme d'une opposition quasi naturelle entre une dimension universelle abstraite et une dimension de type « chosiste ». Le moment temporel de cette structure revêt aussi la forme d'une opposition apparemment non sociale et non historique entre une dimension formelle abstraite et une dimension processuelle concrète. Toutefois, cette opposition n'est pas une opposition entre des moments capitalistes et des moments non capitalistes ; en réalité, tout comme l'opposition (qui lui est liée) entre la forme de pensée positive-rationnelle et la forme de pensée romantique, elle reste entièrement à l'intérieur du cadre des rapports capitalistes.

Avant d'examiner plus avant l'interaction des deux formes de temps sous le capitalisme, il me faut continuer à analyser leurs différences, en particulier celles entre le temps historique et le cadre de temps abstrait, qui sont impliquées par les différences entre richesse matérielle et valeur. Comme nous l'avons vu, le cadre de temps abstrait, intrinsèquement lié à la dimension de valeur, reste constant alors que la productivité augmente. L'heure de travail social pendant laquelle la production de 20 aunes de toile produit une valeur totale de x est l'équivalent temporel abstrait de l'heure de travail social pendant laquelle la production de 40 aunes de toile produit une valeur totale de x : ce sont des unités égales de temps abstrait et, en tant qu'elles sont normatives, elles déterminent une grandeur de valeur constante. Il existe assurément une différence concrète entre les deux, qui résulte du développement historique de la productivité ; mais ce développement historique redétermine le critère

---

1. Lukács, « La réification et la conscience du prolétariat », pp. 180-188.

de ce qui constitue une heure de travail social et ne se reflète pas dans l'heure elle-même. En ce sens, *la valeur est une expression du temps en tant que présent*. C'est une mesure de, et une norme coercitive pour la dépense de temps de travail immédiat, quel que soit le niveau historique de productivité.

Par ailleurs, le temps historique sous le capitalisme entraîne un processus unique de transformation sociale continue, et il est lié à des changements continus du niveau historique de productivité : il est fonction du développement de la dimension de valeur d'usage du travail dans le contexte de la totalité sociale déterminée par la marchandise. Il est révélateur que Marx analyse la productivité en fonction de la dimension de valeur d'usage du travail (c'est-à-dire le caractère social du travail concret) de la façon suivante :

> « La force productive du travail est déterminée par de multiples circonstances, entre autres par le degré moyen d'habileté des ouvriers, par le niveau de développement de la science et de ses possibilités d'application technologique, par la combinaison sociale du procès de production, par l'ampleur et la capacité opérative des moyens de production, et par des données naturelles »[1].

Cela signifie que la productivité du travail n'est pas nécessairement liée au travail immédiat des ouvriers, elle dépend aussi de la connaissance et de l'expérience scientifiques, techniques et organisationnelles, que Marx considère comme des produits du développement humain qui sont socialement généraux[2]. Nous verrons que, dans son explication, le capital se déploie historiquement de telle manière que le niveau de productivité dépend de moins en moins du travail immédiat des ouvriers. Ce processus entraîne le développement, sous une forme aliénée, de formes socialement générales de connaissance et d'expérience qui ne dépendent pas de, et ne peuvent pas être réduites à l'habileté et au savoir-faire des producteurs immédiats[3]. Le mouvement dialectique du temps que nous

---

1. *Le Capital*, livre I, p. 45.
2. Marx, *Un chapitre inédit du* Capital, pp. 200, 249 et suiv.
3. Voir, par exemple, *Le Capital*, livre I, pp. 366-381, 406, 434, 475.

analysons représente les déterminations intiales de l'analyse marxienne du déploiement historique du capital.

Lorsque la dimension de valeur d'usage du travail est mesurée, elle est mesurée – à la différence de la dimension de valeur – par rapport à ses produits, par rapport à la quantité de richesse matérielle qu'elle produit. N'étant pas liée au travail immédiat, elle ne se mesure pas en termes de dépense de temps de travail abstrait. La mesure de la richesse matérielle peut également avoir un aspect temporel, mais (on ne parle pas ici de la forme de nécessité temporelle associée à la dimension de valeur) cette temporalité dépend substantiellement de la production : la quantité de temps réellement requise pour produire un produit particulier. Ce temps est fonction *de* l'objectivation et n'est pas une norme *pour* la dépense (de temps de travail). Les changements dans ce temps concret de la production, qui se produisent avec le développement de la productivité, sont des changements reflétant le mouvement historique du temps. Ce mouvement est engendré par un processus de constitution sociale lié à une accumulation continue, sous une forme aliénée, de connaissance et d'expérience scientifiques, techniques et organisationnelles[1]. Il découle de l'étude faite jusqu'ici que, dans le cadre de l'analyse de Marx, certaines *conséquences* de cette accumulation – c'est-à-dire les conséquences des développements sociaux, intellectuels et culturels qui fondent le mouvement du temps – peuvent effectivement se mesurer en termes de changements intervenus dans la quantité de biens produits par unité de temps, c'est-à-dire en termes de changements concernant la quantité de temps requis pour produire un produit particulier. Toutefois, les développements historiques *eux-mêmes* ne peuvent pas se mesurer : ils ne peuvent pas être quantifiés en tant que variables dépendantes de la temporalité abstraite (c'est-à-dire en termes de valeur), même si les conditions de la forme sociale de la valeur façonnent la forme concrète de production dans laquelle s'objective l'accumulation de la connaissance, de l'expérience et du travail. Le mouvement de l'histoire peut donc être exprimé indirectement par le temps comme variable dépendante ; mais, comme mouvement du temps, il ne peut pas être saisi par le temps abstrait, statique.

---

1. *Ibid.*, pp. 406, 435.

Un aspect important de la conception que Marx a de la trajectoire de la dynamique historique propre à la société capitaliste devient évident à ce stade initial de sa recherche. Les catégories fondamentales de Marx impliquent qu'avec le déploiement de la dynamique impulsée par la forme-marchandise des rapports sociaux, une inégalité croissante se fait jour entre, d'un côté, les développements de la force productive du travail (qui n'est pas nécessairement liée au travail immédiat des ouvriers) et, d'un autre côté, le cadre-valeur à l'intérieur duquel s'expriment ces développements (cadre qui *est* lié à ce travail). La disparité entre l'accumulation de temps historique et l'objectivation du temps de travail immédiat s'accentue, tandis que la connaissance scientifique se matérialise de façon croissante dans la production. En accord avec la distinction que Marx opère entre valeur et richesse matérielle, les importantes augmentations de productivité dues à la science et à la technologie avancée ne sont pas et ne peuvent pas être saisies adéquatement en termes de dépense de temps de travail abstrait, qu'il soit manuel ou intellectuel – y compris le temps nécessaire à la recherche et au développement, à la formation des ingénieurs et des ouvriers qualifiés.

Ce développement peut être compris à l'aide de la catégorie de temps historique. Comme nous le verrons lorsque nous examinerons la trajectoire de la production, les augmentations de productivité expriment, en plus du développement de la production technologique et scientifique avancée : 1/ toute l'expérience et tout le travail accumulés par les hommes ; 2/ toute la connaissance qui s'accroît, de façon souvent discontinue, sur cette base[1]. La dynamique du capitalisme, telle qu'elle est saisie par les catégories de Marx, fait qu'avec cette accumulation de temps historique une inégalité croissante sépare les conditions de production de la richesse matérielle, de celles qui engendrent la valeur. Considérée en termes de dimension de valeur d'usage du travail (c'est-à-dire en termes de création de richesse matérielle), la production se révèle toujours moins un processus d'objectivation matérielle de l'habileté et du savoir-faire des producteurs individuels, voire de la classe immédiatement concernée, et toujours plus une objectivation de la connaissance collective accumulée par l'espèce, par l'humanité,

---

1. *Ibid.*, p. 433 et suiv.

connaissance qui, comme catégorie générale, se constitue elle-même par l'accumulation de temps historique. En termes de dimension de valeur d'usage, lorsque le capitalisme est pleinement développé, la production se révèle donc de plus en plus un processus d'objectivation de temps historique, et non de temps de travail immédiat. Toutefois, selon Marx, la valeur reste nécessairement l'expression de cette objectivation.

La dialectique de transformation/reconstitution

La dynamique historique du capitalisme, telle que Marx l'analyse, n'est pas linéaire mais contradictoire. Elle tend au-delà d'elle-même mais n'est pas autodépassement. J'ai étudié à un niveau initial et abstrait certaines différences entre la production fondée sur l'objectivation du travail immédiat et la production fondée sur le temps historique. S'il ne s'agissait pas du double caractère des formes sociales du capitalisme, on pourrait comprendre le développement de la production comme un simple développement technique entraînant le dépassement linéaire d'un mode de production par un autre selon le schéma historique suivant : au cours du développement capitaliste, une forme de production fondée sur le savoir-faire, l'habileté et le travail des producteurs immédiats engendre une autre forme fondée sur la connaissance et l'expérience accumulées de l'humanité. Avec l'accumulation de temps historique, la nécessité sociale de dépense de temps de travail humain immédiat dans la production diminue progressivement. La production fondée sur le présent, sur la dépense de temps de travail abstrait, engendre ainsi sa propre négation : l'objectivation de temps historique.

De nombreuses théories de la modernité – celles de la « société postindustrielle » par exemple – sont fondées sur une semblable compréhension du développement de la production. Ce type de compréhension évolutionniste n'est pas pleinement adéquat au caractère non linéaire du développement historique de la production capitaliste. Il présuppose en effet que la forme de richesse produite demeure constante et que seule change la méthode de sa production, comprise uniquement en termes techniques. Dans le cadre de l'analyse de Marx, un tel développement évolutionniste ne serait possible que si la valeur et la richesse matérielle n'étaient pas des formes de richesse différentes. Mais du fait du double caractère des formes structurantes du capitalisme, ce développement n'est qu'une tendance au sein d'une dynamique historique dialectique beaucoup plus complexe. L'analyse marxienne de la valeur comme catégorie sociale structurante ne considère pas le développement de la production comme un simple développement technique – par quoi un mode de production fondé à l'origine sur le travail humain est dépassé par un autre fondé, lui, sur la science et la technologie –, mais elle n'ignore pas non plus les importants changements induits par la science et la technologie. Sur la base des distinctions entre valeur et richesse matérielle, travail abstrait et travail concret (et, implicitement, entre temps abstrait et temps concret), Marx analyse la production sous le capitalisme comme un processus social contradictoire qui est constitué par une dialectique des deux dimensions de la forme-marchandise.

L'interaction de ces deux dimensions est telle que la valeur n'est pas simplement dépassée par l'accumulation de temps historique, mais qu'elle se reconstitue en permanence comme détermination essentielle de cette société. Ce processus qui entraîne le maintien de la valeur et des formes de domination abstraite qui lui sont associées, malgré le développement de la dimension de valeur d'usage, est structurellement inhérent aux formes sociales de base du capitalisme saisies par les catégories fondamentales de Marx. Lorsque nous avons étudié les déterminations les plus abstraites de la dynamique du capitalisme en termes d'interaction de ces deux dimensions, nous avons vu comment chaque nouveau niveau de productivité redétermine l'heure de travail social et est en retour redéterminé par le cadre de temps abstrait comme niveau de base de productivité. Les changements du temps concret engendrés par la productivité augmentée sont médiatisés par la totalité sociale de telle sorte qu'ils se transforment en nouvelles normes de temps abstrait (temps de travail socialement nécessaire), lesquelles, en retour, redéterminent l'heure de travail social constante. Notons que, comme le développement de la productivité redétermine l'heure de travail social, ce développement reconstitue la forme de nécessité associée à l'unité temporelle abstraite au lieu de la dépasser. Chaque nouveau niveau de productivité est structurellement transformé en présupposé concret de l'heure de travail social – et la quantité de valeur produite par unité de temps demeure constante. En ce sens, le mouvement du temps se convertit en permanence en temps présent. Dans l'analyse de Marx, la structure de base des formes sociales capitalistes est donc telle que l'accumulation de temps historique ne sape pas en et pour soi la nécessité représentée par la valeur, c'est-à-dire la nécessité du présent, mais change bien plutôt le présupposé concret de ce présent, ce qui reconstitue la nécessité de ce même présent. La nécessité présente n'est pas niée « automatiquement », mais paradoxalement renforcée ; elle est poussée en avant dans le temps comme présent perpétuel, comme nécessité apparemment éternelle.

Selon Marx, la dynamique historique du capitalisme est donc tout sauf linéaire et évolutionniste. Le développement – que j'ai fondé ici, à un niveau logique très abstrait, dans le double caractère du travail sous le capitalisme – est à la fois dynamique et statique. Il entraîne des niveaux de productivité toujours plus élevés, mais le cadre-valeur se reconstitue toujours à nouveau. Conséquence de cette dialectique particulière : la réalité socio-historique se constitue de plus en plus à deux niveaux très différents. D'un côté, comme je l'ai indiqué, le capitalisme entraîne une transformation continue de la société – de la nature, de la structure des classes et autres groupements sociaux et de leurs interrelations, aussi bien que de la nature de la production, des transports, de la circulation, des modes de vie, de la forme de la famille, etc. D'un autre côté, le déploiement du capital entraîne la reconstitution continue de sa propre condition fondamentale en tant que trait inchangé de la vie sociale – à savoir le fait que la médiation sociale est constituée par le travail. Dans l'analyse de Marx, ces deux moments – la transformation permanente du monde et la reconstitution du cadre déterminé par la valeur – se conditionnent réciproquement et sont intrinsèquement liés entre eux ; ils s'enracinent l'un et l'autre dans les rapports sociaux aliénés constitutifs du capitalisme et définissent, ensemble, cette société.

Le concept marxien de capital, quand on l'étudie à ce niveau fondamental, se révèle être une tentative de saisir la nature et le développement du capitalisme moderne à partir de *deux* moments temporels, une tentative d'analyser le capitalisme en tant que société dynamique en perpétuel changement et qui, cependant, conserve l'identité qui la sous-tend. À l'intérieur de ce cadre, le paradoxe du capitalisme, c'est qu'à la différence d'autres formations sociales il possède une dynamique historique immanente, mais que cette dynamique se caractérise par le transfert constant de temps historique dans le cadre du présent, ce qui du même coup renforce ce présent.

Analyser la société capitaliste moderne en termes de domination de la valeur (et, partant, du capital) revient à l'analyser en termes de deux formes de domination sociale abstraite apparemment opposées : la domination du temps abstrait en tant que présent et un processus nécessaire de transformation permanente. Ces deux formes de domination abstraite, et leur corrélation intrinsèque, c'est ce que saisit la « loi de la valeur » de Marx. J'ai indiqué que cette « loi » était dynamique et qu'elle ne pouvait pas être saisie adéquatement en tant que loi du marché ; désormais, je peux ajouter qu'elle saisit catégoriellement la poussée vers des niveaux de productivité toujours plus élevés, la transformation permanente de la vie sociale dans la société capitaliste, et la reconstitution permanente de ses formes sociales. Elle révèle que le capitalisme est une société marquée par une dualité temporelle : d'un côté, un flux constant, accéléré, d'histoire ; de l'autre, une conversion constante de ce mouvement du temps en un présent perpétuel. Quoique socialement constituées, les deux dimensions temporelles échappent au contrôle des agents qui les constituent, et elles les dominent. Loin donc d'être une loi statique de l'équilibre, la loi de la valeur de Marx saisit en tant que « loi » déterminée de l'histoire la dynamique dialectique de transformation/reconstitution caractéristique de la société capitaliste.

Cependant, l'analyse du capitalisme à partir de ces deux moments de la réalité sociale suggère qu'il est particulièrement difficile de les saisir en même temps. Étant donné que de très nombreux aspects de la société se transforment de plus en plus rapidement à mesure que se développe le capitalisme, les structures inchangées sous-jacentes à cette société – par exemple, le fait que le travail soit un moyen de vie qui ne répond qu'indirectement aux besoins – peuvent passer pour des aspects éternels, socialement « naturels », de la condition humaine. Avec pour conséquence de contribuer à voiler la possibilité d'un futur qualitativement différent.

Cette brève analyse de la dialectique des deux dimensions des formes de base de la société capitaliste montre comment, dans l'analyse de Marx, la production fondée sur la dépense de temps présent abstrait et la production fondée sur l'appropriation de temps historique ne sont pas des modes de production clairement distingués sous le capitalisme (on ne distingue pas en quoi celle-ci dépasse progressivement celle-là). Ces deux modes de production sont bien plutôt des moments du procès de production capitaliste développé qui interagissent de telle sorte qu'ils constituent ce procès – d'où il résulte que la production sous le capitalisme ne se développe pas de façon linéaire. En même temps, la dynamique dialectique engendre bien la possibilité que la production fondée sur le temps historique se constitue séparément de celle fondée sur le temps présent abstrait – et que l'interaction aliénée du passé et du présent qui caractérise le capitalisme soit dépassée. C'est cette possible séparation future qui permet de distinguer entre les deux moments de la sphère de production dans le présent, c'est-à-dire dans la société capitaliste.

Revenons maintenant à la catégorie de temps de travail socialement nécessaire. Comme nous l'avons vu, cette catégorie représente la transformation du temps concret en temps abstrait et, comme telle, elle exprime une contrainte temporellement normative. Mon étude préliminaire de la dynamique immanente du capitalisme a montré comment cette contrainte impersonnelle, objective, exercée sur les individus n'est pas statique mais se reconstitue elle-même historiquement en permanence. Les producteurs ne sont pas seulement forcés de produire selon une norme temporelle abstraite, ils doivent aussi le faire de façon historiquement adéquate : ils sont forcés d'« être de leur temps ». Dans la société capitaliste, les hommes sont confrontés à une forme historiquement déterminée de nécessité sociale abstraite dont les déterminations changent historiquement – c'est-à-dire qu'ils sont confrontés à une forme socialement constituée de nécessité historique. Le concept de nécessité historique a naturellement aussi une autre signification – celle que l'histoire avance nécessairement de façon déterminée. Cette étude des catégories initiales de Marx a montré que, selon l'analyse marxienne, ces deux aspects de la nécessité historique – la contrainte changeante à laquelle les hommes sont confrontés et la logique interne qui fait avancer la totalité – sont des expressions liées entre elles de la même forme de vie sociale[1].

Cette analyse implique également que la catégorie de temps de travail socialement nécessaire ait une autre dimension. Étant donné que la valeur est la forme de richesse sociale sous le capitalisme, le temps de travail socialement nécessaire devrait être compris comme socialement nécessaire en un deuxième sens : il se rapporte implicitement au temps de travail, qui est nécessaire au capital et, partant, à la société aussi longtemps qu'elle est capitaliste, c'est-à-dire aussi longtemps qu'elle est structurée par la valeur comme forme de richesse et par la survaleur comme but de la production. En conséquence, ce temps de travail est l'expression d'une forme supérieure de nécessité pour la société capitaliste en tant que tout, aussi bien que pour les individus, et ne doit pas être confondu avec la forme de nécessité à laquelle Marx se réfère lorsqu'il distingue entre le temps de travail « nécessaire » et le temps de « surtravail ». Comme on l'a vu, il s'agit d'une distinction entre la portion de la journée de travail pendant laquelle les travailleurs travaillent à leur propre reproduction (temps de travail « nécessaire ») et la portion que les représentants du capital s'approprient (temps de « surtravail »[2]). En ce sens, le temps de travail « nécessaire » et le temps de « surtravail » sont l'un comme l'autre subsumés sous le « temps de travail socialement nécessaire » dans toutes ses ramifications.

La catégorie de valeur, dans son opposition à celle de richesse matérielle, signifie donc que le temps de travail est le matériau dont sont faits la richesse et les rapports sociaux sous le capitalisme. Elle se rapporte à une forme de vie sociale au sein de laquelle les hommes sont dominés par leur propre travail et sont forcés à entretenir cette domination. Comme je le montrerai plus loin, les impératifs fondés sur cette forme sociale poussent à l'accroissement rapide

---

1. Il devrait être clair que le type de nécessité historique fondée socialement par les catégories de Marx s'applique au développement de la formation sociale en tant que tout. Ainsi cette nécessité ne se rapporte-t-elle pas directement aux développements politiques dans les pays et entre les pays. On pourrait concevoir d'étudier ces développements d'après la « métalogique » historique analysée par Marx, mais il serait réducteur de le faire sans tenir compte des médiations nécessaires et des facteurs contingents. De même, critiquer l'analyse de Marx à partir d'un niveau plus contingent de développement historique, c'est confondre des niveaux d'analyse et de réalité sociale qui doivent être distingués.

2. *Le Capital*, livre I, pp. 241-243.

du développement technologique et à un contexte de « croissance » continue ; en même temps, ces impératifs perpétuent aussi la nécessité du travail humain immédiat dans le procès de production, quel que soit le degré de développement technologique et d'accumulation de richesse matérielle. Selon Marx, c'est en tant que fondement ultime de ces impératifs historiquement spécifiques que le travail, dans son double caractère d'activité productive et de « substance » sociale historiquement spécifique, constitue l'identité du capitalisme.

Il devrait être clair désormais que cette dynamique complexe constitue le noyau essentiel de la dialectique marxienne des forces productives et des rapports de production sous le capitalisme. Ma lecture indique 1/ que cette dialectique s'enracine dans le double caractère des formes sociales capitalistes (les dimensions de valeur et de valeur d'usage du travail et du temps socialement constitué) et 2/ qu'elle perpétue la contrainte abstraite de la nécessité temporelle dans ses dimensions tant statique que dynamique. Lorsque j'ai fondé les traits essentiels de cette dialectique à ce niveau logique abstrait, j'ai montré que, dans l'analyse de Marx, elle ne s'enracine ni dans une supposée contradiction fondamentale entre production et distribution, ni dans la propriété privée des moyens de production – c'est-à-dire dans la lutte de classes – mais qu'elle découle des formes sociales particulières constituées par le travail sous le capitalisme, qui structurent cette lutte. Cette compréhension du modèle de développement et de la possible négation de la société capitaliste diffère profondément de celle associée aux approches qui procèdent du concept de « travail » et qui définissent la dialectique contradictoire du capitalisme en termes traditionnels.

Nous avons vu, même si ce n'est qu'à un niveau logique initial, comment les deux dimensions du travail social se redéterminent et se renforcent l'une l'autre de façon dynamique. En même temps, dans mon étude des différences entre la production fondée sur l'appropriation de temps historique et la production fondée sur la dépense de temps présent abstrait, j'ai aussi montré que ces deux dimensions sont très différentes. Dans l'analyse de Marx, le fondement du caractère contradictoire du capitalisme, c'est précisément le fait que, bien que ses deux dimensions soient différentes, elles sont liées comme les deux moments d'une seule et même forme sociale (historiquement spécifique). Il en résulte une interaction dynamique au sein de laquelle ces deux moments se redéterminent l'un l'autre, et cela de telle façon que leur différence devient une opposition croissante. Comme je l'ai montré à un niveau très abstrait, cette opposition croissante à l'intérieur d'un cadre commun n'aboutit à aucune sorte de développement évolutionniste linéaire par quoi la base sous-jacente au présent serait supprimée et réalisée quasi automatiquement. Cependant, même à ce niveau, on peut voir qu'elle aboutit à une tension structurelle interne croissante.

Selon l'interprétation traditionnelle, les rapports de production capitalistes restent extérieurs au procès de production, lequel est constitué par le « travail ». La contradiction entre forces productives et rapports de production est donc vue comme une contradiction entre production et distribution, c'est-à-dire *entre* des « institutions » et des sphères sociales existantes. Or, dans le cadre ici développé, cette contradiction se trouve *à l'intérieur même de* ces « institutions », sphères et processus. Cela signifie que le procès de production capitaliste, par exemple, doit être compris tant en termes sociaux qu'en termes techniques. Comme je le montrerai, même la forme matérielle de ce procès peut être analysée socialement par rapport à la tension structurelle interne croissante (l'« effet d'écartement » *[shearing pressure]*) qui résulte des deux impératifs structurels de la dialectique de transformation/reconstitution – poussant à des niveaux de productivité toujours plus élevés et engendrant un surplus de valeur.

C'est la non-identité des deux dimensions de ses formes structurantes qui confère au capitalisme une dynamique dialectique interne et qui se déploie comme sa contradiction de base. Cette contradiction façonne les institutions et les processus sociaux de la société capitaliste tout en fondant la possibilité immanente de sa négation historique.

Mon analyse de la dialectique du travail et du temps montre clairement que Marx, loin d'ériger le travail et la production en point de vue d'une critique historique du capitalisme, focalise précisément sa critique sur le rôle socialement constitutif que le travail joue dans cette société. D'où il résulte que l'idée de Marx selon laquelle le caractère contradictoire du capitalisme engendre une tension croissante entre ce qui est et ce qui pourrait être ne pose pas la production industrielle et le prolétariat en tant qu'éléments d'un avenir postcapitaliste. Pour Marx, la contradiction de base du capitalisme ne se situe pas entre une structure ou un groupe social existant et un autre ; elle s'enracine dans la sphère de production capitaliste elle-même, dans le double caractère de la sphère de production au sein d'une société dont les rapports essentiels sont constitués par le travail.

La contradiction fondamentale du capitalisme se situe donc entre les deux dimensions du travail et du temps. Sur la base de la recherche menée jusqu'ici, je peux définir cette contradiction comme une contradiction entre, d'un côté, le savoir et les capacités socialement généraux dont l'accumulation est induite par la forme de rapports sociaux médiatisée par le travail et, de l'autre, cette forme même de médiation. Bien que le fondement du présent par la valeur (et, partant, la nécessité abstraite exprimée par le temps de travail socialement nécessaire) ne soit jamais dépassé automatiquement, il entre en contradiction croissante avec les possibilités intrinsèques au développement qu'il induit.

Je développerai cette contradiction plus loin, mais il me faut à ce stade de l'exposé revenir au problème de la dialectique historique. L'interprétation que j'ai présentée ici étend la portée de cette dialectique au-delà de la période de *laissez-faire** du capitalisme, mais elle la limite aussi à la formation sociale capitaliste. Mon analyse des catégories initiales de Marx a montré, au moins abstraitement, que la conception marxienne du double caractère des formes sociales structurantes du capitalisme implique une dialectique historique. Cette étude, en fondant socialement la dynamique dialectique directionnelle de manière à la spécifier historiquement en tant que trait de la société capitaliste, corrobore ce que j'ai dit sur la détermination historique des catégories de Marx et sa conception d'une logique immanente à l'histoire.

Elle aide aussi à distinguer trois modes d'interaction dialectique entrelacés dans l'analyse de Marx. Le premier, qui est bien connu et qui est celui auquel on se réfère le plus souvent, peut être caractérisé comme une dialectique de la constitution réflexive par l'objectivation. Il s'exprime, par exemple, dans l'affirmation de Marx au début de son étude du procès de travail dans *Le Capital* selon laquelle les hommes, en agissant sur la nature extérieure et en la modifiant, modifient leur propre nature[1]. En d'autres termes, pour Marx, le procès d'autoconstitution implique un procès d'extériorisation, tant pour l'humanité que pour les individus. L'habileté et les capacités se constituent dans la pratique, à travers leur mise en œuvre. On a fréquemment compris la conception marxienne de l'histoire en fonction de ce procès[2], mais mon analyse du double caractère des formes sociales du capitalisme a montré que ce procès d'autoconstitution par le travail, même lorsqu'on comprend le travail au sens large d'activité d'extériorisation, n'entraîne pas nécessairement un développement historique. Par exemple, les interactions matérielles de l'humanité avec la nature ne sont pas nécessairement directionnellement dynamiques ; il n'existe aucun fondement théorique ni aucune évidence historique permettant d'affirmer que les effets réflexifs des objectivations du travail concret doivent être directionnels. Les types de nécessité immanente et de logique directionnelle qui se trouvent au cœur du développement dialectique ici analysé ne sont pas inhérents aux interactions entre un sujet connaissant et ses objectivations – que ces interactions soient comprises au niveau de l'individu ou en termes d'interactions de l'humanité avec la nature. Autrement dit, une logique directionnelle n'est pas inhérente à ces activités qu'on peut appeler des formes de travail concret.

La deuxième interaction dialectique dans la théorie du Marx de la maturité est celle de la constitution réciproque des formes déterminées de pratique sociale et de structure sociale. Dans *Le Capital*, comme je l'ai noté, Marx entreprend de développer une dialectique complexe de la structure profonde et de la pratique, laquelle est médiatisée à la fois par les formes phénoménales de la structure profonde et par les dimensions subjectives des diverses formes sociales. Cette analyse permet de dépasser au niveau théorique les interprétations objectivistes et subjectivistes de la vie sociale et de révéler les moments valides et les aspects déformés de chacune[3].

---

1. *Ibid.*, p. 199.

2. On peut interpréter Lukács de cette façon. Voir « La réification et la conscience du prolétariat », pp. 183-188, 213-214, 217-224, 230-235.

3. Par exemple, l'analyse marxienne de la valeur et des prix révèle le « noyau rationnel » des approches fondées sur les prémisses de l'individualisme méthodologique ou sur l'idée que les phénomènes sociaux sont le résultat de l'addition de tous les comportements individuels. En même temps, l'analyse de Marx intègre historiquement ces approches en montrant la constitution sociale historiquement

Mais ce type de dialectique, lui non plus, n'est pas nécessairement directionnel ; il peut entraîner la reproduction d'une forme de société dépourvue de dynamique historique intrinsèque[1].

Chacune de ces interactions dialectiques peut exister sous une forme ou sous une autre dans diverses sociétés. Ce qui distingue le capitalisme, selon Marx, c'est que l'une et l'autre deviennent directionnellement dynamiques parce qu'elles sont enchâssées dans, et entrelacées avec un cadre intrinsèquement dynamique de rapports sociaux objectivés constitué par un troisième type d'interaction dialectique : une interaction enracinée dans le double caractère des formes sociales sous-jacentes. En conséquence, les structures sociales du capitalisme qui constituent et sont constituées par la pratique sociale sont dynamiques. De plus, comme les rapports intrinsèquement dynamiques qui caractérisent le capitalisme sont médiatisés par le travail, l'interaction de l'humanité avec la nature acquiert effectivement sous le capitalisme une dynamique directionnelle. Toutefois, ce qui engendre finalement cette dynamique historique, c'est le double caractère du travail sous le capitalisme, et non le « travail ». Cette structure directionnellement dynamique totalise et rend dynamique aussi l'antagonisme entre la production et l'expropriation de certains groupes sociaux ; en d'autres termes, elle constitue cet antagonisme comme lutte de classes.

Mon étude des implications de la dimension temporelle de la valeur a donc montré que l'analyse de Marx découvre la base d'une logique de développement dialectique dans des formes sociales historiquement spécifiques. Cette analyse montre du même coup qu'il existe effectivement une forme de logique dans l'histoire, de nécessité historique, mais que celle-ci n'est immanente qu'à la formation sociale capitaliste, et non à l'histoire humaine en tant que tout. Cela signifie que la théorie du Marx de la maturité n'hypostasie pas l'histoire comme une sorte de force faisant avancer toutes les sociétés

---

spécifique de ce qu'elles prennent pour socialement ontologique (par exemple, l'« agent rationnel » maximisant).

1. L'étude de la société kabyle proposée par Pierre Bourdieu constitue un bon exemple d'analyse de la reproduction d'une telle forme de vie sociale à partir d'une dialectique mutuellement constituante de la structure et de la pratique (structure, habitus et pratique). Voir *Esquisse d'une théorie de la pratique*, « Points », Seuil, 2000.

humaines ; elle ne présuppose pas l'existence d'une dynamique directionnelle de l'histoire en général. Elle cherche tout au contraire à expliquer l'existence du type de dynamique directionnelle continue qui définit la société moderne, et cela d'après les formes sociales historiquement déterminées constituées par le travail dans un processus d'aliénation [1]. Cette analyse implique que toute théorie qui pose une logique immanente à l'histoire comme telle – que cette logique soit dialectique ou évolutionniste – sans fonder cette logique dans un processus déterminé de constitution sociale (ce qui, bien sûr, ne viendrait à l'esprit d'aucun théoricien digne de ce nom...) projette comme histoire de l'humanité ce qui est spécifique au capitalisme. Ce type de projection dissimule nécessairement la base sociale réelle d'une dynamique directionnelle de l'histoire. Le processus historique est par là même transformé d'objet de l'analyse sociale en son présupposé quasi métaphysique.

---

1. L'idée que la forme-marchandise est le fondement dernier de la dynamique historique complexe du capitalisme met en question l'opposition transhistorique entre deux conceptions de l'histoire : celle qui fait de l'histoire un processus homogène, unique, et celle qui y voit le résultat de l'interaction de divers processus sociaux ayant leurs temporalités propres. Ma tentative de fonder socialement – à un niveau logique très abstrait – le caractère historiquement dynamique du capitalisme suggère que, tout en n'étant pas nécessairement marqué par un processus historique homogène, synchrone, unitaire, le capitalisme est, en tant que tout, historiquement dynamique de telle manière qu'il se distingue des autres formes de vie sociale. Les rapports entre les divers niveaux et processus sociaux s'organisent autrement que dans une société non capitaliste : ils s'enchâssent dans un cadre dialectique, temporellement directionnel, socialement constitué et général.

CHAPITRE IX

La trajectoire de production

Jusqu'à présent, j'ai abordé la conception que Marx a de la société capitaliste en examinant les implications de son analyse de la marchandise en tant que forme sociale fondamentale du capitalisme. Cet examen a révélé les déterminations initiales de la dynamique historique intrinsèque qu'impliquent l'analyse marxienne du double caractère du travail déterminé par la marchandise et celle de la dimension temporelle de la valeur. Cela m'a permis d'expliciter la catégorie de capital chez Marx comme étant une catégorie se référant à la structure contradictoire et dynamique des rapports sociaux constitués par le travail. Cette approche a conforté et explicité ma thèse selon laquelle la théorie marxienne de la centralité du travail sous le capitalisme est la théorie critique d'un mode de médiation sociale déterminé ; dans le cadre de cette théorie, le travail sous le capitalisme possède une signification sociale qui ne peut pas être saisie adéquatement quand le travail n'est compris que comme une activité productive de médiation entre les hommes et la nature.

À la lumière de cette étude des catégories marxiennes initiales, je vais maintenant examiner l'analyse de la sphère de production proposée par Marx, en insistant particulièrement sur les problèmes de croissance économique, de lutte de classes et de constitution sociale de la production industrielle. De cette manière, je développerai la compréhension du capital – et, partant, du capitalisme et de son possible dépassement – proposée jusqu'ici.

Survaleur et « croissance économique »

Mon étude initiale de la conception marxienne de la dialectique des forces et des rapports de production a fait apparaître un aspect de la dynamique impliquée par la catégorie marxienne de survaleur, qui revêt une grande importance au regard de l'actuelle intensification des problèmes écologiques sur l'ensemble de la planète. Nous avons vu que la catégorie de survaleur se rapporte à la valeur produite par le temps de surtravail, c'est-à-dire le temps de travail effectué par les travailleurs au-delà du temps requis pour créer la quantité de valeur nécessaire à leur propre reproduction (temps de travail nécessaire). La catégorie de survaleur est habituellement comprise comme indiquant que, sous le capitalisme, le surplus social ne résulte pas de plusieurs « facteurs de production », mais du seul travail. Ce type d'interprétation affirme que le rôle productif unique du travail est voilé sous le capitalisme par le caractère contractuel des rapports entre producteurs non propriétaires et propriétaires improductifs. Ces rapports revêtent la forme d'un échange dans lequel les travailleurs sont rémunérés pour la valeur de leur force de travail – qui est moindre que la valeur qu'ils produisent, mais cette différence de valeur n'apparaît pas au premier coup d'œil. En d'autres termes, étant donné que, sous le capitalisme, l'exploitation s'effectue au moyen de cet échange, elle n'est pas manifeste – à la différence, par exemple, de l'expropriation du surplus dans la société féodale. La catégorie de survaleur est donc supposée révéler l'exploitation non manifeste qui caractérise le capitalisme[1].

Bien que cette interprétation saisisse une dimension effectivement importante de la catégorie, elle reste unilatérale ; pour ainsi dire, elle ne met l'accent que sur l'expropriation de la *sur*valeur sans se pencher suffisamment sur les implications de la sur*valeur*. Pourtant, comme je l'ai montré, Marx analyse le procès de valorisation – le procès de création de la survaleur – à partir du procès de création de la valeur ; son analyse ne concerne pas seulement la source du surplus, mais aussi la forme de la sur-richesse produite. Comme on l'a noté, la valeur est une catégorie d'une totalité

---

1. Voir Paul Sweezy, *The Theory of Capitalist Development*, 1969, pp. 56-61 ; Maurice Dobb, *Political Economy and Capitalism*, 1940, pp. 56, 58, 75.

dynamique. Cette dynamique entraîne une dialectique de transformation/reconstitution qui résulte de la nature duelle de la forme-marchandise et des deux impératifs structurels de la forme-valeur de la richesse : la pulsion vers des niveaux de productivité toujours plus élevés et le nécessaire maintien du travail humain immédiat dans la production. À présent, nous pouvons élargir cette analyse. Comme nous l'avons vu, selon Marx, le capital est « valeur qui s'autovalorise »[1] ; il se caractérise par la nécessité de se développer en permanence. Lorsque la richesse revêt la forme de la valeur, le but de la production est nécessairement la survaleur. Cela signifie que le but de la production capitaliste n'est pas seulement la valeur, mais l'expansion permanente de la survaleur[2].

Les traits essentiels de cette expansion s'enracinent dans la forme-valeur même de la richesse. Selon Marx, ces traits incluent la nature instable et porteuse de crises propre à l'accumulation du capital mais ne se limitent pas à elle. Or ce sont justement ces aspects de l'accumulation du capital qui ont retenu le plus l'attention dans la tradition marxiste. Ainsi, dans *The Limits to Capital*, David Harvey examine longuement comment, dans le cadre de l'analyse de Marx, une croissance équilibrée se révèle impossible sous le capitalisme[3]. Étant donné le nécessaire déséquilibre entre la production et la consommation, ainsi que la contradiction qui lui est sous-jacente entre la production et la circulation, les crises sont inhérentes au capitalisme[4]. De plus, selon Harvey, les capitalistes, du fait qu'ils sont poussés à égaliser le taux de profit, répartissent le travail social et organisent le procès de production de telle manière que cela ne produit pas nécessairement le maximum de survaleur globale. C'est là, dit-il, que réside la base matérielle de la répartition toujours mauvaise du travail social et du parti pris dans l'organisation du procès de travail, qui mène le capitalisme à des crises périodiques[5]. Harvey souligne également le fait que le capital crée lui-même des obstacles à la tendance à toujours accélérer les

---

1. Marx, *Le Capital*, livre I, pp. 173-174.

2. *Ibid.*, pp. 638-643, 649 et suiv.

3. David Harvey, *The Limits to Capital*, 1982, p. 171.

4. *Ibid.*, pp. 81-82, 157.

5. *Ibid.*, p. 68.

changements technologiques et organisationnels[1]. De façon générale, il affirme que les capitalistes, en agissant selon leurs propres intérêts dans le cadre des rapports sociaux de production et d'échange capitalistes, engendrent un mixte technologique tel que celui-ci menace l'accumulation, détruit la potentialité d'une croissance équilibrée et compromet la reproduction de la classe capitaliste dans son ensemble[2].

Bien que la nature instable, porteuse de crises, de l'accumulation du capital soit tout à fait essentielle dans la théorie de Marx, j'insisterai sur un autre aspect de son analyse du procès d'expansion de la survaleur lorsque je tenterai de déployer les caractéristiques fondamentales du capital. De toute évidence, la critique marxienne du procès d'accumulation pour l'accumulation propre au capitalisme[3] ne concerne pas seulement la distribution, c'est-à-dire le fait que la richesse sociale ne soit pas utilisée au profit de tous. Il ne s'agit pas non plus d'une critique productiviste – sa visée n'est pas d'indiquer que ce qui fait problème avec le capitalisme, c'est que la production globale de survaleur ne soit pas maximisée de façon équilibrée. La critique de Marx n'est pas entreprise d'un point de vue qui affirme cette maximisation. Il s'agit bien plutôt d'une critique de la nature même de la croissance immanente au capital, de la trajectoire même de la dynamique.

La spécificité de la croissance entraînée par l'expansion de la survaleur se fonde sur les caractéristiques de la valeur en tant que forme temporellement déterminée de richesse et de médiation sociale. Comme nous l'avons vu, étant donné que la valeur totale créée est uniquement fonction de la dépense de temps de travail abstrait, la productivité augmentée produit une plus grande quantité de richesse matérielle mais n'aboutit qu'à des augmentations à court terme de la valeur produite par unité de temps. Marx, laissant de côté toute considération sur la densité du travail à cette étape de sa présentation, écrit que « la journée de travail de grandeur donnée s'exprime toujours dans le même produit de valeur, quand bien même il y aurait changement dans la productivité du travail, et avec elle dans la masse des produits et donc dans le prix de la

---

1. *Ibid.*, pp. 121-122.
2. *Ibid.*, pp. 188-189.
3. *Le Capital*, livre I, pp. 666-667.

marchandise individuelle »[1]. Étant donné cette détermination temporelle de la valeur, l'expansion de la survaleur – le but systémique de la production sous le capitalisme – ne peut être accomplie que si la proportion entre le temps de surtravail et le temps de travail nécessaire est modifiée. Ce but peut être atteint par l'allongement de la durée de la journée de travail (production de « survaleur absolue »[2]). Toutefois, dès lors que la durée de la journée de travail a été limitée (par suite des luttes de classes ou de la législation par exemple), le temps de surtravail ne peut augmenter que si le temps de travail nécessaire diminue (production de « survaleur relative »). D'après Marx, cette réduction s'effectue par la productivité augmentée. Bien qu'une augmentation globale de la productivité n'augmente pas la valeur totale produite en une période de temps donnée, elle diminue effectivement la valeur des marchandises requises pour la reproduction des travailleurs. En d'autres termes, elle diminue le temps de travail nécessaire et, par là même, augmente le temps de surtravail[3]. Conséquence tant de ce rapport entre la productivité et l'expansion de la survaleur relative que des augmentations à court terme de la valeur produite par unité de temps lorsque la productivité augmente : selon Marx, « la pulsion immanente au capital et sa tendance constante seront donc d'accroître la force productive du travail »[4].

Cette tendance à l'augmentation permanente de la productivité est inhérente à l'expansion de la survaleur relative, la forme de survaleur adéquate au capital. Elle est engendrée par le rapport particulier existant entre la forme-valeur du surplus et la productivité. Dans l'exposé marxien, ce rapport éclaire rétrospectivement la visée argumentative de Marx lorsque celui-ci détermine la grandeur de la valeur en termes de dépense de temps de travail humain abstrait. Désormais, ce rapport apparaît clairement comme une détermination initiale de la dynamique propre au capitalisme, comme le lieu à partir duquel Marx tente de saisir et d'expliquer cette dynamique. Bien que la productivité augmentée aboutisse à une augmentation directement proportionnelle de richesse matérielle, elle n'augmente

---

1. *Ibid.*, p. 582.
2. *Ibid.*, p. 257 et suiv.
3. *Ibid.*, pp. 353-356.
4. *Ibid.*, pp. 359-360.

la survaleur qu'indirectement – dès lors que la journée de travail est limitée – en diminuant le temps de travail nécessaire ; elle n'aboutit pas à une augmentation de la richesse que l'on pourrait s'approprier socialement ou à une diminution du temps de travail qui lui corresponde immédiatement (comme ce serait le cas si la richesse matérielle était la forme sociale dominante de richesse). De plus, dans la mesure où la valeur totale produite par unité de temps n'augmente pas avec l'augmentation socialement générale de la productivité, la valeur totale représente une limite à l'expansion de la survaleur : la quantité de survaleur produite par unité de temps ne peut jamais dépasser ce plafond, quel que soit le niveau de productivité atteint. Elle ne peut en effet jamais atteindre cette limite puisque, au niveau social général, le capital ne peut jamais se passer complètement du temps de travail nécessaire.

Selon Marx, c'est cette limite même – qui est inhérente à la forme de richesse dont la grandeur est fonction de la dépense de temps de travail humain abstrait – qui engendre une tendance à des taux toujours plus élevés d'augmentation de la productivité. Sur la base de son analyse de la mesure temporelle abstraite de la valeur et des rapports indirects qui en résultent entre l'augmentation de la productivité et l'augmentation de la survaleur, Marx affirme qu'étant donné un taux constant d'augmentation de la productivité, le taux de croissance de la masse de survaleur par portion de capital donnée baisse dans la même proportion que le niveau de temps de surtravail s'élève[1]. En d'autres termes, il affirme que plus la quantité de survaleur produite approche des limites de la valeur totale produite par unité de temps, plus il devient difficile de diminuer le temps de travail nécessaire au moyen de la productivité augmentée et, du même coup, d'augmenter la survaleur. Mais cela signifie aussi que plus le niveau général de temps de surtravail et, corrélativement, de productivité est élevé, plus la productivité doit augmenter en vue d'atteindre une augmentation déterminée de la masse de survaleur par portion de capital donnée.

La signification de ce rapport entre productivité et survaleur ne se limite pas, chez Marx, à la question de la baisse tendancielle du taux de profit[2] ou, plus généralement, au problème de savoir si

---

1. *Ibid.*, pp. 583-584 ; Marx, *Grundrisse*, t. I, p. 278 et suiv.

2. Bien que l'on ait beaucoup écrit sur la baisse tendancielle du taux de profit, on a souvent négligé le fait que, dans le livre III du *Capital*, Marx la considère

l'expansion du capital peut se poursuivre indéfiniment. Elle est également que la forme-valeur du surplus n'induit pas seulement des augmentations continues de productivité, mais aussi que l'expansion de survaleur requise par le capital implique une tendance à l'accélération des taux d'augmentation de la productivité. Le capital tend à engendrer une accélération constante de la croissance de la productivité. Notons que, selon cette analyse, les immenses augmentations de productivité sont réalisées précisément parce que des niveaux de productivité plus élevés n'augmentent la survaleur que de manière indirecte. De la même façon, bien que ces augmentations de productivité aboutissent à des augmentations correspondantes de richesse matérielle, elles ne produisent pas des augmentations de survaleur correspondantes. La différence entre les deux formes de richesse dans leur rapport à la productivité signifie que, d'un côté, les niveaux toujours plus élevés de productivité engendrée par l'accumulation du capital entraînent directement des augmentations correspondantes de la masse de biens produits et de matières premières consommées dans la production. Mais, d'un autre côté, étant donné que, sous le capitalisme, la forme sociale du surplus c'est la valeur et non la richesse matérielle, le résultat – en dépit des apparences – n'est pas une augmentation proportionnelle du surproduit. Les quantités toujours plus élevées de richesse matérielle produites sous le capitalisme ne se traduisent pas par des niveaux aussi élevés de richesse sociale sous forme de valeur.

Pour Marx, ce modèle de croissance est à double face : il entraîne l'expansion permanente des capacités productives humaines, mais cette expansion, liée comme elle l'est à une structure sociale dynamique aliénée, revêt une forme débridée, illimitée, accélérée, sur laquelle les hommes n'ont aucun contrôle. Indépendamment de toute considération sur les possibles limites à l'accumulation du capital, l'une des conséquences de cette dynamique particulière

---

comme un phénomène « de surface » qui reflète et réfracte une tendance historique plus profonde du capitalisme – à savoir, que les machines remplacent graduellement le travail vivant dans le procès de production. Comme pour la plupart des catégories qu'il analyse dans le livre III, Marx déclare que ce phénomène de surface n'est pas reconnu comme tel par l'économie politique classique, qui lui accorde au contraire la signification d'une tendance historique plus profonde. Voir *Le Capital*, livre III, pp. 209-259.

– qui produit de plus grandes augmentations de richesse matérielle que de survaleur –, c'est la destruction accélérée de l'environnement naturel. Selon Marx, par suite du rapport entre productivité, richesse matérielle et survaleur, l'expansion continue de la survaleur a de plus en plus de conséquences désastreuses pour la nature et pour les hommes :

> « Comme dans l'industrie urbaine, l'augmentation de la force productive et le plus grand degré de fluidité du travail sont payés dans l'agriculture moderne au prix du délabrement et des maladies qui minent la force de travail proprement dite. Et tout progrès de l'agriculture capitaliste est non seulement un progrès dans l'art de piller le travailleur, mais aussi dans l'art de piller le sol ; tout progrès dans l'accroissement de sa fertilité pour un laps de temps donné est en même temps un progrès de la ruine des sources durables de cette fertilité »[1].

Étant fondée sur l'analyse de la valeur en tant qu'opposée à la richesse matérielle, la critique marxienne de l'industrie et de l'agriculture capitalistes n'est clairement pas une critique productiviste. Pour autant, le fait que la critique de Marx soit fondée sur une analyse de la forme spécifique du travail sous le capitalisme, et non sur le « travail », implique que la destruction croissante de la nature ne doit pas être simplement considérée comme une conséquence de la maîtrise et la domination croissante de la nature par les hommes[2]. Ni la critique productiviste du capitalisme ni ce dernier type de critique de la domination de la nature ne distinguent entre valeur et richesse matérielle ; l'une comme l'autre se fondent sur la conception transhistorique du « travail ». D'où il résulte que l'une comme l'autre se focalisent sur une seule dimension de ce que Marx saisit comme un développement double, un développement plus complexe. Ces deux positions constituent une nouvelle antinomie théorique de la société capitaliste.

Dans l'analyse de Marx, la destruction croissante de la nature opérée sous le capitalisme ne dépend pas simplement du fait que la

---

1. *Le Capital*, livre I, p. 566.
2. Voir Max Horkheimer et Theodor W.-Adorno, *La Dialectique de la Raison*, Gallimard, 1974, pp. 21-57, 92 et suiv.

nature est devenue un objet pour l'humanité, mais surtout du *type* d'objet que la nature est devenue. Sous le capitalisme, les matières premières et les produits sont, selon Marx, des supports de valeur, et non de simples éléments constitutifs de la richesse matérielle. Le capital produit la richesse matérielle en tant que moyen de créer de la valeur. Aussi ne consomme-t-il pas seulement la nature matérielle en tant que matériau de la richesse matérielle, mais aussi en tant que moyen d'alimenter sa propre expansion – c'est-à-dire en tant que moyen d'extraire et d'absorber le plus de temps de surtravail possible de la population laborieuse. Des quantités toujours croissantes de matières premières doivent être consommées, même s'il n'en résulte pas une augmentation correspondante de la forme sociale de la sur-richesse (survaleur). Le rapport entre les hommes et la nature médiatisé par le travail devient un procès unilatéral de consommation, et non plus une interaction cyclique. Il revêt la forme d'une transformation accélérée de matières premières qualitativement particulières en « choses », en supports qualitativement homogènes de temps objectivé.

L'accumulation du capital ne fait donc pas problème seulement parce qu'elle est déséquilibrée et porteuse de crises, mais aussi parce que la forme de croissance qui lui est sous-jacente est marquée par une productivité effrénée qui échappe au contrôle des producteurs et ne fonctionne pas directement à leur profit. Ce type de croissance particulier est inhérent à une société fondée sur la valeur ; il ne peut pas s'expliquer seulement par des conceptions mal orientées et par de fausses priorités. Contrairement aux critiques productivistes du capitalisme qui ne mettent l'accent que sur les possibles barrières à la croissance économique inhérentes à l'accumulation du capital, il est clair que Marx critique à la fois le caractère illimité de la croissance sous le capitalisme et sa nature porteuse de crises. Il montre en effet que ces deux caractéristiques doivent être analysées comme intrinsèquement liées entre elles.

Le contexte que j'ai dessiné suggère que, dans la société où la marchandise s'est totalisée, il se crée une tension sous-jacente entre les considérations écologiques et les impératifs de la valeur en tant que forme de richesse et de médiation sociale. Il implique aussi que toute tentative de répondre vraiment, dans le cadre de la société capitaliste, à la destruction environnementale croissante en recourant à la modération du mode d'expansion de cette même société se révélerait probablement inefficace à long terme – non seulement à cause des intérêts des capitalistes ou des chefs d'État, mais aussi parce que l'incapacité à augmenter la survaleur entraînerait de graves difficultés économiques et de gigantesques coûts sociaux. Chez Marx, la nécessaire accumulation du capital et la création de richesse dans la société capitaliste sont intrinsèquement liées. De plus – je peux seulement évoquer ce thème ici –, étant donné que, sous le capitalisme, le travail est déterminé en tant que moyen nécessaire à la reproduction individuelle, les travailleurs salariés restent dépendants de la « croissance » du capital, même quand les conséquences de leur travail, écologiques ou autres, sont nuisibles pour eux-mêmes et pour les autres. La tension entre les exigences de la forme-marchandise et les nécessités écologiques s'aggrave à mesure que la productivité augmente et pose un grave dilemme, notamment pendant les périodes de crise économique et de chômage massif. Ce dilemme et la tension dans laquelle il s'enracine sont immanents au capitalisme ; leur résolution définitive restera impossible aussi longtemps que la valeur sera la forme déterminante de la richesse sociale.

Ce que je viens de décrire rapidement ne doit donc pas être simplement compris comme « croissance économique ». Cela montre à nouveau que Marx n'analyse pas le procès de production et les périodes de développement technologique et d'expansion économique de la société capitaliste en termes « techniques », c'est-à-dire en termes essentiellement non sociaux ; il ne saisit pas la dimension sociale comme extérieure (par exemple, seulement en termes de contrôle et de propriété). Il analyse bien plutôt ce procès et ces périodes comme intrinsèquement sociaux, comme structurés par les formes sociales de médiation exprimées par les catégories de marchandise et de capital.

À cet égard, il faut noter que, bien que l'on puisse recourir à la concurrence entre les capitaux pour expliquer l'*existence* de la croissance[1], c'est la détermination temporelle de la valeur qui, dans l'analyse de Marx, sous-tend la *forme* de cette croissance. Le rapport particulier entre les gains de productivité et l'expansion de la survaleur façonne ce qui sous-tend la croissance sous le capitalisme.

---

1. Voir Ernest Mandel, *Le Troisième Âge du capitalisme*, La Passion, 1997.

On ne peut pas expliquer adéquatement cette trajectoire en termes de marché et de propriété privée, et cela implique que, même en leur absence, la croissance économique revête *nécessairement* une forme marquée bien plus par les augmentations de productivité que par les augmentations de richesse sociale qu'ils engendrent, aussi longtemps que la richesse sociale restera fonction de la dépense de temps de travail direct. Dans ces conditions, la planification, qu'elle réussisse ou qu'elle échoue, représenterait une réponse consciente aux contraintes exercées par les formes aliénées de rapports sociaux exprimées par la valeur et le capital, mais elle ne les dépasserait pas.

Selon la théorie critique élaborée par Marx, abolir l'aveugle processus accéléré de « croissance » économique et de transformation socio-économique sous le capitalisme, ainsi que la nature porteuse de crises de ce processus, exigerait l'abolition de la valeur. Dépasser ces formes aliénées impliquerait nécessairement d'établir une société fondée sur la richesse matérielle, une société où la productivité augmentée conduirait à une augmentation correspondante de richesse sociale. Ce type de société se caractériserait par une forme de croissance radicalement différente de la croissance capitaliste. La distinction que Marx opère entre richesse matérielle et valeur permet de relativiser l'opposition entre, d'un côté, la croissance effrénée comme condition de la richesse sociale et, de l'autre, l'austérité comme condition d'une production et d'une distribution organisées dans le respect de l'environnement – car cette distinction localise l'opposition dans une même forme historiquement spécifique de vie sociale. Dès lors l'analyse marxienne de la valeur en tant que forme déterminante de richesse et de médiation sociale sous le capitalisme est pertinente, elle montre aussi que cette opposition peut être dépassée.

Classes et dynamique du capitalisme

Le cadre théorique ici tracé transforme également le problème des classes et des luttes de classes tel qu'il apparaît dans la théorie du Marx de la maturité. Mon étude a montré avec clarté que la conception marxienne des rapports sociaux intrinsèquement dynamiques du capitalisme, tels qu'ils s'expriment dans les catégories de valeur et de survaleur, se rapporte à des formes objectivées de médiation sociale et que l'on ne peut pas comprendre cette conception seulement en termes de rapports de classes et d'exploitation. Pour Marx, les rapports de classes jouent toutefois un rôle important dans le déploiement historique de cette société. Bien que ce livre ne traite pas complètement ce rôle et ne s'occupe pas davantage des diverses dimensions et complexités de la compréhension marxienne des rapports de classes, la recherche menée jusqu'ici implique d'aborder la problématique des classes de la façon suivante : la catégorie de classe esquisse un rapport social moderne qui est quasi objectivement médiatisé par le travail ; dans la critique de l'économie politique, la lutte de classes est structurée par, et est enchâssée dans les formes sociales de la marchandise et du capital.

C'est lorsque Marx développe et analyse la catégorie de survaleur au livre I du *Capital* qu'il évoque pour la première fois les rapports de classes en présentant la relation entre la classe capitaliste et la classe ouvrière. Cependant, tel qu'il est présenté, le statut théorique de cette relation ne va nullement de soi. On a souvent pris l'exposé de Marx pour une description de la structure des groupes sociaux dans la société capitaliste ou pour la description d'une tendance historique de l'humanité à se polariser en deux groupes sociaux, une petite classe capitaliste et un vaste prolétariat. Ces deux lectures ont soulevé d'importantes objections. La première a été critiquée comme étant une simplification injustifiée de la structure des groupes sociaux sous le capitalisme ; comme on sait, Marx lui-même présente effectivement un tableau plus riche et plus varié des groupes sociaux et de leur action politique dans ses écrits historico-politiques. La seconde interprétation – c'est-à-dire que la façon dont Marx traite les classes dans le livre I du *Capital* soit la description d'une tendance historique – a également été de plus en plus contestée au vu des récents développements socio-économiques – en particulier, le déclin en nombre de la classe ouvrière sous le capitalisme avancé et la croissance de nouvelles classes moyennes salariées.

Diverses réponses théoriques à cette évolution socio-économique ont cherché à défendre l'analyse marxienne des classes ou à réaffirmer l'importance centrale des classes dans l'analyse du capitalisme. Une approche consiste à dire que l'opposition de la classe capitaliste et du prolétariat présentée au livre I du *Capital* n'est que la première étape d'une description plus complète. James Becker, par exemple, affirme que le rapport polarisé du livre I doit être considéré comme une première approximation et que les investigations effectuées par Marx dans les livres II et III impliquent un tableau bien plus complexe de la structure des groupes sociaux sous le capitalisme et de leur développement[1]. Becker commence sa discussion en attirant l'attention sur la critique suivante de Ricardo par Marx : « Ce que [Ricardo] oublie de souligner, c'est l'accroissement constant des classes moyennes qui se trouvent au milieu, entre les *workmen* [ouvriers] d'un côté, le capitaliste et le *landlord* [propriétaire terrien] de l'autre »[2]. Ayant ainsi montré que Marx n'a pas la position sur la polarisation empirique des classes qu'on lui prête souvent, Becker entreprend de décrire, en s'appuyant sur l'analyse de Marx, une forme d'« accumulation circulatoire-administrative » qui succède historiquement à l'accumulation industrielle. Selon Becker, cette accumulation circulatoire-administrative engendre socialement les nouvelles classes moyennes et demeure la source principale de leur emploi et de leurs revenus[3]. Dans son étude sur le rapport entre les changements qualitatifs des formes de base du capital (tant dans la circulation que dans la production) et le développement des classes sociales et leurs relations mutuelles, Becker tente de montrer que l'analyse de Marx ne va pas à l'encontre de la croissance des nouvelles classes moyennes, mais qu'au contraire son analyse est tout à fait à même de rendre compte de cette évolution[4].

Ainsi la critique marxienne de l'économie politique permettrait-elle dans son déploiement une analyse du développement historique et de la transformation des classes et autres groupements sociaux sous le capitalisme, plus différenciée qu'on ne le pense souvent. Cela se peut, mais je voudrais dire que, quoique l'on puisse comprendre le rapport de la classe ouvrière et de la classe capitaliste, présenté au livre I du *Capital*, comme une première

---

1. James F. Becker, *Économie politique marxiste. Une perspective*, Economica, 1980, p. 243 et suiv.

2. Marx, *Théories sur la plus-value*, t. II, p. 686.

3. Becker, *Économie politique marxiste*, pp. 243-286.

4. Martin Nicolaus dit lui aussi, quoique de façon un peu différente, que la croissance d'une nouvelle classe moyenne est sous-entendue par l'analyse de Marx. Voir « Proletariat and Middle Class in Marx », *Studies on the Left* n° 7 (1967).

approximation, rien n'indique que la signification complète de ce rapport doive être comprise en ces termes. Bien sûr, Marx s'intéresse à la transformation de la structure sociale européenne du fait du développement du capitalisme : la dissolution ou la transformation des anciens groupements sociaux, tels que la noblesse, la paysannerie et l'artisanat traditionnel, et l'apparition de nouveaux groupements, tels que la classe ouvrière, la classe bourgeoise et les nouvelles classes moyennes salariées. Néanmoins, dans *Le Capital*, son objectif essentiel n'est pas de présenter un tableau exhaustif de la structure sociologique de la société capitaliste, qu'on la considère de façon statique ou dans son développement ; la signification du rapport de classes que Marx expose dans le livre I du *Capital* doit bien plutôt être vue d'après l'idée essentielle de son argumentation.

On a généralement compris le rapport de la classe capitaliste et de la classe ouvrière comme se trouvant au cœur de l'analyse de Marx parce que le rapport d'exploitation détermine le capitalisme et que, sous la forme de la lutte de classes, il constitue la force motrice du changement historique[1]. En d'autres termes, il est compris comme le rapport social le plus essentiel du capitalisme. Or j'ai dit ici même que Marx pense les rapports fondamentaux du capitalisme à un niveau d'analyse logique plus profond ; ce qui l'intéresse, c'est la médiation sociale qui constitue cette société – ce qui pose la question du rapport, dans l'analyse marxienne, entre les classes et le caractère spécifique de la médiation sociale sous le capitalisme.

Lorsque j'ai discuté de la catégorie de survaleur, j'ai déclaré que la visée stratégique de la théorie critique de Marx n'est pas seulement de révéler l'existence de l'exploitation en montrant que, sous le capitalisme, le surplus, contrairement aux apparences, est créé par le travail et approprié par les classes non laborieuses. En réalité, sa théorie, en saisissant le surplus comme surplus de valeur, décrit aussi une dynamique complexe qui s'enracine finalement dans les formes sociales aliénées. Cela implique que l'opposition de classes polarisée entre capitalistes et ouvriers est importante dans l'analyse de Marx non seulement parce que l'exploitation se trouve au cœur de sa théorie, mais aussi parce que les rapports d'exploitation sont un élément essentiel du développement dynamique de la société en

---

1. Voir par exemple Erik O. Wright, *Classes*, 1985, pp. 6-9, 31-35, 55-58.

tant que tout. Toutefois, ces rapports n'engendrent pas, en et par eux-mêmes, ce développement dynamique ; ils le font dans la mesure où eux-mêmes sont constitués par, et enchâssés dans les formes de médiation sociale que j'ai analysées.

Pour clarifier cette idée, il faut se reporter à la façon dont Marx présente le concept de lutte de classes dans *Le Capital*. Ce concept se rapporte à un très large éventail d'actions sociales collectives : à l'action révolutionnaire ou, du moins, à l'action sociale fortement politisée visant à atteindre des buts politiques, sociaux et économiques à l'aide de mobilisations de masse, de grèves, de luttes politiques, etc. Mais il existe aussi un niveau « quotidien » de la lutte de classes. C'est d'abord ce niveau que Marx, dans son analyse des formes de survaleur, présente comme moment inhérent au capitalisme.

Lorsqu'il discute la durée de la journée de travail sous le capitalisme, Marx note qu'elle est indéterminée ; elle fluctue grandement à l'intérieur de limites à la fois physiques et sociales[1]. Cette fluctuation est directement liée au caractère des rapports entre les producteurs et ceux qui s'approprient le surplus social – au fait que ces rapports sont eux aussi constitués et médiatisés par la forme-marchandise. La journée de travail résulte, du moins en principe, d'un contrat entre deux parties formellement égales qui porte sur la vente et l'achat de la force de travail en tant que marchandise. Selon Marx, c'est précisément parce que les rapports entre ouvriers et capitalistes sont en partie constitués par cet échange que la lutte est inhérente à ces rapports :

> « Il ne résulte de la nature de l'échange marchand proprement dit aucune limitation à la journée de travail, donc aucune limite du surtravail. Le capitaliste se réclame de son droit d'acheteur quand il cherche à rendre la journée de travail aussi longue que possible [...]. Et le travailleur se réclame de son droit de vendeur quand il veut limiter la journée de travail à une grandeur normale déterminée. *Il y a donc ici une antinomie, droit contre droit, l'un et l'autre portant le sceau de la*

---

1. *Le Capital*, livre I, p. 258.

loi de l'échange marchand. Entre des droits égaux, c'est la violence qui tranche. Et c'est ainsi que dans l'histoire de la production capitaliste, la réglementation de la journée de travail se présente comme la lutte pour les limites de la journée de travail. Lutte qui oppose le capitaliste global, c'est-à-dire la classe des capitalistes, et le travailleur global, ou la classe ouvrière »[1].

En d'autres termes, la lutte de classes et le système structuré par l'échange marchand ne reposent pas sur des principes opposés ; ce type de lutte ne représente pas une perturbation dans un système par ailleurs harmonieux. Elle est au contraire inhérente à une société constituée par la marchandise comme forme totalisante et totalisée.

La lutte de classes s'enracine de diverses façons dans cette forme quasi objective de médiation sociale. La relation entre travailleurs et capitalistes est marquée par une indétermination interne concernant, par exemple, la durée de la journée de travail, la valeur de la force de travail et le ratio temps de travail nécessaire/temps de surtravail. Que ces déterminations ne soient pas « données » et que, partant, elles puissent faire l'objet de négociation et de lutte à tout moment, cela indique que, sous le capitalisme, la relation entre les producteurs du surplus social et ceux qui se l'approprient ne se fonde pas sur la force directe ou sur des modèles fixés par la tradition. Cette relation est constituée en dernier ressort d'une façon très différente – selon Marx, par la forme-marchandise de la médiation sociale. De plus, ce sont précisément les aspects indéterminés de cette relation qui permettent l'expression de besoins et d'exigences historiquement variables. Enfin, le fait que cette relation de classes entraîne une lutte permanente est également lié à la forme de l'antagonisme social en question – droit contre droit –, qui est elle-même une détermination tant de la subjectivité que de l'objectivité sociales. En tant que forme d'une antinomie sociale « objective », ce rapport conditionne aussi les conceptions que les parties concernées ont d'elles-mêmes. Elles se conçoivent comme possédant des droits, conception de soi constitutive de la nature des luttes en question. La lutte de classes entre capitalistes et travailleurs salariés

---

1. *Ibid.*, pp. 261-262.

s'enracine également dans la façon spécifique dont les besoins et les exigences sont compris et articulés dans un contexte social structuré par la marchandise – c'est-à-dire dans les types de compréhensions de soi et de conceptions sociales des droits, qui sont associés à un rapport structuré de cette manière. Ces conceptions de soi n'apparaissent pas automatiquement mais se constituent historiquement ; de plus, leurs contenus ne sont pas simplement contingents, mais impliqués par le mode de médiation sociale déterminé par la marchandise.

Comme nous l'avons noté, dans le cas de la force de travail en tant que marchandise, le rapport constitué par la forme-marchandise ne peut pas se réaliser pleinement en tant que rapport entre individus. Les travailleurs ne peuvent acquérir un contrôle réel sur leur marchandise – c'est-à-dire la propriété réelle de leur marchandise – qu'au moyen de l'action collective. Il est à cet égard significatif que Marx, après avoir commencé le chapitre sur la journée de travail dans *Le Capital* en fondant la lutte de classes logiquement, c'est-à-dire sur le fait que le rapport entre travailleurs et capitalistes est médiatisé par l'échange marchand, conclue ce chapitre en évoquant l'introduction effective d'une limitation légale de la journée de travail, ce qui montre, selon lui, que les travailleurs en tant que classe ont acquis un certain contrôle sur la vente de leur marchandise[1]. Le chapitre passe de la détermination formelle des travailleurs comme propriétaires de marchandise à la réalisation de cette détermination, c'est-à-dire à l'examen de la classe ouvrière comme propriétaire collectif réel de marchandise. Dans l'analyse de Marx, la catégorie de marchandise, telle qu'elle se déploie sous la forme du capital, ne se rapporte donc pas seulement aux relations quasi objectives entre individus atomisés, mais aussi aux grandes structures et institutions sociales collectives. Réciproquement, le développement de formes collectives n'est pas en et pour soi opposé à, ni en tension avec les rapports sociaux structurants du capitalisme. En d'autres termes, la théorie marxienne du capital ne se limite pas au capitalisme libéral. En effet, lorsqu'elle montre que la réalisation de la force de travail en tant que marchandise entraîne le développement de formes collectives, l'analyse de Marx implique le commencement d'une transition vers des formes capitalistes postlibérales.

---

1. *Ibid.*, pp. 259-262, 337-338.

D'après Marx, quand les travailleurs agissent collectivement comme propriétaires de marchandise, on a atteint historiquement le stade où la forme de la production est adéquate au capital. La limitation de la journée de travail est un facteur important dans cette transition vers la production de la survaleur relative et, partant, vers la dynamique continue qui entraîne des relations mutuelles déterminées entre productivité, survaleur, richesse matérielle et forme de production. C'est à l'intérieur de ce cadre dynamique que l'antagonisme implicite au rapport de classes apparaît sous la forme de luttes permanentes qui, en retour, deviennent des moments du développement de la totalité. Ces luttes ne se limitent pas aux questions d'horaires et de salaires, elles surgissent à l'occasion de toute une série de problèmes qui vont de la nature et de l'intensité du procès de travail à l'utilisation des machines et aux conditions de travail, en passant par les acquis sociaux et les droits des travailleurs. Elles deviennent un aspect intrinsèque de la vie quotidienne capitaliste.

Ces luttes affectent directement le ratio temps de travail nécessaire/temps de surtravail et jouent donc un rôle important dans la dialectique du travail et du temps. De plus, ces luttes étant médiatisées par une forme totalisante, leur signification n'est pas seulement locale : la production et la circulation du capital est telle que des luttes survenues dans un secteur ou dans une zone géographique donnés affectent d'autres secteurs ou d'autres zones. Avec la généralisation du rapport travail salarié/capital, l'organisation de la classe ouvrière, les améliorations apportées aux transports et à la communication, la facilité et la rapidité croissantes avec lesquelles les capitaux circulent, ces luttes ont des conséquences toujours plus générales ; le caractère totalisant de la médiation se réalise de plus en plus. D'un côté, ce procès de totalisation signifie que les conditions locales des rapports entre travailleurs et capitalistes ne peuvent jamais être complètement figées et isolées, ce qui fait que les conditions de ce rapport de classes – localement et plus généralement – changent continuellement et que les luttes deviennent une caractéristique permanente de ce rapport. Réciproquement, la lutte de classes devient un facteur important dans le développement spatial et temporel du capital (c'est-à-dire dans la distribution et le flux des capitaux) qui se globalise progressivement, et dans la dynamique dialectique de la forme-capital. La lutte de classes se révèle un élément moteur du développement historique de la société capitaliste.

Cependant, même si la lutte de classes joue bien un rôle important dans l'extension et la dynamique du capitalisme, elle ne crée pas la totalité et n'engendre pas non plus sa trajectoire. Nous avons vu que, selon l'analyse de Marx, c'est seulement à cause de sa forme de médiation sociale spécifique, quasi objective et temporellement dynamique, que la société capitaliste existe comme totalité et qu'elle possède une dynamique directionnelle intrinsèque (dont la détermination initiale que nous avons étudiée est la dialectique de transformation/reconstitution). On ne peut pas fonder ces caractéristiques de la société capitaliste sur les luttes des producteurs et des expropriateurs en elles-mêmes ; ces luttes ne jouent au contraire le rôle qu'elles jouent qu'à cause des formes de médiation spécifiques à cette société. C'est-à-dire que la lutte de classes n'est une force motrice du développement historique sous le capitalisme que parce qu'elle est structurée par, et enchâssée dans les formes sociales marchandise et capital[1].

---

1. G. A. Cohen dit lui aussi que, si importantes les luttes de classes (et les phénomènes qui lui sont liés : exploitation, association, révolution) soient-elles pour les processus de changement historique, ces luttes elles-mêmes ne constituent pas la trajectoire de développement historique. Elles doivent bien plutôt être comprises d'après cette trajectoire. Voir G. A. Cohen, « Forces and Relations of Production » *in* J. Roemer (dir.), *Analytical Marxism*, 1986, pp. 19-22 ; « Marxism and Functional Explanation » *in ibid.*, pp. 233-234. En même temps, la conception que Cohen a de la dynamique intrinsèque à l'histoire est transhistorique. Il ne parvient pas à la fonder en termes historiquement spécifiques et, partant, sociaux, c'est-à-dire en termes de formes structurées, historiquement spécifiques, de pratique sociale. À l'inverse, Cohen sépare le procès de production et le développement technologique (pour lui, un phénomène purement « technique ») d'avec les rapports sociaux et explique l'histoire de l'humanité en termes de développement évolutionniste de la sphère de production. Voir « Force and Relations of Production », pp. 12-16, et « Marxism and Functional Explanation », p. 221 et suiv. Étant donné ses présupposés transhistoriques, Cohen se voit obligé de poser comme nécessairement séparées ces sphères mêmes de la vie sociale dont l'« amalgame réel », comme je l'ai dit, caractérise le capitalisme et lui confère une dynamique historique. Fondée comme elle l'est sur l'idée de primat de la technique, la conception que Cohen a du « matérialisme historique » en tant que processus de croissance productive linéaire et téléologique se révèle historiquement très douteuse ; de plus, elle ressemble à ces formes de matérialisme que Marx critique dès les « Thèses sur Feuerbach » car elles ne parviennent pas à saisir la dimension subjective de la vie et à comprendre la pratique en tant que socialement constituante.

Une telle approche fonde bien l'idée que la lutte de classes est la force motrice de l'histoire, mais elle fonde cette idée dans celle de formes de médiation historiquement déterminées. Elle vise aussi à spécifier le concept même de classe. Il est clair que, dans la théorie de Marx, la classe est une catégorie relationnelle – les classes se déterminent les unes par rapport aux autres. L'antagonisme entre les groupes sociaux de production et d'appropriation, structurés par leurs rapports déterminés aux moyens de production, se trouve au cœur de l'analyse marxienne des classes. Cependant, c'est en articulant le concept de classe aux formes de médiation sociale que j'ai analysées, que l'on spécifiera parfaitement ce concept. Selon Marx, l'antagonisme des travailleurs et des capitalistes est structuré de telle sorte que la lutte permanente soit un trait intrinsèque de leur rapport. Toutefois, ce n'est pas leur lutte qui constitue en classes les groupes sociaux de production et d'appropriation. Dans

---

En d'autres termes, l'approche transhistorique de Cohen est liée à une conception hypostasiée de l'histoire qui l'empêche de fonder socialement son point de vue selon lequel la dynamique historique directionnelle ne peut pas s'expliquer seulement en termes de lutte de classes et autres formes d'action sociale immédiate.

D'un autre côté, certains critiques de Cohen – Jon Elster par exemple – tentent de retrouver l'action sociale, mais au détriment de toute idée de structure sociale dynamique et, partant, de développement historique directionnel. De telles approches conçoivent les acteurs sociaux comme antérieurs à leur constitution sociale et indépendants d'elle. Dans le cadre de ces approches méthodologiques individualistes, les rapports sociaux sont traités comme extrinsèques aux acteurs. (Voir Jon Elster, « Further Thoughts on Marxism, Functionalism and Game Theory », *in* Roemer, dir., *Analytical Marxism*, pp. 202-220.) Ces réponses unilatérales à la position de Cohen ne peuvent pas adéquatement relever le défi d'expliquer la dynamique directionnelle et la trajectoire de l'histoire (capitaliste).

L'opposition des opinions soutenues par Cohen et Elster résume l'antinomie classique de la structure et de l'action, de la nécessité objective externe et de la liberté individuelle. En ce sens, l'une comme l'autre expriment, mais ne comprennent pas, les traits de la société capitaliste, de la société moderne. Les deux approches sont dépourvues d'une conception des structures historiquement spécifiques des rapports sociaux en tant que formes structurées de pratique qui sont aliénées (donc quasi indépendantes), intrinsèquement liées à des visions du monde déterminées, et qui constituent et sont constituées par l'action sociale. En d'autres termes, ni l'une ni l'autre n'expliquent la spécificité historique des rapports sociaux capitalistes, du capitalisme comme forme de vie.

Pour d'autres critiques des positions de Cohen et d'Elster, se reporter à Johannes Berger et Claus Offe, « Functionalism vs. Rational Choice ? » et Anthony Giddens, « Commentary on the Debate » *in Theory and Society* n° 11 (1982).

l'analyse de Marx, la structure dialectique des rapports sociaux capitalistes est essentielle ; c'est elle qui totalise et rend dynamique le rapport antagoniste entre travailleurs et capitalistes, constituant du même coup ce rapport en lutte de classes entre travail et capital. En retour, cette lutte est un moment constitutif de la trajectoire dynamique du tout social. Les classes sont, à proprement parler, les catégories relationnelles de la société moderne. Elles sont structurées par des formes déterminées de médiation sociale en tant que moments antagonistes d'une totalité dynamique et donc, dans leur lutte, elles deviennent dynamiques et totalisées [1].

La lutte de classes entre travailleurs et capitalistes, telle qu'elle est développée dans le livre I du *Capital*, est un moment de la dynamique totalisante, continue, de la société capitaliste. Elle est structurée par la totalité sociale, et elle la constitue. Les classes en question ne sont pas des entités, mais des structurations de la pratique sociale et de la conscience, qui sont organisées de façon antagoniste par rapport à la production de survaleur ; elles sont constituées par les

---

1. Le rapport entre les classes et la totalisation est évoqué de façon différente par Marx lorsqu'il définit la petite paysannarie française : « La grande masse de la nation française est constituée par une simple addition de grandeurs de même nom, à peu près de la même façon qu'un sac rempli de pommes de terre forme un sac de pommes de terre. Dans la mesure où des millions de familles paysannes vivent dans des conditions économiques qui les séparent les unes des autres et opposent leur genre de vie, leurs intérêts et leur culture à ceux des autres classes de la société, elles constituent une classe. Mais elles ne constituent pas une classe dans la mesure où il n'existe entre les paysans parcellaires qu'un lien local et où la similitude de leurs intérêts ne crée entre eux aucune communauté, aucune liaison nationale ni aucune organisation politique » (Marx, *Le 18 Brumaire de Louis Bonaparte*, p. 127).

À la lumière de notre analyse, la description que Marx fait des paysans comme n'étant que partiellement une classe (à la différence des ouvriers, par exemple) ne doit pas être comprise uniquement en termes physiques et/ou spatiaux – le fait que les paysans travaillent séparément sur leurs petites parcelles –, alors que les ouvriers sont concentrés dans des usines, ce qui encourage une conscience des choses qu'on a en commun, l'échange d'idées, la formation de la conscience politique, l'action collective, etc. Bien que la conception marxienne des classes contienne effectivement ce niveau, c'est un autre niveau, logique celui-ci, plus abstrait, qui est décisif : les classes, à proprement parler, sont structurées par la médiation sociale totalisante et agissent sur elle en retour. On ne peut saisir correctement ce processus de totalisation en termes de proximité physique : les classes font partie intégrante de la dynamique totalisante du capitalisme.

structures dialectiques de la société capitaliste et poussent à son développement, au déploiement de sa contradiction de base.

C'est en ces termes qu'il faut comprendre la signification des classes et des luttes de classes dans l'analyse de Marx. Son argumentation n'implique pas que d'autres couches ou groupes sociaux – par exemple, ceux qui s'organisent autour de problèmes religieux, ethniques, nationaux ou de genres (et qui ne peuvent être que rarement compris en termes de classes) – ne jouent historiquement et politiquement aucun rôle important. Cependant, il est nécessaire de distinguer différents niveaux de réalité historique et par conséquent d'analyse historique. Le niveau auquel la lutte de classes joue un rôle central dans l'analyse de Marx, c'est celui de la trajectoire historique de la formation sociale capitaliste en tant que tout.

Cette approche de la conception marxienne des classes et de la lutte de classes est évidemment très schématique. Je n'ai cherché pour commencer qu'à clarifier le statut théorique de la façon dont Marx présente le rapport de la classe ouvrière et de la classe capitaliste dans le livre I du *Capital* et qu'à indiquer que son exposé devait être compris en fonction de son analyse de la médiation sociale sous le capitalisme.

Je ne peux pas examiner ici d'autres dimensions importantes de cette problématique, telles que les processus par lesquels une classe se constitue socialement, politiquement et culturellement à un niveau plus concret ou, corrélativement, la question de l'action sociale et politique collective. Cependant, l'approche que j'ai développée a certaines implications pour ces problèmes, que je peux évoquer.

Les déterminations de classe – qu'il est vrai je n'ai fait que commencer à mettre en lumière (par exemple, le prolétariat comme propriétaire de la marchandise-force de travail et comme objet du procès de valorisation) – ne sont pas seulement des déterminations « de position », mais aussi des déterminations à la fois de l'objectivité et de la subjectivité sociales. Cela implique une critique des approches qui définissent les classes d'abord « objectivement » – en fonction d'une position dans la structure sociale – et posent ensuite la question de savoir comment la classe se constitue « subjectivement » (ce type d'approche oblige de façon caractéristique à lier l'objectivité et la subjectivité extrinsèquement, à l'aide du concept d'« intérêt »).

Si la détermination initiale des classes dans l'approche de Marx n'est pas la détermination de la position objective, mais celle de l'objectivité *et* de la subjectivité, alors la question de la dimension subjective d'une détermination de classe particulière doit être distinguée de la question des conditions dans lesquelles de nombreux individus agissent en tant que membres d'une classe. Je ne peux pas poser cette dernière question ici, mais, en ce qui concerne la première, la dimension subjective des classes ne peut pas être comprise – même au niveau de sa détermination initiale – seulement en termes de conscience des intérêts collectifs ; il faut encore que ces intérêts et le concept même d'intérêt soient saisis socio-historiquement. J'ai tenté de montrer comment, dans l'approche catégorielle de Marx, la conscience n'est pas un simple reflet des conditions objectives ; les catégories qui expriment les médiations sociales de base du capitalisme présentent bien plutôt les formes de conscience comme autant de moments intrinsèques aux formes de l'être social. Par conséquent, pour Marx, les déterminations de classe entraînent des formes de subjectivité socio-historiquement déterminées – par exemple, des visions de la société et des conceptions de soi, des systèmes de valeurs, des compréhensions de l'action, des idées sur les sources des maux sociaux et la façon d'y remédier – qui s'enracinent dans les formes de médiation sociale dans la mesure où celles-ci constituent les classes particulières dans leurs différences. En ce sens, la catégorie de classe est un moment d'une approche qui cherche à saisir le caractère socio-historiquement déterminé tant des diverses conceptions et exigences sociales que des formes d'action.

La classe sociale – qui est structurée par les formes sociales et qui est un élément moteur de la totalité sociale capitaliste – est aussi une catégorie structurante de la signification et de la conscience sociale. Cela ne signifie pas que tous les individus qui peuvent être « localisés » de la même façon aient les mêmes croyances, ni que l'action sociale et politique épouse « automatiquement » une ligne de classe. Mais cela signifie effectivement que l'on peut expliquer la spécificité socio-historique des formes de subjectivité et d'action sociale à l'aide du concept de classe. Par exemple, on peut comprendre et expliquer socio-historiquement la nature des exigences sociales et politiques ou les formes spécifiques des luttes associées à ces exigences en termes de classe, à condition que cette classe soit comprise en fonction des formes catégorielles.

Cette approche de la subjectivité – faite en termes de structuration de classe, mais englobant bien d'autres déterminations relatives aux formes des rapports sociaux – saisit les formes de subjectivité en termes socio-historiques. De plus – et c'est crucial –, dans la mesure où elle analyse les formes de subjectivité sous le capitalisme et la structure dynamique de la société capitaliste à l'aide des mêmes catégories, elle peut aussi considérer de manière critique les formes de pensée en fonction de l'adéquation de la compréhension qu'elles ont d'elles-mêmes et de la société[1]. Le point de vue de cette critique

---

1. La description faite par Marx, dans *Le 18 Brumaire*, des conceptions de l'opposition parlementaire démocratique en France en 1849 comme petites-bourgeoises constitue un bon exemple. Il est clair (le texte est particulièrement explicite sur ce point) que Marx ne relie pas directement milieu sociologique de classe et idées politiques. Sa description tente bien plutôt de mettre en lumière la nature des idées elles-mêmes. Selon Marx, les critiques sociales et politiques et les conceptions positives de la démocratie véhiculées par ce parti parlementaire évitent de s'occuper de l'existence structurelle du capital et du travail salarié et expriment une notion de l'émancipation qui suppose implicitement un monde de producteurs de marchandises et de possesseurs de marchandises, libres et égaux (même s'ils s'organisent sous une forme coopérative) – c'est-à-dire un monde où tous sont des petits bourgeois (voir *Le 18 Brumaire*, p. 49 et suiv.). En ce sens, leurs idées peuvent être caractérisées en fonction de cette classe.

De la même façon, lorsque Marx décrit les ouvriers impliqués dans la révolution de Février et les Journées de juin 1848 comme étant le prolétariat (alors que la plupart d'entre eux sont des artisans), il ne s'agit pas d'une simple description empirique du milieu social des acteurs concernés ; autrement dit, il ne s'agit pas d'établir une corrélation directe entre la position de classe et l'action politique. En utilisant le terme de « classe », Marx s'efforce bien plutôt de caractériser socio-historiquement les formes d'action pratiquées et le type de revendications mises en avant : par exemple, la « république sociale » que Marx caractérise comme « le contenu général de la révolution moderne » (*ibid.*, p. 22). Lorsqu'il utilise le terme de « prolétariat », Marx suggère que ces revendications et ces formes d'action représentent quelque chose d'historiquement nouveau, qu'elles n'expriment plus un artisanat traditionnel, mais correspondent davantage, en tant qu'exigences, à la forme nouvelle prise par la société. En même temps, Marx caractérise ces revendications comme étant en tension avec les conditions réelles des ouvriers. À l'inverse, Marx qualifie implicitement d'artisanale le caractère historique des revendications et des formes d'action de ces *mêmes* ouvriers après l'écrasement du mouvement révolutionnaire, mouvement qu'il définit comme une tentative de réaliser l'affranchissement des ouvriers dans le cadre des conditions existantes – au lieu de transformer le vieux monde en s'appuyant sur les ressources existantes (*ibid.*, p. 24).

reste immanent à son objet (même si ce type de critique immanente ne peut pas être saisi adéquatement en tant que critique qui oppose les idéaux d'une société à sa réalité). C'est dans le cadre d'une telle analyse des déterminations de classe faite catégoriellement – déterminations qui sont alors les déterminations socio-historiques de l'être social et de la conscience – que doivent être posées les questions relatives à la constitution sociale, politique et culturelle plus concrète d'une classe, les questions relatives à l'action collective et à la conscience de soi. Je ne puis toutefois faire davantage qu'évoquer ces thèmes complexes et je ne les développerai pas dans ce livre.

L'interprétation que je présente ici modifie fortement la signification centrale traditionnellement donnée aux rapports d'exploitation et de luttes de classes. J'ai montré comment, pour le Marx de la maturité, la lutte de classes n'est un élément moteur du développement historique du capitalisme que du fait du caractère intrinsèquement dynamique des rapports sociaux qui constituent cette société.

En d'autres termes, Marx n'utilise pas le terme de classe comme une simple description sociologique, mais comme une catégorie sociale qui est aussi une catégorie de formes socio-historiquement déterminées de subjectivité, comme une catégorie sociale qui vise à comprendre les formes changeantes de la conscience et de l'action.

Pour quelques études récentes sur la façon dont Marx traite les classes dans ses écrits historiques, se reporter à Craig Calhoun, « The Radicalisation of Tradition », *The American Journal of Sociology* 88 n °5 (mars 1983) et « Industrialization and Social Radicalism », *Theory and Society* n° 12 (1983) ; et à Mark Traugott, *Armies of the Poor*, 1985.

L'approche que j'esquisse ici renvoie à une conception de l'action sociale et politique collective qui ne se fonde ni sur l'idée d'un sujet collectif ni sur celle d'individus socialement, historiquement et culturellement décontextualisés agissant en fonction de leurs intérêts propres. Elle diffère des interprétations centrées sur les classes qui tentent de relier directement milieu sociologique de classe et action politique. (Ces interprétations attribuent aux groupes sociaux ce caractère quasi objectif que Marx considère comme caractéristique des formes aliénées de médiation sociale sous le capitalisme.) Mais mon approche diffère tout autant des interprétations qui critiquent ces formes d'hypostase des classes, alors même qu'elles acceptent une présentation identique du problème dans la mesure où elles cherchent à expliquer les comportements. (C'est le cas lorsqu'elles accordent plus de poids aux facteurs politiques ou organisationnels qu'au milieu social pour établir une corrélation avec l'« orientation politique ».) Ce type d'approche diffère complètement d'une tentative de saisir la nature socio-historique des conceptions et des formes d'action politiques et sociales.

Ce n'est pas l'antagonisme entre les producteurs immédiats et les propriétaires des moyens de production qui engendre en et pour soi cette dynamique continue. De plus, comme je le montrerai, la logique de l'exposé de Marx ne défend pas l'idée que la lutte entre les capitalistes et les travailleurs soit une lutte entre la classe dominante de la société capitaliste et la classe qui incorpore le socialisme – et que cette lutte renvoie au-delà du capitalisme. La lutte de classes, considérée du point de vue des travailleurs, entraîne la constitution, le maintien et l'amélioration de leur position et de leur situation comme membres de la classe ouvrière. Leurs luttes ont eu une très grande force dans la démocratisation et l'humanisation du capitalisme et ont aussi joué un rôle important dans le passage au capitalisme organisé. Cependant, comme nous le verrons, l'analyse marxienne de la trajectoire du procès de production capitaliste ne renvoie pas à la possible affirmation future du prolétariat et du travail qu'il accomplit. Elle renvoie bien plutôt à la possible abolition de ce travail. En d'autres termes, l'exposé de Marx contredit implicitement l'idée que la relation entre la classe capitaliste et la classe ouvrière soit parallèle à celle entre le capitalisme et le socialisme, que le possible passage au socialisme soit réalisé par la victoire du prolétariat dans la lutte de classes (au sens de son auto-affirmation comme classe ouvrière) et que le socialisme entraîne la réalisation du prolétariat[1]. Ainsi, bien que l'antagonisme entre la classe capitaliste et la classe ouvrière joue un rôle important dans la dynamique du développement capitaliste, il n'est pas identique à la contradiction structurelle fondamentale de la formation sociale telle que j'ai commencé à l'articuler ici.

---

1. D'après notre étude, on peut interpréter les variantes orthodoxes du marxisme traditionnel comme des formes de pensée dont l'idée de la société future est celle d'une société où tout le monde ferait partie de la classe ouvrière – vision qui suppose nécessairement l'universalisation institutionnalisée du capital (sous la forme de l'État par exemple).

Production et valorisation

Le réexamen entrepris ici des catégories les plus fondamentales de la critique marxienne et la réinterprétation, qui en découle, des interactions dynamiques des deux dimensions de la forme-marchandise projettent également un éclairage nouveau sur l'analyse marxienne du procès de production capitaliste. En m'appuyant sur ce que j'ai développé jusqu'ici, je vais à présent examiner la façon dont Marx traite le procès de travail sous le capitalisme, avec deux préoccupations : 1/ clarifier les dimensions importantes du concept marxien de capital que nous n'avons pas encore examinées ; 2/ montrer que la visée argumentative de l'exposé de Marx implique très clairement que le dépassement du capitalisme *n'*entraîne *pas* l'autoréalisation du prolétariat. La logique de l'exposé de Marx ne soutient pas l'idée que le prolétariat soit le sujet révolutionnaire.

J'ai établi que Marx ne traite pas seulement la sphère de production sous le capitalisme en termes de production matérielle, mais aussi en termes de formes de médiation sociale sous-jacentes à cette société. Il le fait en analysant le procès de production à la fois comme procès de travail (procès de production de la richesse matérielle) et comme procès de valorisation (procès de création de survaleur). Comme on l'a noté, lorsque Marx présente pour la première fois ces deux dimensions du procès de production, il montre comment la signification des divers éléments du procès de travail se transforme lorsqu'on considère ces éléments du point de vue du procès de valorisation. Considéré en termes de procès de travail, le travail paraît être une activité déterminée en vue d'une fin, une activité qui transforme des matières premières au moyen d'instruments de travail pour atteindre des fins déterminées. Cependant, en termes de procès de valorisation, le travail est synonyme de source de valeur : quels que soient son but, sa spécificité qualitative, la spécificité des matières premières qu'il utilise et des produits qu'il crée, le travail est un moyen pour une fin donnée par les structures aliénées constituées par le travail (abstrait) lui-même. Considéré en ces termes, le travail est réellement l'objet de la production.

Après avoir formulé les déterminations initiales des deux dimensions du procès de production capitaliste, Marx les déploie. Comme nous l'avons vu, il présente d'abord le procès de valorisation en l'étudiant en termes de production de survaleur absolue puis de survaleur relative (cette dernière étant la forme de survaleur la plus adéquate à la catégorie de capital). Ensuite, il se penche sur le procès de travail capitaliste en l'étudiant en termes généraux, en tant que coopération puis, plus spécifiquement, dans ses deux grandes formes historiques : la manufacture, qui se fonde sur la division de détail du travail, et la grande industrie, qui se fonde sur la production industrielle machiniste[1]. Tout en étudiant la coopération, la manufacture et la grande industrie, Marx définit comment la transformation de la signification de certains éléments du procès de travail – transformation qui se produit au niveau de la forme quand ces éléments sont considérés en termes de procès de valorisation – se « réalise » ou se matérialise sous la forme concrète du procès de travail lui-même. Il montre qu'au départ le procès de travail n'est capitaliste que parce qu'il est utilisé en vue de la valorisation ; le procès de valorisation reste extérieur au procès de travail lui-même. Puis, avec le développement du capitalisme, le procès de travail est déterminé en lui-même par le procès de valorisation[2]. La production industrielle machiniste est la forme du procès de travail adéquate à la production de survaleur relative[3].

Cette matérialisation du procès de valorisation – ainsi que la dynamique historique particulière saisie par la catégorie de survaleur – s'enracine en dernier ressort structurellement dans la dialectique des deux dimensions de la forme-marchandise. Tout en développant cette thèse, je montrerai que, de même que l'on ne peut pas pleinement comprendre la catégorie de survaleur en termes d'exploitation, d'appropriation du surproduit par une classe de propriétaires privés, de même on ne peut pas comprendre le procès de travail capitaliste, tel qu'il est présenté par Marx, comme un procès technique utilisé dans les intérêts d'une classe d'appropriateurs privés.

Dans mon analyse du rôle du travail chez Marx, j'ai accordé une grande attention aux implications du caractère historiquement spécifique du travail en tant qu'activité socialement médiatisante sous

---

1. *Le Capital*, livre I, pp. 362-567.
2. *Ibid.*, pp. 362, 406, 474.
3. *Ibid.*, p. 571.

le capitalisme. Dans mon étude du procès de production, je vais désormais me pencher sur l'autre dimension sociale du travail, à savoir son caractère social en tant qu'activité productive. Comme je l'ai noté lorsque j'ai étudié le temps abstrait et le temps historique, le développement, sous une forme aliénée, de modes de connaissance et d'expérience qui sont socialement généraux mais qui ne dépendent pas de l'habileté et du savoir des producteurs immédiats est un aspect important du déploiement historique du capital dans l'analyse de Marx. Ce développement se trouve au cœur de mon examen de la façon dont Marx envisage le procès de travail : il constitue le point de départ de mon interprétation de la catégorie de capital en termes d'intersection des deux dimensions sociales du travail sous le capitalisme et fournit la base de mon argumentation selon laquelle la conception que Marx a du socialisme n'entraîne pas la réalisation du prolétariat.

La coopération

Selon Marx, la production capitaliste se caractérise depuis ses débuts par une production à relativement grande échelle. Historiquement et conceptuellement, cela ne devient vrai que lorsqu'un nombre relativement élevé de travailleurs sont employés en même temps par chaque capital individuel (une entreprise, par exemple) – c'est-à-dire lorsque le procès de travail est utilisé à grande échelle et produit d'assez grandes quantités de biens. Marx affirme qu'à ses premiers stades la production capitaliste n'a pas entraîné un changement qualitatif du mode de production, mais seulement une augmentation quantitative dans la taille des unités de production, dans le nombre de travailleurs simultanément employés par le même capital[1]. C'est pourquoi il commence son analyse du développement du procès de travail sous le capitalisme par l'étude, sans autre détermination, de la coopération en général – en d'autres termes, la production dans laquelle un grand nombre de travailleurs travaillent ensemble dans le même procès ou dans des procès reliés

---

1. *Ibid.*, p. 362.

entre eux[1]. Marx indique clairement qu'il se propose de montrer que le capital modifie le procès de travail, ce qui finit par le rendre intrinsèquement capitaliste ; de la même façon, les catégories de son analyse critique n'acquièrent leur pleine validité et signification que comme catégories de la sphère de production qui se développe sous le capitalisme. Ainsi écrit-il que « la loi de la valorisation [...] ne se réalise [...] totalement pour le producteur individuel que lorsqu'il produit en tant que capitaliste, qu'il emploie beaucoup de travailleurs en même temps et met donc d'emblée en mouvement du travail social moyen »[2]. Ce passage corrobore mon affirmation initiale selon laquelle les déterminations marxiennes de la valeur ne se rapportent pas au seul échange sur le marché, mais qu'elles doivent être comprises comme les déterminations de la production capitaliste. Nous verrons que, pour Marx, lorsque le capital s'est pleinement développé, la dimension temporelle abstraite de la valeur structure la production en elle-même : la valeur devient la détermination d'une forme particulière d'organisation et de discipline du travail au sein de grandes organisations. De la même façon, c'est seulement à ce stade que la loi de la valorisation devient pertinente.

Marx centre son étude de la coopération sur le plus grand degré de productivité qu'elle autorise. Il affirme que, simultanément, la coopération augmente la force productive des individus et entraîne la création d'une nouvelle force productive qui est intrinsèquement collective. Nous avons vu que Marx analyse la productivité en fonction du caractère social du travail concret, qui, pour lui, inclut le savoir et l'expérience scientifique, technique et organisationnelle. À ce stade de l'exposé, il développe cette analyse en examinant l'augmentation de productivité qui résulte de la coopération, par rapport à la dimension de valeur d'usage du travail, c'est-à-dire par rapport au caractère social du travail en tant qu'activité productive :

> « La force productive spécifique de la journée de travail combinée est force productive sociale du travail ou force productive de travail social. Elle naît de la coopération elle-même. Dans l'action conjuguée avec d'autres, le travailleur se défait

---

1. *Ibid.*, pp. 362, 366.
2. *Ibid.*, p. 364.

de ses limites individuelles et développe les capacités propres à son espèce »[1].

En d'autres termes, dans l'analyse de Marx, la force productive qui naît de la coopération dépend de la dimension sociale du travail concret. Toutefois, cette force n'est pas seulement sociale au sens où elle est collective, mais aussi au sens où elle est plus grande que la somme des forces productives des individus concernés ; on ne peut la réduire à la force des individus qui la constituent[2]. Cet aspect de la dimension sociale du travail concret est central dans l'analyse de Marx.

Selon Marx, la coopération profite aux capitalistes de plusieurs façons. C'est un puissant moyen d'augmenter la productivité et, partant, de réduire le temps de travail socialement nécessaire à la production des marchandises[3]. De plus, le capitaliste paie les travailleurs en tant que propriétaires de marchandise individuels, c'est-à-dire pour leur force de travail individuelle et non pour leur force de travail combinée ; par conséquent, leur force productive collective se développe comme un « cadeau » fait au capital[4]. Notons que ce « cadeau » est la force productive du travail dans sa dimension de valeur d'usage, force productive qui, on l'a vu, se mesure en termes de quantité de richesse matérielle et non en termes de dépense de temps de travail abstrait. C'est-à-dire qu'ici Marx ne se réfère pas directement à la survaleur : à ce point de son exposé, il attire bien plutôt l'attention sur le procès par lequel la force de la dimension sociale du travail en tant qu'activité productive – force productive plus grande que celle des individus qui la constituent – devient la force productive du capital, une force pour laquelle les capitalistes n'ont pas à payer[5].

> « Les forces productives sociales et générales du travail sont des forces productives du capital ; mais ces forces productives ne concernent que le procès du travail [...] Elles n'affectent

---

1. *Ibid.*, pp. 370-371.
2. *Ibid.*, pp. 366-367.
3. *Ibid.*, p. 370.
4. *Ibid.*, p. 375.
5. *Ibid.*

pas la *valeur d'échange* immédiatement. Que 100 [personnes] travaillent ensemble ou que chacune travaille isolément, la valeur de leur produit = 100 journées de travail, que celles-ci soient représentées par plus ou moins de produits, c'est-à-dire quelle que soit la productivité du travail »[1].

Le procès par lequel la force productive du travail devient celle du capital est un procès d'aliénation, et ce procès est essentiel dans l'analyse marxienne du capital. J'ai d'abord analysé l'aliénation à partir de la dimension abstraite du travail en tant qu'activité socialement médiatisante ; à présent, je me réfère à l'aliénation de la dimension sociale du travail concret en tant qu'activité productive. Les *deux* procès sont constitutifs du capital. Tandis que ces procès d'aliénation se développent, les travailleurs sont subsumés sous le capital et incorporés à lui : ils deviennent un mode particulier de son existence[2].

Ce procès d'aliénation des forces productives du travail social revêt une signification historique qui renvoie au-delà du problème de l'appropriation privée du surproduit social par la classe capitaliste : comme nous le verrons, il entraîne un procès de constitution historique, sous une forme aliénée, de modes de connaissance et d'expérience socialement généraux qui ne se limitent pas aux capacités et au savoir des producteurs immédiats. Ce développement a des effets extrêmement négatifs sur le caractère du travail le plus immédiat, mais il finit par donner naissance à la possible émancipation des hommes de l'emprise de leur propre travail et à leur réappropriation de la connaissance et de la puissance socialement générales d'abord historiquement constituées sous une forme aliénée.

Toutefois, à ce stade de l'exposé de Marx, la nature de ce procès d'aliénation n'apparaît pas encore nettement. La force productive aliénée du travail est plus grande que la somme de ses parties, mais elle est toujours essentiellement constituée par les travailleurs immédiatement concernés ; lorsque Marx parle des « capacités de l'espèce » qui se développent dans la coopération, ces capacités apparaissent donc comme celles de travailleurs associés. Au sein de

---

1. Marx, *Théories sur la plus-value*, t. I, p. 461.
2. *Le Capital*, livre I, p. 375.

la sphère de production, il ne s'est pas encore constitué un mode de connaissance et d'expérience socialement général sous une forme intrinsèquement indépendante des producteurs immédiats. En conséquence, il semble que la transformation des forces productives du travail en celles du capital ne dépende que de la propriété privée. Ainsi s'explique qu'à ce stade du déploiement catégoriel on puisse concevoir l'abolition du capitalisme – le dépassement de l'appropriation des forces productives du travail social par le capital – en termes de seule abolition de la propriété privée des moyens de production ; les travailleurs pourraient donc tout à la fois « posséder » la force sociale collective qu'ils constituent et diriger en coopération le même procès de travail qui existe dans les conditions de la propriété privée. En d'autres termes, à ce stade, le caractère capitaliste de la production paraît toujours extérieur au procès de travail.

Cependant, la suite de l'exposé de Marx révèle que la nature du capital n'apparaît pas encore clairement dans ses recherches sur la coopération simple. Son analyse n'en reste pas à la détermination de la nature capitaliste du procès de travail en termes de propriété privée ; Marx ne se borne pas à indiquer l'apparition des conditions historiques qui engendreraient la possibilité de dépasser la propriété privée. Il développe et transforme les déterminations de ce qui constitue le capitalisme et, partant, de ce qui constitue sa négation. Il présente explicitement le développement du procès de travail de telle façon que cela modifie la détermination extrinsèque initiale du caractère capitaliste de la production. Marx résume ce développement en termes d'aliénation de la dimension de valeur d'usage du travail de la manière suivante :

> « L'un des produits de la division manufacturière du travail est [d'opposer aux travailleurs] les potentialités spirituelles du procès matériel de production comme une propriété d'autrui et un pouvoir qui les domine. Ce processus de scission commence dans la coopération simple, là où le capitaliste représente face aux travailleurs singuliers l'unité et la volonté du corps de travail social. Il se développe dans la manufacture qui mutile l'ouvrier en en faisant un travailleur partiel. Il s'achève dans la grande industrie qui sépare la science, en tant

que potentialité productive autonome, du travail, et la met de force au service du capital »[1].

Ce rapide résumé implique que le capital en tant que forme sociale est intrinsèquement lié à la division du travail et que, lorsque cette forme catégorielle s'est déployée, on ne peut plus comprendre sa force productive seulement par rapport aux individus qui la constituent. La force du capital en vient bien plutôt à s'incorporer la force aliénée de la société dans un sens plus général. On ne peut donc plus saisir adéquatement l'émancipation, la réappropriation de ce qui a été aliéné, en termes d'abolition de la seule propriété privée.

La manufacture

Il nous faut examiner de plus près cette trajectoire de développement du procès de production. Après la coopération simple, Marx analyse la manufacture en tant que forme spécifique de coopération propre au procès de production capitaliste en Europe, du milieu du XVIe siècle à la fin du XVIIIe[2]. Alors que la coopération simple laisse largement inchangée la façon de travailler de chacun, la manufacture révolutionne le procès de travail lui-même[3]. Celui-ci est marqué par une nouvelle division du travail, une division de détail du travail dans l'atelier, que Marx distingue de la division du travail dans la société[4]. La manufacture se caractérise par le fait que le procès de travail se fonde sur la division des opérations artisanales en opérations partielles spécialisées, ou de détail, qu'accomplissent des travailleurs spécialisés utilisant des instruments de travail spécialisés[5]. Cette forme de division du travail relie les travailleurs à des tâches uniques, répétitives et simplifiées, qui sont alors étroitement articulées et coordonnées les unes aux autres[6] ; elle contribue du

---

1. *Ibid.*, pp. 406-407.
2. *Ibid.*, p. 378.
3. *Ibid.*, p. 405.
4. *Ibid.*, p. 398 et suiv.
5. *Ibid.*, pp. 380, 410.
6. *Ibid.*, p. 388.

même coup à accroître grandement la productivité du travail tout en augmentant la spécialisation de chaque travailleur et en diminuant considérablement la quantité de temps nécessaire pour produire les marchandises[1]. Ainsi le mode de production manufacturier augmente-t-il la survaleur ; et il augmente encore l'autovalorisation du capital d'une autre manière, en ce sens que la simplification des tâches et le développement unilatéral qui en résulte diminuent directement la valeur de la force de travail[2].

Marx ne traite pas le rapport entre la manufacture et le capital comme un rapport externe ; il n'étudie pas non plus la manufacture comme un mode de production qui serait en et pour soi indépendant du capital mais utilisé par les capitalistes à leur propre profit. Bien au contraire, quand il reproche à Adam Smith de ne pas distinguer correctement entre la division du travail dans la société et celle du travail dans l'atelier[3], Marx affirme que cette dernière est spécifique au capitalisme[4]. Il poursuit alors en décrivant la manufacture comme une « forme spécifiquement capitaliste du procès social de production [qui] [...] n'est qu'une méthode particulière pour produire de la survaleur ou pour élever aux dépens des travailleurs cette autovalorisation du capital »[5]. En d'autres termes, Marx la traite comme un procès de travail intrinsèquement lié au capital en ce sens qu'elle est matériellement façonnée par le procès de valorisation.

Selon Marx, la forme matérielle du procès de production dans la manufacture découle de la pulsion continue à l'augmentation de la productivité qui marque le capitalisme. Il fonde cette pulsion dans la forme-marchandise – tant dans les impératifs « objectifs » que dans les valeurs culturelles et les visions du monde qui, associées à cette forme, poussent à rendre le procès de travail aussi efficace que possible. Marx oppose l'accent mis sur la qualité et la valeur d'usage par les auteurs de l'Antiquité classique à celui mis sur la quantité et la valeur d'échange dans les théories modernes de l'économie politique et incorporé dans la forme matérielle de la manufacture[6].

---

1. *Ibid.*, p. 381 et suiv.
2. *Ibid.*, p. 394.
3. *Ibid.*, pp. 394-399.
4. *Ibid.* Ibid., p. 404.
5. *Ibid.*, p. 410.
6. *Ibid.*, pp. 410-411.

Ce dernier point de vue ne se développe pas simplement dans l'histoire à partir du premier par suite d'une sorte de développement quasi naturel de la division du travail ; il traduit bien plutôt une rupture historique. Il est l'expression d'une forme radicalement différente de médiation sociale historiquement déterminée.

Le principe de diminution du temps de travail nécessaire pour produire des marchandises fut formulé consciemment, remarque Marx, dès le début de la période de la manufacture[1]. En tant que principe permanent de la production, la réduction du temps de travail nécessaire – c'est-à-dire l'augmentation de la productivité – s'effectua historiquement d'abord en brisant le procès de travail en ses divers éléments et non en introduisant la machinerie. Selon Marx, toutes les opérations partielles de la manufacture qui en résultent conservent le caractère d'une activité artisanale et, partant, restent associées à la force, à l'habileté, à la rapidité et à l'efficacité des travailleurs[2]. D'un côté, le procès de production reste lié au travail humain individuel ; de l'autre, il devient plus efficace à mesure que ce travail individuel devient plus partiel. Conséquence selon Marx : la création d'une « machine » particulière spécifique à la période de la manufacture – à savoir, le travailleur collectif, formé par la combinaison de plusieurs travailleurs singuliers spécialisés[3]. Les travailleurs singuliers deviennent les organes de ce tout[4].

Comme c'était le cas dans la coopération simple, le tout – qui, dans la manufacture, est l'organisme de travail collectif – est une forme d'existence du capital. La force productive de la dimension de valeur d'usage du travail, qui résulte ici de la combinaison de divers types de travail – en d'autres termes, de la grande augmentation de la productivité effectuée par la division de détail du travail –, est la force productive du capital[5]. Dans la manufacture, l'opposition entre les travailleurs et le capital, en tant qu'opposition entre les parties fragmentées singulières et un tout directement social, en vient à s'incorporer dans la forme matérielle même de la production. Marx ne laisse aucun doute sur le fait qu'il considère

1. *Ibid.*, p. 391.
2. *Ibid.*, pp. 380-381.
3. *Ibid.*, p. 392.
4. *Ibid.*, p. 393.
5. *Ibid.*, p. 405.

la subsomption des individus sous le collectif dans la manufacture comme extrêmement négative. Loin de s'inscrire dans, ou de dessiner une forme linéaire et générale de progrès, la force productive augmentée du tout se constitue aux dépens de la force productive de l'individu. Elle se fonde sur un procès qui « fait du travailleur un infirme et une monstruosité en cultivant [...] son savoir-faire de détail, tout en étouffant un monde de pulsions et de talents productifs »[1]. Avec la manufacture, « l'individu lui-même est divisé, transformé en mécanisme automatique d'un travail partiel »[2]. De plus, cette division du travail exprime un développement plus général, enraciné dans la forme-marchandise, qui transforme toutes les sphères de la vie et jette les bases de cette spécialisation qui développe une seule faculté individuelle au détriment de toutes les autres[3]. La critique de Marx – cela devrait être clair désormais –, c'est « non seulement [que la manufacture] développe la force productive sociale du travail en faveur du capitaliste » (une critique de la propriété pouvant rester extérieure au procès de travail), mais qu'elle « le fait en mutilant le travailleur individuel »[4].

La manufacture a alors revêtu la forme d'un mécanisme productif dont les composants sont les êtres humains[5]. Elle représente une forme directement sociale de production en ce sens que le travailleur ne peut travailler que comme partie du tout. Si la nécessité qu'ont les travailleurs de vendre leur force de travail s'était fondée à l'origine sur leur dépossession, sur le fait qu'ils ne possèdent pas les moyens de produire des marchandises, elle repose désormais sur la nature technique du procès de travail lui-même. Pour Marx, cette nature « technique » est intrinsèquement capitaliste[6].

Comme on l'a noté, Marx fonde la forme concrète de ce procès de travail sur l'économie de temps[7]. Dans son analyse de la manufacture, il continue de traiter la valeur comme une catégorie structurant l'organisation de la production (ce qu'il a commencé à faire

---

1. *Ibid.*, pp. 405, 407.
2. *Ibid.*, p. 405.
3. *Ibid.*, p. 398.
4. *Ibid.*, p. 410.
5. *Ibid.*, p. 380.
6. *Ibid.*, p. 406.
7. *Ibid.*, p. 388.

dans son étude de la coopération), en précisant à nouveau qu'il ne la considère pas seulement comme une catégorie du marché. D'après Marx, la loi selon laquelle le temps de travail dépensé pour une marchandise donnée ne doit pas dépasser le temps de travail socialement nécessaire ne s'impose pas seulement de l'extérieur par l'action de la concurrence ; dans la manufacture, elle « devient une loi technique du procès de production proprement dit »[1]. À ce stade de son exposé, Marx montre rétrospectivement que la détermination de la grandeur de la valeur par laquelle il a commencé son étude catégorielle du capitalisme est une détermination critique tant du mode de production que du mode de distribution. L'organisation du mode de production qui en résulte – organisation fondée sur l'usage le plus efficace possible du travail humain engagé dans des tâches de plus en plus fragmentées et spécialisées – est despotique et hiérarchique[2].

La valeur se révèle donc être le principe structurant des *deux* formes de la division du travail sous le capitalisme. Pour Marx, elle ne structure pas seulement la division sociale du travail dans la société, mais aussi la division du travail dans l'atelier : « Cette règle qui est respectée *a priori* et de façon planifiée dans la division du travail au sein de l'atelier, ne fonctionne, dans la division du travail au sein de la société, qu'*a posteriori*, comme une nécessité naturelle [...] qui se perçoit aux changements [...] des prix du marché »[3]. Notons que Marx ne considère pas la structure planifiée de l'atelier comme un aspect « positif » ou « non capitaliste » de la société moderne, opposé à l'anarchie non planifiée du marché. Il considère précisément cette structure du procès de travail comme despotique – le despotisme du collectif, structuré selon des critères de productivité et d'efficacité, et s'exerçant aux dépens de l'individu. Au lieu de critiquer la sphère de la distribution sous le capitalisme du point de vue de la production, Marx les analyse comme étroitement liées : « L'anarchie de la division sociale et le despotisme de la division manufacturière du travail sont la condition l'un de l'autre dans la société du mode de production capitaliste »[4].

---

1. *Ibid.*, p. 389.
2. *Ibid.*, pp. 400, 405.
3. *Ibid.*, pp. 400-401.
4. *Ibid.*, p. 401.

De toute évidence, Marx critique la structure « planifiée » de la production *et* le mode de distribution médiatisé par le marché sous le capitalisme. Il fonde l'un et l'autre dans la forme-marchandise telle qu'elle se déploie sous forme de capital, et caractérise par là même le capitalisme en fonction des deux pôles d'une opposition entre les individus atomisés, apparemment décontextualisés, et le tout collectif où les individus fonctionnent comme de simples rouages. (À un autre niveau, cette opposition est celle entre le travail privé et le travail directement social que j'ai analysée au début du chapitre II). La conception marxienne du dépassement du capitalisme ne peut donc pas être comprise en termes de dépassement du seul marché. Et l'extension à toute la société de l'ordre planifié qui règne dans l'atelier n'est pas plus une solution puisque Marx décrit cet ordre comme celui de l'assujettissement total du travailleur au capital (compris non pas en termes de propriété privée mais comme une organisation du travail qui augmente la force productive de cet ordre[1]). Son analyse implique que le dépassement du capitalisme exige de dépasser *à la fois* le despotisme « planifié », organisé, bureaucratique, engendré dans la sphère de production, et l'anarchie dans la sphère de distribution. Et le despotisme est l'objet privilégié de la critique[2].

Toutefois, à cette étape de l'exposé de Marx, les conditions de possibilité de ce dépassement ne sont pas encore claires. La manufacture est une sorte de « stade intermédiaire » dans la présentation que Marx donne du procès de production capitaliste. La compréhension de ce caractère « intermédiaire » de la manufacture met en lumière la visée stratégique de la présentation de Marx et les implications de ses catégories initiales dans sa compréhension du capital et de la possibilité de le dépasser. D'un côté, comme on l'a

---

1. *Ibid.*

2. L'analyse marxienne de la structuration, par la forme-marchandise, de la production et de la trajectoire de développement capitaliste rend possible l'apparition d'une telle structuration en l'absence du marché. Dans ce cadre théorique, le fait qu'au XXe siècle un mode de régulation bureaucratique, organisé, ait empiété sur des secteurs auparavant régulés par le marché ne doit donc pas être compris comme un développement interne au capitalisme et renvoyant au-delà de lui ; il doit au contraire être saisi comme une extension des grandes institutions liées au capital – et ce aux dépens de la sphère de distribution bourgeoise –, comme un changement de la forme sous laquelle domine la loi de la valeur.

vu, avec la manufacture le caractère capitaliste de la production n'est plus extérieur au procès de travail – on ne peut donc plus concevoir l'abolition du capital en termes de seule abolition de la propriété privée, ce qui serait possible avec la coopération simple. Les commentaires critiques de Marx à propos de la division de détail du travail impliquent clairement que sa conception de l'émancipation inclut le dépassement historique du procès de travail façonné par le capital. Mais, d'un autre côté, la possibilité de dépasser ce procès de travail n'apparaît pas encore à cette étape de l'exposé. Malgré leurs différences, la manufacture et la coopération simple partagent une caractéristique commune : le tout aliéné (le capital) est plus grand que la somme de ses parties, mais il est encore constitué par les producteurs immédiats.

Afin d'éclaircir ce point, permettez-moi d'imaginer le scénario suivant, qui souligne le caractère historique de la possible négation du capitalisme et qui est approprié à l'examen du « socialisme réellement existant » : on tente de créer une société socialiste sur la base de la forme de production qui caractérise la manufacture. Non seulement la propriété privée capitaliste est abolie, mais la valeur est remplacée par la richesse matérielle comme forme de richesse sociale. Le but de l'augmentation de la productivité n'est plus d'augmenter la dépense de temps de surtravail mais, à l'inverse, de produire un plus grand degré de richesse matérielle pour satisfaire les besoins. Cependant, ce changement dans le but de la production n'entraîne pas une transformation fondamentale du procès de travail. Nous avons vu que, selon Marx, la valeur se fonde sur la dépense de temps de travail humain immédiat. Or, à ce stade du développement capitaliste, la productivité et, partant, la production de richesse matérielle se fondent elles aussi essentiellement sur le travail humain immédiat, rendu plus efficace par la division de détail du travail. En d'autres termes, la première force productive, c'est l'organisation du travail humain lui-même. Dans ce contexte, la production demeure fondée sur le travail humain immédiat, que le but de l'augmentation de la productivité soit une augmentation de la survaleur ou une augmentation de la richesse matérielle.

Aussi longtemps que le travail humain demeure la force productive essentielle de la richesse matérielle, la production dans le but de créer de la richesse matérielle à un haut niveau de productivité entraîne donc nécessairement la *même* forme de procès de travail que lorsque le but de la production est l'augmentation de la survaleur. La distinction entre ces deux formes de richesse est ici sans grande importance ; dans les deux cas, le procès de travail se fonde sur la division de détail du travail telle qu'elle se développe dans le capitalisme manufacturier. Dans ce contexte, la nature fragmentée, répétitive, unilatérale, du travail ne peut être abolie que par une diminution considérable du niveau de productivité et, partant, de la richesse sociale. Bien que l'analyse de Marx ne considère pas positivement le procès de travail sous le capitalisme, elle n'entraîne absolument pas une critique romantique de ce procès de travail, une critique qui se réfère à une supposée « totalité » précapitaliste – totalité qui, si on la réalisait, se révélerait socialement et économiquement désastreuse. Toutefois, à ce stade de l'exposé de Marx, les conditions ne sont pas encore réunies d'un possible dépassement historique du procès de travail dans lequel on pourrait abolir la division de détail du travail tout en conservant un haut degré de productivité.

Il est désormais devenu clair que l'une des visées centrales de l'analyse catégorielle de Marx, c'est précisément de déterminer l'émergence de la possibilité d'un tel dépassement du procès de travail capitaliste. Cette possibilité est impliquée par les catégories de l'analyse de Marx mais, comme je l'ai dit, celles-ci doivent être comprises comme les catégories du capitalisme pleinement développé. C'est seulement de ce point de vue que peut être compris le caractère « intermédiaire » de la manufacture dans l'exposé de Marx. Bien que le procès de travail manufacturier soit façonné par le capital, notre scénario démontre qu'à ce stade de la production la différence entre la valeur et la richesse matérielle, si centrale dans l'analyse catégorielle que Marx fait du capitalisme développé, n'est pas encore appropriée à la forme de production. En d'autres termes, bien que le procès de travail manufacturier soit façonné par le procès de valorisation, il n'est pas – lorsqu'on le considère du point de vue de la production capitaliste pleinement développée – la matérialisation pleinement adéquate du procès de valorisation et, partant, n'exprime pas pleinement la spécificité et la nature contradictoire de la pulsion du capital à l'augmentation de la productivité.

J'ai noté que, selon les déterminations initiales du procès de travail, le travail fonctionne comme une force productive active qui transforme la matière en vue de produire la richesse matérielle ; en même temps, il sert de « vraie » matière première, d'objet, du procès de valorisation. Cette inversion est réelle, et non pas métaphorique dans l'analyse de Marx, et elle vaut pour toutes les formes de production capitaliste. Cependant, elle n'est pas pleinement matérialisée dans la manufacture. Bien que, dans la manufacture, le travail se soit fragmenté et ne puisse exister qu'en tant que partie du tout (c'est-à-dire que les travailleurs sont devenus les parties de l'appareil productif), les travailleurs se servent toujours des outils, et non l'inverse. La manufacture est essentiellement une forme complexe de travail artisanal, où le travail de chaque travailleur n'est plus celui d'un artisan mais, plutôt, un aspect spécialisé de ce travail. Le travail du travailleur collectif est celui d'un « super-artisan ». La forme du procès de travail est telle que le travail humain immédiat – même si ce n'est que sous une forme collective – semble toujours le principe créateur, actif, du procès de travail, et non son objet.

En d'autres termes, dans l'analyse catégorielle de Marx, quand la première force productive utilisée en vue d'augmenter la productivité est l'organisation du travail humain lui-même, le procès de travail n'exprime pas encore la fonction spécifique du travail humain immédiat sous le capitalisme, qui est d'être la source du temps de travail objectivé. De même, la force productive de la dimension de valeur d'usage du travail – tout le savoir et toute l'expérience des hommes – ne s'exprime pas encore sous une forme qui puisse devenir indépendante du travail humain immédiat. Par conséquent, à ce stade de l'exposé, la nature duale du capital n'apparaît pas encore clairement et la contradiction *au sein de* la production capitaliste ne s'est pas encore déployée. À ce stade, le procès de production capitaliste n'incorpore donc pas encore la possibilité de sa propre négation.

Toutefois, cet exposé indique déjà ce que cette possibilité entraînerait. Selon l'analyse catégorielle de Marx, le procès de travail incorpore la contradiction centrale du capital lorsque la totalité sociale aliénée qui est plus grande que ses parties ne peut plus être comprise uniquement à partir des individus directement impliqués dans sa constitution et que le dépassement du capitalisme ne peut plus être compris en termes de réappropriation par les travailleurs de ce qu'ils ont constitué. À ce moment, la distinction que Marx fait entre valeur et richesse matérielle devient pertinente. La manufacture constitue historiquement l'étape préalable à cette forme du procès de travail : la grande production machiniste[1].

La grande industrie

C'est avec l'avènement de la grande production industrielle que, selon Marx, le capital vient à soi. Marx analyse ce mode de production comme la matérialisation adéquate du procès de valorisation, comme l'incorporation du double caractère des formes sociales sous-jacentes au capitalisme et donc comme l'expression adéquate de la nature contradictoire, spécifique, de la pulsion du capital vers des niveaux toujours plus élevés de productivité. Cela implique en retour que la pleine signification de la conception marxienne du double caractère de la production sous le capitalisme n'apparaisse qu'avec l'analyse de la production industrielle.

Afin de mettre en lumière cet aspect de la recherche de Marx, il me faut rapidement examiner à nouveau la visée argumentative qui est la sienne. Nous avons vu que Marx, dans sa façon de traiter la manufacture, se révèle très critique à l'égard du procès de travail qui apparaît avec le développement du capitalisme ; il le décrit comme intrinsèquement capitaliste et tente d'en saisir les traits déterminés comme intrinsèquement façonnés par le capital. Toutefois, à ce stade de l'exposé, cette caractérisation n'est pas encore fondée de façon convaincante. La forme-valeur du surplus social peut certes engendrer une pulsion continue à l'augmentation de la productivité, mais le procès de travail pour lequel la richesse matérielle est le but ne peut pas encore être distingué d'un autre pour lequel la valeur est le but. Aussi ne peut-on pas encore discerner pleinement le fait que la production *n'est pas* un procès technique qui est utilisé à son profit par une classe d'appropriateurs privés et qui pourrait être utilisé par les travailleurs à leur profit. Si tel était le cas, le caractère négatif du travail sous le capitalisme que décrit Marx ne serait que la conséquence inéluctable d'un haut niveau de productivité – le prix malheureux, mais inévitable, à payer pour un haut niveau de

---

1. *Le Capital*, livre I, pp. 381, 384-385, 413-415.

richesse sociale générale, et ce quel que soit le mode de distribution de cette richesse. Or, comme on le verra bientôt, Marx entend dans son étude de la grande industrie mettre en question le prétendu rapport nécessaire entre de hauts niveaux de productivité et un travail vide et fragmenté. Il s'efforce de démontrer que la forme du procès de travail industriel ne peut pas être saisie adéquatement en termes techniques, d'après les seules exigences imposées par de hauts niveaux de productivité, mais qu'elle *peut* être expliquée socialement, d'après la dualité des formes sociales fondamentales du capitalisme.

Marx commence son étude de la grande industrie en l'examinant d'abord en termes de production de richesse matérielle, c'est-à-dire d'après la dimension de valeur d'usage du travail. En élargissant son analyse du développement historique, sous le capitalisme, du caractère social du travail concret (commencée dans l'étude de la coopération et de la manufacture), Marx montre que la production de richesse matérielle n'est qu'un aspect du procès de travail capitaliste développé. Ce qui caractérise selon lui la dimension de valeur d'usage du travail dans la production industrielle, c'est qu'elle se constitue sous une forme qui devient de plus en plus indépendante du travail des producteurs immédiats. Il retrace brièvement le cours de ce développement historique à partir du développement de la production machiniste, en commençant par la révolution industrielle du XVIIIe siècle – c'est-à-dire le dépassement du travailleur qui manipule un seul outil, par une machine-outil[1]. (Cette dernière est un mécanisme opérant avec plusieurs outils identiques ; le nombre d'outils qu'elle met en mouvement simultanément est indépendant des limitations organiques qui sont celles de l'artisan dans son usage de l'outil[2]). Marx décrit ensuite le développement des mécanismes moteurs (par exemple, la machine à vapeur) qui, comme la machine-outil, existent sous une forme indépendante, une forme émancipée des limites de la force humaine, et qui, contrairement à la force de l'eau ou des animaux, sont entièrement sous le contrôle de l'homme[3]. Le développement de ces mécanismes

---

1. *Ibid.*, p. 418.
2. *Ibid.*, pp. 418-422.
3. *Ibid.*, pp. 422-424.

moteurs permet en retour le développement d'un système machiniste – une sorte de « division du travail » entre les machines calquée sur le modèle de la division du travail dans la manufacture[1]. Selon Marx, la division du travail dans la manufacture doit être adaptée au travailleur et, en ce sens, elle est « subjective », alors que la division du travail à l'ère des machines est « objective » : ici le procès de production est analysé dans ses éléments constituants à l'aide des sciences de la nature et sans égard aux principes de la division du travail (antérieurs) « centrés sur le travailleur »[2]. Un stade ultérieur dans ce procès historique de dépassement de la centralité du travail humain immédiat dans le procès de travail est la production de machines par les machines, production qui fournit son « fondement technique adéquat » à la grande industrie[3]. Ces développements aboutissent à un système de machinerie que Marx décrit comme un grand automate mû par un premier moteur qui se meut de lui-même[4]. (J'aurai l'occasion plus loin de discuter les parallèles entre cette description et la première description que Marx fait du capital.) Il résume ce développement de la production fondée sur la machine de la manière suivante :

> « Le moyen de travail acquiert en tant que machinerie un mode d'existence matériel qui implique le remplacement de la force humaine par des forces naturelles et celui de la routine empirique par l'utilisation consciente des sciences de la nature. Dans la manufacture, l'articulation du procès social du travail est purement subjective : c'est une combinaison d'ouvriers partiels ; dans le système des machines, la grande industrie possède un organisme de production tout à fait objectif que l'ouvrier trouve devant lui tout prêt comme condition matérielle de production »[5].

Lorsque Marx décrit le développement de la grande industrie en termes de remplacement de la force humaine par des forces naturelles, il ne se réfère pas seulement au harnachement de forces naturelles telles que la vapeur et l'eau, mais aussi au développement

---

1. *Ibid.*, pp. 425-426.
2. *Ibid.*, pp. 425-426, 433.
3. *Ibid.*, p. 431.
4. *Ibid.*, p. 427.
5. *Ibid.*, p. 433.

de forces productives socialement générales. Il définit ainsi comme « forces naturelles du travail social » les forces productives résultant de la coopération et de la division du travail, en notant que – à l'instar des forces naturelles telles que la vapeur et l'eau – elles ne coûtent rien[1]. À cet égard, Marx observe que la science aussi est comme une force naturelle ; une fois découvert, un principe scientifique ne coûte rien[2]. Enfin, lorsqu'il étudie les moyens de production objectivés, Marx affirme qu'à part les coûts d'usure et des substances auxiliaires consommées (huile, charbon, etc.), les machines et les outils font leur travail pour rien : plus grande est l'efficacité productive de la machine, comparée à celle de l'outil, plus grande est l'étendue de son service gratuit[3]. Il relie cette efficacité productive à l'accumulation de travail passé et de savoir productif, en décrivant la grande industrie comme une forme de production dans laquelle « l'homme apprend à faire fonctionner pour rien, sur une grande échelle, comme une force de la nature, le produit de son *travail passé* »[4].

Notons que ce que Marx appelle ici les « forces naturelles » qui, dans la production fondée sur les machines, remplacent la force humaine et l'habileté traditionnelle, ce sont précisément ces pouvoirs socialement généraux avec lesquels il avait antérieurement décrit la nature sociale du travail concret – à savoir, « le niveau de développement de la science et de ses possibilités d'application technologique, [...] la combinaison sociale du procès de production [et] l'ampleur et la capacité opérative des moyens de production »[5]. Le développement de la grande industrie implique donc la constitution historique de capacités productives socialement générales et de modes de savoir scientifique, technique et organisationnel qui ne sont pas fonction de la force, du savoir et de l'expérience des travailleurs et ne peuvent pas y être réduits ; il implique également l'accumulation continue du travail et de l'expérience socialement généraux passés. Cet aspect historiquement constitué de la dimension de valeur d'usage sous le capitalisme est comme une « force

---

1. *Ibid.*
2. *Ibid.*, p. 434.
3. *Ibid.*, p. 435.
4. *Ibid.* C'est moi qui souligne.
5. *Ibid.* Ibid., p. 45.

naturelle » en ce sens qu'il est indépendant du travail immédiat, ne coûte rien et remplace de plus en plus le labeur humain comme facteur social central dans la transformation de la matière, dans le « métabolisme » social de l'humanité avec la nature, qui est une condition nécessaire de la vie sociale. Avec le développement de la grande industrie, l'incorporation de ces « immenses forces de la nature »[1] – c'est-à-dire l'habileté à maîtriser les forces de la nature, à objectiver et utiliser le passé – dans la production dépasse donc de plus en plus le travail humain immédiat comme première source sociale de la richesse matérielle. La production de la richesse matérielle devient de plus en plus fonction de l'objectivation de temps historique.

Ce développement historique du caractère social du travail concret distingue radicalement la grande industrie de la manufacture. Il n'augmente pas seulement beaucoup la productivité, il sape aussi le besoin technique de division du travail propre à la manufacture, tant à l'intérieur de l'atelier que dans la société, dans la mesure où il rend la production de richesse matérielle essentiellement indépendante de la dépense de temps de travail humain directe[2]. En d'autres termes, ce développement historique révèle implicitement la possibilité d'une autre organisation sociale du travail.

Toutefois, cette possibilité ne se réalise pas dans la grande industrie. En effet, la structure réelle de la production industrielle est radicalement différente de la possibilité impliquée par un examen abstrait du développement de la seule dimension de valeur d'usage du travail. Pour Marx, bien qu'avec la grande industrie capitaliste les forces productives de la société soient hautement développées, la forme sous laquelle ces forces se constituent historiquement ne libère pas les travailleurs du travail parcellaire et répétitif. Bien au contraire, elle les subsume sous la production et en fait les rouages d'un appareil productif, les appendices de machines spécialisées[3]. Marx décrit le mode de production qui en résulte comme une forme entraînant un travail encore plus spécialisé et plus fragmenté que dans la manufacture[4]. Le travail en usine, remarque-t-il, « bloque

---

1. *Ibid.*, p. 434.
2. *Ibid.*, pp. 471-474, 544-546.
3. *Ibid.*, p. 473.
4. *Ibid.*, p. 544.

le jeu complexe des muscles et confisque toute liberté d'action du corps et de l'esprit »[1]. De façon générale, la forme réelle de la production machiniste a des conséquences extrêmement négatives : le travail se fragmente encore davantage, les femmes et les enfants sont employés à des tâches répétitives et sous-payées, le niveau intellectuel du travail est abaissé, et soit la journée de travail est allongée, soit l'intensité du travail est augmentée[2]. De plus, ces effets négatifs ne se limitent pas au lieu de production immédiat : ce mode de production sape la sécurité des travailleurs et entraîne la création d'une armée de réserve destinée à l'industrie et disponible selon les besoins de l'exploitation capitaliste[3]. Il a un effet néfaste sur la santé, sur le niveau général des capacités intellectuelles et de la sensibilité morale, et sur la vie familiale de la population ouvrière[4]. Marx résume les aspects négatifs de la grande industrie sur les travailleurs, la nature du travail et la division sociale du travail en opposant le potentiel incorporé dans la production machiniste et ses conséquences réelles :

> « La machinerie en soi raccourcit le temps de travail [, mais] elle prolonge la journée de travail dans son utilisation capitaliste, [...] elle soulage le travail [, mais] elle accroît son intensité

---

1. *Ibid.*, p. 474.
2. *Ibid.*, pp. 443-450, 459.
3. *Ibid.*, pp. 482-495, 507-515, 548.
4. *Ibid.*, pp. 443-452, 549-551. Bien que Marx décrive longuement les effets « effrayants et choquants » de la « décomposition de l'ancienne institution familiale à l'intérieur du système capitaliste » sur la population ouvrière pendant la première moitié du XIXe siècle (p. 550), il ne pense pas que cette ancienne institution soit un modèle des rapports humains intimes qui doive être rétabli. Ni, bien sûr, que l'entrée en grand nombre des femmes et des enfants dans le procès de production structuré par le travail aliéné soit en et pour soi un développement positif, progressiste ou bénéfique. En toute cohérence avec son analyse du double caractère du capitalisme, il y voit au contraire un développement négatif quoique engendrant les conditions qui permettent dans un possible futur « une forme supérieure de la famille et du rapport entre les sexes » (*ibid.*).
L'approche ici développée fournirait également, à mon sens, un point de départ prometteur à l'examen de la nature, historiquement changeante sous le capitalisme, de la structuration de la famille, du travail et de leur interrelation (ainsi que de leurs conséquences sur la structuration des genres). Ce type d'approche permettrait de traiter ces thèmes en termes de développement de la forme de médiation quasi objective constituée par le travail.

dans son utilisation capitaliste, [...] elle est en soi une victoire de l'homme sur les forces naturelles, [mais] dans son utilisation capitaliste elle asservit l'homme par l'intermédiaire des forces naturelles, [...] elle augmente la richesse du producteur [, mais] elle l'appauvrit dans son utilisation capitaliste »[1].

Dans la production industrielle capitaliste, les forces productives de la société se développent donc sous une forme qui domine les hommes et qui est nuisible à leur développement – une forme radicalement différente de celle qu'on peut concevoir lorsqu'on prend en considération le seul développement de la dimension de valeur d'usage du travail. Au lieu de conduire à l'abolition de la division fragmentaire du travail propre à la manufacture, le développement réel du caractère social du travail concret est tel que « la forme capitaliste de la grande industrie reproduit cette division du travail de façon encore plus monstrueuse dans la fabrique proprement dite [...] et partout ailleurs »[2].

Cette monstrueuse division du travail se trouve au cœur même de l'analyse de Marx. D'un côté, l'étude que Marx fait du développement de la dimension de valeur d'usage du travail et l'opposition qu'il esquisse entre la forme potentielle et la forme réelle de cette dimension indiquent clairement que la division du travail dans la grande industrie, contrairement à celle existant dans la manufacture, n'est pas un élément technique qui accompagne obligatoirement la productivité augmentée. C'est pourquoi il critique sévèrement en tant qu'« apologistes économiques » ceux qui – comprenant la production industrielle en termes purement techniques et échouant ainsi à distinguer entre l'« application capitaliste de la machinerie » et la « machinerie elle-même » – ne peuvent concevoir aucune autre utilisation de la machinerie que capitaliste et dénigrent tous les critiques du système capitaliste de production industrielle comme des ennemis du progrès technique[3]. De l'autre côté, malgré l'usage qu'il fait de termes tels que l'« utilisation » ou l'« application » capitalistes de la machinerie, Marx ne considère pas le rapport du capitalisme et de la production industrielle

---

1. *Ibid.*, p. 495.
2. *Ibid.*, p. 544.
3. *Ibid.*, p. 495.

comme extrinsèque. Ce qui fait que la grande industrie est capitaliste, ce n'est pas seulement la propriété privée ; comme je l'expliquerai, la production industrielle est au contraire intrinsèquement capitaliste en ce sens qu'elle est un procès de valorisation en même temps qu'un procès de travail[1]. Son but final, ce n'est pas la richesse matérielle, mais la survaleur. Selon Marx, bien que cette dualité caractérise tout autant les premières formes de production capitaliste, ce n'est qu'avec la grande industrie que les différences entre valeur et richesse matérielle, entre travail abstrait et travail concret, deviennent significatives et finissent par constituer la forme du procès de travail lui-même. La visée de l'analyse marxienne de la production industrielle consiste donc à montrer en quoi la division du travail caractéristique de la production industrielle à grande échelle ne repose pas sur la nécessité technique et qu'elle n'est pas non plus contingente, mais qu'elle est l'expression de son caractère intrinsèquement capitaliste. C'est-à-dire que l'un des objectifs essentiels de la théorie critique catégorielle de Marx, c'est de saisir le mode de production industriel capitaliste en termes sociaux – à partir de l'analyse marxienne des formes de médiation sociale qui structurent le capitalisme – et par là même de penser le décalage entre les possibilités contenues dans le développement de la dimension de valeur d'usage du travail sous le capitalisme et le développement historique réel des forces productives.

Avant de poursuivre, il est à noter que, du point de vue de cette analyse sociale de la production, les approches qui saisissent la production industrielle capitaliste uniquement en termes techniques sont identiques à celles qui comprennent le travail sous le capitalisme uniquement en termes d'interactions entre les hommes et la nature. Dans les deux cas, la dimension concrète n'est pas comprise en tant que forme matérialisée de la médiation sociale ; c'est à l'inverse la forme phénoménale fétichisée de la médiation sociale qui est prise pour la valeur. Il en va ainsi de ces critiques de la production capitaliste qui se focalisent exclusivement sur la propriété privée et le marché, et de ces théories qui traitent le développement industriel comme un procès de « modernisation » sans tenir compte de la catégorie sociale de capital.

---

1. Marx, *Un chapitre inédit du* Capital, pp. 129, 199 ; *Le Capital*, livre I, p. 571.

Revenons au rapport entre la conception que Marx a des formes sociales de base du capitalisme et son analyse de la grande industrie. En suivant le déploiement des catégories de Marx, nous avons vu que la détermination temporelle de la grandeur de la valeur ne devient pleinement significative qu'avec l'introduction de la catégorie de survaleur relative. De la même façon, ce n'est que lorsque Marx analyse la grande industrie que la pleine signification de sa détermination de la valeur en tant qu'objectivation du travail humain (abstrait) apparaît clairement. Comme on l'a noté, parce que le but de la production capitaliste est la survaleur, il engendre une pulsion incessante vers l'augmentation de la productivité, ce qui finit par conduire au dépassement du travail humain immédiat par les forces productives du savoir socialement général comme première source sociale de richesse matérielle. Cependant – et c'est essentiel –, la production capitaliste est et demeure fondée sur la dépense de temps de travail humain précisément parce que son but est la survaleur.

Marx saisit la production industrielle capitaliste à partir de cette dualité : comme procès de création de richesse matérielle, elle cesse de dépendre nécessairement du travail humain immédiat ; mais, comme procès de valorisation, elle reste fondée sur un tel travail. La grande industrie se définit par l'apparition de forces productives qui ne sont plus fonction du travail humain immédiat – quoique dans un contexte où le travail conserve son importance. Avec le développement de ce mode de production, le travail vivant cesse peu à peu d'être la force productive active et régulatrice. Or nous avons vu que, du point de vue de l'analyse marxienne du procès de valorisation, le travail humain immédiat importe comme source de la valeur, quels que soient sa spécificité qualitative et le niveau de productivité : le but de la dépense de travail est l'objectivation du temps de travail lui-même. C'est précisément lorsque la production de richesse matérielle cesse de dépendre du travail humain immédiat, même si ce travail reste un élément du procès de production, que cette fonction du travail humain comme seule source du temps de travail objectivé en vient à s'exprimer sous la forme du procès de travail lui-même :

> « Toute production capitaliste, dans la mesure où elle n'est pas seulement procès de travail, mais en même temps procès

de valorisation du capital, présente ce caractère commun : ce n'est pas le travailleur qui utilise la condition de travail, mais inversement la condition de travail qui utilise le travailleur ; c'est seulement avec la machinerie que ce renversement acquiert une réalité techniquement tangible. [...] Le moyen de travail, du fait de sa transformation en un automate, se pose face au travailleur comme capital, comme travail mort qui domine et aspire la force vivante du travail »[1].

Marx voit donc la production industrielle comme la matérialisation adéquate du procès de valorisation – un procès dans lequel la richesse matérielle est produite comme un moyen d'engendrer la survaleur, et non comme le but final de la production ; par conséquent, un procès où le travail vivant sert d'objet de production et de source de la valeur. En ce sens, la fonction dernière des forces productives est d'« aspirer » le plus possible de force de travail vivante. Ce procès s'exprime matériellement dans la grande industrie par la nature fragmentée du travail et aussi – parce que les forces productives ne dépendent plus d'abord du travail humain immédiat – par la différence croissante entre la relation des forces productives objectivées à la formation de la valeur et la relation des forces productives objectivées à la formation de la richesse maté-rielle[2]. La machine intervient en tant que tout dans le procès de travail en engendrant de grandes quantités de richesse matérielle, mais elle n'intervient dans le procès de valorisation que si elle trans-met graduellement aux produits la valeur qui entre dans sa création ou que si elle modifie la proportion entre le temps de surtravail et le temps de travail nécessaire en réduisant le temps de travail néces-saire à la reproduction des travailleurs[3]. Comme on l'a noté, cette analyse implique qu'avec la production industrielle la croissance de la richesse matérielle résultant de niveaux de productivité toujours plus élevés devance de loin la croissance de la survaleur – en parti-culier, dès lors que les machines sont elles-mêmes produites par des machines, ce qui augmente grandement le fossé entre leur capacité

---

1. *Le Capital*, livre I, p. 474.
2. *Ibid.*, p. 434.
3. *Ibid.*, pp. 416, 427.

à créer de la richesse et la quantité de temps de travail dépensée à les fabriquer[1].

Le décalage croissant, créé par le développement des forces productives, entre l'augmentation de la richesse matérielle et celle de la survaleur est l'expression du décalage croissant entre les forces productives, qui relèvent de la dimension de valeur d'usage du travail, et le travail vivant. J'ai évoqué précédemment l'idée que Marx se faisait de la relation entre, d'un côté, les formes de rapports sociaux propres au capitalisme et, de l'autre, le développement de capacités productives immensément puissantes et les visions du monde et conceptions de la réalité qui accompagnent ce développement. Ce qui importe à présent pour notre enquête, c'est la forme particulière que revêt ce développement. Dans le contexte d'un mode de production où le travail vivant reste essentiel à la production et où la machinerie est utilisée comme un moyen d'augmenter la survaleur, les forces productives, qui relèvent de la dimension concrète du travail, se constituent en opposition au travail vivant, comme forces productives du capital[2] :

> « La scission entre le travail manuel et le potentiel spirituel du procès de production, ainsi que la transformation de celui-ci en pouvoirs que détient le capital sur le travail s'accomplissent [...] dans la grande industrie construite sur la base de la machinerie. La dextérité et la minutie du travailleur sur machine vidé de sa substance en tant qu'individu disparaissent tel un minuscule accessoire devant la science, devant les énormes forces naturelles et le travail social de masse, dont le système des machines est l'incarnation et qui fondent avec lui la puissance du "maître" [master] »[3].

Selon Marx, le procès de production capitaliste provoque le développement historique de forces productives socialement générales, puissantes, mais ce procès de constitution historique – que j'ai décrit comme l'accumulation de temps historique – s'effectue

---

1. *Ibid.*, pp. 434-442.
2. *Ibid.*, pp. 433-434, 470 et suiv.
3. *Ibid.*, p. 475.

comme procès d'aliénation. Ces forces naissent historiquement sous une forme aliénée, comme forces du capital, du « maître ».

Après avoir étudié ce procès d'aliénation de la dimension de valeur d'usage du travail à partir de la façon dont Marx traite la coopération et la manufacture, il me faut en étudier les fondements structurels. Ce qui compte ici, c'est que, dans la grande industrie, les forces productives sociales du travail concret (auxquelles Marx se réfère comme aux « capacités de l'espèce » constituées, sous une forme aliénée, en « cadeau » au capital) ne sont pas seulement plus grandes que la somme des forces productives des producteurs immédiats, mais qu'elles ne sont plus principalement constituées par ceux-ci. Contrairement à la manufacture, les forces du tout social n'expriment plus le savoir, les capacités et le travail du travailleur collectif sous une forme aliénée, mais le savoir et la puissance collectifs accumulés de l'humanité. C'est pourquoi, comme l'indique clairement le passage cité plus haut, avec le développement de la grande industrie, les forces du capital ne peuvent plus être considérées comme celles du travailleur collectif sous une forme aliénée – elles sont devenues plus grandes que ces dernières.

Autre aspect de ce développement : le déclin des capacités et des forces des travailleurs singuliers ainsi que – et c'est crucial – celles du travailleur collectif. Étant donné que la production de la richesse matérielle dépend de plus en plus de la connaissance scientifique, technique et organisationnelle socialement générale, et non des capacités, du savoir et du travail des producteurs immédiats, le travail combiné des travailleurs cesse d'être celui d'un « super-artisan » comme c'était le cas dans la manufacture. La production n'est plus une forme d'artisanat, fondée au bout du compte sur le travail des travailleurs. Cependant, étant donné que les forces productives socialement générales se développent en tant que forces du capital – donc au sein d'un système qui présuppose la dépense de temps de travail immédiat –, les forces productives objectivées dans la grande industrie ne tendent pas, *à un niveau social total*, à remplacer le travail humain immédiat dans la production. Elles sont au contraire utilisées pour extraire de plus hauts niveaux de survaleur du travail, lequel a cessé d'être essentiel à la production de richesse matérielle et finit donc par perdre sa qualité de travail d'artisan spécialisé ou d'aspect spécialisé de ce travail.

Il se crée ainsi un antagonisme structurel entre les forces productives aliénées et le travail vivant, d'où il résulte que les premières se développent toujours plus, alors que le second devient toujours plus vide et fragmenté : « Même l'allégement du travail se transforme en moyen de torture, dans la mesure où la machine ne libère pas l'ouvrier du travail, mais ôte au travail son contenu »[1]. La logique de la production industrielle à grande échelle signifie donc le déclin à long terme des qualifications des travailleurs[2]. J'ai déjà relevé que, pour Marx, la fonction du travail humain en tant que source de la valeur dans le procès de valorisation s'exprime matériellement dans le procès de travail industriel. Désormais, je puis ajouter que, ce faisant, le travail devient de plus en plus vide, à peine plus que de la pure dépense d'énergie.

Ce rapport antagoniste, socialement constitué, entre les forces productives objectivées et le travail vivant façonne la forme du procès de production industriel. Dans le cas de la manufacture, les différences entre valeur et richesse matérielle sont encore sans importance pour la forme du procès de travail. C'est pourquoi on peut expliquer cette forme en termes de seule pulsion à l'augmentation de la productivité. Mais, quand on a affaire au procès de production industriel, la forme de celui-ci ne peut pas être comprise

---

1. *Ibid.*, p. 474.

2. *Ibid.*, pp. 484-491. Dans son étude classique, *Travail et capitalisme monopoliste* (Maspero, 1976), Harry Braverman a examiné la tendance à long terme qu'ont les qualifications ouvrières à se dégrader sous le capitalisme industriel. Il a été reproché à Braverman de sous-estimer la conscience et les luttes des travailleurs dans la modification et l'orientation du développement du procès de travail même. Mais, comme David Harvey l'a fait remarquer, l'analyse de Braverman, ainsi que celle de Marx, s'intéresse à l'histoire de l'accumulation du capital dans tout son déroulement et à la question de savoir si l'on peut parler de changements unidirectionnels à long terme (*The Limits to Capital*, pp. 106-119). C'est-à-dire que le problème n'est pas seulement de savoir si les travailleurs sont les sujets ou les objets de l'histoire ou même si la lutte de classes modifie le développement du procès de travail ; en réalité, à un haut niveau d'abstraction, le problème est de savoir si le capitalisme a une trajectoire historique. Comme je l'ai dit, cette trajectoire que Marx tente de saisir avec sa conception des formes sociales constitutives du capitalisme ne peut pas s'expliquer à partir de la seule lutte de classes. Sont liés à ce problème celui de savoir si cette trajectoire de développement conduit au possible dépassement du capitalisme et, plus encore, celui de savoir si cette possibilité entraîne l'autoréalisation du prolétariat ou, à l'inverse, l'abolition du travail prolétarien.

seulement en ces termes. Selon Marx, son caractère contradictoire et antagoniste surgit de la tension accrue entre les deux tendances engendrées par le double caractère de la médiation sociale sous-jacente : la pulsion continue à l'augmentation de la production et la nécessaire dépense de temps de travail immédiat. Cette tension aboutit au développement d'un système productif qui s'oppose aux travailleurs en tant que système objectif auquel ils sont incorporés comme de simples appendices[1] :

> « Dans la manufacture [...], l'ouvrier se sert de l'outil, dans la fabrique il sert la machine. Dans le premier cas, c'est de lui que procède le mouvement du moyen de travail ; dans le second, il doit suivre le mouvement du moyen de travail. Dans la manufacture, les ouvriers sont les membres d'un mécanisme vivant. Dans la fabrique, il existe, indépendamment d'eux, un mécanisme mort auquel on les incorpore comme des appendices vivants »[2].

Avec le développement de la production à grande échelle, les travailleurs sont devenus les objets d'un procès qui, selon Marx, s'est lui-même érigé en « sujet ». Marx se réfère à l'usine comme à un automate mécanique qui est un sujet composé de divers organes conscients (les travailleurs) et inconscients (les moyens de production), tous soumis à sa force motrice centrale[3]. En d'autres termes, Marx décrit l'usine industrielle avec les mêmes termes qu'il utilisait précédemment pour décrire le capital, ce qui implique que l'usine doive être considérée comme l'expression physique de ce dernier. Lorsqu'il analyse ainsi la grande industrie, Marx cherche à comprendre en termes sociaux un système caractérisé, d'un côté, par d'immenses forces productives et, de l'autre, par un travail humain immédiat, vide et fragmenté. Pour Marx, la nature du travail et de la division du travail sous le capitalisme industriel n'est pas le sous-produit inéluctable, quoique malheureux, de toute méthode de production technologiquement avancée, elle est bien

---

1. *Le Capital*, livre I, pp. 433, 443.
2. *Ibid.*, p. 474.
3. *Ibid.*, pp. 470-471.

plutôt l'expression d'un procès de travail modelé par le procès de valorisation.

Bien que j'ai montré que Marx relie le caractère antagoniste de la production industrielle aux impératifs doubles de la valorisation, expliquer exhaustivement comment s'effectuent ces impératifs doubles – c'est-à-dire comment la pulsion à l'augmentation de la productivité sous le capitalisme est telle qu'au niveau social total le travail humain immédiat reste un élément de la production – dépasserait les limites de cet ouvrage. Cela exigerait d'expliquer comment la valeur agit en tant que forme socialement constituée de domination abstraite, bien que les acteurs n'aient pas conscience de son existence. Cette explication exigerait en retour d'expliquer l'analyse marxienne de la dialectique de la structure et de l'action et, partant, d'étudier de manière approfondie la relation entre le niveau d'analyse qui est celui de Marx au livre I du *Capital* et celui qu'il utilise au livre III[1].

Cependant, dans mon étude de la dialectique de transformation/reconstitution, j'ai mis au jour, quoique à un niveau logiquement abstrait, l'une des dimensions de cette explication – à savoir, les fondements *structurels* que Marx donne à la reconstitution permanente des impératifs doubles de la valorisation et, partant, à la forme antagoniste de la production capitaliste. À ce stade de mon étude, il me faut considérer rapidement cette dialectique qui s'enracine dans la détermination temporelle de la grandeur de la valeur. Lorsqu'on étudie l'interaction des deux dimensions de la forme-marchandise, on voit que l'augmentation de la productivité n'augmente pas la quantité de valeur produite en une heure de travail social, mais qu'elle redétermine cette heure historiquement ; les formes de nécessité associées à la valeur sont reconstituées, et non pas dépassées. En d'autres termes, la dialectique des deux dimensions du travail et du temps sous le capitalisme est telle que la valeur se reconstitue comme présent perpétuel, bien qu'elle se soit déplacée historiquement dans le temps. Cette reconstitution, ainsi que je l'ai indiqué, est la détermination la plus fondamentale de la reproduction structurelle des rapports de production, c'est-à-dire des formes sociales de base qui restent constitutives du capitalisme,

---

1. *Ibid.*, p. 457, n. 153.

quelles que soient les gigantesques transformations qui caractérisent cette formation sociale.

Au niveau du procès de production lui-même, l'aspect que revêt la forme de nécessité inhérente à la valeur, c'est la dépense de temps de travail humain abstrait. La reconstitution du cadre de temps abstrait par le développement de la productivité du travail social entraîne ainsi structurellement la reconstitution de la nécessité que ce temps de travail soit dépensé. En d'autres termes, la dialectique de transformation/reconstitution, qui s'enracine dans les formes structurantes du capitalisme, est telle que la dépense de travail humain dans le procès de production immédiat reste nécessaire, quel que soit le degré atteint par la productivité. En conséquence, bien que le développement de la grande industrie entraîne le développement historique du caractère social du travail concret sous une forme indépendante des producteurs immédiats, la production fondée sur du temps historique objectivé ne dépasse pas la production fondée sur le présent, c'est-à-dire la dépense de temps de travail immédiat. Bien au contraire, cette dernière se reconstitue constamment en tant qu'élément essentiel, nécessaire, de la production capitaliste. Tel est le fondement structurel de « la conservation et [de] la reproduction constante de la classe ouvrière [qui sont] une condition constante de la reproduction du capital »[1].

La reconstitution de la valeur et la redétermination de la productivité sociale entraînée par la dialectique que je viens d'esquisser sont les déterminations les plus fondamentales d'un procès de reproduction du rapport travail salarié/capital qui est à la fois statique et dynamique ; ce rapport se reproduit de telle sorte qu'il transforme chacun de ses termes. Ce procès de reproduction, tel que Marx l'analyse, dépend en dernier ressort de la forme-valeur, ce qui ne serait pas le cas si la richesse matérielle était la forme de richesse déterminante. C'est, comme on l'a vu, l'un des aspects de la dynamique « moulin de discipline » où l'augmentation de la production n'aboutit ni à une augmentation correspondante de la richesse sociale ni à une diminution correspondante du temps de travail, mais au contraire à la constitution d'un nouveau niveau de base de la productivité – qui conduit à de nouvelles augmentations dans la productivité. Même à ce niveau logique très abstrait, il est

---

1. *Ibid.*, p. 642.

possible de dériver des implications de cette dialectique certains traits du procès de travail industriel et du travail prolétarien. La reconstitution dynamique de la nécessité du travail producteur de valeur (travail salarié) est telle qu'elle implique en même temps la transformation de la nature concrète de ce travail. Considéré abstraitement et au niveau de la société en tant que tout, l'effet de la productivité augmentée sur le travail humain immédiat, à l'intérieur d'un cadre caractérisé par la conservation structurelle de ce travail dans la production, c'est de rendre ce travail plus uniforme et plus simple et de densifier sa dépense. Cette productivité augmentée donne au travail humain une forme concrète qui finit par ressembler aux déterminations initiales de sa forme sociale fétichisée (travail abstrait) – la dépense de muscle, de nerf, etc. En d'autres termes, selon Marx, la fragmentation croissante du travail prolétarien est intrinsèquement liée au contexte dialectique au sein duquel ce travail reste nécessaire en tant que source de la valeur, même lorsqu'il devient de moins en moins important en tant que source des forces productives sociales qui sont aliénées sous forme de capital. Le développement de gigantesques forces sociales sous une forme qui devient étrangère aux travailleurs et les contrôle, et corrélativement la tendance à long terme qui rend le travail prolétarien vide et unilatéral constituent les bases de l'affirmation de Marx selon laquelle « au fur et à mesure que le capital est accumulé, la situation des travailleurs, *quelle que soit la somme qu'on leur paie, qu'elle soit élevée ou non*, ne peut pas ne pas s'aggraver »[1].

De toute évidence, dans l'analyse de Marx, ces développements ne découlent pas de la seule propriété privée des moyens de production, mais s'enracinent dans la structure des rapports sociaux que j'ai examinés. On peut désormais voir que, tout en développant la catégorie de capital à partir de celle de marchandise, Marx jette les bases d'une théorie qui permet d'analyser la forme concrète du procès de production capitaliste développé – ce qu'il appelle la « production de survaleur » ou la « subsomption réelle du travail sous le capital » – en tant que matérialisation (au niveau de la société en tant que tout) du double mouvement fondé sur les formes sociales sous-jacentes. Ce procès de production est à la fois un procès de production de richesse matérielle, de plus en plus fondé sur

---

1. *Ibid.*, p. 724.

la connaissance socialement générale, et un procès de production de valeur, fondé sur la dépense de temps de travail immédiat. D'où il résulte qu'analyser les formes concrètes, c'est examiner un mode de production qui, à un niveau profond, incorpore ces impératifs structurels contradictoires que sont : atteindre des niveaux de productivité toujours plus élevés et produire de la survaleur. Selon cette approche, on peut saisir les changements historiques qui ont lieu dans la forme concrète de la production capitaliste pleinement développée en termes d'effet d'écartement croissant engendré par ces deux impératifs de plus en plus opposés. Cela aboutit à un mode de production caractérisé par l'opposition matérielle du général et du particulier, par la fragmentation et la vacuité grandissantes du travail humain du fait de l'augmentation de la productivité, et par la réduction des travailleurs à l'état de simples rouages de l'appareil productif. Bref, selon Marx, la grande industrie n'est pas un procès technique qui est utilisé aux fins de la domination de classe et qui s'oppose de plus en plus à cette forme de domination ; la grande industrie, telle qu'elle s'est constituée historiquement, est bien plutôt l'expression matérialisée d'une forme abstraite de domination sociale : la forme objectivée de la domination des hommes par leur propre travail. La production industrielle à grande échelle est intrinsèquement capitaliste – le « mode de production spécifiquement capitaliste, la machinerie, etc., devient le maître véritable du travail vivant »[1].

Au cours de cette étude, j'ai montré que la visée stratégique de la loi de la valeur de Marx n'est pas seulement d'expliquer les conditions d'équilibre du marché, mais de saisir le capitalisme à partir d'une « loi » de l'histoire, à partir d'une dialectique de transformation/reconstitution. Cette dialectique implique tout à la fois une logique de « croissance » et une forme matérielle de production spécifiques. À cet égard, on peut comprendre l'analyse catégorielle de Marx dans *Le Capital* comme une tentative de fonder sociohistoriquement la double nature du progrès capitaliste, qu'il décrivait ainsi :

> « De nos jours, tout semble porteur de son contraire. La machinerie offre l'extraordinaire pouvoir de raccourcir et faire

---

1. Marx, *Un chapitre inédit du* Capital, p. 129.

fructifier le travail humain, et nous sommes maintenus dans la faim et le surmenage. Les sources de richesse dernières-nées, par quelque curieux sortilège, se changent en sources de pauvreté [...]. Toute notre invention et tout notre progrès semblent aboutir à doter les forces matérielles de vie intellectuelle et à déshumaniser la vie humaine en force matérielle »[1].

Totalité substantielle

Le capital

Tout en examinant l'analyse marxienne de la production industrielle comme matérialisation du double caractère des rapports sociaux capitalistes, j'ai clarifié le concept de capital proposé par Marx. Nous avons vu que la catégorie marxienne de capital ne peut pas être comprise en termes seulement « matériels » – c'est-à-dire en termes de « facteurs de production » contrôlés par les capitalistes –, ni pleinement saisie en termes de rapport social entre la classe capitaliste et la classe ouvrière structuré par la propriété privée des moyens de production et médiatisé par le marché. La catégorie de capital se rapporte bien plutôt à un type de rapports sociaux particuliers, à une forme sociale dynamique, totalisante et contradictoire qui est constituée par le travail dans sa dualité en tant qu'activité médiatisant la relation des hommes entre eux et avec la nature.

Marx détermine d'abord conceptuellement cette forme totalisante à partir de la dimension de valeur, comme valeur qui s'autovalorise, puis il la déploie comme structure directionnellement dynamique, comme fondement social d'un mode déterminé de développement historique. Cependant, son concept de capital ne peut pas être saisi pleinement à partir de la seule dimension de valeur car, comme on l'a vu, la dimension de valeur d'usage du travail sous le capitalisme se constitue historiquement comme attribut du capital. Dans la coopération et la manufacture, cette appropriation des forces productives du travail concret par le capital

---

1. Marx, « Speech at the Anniversary of the *People's Paper* » (14 avril 1856) *in* Robert C. Tucker (dir.), *The Marx-Engels Reader*, 2ᵉ éd., 1978, pp. 577-578.

semble être une question de propriété et de contrôle, c'est-à-dire qu'elle semble être fonction de la propriété privée parce que ces forces sont toujours constituées par le travail humain immédiat dans la production et que, partant, ces forces semblent n'être liées au capital que de façon extérieure. Mais l'analyse de Marx suggère que, quoique la propriété privée puisse avoir été au cœur de ce procès d'aliénation lors de l'apparition historique du capitalisme, elle ne reste pas structurellement centrale dès lors que la grande industrie se développe. À ce moment-là, en effet, les forces productives sociales du travail concret que le capital s'approprie ne sont plus celles des producteurs immédiats ; elles n'existent pas d'abord en tant que forces des travailleurs qui leur sont prises. Ce sont bien plutôt des forces productives socialement générales, et leur caractère aliéné est inhérent au processus même de leur constitution – en effet, la condition de leur apparition historique, c'est précisément qu'elles se constituent sous une forme qui est séparée des producteurs immédiats et qui leur est opposée. C'est cette forme (cela devrait être clair à présent) que Marx cherche à saisir à l'aide de la catégorie de capital. Le capital n'est pas la forme mystifiée de forces qui « en réalité » sont celles des travailleurs ; le capital est bien plutôt la forme réelle d'existence des « capacités de l'espèce » (et non plus celles des seuls travailleurs) qui se constituent historiquement sous une forme aliénée en tant que forces socialement générales.

Si la dimension sociale du travail concret constitué comme « cadeau » pour le capital ne peut pas être appréhendée adéquatement en termes de forces des producteurs immédiats et si le processus de son aliénation ne peut pas l'être en termes de propriété privée, alors ce processus de constitution aliénée doit être localisé à un niveau structurel plus profond. Les déterminations initiales de ce processus d'aliénation structurel sont déjà contenues dans la dialectique du travail et du temps évoquée plus haut. Cette dialectique favorise le développement des forces productives socialement générales, mais ces forces productives ne sont qu'apparemment des moyens à la disposition des producteurs, des moyens devant être utilisés à leur profit. Comme nous l'avons vu au cours de l'analyse de la dialectique « moulin de discipline », elles n'engendrent pas une augmentation de la forme dominante de la richesse sociale produite par unité de temps et ne transforment pas non plus positivement la structure du travail. En fait, étant donné que l'augmentation de la productivité reconstitue structurellement les déterminations de la valeur, ces forces productives servent à renforcer les contraintes abstraites exercées sur les producteurs ; elles augmentent tant le degré et l'intensité de l'effort requis que la fragmentation du travail. En ce sens, elles fonctionnent comme des attributs de la dimension abstraite du travail et sont devenues des moyens qui dominent les producteurs. Ce processus se fonde structurellement sur le double caractère de la forme-marchandise même, tel que je l'ai déployé. La dialectique par laquelle chaque nouveau niveau de productivité est redéterminé comme niveau de base du cadre temporel-abstrait de référence (niveau de base qui fonctionne en tant que norme coercitive socialement générale), cette dialectique, donc, peut être pensée comme un processus par lequel le caractère social du travail en tant qu'activité productive devient structurellement un attribut de la totalité – laquelle, quoique constituée par la pratique sociale, s'oppose aux individus et les domine. Ainsi la dimension concrète du travail devient-elle « appropriée » par sa dimension abstraite.

Cette appropriation structurelle de la dimension de valeur d'usage du travail par sa dimension abstraite est l'expropriation fondamentale qu'engendre la formation sociale capitaliste. Elle précède logiquement le type d'expropriation sociale concrète associée à la propriété privée des moyens de production et n'en découle pas fondamentalement. Est implicite au mode d'exposition de Marx – au déploiement de la catégorie de capital à partir de celle de marchandise – l'idée que la forme de médiation effectuée par le travail induit une immense augmentation des forces productives (et celles-ci appartiennent à la dimension de valeur d'usage du travail) tout en constituant ces forces sous une forme aliénée. (De toute évidence, ce procès de constitution aliénée ne peut pas être saisi adéquatement en termes de marché et de propriété privée. Nous voyons donc à nouveau que les catégories marxiennes de valeur et de capital engagent un niveau structurel plus profond de la vie moderne que les interprétations marxistes traditionnelles des traits fondamentaux de la société capitaliste.)

En découvrant, premièrement, que la catégorie de capital de Marx se rapporte à la totalité aliénée constituée par la fonction médiatisante du travail sous le capitalisme et, deuxièmement, qu'en tant que « valeur qui s'autovalorise », la totalité abstraite fait du caractère social de l'activité productive son attribut, j'ai montré que, pour Marx, le capital, de même que la marchandise, a un double caractère : une dimension abstraite (la valeur qui s'autovalorise) et une dimension sociale substantielle ou concrète (le caractère social du travail comme activité productive). *Le capital est la forme aliénée des deux dimensions du travail social sous le capitalisme*, qui fait face aux individus comme un Autre totalisant, étranger :

> « Le capital n'est pas un objet, mais un rapport social de production déterminé ; ce rapport est lié à une certaine structure sociale historiquement déterminée ; il est représenté dans un objet auquel il confère un caractère social spécifique. Le capital [...] ce sont les moyens de production convertis en capital mais qui, en soi, ne sont pas plus du capital que l'or ou l'argent – métal en soi – ne sont de l'argent au sens économique. Le capital, ce sont les moyens de production monopolisés par une partie déterminée de la société, les produits matérialisés et les conditions d'activité de la force de travail vivante en face de cette force de travail et qui, du fait de cette opposition, sont personnifiés dans le capital. *Ce ne sont pas seulement les produits des ouvriers devenus des forces indépendantes* qui règnent sur ceux qui les produisent et les achètent, *mais ce sont également les forces sociales et la forme future de ce travail qui leur font face en tant que qualités de leur propre produit* »[1].

Forme aliénée à la fois du lien social abstrait constitué par le travail et des forces productives historiquement constituées de l'humanité, le capital en tant que totalité est concret et abstrait ; de plus, chacune de ses dimensions est générale. Plus haut, j'ai analysé la valeur comme une médiation sociale homogène, générale, abstraite ; désormais, il est évident que cette médiation induit le développement de forces productives et de modes de connaissance déterminés qui sont socialement généraux (ce qui fait, comme on l'a vu, que les formes abstraite et concrète de généralité diffèrent). À un autre niveau, le capital peut aussi être compris comme la

---

1. *Le Capital*, livre III, pp. 737-738.

dualité objectivée du temps abstrait et du temps historique, comme une totalité où le temps historique s'accumule sous une forme aliénée qui opprime les vivants. Le capital est la structure de l'histoire de la société moderne, une forme sociale constituante qui se constitue de telle sorte que « la tradition de toutes les générations mortes pèse d'un poids très lourd sur le cerveau des vivants »[1].

À présent, je peux élargir mon analyse initiale du concept marxien de dialectique des forces productives et des rapports de production. Si la valeur est la catégorie fondamentale des rapports sociaux de production capitalistes et si la dimension de valeur d'usage du travail englobe les forces productives, alors le capital peut être compris comme une structure aliénée de rapports de production médiatisés par le travail, comme une structure qui favorise le développement de forces productives socialement générales tout en se les incorporant comme ses attributs. *La dialectique des forces productives et des rapports de production* – dont j'ai défini les déterminations fondamentales comme étant celles d'une dialectique de transformation/reconstitution – *est donc une dialectique des deux dimensions du capital*, et non celle du capital et de forces qui lui seraient extérieures. Cette dialectique se trouve au cœur du capital en tant que totalité sociale contradictoire, dynamique. Loin de seulement dénoter que les moyens de production sont possédés par une classe d'expropriateurs privés, la catégorie marxienne de capital se rapporte à une structure duelle, aliénée, de rapports médiatisés par le travail, à partir de laquelle peuvent être comprises de façon systématique la fabrique particulière de la société moderne, sa forme abstraite de domination, sa dynamique historique et ses formes de production et de travail. Pour Marx, le capital, en tant que forme-marchandise déployée, est la catégorie totalisante, la catégorie centrale de la vie moderne.

J'ai décrit auparavant la production industrielle, chez Marx, comme intrinsèquement capitaliste. Je puis à présent élargir cette description : *la production industrielle est la matérialisation du capital* et, comme telle, elle est la matérialisation *tant* des forces productives *que* des rapports de production dans leur interaction dynamique. Cette analyse va de toute évidence bien au-delà de la

---

1. *Le 18 Brumaire*, p. 15.

compréhension marxiste traditionnelle des forces productives et des rapports de production sous le capitalisme et de leur contradiction.

En tant que moment de la dialectique du capital, la dimension de valeur d'usage – qui est celle de l'accumulation de temps historique, de savoir et de forces socialement générales – n'est ni identique à, ni complètement indépendante de la dimension de valeur, qui est abstraite ; bien plutôt, la dimension de valeur d'usage est façonnée par la dimension de valeur, abstraite, dans leur interaction. Cela signifie d'un côté que, quoique la totalité soit nécessairement aliénée, elle n'est pas unidimensionnelle mais revêt un double caractère ; le tout totalisé n'est pas une unité non contradictoire. Cela indique d'un autre côté que la forme sous laquelle la dimension de valeur d'usage s'est historiquement constituée n'est pas indépendante du capital et qu'elle ne doit pas être identifiée comme le lieu de l'émancipation.

La connaissance et les pouvoirs généraux de l'espèce qu'engendre la dynamique du capital se développent sous une forme aliénée qui s'oppose aux individus. Il n'y a donc aucune raison d'attribuer à Marx, comme le fait Habermas, l'idée que, sous le capitalisme industriel, le développement rapide de la science et de la technologie produit automatiquement le progrès social et l'émancipation[1]. Contrairement aux affirmations du marxisme productiviste (auquel s'oppose Habermas), le développement de la science et de la technologie ne représente pas dans la perspective de Marx une sorte de progrès linéaire qui se poursuivrait simplement sous le socialisme. Même en laissant de côté la question de la relation entre la forme sociale et la forme de la pensée scientifique, nous avons vu que Marx ne considère pas le développement de la science et de la technologie comme un développement purement technique ou comme un développement social qui est indépendant des rapports de production capitalistes et leur est opposé. D'après son analyse, les formes de connaissance et de pouvoirs socialement générales développées sous le capitalisme sont bien plutôt socialement formées et incorporées au procès de production en tant qu'attributs du capital. Elles renforcent la domination du temps abstrait, agissant du même coup comme les moments d'un procès dialectique qui conserve le travail humain immédiat dans la production, tout

---

1. Jürgen Habermas, *Connaissance et Intérêt*, Gallimard, 1976, p. 83.

en le vidant concrètement et en le densifiant temporellement. En d'autres termes, la « libération », par le capitalisme industriel, des capacités productives humaines générales par rapport aux limites qui sont celles de la force et de l'expérience individuelles se fait aux dépens des individus.

Tout en engendrant ce rapport antagoniste entre les capacités productives humaines socialement générales et le travail vivant, le capital façonne l'un et l'autre. Le fait que la dimension de valeur d'usage du travail social se constitue sous une forme aliénée implique qu'elle opère structurellement au détriment des producteurs immédiats et, plus encore, que, tout comme le travail concret des travailleurs, elle soit intrinsèquement façonnée par le processus dialectique décrit plus haut. Par conséquent, bien qu'elle ne soit pas identique à la dimension de valeur, elle ne saurait servir de base à l'émancipation humaine sous la forme où elle s'est historiquement constituée.

L'idée que certains éléments de la dimension sociale substantielle historiquement constituée – les modes déterminés de connaissance et de pratique scientifiques, techniques et organisationnels socialement généraux – sont façonnés par la dimension de valeur est d'une signification centrale pour une théorie critique qui cherche à analyser la société moderne postlibérale en tant que capitaliste. Cela vient nourrir mon analyse, au chapitre IV, de la base sociale de ce que Horkheimer décrit comme le caractère de plus en plus instrumental de la vie sociale dans le monde moderne, c'est-à-dire la transformation du monde en un monde de moyens rationalisés, et non de fins.

J'ai déclaré précédemment que le procès d'instrumentalisation croissant décrit par Horkheimer s'enracinait en fin de compte dans le caractère d'activité socialement médiatisante que revêt le travail sous le capitalisme et, partant, dans la nature de la valeur comme forme de richesse, qui est aussi une forme de médiation sociale. Quand le but de la production est la survaleur, la production n'est plus un moyen en vue d'une fin substantielle, mais un moyen en vue d'une fin qui est elle-même un moyen et qui est donc purement quantitative. Par conséquent, la production sous le capitalisme a pour but la production ; le procès de production de tout produit donné n'est qu'un moment dans un procès sans fin d'expansion de la survaleur.

Ce but informe la nature même de la production. Comme on l'a vu, d'après l'analyse marxienne de la production capitaliste, la contrainte temporelle abstraite associée à la valeur détermine également la forme concrète du procès de travail. À partir de la manufacture, la valeur devient le principe structurant de l'organisation de la grande production ; la production s'organise d'après l'usage le plus efficace possible du travail humain engagé dans des tâches de plus en plus fragmentées et spécialisées en vue d'une plus grande productivité. En d'autres termes, la dimension de valeur d'usage du travail devient structurée par la valeur.

Bien que je ne puisse pas l'analyser complètement, je peux dire, sur la base de ce qui a été développé jusqu'ici, que ce processus est également fondé structurellement sur la dialectique du travail et du temps. Les modes de connaissance et de pratique scientifiques, techniques et organisationnels qui émergent au cours du développement capitaliste se constituent historiquement dans un contexte social qui est déterminé par une dimension sociale quantitative, homogène, abstraite, et qui est donc adapté à une augmentation permanente de la productivité et de l'efficacité. Les divers aspects de la dimension de valeur d'usage du travail ne sont pas seulement développés et utilisés en vue de servir les fins fixées par le cadre déterminé par la valeur, ils servent aussi structurellement à renforcer et reconstituer ce cadre – c'est-à-dire qu'ils fonctionnent comme attributs du capital. Cependant, cette fonction ne leur est pas extérieure : ils ne servent pas seulement à redéterminer la valeur, ils sont en retour déterminés par elle. Cela suggère que l'interaction dialectique des deux dimensions du travail sous le capitalisme est telle que la dimension substantielle en vient à être intrinsèquement structurée par les caractéristiques de la dimension de valeur.

Ce que j'ai appelé l'« appropriation » de la dimension de valeur d'usage par la dimension de valeur peut ainsi être vue comme un procès dans lequel la dimension de valeur d'usage est structurée au moyen du type de rationalité formelle dont la source est la dimension de valeur. Il en résulte cette tendance de la vie moderne que Weber décrit en termes de rationalisation (formelle) croissante de toutes les sphères de la vie et que Horkheimer tente de penser en termes d'instrumentalisation croissante du monde. Parce que ce processus – c'est-à-dire la rationalisation administrative tant de la production que des institutions politiques et sociales sous le capitalisme postlibéral – affecte de plus en plus la dimension substantielle du travail et de la vie sociale, Horkheimer en localise la source dans le travail en soi. Cependant, le fondement ultime de ce développement substantiel n'est pas la dimension concrète du travail mais, bien plutôt, sa dimension de valeur. Quoique celle-ci façonne bien celle-là à son image, mon analyse a démontré que les deux ne sont pas identiques. Cette non-identité des deux dimensions du capital est la base de la contradiction qui sous-tend sa dynamique dialectique : elle rend possible la séparation future de ces deux dimensions et rend donc historiquement possible la transformation des modes de connaissance et de pouvoirs socialement généraux développés sous le capitalisme. Par ce processus, ces modes de connaissance et de pouvoirs pourraient devenir des moyens à la disposition des hommes, et non être les moyens socialement constitués de la domination abstraite.

Cette approche s'efforce donc de fonder socialement le processus historique d'instrumentalisation (que Horkheimer considère comme un indice du caractère de plus en plus unidimensionnel et *non contradictoire* du capitalisme postlibéral), et de le fonder dans le caractère *contradictoire* des formes structurantes du capitalisme. Elle donne à penser que la perte de sens (ou l'« absence de sens »), que certains ont associée à ce processus de rationalisation ou d'instrumentalisation, ne dépend ni de la production technologique avancée en soi ni de la sécularisation en tant que telle ; elle s'enracine en réalité dans les modes de vie sociale et de production structurés par les formes de rapports sociaux qui modèlent tant la production que la vie en segments d'un procès continu dépourvu de finalité substantielle. Cette approche rend théoriquement possible qu'une forme de vie séculière fondée sur la production technologique avancée existe sans qu'elle soit façonnée par la raison instrumentale – une forme de vie qui ait plus de signification substantielle pour les hommes que la forme de vie structurée par le capital.

Le prolétariat

Désormais, nous pouvons revenir aux questions du rôle historique de la classe ouvrière et de la contradiction fondamentale du capitalisme, telles que Marx les traite implicitement dans sa critique de maturité. Tout en me concentrant sur les formes structurantes de médiation sociale constitutives du capitalisme, j'ai montré que la lutte de classes n'engendre pas en et pour soi la dynamique historique du capitalisme ; elle n'est en réalité un élément moteur de ce développement que parce qu'elle est structurée par des formes sociales intrinsèquement dynamiques. Comme on l'a noté, l'analyse de Marx réfute l'idée que la lutte entre la classe capitaliste et le prolétariat soit une lutte entre la classe dominante dans la société capitaliste et la classe qui porte en elle le socialisme et que, par conséquent, le socialisme entraîne l'autoréalisation du prolétariat. Cette dernière idée est intimement liée à la compréhension traditionnelle de la contradiction fondamentale du capitalisme comme contradiction entre la production industrielle et le marché et la propriété privée. Chacune des deux grandes classes du capitalisme est identifiée à l'un des termes de cette « contradiction » ; l'antagonisme entre travailleurs et capitalistes est donc vu comme l'expression sociale de la contradiction structurelle entre les forces productives et les rapports de production. Toute cette conception repose sur le concept de « travail » comme source transhistorique de la richesse sociale et élément constitutif de la vie sociale.

J'ai critiqué les postulats sous-jacents à cette conception en expliquant en détail les distinctions que Marx opère entre le travail abstrait et le travail concret, entre la valeur et la richesse matérielle, et en montrant la centralité de ces distinctions dans sa théorie critique. Sur la base de ces distinctions, j'ai développé la dialectique du travail et du temps qui se trouve au cœur de l'analyse marxienne du modèle de croissance et de la trajectoire de production qui caractérisent le capitalisme. Selon Marx, loin d'être la matérialisation des seules forces productives, qui sont structurellement en contradiction avec le capital, la production industrielle fondée sur le prolétariat est de part en part façonnée par le capital ; elle est la matérialisation des forces productives *et* des rapports de production. On ne peut donc pas la saisir comme un mode de production qui, inchangé, pourrait servir de base au socialisme. Chez Marx, la négation historique du capitalisme ne peut pas être comprise comme une transformation qui rendrait le mode de distribution adéquat au mode de production industriel développé sous le capitalisme.

De la même façon, il est désormais clair que, dans l'analyse de Marx, le prolétariat n'est pas le représentant social d'un possible futur non capitaliste. L'idée logique du déploiement que Marx fait de la catégorie de capital, son analyse de la production industrielle, réfutent les postulats traditionnels qui font du prolétariat le sujet révolutionnaire. Pour Marx, la production capitaliste se caractérise par une immense expansion des forces productives et de la connaissance qui se sont constitués dans un cadre déterminé par la valeur et qui, partant, existent sous la forme aliénée du capital. Lorsque la production industrielle s'est pleinement développée, les forces productives du tout social sont devenues plus grandes que l'habileté, le travail et l'expérience du travailleur collectif. Elles sont socialement générales, la connaissance et les pouvoirs accumulés par l'humanité se constituant eux-mêmes en tant que tels sous une forme aliénée ; elles ne peuvent pas être adéquatement appréhendées en tant que forces objectivées du prolétariat. Le « travail mort », pour reprendre les termes de Marx, n'est plus l'objectivation du seul « travail vivant » ; il est devenu l'objectivation du temps historique.

Selon Marx, avec le développement de la production industrielle capitaliste, la création de richesse matérielle devient de moins en moins dépendante de la dépense de travail humain immédiat dans la production. Ce type de travail continue toutefois nécessairement de jouer un rôle en ce sens que la production de (sur)valeur dépend de lui ; la reconstitution structurellement fondée de la valeur se révèle en même temps la reconstitution de la nécessité du travail prolétarien. D'où : alors que la production industrielle capitaliste continue de se développer, le travail prolétarien est de plus en plus superflu du point de vue de la richesse matérielle, donc anachronique ; cependant, il reste nécessaire en tant que source de la valeur. En même temps que cette dualité se manifeste, plus le capital se développe et plus il rend vide et fragmenté le travail même qu'il requiert pour se constituer.

L'« ironie » historique de cette situation, telle que Marx l'analyse, c'est qu'elle soit constituée par le travail prolétarien lui-même. Notons à cet égard combien il est révélateur que Marx, lorsqu'il considère la catégorie économico-politique de « travail productif », ne la traite pas comme une activité sociale constituant la société et la richesse en général – en d'autres termes, il ne la traite pas comme « travail ». Il définit bien plutôt le travail productif sous le capitalisme comme travail produisant la survaleur, c'est-à-dire comme contribuant à l'autovalorisation du capital[1]. Marx transforme du même coup ce qui, dans l'économie politique classique, est une catégorie transhistorique et positive en une catégorie historiquement spécifique et critique, qui saisit ce qui est au cœur du capitalisme. Loin de glorifier le travail productif, Marx écrit : « La notion de travailleur productif n'inclut donc nullement le seul rapport entre activité et effet utile, entre travailleur et produit du travail, mais en même temps un rapport social spécifique, né de l'histoire, qui appose sur le travailleur le sceau de moyen de valorisation immédiat du capital. Être un travailleur productif n'est donc pas une chance, mais au contraire une déveine »[2]. En d'autres termes, le travail productif est la source structurelle de son autodomination.

Dans l'analyse de Marx, le prolétariat reste ainsi structurellement important pour le capitalisme en tant que source de la valeur, mais non pas de la richesse matérielle. Cela est aux antipodes des interprétations traditionnelles concernant le prolétariat : loin de constituer les forces productives socialisées qui entrent en contradiction

---

1. *Le Capital*, livre I, p. 570.

2. *Ibid.* Cela confirme à nouveau que l'on ne doit pas prendre la centralité du travail prolétarien dans l'analyse marxienne du capitalisme comme une évaluation positive de la primauté ontologique du travail dans la vie sociale ni comme partie d'un argument selon lequel les ouvriers constituent le groupe le plus opprimé dans la société. En réalité, le travail se trouve au cœur de l'analyse marxienne en tant qu'élément constitutif fondamental de la forme dynamique et abstraite de domination sociale propre au capitalisme – c'est-à-dire en tant que centre de la critique. L'analyse marxienne du travail déterminé par la marchandise et la relation de cette analyse au concept de sujet suggère aussi une approche historico-structurelle du problème de savoir quelles sont les activités devenues socialement reconnues comme travail et quels sont les individus socialement considérés comme sujets. Cette interprétation pourrait contribuer à la discussion sur la constitution socio-historique des genres et changer les termes de nombreux débats récents sur la relation de la critique marxienne aux problèmes relatifs à la position socio-historique des femmes, des minorités ethniques et autres types de groupes. De tels débats ont tenté de partir des positions marxistes traditionnelles ou de s'y opposer. (Cette tendance s'est exprimée, par exemple, dans le fait de savoir si le travail domestique est aussi important pour la société que le travail en usine, ou si la classe – comme opposée au genre, aux ethnies ou autres catégories sociales – est nécessairement la catégorie la plus pertinente quand on parle d'oppression sociale.)

avec les rapports sociaux capitalistes et qui conduisent du même coup à un possible futur postcapitaliste, la classe ouvrière est pour Marx l'élément constitutif essentiel de ces rapports eux-mêmes. *Tant* le prolétariat *que* la classe capitaliste sont liés au capital, mais le prolétariat l'est davantage : on peut imaginer le capital sans capitalistes, mais pas sans le travail créateur de valeur. Selon la logique de l'analyse de Marx, la classe ouvrière, au lieu de porter en elle une possible société future, est la base nécessaire du présent sous lequel il souffre ; il est lié à l'ordre existant d'une manière qui en fait l'objet de l'histoire.

Bref, l'analyse que Marx fait de la trajectoire du capital ne montre nullement la possible autoréalisation, dans une société socialiste, du prolétariat comme vrai sujet de l'histoire[1]. Elle présente au contraire la possible abolition du prolétariat et du travail que le prolétariat accomplit comme une condition de l'émancipation. Cette interprétation implique nécessairement de repenser à nouveaux frais le rapport entre les luttes de classes dans la société capitaliste et le possible dépassement du capitalisme – problème auquel je ne puis que faire allusion ici. Cela indique que l'on ne peut pas comprendre la possible négation historique du capitalisme suggérée par la critique de Marx en termes de réappropriation par le prolétariat de ce qu'il a constitué et, partant, en termes d'abolition de la seule propriété privée. En réalité, la logique de l'exposé de Marx implique clairement que la négation historique du capitalisme doive être conçue comme la réappropriation par les hommes de capacités socialement générales qui ne se fondent finalement pas sur la classe ouvrière et qui se sont historiquement constituées sous la forme aliénée du capital[2]. Une telle réappropriation n'est possible que si

---

1. Jean Cohen s'oppose elle aussi à l'idée du prolétariat comme sujet révolutionnaire, mais elle identifie cette position marxiste traditionnelle à l'analyse que Marx fait du procès de production capitaliste. Voir Jean Cohen, *Class and Civil Society : The Limits of Marxian Critical Theory*, 1982, pp. 163-228.

2. Cette analyse réfute les interprétations qui attribuent à Marx l'idée quasi romantique selon laquelle le dépassement du capitalisme entraînera la victoire du « travail vivant » sur le « travail mort ». Voir Jürgen Habermas, *Théorie de l'agir communicationnel*, Fayard, 1987, t. II, pp. 368-369. Comme je le développerai dans la section suivante, l'analyse de Marx suggère en fait que la possibilité d'une société future qualitativement différente s'enracine dans le potentiel contenu dans le « travail mort ».

la base structurelle de ce procès d'aliénation – la valeur, donc le travail prolétarien – est aboli. En retour, l'apparition historique de cette possibilité est fonction de la contradiction sous-jacente au capitalisme.

Contradiction et négation déterminée

Analysons à présent cette contradiction. De toute évidence, mon examen de la façon dont Marx traite la production industrielle dans *Le Capital* réfute l'interprétation traditionnelle des conceptions marxiennes de la contradiction fondamentale du capitalisme et de la relation du prolétariat au capitalisme et au socialisme ; cet examen a montré que, chez Marx, la production industrielle est la forme matérialisée du capital et que le prolétariat ne porte pas en lui un possible futur au-delà de la domination du capital, mais qu'il est le nécessaire présupposé de cette domination. Cette recherche a du même coup confirmé rétrospectivement la signification des différences entre une critique fondée sur le concept de « travail » et une critique dont le noyau est le caractère historiquement spécifique du travail sous le capitalisme. Toutefois, chez Marx, le façonnement intrinsèque de la production par le capital et la subsomption du prolétariat ne signifient pas que le capitalisme soit unidimensionnel. J'ai montré au contraire que Marx saisissait cette société comme fondamentalement contradictoire, bien qu'il ne localise pas sa contradiction entre les modes de production et de distribution. Ce type de perspective suggère que l'abolition des rapports de distribution du capitalisme libéral ne suffit pas à l'abolition du capital et permet une approche des formes de capitalisme postlibéral, qui se fonde sur une analyse du caractère essentiellement contradictoire de cette formation sociale.

La contradiction fondamentale du capitalisme, telle que la suppose la logique de l'exposé de Marx, s'enracine dans les formes sociales structurantes de base du capitalisme. Je ne tenterai pas ici de déchiffrer le déploiement historique de cette contradiction dans ses dimensions objective et subjective, mais seulement de clarifier, à un niveau logique abstrait, la conception que Marx a du caractère général de cette contradiction et de certains aspects essentiels de la négation historique déterminée du capitalisme tels qu'ils sont impliqués par la recherche menée jusqu'ici.

On ne peut pas comprendre la conception marxienne de la contradiction structurelle du capitalisme – qui se situe nécessairement entre ce qui est historiquement spécifique à cette société et ce qui mène au-delà d'elle – comme une contradiction entre le capital et les dimensions de la vie sociale supposées indépendantes de lui. Mon étude de la dialectique des deux dimensions du travail et du temps sous le capitalisme a montré que la dimension concrète du travail social se constitue en tant qu'attribut de la dimension de valeur. Selon Marx, la dimension sociale concrète et la dimension sociale abstraite du travail sous le capitalisme sont l'une comme l'autre des dimensions du capital ; aucune d'elles, sous leur forme existante, ne représente le futur.

Bien qu'aucune forme sociale existante ne constitue la négation déterminée du capitalisme, l'exposé de Marx montre cependant bien la possibilité de cette négation. La trajectoire de développement présentée par Marx suppose une tension croissante entre les deux dimensions des formes sociales de base du capitalisme, c'est-à-dire entre, d'un côté, les capacités et les connaissances socialement générales dont l'accumulation, sous une forme aliénée, est induite par la forme de médiation sociale constituée par le travail, et, de l'autre côté, cette forme même de médiation. Nous avons vu que la valeur, forme historiquement spécifique de médiation sociale qui est aussi forme de richesse, est la base ultime du capital, la base ultime de la totalité. Dans son interaction dialectique avec la dimension de valeur d'usage de la forme-marchandise, elle se reconstitue en permanence ; mais, en même temps, le développement de la sphère de production conduit au possible dépassement historique de la valeur. Étant donné qu'elle est nécessairement liée à la dépense de temps de travail humain immédiat, la valeur constitue une base de plus en plus étroite pour les immenses augmentations de productivité qu'elle induit.

Dans la mesure où l'on choisit de parler d'« entraves » aux forces productives, cette notion ne se rapporte pas d'abord au marché ou à la propriété privée empêchant le plein développement de la production industrielle. En effet, l'idée même de plein développement des forces productives ne se rapporte certainement pas d'abord à la possible production d'une masse toujours plus grande de produits (car, comme on l'a noté, c'est précisément une productivité débridée qui caractérise l'un des moments d'expansion du capital). En réalité, l'entrave sous-jacente, dans la conception de Marx, c'est qu'au sein d'un système structuré par la valeur, les forces générales de l'humanité *doivent* être utilisées pour extorquer aux travailleurs le maximum de temps de surtravail – alors que ces forces *pourraient* être utilisées de plus en plus pour augmenter directement la richesse sociale et transformer la division de détail du travail. Cette contrainte systémique aboutit à des modes de « croissance » et de production déterminés. Il faut donc concevoir les entraves imposées par les rapports de production capitalistes comme inhérentes à ces modes eux-mêmes, et non comme des facteurs externes qui empêchent leur développement.

Avec l'accumulation de temps historique, ces entraves deviennent plus contraignantes. L'exposé de Marx montre qu'au cours du développement industriel capitaliste, il se crée un fossé croissant entre les capacités productives socialement générales qui se constituent en tant que capital, et la base-valeur de la totalité. Mais ce fossé ne signifie pas le dépassement linéaire de la forme existante par une forme nouvelle. La dialectique de transformation/reconstitution mutuelle des deux dimensions des formes sociales structurantes du capitalisme est telle que cette société ne se développe pas et ne peut pas se développer de façon quasi automatique en une forme de société radicalement différente. De la même façon, cette dernière ne peut surgir automatiquement d'aucune sorte d'effondrement du système actuel. En fait, le fossé croissant dont j'ai tracé les grandes lignes contient deux moments opposés. D'un côté, en tant que structuré par la valeur, ce fossé s'exprime comme une opposition antagoniste croissante entre la totalité objectivée et les individus : la première est de plus en plus riche et puissante, tandis que le travail et l'activité de chacun sont de plus en plus vides et impuissants. Pour Marx, la croissance des capacités productives qui prennent naissance en tant que capital ne libère pas les hommes, mais les subsume sous elles. Mais, d'un autre côté, le même développement – qui signifie une disjonction croissante entre les conditions de production de la richesse matérielle et les conditions de production de la valeur – rend le travail prolétarien superflu comme source de richesse matérielle. Rendant le travail prolétarien potentiellement anachronique du point de vue de la production de richesse matérielle, il rend la valeur elle-même potentiellement anachronique.

De toute évidence, la présentation marxienne du développement de la production capitaliste implique la possible abolition de la valeur et du travail prolétarien. (Ce dernier devient de plus en plus superflu au vu du potentiel contenu dans la dimension de valeur d'usage, bien qu'il reste constitutif de la valeur.) Mon analyse a montré que selon Marx, bien que les deux dimensions du travail social sous le capitalisme soient des dimensions du capital, c'est la valeur qui constitue le fondement du capitalisme et qui lui est nécessairement liée. La dimension de valeur d'usage se constitue certes sous une forme façonnée par le capital, mais, contrairement à la valeur, elle ne lui est pas nécessairement liée. Le mouvement de l'exposé de Marx suggère que l'abolition de la valeur permettrait à ce qui s'est constitué en tant que dimension de valeur d'usage aliénée du travail social, d'exister sous une autre forme : en d'autres termes, la logique de l'exposé de Marx suggère que l'accumulation de temps historique se produit sous une forme aliénée qui reconstitue la nécessité du présent ; en même temps, elle montre que cette accumulation sape aussi le moment nécessaire du présent qu'elle aide à reconstituer et engendre du même coup la possibilité historique d'une transformation radicale de l'organisation de la vie sociale.

Cela implique une distinction dans l'analyse de Marx entre la forme manifeste de la dimension de valeur d'usage, qui est structurée par la valeur et fait partie du caractère de plus en plus instrumental de la vie sociale, et le potentiel latent ainsi constitué. Cela suggère que le concept marxien de contradiction fondamentale du capitalisme est finalement celui d'une contradiction entre le *potentiel* des capacités générales de l'espèce qui se sont accumulées et leur *forme aliénée existante* en tant que constituée par la dialectique des deux dimensions du travail et du temps. La relation entre l'existant et son potentiel déterminé se trouve au cœur de la conception marxienne du possible dépassement du capitalisme. Du fait que l'opposition croissante entre les deux dimensions du travail social dans le capital est l'opposition entre deux moments de la même forme sociale, elle aboutit à une tension croissante ou à un effet d'écartement socio-économique entre ce qui existe et sa forme déterminée. Cette tension renforce le capital tout en engendrant la possibilité que les deux dimensions constitutives des rapports structurants du capitalisme se séparent. Elle conduit à la possible séparation de la société d'avec sa forme capitaliste. Selon Marx, c'est ce fossé structurellement engendré entre ce qui existe et ce qui pourrait exister qui rend possible la transformation historique du capitalisme et qui, corrélativement, fournit son fondement immanent à la possibilité même de la critique. La nécessité sociale en vient à se diviser historiquement en ce qui est et demeure nécessaire au capitalisme et ce qui serait nécessaire à la société s'il ne s'agissait pas du capitalisme.

La critique de Marx n'est donc pas « positive ». Son point de vue ultime ne réside pas dans une structure sociale ou un groupe social existants tenus pour indépendants du capitalisme ; en effet, ni cette structure ni ce groupe ne sont la forme de la contradiction de base du capitalisme, quelle que soit la façon dont on interprète cette contradiction. Nous avons constaté que l'exposé de Marx montre que l'émancipation historique se fonde non pas sur la pleine réalisation possible de la forme de production déjà existante, mais sur la possibilité de son dépassement. Cette critique s'enracine non pas dans ce qui est, mais dans ce qui est devenu possible – et qui, pourtant, ne peut pas être réalisé au sein de l'actuelle structure de la vie sociale. Dans le cadre de cette théorie sociale critique, la possible réalisation de la liberté n'est « garantie » par aucune structure ni par aucun groupe social existant dont le plein développement est réprimé par les rapports de production. Mais il ne s'agit pas non plus d'une possibilité historiquement indéterminée. La réalisation de la liberté implique au contraire la négation déterminée de l'ordre existant : la création de nouvelles structures qui apparaissent en tant que possibilités historiques mais qui font de l'abolition du fondement de l'ordre capitaliste la condition de leur existence sociale réelle. Comme on l'a vu, ce qui fonde selon Marx la possibilité même d'une nouvelle organisation sociale – c'est-à-dire le temps historique objectivé – renforce sous sa forme existante le système de domination abstraite du capitalisme. La théorie critique marxienne vise essentiellement à expliquer ce développement structurel paradoxal et par là même à contribuer à sa possible transformation. Le point de vue de la critique « négative » de Marx, c'est donc une possibilité déterminée qui surgit historiquement du caractère contradictoire de l'ordre existant et qui ne doit pas être identifiée à la forme existante de l'une ou l'autre des dimensions de cet ordre. En ce sens, le point de vue de la critique est temporel, et non pas spatial.

Bien évidemment, cette interprétation de la contradiction de base du capitalisme suppose une compréhension de la négation déterminée radicalement différente de l'interprétation traditionnelle. Pour cette dernière, dépasser la contradiction fondamentale du capitalisme implique la réalisation manifeste de la centralité du travail dans la vie sociale. J'ai dit tout au contraire que, pour Marx, la centralité constitutive du travail dans la vie sociale caractérise le capitalisme et forme la base ultime de son mode de domination abstrait. Cette approche interprète le concept marxien de contradiction de base du capitalisme en termes de tension croissante entre une forme de vie sociale essentiellement médiatisée par le travail et la possibilité historiquement émergente d'une forme de vie où le travail cesserait de jouer un rôle socialement médiatisant. J'ai montré que la logique de développement historique que Marx esquisse renvoie au possible dépassement historique de la valeur et, partant, du mode de médiation sociale objectif, quantifiable, constitué par le travail. Cela entraînerait le dépassement de la forme de domination sociale qui se trouve au cœur du capitalisme, des types de contraintes abstraites, objectives, qui caractérisent les modèles de croissance et le mode de production qu'impose le capitalisme. Selon Marx, la trajectoire de développement capitaliste contient une possible négation historique déterminée qui permettrait la constitution d'une autre forme de médiation sociale, non « objective », la constitution d'une autre forme de croissance et d'un mode de production technologiquement avancé qui ne serait plus façonné par les impératifs de la valeur. Les hommes, au lieu d'être dominés par leurs propres capacités productives socialement générales et subsumés sous elles, pourraient les utiliser à leur propre profit.

Un aspect de cette négation déterminée du capitalisme est donc que la vie sociale ne serait plus médiatisée quasi objectivement par les structures que nous avons examinées, mais qu'elle pourrait être médiatisée de façon ouvertement sociale et politique. Dans ce type de société, la sphère publique politique jouerait un rôle plus central que sous le capitalisme, car elle ne serait pas seulement exempte des distorsions que produisent les immenses disparités de richesse et de pouvoir propres aux sociétés de classes, mais aussi exemptes de nombre de contraintes fondamentales dans lesquelles Marx voit des traits du capitalisme (et non de l'« économie »).

Par exemple, la logique de l'exposé de Marx implique que, si la base-valeur de la production était abolie, la richesse matérielle ne serait plus produite en tant que porteuse de valeur, mais qu'elle constituerait elle-même la forme sociale dominante de richesse dans un contexte de capacités productives technologiquement avancées. Étant donné l'analyse du capital que fait Marx, cela signifierait que la nature et les conséquences de la croissance économique pourraient être radicalement différentes de celles existant sous le capitalisme. La productivité accrue n'augmenterait plus la richesse sociale indirectement par la diminution du temps de travail nécessaire, ce qui engendre une tendance à la croissance pour la croissance comme condition de la « santé » économique (ce qui est le cas lorsque la valeur est la forme dominante de richesse) ; elle aboutirait au contraire directement à une richesse sociale accrue. Dans un tel contexte, il n'y aurait plus de fossé entre la quantité de richesse matérielle produite et la quantité de richesse sociale. À un niveau systémique, cela ne permettrait pas seulement de mettre fin à la pauvreté (en termes de « richesse » au sens capitaliste) au sein même de l'abondance apparente (la masse de biens produits), cela permettrait aussi une forme de croissance économique qui ne serait pas nécessairement diamétralement opposée aux intérêts écologiques durables de l'humanité.

La logique de l'analyse catégorielle de Marx montre aussi la possible transformation de la structure de production lorsque l'on considère cette structure à un niveau social général. Nous avons vu que, pour Marx, la nature de la production industrielle – ou, mieux, le fossé entre le potentiel productif de la connaissance et de l'expérience croissantes de l'humanité et la forme antagoniste de la production capitaliste avec son extrême division de détail du travail – s'enracine dans la dialectique des deux dimensions du capital et, partant, finalement dans la forme-valeur. À cet égard, la visée stratégique de la critique de Marx est de montrer que la relation entre de hauts niveaux de productivité et un travail vide et fragmenté est une relation historiquement déterminée qui, à mesure que le capitalisme se développe, se fonde de moins en moins sur la nécessité technique et de plus en plus sur une forme spécifique de nécessité sociale. Le capital maintient la nécessité de cette relation tout en la rendant potentiellement superflue ; il reconstitue le travail prolétarien tout en le rendant de plus en plus négligeable en tant que source sociale de la richesse matérielle. Dans une telle analyse, l'abolition de la valeur entraînerait l'abolition des deux impératifs de la valorisation : la nécessité de toujours augmenter la productivité et la nécessité structurelle que du temps de travail immédiat soit dépensé à la production. Cela permettrait à la fois un grand changement *quantitatif* dans l'organisation sociale du travail – c'est-à-dire une réduction massive du temps de travail à l'échelle de la société – et une transformation *qualitative* fondamentale de la structure de la production sociale et de la nature du travail individuel. Le potentiel de la dimension de valeur d'usage, s'il n'était plus contraint et façonné par la dimension de valeur, pourrait être utilisé de façon réflexive à la transformation de la forme matérielle de la production. Il en résulterait qu'une bonne part du travail qui, en tant que source de la valeur, est devenue de plus en plus vide et fragmentée pourrait être abolie ; toutes les tâches unilatérales restantes pourraient être soumises au principe social de rotation. En d'autres termes, l'analyse de Marx implique que l'abolition de la valeur permettrait une transformation socialement générale de la production qui entraînerait l'abolition du travail prolétarien – à la fois par la transformation de la nature de la plus grande part du travail existant sous le capitalisme industriel et par l'abolition d'un système où les hommes sont prisonniers d'un tel travail pendant la majeure partie de leur vie d'adultes – tout en maintenant un haut niveau de productivité. Cela permettrait une forme de production directement fondée sur l'appropriation de temps historique.

La critique marxienne de la production industrielle renvoie donc à la possibilité d'abolir la plus grande part du travail unilatéral ainsi qu'à la possibilité que le travail soit redéfini et restructuré de manière à être plus intéressant et intrinsèquement gratifiant. Elle suggère qu'aussi longtemps que le travail humain immédiat constituera la base sociale de la (sur)production continue, il y aura nécessairement une opposition entre la richesse sociale (que ce soit sous la forme de la richesse matérielle ou de la valeur) et le travail qui la produit, puisque la première est créée aux dépens du second. Cette opposition est accentuée au maximum dans le système de production fondé sur la valeur. Néanmoins, selon Marx, les contradictions de ce système renvoient à une possible transformation de la production qui dépasserait l'ancienne opposition entre la richesse sociale et le travail. L'analyse de Marx renvoie à la possible création de modes de travail individuel qui, libérés des contraintes de la division de détail du travail, pourraient être plus pleins et plus riches pour tous. En outre, ils pourraient être variés : les hommes ne seraient pas nécessairement condamnés à un seul type de travail pendant la majeure partie de leur vie d'adultes.

Dépasser l'opposition antagoniste entre les individus et la société n'entraîne donc pas la subsomption de ceux-ci sous celle-là. L'analyse de Marx démontre au contraire que cette subsomption existe déjà – elle est un trait du capital. Dépasser cette opposition antagoniste requiert de dépasser une structure de travail concrète où la « pauvreté » du travail de chacun est le présupposé de la richesse sociale ; cela requiert une nouvelle structure du travail où la richesse de la société et la possibilité pour chacun de « créer de la richesse » par le travail soient parallèles et non pas opposées. Dans l'analyse critique de Marx, ce type de structure devient possible lorsque la contradiction croissante du capitalisme engendre la possibilité historique que les capacités productives constituées sous une forme aliénée soient réappropriées et réflexivement utilisées dans la sphère de production elle-même.

La possibilité que le travail social, dans une société postcapitaliste, soit plus intéressant et gratifiant ne traduit pas une utopie du travail. Elle n'est pas liée à l'idée que le travail soit centralement constitutif de toute vie sociale, elle se fonde au contraire sur la *négation* historique du rôle socialement constitutif que le travail joue sous le capitalisme. De plus, l'analyse marxienne du rôle médiatisant du travail dans sa propre structuration et dans celle de la production sous le capitalisme peut être élargie à la structuration du jeu, des loisirs et de leur relation au travail ainsi qu'à la relation entre la vie publique et le travail, d'un côté, et la vie privée de l'autre. Tout cela suggère que le dépassement de cette forme historiquement spécifique de médiation ne permettrait pas seulement une nouvelle structuration du travail, mais aussi de restructurer radicalement toute la vie sociale et de lui redonner du sens – pas seulement pour quelques favorisés (ou quelques marginaux), mais pour le plus grand nombre.

Cette possible transformation de la production et du travail repose, comme on l'a vu, sur la distinction impliquée par l'analyse de Marx entre la forme existante de la dimension de valeur d'usage, qui est modelée par la valeur, et son potentiel latent. Du fait que la possible réappropriation par les hommes de la dimension de valeur d'usage du travail qui s'est constituée sous une forme aliénée dépend de l'abolition de la valeur, cette réappropriation présuppose une séparation entre les deux dimensions des formes sociales de base du capitalisme, ce qui implique en retour une possible transformation des éléments de la dimension de valeur d'usage. En d'autres termes, l'approche que j'ai esquissée peut traiter les formes existantes de ces éléments comme instrumentales – parce qu'elles sont façonnées par la valeur – tout en permettant de penser qu'avec l'abolition de la valeur, ce qui s'est constitué historiquement en tant que dimension concrète du capital (y compris les formes de connaissance scientifiques et techniques, par exemple, en plus du mode de production) pourrait exister sous une autre forme. Ainsi l'analyse de Marx suggère-t-elle que l'abolition de la valeur autoriserait un mode de production technologiquement avancé différent, un mode de production qui ne serait plus intrinsèquement structuré de façon antagoniste, comme l'est la sphère de production sous le capitalisme. Cette analyse suggère aussi la possibilité d'une restructuration et d'un remodelage complets de la connaissance scientifique et technique qui s'est développée dans le contexte des formes sociales aliénées du capitalisme. Plus généralement, la critique marxienne du capitalisme autorise une position qui ne regarde pas comme émancipatrices les connaissances scientifiques et techniques sous leur forme existante et qui n'appelle pas non plus implicitement à leur négation abstraite. En analysant socialement le potentiel émancipateur de ce qui s'est constitué historiquement sous une forme aliénée, la critique marxienne tente bien plutôt de critiquer ce qui existe d'une manière qui renvoie historiquement au-delà.

L'un des fils de l'analyse de Marx peut se résumer ainsi : la dynamique du capital engendre le développement de la productivité sous une forme concrète qui reste un instrument de domination. En même temps, son potentiel croissant crée la base d'une éventuelle transformation de la société, du mode de médiation sociale et de l'organisation sociale de la production, de telle sorte que la structure et le but de la production changeraient radicalement. La possibilité de cette transformation réflexive de la sphère de production fournit la base d'une critique sociale qui renvoie au-delà de l'antinomie de deux types de critique sociale. Le premier type de critique est une critique du travail aliéné et de l'aliénation des hommes par rapport à la nature, qui rejette la technologie industrielle en soi dans l'espoir historiquement impossible d'un retour à une société préindustrielle ; le second type de critique est une critique de la distribution inégale et injuste de la puissance sociale et de la grande masse de biens et de services produits sous le capitalisme, qui accepte comme nécessaire la continuation linéaire de la production déterminée par le capital.

Lorsque j'ai analysé la signification de l'abolition du travail salarié que suppose la logique de l'exposé de Marx, je me suis concentré sur la dimension concrète de cette abolition – c'est-à-dire sur la possible abolition du travail prolétarien et, corrélativement, la possible transformation du procès de travail – en vue de faire apparaître clairement en quoi mon interprétation diffère radicalement de celle du marxisme traditionnel. Désormais, il me faut noter que l'analyse catégorielle que Marx fait du développement de la production capitaliste indique aussi la possible abolition d'un autre aspect du travail salarié, à savoir le système de distribution fondé sur l'échange de la force de travail contre un salaire par lequel on acquiert des moyens de consommation. Nous avons vu que le travail prolétarien compte de moins en moins en tant que source sociale de la richesse matérielle, alors même qu'il est systématiquement reconduit en tant que source de la valeur. Indépendamment de la question de l'exploitation, cela signifie qu'un fossé se creuse entre la signification du salaire considéré par rapport à la valeur et la signification du salaire considéré par rapport à la richesse matérielle. Dès lors que la capacité productive socialement générale du travail concret devient plus grande que la somme des travaux individuels, une disjonction croissante apparaît entre le temps de travail consommé et les biens matériels produits. Considéré du point de vue de la richesse matérielle, le système des salaires devient une forme de la distribution socialement générale et n'apparaît que comme une rémunération pour la dépense de temps de travail. Il n'est plus une base dans la production de richesse matérielle ; sa conservation systémique est fonction de la seule valeur. Étant donné qu'il n'existe plus de relation nécessaire entre le temps de travail consommé et la production de richesse matérielle, l'abolition de la valeur permettrait aussi dans ces conditions le développement d'un autre mode de distribution sociale – un mode où l'acquisition des moyens de consommation ne dépendrait plus « objectivement » de la dépense de temps de travail[1].

Ainsi, un aspect central de la réalisation du potentiel engendré par la dimension de valeur d'usage du travail qui s'est accumulée, une fois ce potentiel libéré des contraintes de la valeur, est que le surplus social n'aurait plus à être le produit du travail immédiat d'une classe d'hommes subsumés sous le procès de production, et que le travail des hommes n'aurait plus à être un moyen quasi objectif d'acquérir des moyens de consommation. C'est là un trait important de la conception marxienne du socialisme comme dépassement de la préhistoire humaine. Il s'ensuit que la condition la plus fondamentale du dépassement de la société de classes n'est pas l'abolition d'un ensemble de rapports de propriété – l'abolition donc d'une classe d'expropriateurs privés –, mais la transformation radicale du mode de médiation sociale et du mode de production qui lui est lié. Cette transformation entraînerait l'abolition de la classe dont le travail immédiat dans la production est la source du surplus. En

---

1. L'étude que fait André Gorz, dans *Les Chemins du Paradis*, de la possibilité d'un revenu garanti se fonde sur une approche identique à l'interprétation de l'abolition de la valeur présentée ici. Il explique que, lorsque la production accrue se traduit par l'abaissement des coûts du travail, cette croissance ne peut être socialement distribuée que si elle engendre la création et la distribution des moyens de paiement qui correspondent à son propre volume (ce qui serait le cas si la richesse matérielle était la forme socialement dominante de la richesse) et non pas à la valeur du temps de travail dépensé. Il affirme en outre que la fonction essentielle d'un revenu minimum garanti tout au long de la vie serait de redistribuer à chacun la richesse créée par les forces productives de la société en tant que tout, et non par la somme des travaux de chacun. Voir *Les Chemins du Paradis*, Galilée, 1983, p. 87 et suiv.

l'absence de cette transformation, la société de classes continuerait d'exister – que les expropriateurs du surplus soient considérés, ou non, comme une classe au sens marxiste traditionnel.

Modes d'universalité

Une telle approche de la possible transformation des formes sociales existantes, qui est contenue dans la critique marxienne du double caractère des rapports structurants du capitalisme, a également des implications sur la relation entre les formes déterminées d'universalité d'un côté, et le capitalisme et sa possible négation historique de l'autre. Comme on l'a noté, selon Marx, les modes modernes de généralité sociale et politique et d'idéaux universels ne sont pas les résultats historiques de processus téléologiques ou évolutionnistes transhistoriques. Ils apparaissent au contraire historiquement et sont façonnés dans un contexte constitué par les formes sociales structurantes sous-jacentes au capitalisme. Leur relation à ces formes est intrinsèque : ils sont fondés socio-historiquement sur des formes déterminées de vie sociale.

Nous avons vu que l'analyse marxienne de la marchandise en tant que principe structurant fondamental de la pratique sociale et de la pensée sous le capitalisme moderne fournit un point de départ à une critique socio-historique du caractère de l'universalité et de l'égalité modernes. Avec l'apparition historique du capital – de la marchandise en tant que forme sociale totalisante –, un mode de médiation sociale prend naissance, qui est abstrait, homogène et général : chaque instance de cette médiation (c'est-à-dire chaque marchandise considérée comme valeur) n'est pas déterminée qualitativement, elle est un moment d'une totalité. En même temps, chaque marchandise, considérée comme valeur d'usage, est qualitativement particulière. En tant que forme de la pratique, la forme-marchandise de médiation sociale engendre une forme sociale d'égalité potentiellement universelle, en établissant une caractéristique commune entre les objets, entre les travaux, entre les propriétaires de marchandises et, potentiellement, entre les hommes. Mais la forme de cette universalité est abstraite de la spécificité qualitative des individus et des groupes particuliers ; la forme-marchandise engendre une opposition entre une forme d'universalité homogène, abstraite, et une forme de particularité concrète qui exclut l'universalité[1].

Ce type d'analyse évite de traiter la forme d'universalité qui s'est imposée sous le capitalisme de façon quasi métaphysique comme l'Universel en soi, et préfère la traiter comme une forme socialement constituée et historiquement spécifique d'universalité qui *apparaît* sous une forme transhistorique comme l'Universel. Cette approche n'oppose pas simplement la réalité du capitalisme à ses idéaux mais fournit une analyse historique de ces idéaux eux-mêmes. Une analyse qui relie la forme moderne, abstraite, d'universalité à la dimension de valeur de la forme-marchandise n'implique pas nécessairement un rejet de cette forme d'universalité, mais permet une analyse sociale de son caractère ambivalent : le fait, déjà relevé, que cette forme d'universalité ait eu des conséquences sociales et politiques positives tout en ayant été, dans son opposition à toute particularité, un aspect de la domination abstraite.

Lorsque Marx analyse les formes universelles en termes sociohistoriques, il ne considère pas tous les modes d'universalité constitués sous le capitalisme comme nécessairement liés à la valeur. Sur la base de la distinction entre valeur et valeur d'usage, sa théorie suggère aussi la constitution historique d'une forme parallèle d'universalité, une universalité qui n'est pas abstraite et homogène et qui n'existe pas nécessairement en opposition à la particularité. Lorsque je me suis penché sur la catégorie de travail concret, j'ai noté comment la médiation sociale générale-abstraite qui structure la société capitaliste engendre aussi cette autre forme de généralité ; les activités et les produits qui ne peuvent pas être considérés comme semblables dans d'autres sociétés sont socialement organisés et classés comme semblables sous le capitalisme – comme variétés de travail (concret) ou de valeurs d'usage. Cette généralité n'est

---

1. Un exemple de cette opposition est la distinction classique au sein de la société capitaliste libérale entre l'individu en tant que citoyen, équivalent à et indifférenciable de tous les autres citoyens, et l'individu en tant qu'individu concret, inséré dans des relations sociales spécifiques. On pourrait voir aussi une expression plus médiatisée de cette opposition dans la manière dont les différences de genres se constituent et sont conçues dans la société capitaliste.

toutefois pas une totalité, c'est un tout fait de particularités. Une telle généralité apparaît aussi clairement dans la conception marxienne du développement des modes de savoir et des capacités générales de l'espèce qui se sont constituées au cours du développement capitaliste. Du fait que cette dimension socialement générale-substantielle prend naissance dans un cadre déterminé par la valeur, elle est structurée en fonction de ce cadre : elle fait partie du monde technico-administratif, rationalisé, abstrait, constitué par le capital. D'un autre côté, selon Marx, cette dimension générale-substantielle n'est pas identique à la valeur et, partant, à l'universalité homogène-abstraite – même si, comme dimension concrète du capital, elle est façonnée par la valeur. En conséquence, la tension croissante entre le potentiel de la dimension de valeur d'usage du travail sous le capitalisme et la réalité du monde constitué par la valeur peut être également vue, à un autre niveau, comme permettant la possible séparation des deux formes de généralité. À ce niveau tout à fait préliminaire, la théorie critique de Marx aborde donc implicitement la constitution historique de deux types de généralité. L'une est un type abstrait, homogène, de généralité, enraciné dans la dimension de valeur et intrinsèquement lié à une conception de l'humanité qui est générale, abstraite, homogène et, par conséquent, nécessairement opposée à la particularité concrète comme à son antithèse ; l'autre est un type de généralité qui n'est pas homogène. Bien que cette dernière se constitue sous une forme aliénée, l'analyse montre, selon Marx, que dans une société postcapitaliste elle pourrait exister sous une forme libérée de la valeur et, partant, non nécessairement opposée à la particularité – une forme qui pourrait être liée au développement d'une nouvelle conception de l'humanité en tant qu'une et néanmoins plurielle.

Cette analyse de l'universalité déterminée par la valeur est identique à celle que Marx fait de la production déterminée par le capital. Pour Marx, dépasser le capitalisme n'implique ni l'abolition de toutes les formes de production technologiquement avancée ni la réalisation de la forme de production industrielle développée sous le capitalisme. De la même façon, dépasser le capitalisme n'implique ni l'éradication de l'universalité ni l'extension effective à tous les hommes de la forme homogène, abstraite, d'universalité qui se développe en tant que moment d'un mode de vie sociale structuré par la marchandise. L'analyse de Marx montre au contraire la possibilité de constituer une autre forme dominante d'universalité.

Cette discussion préliminaire des deux formes d'universalité socialement constituée qu'implique l'analyse catégorielle de Marx renforce mon analyse du rôle prêté à la classe ouvrière dans la critique de l'économie politique, et elle n'est pas sans conséquences sur l'examen des divers mouvements sociaux à partir des formes d'universalité que nous avons évoquées. Dans la tradition marxiste, le prolétariat est fréquemment conçu comme une classe universelle et, sur cette base, il est opposé à la classe capitaliste dont les intérêts sont considérés comme particularistes en ce qu'ils ne coïncident pas avec, ou s'opposent à ceux de la société en tant que tout. À cause de son caractère universel, le prolétariat est pensé comme le représentant d'une possible société future. Or mon étude du fondement social des modes d'universalité chez Marx indique que la relation du capitalisme à sa possible négation historique ne doit pas être comprise d'après ce type d'opposition entre particularité et universalité, car cette opposition même est caractéristique des formes sociales du capitalisme. En réalité, la relation du capitalisme à sa possible négation historique doit être vue par rapport aux deux formes d'universalité dominantes. La relation de l'universalité représentée par le prolétariat au possible dépassement du capitalisme ne doit donc pas être regardée seulement quantitativement, en fonction du degré auquel l'universalité est réalisée, mais bien plutôt qualitativement, d'après le type d'universalité que la classe représente.

Nous venons de voir que, par son analyse du double caractère du capital, Marx, de manière implicite, fonde socialement la constitution historique de deux modes de généralité radicalement différents : l'un sous la forme objective de la médiation sociale saisie par la catégorie de valeur ; l'autre comme un aspect de la dimension de valeur d'usage. Selon Marx, ce dernier mode de généralité est historiquement engendré par la forme abstraite de la médiation mais peut être séparée d'elle. Il semble clair que, dans ce cadre, l'universalité représentée par le prolétariat est finalement celle de la valeur, que cette forme d'universalité porte sur les individus ou sur les groupes. Loin de représenter la négation de la valeur, le prolétariat constitue cette forme de richesse homogène, abstraite, la médiation sociale dont la généralité s'oppose à la spécificité qualitative.

De plus, quand je me suis penché sur la façon dont Marx pense les travailleurs comme sujets et comme objets de la production, j'ai montré que leur détermination comme sujets est celle de propriétaires (collectifs) de marchandise. Ces déterminations préliminaires font que l'extension des principes universalistes de la société bourgeoise à de plus larges segments de la population (c'est-à-dire la réalisation de ces principes), extension en partie réalisée par les mouvements ouvriers, les mouvements féministes et les mouvements des minorités luttant pour l'égalité des droits, ne doit pas être considérée comme un développement renvoyant au-delà du capitalisme. Bien que ces mouvements aient grandement démocratisé la société capitaliste, la forme d'universalité qu'ils ont contribué à constituer est une forme qui, pour Marx, demeure liée à la forme-valeur de la médiation et s'oppose à la spécificité des individus et des groupes.

Si la contradiction de base du capitalisme n'est pas celle représentée par l'opposition sociale de la classe ouvrière à la classe capitaliste et si le dépassement du capitalisme n'entraîne pas la réalisation de la forme abstraite d'universalité associée à cette société, alors la question de la nature et des sources des formes de subjectivité historiquement constituées qui renvoient au-delà de l'ordre existant doit être repensée. Lorsque j'ai abordé certaines dimensions de la contradiction fondamentale du capitalisme – et, partant, la nature de sa négation historique déterminée – telles que les implique l'analyse marxienne de la sphère de production capitaliste, j'ai évoqué un ensemble de tensions que j'ai décrites en termes de fossé croissant entre les possibilités engendrées par le développement du capital et sa forme réelle. Ce fossé engendre une sorte d'effet d'écartement qui structure les institutions de la société capitaliste et façonne son cours de développement. Mon analyse de cet effet d'écartement a d'abord mis l'accent sur la structure de production et la nature du travail au sein de la société capitaliste et, dans une moindre mesure, sur la constitution sociale des modes d'universalité. Toutefois, les tensions que Marx fonde dans le double caractère des formes sociales sous-jacentes au capitalisme ne doivent pas être comprises seulement en termes « objectifs » – par exemple, économiques et sociaux –, mais aussi en termes « subjectifs » par rapport aux formes changeantes de pensée et de sensibilité. Naturellement, un examen plus complet de la société capitaliste requerrait un niveau d'analyse plus concret ; cependant, à aucun niveau, il ne faut comprendre cet accent mis sur la contradiction, quoique redéterminée, comme l'affirmation d'un effondrement automatique de la société capitaliste ou comme l'apparition nécessaire de formes de conscience critiques ou oppositionnelles renvoyant au-delà de la formation sociale existante. Toutefois, l'interprétation que je présente ici suggère bien que l'analyse de Marx contient une approche des *changements historiques qualitatifs* dans les formes de subjectivité et dans les structures des besoins – approche qui peut rendre compte de ces changements non seulement en termes de milieux sociaux des acteurs concernés, mais aussi en termes de possibilités constituées par le développement des formes sociales qui se trouvent au cœur du capitalisme. Autrement dit, l'analyse de Marx implique une théorie sociale de la subjectivité, qui est historique.

Bien que je ne puisse pas développer ici cette approche socio-historique, je vais montrer que l'analyse marxienne du capitalisme implique qu'un élément important de cette approche est la contradiction croissante entre la nécessité et la non-nécessité du travail créateur de valeur, l'idée que ce qui, précisément, constitue la formation sociale et lui est nécessaire – le travail agissant comme activité socialement médiatisante – se révèle de plus en plus non nécessaire par rapport au potentiel de ce qu'il constitue. Cela suggère en retour l'existence d'un fossé croissant entre le type de travail que les hommes continuent d'accomplir dans une société médiatisée par le travail et le type de travail qu'ils pourraient accomplir si le travail-médiation n'était pas nécessaire au capitalisme.

On pourrait par exemple étudier les changements d'attitude envers le travail et ce qui constitue une activité chargée de sens, en fonction de ce développement contradictoire. Cela impliquerait une analyse de l'apparition historique de nouveaux besoins et de nouvelles formes de subjectivité, qui serait faite en termes de tension structurelle croissante entre le caractère de plus en plus anachronique de la structure du travail (et des autres institutions de la reproduction sociale) et sa centralité maintenue dans la société moderne. Cette analyse pourrait commencer par étudier la diffusion de valeurs « postmatérialistes » sur une grande échelle dans les années 1960 en fonction de cette tension et à examiner le reflux ultérieur de ces mêmes valeurs en fonction d'une série de crises et de transformations structurelles dans les pays capitalistes industriels avancés, qui ont dramatiquement rétabli la « nécessaire » connexion entre le travail, tel qu'il est défini aujourd'hui, et la reproduction matérielle. Cette approche pourrait aussi contribuer à éclairer les changements survenus dans la définition des sphères publiques, privées et intimes de la vie sociale moderne et les relations entre ces sphères, ainsi que les phénomènes récents relevés par des théoriciens aussi différents que Daniel Bell et André Gorz – à savoir, l'importance croissante de la consommation dans la construction de soi. Ce dernier problème ne doit pas être compris uniquement en termes de dépendance croissante du capitalisme à l'égard de la consommation de masse (position qui considère souvent la consommation comme purement et simplement engendrée et manipulée par la publicité) ; cette étude ne devrait pas non plus réifier la consommation de façon culturaliste en en faisant le lieu de l'identité et de la résistance, ce qui est analogue à la réification marxiste traditionnelle de la production. Il conviendrait bien plutôt d'analyser l'importance subjective croissante de la consommation en termes de déclin du travail comme source d'identité et de relier ce déclin au caractère toujours plus anachronique de la structure du travail et aux effets négatifs de la production pour la production sur la majeure partie du travail. L'idée que le rôle nécessaire du travail comme activité socialement médiatisante et qu'avec lui une structure déterminée de la production deviennent anachroniques, même s'ils se reconstituent en permanence, fournirait une base permettant aussi d'analyser les profonds changements historiques survenus dans les conceptions de la moralité et dans celles que l'on a du Soi.

Cette approche pourrait être un point de départ pour repenser le rapport classe ouvrière/possible dépassement du capitalisme. Nous avons vu que, selon Marx, le prolétariat est un élément essentiel des rapports de production déterminés par la valeur et qu'en tant que tel il devient anachronique à mesure que le capitalisme se développe. Dépasser le capitalisme doit donc aussi être compris en termes d'abolition du travail prolétarien – et, partant, du prolétariat. Or cela rend très problématique la question de la relation des actions sociales et politiques de la classe ouvrière à la possible abolition du capitalisme ; cela implique que ces actions et ce que l'on appelle habituellement la conscience de la classe ouvrière restent prisonniers de la formation sociale capitaliste – et cela pas nécessairement parce que les travailleurs seraient corrompus sur les plans matériel et spirituel, mais parce que le travail prolétarien ne contredit pas fondamentalement le capital. Les actions politiques et sociales des organisations ouvrières ont eu une importance historique dans les processus par lesquels, sous le capitalisme, les ouvriers se sont constitués et défendus en tant que classe à l'intérieur du capitalisme, dans le déploiement de la dynamique capital/travail salarié et, notamment en Europe occidentale, dans la démocratisation et l'humanisation sociale de l'ordre capitaliste. Mais si militantes qu'aient été les actions et les formes de subjectivité associées au prolétariat s'affirmant lui-même, elles n'ont pas renvoyé et ne renvoient pas au-delà du capitalisme. Elles représentent des formes d'action et de conscience qui constituent le capital, mais ne le dépassent pas. Cela aurait été le cas même si la structure du travail salarié était devenue mondiale – ce qui est en train de se réaliser du fait de la forme actuelle de mondialisation du capital – et si les travailleurs s'étaient organisés en conséquence. Le problème n'est pas simplement le degré auquel le rapport capital/travail salarié s'est mondialisé (bien que, à un niveau plus concret de l'analyse, l'extension spatiale du capital ait des conséquences importantes). Le problème n'est pas non plus simplement celui du « réformisme » : le problème essentiel n'est pas que la politique fondée sur l'existence de la force de travail en tant que marchandise conduise à une conscience « trade-unioniste ». Le problème, en réalité, c'est que le capital repose au bout du compte sur le travail prolétarien, d'où : dépasser le capital ne peut pas se fonder sur l'auto-affirmation de la classe ouvrière. Même l'idée « radicale » selon laquelle les travailleurs produisent le surplus et que, par conséquent, ils en sont les propriétaires « légitimes » conduit à l'abolition de la classe capitaliste – mais pas au dépassement du capital. Celui-ci exigerait le dépassement de la forme-valeur du surplus et de la forme du procès de travail déterminée par le capital.

De telles considérations permettent d'examiner les conditions objectives et subjectives de l'abolition du travail prolétarien et, partant, du capitalisme. Cet examen pourrait, par exemple, expliquer historiquement divers types d'insatisfaction ou de manque d'identification des travailleurs avec leur travail. Mais une telle interprétation met aussi en évidence un dilemme relatif à la possible relation des organisations ouvrières au dépassement du capitalisme. Elle suggère qu'il n'existe aucune relation linéaire ou aucune continuité directe entre, d'un côté, les actions et les politiques liées à l'auto-affirmation de la classe ouvrière (qu'elles soient radicales ou militantes) et, de l'autre côté, les actions et les politiques qui renvoient au-delà du capitalisme. En effet, une telle approche implique qu'il existe une tension profonde entre les actions et les politiques qui représentent les travailleurs exclusivement en tant que travailleurs (et qui, par conséquent, sont complètement centrées sur le travail tel qu'il est défini dans le cadre socio-économique existant : le moyen nécessaire à la reproduction individuelle) et celles qui échappent à ce type de définition exclusive. Cela suggère que si un mouvement impliquant des travailleurs renvoyait au-delà du capitalisme, il aurait à défendre les intérêts des travailleurs tout en participant à la transformation des travailleurs – par exemple, en mettant en question la structure existante du travail, en cessant d'identifier les hommes seulement d'après cette structure et en contribuant à repenser ces intérêts. Mais je ne puis ici que mentionner ces thèmes.

Dans la mesure où l'idée d'une tension croissante entre la nécessité et la non-nécessité du travail constitutif de la valeur se rapporte à la forme de la médiation sociale, ses implications ne se limitent pas à une enquête sur la structure du travail même. Je donnerai un dernier exemple, déjà abordé, de ce qui pourrait être questionné à partir de cette compréhension de la contradiction du capitalisme : celui des attitudes et des conceptions changeantes à l'égard de l'universalité. L'idée de différentes formes d'universalité socialement constituées impliquée par l'analyse marxienne du développement des formes structurantes de la formation sociale capitaliste permettrait une étude socio-historique de certains efforts des nouveaux mouvements sociaux – par exemple, le mouvement féministe – en vue de formuler une nouvelle forme d'universalisme qui échappe à l'opposition entre l'universalité homogène et la particularité. Une telle approche permettrait donc aussi de repenser l'articulation des nouveaux mouvements sociaux et des politiques identitaires des dernières décennies au capitalisme et à son possible dépassement.

Ces quelques exemples ne sont que de simples indications. Au niveau logique préliminaire où se place la présente étude, je ne peux pas entreprendre de façon adéquate l'analyse des possibles conséquences de mon interprétation.

Résumons cette analyse de la négation déterminée du capitalisme telle que l'implique la critique de Marx : il est absolument impossible de saisir cette négation en termes de transformation du seul mode de distribution bourgeois. Pour Marx, le socialisme suppose aussi un autre mode de production, qui ne soit pas organisé comme une métamachine essentiellement fondée sur le travail humain immédiat. Le socialisme permettrait donc de nouveaux modes de travail et d'activité individuels, plus riches et plus satisfaisants, et une relation nouvelle du travail aux autres domaines de la vie. La possibilité de cette transformation s'enracine en dernier ressort dans la possibilité d'une négation historique déterminée – l'abolition d'un mode objectif de médiation sociale et des contraintes abstraites qui lui sont liées, un mode de médiation sociale qui est finalement constitué par le travail et qui constitue la dynamique directionnelle quasi automatique de la formation sociale capitaliste et de sa forme de production. Par conséquent, la négation historique déterminée de la valeur envisagée par Marx comme possibilité historique pourrait libérer les hommes de l'emprise qu'exerce sur eux le travail aliéné, tout en permettant que le travail, libéré de son rôle social historiquement spécifique, soit transformé de telle manière qu'il enrichisse les hommes au lieu de les appauvrir. Libérer les forces productives des contraintes imposées par la forme de richesse fondée sur le temps de travail implique de libérer la vie humaine de la production. Du point de vue de l'interprétation traditionnelle, il y a quelque ironie à constater que l'analyse de Marx implique que le travail de la grande majorité des hommes ne puisse devenir plus satisfaisant et autoconstituant que lorsque le travail n'est plus socialement constitutif.

La façon dont Marx comprend l'abolition de la forme capitaliste du travail et de la production ne se rapporte donc pas à la production, au sens étroit du terme, mais au principe structurant même de notre forme de vie sociale. Corrélativement, la critique marxienne du capitalisme n'est pas celle de la médiation sociale en soi, mais de la forme spécifique de médiation que constitue le travail. La valeur est une forme de richesse automédiatisante, mais la richesse matérielle n'en est pas une ; l'abolition de la valeur entraînerait la constitution de nouvelles formes de médiation sociale, dont bon nombre seraient sans doute de nature politique (ce qui ne signifie pas nécessairement un mode d'administration hiérarchique, centré sur l'État).

Au cœur de la conception marxienne du dépassement du capitalisme, il y a l'idée de réappropriation par les hommes de la connaissance et des capacités socialement générales qui se sont constituées historiquement en tant que capital. Nous avons vu que, selon Marx, une telle connaissance et de telles capacités, sous la forme du capital, dominent les hommes ; ce type de réappropriation entraînerait donc le dépassement du mode de domination propre à la société capitaliste, lequel, en définitive, repose sur le rôle historiquement spécifique du travail en tant qu'activité socialement médiatisante. Ainsi y a-t-il, au cœur de cette vision d'une société postcapitaliste, la possibilité historiquement engendrée que les hommes puissent commencer à contrôler ce qu'ils créent au lieu d'être contrôlés par ce qu'ils créent.

Le développement de la division sociale du temps

Au début de cet ouvrage, j'ai dit que l'idée de spécificité historique de la valeur développée par Marx dans les *Grundrisse* donne une clé qui permet d'interpréter sa critique de maturité de l'économie politique. J'ai montré que cette idée est effectivement le noyau essentiel de l'analyse que Marx fait, dans *Le Capital*, de la nature de la société moderne et de sa possible négation déterminée. À présent, il me faut récapituler ce que j'ai développé dans ce chapitre et reconfirmer la continuité essentielle de l'analyse de Marx dans les deux textes en résumant sa conception de la trajectoire de la production capitaliste dans *Le Capital* à l'aide des catégories temporelles présentées dans les *Grundrisse* – c'est-à-dire à partir du développement de ce que j'appellerai la « division sociale du temps ». Ce faisant, je soulignerai la signification centrale de l'idée de non-nécessité historique. Comme on l'a vu, la non-nécessité historique croissante du travail constituant la valeur – travail qui est le présupposé nécessaire du capitalisme et l'élément constituant de sa forme caractéristique de nécessité sociale abstraite – est essentielle à la compréhension marxienne de la contradiction fondamentale du capitalisme comme contradiction entre ce qui existe et le potentiel contenu dans ce qui existe (et non entre deux variantes de ce qui existe).

Dans un passage des *Grundrisse* (déjà cité au début de ce livre), Marx écrit :

> « Le capital est lui-même la contradiction en procès, en ce qu'il s'efforce de réduire le temps de travail comme seule mesure et source de la richesse. C'est pourquoi il diminue le temps de travail sous la forme du travail nécessaire pour l'augmenter sous la forme du travail superflu ; et pose donc dans une mesure croissante le travail superflu comme condition – *question de vie et de mort* – pour le travail nécessaire »[1].

Mon étude du *Capital* nous permet maintenant de comprendre ces catégories temporelles. L'opposition que Marx fait entre temps de travail « nécessaire » et temps de travail « superflu » n'est pas identique à celle entre temps de travail « nécessaire » et temps de « surtravail ». La première opposition se rapporte à la société en tant que tout, alors que la seconde se rapporte à la classe des producteurs immédiats. Dans la théorie de Marx, l'existence de la surproduction – à savoir, la production au-delà de ce qui est nécessaire à la satisfaction des besoins immédiats des producteurs – est la condition de toutes les formes « historiques » de vie sociale. On peut distinguer au sein de toute forme historique entre la quantité de production requise pour reproduire la population travailleuse et une quantité additionnelle, que s'approprient les classes non travailleuses, « nécessaire » à la société en tant que tout. Selon Marx, sous le capitalisme, le surplus c'est de la valeur, et non de la richesse matérielle, et celui-ci n'est pas exproprié au moyen de la domination directe. L'expropriation est au contraire médiatisée par la forme même de la richesse et existe sous la forme d'une division non manifeste entre la portion de la journée de travail où les travailleurs

---

1. *Grundrisse*, t. II, pp. 193-194.

travaillent à leur propre reproduction (temps de travail « nécessaire ») et celle appropriée par le capital (temps de « surtravail »). Étant donné la distinction entre valeur et richesse matérielle, aussi longtemps que la production de la richesse matérielle dépend largement de la dépense de temps de travail immédiat, le temps de travail « nécessaire » et le temps de « surtravail » peuvent l'un et l'autre être considérés comme socialement nécessaires.

Cela cesse toutefois d'être le cas lorsque la production de la richesse matérielle en vient à se fonder sur le savoir et les forces productives socialement générales, et non plus sur le travail humain immédiat. Dans ce contexte, la production de la richesse matérielle a si peu à voir avec la dépense de temps de travail immédiat, que la quantité totale de travail socialement nécessaire, dans ses *deux* déterminations (pour la reproduction individuelle et pour la société en tant que tout), pourrait être grandement réduite. Il en résulterait, comme le remarque Marx, une situation caractérisée non par la réduction du « temps de travail nécessaire pour poser du surtravail », mais par la réduction du « temps de travail nécessaire de la société jusqu'à un minimum »[1].

Cependant, mon examen de la dialectique des deux dimensions des formes sociales sous-jacentes au capitalisme a montré qu'une réduction générale du travail socialement nécessaire qui serait exactement proportionnelle aux capacités productives développées sous le capitalisme reste impossible, d'après l'analyse de Marx, aussi longtemps que la valeur demeure la source de richesse. Si la richesse matérielle était la forme sociale de la richesse, alors la différence entre, d'une part, le temps de travail total déterminé comme socialement nécessaire par le capital et, d'autre part, la quantité de travail nécessaire étant donné le développement des capacités productives socialement générales serait ce que Marx appelle dans les *Grundrisse* le temps de travail « superflu ». Cette catégorie peut être comprise, quantitativement et qualitativement, comme se rapportant aussi bien à la durée du travail qu'à la structure de la production et à l'existence même de la plus grande partie du travail sous le capitalisme. Dans la mesure où elle s'applique à la production sociale en général, c'est une nouvelle catégorie historique qui doit son existence à la trajectoire de production capitaliste.

---

1. *Ibid.*

Selon Marx, jusqu'au stade historique du capitalisme, le temps de travail socialement nécessaire dans ses deux déterminations a défini et a rempli le temps des masses laborieuses, ce qui a créé du temps de non-travail pour quelques-uns. Avec la production industrielle sous le capitalisme avancé, le potentiel productif développé devient tellement grand qu'une nouvelle catégorie historique de temps « extra » apparaît pour le plus grand nombre, permettant une réduction draconienne des deux aspects du temps de travail socialement nécessaire et une transformation de la structure du travail et de la relation du travail aux autres aspects de la vie sociale. Toutefois, ce temps « extra » n'apparaît que potentiellement : comme il est structuré par la dialectique de transformation/reconstitution, il existe sous la forme du temps de travail « superflu ». Le terme reflète la contradiction : en tant que déterminé par les vieux rapports de production, le temps de travail « superflu » reste du temps de travail ; mais jugé à l'aune du potentiel des nouvelles forces productives, il est, dans sa vieille détermination, superflu.

De toute évidence, « superflu » n'est pas une catégorie de jugement anhistorique développée à partir d'une position qui serait en dehors de la société. Il s'agit au contraire d'une catégorie critique immanente qui s'enracine dans la contradiction croissante entre le potentiel des forces productives développées et leur forme sociale existante. De ce point de vue, on peut distinguer le temps de travail nécessaire au capitalisme du temps de travail qui serait nécessaire à la société s'il ne l'était pas pour le capitalisme. Comme mon étude de l'analyse de Marx l'a indiqué, cette distinction ne se rapporte pas seulement à la quantité de travail socialement nécessaire, mais aussi à la nature même de la nécessité sociale. C'est-à-dire qu'elle ne renvoie pas seulement à une possible vaste réduction du temps de travail total, mais aussi au possible dépassement des formes abstraites de contrainte sociale constituées par la forme-valeur de la médiation sociale. Compris en ces termes, « superflu » est l'opposé immédiat, historiquement engendré, de « nécessaire » ; c'est une catégorie de contradiction qui exprime la possibilité historique croissante de distinguer la société de sa forme capitaliste et, partant, de rompre leur connexion auparavant nécessaire. Dans son déploiement, la contradiction de base du capitalisme permet de juger l'ancienne forme de société et d'en imaginer une nouvelle.

Notre analyse de la dialectique de transformation/reconstitution a montré que, pour Marx, la nécessité historique ne peut pas en et pour soi engendrer la liberté. Toutefois, la nature du développement capitaliste est telle qu'elle peut engendrer et engendre effectivement son opposé immédiat – la non-nécessité historique –, laquelle permet en retour la négation historique déterminée du capitalisme. Selon Marx, cette possibilité ne peut se réaliser que si les hommes s'approprient ce qui se constitue historiquement sous la forme de capital.

La compréhension de la négation déterminée du capitalisme que suppose le déploiement des catégories dans *Le Capital* est parallèle à ce que Marx présente dans les *Grundrisse*. Dans ce dernier texte, Marx définit une possible société postcapitaliste d'après la catégorie de temps « disponible » : « d'un côté, le temps de travail nécessaire aura sa mesure dans les besoins de l'individu social ; d'un autre côté, le développement de la force productive sociale croîtra si rapidement que, bien que la production soit désormais calculée pour la richesse de tous, le *temps disponible* de tous s'accroîtra »[1]. Marx définit le temps « disponible » comme temps « de loisir pour que se développent pleinement les forces productives des individus, et donc aussi de la société »[2]. C'est la forme positive prise par le temps « extra », par le temps libéré par les forces productives et qui, sous le capitalisme avancé, reste prisonnier en tant que « superflu ». La catégorie de temps superflu exprime seulement une négativité – la non-nécessité historique d'une vieille nécessité historique – et se rapporte par conséquent encore au Sujet : la société sous sa forme aliénée. La catégorie de temps « disponible » renverse cette négativité et lui donne un nouveau référant : l'individu social[3]. Elle présuppose l'abolition de la forme-valeur de la médiation sociale : pour Marx, c'est seulement à ce moment que le temps de travail (non aliéné) et le temps disponible peuvent se compléter l'un l'autre positivement en tant que constitutifs de l'individu social. Le dépassement du capitalisme n'entraînerait donc pas seulement la

---

1. *Ibid.*, p. 196.

2. *Ibid.*

3. Pour une étude du temps disponible qui met l'accent sur un possible système d'emploi selon le principe de la rotation, voir Becker, *Économie politique marxiste*, pp. 309-330.

transformation de la structure et du caractère du travail social, mais aussi du temps de non-travail et de la relation entre les deux. Toutefois, en l'absence de l'abolition de la valeur, tout temps « extra » engendré par la réduction de la journée de travail est défini négativement par Marx comme l'antithèse du temps de travail (aliéné), comme ce que nous appellerions le « temps de loisir » : « Le *temps de travail comme mesure de la richesse* pose la richesse comme étant elle-même fondée sur la pauvreté et le *temps disponible* comme existant *dans et par l'opposition au temps de surtravail* »[1].

La trajectoire de la production capitaliste telle que Marx la présente peut donc être comprise en termes de développement de la division sociale du temps – depuis le temps socialement nécessaire (individuellement nécessaire et surtravail) jusqu'à la possibilité du temps socialement nécessaire et disponible (ce qui entraînerait le dépassement de la vieille forme de nécessité) en passant par le temps socialement nécessaire et superflu. Cette trajectoire exprime le développement dialectique du capitalisme, le développement d'une forme de société aliénée constituée en tant que totalité richement développée aux dépens des individus, qui engendre la possibilité de sa propre négation : une nouvelle forme de société où les hommes, individuellement et collectivement, peuvent s'approprier les capacités générales de l'espèce qui se sont constituées sous une forme aliénée en tant qu'attributs du Sujet.

Dans l'analyse de Marx, le développement de la division sociale du temps est fonction de la dialectique complexe des deux dimensions des formes structurantes sous-jacentes au capitalisme. Comme je l'ai dit, en fondant la dynamique directionnelle du capitalisme dans le double caractère des structures de cette société, Marx rompt avec toute conception d'une seule et même histoire humaine transhistorique ayant un principe de développement immanent ; il démontre ensuite qu'on ne peut pas considérer cette dynamique directionnelle comme garantie, mais qu'on doit la fonder à l'aide d'une théorie de la constitution sociale. Dans le cadre de cette interprétation, l'apparition du capitalisme peut être vue comme un déploiement toujours moins aléatoire avec la naissance et le plein développement de la forme-marchandise – mais pas comme le déploiement d'un principe de nécessité immanent. Pourtant, selon

---

1. *Grundrisse*, t. II, p. 196.

Marx, l'histoire de la formation sociale capitaliste a bien une logique immanente, quoique opposée à toute logique rétrospective ; du fait de sa forme de médiation sociale, le capitalisme est marqué du sceau d'une forme de nécessité historique. Cependant, la dialectique des formes sociales sous-jacentes à cette nécessité est telle que le capitalisme renvoie au-delà de lui-même, à la possibilité d'une société future fondée sur une autre forme de médiation sociale qui ne serait ni constituée quasi objectivement ni donnée par la tradition. L'analyse de Marx suggère qu'une société ainsi constituée permettrait aux hommes un plus grand degré de maîtrise sur leur vie, tant individuellement que collectivement, et pourrait apparaître comme une situation de liberté historique. Dans la mesure où l'on peut parler d'un concept d'histoire humaine dans les travaux du Marx de la maturité, ce n'est donc pas en termes de principe transhistorique, mais au contraire en termes d'un mouvement, au départ contingent, qui part d'histoires diverses pour aboutir à l'Histoire – à une dynamique directionnelle, de plus en plus mondiale, nécessaire, constituée par les formes sociales aliénées et structurée de telle manière qu'elle renvoie à la possibilité de la liberté historique, à la possibilité d'une société future exempte de toute logique directionnelle quasi objective de développement.

La spécificité de la dynamique dialectique du capitalisme, telle que Marx l'analyse, entraîne une relation entre passé, présent et futur, radicalement différente de celle que suppose toute conception linéaire du développement historique. La dialectique temps présent objectivé/temps historique objectivé peut se résumer de la manière suivante : sous le capitalisme, le temps historique objectivé s'accumule sous une forme aliénée qui renforce le présent et, comme tel, il domine le vivant. En même temps, il permet la libération des hommes par rapport au présent en sapant ce qu'il y a de nécessaire dans le présent et rend par là même possible le futur – l'appropriation de l'histoire de telle manière que les anciens rapports soient renversés et transcendés. Au lieu d'une forme sociale structurée par le présent, par le temps de travail abstrait, il peut exister une forme sociale fondée sur la pleine jouissance d'une histoire qui ne serait plus aliénée, tant pour la société en général que pour l'individu[1].

---

1. On pourrait établir un parallèle entre cette compréhension de l'histoire de la formation sociale capitaliste et la notion freudienne d'histoire individuelle où le

Pour Marx, le mouvement historique du capitalisme, mû par les luttes sociales structurées par la dialectique du travail et du temps, peut être défini en termes de développement de la division sociale du temps et débouche sur la possibilité d'une transformation de la signification sociale du temps : « Ce n'est plus alors aucunement le temps de travail, mais le *temps disponible* qui est la mesure de la richesse »[1].

Les royaumes de la nécessité

J'ai montré que la théorie critique du Marx de la maturité se fonde sur une analyse du rôle historiquement spécifique du travail sous le capitalisme en tant qu'il constitue le mode de médiation sociale quasi objectif, particulier, qui structure cette société. Cependant, plusieurs passages du livre III du *Capital* souvent cités semblent mettre en question certaines propositions centrales de l'interprétation ici présentée – notamment l'idée selon laquelle le dépassement du capitalisme implique le dépassement de la valeur (forme automédiatisante de richesse) et, corrélativement, du travail aliéné. Il me faut donc clore ce chapitre et, avec lui, cette étape de la recherche en examinant ces passages à la lumière de ce que j'ai développé jusqu'ici pour montrer qu'ils s'accordent à notre interprétation.

Au cœur de ma lecture, il y a l'idée que la valeur est une forme de richesse particulière, historiquement spécifique au capitalisme et temporellement déterminée. Un aspect de la forme abstraite de domination sociale que constitue le travail en tant qu'activité socialement médiatisante s'est révélé être le type de nécessité objective qu'exerce la forme du temps abstrait. Dans le livre III du *Capital*, Marx semble toutefois soutenir que, même après le dépassement du capitalisme, cette détermination temporelle de la richesse sera conservée :

---

passé n'apparaît pas comme tel mais, au contraire, sous une forme voilée, intériorisée, qui domine le présent. La tâche de la psychanalyse est de dévoiler le passé de manière à rendre possible son appropriation. Le moment nécessaire d'un présent compulsivement répétitif peut par là même être dépassé, ce qui permet à l'individu d'avancer dans le futur.

1. *Grundrisse*, t. II, p. 196.

« Après la suppression du mode capitaliste de production, mais dans le cas de maintien de la production sociale, la détermination de la valeur restera dominante, parce qu'il sera plus nécessaire que jamais de réglementer la durée du travail, de distribuer le travail social entre les différents groupes productifs, enfin d'en tenir la comptabilité »[1].

Malgré l'usage que fait Marx du terme « valeur » à cet endroit d'un manuscrit publié après sa mort, l'affirmation selon laquelle la réglementation du temps de travail restera importante dans une société postcapitaliste (technologiquement développée, mondialement interdépendante) doit être distinguée de l'idée selon laquelle la valeur restera la forme de la richesse. Commençons par clarifier cette distinction en revenant à un passage des *Grundrisse* où Marx pose la même question du rôle de la réglementation de la dépense du temps de travail dans une société postcapitaliste :

« Économie de temps et distribution planifiée du temps de travail entre les différentes branches de la production demeurent la première loi économique sur la base de la production collective. C'est même une loi qui s'impose à un bien plus haut degré. Ceci, toutefois, est essentiellement différent de la mesure des valeurs d'échange (travaux ou produits du travail) par le temps de travail. Les travaux des individus singuliers dans la même branche de travail et les différents genres de travaux ne sont pas seulement différents *quantitativement*, mais encore *qualitativement*. Que présuppose la différence uniquement *quantitative* des choses ? Que leur *qualité* est la même. Donc mesurer quantitativement les travaux suppose la parité, l'identité de leur *qualité* »[2].

Il est significatif que Marx distingue explicitement la « distribution planifiée du temps de travail », de la « mesure des valeurs d'échange [...] par le temps de travail » qu'il analyse ensuite en termes d'égalisation qualitative des divers types de travail. Selon Marx, ce qui différencie les deux, c'est que la forme de richesse

---

1. *Le Capital*, livre III, p. 768.
2. *Grundrisse*, t. I, p. 110.

fondée sur la dépense de temps de travail est intrinsèquement liée
à une forme quasi objective de médiation sociale. Dans ce contexte,
le temps n'est pas une mesure descriptive, mais une norme objective
quasi indépendante. C'est *cela* qui, dans l'analyse de Marx, fonde
la dialectique du travail et du temps et, partant, la logique de développement et la forme de production matérielle propres au capitalisme. Cette dialectique, de même que les formes de nécessité
sociale abstraite qui lui sont liées, ne sont pas fonction d'une économie de temps en tant que telle, mais de la forme temporelle de la
richesse. De la même façon, économiser le temps n'implique pas
une forme automédiatisante de richesse. Marx distingue clairement
entre les deux.

Par conséquent, l'affirmation de Marx selon laquelle l'attention
portée au temps de travail restera importante dans une société postcapitaliste ne signifie pas que la forme même de la richesse sera
temporelle et non pas matérielle. Cette affirmation est bien plutôt
un nouvel exemple de sa thèse selon laquelle ce qui s'est constitué
sous une forme aliénée et qui domine les hommes – dans ce cas,
l'économie de temps –, les hommes pourraient le transformer et le
contrôler à leur profit, si le mode de médiation constitué par le
travail était aboli. Ces citations ne réfutent donc pas mon affirmation selon laquelle, au cœur de la critique de Marx, se trouvent la
distinction entre valeur et richesse matérielle et l'idée que le dépassement du capitalisme implique l'abolition de la valeur et son dépassement par la richesse matérielle. Ainsi que Marx le note au livre III
du *Capital* plusieurs pages avant le passage cité plus haut :

> « Mais la quantité de valeurs d'usage produites dans un
> temps donné, donc aussi pour un temps donné de surtravail,
> dépend également de la productivité du travail. La richesse
> véritable de la société et la possibilité d'un élargissement inin-
> terrompu de son procès de reproduction ne dépendent donc
> pas de la durée du surtravail, mais de sa productivité et des
> conditions plus ou moins perfectionnées dans lesquelles il s'ac-
> complit »[1].

---

1. *Le Capital*, livre III, pp. 741-742.

Ce passage montre clairement que, pour Marx, la forme de richesse dans une société postcapitaliste serait la richesse matérielle. Bien que, dans ce type de société, une économie de temps reste importante, ce temps aurait probablement une simple valeur descriptive. Dans le cadre de l'analyse de Marx telle que je l'ai présentée, les différences entre cet ordre socio-économique et celui dominé par la forme-temps de la richesse sont considérables. Dans la société postcapitaliste constituée comme possibilité déterminée par la trajectoire du capital, les augmentations de richesse sociale seraient directement proportionnelles à l'augmentation de la productivité – donc, la relation entre l'attention portée à la dépense de temps et la production de richesse serait essentiellement différente de ce qu'elle est dans un contexte où la valeur est la forme sociale de richesse. De plus, étant donné que le procès de production ne posséderait plus le double caractère de procès de travail et de procès de valorisation, il ne se fonderait pas nécessairement sur l'extraction de temps de travail chez les travailleurs ; sa forme ne serait pas non plus structurellement modelée par le rôle nécessaire du travail humain immédiat dans la production en tant que source essentielle de richesse (sous la forme de la valeur). Le procès de production pourrait donc être fondamentalement transformé. Comme je l'ai montré, la dialectique du capital dans l'analyse de Marx indique que le présupposé auparavant nécessaire à la richesse sociale pourrait être dépassé – la possibilité, pour ainsi dire, que l'humanité se libère de la malédiction d'Adam[1].

L'idée que Marx se fait d'une possible économie de temps postcapitaliste et son analyse du capitalisme en termes de forme-temps de la richesse ne sont pas identiques et doivent être distinguées. La trajectoire du développement capitaliste, telle qu'il l'analyse, donne à penser tout à la fois qu'une possible société postcapitaliste se

---

1. Le dépassement du travail aliéné comme condition de l'émancipation se trouve au cœur de la pensée de Herbert Marcuse, qui fut l'un des premiers à reconnaître l'importance tant des *Manuscrits de 1844* que des *Grundrisse*. Comme on néglige souvent la dimension historique de l'analyse de Marcuse, on attribue à ses positions un degré de romantisme plus élevé que ce n'est le cas en réalité. Voir Herbert Marcuse, « Les Manuscrits économico-philosophiques de Marx. Nouvelles sources pour l'interprétation des fondements du matérialisme historique » *in Philosophie et Révolution*, Denoël, 1969 ; *L'Homme unidimensionnel*, Minuit, 1968.

fonderait sur la richesse matérielle et qu'elle se caractériserait par une économie de temps. Bref, comme le note Paul Mattick, lorsque Marx se réfère à la valeur dans le passage du livre III cité au début de cette section, « dans ce contexte, le terme de *valeur* n'est qu'une simple façon de parler »[1].

De même que l'on doit distinguer, dans la théorie du Marx de la maturité, entre économiser le temps et être dominé par le temps, de même, quand on examine la relation travail/nécessité sociale, doit-on distinguer entre nécessité sociale transhistorique et nécessité sociale historiquement déterminée. Pour Marx, un exemple du premier type de nécessité, c'est qu'une certaine forme de travail concret, de quelque façon qu'elle soit déterminée, est nécessaire pour médiatiser les interactions matérielles entre les hommes et la nature et, partant, pour maintenir la vie en société. Selon Marx, une activité de ce type est une condition nécessaire à l'existence dans toutes les formes de société[2]. Selon mon interprétation, l'idée marxienne implicite du second type de nécessité se rapporte aux contraintes impersonnelles abstraites exercées par les formes aliénées, objectivées, que revêtent les rapports sociaux sous le capitalisme et qui sont finalement constituées par le travail en tant qu'activité socialement médiatisante. L'analyse marxienne de la trajectoire de la production capitaliste et de la constitution historique d'immenses capacités productives sous la forme du capital peut aussi être décrite en termes de développement de cette seconde forme de nécessité sociale. Le développement historique du capitalisme – une société fondée sur une forme quasi naturelle, abstraite, de domination sociale – n'entraîne pas seulement le dépassement des formes personnelles, directes, de domination sociale, mais aussi le dépassement partiel de la domination des hommes par la nature. En d'autres termes, à mesure qu'avec le développement du capitalisme l'humanité se libère de son écrasante dépendance à l'égard des caprices de son environnement naturel, elle le fait en créant inconsciemment et involontairement une structure quasi naturelle de domination constituée par le travail, une sorte de « seconde nature » ; elle dépasse la domination de la première nature, de l'environnement naturel, mais au prix de la constitution de la domination de cette seconde nature.

---

1. Mattick, *Marx et Keynes*, Gallimard, 1972, p. 45.
2. *Le Capital*, livre I, p. 48.

Du fait de son double caractère, le travail déterminé par la marchandise est donc, pour Marx, prisonnier de deux formes de nécessité différentes : l'une transhistorique, l'autre spécifique au capitalisme. Il faut garder cela à l'esprit quand on lit le passage suivant, fréquemment cité, extrait du livre III du *Capital* :

> « En fait, le royaume de la liberté commence seulement là où l'on cesse de travailler par nécessité et opportunité imposée de l'extérieur ; il se situe donc, par nature, au-delà de la sphère de production matérielle proprement dite. [...] En ce domaine, la seule liberté possible est que l'homme social, les producteurs associés règlent rationnellement leurs échanges avec la nature, qu'ils la contrôlent ensemble au lieu d'être dominés par sa puissance aveugle et qu'ils accomplissent ces échanges en dépensant le minimum de force et dans les conditions les plus dignes, les plus conformes à leur nature humaine. Mais cette activité constituera toujours le royaume de la nécessité. C'est au-delà que commence le développement des forces humaines comme fin en soi, le véritable royaume de la liberté qui ne peut s'épanouir qu'en se fondant sur l'autre royaume, sur l'autre base, celle de la nécessité »[1].

Ce passage se rapporte à deux types de liberté différents : la liberté à l'égard de la nécessité sociale transhistorique et la liberté à l'égard de la nécessité sociale historiquement déterminée. Le « véritable royaume de la liberté » se réfère à la première forme de liberté. La liberté à l'égard de *toute* forme de nécessité commence nécessairement en dehors de la sphère de production. Mais pour Marx, même dans cette sphère, il peut exister une forme de liberté : les producteurs associés peuvent contrôler leur travail, et non être contrôlés par lui. Étant donné ce que j'ai développé jusqu'à présent, il est clair que Marx ne se réfère pas ici au contrôle de la production au sens étroit du terme, mais à la transformation de la structure de production sociale et à l'abolition de la forme abstraite de domination enracinée dans le travail déterminé par la marchandise – c'est-à-dire qu'il se réfère à l'abolition de la nécessité sociale historiquement déterminée. Comme on l'a vu, pour Marx, dépasser la

---

1. *Le Capital*, livre III, p. 742.

forme-valeur des rapports sociaux signifie dépasser la nécessité sociale aliénée. L'humanité pourrait se libérer des contraintes de type quasi naturel : par exemple, la forme de productivité débridée liée à l'accumulation du capital, et la fragmentation croissante du travail – bref, se libérer des divers aspects de l'automatisme socio-historique. Dans l'idée de Marx, l'abolition du travail aliéné entraî-nerait le dépassement de la nécessité historique, de la nécessité sociale historiquement spécifique qui se constitue dans la sphère de production capitaliste ; elle permettrait la liberté historique. On peut utiliser l'expression de « liberté historique » pour définir la conception marxienne d'une société où les hommes sont libres de la domination sociale – que celle-ci soit personnelle ou abstraite – et où les individus associés font leur propre histoire.

Dans la conception de Marx, la liberté historique entraîne la libé-ration à l'égard de la nécessité sociale historiquement déterminée et permet une expansion du « véritable royaume de la liberté ». Cependant, elle n'entraîne pas au niveau de la société en tant que tout la liberté à l'égard de toute forme de nécessité : pour Marx, la société ne saurait être fondée sur la liberté absolue. Les hommes demeurent soumis aux contraintes de la nature. Bien que le travail des individus ne soit pas nécessairement le moyen obligé pour acquérir des moyens de consommation, une *certaine* forme de pro-duction sociale reste une condition *sine qua non* de la vie sociale. Les hommes peuvent historiquement modifier la forme et le degré de cette donnée sociale « naturelle » transhistorique, mais ils ne peuvent pas l'abolir. Pour Marx, même si le travail humain immé-diat engagé dans la production cessait d'être la source première de la richesse sociale et même si la société cessait d'être structurée par une forme de médiation sociale quasi objective constituée par le travail, le travail social devrait être effectué. C'est pour cette raison, comme je l'ai noté au début de cet ouvrage, que Marx disait que, si proche du jeu le travail individuel soit-il, l'ensemble du travail au niveau de la société en tant que tout ne pourra jamais revêtir le caractère d'un pur jeu.

L'abolition du travail aliéné, telle que la suppose l'analyse marxienne du capitalisme, ne signifie donc pas l'abolition de la nécessité de toutes les formes de travail social – même si la nature d'un tel travail, la quantité de temps de travail (et de temps de vie) exigée, et les divers modes possibles de répartition sociale du travail pourraient être radicalement différents de ce qu'ils sont dans une société dominée par la nécessité historique. Chez Marx, la persistance de la nécessité du travail en tant que condition de la vie sociale ne doit pas être assimilée à l'aliénation, aux formes abstraites de domination sociale constituées par le travail que j'ai analysées. Cette nécessité-là s'enracine dans la vie humaine même – dans le fait que les hommes font partie de la nature, mais qu'ils en font partie de façon médiatisée en ce sens qu'ils maîtrisent aussi au moyen du travail leur « métabolisme » avec l'environnement naturel.

Un autre aspect du passage cité précédemment mérite d'être évoqué. Que l'interaction entre l'humanité et la nature, médiatisée par le travail, soit un prérequis nécessaire de la vie sociale met en lumière une dimension souvent négligée de la critique marxienne du capitalisme. Nous avons vu que, selon Marx, la richesse matérielle est constituée par le travail (concret) et la nature, alors que la valeur est fonction du seul travail (abstrait). En tant que valeur qui s'autovalorise, le capital consomme la nature matérielle pour produire de la richesse matérielle – non comme une fin toutefois, mais comme un moyen d'augmenter la survaleur, d'extraire et d'absorber le plus possible de temps de surtravail de la population laborieuse. Cette transformation de la matière en unités de temps objectivé est un processus de consommation productive à sens unique, et non un processus cyclique. À cet égard, la production déterminée par le capital est identique à la culture sur brûlis, mais à un degré « plus élevé » ; elle consomme les sources de richesse matérielle, puis elle se déplace. Selon le mot de Marx, « la production capitaliste ne développe la technique et la combinaison du procès de production social qu'en ruinant dans le même temps les sources vives de toute richesse : la terre et le travailleur »[1]. L'immense augmentation de productivité induite et exigée par le capital est précisément due au fait que la création de davantage de richesse matérielle n'est pas un but mais un moyen d'abaisser le temps de travail nécessaire. L'une des conséquences de la forme-valeur, c'est

---

1. *Le Capital*, livre I, p. 567.

que le capital se caractérise par un mouvement d'expansion illimitée ; comme nous l'avons vu, la production capitaliste est une production pour la production. Cette pulsion accélérée du capital s'articule à une forme de richesse basée sur la dépense de temps de travail immédiat. Selon Marx, cette base est toujours moins significative et toujours plus étroite en tant que source de richesse matérielle, tout en restant nécessaire en tant que source de la valeur. Les forces illimitées du capital et cette base étroite sont liées entre elles, même si ce n'est pas manifeste. Le rêve contenu dans la forme-capital, c'est celui d'une illimitation absolue, d'une idée de la liberté comme libération complète à l'égard de la matière, de la nature. Ce « rêve du capital » est devenu le cauchemar pour cela et ceux dont le capital s'évertue à se libérer : la planète et ses habitants.

L'humanité ne peut s'éveiller complètement de cet état de somnambulisme qu'en abolissant la valeur. Cette abolition entraînerait l'abolition de la nécessité qu'a la productivité d'augmenter sans cesse sous la forme que je viens de décrire, et cela permettrait une structure du travail différente, un plus haut degré de maîtrise, par les hommes, de leurs propres vies et une relation à l'environnement naturel plus consciente et maîtrisée. L'affirmation de Marx selon laquelle une certaine forme de travail est une nécessité sociale trans-historique est une critique des conceptions de la liberté absolue, une critique fondée sur la reconnaissance du caractère limité de l'humanité en tant que partie prenante de la nature. Cela suggère qu'une situation de liberté historique permettrait aussi un procès socialement maîtrisé d'interaction avec la nature, une relation qui ne soit comprise ni en termes d'« harmonie » romantique, qui exprime la sujétion de l'humanité aux forces aveugles de la nature, ni en termes de « liberté », qui implique l'assujettissement aveugle de la nature.

La théorie critique de Marx a souvent été critiquée comme « prométhéenne », comme fondée sur la dangereuse proposition utopique selon laquelle les hommes pourraient façonner le monde à leur gré. L'analyse de la société moderne en termes de rapports sociaux médiatisés par le travail, présentée dans ce livre, met en question l'une des affirmations de ce genre de critique – à savoir, que façonner le monde puisse être matière à choix. L'analyse de Marx peut être comprise comme une tentative particulièrement puissante et élaborée de montrer qu'avec le développement de la marchandise en tant que forme sociale totale, les hommes « font » déjà le monde qui les entoure. Cela indique rétrospectivement que les hommes faisaient leur monde aussi dans le passé, mais que la forme sous laquelle ils font le monde sous le capitalisme est extrêmement différente des formes antérieures de constitution sociale. Selon Marx, le monde capitaliste, le monde moderne est constitué par le travail et ce procès de constitution sociale est tel que les hommes sont contrôlés par ce qu'ils font. Marx analyse le capital comme la forme aliénée de la connaissance et des capacités générales de l'espèce, historiquement créées, et, partant, comprend le mouvement de plus en plus destructeur du capital vers l'absence de limites comme le mouvement des capacités humaines objectivées qui sont devenues indépendantes du contrôle humain. En fonction de ce que j'ai développé, on peut dire que la vision que Marx a du dépassement du capitalisme, c'est de prendre le contrôle de ces développements quasi objectifs, de ces processus de transformation sociale continue et accélérée, que les hommes ont eux-mêmes constitués. Dans ce cadre, le problème n'est donc pas de savoir si les hommes doivent façonner leur monde – ils le font déjà. Le vrai problème, c'est la manière dont les hommes façonnent le monde et, partant, la nature de ce monde et de sa trajectoire.

CHAPITRE X

Pour conclure

L'objectif de cet ouvrage était de réinterpréter la théorie du Marx de la maturité par un examen précis de ses catégories les plus fondamentales et, à partir de là, d'entreprendre une reconceptualisation de la nature de la société capitaliste. Cette réinteprétation se proposait au premier chef de montrer combien sont grandes les différences entre la théorie de Marx et les interprétations marxistes traditionnelles. Et j'ai effectivement montré que la théorie de Marx permet une forte critique de ces interprétations, une critique qui les localise socialement en les analysant à l'aide des mêmes catégories que celles qui servent à critiquer le capitalisme. En d'autres termes, cette réinterprétation de Marx permet une critique du marxisme traditionnel en même temps qu'elle exprime une nouvelle théorie critique du capitalisme. Elle transforme également les termes du débat entre la théorie de Marx et les autres types de théorie sociale.

La clé de cette réinterprétation, c'est la distinction entre une critique du capitalisme faite du point de vue du « travail », au sens traditionnel, et une critique fondée sur l'analyse du caractère historiquement spécifique du travail sous le capitalisme. Nous avons vu que la première est au cœur du marxisme traditionnel et que l'analyse de Marx ne devrait pas être comprise en ces termes. L'analyse marxienne du caractère historiquement unique du travail comme activité socialement médiatisante sous le capitalisme se trouve au cœur de son étude des rapports sociaux et des formes de subjectivité propres à cette société. Selon Marx, le travail sous le capitalisme avec sa double fonction en tant que travail abstrait et travail concret, en tant qu'activité médiatisant les rapports des hommes entre eux et avec la nature, est la forme structurante fondamentale du capitalisme : la marchandise. Marx traite la marchandise comme une forme socialement constituée et constituante – aussi bien « subjective » qu'« objective » – de pratique sociale. La théorie marxienne de la centralité du travail sous le capitalisme est donc une théorie de la spécificité de la forme de médiation sociale dans cette société – constituée par le travail et quasi objective –, et non une théorie de la primauté socialement nécessaire des interactions médiatisées par le travail entre les hommes et la nature. Cet accent mis sur la médiation sociale et non sur le « travail » (ou la classe) signifie que la théorie sociale de la connaissance proposée par Marx, laquelle relie travail et conscience, doit être comprise comme une théorie qui saisit les formes de médiation sociale (constituées par des formes structurées de pratique) et les formes de subjectivité comme étant intrinsèquement liées entre elles. Cette théorie n'a rien à voir avec la théorie de la connaissance dite « du reflet » ou avec l'idée que la pensée est une « superstructure ». Elle réfute également l'identification habituelle d'une théorie « matérialiste » de la subjectivité avec une théorie des seuls intérêts.

Ma recherche a montré que, sur la base du concept de double caractère de la forme-marchandise que revêt la médiation sociale, Marx reconstruit les traits fondamentaux de la société capitaliste. Son analyse catégorielle définit la société moderne d'après plusieurs grands traits qu'il tente de lier entre eux et de fonder socialement. Ces traits comportent le caractère « nécessaire », quasi objectif, de la domination sociale – c'est-à-dire le caractère impersonnel, abstrait et généralisé d'une forme de pouvoir dépourvue de lieu institutionnel concret ou personnel réel –, la dynamique directionnelle continue de la société moderne et sa forme d'interdépendance et de reproduction matérielle individuelle médiatisée par le travail. En même temps, l'analyse catégorielle de Marx vise à expliquer certaines des anomalies apparentes de la vie sociale moderne en tant qu'aspects inhérents à ses formes sociales structurantes : la production continue de la pauvreté au sein même de l'abondance ; les effets paradoxaux produits sur l'organisation du travail social et du temps social par la technologie qui économise le temps et le travail ;

enfin, le degré auquel des forces abstraites et impersonnelles contrôlent la vie sociale, malgré la capacité potentielle croissante des hommes à contrôler leur environnement social et naturel.

Ainsi, l'analyse que Marx fait de la marchandise comme unité contradictoire du travail abstrait et du travail concret, de la valeur et de la richesse matérielle, se trouve au cœur même de sa conception du capitalisme et de ce que son abolition entraînerait. Elle fournit la base conceptuelle de la dialectique de transformation/reconstitution esquissée plus haut et permet du même coup une analyse critique socio-historique de la forme de la croissance économique, de la nature et de la trajectoire de la production, de la distribution et de l'administration, et de la nature du travail sous le capitalisme. Les catégories marxiennes de base ne fondent pas seulement une analyse sociale des traits fondamentaux du capitalisme, mais elles le font aussi de manière à ce que ces traits soient intrinsèquement liés au fossé croissant entre, d'un côté, l'absence de maîtrise et la fragmentation de l'existence et du travail individuels et, de l'autre, le pouvoir et la richesse de la totalité sociale. Mon étude de l'analyse que Marx fait de la sphère de production a démontré que sa critique de cette opposition entre la totalité sociale et les individus n'est pas simplement une critique des processus historiques de la « différenciation » sociale en soi, faite du point de vue d'une conception romantique de l'unité immédiate de l'individu et de la société, mais qu'elle se fonde bien plutôt sur une analyse de la spécificité de cette opposition sous le capitalisme. Marx analyse cette opposition comme un élément de la forme aliénée dans laquelle la connaissance et les capacités humaines socialement générales se constituent historiquement sous le capitalisme, et il explique cette forme aliénée d'après la nature des rapports sociaux médiatisés par le travail. Sur la base de cette analyse du capital, Marx propose une puissante critique du caractère spécifique de l'opposition qui se forme dans la société capitaliste, entre une dimension sociale générale objectivée et les individus. Il rejette par là même l'idée que cette opposition, telle qu'elle se matérialise sous la forme de la production industrielle capitaliste par exemple, soit nécessairement concomitante avec tout mode de production technologiquement avancé fondé sur une division sociale du travail hautement développée. De cette manière, son analyse suggère la possibilité d'une forme de « différenciation » radicalement différente.

Selon ce type d'approche, le développement historique de la société capitaliste est socialement constitué, non linéaire et non évolutionniste. Il n'est pas contingent et aléatoire, comme l'est le changement historique dans d'autres formes de sociétés, et il n'est pas non plus un développement dialectique (ou évolutionniste) transhistorique : il s'agit au contraire d'un développement dialectique historiquement spécifique qui prend sa source dans des circonstances historiques particulières, mais qui devient ensuite abstraitement universel et nécessaire. Cette dialectique historique entraîne des processus continus et accélérés de transformation de tous les aspects de la vie sociale et, simultanément, la reconstitution continue de la plupart des traits structurels de base du capitalisme. Il n'est pas sans intérêt pour notre propos de rappeler que, chez Marx, la dialectique de transformation/reconstitution se fonde en dernier ressort sur la différence entre valeur et richesse matérielle, c'est-à-dire sur le double caractère de la médiation sociale constituante du capitalisme. Bien que le marché ait été le moyen par lequel cette dialectique s'est généralisée dans le capitalisme bourgeois, cette dialectique elle-même ne peut s'expliquer uniquement en termes de rapports de distribution bourgeois.

Dans l'analyse de Marx, c'est donc le double caractère du travail, et non le marché et la propriété privée des moyens de production, qui constitue le noyau du capitalisme. La présentation marxienne de la trajectoire de production, par exemple, indique que les rapports de distribution bourgeois ont eu une importance décisive au début du capitalisme, mais que ce type de rapports est devenu moins structurellement central, une fois le capitalisme pleinement développé. Mon étude a effectivement montré que se focaliser exclusivement sur les aspects bourgeois du capitalisme voile l'importance centrale, chez Marx, des distinctions entre travail abstrait et travail concret, valeur et richesse matérielle.

Une « théorie de la richesse-travail », par exemple, peut parvenir à fonder théoriquement l'exploitation de classe ; une théorie qui se focalise sur l'idée que la production sous le capitalisme a pour but le profit, et non l'usage, peut parvenir à montrer comment ce but pousse à l'introduction d'innovations techniques dans la production ; et une approche marxiste traditionnelle peut parvenir à rendre compte du caractère fondamentalement porteur de crises du procès capitaliste de reproduction sociale. Mais chacun de ces buts théoriques peut être atteint tout en ignorant les distinctions fondamentales que Marx présente au début de son exposé. Or, comme je l'ai montré, la théorie de Marx entraîne une critique du caractère de la croissance économique sous le capitalisme et une critique de la nature et de la trajectoire du procès de production capitaliste, une critique de son opposition intrinsèque entre la connaissance générale socialement objectivée et le travail vivant. Et cette critique – qui est aussi une critique de la nature quasi objective, directionnellement dynamique, de la coercition sociale sous le capitalisme et de la structuration de l'univers social selon une opposition entre les dimensions abstraite et concrète – se fonde en dernier ressort sur l'analyse critique que Marx fait du double caractère du travail sous le capitalisme. Elle diffère radicalement d'une critique du capitalisme formulée du point de vue du « travail » au sens transhistorique du terme.

De plus, dans son analyse du capital, Marx traite le concept de totalité d'une manière qui ne s'accorde ni au marxisme traditionnel ni à de nombreuses critiques actuelles du marxisme. Nous avons vu que la théorie de Marx analyse le capital comme une totalité sociale, comme une forme aliénée qui est constituée en dernier ressort par la forme de rapports sociaux médiatisée par le travail. Par conséquent, cette théorie implique une critique de la totalité sociale. Elle n'affirme pas la totalité à la manière du marxisme traditionnel, qui conçoit la totalité comme ce qui doit être réalisé sous le socialisme, sitôt que le particularisme de la société bourgeoise est dépassé. Toutefois, à la différence de nombreuses positions actuelles qui associent elles aussi dans un esprit critique la totalité à la domination, la théorie de Marx ne rejette pas l'existence sociale de la totalité ; elle analyse bien plutôt la totalité en tant que fonction de la forme dominante de médiation sociale et cherche à indiquer la possibilité de son dépassement. Pour une approche de ce type, tant l'affirmation positive de la totalité que la négation de son existence contribuent à maintenir la domination du capital.

Les différences entre la critique marxienne et le marxisme traditionnel sont considérables. Ils s'opposent en effet par de nombreux aspects : une grande part de ce qui est affirmé par le marxisme traditionnel est compris de manière critique par Marx. Ainsi avonsnous vu que la théorie de Marx ne considère pas les rapports de classes structurés par la propriété privée et le marché comme les rapports sociaux les plus fondamentaux du capitalisme. De la même façon, la visée critique des catégories de valeur et de survaleur n'est pas seulement de fonder une théorie de l'exploitation. La théorie de Marx n'affirme pas le procès de production capitaliste en vue de critiquer les modèles de distribution capitaliste et n'implique pas non plus que le prolétariat soit le sujet révolutionnaire qui va se réaliser lui-même dans une future société socialiste. Pour Marx, la contradiction interne de la société capitaliste ne se situe ni, au plan structurel, entre les rapports capitalistes et la production industrielle, ni, au plan social, entre la classe capitaliste et la classe ouvrière – avec, à chaque fois, le second terme considéré comme intrinsèquement indépendant du capitalisme et renvoyant à un possible futur socialiste. À un niveau plus général, la théorie de Marx ne prétend pas que le travail soit le principe structurant transhistorique de la vie sociale ; elle ne saisit pas la constitution de la vie sociale en termes de dialectique sujet/objet médiatisée par le travail (concret). Elle ne propose en effet *aucune* théorie transhistorique du travail, des classes, de l'histoire ou de la nature de la vie sociale elle-même.

Ma recherche sur les catégories de la critique autoréflexive de Marx a révélé une conception de la nature du capitalisme et de son dépassement radicalement différente de celle des interprétations marxistes traditionnelles. Nous avons vu que le travail sous le capitalisme, loin d'être le *point de vue* de la critique de Marx, en est l'*objet*. Dans sa théorie de maturité, la critique de l'exploitation et du marché s'insère dans une critique bien plus profonde où la centralité constituante du travail sous le capitalisme est analysée comme étant le fondement ultime des structures abstraites de domination, de la fragmentation croissante de l'existence et du travail individuels, et de la logique aveugle de développement de la société capitaliste et des grandes organisations qui subsument de plus en plus les hommes. Cette critique analyse la classe ouvrière comme un élément intégré au capitalisme, et non comme l'incarnation de sa négation. En même temps que le possible dépassement de la valeur, la critique de Marx montre le possible dépassement des structures de contrainte abstraite propres au capitalisme, la possible abolition du travail prolétarien et la possibilité d'une autre organisation de la production, tout en indiquant que ces possibles sont intrinsèquement liés entre eux.

Au début du livre, j'ai suggéré que les développements historiques de la seconde moitié du XXe siècle – tels que le développement puis la récente crise du capitalisme interventionniste d'État postlibéral, la naissance puis l'effondrement des sociétés dites du « socialisme réellement existant », l'émergence de nouveaux problèmes sociaux, économiques et écologiques sur l'ensemble de la planète, et l'apparition de nouveaux mouvements sociaux – avaient rendu claires les inadéquations du marxisme traditionnel comme théorie critique à visée émancipatrice. Ces développements démontrent la nécessité de reconceptualiser complètement la société capitaliste. La théorie de Marx, telle que je l'ai réinterprétée, fournirait un point de départ prometteur à toute tentative de repenser la nature du capitalisme actuel et sa possible transformation historique.

Du fait que l'approche que j'ai esquissée décentre la critique du capitalisme (elle ne s'intéresse plus exclusivement au marché et à la propriété privée), elle pourrait servir de base à la fois à une théorie critique du capitalisme moderne plus adéquate au capitalisme postlibéral et à une analyse des sociétés dites du « socialisme réellement existant ». J'ai par exemple montré que la contradiction entre les forces productives et les rapports de production développée dans *Le Capital* n'est pas essentiellement une contradiction entre la production industrielle et les institutions capitalistes libérales et que cette contradiction ne mène pas à la réalisation de la production industrielle. Loin de proposer une critique du marché et de la propriété privée qui serait faite du point de vue de la production industrielle et du prolétariat, la théorie de Marx fournit la base d'une analyse du procès de production industriel en tant qu'intrinsèquement capitaliste. Les catégories marxiennes de marchandise et de capital tentent d'exprimer aussi bien le principe d'organisation interne de la grande production industrielle que la dynamique quasi automatique du capitalisme. De plus, ces catégories fournissent le point de départ permettant d'analyser les formes postlibérales existant en dehors de la sphère de production immédiate, telles que les formes collectives d'organisation sociale. Nous avons vu en effet que le plein développement de la forme-marchandise implique effectivement le développement de ce type de formes sociales collectives. Rappelons que, si la marchandise ne se totalise que lorsque la force de travail devient marchandise, la détermination logique de la force de travail en tant que marchandise ne se réalise, elle, historiquement que lorsque les travailleurs exercent un contrôle effectif sur cette marchandise. Dans le cadre de l'analyse de Marx, ils ne peuvent le faire que comme propriétaire collectif de marchandise ; la totalisation de la valeur exige des formes d'organisation collectives.

L'analyse marxienne du capitalisme n'est donc pas nécessairement liée au capitalisme libéral ; elle implique au contraire que le plein développement des formes sociales du capitalisme, lorsqu'elles sont saisies à l'aide des catégories, renvoie au-delà de sa phase libérale. De plus, bien que nous insistions ici sur la structuration du procès de production, les implications de l'analyse catégorielle de Marx renvoient très au-delà de la sphère de production immédiate. J'ai montré que cette analyse de la structuration de la vie sociale par la marchandise ne se limite pas à cette sphère : Marx analyse la marchandise comme la médiation sociale la plus fondamentale et la plus générale de la société capitaliste. J'ai aussi montré que Marx conçoit la valeur comme une forme sociale qui n'est pas manifeste, mais qui détermine un niveau structurel profond de l'existence sociale moderne et agit dans le dos des acteurs sociaux. Selon Marx, la valeur est constitutive de la conscience et de l'activité et, en retour, elle est constituée par les hommes bien que ceux-ci en ignorent l'existence. Son mécanisme ne doit donc pas être limité à la sphère de production immédiate où elle est supposée naître. Cela signifie que l'analyse ici esquissée de l'immense forme hiérarchique d'organisation engendrée par la marchandise et le capital, où les hommes sont subsumés en rouages d'un méga-appareil rationalisé, ne se limite pas à la sphère de production immédiate.

De telles remarques suggèrent que la théorie de Marx permet une analyse sociale critique du développement des organisations de production et d'administration bureaucratiques, rationalisées et massives propres au capitalisme avancé, sur la base d'une analyse systématique de la structuration de la vie sociale par la forme-marchandise [1]. En d'autres termes, elle permet une analyse qui soit en

---

1. David Harvey pense lui aussi que les importantes transformations du capitalisme au XXe siècle ne rendent pas forcément obsolète l'analyse de Marx, mais qu'elles peuvent être comprises à l'aide de cette analyse. Voir *The Limits to Capital*, 1982, pp. 136-155. Partant de l'idée que le concept marxien d'égalisation du taux de profit développé dans le livre III du *Capital* dépend de la facilité avec laquelle les capitaux peuvent être déplacés, Harvey déclare que les changements spectaculaires survenus

mesure de fonder socialement et de saisir comme intrinsèquement contradictoire ce que Weber analyse en termes de rationalisation de toutes les sphères de la vie sociale dans le monde moderne[1].

Cette analyse ne partage pas les présupposés sous-jacents à l'analyse que l'École de Francfort a faite du capitalisme postlibéral en

dans les formes organisationnelles des entreprises au siècle passé [le XIXe] sont liées à la concentration et à la centralisation du capital. Cette concentration et cette centralisation ont leurs racines dans la loi de la valeur et, en retour, ont accru l'effet de la loi de la valeur (pp. 137-141). L'essor de grandes entreprises capitalistes bureaucratiquement organisées a suivi rapidement les grandes améliorations dans les moyens de transport, les voies de communication et le système bancaire – toutes ont levé les barrières imposées à la concurrence et facilité la mobilité des capitaux (p. 145). Pour Harvey, la coordination managériale ne contredit pas la loi de la valeur. Harvey, s'appuyant sur l'étude d'Alfred Chandler *La Main visible des managers. Une analyse historique*, pense qu'au tournant du siècle [le passage du XIXe au XXe siècle], le volume des activités économiques a atteint un niveau qui a rendu la coordination administrative plus efficace et plus profitable que la coordination par le marché (p. 146). Il montre que les grandes entreprises ont été capables de transférer capitaux et main-d'œuvre avec une grande rapidité et une grande efficacité. De plus, à partir des années 1920, les grandes entreprises (sous la houlette de General Motors aux États-Unis) se sont décentralisées en interne, en rendant chaque subdivision responsable financièrement. Harvey conclut que la structure managériale moderne engendre une forme qui a pour effet l'égalisation administrative du taux de profit (pp. 148-149).

Dans quelle mesure les modes administratifs de répartition de la valeur (par égalisation du taux de profit) présupposent un niveau donné de concurrence – qu'il soit national ou international – est une question que je ne peux pas poser ici. L'approche de Harvey consiste à dire que, bien que la coordination par le marché ne soit plus essentielle au capitalisme, la concurrence demeure centrale. Ce qui change, c'est le lieu de la concurrence – elle se déplace par exemple vers les marchés financiers, où la concurrence a pour but le capital-argent. Cette concurrence est le moyen par lequel la discipline du capital peut s'imposer tant aux entreprises qu'aux États (pp. 150-155). La façon dont Harvey traite la question de la validité de la loi de la valeur au XXe siècle est raffinée et éclairante. Cependant, contrairement à moi, Harvey n'insiste pas sur la spécificité de la valeur en tant que forme de richesse déterminée par le temps. Lorsqu'il examine le procès d'accumulation pour l'accumulation sous le capitalisme, il s'intéresse d'abord à la concurrence et à la propriété privée plutôt qu'aux distinctions entre travail abstrait et travail concret, valeur et richesse matérielle. Harvey ne fonde donc pas la dynamique de production et sa forme matérielle dans la contradiction dont j'ai tracé les grandes lignes ; de la même manière, le fait qu'il se focalise sur la concurrence ne montre pas comment il analyserait les sociétés dites du « socialisme réellement existant ».

1. Comme on l'a vu, Lukács entreprend cette tâche dans *Histoire et conscience de classe*, mais son approche est ruinée par sa conception traditionnelle du travail, de la totalité et du prolétariat.

termes d'univers social unidimensionnel, totalement administré. Ma recherche sur l'analyse marxienne du procès de production a démontré que la compréhension que Marx a de la nature contradictoire de la société capitaliste est très différente de la compréhension traditionnelle qui informe la tentative de Friedrich Pollock de saisir les changements qualitatifs survenus dans le capitalisme du XXe siècle. Une analyse fondée sur la théorie de Marx saisirait comme déterminés par le capital et comme intrinsèquement contradictoires ces importants développements qualitatifs mêmes qui, selon Pollock, indiquent que la contradiction fondamentale du capitalisme a été dépassée, même si aucune transformation émancipatrice de la société n'a eu lieu.

Mon interprétation de la conception marxienne du caractère contradictoire des formes structurantes du capitalisme, et la dialectique de transformation/reconstitution qu'elle implique, permet aussi – à un niveau logique très abstrait – une analyse des développements récents qui semblent marquer une nouvelle phase du développement capitaliste. En retrouvant l'idée d'un développement historique dialectique à un niveau plus essentiel que celui du mode de distribution, une telle approche est moins linéaire que celle du dépassement du capitalisme libéral par le capitalisme d'État chez Pollock. Elle permettrait de comprendre vers quoi tend l'actuelle transformation du capitalisme caractérisée par l'affaiblissement des formes centrées sur l'État à l'Ouest et par l'effondrement des formes contrôlées par l'État à l'Est – c'est-à-dire caractérisée par le renversement partiel de la tendance au contrôle étatique croissant qui a marqué le passage du capitalisme libéral au capitalisme organisé. Sur la base de cette perspective, l'analyse que Pollock a faite de ce passage traite de façon linéaire ce qui apparaît aujourd'hui avoir été un moment d'un développement plus dialectique. Mon approche serait plus adéquate à ce développement et pourrait fournir les bases nécessaires pour penser les trajectoires historiques parallèles du capitalisme interventionniste d'État et du « socialisme réellement existant » comme des variations tout à fait spécifiques d'une même phase du développement mondial du capital.

Repenser la nature du capitalisme signifie repenser son dépassement. La théorie de Marx, telle qu'elle est interprétée ici, implique de ne pas poser les formes existantes de production sociale et d'administration comme nécessairement liées à la « modernité » et n'exige pas non plus leur abolition ; elle renvoie bien plutôt au-delà de l'opposition de ces deux points de vue. Nous avons vu que, par exemple, Marx ne traite pas le procès de production en termes techniques, mais qu'il l'analyse en termes sociaux, en fonction de deux dimensions sociales qui, quoique entrelacées sous le capitalisme, peuvent parfaitement être séparées. En tant que théorie critique de la société moderne, la théorie de Marx analyse la domination sociale comme immanente au procès de production et autres « institutions » de cette société. Elle le fait sans se tourner avec nostalgie vers le passé, mais en différenciant conceptuellement ce que, sous le capitalisme, on ne peut pas différencier au niveau de l'expérience immédiate – à savoir, ce qui, à cause du capital, *est* nécessaire à une société dotée d'une production technologique avancée et d'une division sociale du travail hautement développée ; et ce qui *serait* nécessaire à cette même société si le capital était aboli. La critique de l'économie politique de Marx est une théorie critique de la modernité dont le point de vue n'est pas le passé précapitaliste, mais les possibilités développées par le capitalisme et qui renvoient au-delà de lui. Dans la mesure où la théorie de Marx fonde socialement et critique les rapports sociaux quasi objectifs, abstraits, du capitalisme et la nature de la production, du travail et des impératifs de croissance dans cette société, elle pourrait contribuer à une analyse des développements contemporains capable d'aborder d'une façon plus adéquate que le marxisme traditionnel la question des sources de nombreuses inquiétudes, insatisfactions et aspirations actuelles.

Ce type d'approche, avec sa compréhension du caractère contradictoire du capitalisme, permet de distinguer trois grandes formes de critique et d'opposition socialement constituées sous le capitalisme. La première s'enracine dans ce que les hommes considèrent comme les formes traditionnelles et elle est dirigée contre la destruction de ces formes par le capitalisme. La deuxième se fonde sur le fossé entre les idéaux de la société capitaliste moderne et sa réalité ; cette forme caractérise un large éventail de mouvements différents, depuis les mouvements pour les droits civiques, libéraux[1],

---

1. Au sens américain du terme, c'est-à-dire politique (la gauche démocratique), et non pas économique. (N. d. T.)

jusqu'aux mouvements ouvriers (une fois que la classe ouvrière se fut constituée). L'interprétation ici présentée esquisse une troisième grande forme de critique et d'opposition possible : une critique fondée sur le fossé croissant entre les possibilités engendrées par le capitalisme et sa réalité. Une telle approche pourrait constituer une base prometteuse pour une analyse des nouveaux mouvements sociaux des dernières décennies[1].

L'analyse marxienne, telle qu'elle est interprétée ici, implique aussi une façon d'aborder la question des conditions de la démocratie dans une société postcapitaliste, que je ne peux qu'évoquer ici. D'abord, elle jette les bases d'une analyse des limites sociales à la démocratie sous le capitalisme, qui renvoie au-delà de la critique traditionnelle du fossé entre l'égalité politique formelle et l'inégalité sociale concrète. La position traditionnelle, c'est que la réduction des immenses disparités de richesse et de pouvoir enracinées dans les rapports de distribution capitalistes est une condition sociale nécessaire à la vraie réalisation d'un système politique démocratique. À la lumière de ce que j'ai présenté ici, on voit que de telles considérations n'appréhendent qu'un aspect des limites sociales à la démocratie sous le capitalisme. Ce qu'il faut comprendre en plus, ce sont les contraintes imposées à l'autodétermination démocratique par la forme de domination abstraite qui prend sa source dans la forme de médiation sociale historiquement dynamique, totalisante, quasi objective, caractéristique du capitalisme.

Nous avons vu que, pour Marx, cette forme de domination sociale façonne la nature de la croissance, la forme de production et de reproduction sociale, et les rapports hommes/nature sous le capitalisme. Mais étant donné que ces processus n'apparaissent absolument pas comme sociaux, le débat sur leur transformation

---

1. Cependant, même à ce niveau d'abstraction logique initial, il ne faudrait pas interpréter le développement historique des valeurs, des besoins et des interrogations qui paraissent renvoyer au-delà du capitalisme comme un développement linéaire. Par exemple, le passage à une nouvelle phase (le capitalisme postlibéral) semble avoir rétabli la connexion vécue comme nécessaire entre les formes existantes de travail et tes formes tre reproduction individuelle et a contribué à déplacer ce qui semble avoir été une interrogation croissante sur la nature de l'activité de travail, vers l'idée d'accomplissement par la consommation. Voir T. J. Jackson Lears, « From Salvation to Self-Realization » *in* Richard W. Fox et T. J. Jackson Lears (dir.), *The Culture of Consumption*, 1983.

semble terriblement utopique. Cependant, l'analyse de Marx insiste sur le fait que ces contraintes sont sociales : elles ne sont pas de nature technique et ne sont pas non plus des aspects nécessaires de la modernité. Ensuite, les formes de contrainte enracinées dans la marchandise et le capital ne sont pas statiques mais dynamiques. Selon ma reconstruction de l'analyse de Marx, l'abolition de cet aspect des rapports de production capitalistes n'est pas seulement souhaitable mais nécessaire, si l'humanité veut se libérer d'une forme dynamique de domination sociale, dont les effets se révèlent de plus en plus destructeurs.

En outre, à la différence de nombreuses interprétations traditionnelles, cette conception des conditions sociales de l'autodétermination démocratique n'implique aucun étatisme. Pour Marx, les rapports de production capitalistes fondamentaux n'équivalent pas au marché et à la propriété privée. C'est pourquoi le dépassement du marché et de la propriété privée par l'État ne signifie pas le dépassement de la valeur et du capital. L'expression de « capitalisme d'État », que Pollock utilise sans pouvoir la fonder, est effectivement pleinement justifiée pour qualifier une société où les rapports de production capitalistes continuent d'exister, tandis que les rapports de distribution bourgeois ont été remplacés par un mode d'administration bureaucratique d'État, qui reste soumis aux contraintes enracinées dans le capital.

Les différences sur ce point entre l'approche de Marx et les approches marxistes traditionnelles sont parallèles à leurs différences en ce qui concerne la médiation sociale. J'ai montré que la critique de Marx porte sur une forme de médiation sociale déterminée, constituée par le travail ; elle ne porte pas sur la médiation sociale en soi. Alors que l'autre type de critique tend à assimiler médiation et marché et pousse au remplacement du marché par l'administration, la critique de Marx autorise très volontiers la possibilité de modes de médiation politiques dans une société postcapitaliste – c'est-à-dire la conception d'une sphère politique publique sous le socialisme située en dehors de l'appareil d'État formel.

Mon objectif, toutefois, n'était pas de développer une théorie exhaustive de la nature, du développement et du possible dépassement du capitalisme avancé, ni une approche des sociétés dites du « socialisme réellement existant ». Cet ouvrage se veut un travail préliminaire de clarification et de réorientation théoriques à un niveau logique fondamental. Il s'agissait avant tout de fournir une relecture aussi cohérente et forte que possible des fondements catégoriels de la théorie de Marx, en la distinguant du marxisme traditionnel et en faisant voir qu'elle jette les bases d'une analyse critique adéquate au monde actuel. J'ai mis en lumière l'ossature de cette analyse : les catégories et les orientations de base à l'aide desquelles elle chercherait à saisir le capitalisme et sa trajectoire historique.

Bien que cette interprétation des catégories fondamentales de la théorie du Marx de la maturité rende plausible l'idée que sa théorie puisse contribuer à une puissante théorie critique du monde contemporain, je ne prétends pas avoir démontré l'adéquation de cette théorie en tant qu'analyse de la société capitaliste (ou société moderne). Cependant, ma réinterprétation transforme sans doute radicalement les termes dans lesquels la question de l'adéquation de l'analyse catégorielle de Marx doit être posée. En général, cette question a été débattue dans le cadre de l'interprétation traditionnelle, c'est-à-dire comme si les catégories de Marx étaient les catégories transhistoriques d'une critique sociale faite du point de vue du « travail », les catégories d'une économie politique critique et non d'une critique de l'économie politique. Ainsi, par exemple, de nombreuses discussions portant sur la validité de la « théorie de la valeur-travail » de Marx ont-elles défini celle-ci comme une théorie des prix ou de l'exploitation, fondée sur une conception transhistorique du « travail ». Ce faisant, ces discussions amalgament ce que j'ai montré constituer certaines distinctions essentielles dans la théorie de Marx, telles que celles entre valeur et richesse matérielle, travail abstrait et travail concret[1]. Or la question de la validité d'une « théorie de la richesse sociale-travail » transhistorique est radicalement différente de celle de la validité d'une « théorie de la valeur-travail » historiquement spécifique. La question de la validité de catégories historiquement spécifiques, dynamiques, liées au temps déterminé par la valeur, est complètement différente de celle de

---

1. Pour un récent et rapide aperçu sur ce débat, voir Michael W. Macy, « Value Theory and the "Golden Eggs" : Appropriating the Magic of Accumulation » *in Sociological Theory* 6, n° 2 (automne 1988). Macy tente de reformuler la critique de l'économie politique de Marx à partir du concept d'aliénation, mais accepte l'interprétation transhistorique des catégories de cette critique.

catégories supposées valables transhistoriquement. De plus, ma recherche a établi que ce sont précisément les distinctions fondamentales gommées par le marxisme traditionnel, qui sont la base à partir de laquelle Marx tente de saisir ce qu'il considère comme les traits essentiels de la société capitaliste. En d'autres termes, l'objet de la théorie de Marx, son noyau critique, est différent de celui des théories qui ne distinguent pas entre valeur et richesse matérielle. Pour ces deux raisons, on ne peut pas évaluer l'adéquation de la théorie critique de Marx correctement – que ce soit positivement ou négativement – à partir d'argumentations qui font de ces catégories des catégories de l'économie politique.

La question de l'adéquation de la théorie de Marx doit donc être formulée en fonction de la supposée spécificité historique de ses catégories et de la nature de son objet. Nous avons vu que, par son analyse catégorielle, Marx tente de saisir la société capitaliste à partir de la forme de médiation sociale qui lui est sous-jacente, une médiation constituée par le travail, ayant un double caractère et engendrant une dialectique directionnelle complexe. Sur cette base, Marx cherche à analyser et à fonder socialement ce qu'il considère clairement comme les caractéristiques fondamentales de cette forme de vie sociale pour montrer qu'elles sont intrinsèquement liées entre elles. Ces caractéristiques incluent : la nature dynamique et quasi objective de la nécessité sociale sous le capitalisme ; la nature et la trajectoire de la production industrielle et du travail ; le modèle de croissance économique et la forme d'exploitation (ainsi que les formes changeantes de subjectivité) spécifiques au capitalisme.

C'est par rapport à ces caractéristiques de la société capitaliste que la question du pouvoir explicatif de l'analyse catégorielle historiquement spécifique de Marx doit finalement être posée. J'ai examiné son analyse de la valeur comme forme de richesse et de médiation sociale et j'ai tenté de mettre en lumière l'idée de Marx selon laquelle, malgré les apparences, c'est la valeur (qui est fonction de la dépense de temps de travail immédiat), et non la richesse matérielle, qui est la forme de richesse sociale dominante sous le capitalisme. J'ai montré comment cette théorie établit que la valeur se reconstitue structurellement en tant que noyau du capitalisme, alors même qu'elle engendre les conditions qui la rendent anachronique – et donc que la société capitaliste est façonnée par la dialectique des dimensions de valeur et de valeur d'usage du capital et par leur effet d'écartement. Ainsi ce livre contribue-t-il à clarifier la nature et les contours essentiels de la théorie de la valeur de Marx et la relation de cette dernière à ce que Marx considérait comme les caractéristiques de base du capitalisme. Cela n'a toutefois été fait qu'à un niveau logique préliminaire. Cette théorie doit être développée avant qu'on puisse poser adéquatement la question de sa validité.

Un important problème théorique à examiner est celui de la relation entre la structure et l'action. En mettant en lumière la dialectique de transformation/reconstitution qui se trouve au cœur de l'analyse marxienne du capital, j'ai relevé que, telle qu'elle se présente, cette dialectique ne saisit que la logique structurelle sousjacente à la dynamique. Un exposé plus complet impliquerait d'étudier comment la valeur est constituée par les hommes et comment elle peut être active bien qu'ils en ignorent l'existence. L'analyse de Marx donne à penser que, quoique les acteurs sociaux n'aient pas conscience des formes structurantes de la société capitaliste, il existe une relation systématique entre ces formes et l'action sociale. Ce qui médiatise les deux, c'est que les formes sociales sous-jacentes (par exemple, la survaleur) revêtent nécessairement des formes phénoménales (par exemple, le profit) qui les expriment tout en les voilant et qui servent de base à l'action. Comme je l'ai indiqué, une étude plus complète de ce problème supposerait de réexaminer la relation de l'analyse de Marx dans le livre I du *Capital* à celle du livre III et imposerait aussi de se demander si l'on peut montrer que les hommes, agissant sur la base de l'immédiateté des formes phénoménales, reconstituent effectivement ce que Marx pense être les formes sociales sous-jacentes au capitalisme.

D'autres aspects de l'analyse de Marx devraient être développés avant que son pouvoir explicatif puisse être légitimement affirmé. Par exemple, pour savoir si, sous le capitalisme, le modèle de croissance sous-jacent est adéquatement saisi par la dialectique de ce que Marx analyse comme les deux dimensions de la médiation sociale constituante de cette société, il faudrait étudier l'analyse de la circulation au livre II du *Capital* et celle de l'interpénétration de la circulation et de la production au livre III, et cela sur la base de la distinction fondamentale que j'ai soulignée entre valeur et richesse matérielle. En même temps, cela obligerait à repenser l'analyse que Marx fait du fondement structurel des crises sous le capitalisme.

Cette analyse serait nécessaire pour explorer la capacité des catégories de Marx à saisir les dimensions spatio-temporelles de l'expansion du capital – c'est-à-dire les processus étroitement liés entre eux de la transformation qualitative de la société capitaliste et du caractère instable de la mondialisation capitaliste. Un important point de départ pour cette entreprise serait l'analyse, commencée ici, de la catégorie marxienne de valeur comme catégorie structurante de l'organisation de la grande production dans les conditions de la subsomption réelle du travail sous le capital. Cette analyse, si on la menait à terme, permettrait une connaissance plus profonde d'un problème que nous avons rencontré à plusieurs reprises : la possible relation entre la structuration de la production industrielle par une dialectique du capital dans ses dimensions de valeur et de valeur d'usage, telles que Marx les analyse, et l'organisation à grande échelle, bureaucratisée et rationalisée, de la production et de l'administration sociales sous le capitalisme industriel. Cette étude représenterait une avancée décisive dans deux directions. Elle préciserait si la théorie de Marx est effectivement capable de fournir une base permettant de saisir : 1/ les changements qualitatifs dans la nature et le développement de la société capitaliste ; 2/ les changements historiques qualitatifs dans la subjectivité, dans les formes de pensée et de sensibilité. Ce faisant, cette étude pourrait également servir de point de départ à l'analyse de la récente transition du capitalisme à laquelle je faisais allusion plus haut et à l'analyse des mouvements sociaux des dernières décennies. La théorie de la médiation sociale, esquissée ici, pourrait aussi fournir une base prometteuse à une reconceptualisation de la constitution sociale et de la transformation historique des définitions de genre et des appartenances ethniques sous le capitalisme.

Enfin, un autre développement de ma réinterprétation nécessiterait d'étudier les implications, pour toute compréhension du possible dépassement du capitalisme, de l'idée que, selon la logique de l'analyse de Marx, le prolétariat n'est pas le sujet révolutionnaire.

De tels prolongements se révèlent nécessaires si l'on veut poursuivre l'examen de l'adéquation de l'analyse catégorielle de Marx en tant que base d'une théorie sociale de la société contemporaine : interroger davantage le pouvoir explicatif de la conception marxienne de la valeur comme forme de richesse et de médiation sociale constituée par la dépense de temps de travail abstrait ; examiner l'idée de Marx selon laquelle la valeur devient de plus en plus anachronique et reste pourtant structurellement centrale au capitalisme ; enfin, évaluer l'analyse marxienne de la dynamique directionnelle et des institutions du capitalisme en fonction de cette tension interne.

J'ai dit que, bien que la théorie marxienne de la valeur (l'idée que, malgré les développements scientifiques et leurs applications technologiques, la richesse sociale sous le capitalisme reste articulée à la dépense de temps de travail) semble hautement improbable au premier abord, on ne peut la juger que par rapport à ce qu'elle tente d'expliquer. J'ai cherché à montrer que cette théorie de la valeur n'est pas une théorie de la constitution et de l'appropriation d'une forme de richesse transhistorique, mais une tentative d'expliquer en termes sociaux certains traits du capitalisme tels que la nature de sa dynamique historique et de son mode de production. Cette interprétation n'est bien sûr pas une « preuve » de la théorie marxienne de la valeur, mais elle indique sans aucun doute que la question de son adéquation n'est nullement aussi simple qu'elle paraît au premier abord.

En général, la plausibilité de la théorie marxienne, telle que je l'ai présentée, dépend de ce que cette théorie définisse adéquatement les traits essentiels de la société moderne, et de ce que son analyse catégorielle des rapports sociaux capitalistes fondamentaux explique adéquatement ces traits. Ce qui est posé, c'est la question de la nature du capitalisme. Cette question, on peut la poser, à un certain niveau, en partant de la plausibilité de la proposition selon laquelle capitalisme et socialisme se distinguent l'un de l'autre non seulement par la manière dont la richesse sociale est appropriée et distribuée, mais aussi par la nature même de cette richesse et par son mode de production. Ma recherche a montré les lointaines ramifications de cette dernière proposition. Nous avons vu que, pour Marx, la valeur est une forme de richesse qui n'est pas extérieure à la production ou autres « institutions » sociales sous le capitalisme, mais qu'elle leur est inhérente et qu'elle les façonne ; en tant que forme de médiation, elle engendre un processus de transformation/reconstitution continu. Le socialisme ne peut donc pas être conçu comme une société ayant un autre mode d'appropriation et de distribution de la même forme de richesse sociale fondée sur la même forme de production ; le socialisme se détermine au contraire conceptuellement comme une société où la richesse sociale revêt la forme de la richesse matérielle. C'est donc une forme de société radicalement différente, exempte des types de contraintes abstraites socialement constituées (tant sous la forme du temps abstrait que sous la forme du temps historique) propres au capitalisme. Cela implique en retour la possibilité d'un mode de production technologiquement avancé et d'une division sociale du travail hautement développée qui soient structurés autrement que sous le capitalisme. Cette reformulation des déterminations distinctives du capitalisme et du socialisme est riche, théoriquement puissante, et appropriée aux conditions contemporaines – suffisamment pour garantir des développements sérieux à l'approche théorique que j'ai présentée ici.

Pour finir, notons que cette interprétation ne met pas seulement en question les approches marxistes traditionnelles, mais qu'elle soulève aussi d'importantes questions pour la théorie sociale en général. J'ai présenté la théorie de Marx comme une théorie autoréflexive, historiquement déterminée, comme une approche consciente de la spécificité historique de ses catégories et de sa propre forme théorique. En plus d'être historiquement déterminée, la critique marxienne est une théorie de la constitution sociale – constitution, par une forme déterminée de pratique sociale, d'une forme historiquement spécifique de médiation sociale qui se trouve au cœur du capitalisme et qui est constitutive des formes d'objectivité et de subjectivité sociales. D'un côté, c'est une théorie de la constitution sociale d'une dynamique directionnelle ; elle explique cette dynamique en termes de processus par lequel des pratiques sociales historiquement déterminées et des structures sociales historiquement spécifiques se constituent mutuellement. En analysant les structures et les institutions historiquement dynamiques du capitalisme à partir de la forme de médiation constituée par le travail, la théorie de Marx découvre à ces structures une réalité sociale quasi indépendante et les analyse comme socialement constituées (par des formes de pratique sociale qui, en retour, sont modelées par ces structures). Elle met par là même en question, comme unilatérales, tant les positions qui partent de la réalité sociale de ces structures sans les saisir comme socialement constituées, que les positions qui mettent en relief le processus de constitution sociale d'une manière qui dissout les structures de médiation en une simple juxtaposition de pratiques.

De l'autre côté, la théorie de Marx est également une théorie sociale de la conscience et de la subjectivité, qui analyse l'objectivité et la subjectivité sociales comme intrinsèquement liées ; elle saisit l'une et l'autre à partir des formes déterminées de médiation, des formes objectivées de pratique. Mais, même en tant que théorie sociale de la conscience, elle est historiquement spécifique : étant donné son analyse de la spécificité de la forme de médiation sociale, la théorie de Marx suggère que, sous le capitalisme, tant les contenus de la conscience que la forme de constitution sociale de la signification sont historiquement spécifiques. Cela implique que la signification n'est pas forcément constituée de la même façon dans toutes les sociétés et met du même coup en question les théories transhistoriques et transculturelles de la constitution de la signification et, partant, de la « culture ».

Ce qui donne sa force à la théorie de la constitution sociale de Marx, c'est qu'elle est historiquement déterminée. Marx ne la présente pas comme une théorie générale, indéterminée, avec une applicabilité supposée universelle, mais, au contraire, comme une théorie inséparable des formes sociales constitutives de la société capitaliste. Ce mode d'exposition même fournit une critique puissante, quoique implicite, de toute approche théorique qui universalise ce que Marx a déployé de façon rigoureuse comme un aspect déterminé de la société capitaliste – y compris la théorie même de cette société.

L'analyse marxienne de la société moderne en tant que capitaliste se révèle donc être une tentative théoriquement raffinée de saisir cette société du point de vue de sa possible transformation à l'aide d'une théorie autoréflexive, historiquement déterminée, de la constitution sociale. On a vu par exemple que la catégorie marxienne de capital fonde socialement la dynamique directionnelle de la société capitaliste, le caractère de sa « croissance » économique, la nature et la trajectoire de son procès de production. L'analyse de Marx exige implicitement des autres propositions théoriques qu'elles fournissent un compte rendu social de ces traits de la société moderne. Elle le fait, de plus, d'une manière qui met en question toute approche qui ne traite la production industrielle qu'en termes techniques ou encore qui se contente de présupposer l'existence de l'histoire ou qui hypostasie en développement trans-historique ce que la théorie de Marx analyse en tant que forme historiquement spécifique et socialement constituée de l'histoire. Plus généralement, l'approche de Marx se révèle implicitement critique de toutes les théories transhistoriques et de toutes les théories qui abordent les structures ou pratiques sociales sans en saisir les interrelations.

La question de l'adéquation de la théorie de Marx n'est donc pas seulement celle de la validité de son analyse catégorielle du capitalisme. Elle pose également des questions plus générales sur la nature de toute théorie sociale. La théorie critique de Marx, qui saisit le capitalisme à l'aide d'une théorie (historiquement spéci-fique) de la constitution par le travail d'une médiation totalisante, directionnellement dynamique, est une brillante analyse de cette société – c'est en même temps une définition pertinente de toute théorie sociale adéquate.

Index

Remerciements

Ce livre a pris naissance il y a plusieurs années, alors que, préparant mon doctorat, j'ai découvert les *Grundrisse* de Marx. Au fil de la lecture, j'ai été frappé par les profondes implications du texte, qui m'ont suggéré une réinterprétation fondamentale de la théorie sociale critique du Marx de la maturité – une relecture qui romprait avec les principaux postulats du marxisme traditionnel. J'ai également pensé qu'une telle réinterprétation pourrait fournir le point de départ d'une analyse raffinée et puissante de la société moderne.

Dans mon effort pour me réapproprier la théorie de Marx, j'ai eu le bonheur de recevoir un soutien moral et intellectuel considérable de la part d'un grand nombre de personnes. J'ai été fortement encouragé à me lancer dans ce projet par mes deux professeurs à l'université de Chicago, Gerhard Meyer et Leonard Krieger. J'ai développé mes idées pendant un séjour prolongé à Francfort, où j'ai grandement bénéficié de l'atmosphère propice à la recherche qui y règne, et des nombreuses et intenses discussions que j'ai eues là-bas avec mes amis. Je dois remercier chaleureusement Barbara Brick, Dan Diner et Wolfram Wolfer-Melior qui m'ont fourni un soutien intellectuel et personnel et qui m'ont aidé à préciser mon approche de nombreuses questions abordées dans ce livre. J'aimerais aussi remercier Klaus Bergmann, Helmut Reinicke et Peter Schmitt-Egner pour les multiples et éclairantes conversations que nous avons eues. J'ai achevé une première version de ce travail sous la forme d'une dissertation destinée à la Fachbereich Gesellschaftswissenschaften [unité de formation et de recherche en sciences sociales] de l'université Goethe de Francfort, après avoir reçu les conseils judicieux et les encouragements amicaux d'Iring Fetscher, et d'amples et utiles commentaires critiques de la part de Heinz Steinert, Albrecht Wellmer et Jeremy Gaines, ainsi que de Gerhard Brandt et Jürgen Ritsert. Grâce au Canada Council, j'ai reçu une aide financière substantielle du Deutsche Akademischer Austauschdienst [Service des échanges universitaires allemands] pendant mon séjour à Francfort.

Ensuite, le Centre d'études psychosociales de Chicago m'a attribué un poste de chercheur, et offert un environnement intellectuel positif et vivant qui m'a permis de commencer à retravailler ma dissertation pour en faire un livre. J'ai eu la chance rare de présenter mon travail lors d'une série de séminaires à un groupe d'auditeurs issus d'horizons universitaires et intellectuels divers ; leurs réactions ont été très stimulantes. Je suis reconnaissant à Ed LiPuma, John Lucy, Beth Mertz, Lee Schlesinger, Barney Weissbourd et Jim Wertsch dont les commentaires et les critiques m'ont poussé à clarifier encore mes idées. Je remercie spécialement Craig Calhoun et Ben Lee qui ont pris le temps de relire avec soin le manuscrit puis la version révisée, et dont les suggestions m'ont beaucoup aidé.

J'ai terminé ce manuscrit à l'université de Chicago, où je continue aujourd'hui à bénéficier du climat intellectuellement rigoureux, ouvert et excitant créé par mes collègues et les étudiants.

Je dois beaucoup aux amis suivants pour leur engagement dans mon travail et, plus généralement, pour leur soutien moral et intellectuel : Andrew Arato, Leora Auslander, Ike Balbus, Seyla Benhabib, Fernando Coronil, Norma Field, Harry Harootunian, Martin Jay, Bob Jessop, Tom McCarthy, György Márkus, Rafael Sanchez, George Steinmetz, Sharon Stephens, ainsi que John Boyer, Jean Cohen, Bert Cohler, Jean Comaroff, John Comaroff, Michael Geyer, Gail Kligman, Terry Shtob et Betsy Traube. Je remercie également Fred Block, Cornelius Castoriadis, Geoff Eley, Don Levine, Bertell Ollman et Terry Turner pour leurs utiles commentaires.

Il me faut remercier tout spécialement mon frère, Norman Postone, qui a accompagné et soutenu ce projet depuis le début. Je suis particulièrement reconnaissant à Patrick Murray qui a lu plus de versions du manuscrit que je ne puis me souvenir et dont les commentaires ont été à la fois précieux et donnés avec une grande générosité. J'ai beaucoup appris de nos conversations continues.

Emily Loose – alors collaboratrice de Cambridge University Press – a accueilli très favorablement ce travail et a été extrêmement précieuse lors de sa préparation pour la publication. Ses recommandations et commentaires nombreux et avisés ont largement contribué au manuscrit fini. Je remercie Elvia Alvarez, Diane New et Kitty Pucci pour leur travail de saisie des diverses étapes du manuscrit, ainsi que pour leur aide en général, et Ted Byfield qui a édité le volume. Et je voudrais aussi remercier Anjali Fedson, Bronwyn McFarland et Mike Reay pour l'aide qu'ils ont apportée en relisant les épreuves et en préparant l'index.

Enfin, je souhaite exprimer ma très profonde gratitude à ma femme, Margret Nickels. Elle a, pendant des années et de multiples façons, été intellectuellement et affectivement au cœur de ce projet.